清华社"视频大讲堂"大系
网络开发视频大讲堂

前端科技 —— 编著

Web前端开发全程实战

HTML5+CSS3+JavaScript+jQuery+Bootstrap

清华大学出版社
北京

内容简介

本书结合大量实例讲解了如何使用HTML5、CSS3、JavaScript、jQuery、Ajax、Boostrap、Vue、PHP等基本技术搭建Web前端，力求向读者提供一套极简的Web前端一站式高效学习方案。全书共28章，内容包括HTML5基础、设计HTML5文档结构、设计HTML5文本、设计HTML5图像和多媒体、设计列表和超链接、设计表格和表单、CSS3基础、设计文本样式、设计特效和动画样式、CSS页面布局、JavaScript基础、处理字符串、使用数组、使用函数、使用对象、jQuery基础、文档操作、事件处理、使用Ajax、CSS样式操作、jQuery动画、Bootstrap基础、CSS组件、JavaScript插件、使用Vue、PHP基础、使用PHP与网页交互、使用PDO操作数据库、项目实战。其中，项目实战为纯线上资源，更加实用。书中所有知识点均结合具体实例展开讲解，代码注释详尽，可使读者轻松掌握前端技术精髓，提升实际开发能力。

除纸质内容外，本书还配备了10大学习资源库，具体如下：

- ☑ 同步讲解视频库
- ☑ 示例源码库
- ☑ 开发参考工具库
- ☑ 案例库
- ☑ 网页素材库
- ☑ 网页配色库
- ☑ JavaScript 分类网页特效库
- ☑ 网页模板库
- ☑ 网页欣赏库
- ☑ 面试题库

另外，本书每一章均针对性地配有在线支持，提供知识拓展、专项练习、更多实战案例等，可以让读者体验到以一倍的价格购买两倍的内容，实现超值的收获。

本书可以作为Web前端开发的自学用书，也可以作为高等院校网页设计、网页制作、网站建设、Web前端开发等专业的教学用书或相关机构的培训教材。

图书在版编目（CIP）数据

Web前端开发全程实战：HTML5+CSS3+JavaScript+jQuery+Bootstrap / 前端科技编著. —北京：清华大学出版社，2022.8

（清华社“视频大讲堂”大系.网络开发视频大讲堂）

ISBN 978-7-302-61651-1

Ⅰ.①W… Ⅱ.①前… Ⅲ.①网页制作工具 Ⅳ.①TP393.092.2

中国版本图书馆CIP数据核字(2022)第145437号

责任编辑： 贾小红
封面设计： 姜 龙
版式设计： 文森时代
责任校对： 马军令
责任印制： 朱雨萌

出版发行： 清华大学出版社
网　　址： http://www.tup.com.cn，http://www.wqbook.com
地　　址： 北京清华大学学研大厦A座　**邮　　编：** 100084
社 总 机： 010-83470000　**邮　　购：** 010-62786544
投稿与读者服务： 010-62776969，c-service@tup.tsinghua.edu.cn
质量反馈： 010-62772015，zhiliang@tup.tsinghua.edu.cn
印 装 者： 北京嘉实印刷有限公司
经　　销： 全国新华书店
开　　本： 203mm×260mm　**印　　张：** 34　**字　　数：** 1029千字
版　　次： 2022年9月第1版　**印　　次：** 2022年9月第1次印刷
定　　价： 128.00元

产品编号：091678-01

前　言

Preface

前端其实是一个很大的范畴，通常只针对 Web 开发的前端而言，也就是针对浏览器的开发。浏览器呈现出来的页面就是前端。Web 前端的本质就是前端代码在浏览器端被编译、运行和渲染。前端代码主要由 3 个部分构成：HTML（标记语言）、CSS（样式语言）和 JavaScript（脚本语言）。前端发展经历了一个比较漫长的过程，大致可以分为以下几个阶段。

1. “上古”时代

世界上第一款浏览器 NCSA Mosaic 是网景公司（Netscape）在 1994 年开发出来的，这个时代的每一个交互，如按钮单击、表单提交等，都需要等待浏览器响应很长时间，然后重新下载一个新页面呈现出来。同年，PHP 语言被开发出来，开启了数据嵌入模板的 MVC 模式。这个时期，浏览器的开发者以后台开发人员居多，大部分前后端开发是一体的，大致开发流程是：后端收到浏览器的请求→发送静态页面→发送到浏览器。

2. “铁器”时代（小前端时代）

1995 年，网景公司的布兰登·艾奇为浏览器开发出一个类似 Java 的脚本语言，用来提升浏览器的展示效果，增强动态交互能力。这样就渐渐形成了前端的雏形：HTML 负责结构，CSS 负责样式，JavaScript 负责交互。

1998 年，Ajax 应用技术开始出现，前端开发从 Web 1.0 迈向了 Web 2.0，前端从纯内容的静态展示，发展到了动态网页、富交互、前端数据处理的新时期。

由于动态交互、数据交互的需求增多，还衍生出了 jQuery（2006）这样优秀的跨浏览器的 JavaScript 工具库，主要用于 DOM 操作、数据交互。直到现在，很多 Web 项目，甚至近几年开发的大型项目依然还在使用 jQuery。

3. 信息时代（大前端时代）

自 2003 年以后，前端发展经历了一段比较平稳的时期，工业化推动了信息化的快速到来，浏览器呈现的数据量越来越大，网页动态交互的需求越来越多，JavaScript 通过操作 DOM 的弊端和瓶颈越来越明显，仅仅从代码层面去提升页面性能变得越来越难。于是又先后诞生了很多优秀的技术，例如：

2008 年，谷歌 V8 引擎发布，终结微软 IE 时代。

2009 年，Angular.js 诞生、Node 诞生。

2011 年，React.js 诞生。

2014 年，Vue.js 诞生。

其中，V8 和 Node 的出现，使前端开发人员可以用熟悉的语法糖编写后台系统，为前端提供了使用同一语言实现全栈开发的机会，JavaScript 也不再是一个弱小的交互式脚本语言。React、Angular、Vue 等 MVVM 前端框架的出现，使前端实现了项目真正的应用化（SPA 单页面应用），不再依赖后台开发人员处理页面路由 Controller，实现页面跳转的自我管理，同时也推动了前后端的彻底分离（前端项目独立部署）。

4. 全能前端时代

2009 年起，大屏智能手机开始陆续出现，4G/5G 移动网络迅速发展，使得前端从单一的基于 PC 浏览器展示的 Web 应用向手机、平板电脑覆盖，此时 HTML、CSS 和 JavaScript 也陆续推出了新标准。前端对于跨端浏览的需求越来越大，不再仅仅是针对 PC 开发，手机配置和 App 开发也成为常态。后来，微信、支付宝等互联网平台推出小程序，试图整合 Web、Native 开发。JavaScript 在各个终端的运行能力与 Native 开发（iOS、Android）的差距越来越小，使得用 JavaScript 开发桌面应用成为可能。随着 TypeScript 的出现，以及后续 ECMA 标准的进一步完善，前端将更加全能化，也可能会出现更多的细分工作领域。

本书内容

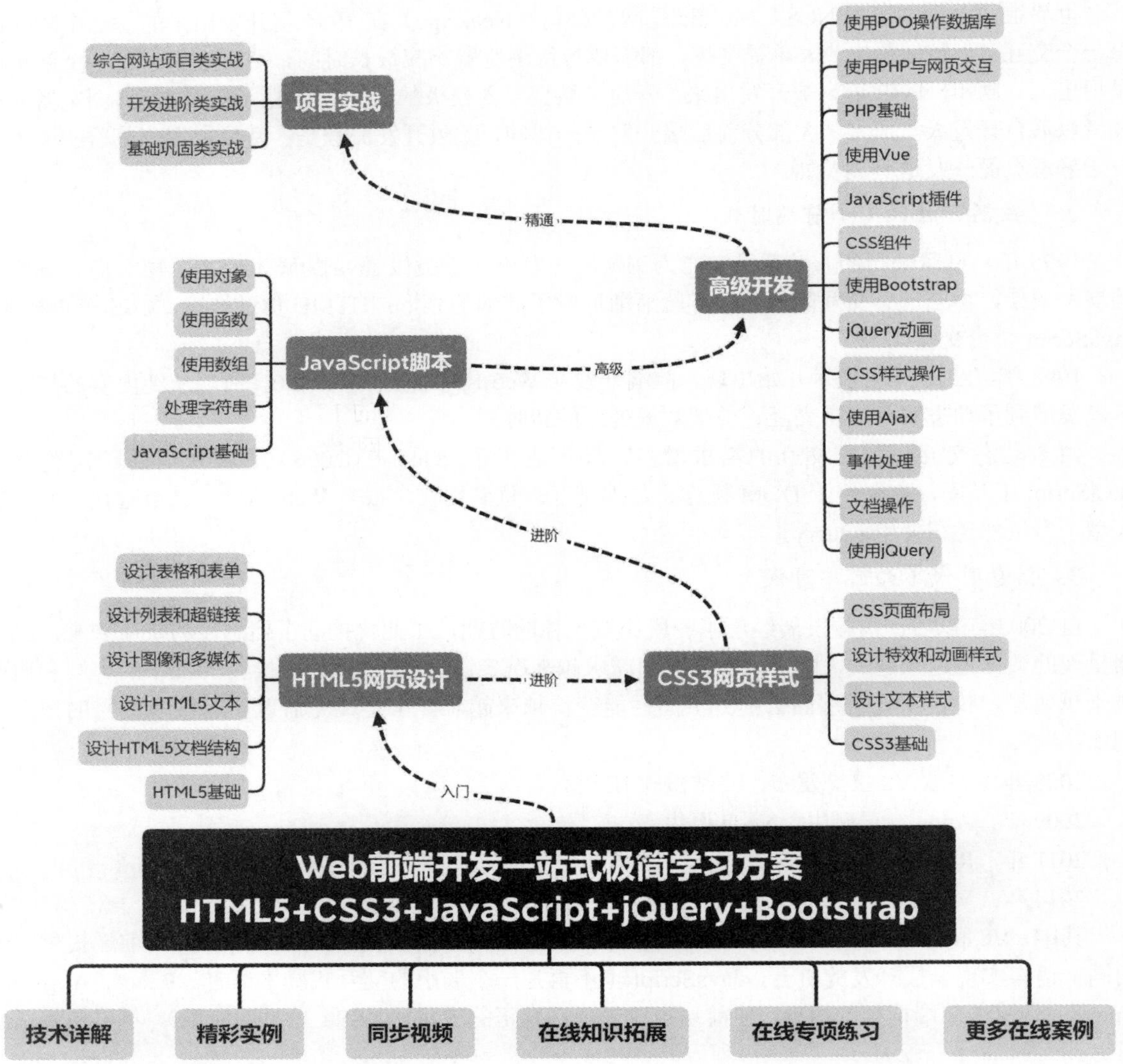

Note

本书特色

30 万+读者体验，畅销丛书新增精品；10 年开发教学经验，一线讲师半生心血。

🕮 高效极简

本书面向零基础读者提供 Web 前端开发一站式学习方案，内容涵盖面广，涉及 HTML5、CSS3、JavaScript、jQuery、Ajax、Boostrap、Vue、PHP 等 Web 前端核心技术，但在具体知识配置上追求极简、高效，力求让初学者用最短的时间掌握 Web 前端开发的技术精髓。

🕮 入门容易

本书遵循学习规律，入门和实战相结合。采用“基础知识+中小案例”的编写模式，内容由浅入深、循序渐进，从入门中学习实战应用，从实战应用中激发学习兴趣。

🕮 案例超多

通过例子学习是最好的学习方式，本书通过一个知识点、一个例子、一个结果、一段评析的模式，系统地讲解了如何使用 HTML5、CSS3、JavaScript、jQuery、Bootstrap、Vue、PHP 等核心技术快速构建 Web 前端。实例、案例丰富详尽，跟着大量案例去学习，边学边做，从做中学，学习可以更深入、更高效。

🕮 体验超好

配套同步视频讲解，微信扫一扫，随时随地看视频；配套在线支持，知识拓展，专项练习，更多案例，在线预览网页设计效果，阅读或下载源代码，同样微信扫一扫即可学习。

🕮 栏目贴心

本书根据需要在各章使用了很多“注意”“提示”等小栏目，让读者可以在学习过程中更轻松地理解相关知识点及概念，并轻松地掌握个别技术的应用技巧。

🕮 资源丰富

本书配套 Web 前端学习人员（尤其是零基础学员）最需要的 10 大资源库，包括同步讲解视频库、示例源码库、开发参考工具库、案例库、网页素材库、网页配色库、JavaScript 分类网页特效库、网页模板库、网页欣赏库、面试题库。这些资源，不仅学习中需要，工作中更有用。

🕮 在线支持

顺应移动互联网时代知识获取途径变化的潮流，本书每一章均配有在线支持，提供与本章知识相关的知识拓展、专项练习、更多案例等优质在线学习资源，并且新知识、新题目、新案例不断更新中。这样一来，在有限的纸质图书中承载了更丰富的学习内容，让读者真实体验到以一倍的价格购买两倍的学习内容，更便捷，更超值。

本书资源

配套 10 大资源库	
同步讲解视频库	❍ 625 集同步视频精讲
示例源码库	❍ 全书所有示例源代码
开发参考工具库	❍ Web 前端开发规范参考手册（1 本） ❍ HTML 参考文档（11 本） ❍ CSS 参考文档（9 本） ❍ JavaScript 参考文档（15 本）

Note

续表

配套 10 大资源库	
开发参考工具库	❍ jQuery 参考文档（11 本） ❍ PHP 与 MySQL 参考文档（5 本） ❍ PS-FL-DW 参考文档（4 本）
案例库	❍ 网页设计初级示例大全（240 例） ❍ 网页应用分类案例大全（14 类，1792 例） ❍ HTML5+CSS3+JavaScript 开发实用案例大全（3304 例）
网页素材库	❍ Photoshop 设计大全（18 类，5000+个） ❍ 图形图像设计素材大全（16 类，12000+个）
网页配色库	❍ 经典原色配色（7 种） ❍ 常用配色条（12 张） ❍ 配色卡（532 张） ❍ 实用网页配色参考表（18 张） ❍ 网页色彩搭配卡（40 张） ❍ 网页配色参考大辞典（1 本）
JavaScript 分类网页特效库	❍ JavaScript 分类网页特效（HTML 版，23 类） ❍ JavaScript 分类网页特效（代码演示版） ❍ JavaScript 分类网页特效（CHM 版）
网页模板库	❍ DIV+CSS 国内网页模板（70 套） ❍ HTML5 手机网页模板（15 套） ❍ Web2.0 风格网页模板（40 套） ❍ 流行 Bootstrap 网页模板（500 套） ❍ 实用 PSD 中文网页分层模板（426 套） ❍ 传统表格页面模板（50 套） ❍ 电商网站模板（44 套） ❍ 国内流行网站模板（30 套） ❍ 国外流行 HTML+CSS 网页模板（100 套） ❍ 国外流行网页模板（245 套） ❍ 后台管理模板（18 套） ❍ 精美网页模板（20 套）
网页欣赏库	❍ 6 大类、508 个知名的网站首页供欣赏
面试题库	❍ HTML+CSS 入职面试题-含参考答案（351 道） ❍ JavaScript 入职面试题-含参考答案（685 道） ❍ 2018—2022 前端面试题目汇总网址（15 个）

读前须知

本书从初学者的角度出发，通过大量的案例使学习不再枯燥、拘泥、教条，因此要求读者边学习边实践操作，避免学习的知识流于表面、限于理论。

作为入门书籍，本书知识点比较庞杂，所以不可能面面俱到。技术学习的关键是方法，本书在很多实例中体现了方法的重要性，读者只要掌握了各种技术的运用方法，在学习更深入的知识时便可大大提高自学的效率。

本书提供了大量的示例，需要用到 Edge、IE、Firefox、Chrome 等主流浏览器进行预览。因此，为了方便示例测试，以及做浏览器兼容设计，读者需要安装上述类型的最新版本浏览器，各种浏览器在部分细节的表现上可能会稍有差异。

HTML5 中部分 API 可能需要服务器端测试环境，本书部分章节所用的服务器端测试环境为：Windows 操作系统+Apache 服务器+PHP 开发语言。如果读者的本地系统没有搭建 PHP 虚拟服务器，建议先搭建该虚拟环境。

限于篇幅，本书示例没有提供完整的 HTML 代码，测试示例时读者应该先将 HTML 代码结构补充完整，然后进行测试，或者直接参考本书提供的示例源码库，根据章节编号找到对应示例源文件，边参考边练习，边学习边思考，努力做到举一反三。

为了给读者提供更多的学习资源，本书在配套资源库中提供了很多参考链接，许多本书无法详细介绍的问题都可以通过这些链接找到答案。由于这些链接地址会因时间而有所变动或调整，所以在此说明，这些链接地址仅供参考，本书无法保证所有的这些地址是长期有效的。

本书适用对象

- ☑ Web 前端开发的初学者。
- ☑ Web 前端开发初级工程师。
- ☑ Web 前端设计师和 UI 设计师。
- ☑ Web 前端项目管理人员。
- ☑ 开设 Web 前端开发等相关专业的院校的师生。
- ☑ 开设 Web 前端开发课程的培训机构的讲师及学员。
- ☑ Web 前端开发爱好者。

关于作者

本书由前端科技团队负责编写，并提供在线支持和技术服务，由于作者水平有限，书中疏漏和不足之处在所难免，欢迎读者朋友不吝赐教。广大读者如有好的建议、意见，或在学习本书时遇到疑难问题，可以联系我们，我们会尽快为您解答，联系方式为 css148@163.com。

编　者

2022 年 8 月

清大文森学堂

文森时代（清大文森学堂）是一家 20 年专注为清华大学出版社提供知识内容生产服务的高新科技企业，依托清华大学科教力量和出版社作者团队，联合行业龙头企业，开发网校课程、学术讲座视频和实训教学方案，为院校科研教学及学生就业提供优质服务。

扫码关注文森学堂

目　录

Contents

Note

Note

Note

Note

Note

Note

Note

第 1 章 HTML5 基础

随着互联网技术的不断更新迭代，网页内容变得越来越庞杂，但是 Web 底层技术依然相对稳定，核心技术主要包括 HTML5、CSS3 和 JavaScript。本章主要介绍 HTML5 的基础知识和相关概念。

视频讲解

1.1 HTML5 概述

2014 年 10 月 28 日，W3C 的 HTML 工作组发布了 HTML5 的正式推荐标准。HTML5 是构建开放 Web 平台的核心，增加了支持 Web 应用的许多新特性，以及更符合开发者使用习惯的新元素，更关注定义清晰、一致的标准，确保 Web 应用和内容在不同浏览器中的互操作性。

1.1.1 HTML 历史

HTML 从诞生至今，经历了近 30 年的发展，其中经历的版本及发布日期如表 1.1 所示。

表 1.1 HTML 语言的发展过程

版 本	发布日期	说 明
超文本标记语言（第一版）	1993 年 6 月	作为因特网工程任务组（IETF）工作草案发布，非标准
HTML2.0	1995 年 11 月	作为 RFC 1866 发布，在 RFC 2854 于 2000 年 6 月发布之后被宣布已经过时
HTML3.2	1996 年 1 月 14 日	W3C 推荐标准
HTML4.0	1997 年 12 月 18 日	W3C 推荐标准
HTML4.01	1999 年 12 月 24 日	微小改进，W3C 推荐标准
ISO HTML	2000 年 5 月 15 日	基于严格的 HTML4.01 语法，是国际标准化组织和国际电工委员会的标准
XHTML1.0	2000 年 1 月 26 日	W3C 推荐标准，修订后于 2002 年 8 月 1 日重新发布
XHTML1.1	2001 年 5 月 31 日	较 XHTML1.0 有微小改进
XHTML2.0 草案	没有发布	2009 年，W3C 停止了 XHTML2.0 工作组的工作
HTML5 草案	2008 年 1 月	HTML5 规范先是以草案发布，经历了漫长的过程
HTML5	2014 年 10 月 28 日	W3C 推荐标准
HTML5.1	2017 年 10 月 3 日	W3C 发布 HTML5 第 1 个更新版本（http://www.w3.org/TR/html51/）
HTML5.2	2017 年 12 月 14 日	W3C 发布 HTML5 第 2 个更新版本（http://www.w3.org/TR/html52/）
HTML5.3	2018 年 3 月 15 日	W3C 发布 HTML5 第 3 个更新版本（http://www.w3.org/TR/html53/）
HTML Living Standard	2019 年 5 月 28 日	WHATWG 的 HTML Living Standard 正式取代 W3C 标准成为官方标准（https://html.spec.whatwg.org/multipage/）

提示：从上面 HTML 发展列表来看，HTML 没有 1.0 版本，这主要是因为当时有很多不同的版本。有些人认为 Tim Berners-Lee 的版本应该算初版，这个版本还没有 img 元素，也就是说 HTML 刚开始时仅能够显示文本信息。

2019 年 5 月 28 日，W3C 与 WHATWG 宣布放下分歧，签署新的谅解备忘录，根据这项新协议，W3C 正式放弃发布 HTML 和 DOM 标准，将 HTML 和 DOM 标准制定权全权移交给浏览器厂商联盟 WHATWG。

1.1.2 HTML5 起源

在 20 世纪末期，W3C 开始琢磨着改良 HTML 语言，当时的版本是 HTML4.01。但是在后来的开发和维护过程中，出现了方向性分歧：是开发 XHTML1，再到 XHTML2，最终目标是 XML；还是坚持实用主义原则，快速开发出改良的 HTML5 版本？

2004 年 W3C 成员内部的一次研讨会上，Opera 公司的代表伊恩・希克森（Ian Hickson）提出了一个扩展和改进 HTML 的建议。他建议新任务组可以跟 XHTML2 并行，但是在已有 HTML 的基础上开展工作，目标是对 HTML 进行扩展。但是 W3C 投票表示反对，因为他们认为 HTML 已经被淘汰，XHTML2 才是未来的方向。

然后，Opera、Apple 等浏览器厂商，以及部分成员忍受不了 W3C 的工作机制和拖沓的行事节奏，决定脱离 W3C，他们成立了 WHATWG（Web Hypertext Applications Technology Working Group，Web 超文本应用技术工作组），这就为 HTML5 将来的命运埋下了伏笔。

WHATWG 决定完全脱离 W3C，在 HTML 的基础上开展工作，向其中添加一些新东西。这个工作组的成员里有浏览器厂商，因此他们可以保证实现各种新奇、实用的点子。结果，大家不断提出一些好点子，并且逐一整合到新版本浏览器中。

WHATWG 的工作效率很高，不久就初见成效。在此期间，W3C 的 XHTML2 没有实质性的进展。2006 年，蒂姆・伯纳斯・李写了一篇博客反思 HTML 发展历史："你们知道吗？我们错了。我们错在企图一夜之间就让 Web 跨入 XML 时代，我们的想法太不切实际了，是的，也许我们应该重新组建 HTML 工作组了。"

W3C 在 2007 年组建了 HTML5 工作组。这个工作组面临的第一个问题是"我们是从头开始做起呢，还是在 2004 年成立的那个叫 WHATWG 的工作组既有成果的基础上开始工作呢？"

答案是显而易见的，他们当然希望从已经取得的成果着手，以此为基础展开工作。工作组投了一次票，同意在 WHATWG 工作成果的基础上继续开展工作。

第二个问题就是如何理顺两个工作组之间的关系。W3C这个工作组的编辑应该由谁担任？是不是还让 WHATWG 的编辑，也就是现在 Google 的伊恩・希克森来兼任？于是他们又投了一次票，赞成让伊恩・希克森担任 W3C HTML5 规范的编辑，同时兼任 WHATWG 的编辑，更有助于新工作组开展工作。

这就是他们投票的结果，也就是我们今天看到的局面：1 种格式，2 个版本。WHATWG 网站上有这个规范，而 W3C 网站上同样也有一份。

如果不了解内情，你很可能会产生这样的疑问："哪个版本才是真正的规范？"当然，这两个版本内容基本上相同。实际上，这两个版本将来还会分道扬镳。现在已经有了分道扬镳的迹象了。W3C 需要制定一个具体的规范，这个规范会成为一个工作草案，定格在某个历史时刻。

而 WHATWG 还在不断地迭代。即使目前的 HTML5 也不能完全涵盖 WHATWG 正在从事的工作。最准确的理解就是 WHATWG 正在开发一项简单的 HTML 或 Web 技术，因为这才是他们工作的核心目标。然而，同时存在两个这样的工作组开发一个基本相同的规范，这无论如何也容易让人产生误解，有误解就可能造成麻烦。

其实这两个工作组背后各自有各自的流程，因为它们的理念完全不同。在 WHATWG 内部，可以说是一种独裁的工作机制。伊恩・希克森是编辑。他会听取各方意见，在所有成员各抒己见，充分陈述自己的观点之后，他批准自己认为正确的意见。而 W3C 则截然相反，可以说是一种民主的工作机制，所有成员都可以发表意见，而且每个人都有投票表决的权利。这个流程的关键在于投票表决。从表面上看，WHATWG 的工作机制让人难以接受，W3C 的工作机制听起来让人很舒服，至少体现了人人平等的精神。但在实践中，WHATWG 的工作机制运行得非常好。这主要归功于伊恩・希克森。他在听取各方意见时，始终可以做到丝毫不带个人感情色彩。

从原理上讲，W3C的工作机制很公平，而实际上却非常容易在某些流程或环节上卡壳，造成工作停滞不前，一件事情要达成决议往往需要花费很长时间。那到底哪种工作机制最好呢？最好的工作机制是将二者结合起来。而事实也是两个规范制订主体在共同制订一份相同的规范，这倒是非常有利于两种工作机制相互取长补短。

两个工作组之所以能够同心同德，主要原因是 HTML5 的设计思想。因为从一开始就确定了设计 HTML5 所要坚持的原则。结果，我们不仅看到了一份规范，也就是 W3C 站点上公布的那份文档，即 HTML5 语言规范，还在 W3C 站点上看到了另一份文档，也就是 HTML5 设计原理。

1.1.3　HTML5 组织

HTML5 是 W3C 与 WHATWG 合作的结晶。HTML5 开发主要由下面 3 个组织负责。

☑ WHATWG：由来自 Apple、Mozilla、Google、Opera 等浏览器厂商的专家组成，成立于 2004 年。WHATWG 负责开发 HTML 和 Web 应用 API。

☑ W3C：指 World Wide Web Consortium，万维网联盟，负责发布 HTML5 规范。

☑ IETF（因特网工程任务组）：负责 Internet 协议开发。HTML5 定义的 WebSocket API 依赖于新的 WebSocket 协议，IETF 负责开发这个协议。

1.1.4　HTML5 规则

为了避免 HTML5 开发过程中出现的各种分歧和偏差，HTML5 开发工作组在共识基础上建立了一套行事规则。

☑ 新特性应该基于 HTML、CSS、DOM 以及 JavaScript。

☑ 减少对外部插件的依赖，如 Flash。

☑ 更优秀的错误处理。

☑ 更多取代脚本的标记。

☑ HTML5 应该独立于设备。

☑ 开发进程应即时、透明，倾听技术社区的声音，吸纳社区内优秀的 Web 应用。

☑ 允许试错，允许纠偏，从实践中来，服务于实践，快速迭代。

1.1.5　HTML5 特性

下面简单介绍 HTML5 的特征和优势，以便提高读者自学 HTML5 的动力和目标。

1．兼容性

考虑到互联网上 HTML 文档已经存在 20 多年了，因此支持所有现存 HTML 文档是非常重要的。

Note

HTML5 并不是颠覆性的革新，它的核心理念就是要保持与过去技术的兼容和过渡。一旦浏览器不支持 HTML5 的某项功能，针对该功能的备选行为就会悄悄运行。

2. 实用性

HTML5 新增加的元素都是对现有网页和用户习惯进行跟踪、分析和概括而推出的。例如，Google 分析了上百万的页面，从中分析出了 DIV 标签的通用 ID 名称，并且发现其重复量很大，如很多开发人员使用<div id="header">来标记页眉区域，为了解决实际问题，HTML5 就直接添加一个<header>标签。也就是说，HTML5 新增的很多元素、属性或者功能都是根据现实互联网中已经存在的各种应用进行技术精炼，而不是在实验室中进行理想化的新功能虚构。

3. 效率

HTML5 规范是基于用户优先的原则编写的，其宗旨是用户即上帝，这意味着在遇到无法解决的冲突时，规范会把用户放到第一位，其次是页面制作者，再次是浏览器解析标准，接着是规范制定者（如 W3C、WHATWG），最后才考虑理论的纯粹性。因此，HTML5 的绝大部分设计是实用的，只是有些情况下还不够完美。例如，下面的几种代码写法在 HTML5 中都能被识别。

```
id="prohtml5"
id=prohtml5
ID="prohtml5"
```

当然，上面几种写法比较混乱，不够严谨，但是从用户开发角度考虑，用户不在乎代码怎么写，根据个人习惯书写反而提高了代码编写效率。

4. 安全性

为保证足够安全，HTML5 引入了一种新的基于来源的安全模型，该模型不仅易用，而且对各种不同的 API 都通用。这个安全模型可以不需要借助任何所谓聪明、有创意却不安全的 hack 语言就能跨域进行安全对话。

5. 分离

在清晰分离表现与内容方面，HTML5 迈出了很大的步伐。HTML5 在所有可能的地方都努力进行了分离，包括 HTML 和 CSS。实际上，HTML5 规范已经不支持老版本 HTML 的大部分表现功能了。

6. 简化

HTML5 要的就是简单、避免不必要的复杂性。HTML5 的口号是：简单至上，尽可能简化。因此，HTML5 做了以下改进。

☑ 以浏览器原生能力替代复杂的 JavaScript 代码。

☑ 简化的 DOCTYPE。

☑ 简化的字符集声明。

☑ 简单而强大的 HTML5 API。

7. 通用性

通用访问的原则可以分成 3 个概念。

☑ 可访问性：出于对残障用户的考虑，HTML5 与 WAI（Web 可访问性倡议）和 ARIA（可访问的富 Internet 应用）做到了紧密结合，WAI-ARIA 中以屏幕阅读器为基础的元素已经被添加到 HTML 中。

☑ 媒体中立：如果可能的话，HTML5 的功能在所有不同的设备和平台上应该都能正常运行。

☑ 支持所有语种：如新的<ruby>元素支持在东亚页面排版中会用到的 Ruby 注释。

8. 无插件

在传统 Web 应用中，很多功能只能通过插件或者复杂的 hack 来实现，但在 HTML5 中提供了对这些功能的原生支持。插件的方式存在很多问题。

☑ 插件安装可能失败。

☑ 插件可以被禁用或屏蔽，如 Flash 插件。

☑ 插件自身会成为被攻击的对象。

☑ 因为插件边界、剪裁和透明度问题，插件不容易与 HTML 文档的其他部分集成。

以 HTML5 中的 canvas 元素为例，有很多非常底层的事情以前是没办法做到的，如在 HTML4 的页面中就难画出对角线，而有了 canvas 就可以很轻易地实现了。基于 HTML5 的各类 API 的优秀设计，可以轻松地对它们进行组合应用。例如，从 video 元素中抓取的帧可以显示在 canvas 里面，用户单击 canvas 即可播放这帧对应的视频文件。

最后，用万维网联盟创始人 Tim Berners-Lee 的评论来小结：“今天，我们想做的事情已经不再是通过浏览器观看视频或收听音频，或者在一部手机上运行浏览器。我们希望通过不同的设备，在任何地方都能够共享照片，网上购物，阅读新闻以及查找信息。虽然大多数用户对 HTML5 和开放 Web 平台（Open Web Platform，OWP）并不熟悉，但是它们正在不断改进用户体验。”

1.1.6　浏览器支持

HTML5 发展的速度非常快，主流浏览器对于 HTML5 各 API 的支持也不尽统一，用户需要访问 https://www.caniuse.com/网站，在首页输入 API 的名称或关键词，了解各浏览器以及各版本对其支持的详细情况，如图 1.1 所示。在默认主题下，绿色表示完全支持，紫色表示部分支持，红色表示不支持。

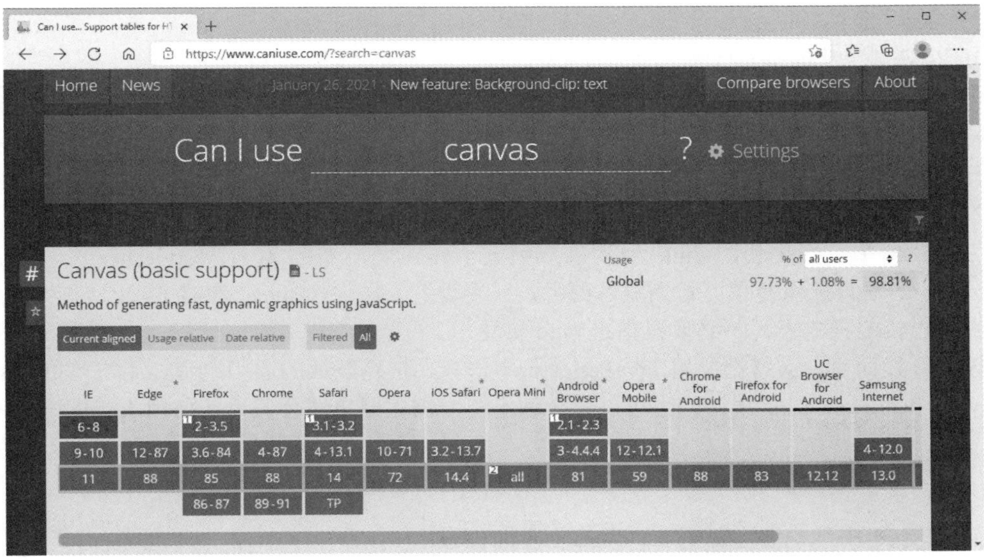

图 1.1　查看各浏览器和各版本对 HTML5 API 的支持情况

如果访问 http://html5test.com/，可以获取用户当前浏览器和版本对于 HTML5 规范的所有 ALI 支持详情。另外，也可以使用 Modernizr（JavaScript 库）进行特性检测，它提供了非常先进的 HTML5 和 CSS3 检测功能。

1.2 HTML5 设计原则

为了规范 HTML5 开发的兼容性、实用性和互操作性，W3C 发布了 HTML5 设计原则（http://www.w3.org/TR/html-design-principles/），简单说明如下。

1.2.1 避免不必要的复杂性

HTML 规范可以写得十分复杂，但浏览器的实现应该非常简单。把复杂的工作留给浏览器后台去处理，用户仅需要输入最简单的字符，甚至不需要输入，才是最佳文档规范。因此，HTML5 首先采用化繁为简的思路进行设计。

【示例 1】在 HTML4.01 中定义文档类型。代码如下：

```
<!DOCTYPE html PUBLIC "-//W3C/DTD HTML4.01//EN" "http://www.w3.org/TR/html4/strict.dtd">
```

HTML5 简化如下：

```
<!DOCTYPE html>
```

HTML4.01 和 XHTML 中的 DOCTYPE 过于冗长，但在 HTML5 中只需要简单的<!DOCTYPEhtml>就可以了。DOCTYPE 是给验证器用的，而非浏览器，浏览器只在做 DOCTYPE 切换时关注这个标签，因此并不需要写得太复杂。

【示例 2】在 HTML4.01 中定义字符编码。代码如下。

```
<meta http-equiv="Content-Type" content="text/html; charset=utf-8">
```

在 XHTML1.0 中还需要再声明 XML 标签，并在其中指定字符编码。

```
<?xml version="1.0" encoding="UTF-8" ?>
<meta http-equiv="Content-Type" content="text/html; charset=utf-8" />
```

HTML5 简化如下：

```
<meta charset="utf-8">
```

关于省略不必要的复杂性，或者说避免不必要的复杂性的例子还有不少。但关键是 HTML5 既能避免不必要的复杂性，又不会妨碍在现有浏览器中使用。

在 HTML5 中，如果使用 link 元素链接到一个样式表，先定义 rel="stylesheet"，然后再定义 type="text/css"，这样就重复了。对浏览器而言，只要设置 rel="stylesheet"就够了，因为它可以猜出要链接的是一个 CSS 样式表，不必要再指定 type 属性。

对 Web 开发而言，大家都使用 JavaScript 脚本语言，也是默认的通用语言，用户可以为 script 元素定义 type="text/javascript"属性，也可以什么都不写，浏览器自然会假设在使用 JavaScript。

1.2.2 支持已有内容

XHTML2.0 最大的问题就是不支持已经存在的内容，这违反了 Postel 法则（即对自己发送的东西要严格，对接收的东西则要宽容）。现实情况中，开发者可以写出各种风格的 HTML，浏览器遇到这些代码时，在内部所构建出的结构应该是一样的，呈现的效果也应该是一样的。

【示例】下面示例展示了编写同样内容的 4 种不同写法，4 种写法唯一的不同点就是语法：

```
<!--写法 1-->
<img src="foo" alt="bar" />
```

```
<p class="foo">Hello world</p>
<!--写法 2-->
<img src="foo" alt="bar">
<p class="foo">Hello world
<!--写法 3-->
<IMG SRC="foo" ALT="bar">
<P CLASS="foo">Hello world</P>
<!--写法 4-->
<img src=foo alt=bar>
<p class=foo>Hello world</p>
```

从浏览器解析的角度分析，这些写法实际上都是一样的。HTML5 必须支持已经存在的约定，适应不同的用户习惯，而不是用户适应浏览器的严格解析标准。

1.2.3 解决实际问题

规范应该去解决现实中实际遇到的问题，而不该考虑那些复杂的理论问题。

【示例】既然有在<a>中嵌套多个段落标签的需要，那就让规范支持它。

如果块内容包含一个标题、一个段落，按 HTML4 规范，必须至少使用两个链接。例如：

```
<h2><a href="#">标题文本</a></h2>
<p><a href="#">段落文本</a></p>
```

在 HTML5 中，只需要把所有内容都包裹在一个链接中即可。例如：

```
<a href="#">
    <h2>标题文本</h2>
    <p>段落文本</p>
</a>
```

其实这种写法早已经存在，当然以前这样写是不合乎规范的。所以，HTML5 解决现实的问题，其本质还是纠正因循守旧的规范标准，现在允许用户这样写。

1.2.4 用户怎么使用就怎么设计规范

当一个实践已经被广泛接受时，就应该考虑将它吸纳进来，而不是禁止它或搞一个新的实践出来。例如，HTML5 新增了 nav、section、article、aside 等标签，它们引入了新的文档模型，即文档中的文档。在 section 中，还可以嵌套 h1～h6 的标签，这样就有了无限的标题层级，这也是很早之前 Tim Berners-Lee 所设想的。

【示例】下面几行代码相信大家都不会陌生，这些都是频繁被使用过的 ID 名称。

```
<div id="header">...</div>
<div id="navigation">...</div>
<div id="main">...</div>
<div id="aside">...</div>
<div id="footer">...</div>
```

在 HTML5 中，可以用新的元素代替。

```
<header>...</header>
<nav>...</nav>
<div id="main">...</div>
<aside>...</aside>
<footer>...</footer>
```

实际上，这并不是 HTML5 工作组发明的，也不是 W3C 开会研究出来的，而是谷歌公司根据大数据分析用户习惯总结出来的。

1.2.5 优雅地降级

Note

渐进增强的另一面就是优雅地回退。最典型的例子就是使用 type 属性增强表单。

【示例 1】 列出可以为 type 属性指定的新值，如 number、search、range 等。

```
<input type="number" />
<input type="search" />
<input type="range" />
<input type="email" />
<input type="date" />
<input type="url" />
```

最关键的问题在于，当浏览器看到这些新type值时会如何处理。老版本浏览器是无法理解这些新 type 值的。但是当它们看到自己不理解的 type 值时，会将 type 的值解释为 text。

【示例 2】 对于新的 video 元素，它设计得很简单、实用。针对不支持 video 元素的浏览器可以这样写：

```
<video src="movie.mp4">
    <!--回退内容-->
</video>
```

这样 HTML5 视频与 Flash 视频就可以协同起来，用户不用纠结如何选择。

```
<video src="movie.mp4">
    <object data="movie.swf">
        <!--回退内容-->
    </object>
</video>
```

如果愿意的话，还可以使用 source 元素，而非 src 属性来指定不同的视频格式。

```
<video>
    <source src="movie.mp4">
    <source src="movie.ogv">
    <object data="movie.swf">
        <a href="movie.mp4">download</a>
    </object>
</video>
```

上面代码包含了 4 个不同的层次。

- ☑ 如果浏览器支持 video 元素，也支持 H264，那么用第 1 个视频。
- ☑ 如果浏览器支持 video 元素，支持 Ogg，那么用第 2 个视频。
- ☑ 如果浏览器不支持 video 元素，那么就要试试 Flash 视频。
- ☑ 如果浏览器不支持 video 元素，也不支持 Flash 视频，还可以给出下载链接。

总之，无论是 HTML5，还是 Flash，一个也不能少。如果只使用 video 元素提供视频，难免会遇到问题。而如果只提供 Flash 影片，性质是一样的。所以还是应该两者兼顾。

1.2.6 支持的优先级

用户与开发者的重要性要远远高于规范和理论。在考虑优先级时，应该按照下面顺序：

用户 > 编写 HTML 的开发者 > 浏览器厂商 > 规范制定者 > 理论

这个设计原则本质上是一种解决冲突的机制。例如，当面临一个要解决的问题时，如果 W3C 给出了一种解决方案，而 WHATWG 给出了另一种解决方案。一旦遇到冲突，最终用户优先，其次是开发者，再是浏览器厂商，然后是规范制定者，最后才是理论上的完美。

根据最终用户优先的原理，开发人员在链条中的位置高于实现者，假如我们发现了规范中的某些地方有问题，就不支持实现这个特性，那么就等于把相应的特性给否定了，规范里就得删除，因为用户有更高的权重。本质上用户拥有了更大的发言权，开发人员也拥有更多的主动性。

1.3　HTML5 基本结构

1.3.1　新建 HTML5 文档

完整的 HTML5 文档结构一般包括两部分：头部消息（<head>）和主体信息（<body>）。

在<head>和</head>标签之间的内容表示网页文档的头部消息。在头部代码中，有一部分是浏览者可见的，如<title>和</title>之间的文本，也称为网页标题，会显示在浏览器标签页中。但是大部分内容是不可见的，专门为浏览器解析网页服务的，如网页字符编码、各种元信息等。

在<body>和</body>标签之间的内容表示网页文档的主体信息。它又包括以下 3 个部分。

☑ 文本内容：在页面上让访问者了解页面信息的纯文字，如关于、产品、资讯的内容，以及其他任何内容。

☑ 外部引用：用来加载图像、音视频文件，以及 CSS 样式表文件、JavaScript 脚本文件等。还可以指向其他的 HTML 页面或资源。

☑ 标签：对文本内容进行分类标记，确保浏览器能够正确显示。

【示例 1】使用记事本或者其他类型的文本编辑器新建文本文件，保存为 index.html。注意，扩展名为.html，而不是.txt。

输入下面的代码，由于网页还没有包含任何信息，在浏览器中显示为空，如图 1.2 所示。

图 1.2　空白页面

```
<!DOCTYPE html>
<html lang="en">
<head>
<meta charset="utf-8" />
<title>网页标题</title>
</head>
<body>
</body>
</html>
```

网页内容都由文本构成，因此网页可以保存为纯文本格式，可以在任何平台上使用任何编辑器来查看源代码，这个特性也确保了用户能够很容易地创建 HTML 页面。

提示：如果使用专业网页编辑器，如 Dreamweaver 等，新建网页文件时，会自动构建基本的网页结构。

本书使用 HTML 泛指 HTML 语言本身。如果需要强调某个版本的特殊性，则使用它们各自的名称。例如，HTML5 引入了一些新的元素，并重新定义或删除了 HTML4 和 XHTML1.0 中的某些元素。

【**示例 2**】在示例 1 基础上，为页面添加内容。代码如下。

```
<!DOCTYPE html>
<html lang="en">
<head>
<meta charset="utf-8" />
<title>HTML5 示例</title>
</head>
<body>
<article>
    <h1>第一个 HTML5 网页</h1>
    <img src="images/html5.jpg" width="200" alt="html5 图标" />
    <p>我是<em>小白</em>, 现在准备学习<a href="https://www.w3.org/TR/html5/" rel="external" title="HTML5 参考手册">HTML5</a></p>
</article>
</body>
</html>
```

在浏览器中预览，则显示效果如图 1.3 所示。

示例 2 演示了 6 种最常用的标签：a、article、em、h1、img 和 p。每个标签都表示不同的语义，例如，h1 定义标题，a 定义链接，img 定义图像。

注意：在代码中行与行之间通过回车符分开，不过它不会影响页面的呈现效果。对 HTML 进行代码缩进显示，与在浏览器中的显示效果没有任何关系，但是 pre 元素是一个例外。习惯上，我们会对嵌套结构的代码进行缩进排版，这样会更容易看出元素之间的层级关系。

1.3.2 编写简洁的 HTML5 文档

本节示例将遵循 HTML5 语法规范编写一个文档。本例文档省略了<html>、<head>、<body>等标签，使用 HTML5 的 DOCTYPE 声明文档类型，简化<meta>的 charset 属性设置，省略<p>标签的结束标记、使用<元素/>的方式来结束<meta>和
标签等。

这段代码在 IE 浏览器中的运行结果如图 1.4 所示。

```
<!DOCTYPE html>
<meta charset="UTF-8">
<title>HTML5 基本语法</title>
<h1>HTML5 的目标</h1>
<p>HTML 5 的目标是能够创建更简单的 Web 程序，书写出更简洁的 HTML 代码。
<br/>例如，为了使 Web 应用程序的开发变得更容易，提供了很多 API；为了使 HTML 变得更简洁，开发出了新的属性、新的元素等。总体来说，为下一代 Web 平台提供了许许多多新的功能。
```

图 1.3　添加主体内容

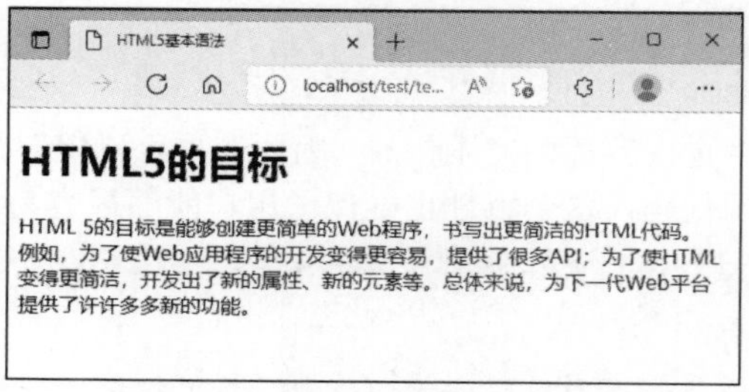

图 1.4　编写 HTML5 文档

以上通过短短几行代码就完成了一个页面的设计，充分说明 HTML5 语法的简洁性。同时，HTML5 不是一种 XML 语言，其语法也很随意，下面从两个方面进行逐句分析。

第 1 行代码如下。

```
<!DOCTYPE HTML>
```

不需要包括版本号，仅告诉浏览器需要一个 doctype 来触发标准模式，可谓简明扼要。

接下来说明文档的字符编码，否则将出现浏览器不能正确解析。

```
<meta charset="utf-8">
```

HTML5 不区分大小写，不需要标记结束符，不介意属性值是否加引号，即下列代码是等效的。

```
<meta charset="utf-8">
<META charset="utf-8" />
<META charset=utf-8>
```

在主体中，可以省略主体标记，直接编写需要显示的内容。虽然在编写代码时省略了<html>、<head>和<body>标记，但在浏览器进行解析时，将会自动进行添加。但是，考虑到代码的可维护性，在编写代码时，应该尽量增加这些基本结构标签。

1.3.3 比较 HTML4 与 HTML5 文档结构

下面通过示例具体说明 HTML5 是如何使用全新的结构化标签编织网页的。

【示例 1】 将页面分成上、中、下 3 个部分。上面显示网站标题栏；中间分两部分，左侧为侧边栏，右侧显示网页正文内容；下面为页脚栏，显示版权信息，如图 1.5 所示。使用 HTML4 构建文档基本结构如下。

```
<div id="header">[标题栏]</div>
<div id="aside">[侧边栏]</div>
<div id="article">[正文内容]</div>
<div id="footer">[页脚栏]</div>
```

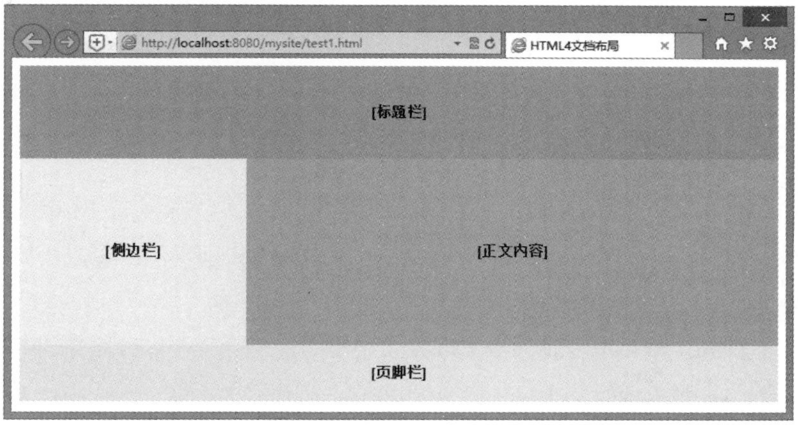

图 1.5　简单的网页布局

尽管上述代码不存在任何语法错误，也可以在 HTML5 中很好地解析，但该页面结构对于浏览器来说是不具有区分度的。对于不同的用户来说，ID 命名可能因人而异，这对浏览器来说，就无法辨别每个 div 元素在页面中的作用，因此也必然会影响其对页面的语义解析。

【示例 2】 使用 HTML5 新增元素重新构建页面，明确定义每部分在页面中的作用。

```
<header>[标题栏]</header>
<aside>[侧边栏]</aside>
<article>[正文内容]</article>
<footer>[页脚栏]</footer>
```

Note

虽然两段代码不一样，但比较上述两段代码，使用HTML5新增元素创建的页面代码更简洁、明晰。可以很容易地看出，使用<div id="header">、<div id="aside">、<div id="article">和<div id="footer">这些标记元素没有任何语义，浏览器也不能根据标记的ID名称来推断它的作用，因为ID名称是随意变化的。

而HTML5新增元素header，明确地告诉浏览器此处是页头，aside元素用于构建页面辅助栏目，article元素用于构建页面正文内容，footer元素定义页脚注释内容。这样极大地提高了开发者便利性和浏览器的解析效率。

1.4 HTML5语法特性

HTML5以HTML4为基础，对HTML4进行了全面升级改造。与HTML4相比，HTML5在语法上有很大的变化，具体说明如下。

1.4.1 文档和标记

1. 内容类型

HTML5的文件扩展名和内容类型保持不变。例如，扩展名仍然为.html或.htm，内容类型（ContentType）仍然为text/html。

2. 文档类型

在HTML4中，文档类型的声明方法如下。

```
<!DOCTYPE html PUBLIC "-//W3C//DTD XHTML 1.0 Transitional//EN" "http://www.w3.org/TR/xhtml1/DTD/xhtml1-transitional.dtd">
```

在HTML5中，文档类型的声明方法如下。

```
<!DOCTYPE html>
```

当使用工具时，也可以在DOCTYPE声明中加入SYSTEM识别符，声明方法如下。

```
<!DOCTYPE HTML SYSTEM "about:legacy-compat">
```

在HTML5中，DOCTYPE声明方式是不区分大小写的，引号也不区分是单引号还是双引号。

注意： 使用HTML5的DOCTYPE会触发浏览器以标准模式显示页面。众所周知，网页都有多种显示模式，如怪异模式（quirk mode）、标准模式（standard mode）。浏览器根据DOCTYPE来识别该使用哪种解析模式。

3. 字符编码

在HTML4中，使用meta元素定义文档的字符编码，如下所示。

```
<meta http-equiv="Content-Type" content="text/html;charset=UTF-8">
```

在 HTML5 中，继续沿用 meta 元素定义文档的字符编码，但是简化了 charset 属性的写法，如下所示。

```
<meta charset="UTF-8">
```

对于 HTML5 来说，上述两种方法都有效，用户可以继续使用前面一种方式，即通过 content 元素的属性来指定。但是不能同时混用两种方式。

注意： 在传统网页中，下面标记是合法的。在 HTML5 中，这种字符编码方式将被认为是错误的。

```
<meta charset="UTF-8" http-equiv="Content-Type" content="text/html;charset=UTF-8">
```

从 HTML5 开始，对于文件的字符编码推荐使用 UTF-8。

1.4.2 宽松的约定

HTML5 语法是为了保证与之前的 HTML4 语法达到最大程度的兼容而设计的。

1. 标记省略

在 HTML5 中，元素的标记可以分为 3 种类型：不允许写结束标记、可以省略结束标记、开始标记和结束标记全部可以省略。下面简单介绍这 3 种类型各包括哪些 HTML5 元素。

第一，不允许写结束标记的元素有 area、base、br、col、command、embed、hr、img、input、keygen、link、meta、param、source、track、wbr。

第二，可以省略结束标记的元素有 li、dt、dd、p、rt、rp、optgroup、option、colgroup、thead、tbody、tfoot、tr、td、th。

第三，可以省略全部标记的元素有 html、head、body、colgroup、tbody。

提示： 不允许写结束标记的元素是指，不允许使用开始标记与结束标记将元素括起来的形式，只允许使用<元素/>的形式进行书写。例如：

☑ 错误的书写方式。

```
<br></br>
```

☑ 正确的书写方式。

```
<br/>
```

HTML5 之前的版本中
这种写法可以继续沿用。

可以省略全部标记的元素是指元素可以完全被省略。注意，该元素还是以隐式的方式存在的。例如，将 body 元素省略时，但它在文档结构中还是存在的，可以使用 document.body 进行访问。

2. 布尔值

对于布尔型属性，如 disabled 与 readonly 等，当只写属性而不指定属性值时，表示属性值为 true；如果属性值为 false，可以不使用该属性。另外，要想将属性值设定为 true 时，也可以将属性名设定为属性值，或将空字符串设定为属性值。

【示例 1】几种正确的布尔值书写方法。

```
<!--只写属性，不写属性值，代表属性为 true-->
<input type="checkbox" checked>
<!--不写属性，代表属性为 false-->
<input type="checkbox">
<!--属性值=属性名，代表属性为 true-->
<input type="checkbox" checked="checked">
```

```
<!--属性值=空字符串，代表属性为 true-->
<input type="checkbox" checked="">
```

3. 属性值

属性值可以加双引号，也可以加单引号。HTML5 在此基础上做了一些改进，当属性值不包括空字符串、<、>、=、单引号、双引号等字符时，属性值两边的引号可以省略。

【示例 2】下面属性值写法都是合法的。

```
<input type="text">
<input type='text'>
<input type=text>
```

1.5 在线支持

扫码免费学习
更多实用技能

一、零基础小白预习

- ☑ 网页设计基础

二、补充知识

- ☑ HTML 历史
- ☑ HTML5 组织
- ☑ HTML5 浏览器检测
- ☑ HTML5 元素表 PC 端浏览
- ☑ HTML5 元素表移动端浏览
- ☑ 人类最早的 Web 页面
- ☑ 完整的 HTML5 结构模板

三、HTML5 主体结构标签参考

- ☑ HTML5 基础标签列表
- ☑ 文档结构、节和样式标签列表
- ☑ 元信息标签列表
- ☑ 框架标签列表

四、HTML5 API

- ☑ 新增的 API
- ☑ 修改的 API
- ☑ 扩展 Document
- ☑ 扩展 HTMLElement
- ☑ 扩展 DOM HTML
- ☑ 弃用的 API

新知识、新变化不断更新中……

第 2 章

设计 HTML5 文档结构

定义清晰、一致的文档结构不仅方便后期维护和拓展，同时也大大降低了 CSS 和 JavaScript 的应用难度。为了提高搜索引擎的检索率，适应智能化处理，设计符合语义的结构显得很重要。本章主要介绍设计 HTML5 文档结构所需的 HTML 元素及其使用技巧。

视频讲解

2.1 头部结构

在 HTML 文档的头部区域，存储着各种网页元信息，这些信息主要为浏览器所用，一般不会显示在网页中。另外，搜索引擎也会检索这些信息，因此设置这些头部信息非常重要。

2.1.1 定义网页标题

使用<title>标签可定义网页标题。例如：

```
<html>
<head>
<title>网页标题</title>
</head>
<body>
</body>
</html>
```

浏览器会把它放在窗口的标题栏或状态栏中显示，如图 2.1 所示。当把文档加入用户的链接列表、收藏夹或书签列表时，标题将作为该文档链接的默认名称。

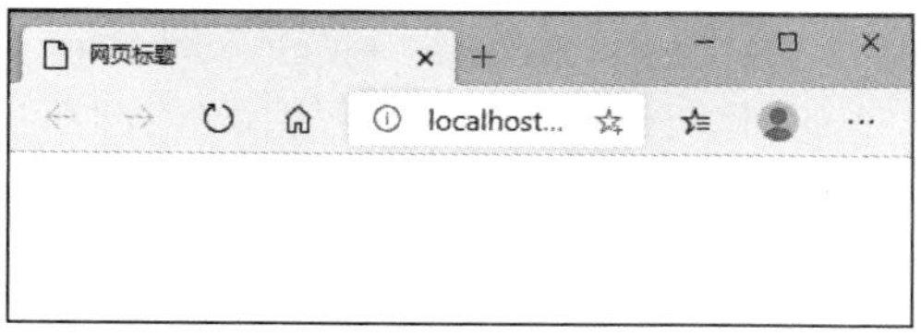

图 2.1　显示网页标题

> 提示：title 元素必须位于 head 部分。确保每个页面的 title 是唯一的，从而提升搜索引擎结果排名，并让访问者获得更好的体验。title 不能包含任何格式、HTML、图像或指向其他页面的链接。

2.1.2 定义网页元信息

使用<meta>标签可以定义网页的元信息，例如，定义针对搜索引擎的描述和关键词，一般网站都必须设置这两条元信息，以方便搜索引擎检索。

☑ 定义网页的描述信息。

```
<meta name="description" content="标准网页设计专业技术资讯" />
```

☑ 定义页面的关键词。

```
<meta name="keywords" content="HTML,DHTML, CSS, XML, XHTML, JavaScript" />
```

<meta>标签位于文档的头部，<head>标签内，不包含任何内容。使用<meta>标签的属性可以定义与文档相关联的名称/值对。<meta>标签可用属性说明如表 2.1 所示。

表 2.1 <meta>标签属性列表

属　性	说　明
content	必需的，定义与 http-equiv 或 name 属性相关联的元信息
http-equiv	把 content 属性关联到 HTTP 头部。取值包括 content-type、expires、refresh、set-cookie
name	把 content 属性关联到一个名称。取值包括 author、description、keywords、generator、revised 等
scheme	定义用于翻译 content 属性值的格式
charset	定义文档的字符编码

【示例】下面列举常用元信息的设置代码，更多元信息的设置可以参考 HTML 手册。

使用 http-equiv 等于 content-type，可以设置网页的编码信息。

☑ 设置 UTF-8 编码。

```
<meta http-equiv="content-type" content="text/html; charset=UTF-8" />
```

提示，HTML5 简化了字符编码设置方式：<meta charset="utf-8">，其作用是相同的。

☑ 设置简体中文 gb2312 编码。

```
<meta http-equiv="content-type" content="text/html; charset=gb2312" />
```

注意：每个 HTML 文档都需要设置字符编码类型，否则可能会出现乱码，其中 UTF-8 是国家通用编码，独立于任何语言，因此都可以使用。

使用 content-language 属性值定义页面语言的代码。如下所示设置中文版本语言。

```
<meta http-equiv="content-language" content="zh-CN" />
```

使用 refresh 属性值可以设置页面刷新时间或跳转页面，如 5 秒钟之后刷新页面。

```
<meta http-equiv="refresh" content="5" />
```

5 秒钟之后跳转到百度首页。

```
<meta http-equiv="refresh" content="5; url= https://www.baidu.com/" />
```

使用 expires 属性值设置网页缓存时间。

```
<meta http-equiv="expires" content="Sunday 20 October 2019 01:00 GMT" />
```

也可以使用如下方式设置页面不缓存。

```
<meta http-equiv="pragma" content="no-cache" />
```

类似设置还有：

```
<meta name="author" content="https://www.baidu.com/" />             <!--设置网页作者-->
<meta name="copyright" content=" https://www.baidu.com/" />         <!--设置网页版权-->
<meta name="date" content="2019-01-12T20:50:30+00:00" />            <!--设置创建时间-->
<meta name="robots" content="none" />                               <!--设置禁止搜索引擎检索-->
```

2.1.3 定义文档视口

在移动 Web 开发中，经常会遇到 viewport（视口）问题，就是浏览器显示页面内容的屏幕区域。一般移动设备的浏览器默认都设置一个<meta name="viewport">标签，定义一个虚拟的布局视口，用于解决早期的页面在手机上显示的问题。

iOS、Android 基本都将这个视口分辨率设置为 980px，所以桌面网页基本能够在手机上呈现，只不过看上去很小，用户可以通过手动缩放网页进行阅读。这种方式用户体验很差，建议使用<meta name="viewport">标签设置视图大小。

<meta name="viewport">标签的设置代码如下。

```
<meta id="viewport" name="viewport" content="width=device-width; initial-scale=1.0; maximum-scale=1; user-scalable=no;">
```

各属性说明如表 2.2 所示。

表 2.2　<meta name="viewport">标签的设置说明

属　性	取　值	说　明
width	正整数或 device-width	定义视口的宽度，单位为像素
height	正整数或 device-height	定义视口的高度，单位为像素，一般不用
initial-scale	[0.0-10.0]	定义初始缩放值
minimum-scale	[0.0-10.0]	定义缩小最小比例，它必须小于或等于 maximum-scale 设置
maximum-scale	[0.0-10.0]	定义放大最大比例，它必须大于或等于 minimum-scale 设置
user-scalable	yes/no	定义是否允许用户手动缩放页面，默认值 yes

【示例】在页面中输入一个标题和两段文本，如果没有设置文档视口，则在移动设备中所呈现效果如图 2.2 所示，而设置了文档视口之后，所呈现效果如图 2.3 所示。

```
<!doctype html>
<html>
<head>
<meta charset="utf-8">
<title>设置文档视口</title>
<meta name="viewport" content="width=device-width, initial-scale=1">
</head>
<body>
<h1>width=device-width, initial-scale=1</h1>
<p>width=device-width 将 layout viewport（布局视口）的宽度设置 ideal viewport（理想视口）的宽度。</p>
<p>initial-scale=1 表示将 layout viewport（布局视口）的宽度设置为 ideal viewport（理想视口）的宽度，</p>
</body>
</html>
```

图 2.2　默认被缩小的页面视图

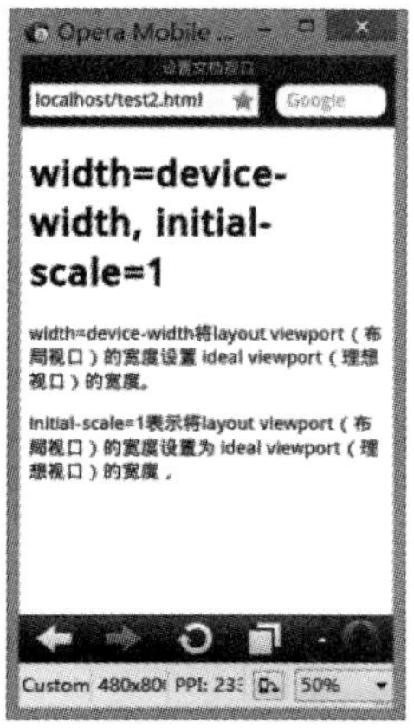

图 2.3　保持正常的布局视图

提示：ideal viewport（理想视口）通常就是我们说的设备的屏幕分辨率。

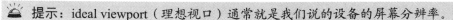

2.2 主体结构

HTML 文档的主体部分包括了要在浏览器中显示的所有信息。这些信息需要在特定的结构中呈现，下面介绍网页通用结构的设计方法。

2.2.1 定义文档结构

HTML5 包含一百多个标签，大部分继承自 HTML4，新增加 30 个标签。这些标签基本上都被放置在主体区域内（<body>），我们将在各章中逐一进行说明。

正确选用 HTML5 标签可以避免代码冗余。在设计网页时不仅需要使用<div>标签来构建网页通用结构，还要使用下面几类标签完善网页结构。

- ☑ <h1>、<h2>、<h3>、<h4>、<h5>、<h6>：定义文档标题，1 表示一级标题，6 表示六级标题，常用标题包括一级、二级和三级。
- ☑ <p>：定义段落文本。
- ☑ <ul>、<ol>、<li>等：定义信息列表、导航列表等。
- ☑ <table>、<tr>、<td>等：定义表格结构。
- ☑ <form>、<input>、<textarea>等：定义表单结构。
- ☑ <span>：定义行内包含框。

【示例】本示例是一个简单的 HTML 页面，使用了少量 HTML 标签。它演示了一个简单的文档应该包含的内容，以及主体内容是如何在浏览器中显示的。

第 1 步，新建文本文件，输入下面代码。

```
<html>
    <head>
        <meta charset="utf-8">
        <title>一个简单的文档包含内容</title>
    </head>
    <body>
        <h1>我的第一个网页文档</h1>
        <p>HTML 文档必须包含三个部分：</p>
        <ul>
            <li>html——网页包含框</li>
            <li>head——头部区域</li>
            <li>body——主体内容</li>
        </ul>
    </body>
</html>
```

第 2 步，保存文本文件，命名为 test，设置扩展名为.html。

第 3 步，使用浏览器打开这个文件，则可以看到如图 2.4 所示的预览效果。

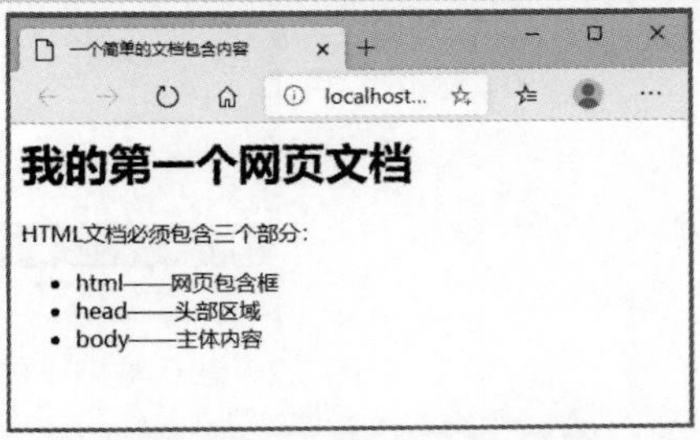

图 2.4　网页文档演示效果

为了更好地选用标签，读者可以参考 w3school 网站的 http://www.w3school.com.cn/tags/index.asp 页面信息。其中 DTD 列描述标签在哪一种 DOCTYPE 文档类型是允许使用的：S=Strict，T=Transitional，F=Frameset。

Note

2.2.2　定义内容标题

HTML 提供了六级标题用于创建页面信息的层级关系。使用 h1、h2、h3、h4、h5 或 h6 元素对各级标题进行标记，其中 h1 是最高级别的标题，h2 是 h1 的子标题，h3 是 h2 的子标题，以此类推。

【示例 1】标题代表了文档的大纲。当设计网页内容时，可以根据需要为内容的每个主要部分指定一个标题和任意数量的子标题，以及子子标题等。

```
<h1>唐诗欣赏</h1>
<h2>春晓</h2>
<h3>孟浩然</h3>
<p>春眠不觉晓，处处闻啼鸟。</p>
<p>夜来风雨声，花落知多少。</p>
```

在上面示例中，标记为 h2 的“春晓”是标记为 h1 的顶级标题“唐诗欣赏”的子标题，而“孟浩然”是 h3，它就成了“春晓”的子标题，也是 h1 的子子标题。如果继续编写页面其余部分的代码，相关的内容（段落、图像、视频等）就要紧跟在对应的标题后面。

对任何页面来说，分级标题都可以说是最重要的 HTML 元素。由于标题通常传达的是页面的主题，因此，对搜索引擎而言，如果标题与搜索词匹配，这些标题就会被赋予很高的权重，尤其是等级最高的 h1，当然不是说页面中的 h1 越多越好，搜索引擎能够聪明判断出哪些 h1 是可用的，哪些 h1 是“凑数”的。

【示例 2】使用标题组织内容。在本示例中，产品指南有 3 个主要的部分，每个部分都有不同层级的子标题。标题之间的空格和缩进只是为了让层级关系更清楚一些，它们不会影响最终的显示效果。

```
<h1>所有产品分类</h1>
    <h2>进口商品</h2>
    <h2>食品饮料</h2>
        <h3>糖果/巧克力</h3>
            <h4>巧克力 果冻</h4>
            <h4>口香糖 棒棒糖 软糖 奶糖 QQ 糖</h4>
        <h3>饼干糕点</h3>
            <h4>饼干 曲奇</h4>
            <h4>糕点 蛋卷 面包 薯片/膨化</h4>
    <h2>粮油副食</h2>
        <h3>大米面粉</h3>
        <h3>食用油</h3>
```

在默认情况下，浏览器会从 h1 到 h6 逐级减小标题的字号，所有标题都以粗体显示，h1 的字号比 h2 的大，而 h2 的又比 h3 的大，以此类推。每个标题之间的距离也是由浏览器默认的 CSS 定制的，它们并不代表 HTML 文档中有空行，如图 2.5 所示。

图 2.5　网页内容标题的层级

提示：在创建分级标题时，要避免跳过某些级别，如从 h3 直接跳到 h5。不过，允许从低级别跳到高级别的标题。例如，在“<h4>糕点 蛋卷 面包 薯片/膨化</h4>”后面紧跟着“<h2>粮油副食</h2>”是没有问题的，因为包含“<h4>糕点 蛋卷 面包 薯片/膨化</h4>”的“<h2>食品饮料</h2>”在这里结束了，而“<h2>粮油副食</h2>”的内容开始了。

不要使用 h1～h6 标记副标题、标语以及无法成为独立标题的子标题。例如，假设有一篇新闻报道，它的主标题后面紧跟着一个副标题，这时，这个副标题就应该使用段落，或其他非标题元素。

```
<h1>天猫超市</h1>
<p>在乎每件生活小事</p>
```

HTML5 包含了一个名为 hgroup 的元素，用于将连续的标题组合在一起，后来 W3C 将这个元素从 HTML5.1 规范中移除。

```
<h1>客观地看日本，理性地看中国</h1>
<p class="subhead">日本距离我们并不远，但是如果真的要说它在这十年、二十年有什么样的发展和变化，又好像对它了解得并不多，本文出自一个在日本待了快 10 年的中国作者，来看看他描述的日本，那个除了“老龄化”和“城市干净”这些标签之外的真实国度。</p>
```

上面代码是标记文章副标题的一种方法。可以添加一个 class，从而能够应用相应的 CSS。该 class 可以命名为 subhead 等名称。

提示：曾有人提议在 HTML5 中引入 subhead 元素，用于对子标题、副标题、标语、署名等内容进行标记，但是未被 W3C 采纳。

2.2.3 使用 div

有时需要在一段内容外围包一个容器，从而可以为其应用 CSS 样式或 JavaScript 效果。如果没有这个容器，页面就会不一样。在评估内容时，考虑使用 article、section、aside、nav 等元素，却发现它们从语义上来讲都不合适。

这时，真正需要的是一个通用容器，一个完全没有任何语义含义的容器。这个容器就是 div 元素，用户可以为其添加样式或 JavaScript 效果。

【示例 1】为页面内容加上 div 以后，可以添加更多样式的通用容器。

```
<div>
    <article>
        <h1>文章标题</h1>
        <p>文章内容</p>
        <footer>
            <p>注释信息</p>
            <address><a href="#">W3C</a></address>
        </footer>
    </article>
</div>
```

现在有一个 div 包着所有的内容，页面的语义没有发生改变，但现在我们有了一个可以用 CSS 添加样式的通用容器。

与 header、footer、main、article、section、aside、nav、h1～h6、p 等元素一样，在默认情况下，div 元素自身没有任何默认样式，只是其包含的内容从新的一行开始。不过，我们可以对 div 添加样式以实现设计。

div 对使用 JavaScript 实现一些特定的交互行为或效果也是有帮助的。例如，在页面中展示一张照片或一个对话框，同时让背景页面覆盖一个半透明的层（这个层通常是一个 div）。

尽管 HTML 用于对内容的含义进行描述，但 div 并不是唯一没有语义价值的元素。span 是与 div 对应的一个元素：div 是块级内容的无语义容器，而 span 则是短语内容的无语义容器，例如它可以放在段落元素 p 之内。

【示例 2】为段落文本中部分信息进行分隔显示，以便应用不同的类样式。

```
<h1>新闻标题</h1>
<p>新闻内容</p>
<p>...</p>
<p>发布于<span class="date">2016 年 12 月</span>，由<span class="author">张三</span>编辑</p>
```

Note

提示：在 HTML 结构化元素中，div 是除了 h1～h6 外早于 HTML5 出现的元素。在 HTML5 之前，div 是包围大块内容（如页眉、页脚、主要内容、插图、附栏等），从而可用 CSS 为之添加样式的不二选择。之前 div 没有任何语义含义，现在也一样。这就是 HTML5 引入 header、footer、main、article、section、aside 和 nav 的原因。这些类型的构造块在网页中普遍存在，因此它们可以成为具有独立含义的元素。在 HTML5 中，div 并没有消失，只是使用它的场合变少了。

对 article 和 aside 元素分别添加一些 CSS，让它们各自成为一栏。然而，大多数情况下，每一栏都有不止一个区块的内容。例如，主要内容区第一个 article 下面可能还有另一个 article（或 section、aside 等）。又如，也可能在第二栏再放一个 aside 显示指向关于其他网站的链接，或者再加一个其他类型的元素。这时可以将期望在同一栏的内容包在一个 div 里，然后对这个 div 添加相应的样式。但是不可以用 section，因为该元素并不能作为添加样式的通用容器。

div 没有任何语义。大多数时候，使用 header、footer、main（仅使用一次）、article、section、aside 或 nav 代替 div 会更合适。但是，如果语义上不合适，也不必为了刻意避免使用 div，而使用上述元素。div 适合所有页面容器，可以作为 HTML5 的备用容器使用。

2.2.4 使用 id 和 class

HTML 是简单的文档标识语言，而不是界面语言。文档结构大部分使用<div>标签来完成，为了能够识别不同的结构，一般通过定义 id 或 class 给它们赋予额外的语义，给 CSS 样式提供有效的“钩子”。

【示例 1】构建一个简单的列表结构，并给它分配一个 id，自定义导航模块。

```
<ul id="nav">
    <li><a href="#">首页</a></li>
    <li><a href="#">新闻</a></li>
    <li><a hzef="#">互动</a></li>
</ul>
```

使用 id 标识页面上的元素时，id 名必须是唯一的。id 可以用来标识持久的结构性元素，例如主导航或内容区域；id 还可以用来标识一次性元素，如某个链接或表单元素。

在整个网站上，id 名应该应用于语义相似的元素以避免混淆。例如，如果联系人表单和联系人详细信息在不同的页面上，那么可以给它们分配同样的 id 名 contact，但是如果在外部样式表中给它们定义样式，就会遇到问题，因此使用不同的 id 名（如 contact_form 和 contact_details）就会简单得多。

与 id 不同，同一个 class 可以应用于页面上任意数量的元素，因此 class 非常适合标识样式相同的对象。例如，设计一个新闻页面，其中包含每条新闻的日期。此时不必给每个日期分配不同的 id，而是可以给所有日期分配类名 date。

提示：id 和 class 的名称一定要保持语义性，并与表现方式无关。例如，可以给导航元素分配 id 名为 right_nav，因为希望它出现在右边。但是，如果以后将它的位置改到左边，那么 CSS 和 HTML 就会发生歧义。所以，将这个元素命名为 sub_nav 或 nav_main 更合适。这种名称解释就不再涉及如何表现它。

对于 class 名称，也是如此。例如，如果定义所有错误消息以红色显示，不要使用类名 red，而应该选择更有意义的名称，如 error 或 feedback。

注意：class 和 id 名称需要区分大小写，虽然 CSS 不区分大小写，但是在标签中是否区分大小写取决于 HTML 文档类型。如果使用 XHTML 严谨型文档，那么 class 和 id 名是区分大小写的。最好的方式是保持一致的命名约定，如果在 HTML 中使用驼峰命名法，那么在 CSS 中也采用这种形式。

Note

【示例 2】 在实际设计中，class 被广泛使用，这就容易产生滥用现象。例如，很多初学者把所有的元素上添加类，以便更方便地控制它们。这种现象被称为“多类症”，在某种程度上，这和使用基于表格的布局一样糟糕，因为它在文档中添加了无意义的代码。

```
<h1 class="newsHead">标题新闻</h1>
<p class="newsText">新闻内容</p>
<p>...</p>
<p class="newsText"><a href="news.php" class="newsLink">更多</a></p>
```

【示例 3】 在上面示例中，每个元素都使用一个与新闻相关的类名进行标识。这使新闻标题和正文可以采用与页面其他部分不同的样式。但是，不需要用这么多类来区分每个元素。可以将新闻条目放在一个包含框中，并加上类名news，从而标识整个新闻条目。然后，可以使用包含框选择器识别新闻标题或文本。

```
<div class="news">
    <h1>标题新闻</h1>
    <p>新闻内容</p>
    <p>...</p>
    <p><a href="news.php">更多</a></p>
</div>
```

以这种方式删除不必要的类有助于简化代码，使页面更简洁。过渡依赖类名是不必要的，我们只需要在不适合使用 id 的情况下对元素应用类，而且尽可能少使用类。实际上，创建大多数文档常常只需要添加几个类。如果初学者发现自己添加了许多类，那么这很可能意味着你创建的 HTML 文档结构有问题。

2.2.5 使用 title

可以使用 title 属性为文档中任何部分加上提示标签。不过，它们并不只用于标签提示，加上它们之后屏幕阅读器可以为用户朗读 title 文本，因此使用 title 可以提升无障碍访问功能。

【示例】 可以为任何元素添加 title，不过用得最多的是链接。

```
<ul title="列表提示信息">
    <li><a href="#" title="链接提示信息">列表项目</a></li>
</ul>
```

当访问者将鼠标指针指向加了说明标签的元素时，就会显示 title。如果 img 元素同时包括 title 和 alt 属性，则提示框会采用 title 属性的内容，而不是 alt 属性的内容。

2.2.6 HTML 注释

可以在 HTML 文档中添加注释，标明区块开始和结束的位置，提示某段代码的意图，或者阻止内容显示等。这些注释只会在源代码中可见，访问者在浏览器中是看不到它们的。

【示例】 下面代码使用“<!--”和“-->”分隔符定义了 6 处注释。

```
<!--开始页面容器-->
<div class="container">
```

```
        <header role="banner"></header>
        <!--应用 CSS 后的第 1 栏-->
        <main role="main"></main>
        <!--结束第 1 栏-->
        <!--应用 CSS 后的第 2 栏-->
        <div class="sidebar"></div>
        <!--结束第 2 栏-->
        <footer role="contentinfo"></footer>
    </div>
    <!--结束页面容器-->
```

在主要区块的开头和结尾处添加注释是一种常见的做法，这样可以让一起合作的开发人员将来修改代码变得更加容易。

在发布网站之前，应该用浏览器查看一下加了注释的页面。这样能帮你避免由于弄错注释格式导致注释内容直接暴露给访问者的情况。

2.3　语义化结构

HTML5 新增多个结构化元素，以方便用户创建更友好的页面主体框架，下面来详细学习。

2.3.1　定义页眉

如果页面中有一块包含一组介绍性或导航性内容的区域，应该用 header 元素对其进行标记。一个页面可以有任意数量的 header 元素，它们的含义可以根据其上下文而有所不同。例如，处于页面顶端或接近这个位置的 header 可能代表整个页面的页眉（也称为页头）。

通常，页眉包括网站标志、主导航和其他全站链接，甚至搜索框。这是 header 元素最常见的使用形式，不过不是唯一的形式。

【示例 1】 本示例中的 header 代表整个页面的页眉。它包含一组代表整个页面主导航的链接（在 nav 元素中）。可选的 role="banner"并不适用于所有的页眉。它明确定义该页眉为页面级页眉，因此可以提高访性权重。

```
<header role="banner">
    <nav>
        <ul>
            <li><a href="#">公司新闻</a></li>
            <li><a href="#">公司业务</a></li>
            <li><a href="#">关于我们</a></li>
        </ul>
    </nav>
</header>
```

这种页面级页眉的形式在互联网上很常见。它包含网站名称（通常为一个标识）、指向网站主要板块的导航链接，以及一个搜索框。

【示例 2】 header 也适合对页面深处的一组介绍性或导航性内容进行标记。例如，一个区块的目录。

```
<main role="main">
    <article>
        <header>
            <h1>客户反馈</h1>
```

```
            <nav>
                <ul>
                    <li><a href="#answer1">新产品什么时候上市？</a>
                    <li><a href="#answer2">客户电话是多少？</a>
                    <li> ...
                </ul>
            </nav>
        </header>
        <article id="answer1">
            <h2>新产品什么时候上市？</h2>
            <p>5 月 1 日上市</p>
        </article>
        <article id="answer2">
            <h2>客户电话是多少？</h2>
            <p>010-66668888</p>
        </article>
    </article>
</main>
```

提示：只在必要时使用 header。大多数情况下，如果使用 h1～h6 能满足需求，就没有必要用 header 将它包起来。header 与 h1～h6 元素中的标题是不能互换的。它们都有各自的语义目的。

不能在 header 里嵌套 footer 元素或另一个 header，也不能在 footer 或 address 元素里嵌套 header。当然，不一定要像示例那样包含一个 nav 元素，不过在大多数情况下，如果 header 包含导航性链接，就可以用 nav。nav 包住链接列表是恰当的，因为它是页面内的主要导航组。

2.3.2 定义导航

HTML 早期版本没有元素明确表示主导航链接的区域，HTML5 新增 nav 元素，用来定义导航。nav 中的链接可以指向页面中的内容，也可以指向其他页面或资源，或者两者兼具。无论是哪种情况，应该仅对文档中重要的链接群使用 nav。例如：

```
<header role="banner">
    <nav>
        <ul>
            <li><a href="#">公司新闻</a></li>
            <li><a href="#">公司业务</a></li>
            <li><a href="#">关于我们</a></li>
        </ul>
    </nav>
</header>
```

这些链接（a 元素）代表一组重要的导航，因此将它们放入一个 nav 元素。role 属性并不是必需的，不过它可以提高可访问性。nav 元素不会对其内容添加任何默认样式，除了开启一个新行以外，该元素没有任何默认样式。

一般习惯使用 ul 或 ol 元素对链接进行结构化。在 HTML5 中，nav 并没有取代这种最佳实践。应该继续使用这些元素，只是在它们的外围简单地包一个 nav。

nav 能帮助不同设备和浏览器识别页面的主导航，并允许用户通过键盘直接跳至这些链接。这可以提高页面的可访问性，提升访问者的体验。

HTML5 规范不推荐对辅助性的页脚链接使用 nav，如“使用条款”“隐私政策”等。不过，有时页脚会再次显示顶级全局导航，或者包含“商店位置”“招聘信息”等重要链接。在大多数情况下，推荐将页脚中的此类链接放入 nav 中。同时，HTML5 不允许将 nav 嵌套在 address 元素中。

在页面中插入一组链接并非意味着一定要将它们包在 nav 元素里。例如，在一个新闻页面中，包含一篇文章，该页面包含 4 个链接列表，其中只有两个列表比较重要，可以包在 nav 中。而位于 aside 中的次级导航和 footer 里的链接可以忽略。

如何判断是否对一组链接使用 nav？

这取决于内容的组织情况。一般应该将网站全局导航标记为 nav，让用户可以跳至网站各个主要部分的导航。这种 nav 通常出现在页面级的 header 元素里面。

【示例】在下面页面中，只有两组链接放在 nav 里，另外两组则由于不是主要的导航而没有放在 nav 里。

```
<!--开始页面级页眉-->
<header role="banner">
    <!--站点标识可以放在这里-->
    <!--全站导航-->
    <nav role="navigation">
        <ul></ul>
    </nav>
</header>
<!--开始主要内容-->
<main role="main">
    <h1>客户反馈</h1>
    <article>
        <h2>问题</h2>
        <p>反馈</p>
    </article>
    <aside>
        <h2>关于</h2>
        <!--没有包含在 nav 里-->
        <ul> </ul>
    </aside>
</main>
<!--开始附注栏-->
<aside>
    <!--次级导航-->
    <nav role="navigation">
        <ul>
            <li><a href="#">国外业务</a></li>
            <li><a href="#">国内业务</a></li>
        </ul>
    </nav>
</aside>
<!--开始页面级页脚-->
<footer role="contentinfo">
    <!--辅助性链接并未包在 nav 中-->
    <ul></ul>
</footer>
```

2.3.3　定义主要区域

一般网页都有一些不同的区块，如页眉、页脚、包含额外信息的附注栏、指向其他网站的链接等。不过，一个页面只有一个部分代表其主要内容。可以将这样的内容包在 main 元素中，该元素在一个页面仅使用一次。

Note

【示例】下面的页面是一个完整的主体结构。main 元素包围着代表页面主题的内容。

```
<header role="banner">
    <nav role="navigation">[包含多个链接的 ul]</nav>
</header>
<main role="main">
    <article>
        <h1 id="gaudi">主要标题</h1>
        <p>[页面主要区域的其他内容]
    </article>
</main>
<aside role="complementary">
    <h1>侧边标题</h1>
    <p>[附注栏的其他内容]
</aside>
<footer role="info">[版权]</footer>
```

main 元素是 HTML5 新添加的元素，在一个页面里仅使用一次。在 main 开始标签中加上 role="main"，这样可以帮助屏幕阅读器定位页面的主要区域。

与 p、header、footer 等元素一样，main 元素的内容显示在新的一行，除此之外不会影响页面的任何样式。如果创建的是 Web 应用，应该使用 main 包围其主要的功能。

注意：不能将 main 放置在 article、aside、footer、header 或 nav 元素中。

2.3.4 定义文章块

HTML5 的另一个新元素便是 article，使用它可以定义文章块。

【示例 1】应用 article 元素。

```
<header role="banner">
    <nav role="navigation">[包含多个链接的 ul]</nav>
</header>
<main role="main">
    <article>
        <h1 id="news">区块链“时代号”列车驶来</h1>
        <p>对于精英们来说，这个春节有点特殊。</p>
        <p>他们身在曹营心在汉，他们被区块链搅动得燥热难耐，在兴奋、焦虑、恐慌、质疑中度过一个漫长春节。</p>
        <h2 id="sub1">1. 三点钟无眠</h2>
        <p><img src="images/0001.jpg" width="200"  />春节期间，一个大佬云集的区块链群建立，因为有蔡文胜、薛蛮子、徐小平等人的参与，群被封上了“市值万亿”。这个名为“三点钟无眠区块链”的群，搅动了一池春水。</p>
        <h2 id="sub2">2. 被碾压的春节</h2>
        <p>...</p>
    </article>
</main>
```

为了精简，本示例对文章内容进行了缩写，略去了一些 nav 代码。尽管在这个例子里只有段落和图像，但 article 可以包含各种类型的内容。

现在，页面有了 header、nav、main 和 article 元素，以及它们各自的内容。在不同的浏览器中，article 中标题的字号可能不同。可以应用 CSS 使它们在不同的浏览器中显示相同的大小。

article 用于包含文章一样的内容，不过并不局限于此。在 HTML5 中，article 元素表示文档、页面、应用或网站中一个独立的容器，原则上是可独立分配或可再用的，就像聚合内容中的各部分。它可以是一篇论坛帖子、一篇杂志或报纸文章、一篇博客条目、一则用户提交的评论、一个交互式的小部件或小工具，或者任何其他独立的内容项。其他 article 的例子包括电影或音乐评论、案例研究、产品描述等。这些确定是独立的、可再分配的内容项。

可以将 article 嵌套在另一个 article 中，只要里面的 article 与外面的 article 是部分与整体的关系。一个页面可以有多个 article 元素。例如，博客的主页通常包括几篇最新的文章，其中每一篇都是其自身的 article。一个 article 可以包含一个或多个 section 元素。在 article 里包含独立的 h1～h6 元素。

【示例 2】上面示例只是使用 article 的一种方式，下面看看其他的用法。本示例展示了对基本的新闻报道或报告进行标记的方法。注意 footer 和 address 元素的使用。这里，address 只应用于其父元素 article（即这里显示的 article），而非整个页面或任何嵌套在那个 article 里面的 article。

```
<article>
    <h1 id="news">区块链“时代号”列车驶来</h1>
    <p>对于精英们来说，这个春节有点特殊。</p>
    <!--文章的页脚，并非页面级的页脚-->
    <footer>
        <p>出处说明</p>
        <address>
        访问网址<a href="https://www.huxiu.com/article/233472.html">虎嗅</a>
        </address>
    </footer>
</article>
```

【示例 3】本示例展示了嵌套在父元素 article 里面的 article 元素。其中嵌套的 article 是用户提交的评论，就像在博客或新闻网站上见到的评论部分。该例还显示了 section 元素和 time 元素的用法。这些只是使用 article 及有关元素的几个常见方式。

```
<article>
    <h1 id="news">区块链“时代号”列车驶来</h1>
    <p>对于精英们来说，这个春节有点特殊。</p>
    <section>
        <h2>读者评论</h2>
        <article>
            <footer>发布时间
                <time datetime="2020-02-20">2020-2-20</time>
            </footer>
            <p>评论内容</p>
        </article>
        <article>[下一则评论]</article>
    </section>
</article>
```

每条读者评论都包含在一个 article 里，这些 article 元素嵌套在主 article 里。

2.3.5　定义区块

section元素代表文档或应用的一个一般的区块。section 是具有相似主题的一组内容，通常包含一个标题。section 包含章节、标签式对话框中的各种标签页、论文中带编号的区块。例如，网站的主页可以分成介绍、新闻条目、联系信息等区块。

section 定义通用的区块，但不要将它与 div 元素混淆。从语义上讲，section 标记的是页面中的特定区域，而 div 则不传达任何语义。

【示例 1】把主体区域划分 3 个独立的区块。

```
<main role="main">
    <h1>主要标题</h1>
    <section>
```

```
        <h2>区块标题 1</h2>
        <ul>[标题列表</ul>
    </section>
    <section>
        <h2>区块标题 2</h2>
        <ul>[标题列表</ul>
    </section>
    <section>
        <h2>区块标题 3</h2>
        <ul>[标题列表</ul>
    </section>
</main>
```

【示例 2】一般新闻网站都会对新闻进行分类。每个类别都可以标记为一个 section。

```
<h1>网页标题</h1>
<section>
    <h2>区块标题 1</h2>
    <ol>
        <li>列表项目 1</li>
        <li>列表项目 2</li>
        <li>列表项目 3</li>
    </ol>
</section>
<section>
    <h2>区块标题 2</h2>
    <ol>
        <li>列表项目 1</li>
    </ol>
</section>
```

与其他元素一样，section 并不影响页面的显示。

如果只是出于添加样式的原因要对内容添加一个容器，应使用 div 而不是 section。

可以将 section 嵌套在 article 里，从而显式地标出报告、故事、手册等文章的不同部分或不同章节。例如，可以在本例中使用 section 元素包裹不同的内容。

使用 section 时，记住"具有相似主题的一组内容"，这也是 section 区别于 div 的另一个原因。section 和 article 的区别在于，section 在本质上组织性和结构性更强，而 article 代表的是自包含的容器。

在考虑是否使用 section 的时候，一定要仔细思考，不过也不必每次都对是否用对感到担心。有时，section 并不会影响页面正常工作。

2.3.6 定义附栏

在页面中可能会有一部分内容与主体内容无关，但可以独立存在。在 HTML5 中，我们可以使用 aside 元素来表示重要引述、侧栏、指向相关文章的一组链接（针对新闻网站）、广告、nav 元素组（如博客的友情链接）、微信或微博源、相关产品列表（通常针对电子商务网站）等。

表面上看，aside元素表示侧栏，但该元素还可以用在页面的很多地方，具体依上下文而定。如果 aside 嵌套在页面主要内容内（而不是作为侧栏位于主要内容之外），则其中的内容应与其所在的内容密切相关，而不是仅与页面整体内容相关。

【示例】在本示例中，aside是有关次要信息，与页面主要关注内容的相关性稍差，且可以在没有这个上下文的情况下独立存在。可以将它嵌套在 article 里面，或者将它放在 article 后面，使用 CSS 让它看起来像侧栏。aside 里面的 role="complementary"是可选的，可以提高可访问性。

```
<header role="banner">
    <nav role="navigation">[包含多个链接的 ul]</nav>
</header>
<main role="main">
    <article>
        <h1 id="gaudi">主要标题</h1>
    </article>
</main>
<aside role="complementary">
    <h1>次要标题</h1>
    <p>描述文本</p>
    <ul>
        <li>列表项</li>
    </ul>
    <p><small>出自: <a href="http://www.w3.org/" rel="external"><cite>W3C</cite></a></small></p>
</aside>
```

在 HTML 中，应该将附栏内容放在 main 的内容之后。出于搜索引擎优化（SEO）和可访问性的目的，最好将重要的内容放在前面。可以通过 CSS 改变它们在浏览器中的显示顺序。

对于与内容有关的图像，使用 figure 而非 aside。HTML5 不允许将 aside 嵌套在 address 元素内。

2.3.7 定义页脚

页脚一般位于页面底部，通常包括版权声明，可能还包括指向隐私政策页面的链接，以及其他类似的内容。HTML5 的 footer 元素可以用在这样的地方，但它同 header 一样，还可以用在其他地方。

footer 元素表示嵌套它的最近的 article、aside、blockquote、body、details、fieldset、figure、nav、section 或 td 元素的页脚。只有当它最近的祖先是 body 时，它才是整个页面的页脚。

如果一个 footer 包着它所在区块（如一个 article）的所有内容，它代表的是像附录、索引、版权页、许可协议这样的内容。

页脚通常包含关于它所在区块的信息，如指向相关文档的链接、版权信息、作者及其他类似条目。页脚并不一定要位于所在元素的末尾，不过通常是这样的。

【示例 1】在本示例中，这个 footer 代表页面的页脚，因为它最近的祖先是 body 元素。

```
<header role="banner">
    <nav role="navigation">链接列表</nav>
</header>
<main role="main">
    <article>
        <h1 id="gaudi">主要标题</h1>
        <h2>次标题</h2>
    </article>
</main>
<aside role="complementary">
    <h1>次标题</h1>
</aside>
<footer>
    <p><small>版权信息</small></p>
</footer>
```

页面有了 header、nav、main、article、aside 和 footer 元素，当然并非每个页面都需要以上所有元素，但它们代表了 HTML 中的主要页面构成要素。

footer 元素本身不会为文本添加任何默认样式。这里，版权信息的字号比普通文本的小，这是因为它嵌套在 small 元素里。像其他内容一样，可以通过 CSS 修改 footer 元素所含内容的字号。

提示：不能在 footer 里嵌套 header 或另一个 footer。同时，也不能将 footer 嵌套在 header 或 address 元素里。

Note

【示例 2】在本示例中，第 1 个 footer 包含在 article 内，因此是属于该 article 的页脚。第 2 个 footer 是页面级的。只能对页面级的 footer 使用 role="contentinfo"，且一个页面只能使用一次。

```
<article>
    <h1>文章标题</h1>
    <p>文章内容</p>
    <footer>
        <p>注释信息</p>
        <address><a href="#">W3C</a></address>
    </footer>
</article>
<footer role="contentinfo">版权信息</footer>
```

2.3.8 使用 role

role 是 HTML5 新增属性，其作用是告诉 Accessibility 类应用（如屏幕阅读器等）当前元素所扮演的角色，主要是供残疾人使用。使用 role 可以增强文本的可读性和语义化。

在 HTML5 元素内，标签本身就是有语义的，因此 role 作为可选属性使用，但是在很多流行的框架（如 Bootstrap）中都很重视类似的属性和声明，目的是兼容老版本的浏览器（用户代理）。

role 属性主要应用于文档结构和表单中。例如，设置输入密码框，对于正常人可以用 placaholder 提示输入密码，但是对于残障人士是无效的，这时就需要 role 了。另外，在老版本的浏览器中，由于不支持 HTML5 标签，所以有必要使用 role 属性。

例如，下面代码告诉屏幕阅读器，此处有一个复选框，且已经被选中。

```
<div role="checkbox" aria-checked="checked"> <input type="checkbox" checked></div>
```

下面是常用的 role 角色值。

☑ role="banner"（横幅）。

面向全站的内容，通常包含网站标志、网站赞助者标志、全站搜索工具等。横幅通常显示在页面的顶端，而且通常横跨整个页面的宽度。

使用方法：将其添加到页面级的 header 元素，每个页面只用一次。

☑ role="navigation"（导航）。

文档内不同部分或相关文档的导航性元素（通常为链接）的集合。

使用方法：与 nav 元素是对应关系。应将其添加到每个 nav 元素，或其他包含导航性链接的容器。这个角色可在每个页面上使用多次，但是同 nav 一样，不要过度使用该属性。

☑ role="main"（主体）。

文档的主要内容。

使用方法：与 main 元素的功能是一样的。对于 main 元素来说，建议也应该设置 role="main"属性，其他结构元素更应该设置 role="main"属性，以便让浏览器能够识别它是网页主体内容。在每个页面仅使用一次。

☑ role="complementary"（补充性内容）。

文档中作为主体内容补充的支撑部分。它对区分主体内容是有意义的。

使用方法：与 aside 元素是对应关系。应将其添加到 aside 或 div 元素（前提是该 div 仅包含补充性内容）。可以在一个页面里包含多个 complementary 角色，但不要过度使用。

☑ role="contentinfo"（内容信息）。

包含关于文档的信息的大块、可感知区域。这类信息的例子包括版权声明和指向隐私权声明的链接等。

使用方法：将其添加至整个页面的页脚（通常为 footer 元素）。每个页面仅使用一次。

【示例】在文档结构中应用 role。

```
<!--开始页面容器-->
<div class="container">
    <header role="banner">
        <nav role="navigation">[包含多个链接的列表]</nav>
    </header>
    <!--应用 CSS 后的第 1 栏-->
    <main role="main">
        <article></article>
        <article></article>
        [其他区块]
    </main>
    <!--结束第 1 栏-->
    <!--应用 CSS 后的第 2 栏-->
    <div class="sidebar">
        <aside role="complementary"></aside>
        <aside role="complementary"></aside>
        [其他区块]
    </div>
    <!--结束第 2 栏-->
    <footer role="contentinfo"></footer>
</div>
<!--结束页面容器-->
```

注意： 即便不使用 role 角色，页面看起来也没有任何差别，但是使用它们可以提升使用辅助设备的用户的体验。出于这个理由，推荐使用它们。

对表单元素来说，form 角色是多余的；search 用于标记搜索表单；application 则属于高级用法。当然，不要在页面上过多地使用 role 角色。过多的 role 角色会让屏幕阅读器用户感到累赘，从而降低 role 的作用，影响整体体验。

2.4 在线支持

扫码免费学习
更多实用技能

一、补充知识

☑ HTML 基本语法
☑ HTML 标记
☑ HTML 属性

二、专项练习

☑ HTML5 文档结构

三、问答

☑ 为什么要编写语义化 HTML

四、参考

☑ 最新 head 指南
☑ 移动版头信息

☑ HTML5 标签列表说明

五、拓展

☑ HTML5 文档大纲

新知识、新案例不断更新中……

第 3 章

设计 HTML5 文本、图像和多媒体

网页文本内容丰富，形式多样，通过不同的版式显示在页面中，为用户提供了最直接、最丰富的信息。HTML5 新增了很多新的文本标签，它们都有特殊的语义，正确使用这些标签可以让网页文本更严谨、符合语义，图像和多媒体信息更富内涵和视觉冲击力。恰当使用不同类型的多媒体可以展示个性，突出重点，吸引用户。HTML5 引入原生的多媒体技术，使设计多媒体更简便，用户体验更好。

视频讲解

3.1 通用文本

3.1.1 标题文本

<h1>、<h2>、<h3>、<h4>、<h5>、<h6>标签可以定义标题文本，按级别高低从大到小分别为 h1、h2、h3、h4、h5、h6，它们包含的信息依据重要性逐渐递减。其中 h1 表示最重要的信息，而 h6 表示最次要的信息。

【示例】根据文档结构层次，定义不同级别的标题文本。

```
<div id="wrapper">
    <h1>网页标题</h1>
    <div id="box2">
        <h2>栏目标题</h2>
        <div id="sub_box1">
            <h3>子栏目标题</h3>
            <p>正文</p>
        </div>
    </div>
</div>
```

h1、h2 和 h3 比较常用，h4、h5 和 h6 不是很常用，除非在结构层级比较深的文档中才会考虑选用，因为一般文档的标题层次在 3 级左右。对于标题元素的位置，应该出现在正文内容的顶部，一般处于容器的第 1 行。

3.1.2 段落文本

在网页中输入段落文本，应该使用 p 元素，它是最常用的 HTML 元素之一。在默认情况下，浏览器会在标题与段落之间，以及段落与段落之间添加间距，约为一个字体距离，以方便阅读。

【示例】使用 p 元素设计两段诗句正文。

```
<p>白日依山尽，黄河入海流。</p>
<p>欲穷千里目，更上一层楼。</p>
```

使用 CSS 可以为段落添加样式，如字体、字号、颜色等，也可以改变段落文本的对齐方式，包括水平对齐和垂直对齐。

Note

3.2 描述性文本

HTML5 强化了字体标签的语义性，弱化了其修饰性，对于纯样式字体标签就不再建议使用，如 acronym（首字母缩写）、basefont（基本字体样式）、center（居中对齐）、font（字体样式）、s（删除线）、strike（删除线）、tt（打印机字体）、u（下画线）、xmp（预格式）等。

3.2.1 强调文本

strong 元素表示内容的重要性，而 em 则表示内容的着重点。根据内容需要，这两个元素既可以单独使用，也可以一起使用。

【示例 1】在下面代码中既有 strong，又有 em。浏览器通常将 strong 文本以粗体显示，而将 em 文本以斜体显示。如果 em 是 strong 的子元素，将同时以斜体和粗体显示文本。

```
<p><strong>警告: 不要接近展品<em>在任何情况下</em></strong></p>
```

不要使用 b 元素代替 strong，也不要使用 i 元素代替 em。尽管它们在浏览器中显示的样式是一样的，但是它们的含义却很不一样。

em 在句子中的位置会影响句子的含义。例如，“<p><em>你</em>看着我</p>”和“<p>你看着<em>我</em></p>”表达的意思是不一样的。

【示例 2】可以在标记为 strong 的短语中再嵌套 strong 文本。如果这样做，作为另一个 strong 的子元素的 strong 文本的重要程度会递增。这种规则对嵌套在另一个 em 里的 em 文本也适用。

```
<p><strong>记住密码是<strong>111222333</strong></strong></p>
```

其中“111222333”文本要比其他 strong 文本更为重要。

可以使用 CSS 将任何文本变为粗体或斜体，也可以覆盖 strong 和 em 等元素的浏览器默认显示样式。

注意：在旧版本的 HTML 中，strong 所表示文本的强调程度比 em 表示的文本要高。不过，在 HTML5 中，em 是表示强调的唯一元素，而 strong 表示的则是重要程度。

3.2.2 标记细则

HTML5 重新定义了 small 元素，由通用展示性元素变为更具体的、专门用来标识所谓“小字印刷体”的元素，通常表示细则一类的旁注，如免责声明、注意事项、法律限制、版权信息等。有时还可以用来表示署名、许可要求等。

注意：small 不允许被应用在页面主内容中，只允许被当作辅助信息以 inline 方式内嵌在页面上。同时，small 元素也不意味着元素中内容字体会变小，要将字体变小，需要配合使用 CSS 样式。

【示例 1】small 通常是行内文本中的一小块，而不是包含多个段落或其他元素的大块文本。

```
<dl>
    <dt>单人间</dt>
```

```
        <dd>399 元 <small>含早餐，不含税</small></dd>
        <dt>双人间</dt>
        <dd>599 元 <small>含早餐，不含税</small></dd>
</dl>
```

Note

一些浏览器会将 small 包含的文本显示为小字号。不过，一定要在符合内容语义的情况下使用该元素，而不是为了减小字号而使用。

【示例 2】在本示例中，第 1 个 small 元素表示简短的提示声明，第 2 个 small 元素表示包含在页面级 footer 里的版权声明，这是一种常见的用法。

```
<p>现在订购免费送货。<small>（仅限于五环以内）</small></p>
<footer role="contentinfo">
    <p><small>&copy; 2021 Baidu 使用百度前必读</small></p>
</footer>
```

small 只适用于短语，因此不要用它标记长的法律声明，如“使用条款”和“隐私政策”页面。根据需要，应该用段落或其他语义标签标记这些内容。

提示：HTML5 还支持 big 元素，用来定义大号字体。<big>标签包含的文字字体比周围的文字要大一号，如果文字已经是最大号字体，则<big>标签将不起任何作用。用户可以嵌套使用<big>标签逐步放大文本，每一个<big>标签都可以使字体大一号，直到上限 7 号文本。

3.2.3 特殊格式

b 和 i 元素是早期 HTML 遗留下来的元素，它们分别用于将文本变为粗体和斜体，因为那时候 CSS 还未出现。HTML4 和 XHTML1 开始不再使用，因为它们本质上是用于表现的。

当时的规范建议编码人员用 strong 替代 b，用 em 替代 i。不过，事实证明，em 和 strong 有时在语义上并不合适。为此，HTML5 重新定义了 b 和 i。

传统出版业里的某些排版规则在现有的 HTML 语义中还找不到对应物，其中就包括用斜体表示植物学名、具体的交通工具名称及外来语。这些词语不是为了强调而使用斜体的，只是样式上的惯例。

为了应对这些情况，HTML5 没有创建一些新的语义化元素，而是采取了一种很实际的做法：直接利用现有元素。em 用于所有层次的强调，strong 用于表示重要性，而其他情况则使用 b 和 i。

这意味着，尽管 b 和 i 并不包含任何明显的语义，但浏览者仍能发现它们与周边文字的差别。而且还可以通过 CSS 改变它们粗体或斜体的样式。HTML5 强调，b 和 i 应该是其他元素（如 strong、em、cite 等）都不适用时的最后选择。

☑ b 元素。

HTML5 将 b 重新定义为表示出于实用目的提醒读者注意的一块文字，不传达任何额外的重要性，也不表示其他的语态和语气，用于如文档摘要里的关键词、评论中的产品名、基于文本的交互式软件中指示操作的文字、文章导语等。例如：

```
<p>这是一个<b>红</b>房子，那是一个<b>蓝</b>盒子</p>
```

b 文本默认显示为粗体。

☑ i 元素。

HTML5 将 i 重新定义为：表示一块不同于其他文字的文字，具有不同的语态或语气，或其他不同于常规之处，用于如分类名称、技术术语、外语里的惯用词、翻译的散文、西方文字中的船舶名称等。例如：

```
<p>这块<i class="taxonomy">玛瑙</i>来自西亚</p>
<p>这篇<i>散文</i>已经发表.</p>
<p>There is a certain <i lang="fr">je ne sais quoi</i> in the air.</p>
```

i 文本默认显示为斜体。

3.2.4　定义上标和下标

使用 sup 和 sub 元素可以创建上标和下标，上标和下标文本比主体文本稍高或稍低。常见的上标包括商标符号、指数和脚注编号等；常见的下标包括化学符号等。例如：

```
<p>这段文本包含 <sub>下标文本</sub></p>
<p>这段文本包含 <sup>上标文本</sup></p>
```

【示例 1】sup 元素的一种用法就是表示脚注编号。根据从属关系，将脚注放在 article 的 footer 里，而不是整个页面的 footer 里。

```
<article>
    <h1>王维</h1>
    <p>王维参禅悟理，学庄信道，精通诗、书、画、音乐等，以诗名盛于开元、天宝间，尤长五言，多咏山水田园，与孟浩然合称“王孟”，有“诗佛”之称<a href="#footnote-1" title="参考注释"><sup>[1]</sup></a> 。</p>
    <footer>
        <h2>参考资料</h2>
        <p id="footnote-1"><sup>[1]</sup>孙昌武·《佛教与中国文学》第二章：“王维的诗歌受佛教影响是很显著的。因此早在生前，就得到‘当代诗匠，又精禅理’的赞誉。后来，更得到‘诗佛’的称号。”</p>
    </footer>
</article>
```

为文章中每个脚注编号创建了链接，指向 footer 内对应的脚注，从而让访问者更容易找到它们。同时，注意链接中的 title 属性也提供了一些提示。

上标是对某些外语缩写词进行格式化的理想方式，例如法语中用 Mlle 表示 Mademoiselle（小姐），西班牙语中用 3a 表示 tercera（第三）。此外，一些数字形式也要用到上标，如 2nd、5th。下标适用于化学分子式，如 H_2O。

提示： sub 和 sup 元素会轻微地增大行高。不过使用 CSS 可以修复这个问题。修复样式代码如下。

```
<style type="text/css">
sub, sup {
    font-size: 75%;
    line-height: 0;
    position: relative;
    vertical-align: baseline;
}
sup { top: -0.5em; }
sub { bottom: -0.25em; }
</style>
```

用户还可以根据内容的字号对这个 CSS 做一些调整，使各行行高保持一致。

【示例 2】对于下面数学解题演示的段落文本，使用格式化语义结构能够很好地解决数学公式中各种特殊格式的要求。对于计算机来说，也能够很好地理解它们的用途，效果如图 3.1 所示。

```
<article>
    <h1>解一元二次方程</h1>
    <p>一元二次方程求解有四种方法：</p>
    <ul>
        <li>直接开平方法</li>
        <li>配方法</li>
        <li>公式法</li>
        <li>分解因式法</li>
```

```
        </ul>
        <p>例如，针对下面这个一元二次方程：</p>
        <p><i>x</i><sup>2</sup>-<b>5</b><i>x</i>+<b>4</b>=0</p>
        <p>我们使用<big><b>分解因式法</b></big>来演示解题思路如下：</p>
        <p><small>由：</small>(<i>x</i>-1)(<i>x</i>-4)=0</p>
        <p><small>得：</small><br />
            <i>x</i><sub>1</sub>=1<br />
            <i>x</i><sub>2</sub>=4</p>
</article>
```

Note

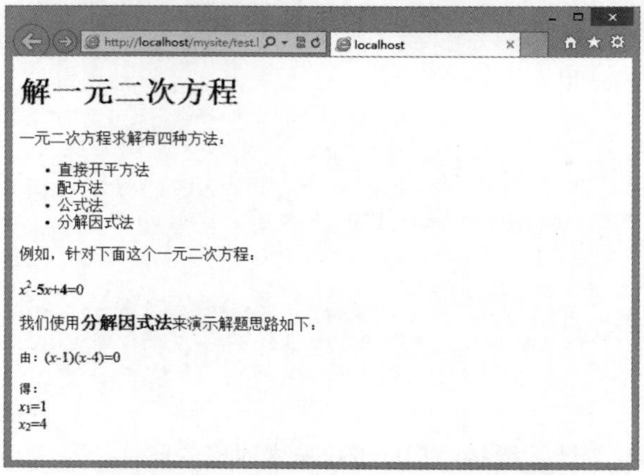

图 3.1　格式化文本的语义结构效果

在上面代码中，使用 i 元素定义变量 x 以斜体显示；使用 sup 定义二元一次方程中二次方；使用 b 加粗显示常量值；使用 big 和 b 加大加粗显示“分解因式法”这个短语；使用 small 缩写操作谓词“由”和“得”的字体大小；使用 sub 定义方程的两个解的下标。

3.2.5　定义术语

在 HTML 中定义术语时，可以使用 dfn 元素对其做语义上的区分。例如：

```
<p><dfn id="def-internet">Internet</dfn>是一个全球互联网络系统，使用因特网协议套件（TCP/IP）为全球数十亿用户提供服务。</p>
```

通常，dfn 元素默认以斜体显示。由 dfn 标记的术语与其定义的距离相当重要。如 HTML5 规范所述：“如果一个段落、描述列表或区块是某 dfn 元素距离最近的祖先，那么该段落、描述列表或区块必须包含该术语的定义。”简言之，dfn 元素及其定义必须挨在一起，否则便是错误的用法。

【示例】在描述列表（dl 元素）中使用 dfn。

```
<p><dfn id="def-internet">Internet</dfn>是一个全球互联网络系统，使用因特网协议套件（TCP/IP）为全球数十亿用户提供服务。</p>
<dl>
    <!--定义“万维网”和“因特网”的参考定义-->
    <dt> <dfn> <abbr title="World-Wide Web">WWW</abbr> </dfn> </dt>
    <dd>万维网（WWW）是一个互连的超文本文档访问系统，它建立在<a href="#def-internet">Internet</a>之上。</dd>
</dl>
```

仅在定义术语时使用 dfn，而不能为了让文字以斜体显示就使用该元素。使用 CSS 可以将任何文字变为斜体。

dfn 可以在适当的情况下包住其他的短语元素，如 abbr。例如：

```
<p><dfn><abbr title="Junior">Jr.</abbr></dfn>他儿子的名字和他父亲的名字一样吗？</p>
```

如果在 dfn 中添加可选的 title 属性，其值应与 dfn 术语一致。如果只在 dfn 里嵌套一个单独的 abbr，dfn 本身没有文本，那么可选的 title 只能出现在 abbr 里。

3.2.6 标记代码

使用 code 元素可以标记代码或文件名。例如：

```
<code>
p{ margin:2em; }
</code>
```

如果代码需要显示“<”或“>”字符，应分别使用<和>表示。如果直接使用“<”或“>”字符，浏览器会将这些代码当作 HTML 元素处理，而不是当作文本处理。

要显示单独的一块代码，可以用 pre 元素包住 code 元素以维持其格式。例如：

```
<pre>
<code>
p{
    margin:2em;
}
</code>
</pre>
```

【拓展】

其他计算机相关元素包括 kbd、samp 和 var。这些元素极少使用，不过可能会在内容中用到它们。下面对它们做简要说明。

☑ kbd 元素。

使用 kbd 标记用户输入指示。例如：

```
<ol>
    <li>按<kbd>TAB</kbd>键，切换到提交按钮</li>
    <li>按<kbd>RETURN</kbd>或<kbd>ENTER</kbd>键</li>
</ol>
```

与 code 一样，kbd 默认以等宽字体显示。

☑ samp 元素。

samp 元素用于指示程序或系统的示例输出。例如：

```
<p>一旦在浏览器中预览，则显示<samp>Hello,World</samp></p>
```

samp 也默认以等宽字体显示。

☑ var 元素。

var 元素表示变量或占位符的值。例如：

```
<p>爱因斯坦称为是最好的<var>E</var>=<var>m</var><var>c</var><sup>2</sup>.</p>
```

var 也可以作为内容中占位符的值，例如，在填词游戏的答题纸上可以放入<var>adjective</var>, <var>verb</var>。

var 默认以斜体显示。注意，可以在 HTML5 页面中使用 math 等 MathML 元素表示高级的数学相关的标记。

☑ tt 元素。

tt 元素表示打印机字体。

3.2.7 预定义格式

使用 pre 元素可以定义预定义文本，是计算机代码示例的理想元素。预定义文本就是可以保持文本固有的换行和空格。例如：

```
<pre>
p{
    margin:2em;
}
</pre>
```

对于包含重要的空格和换行的文本（如这里显示的 CSS 代码），pre 元素是非常适合的。同时要注意 code 元素的使用，该元素可以标记 pre 外面的代码块或与代码有关的文本。

预定义文本通常以等宽字体显示，可以使用 CSS 改变字体样式。如果要显示包含 HTML 元素的内容，应将包围元素名称的“<”和“>”分别改为其对应的字符实体<和>。否则，浏览器就会试着显示这些元素。

一定要对页面进行验证，检查是否在 pre 中嵌套了 HTML 元素。不要将 pre 作为逃避以合适的语义标记内容和用 CSS 控制样式的快捷方式。例如，如果想发布一篇在字处理软件中写好的文章，不要为了保留原来的格式，简单地将它复制、粘贴到 pre 里。相反，应该使用 p 元素，以及其他相关的文本元素标记内容，编写 CSS 控制页面的布局。

同段落一样，pre 默认从新一行开始显示，浏览器通常会对 pre 里面的内容关闭自动换行，因此，如果这些内容很宽，就会影响页面的布局，或产生横向滚动条。

提示： 使用下面 CSS 样式可以对 pre 包含内容打开自动换行，但在 IE 7 及以下版本中并不适用。

```
pre {
    white-space: pre-wrap;
}
```

在大多数情况下不推荐对 div 等元素使用 white-space:pre 以代替 pre，因为空格可能对这些内容（尤其是代码）的语义非常重要，而只有 pre 才能始终保留这些空格。同时，如果用户在其浏览器中关闭了 CSS，格式就丢失了。

3.2.8 定义缩写词

使用 abbr 元素可以标记缩写词并解释其含义。当然不必对每个缩写词都使用 abbr，只在需要帮助访问者了解该词含义时使用。例如：

```
<abbr title=" HyperText Markup Language">HTML</abbr>是一门标识语言。
```

使用可选的 title 属性提供缩写词的全称。另外，也可以将全称放在缩写词后面的括号里（这样做更好）。还可以同时使用这两种方式，并使用一致的全称。如果大多数人都很熟悉了，就没有必要对它们使用 abbr，并提供 title，这里只是用它们来演示示例。

通常，仅在缩写词第一次出现在屏幕上时，通过 title 或括号的方式给出其全称。用括号提供缩写词的全称是解释缩写词最直接的方式，能让尽可能多的访问者看到这些内容。例如，使用智能手机和平板电脑等触摸屏设备的用户可能无法移到 abbr 元素上查看 title 的提示框。因此，如果要提供缩写词的全称，应该尽量将它放在括号里。

如果使用复数形式的缩写词，全称也要使用复数形式。作为对用户的视觉提示，Firefox 和 Opera

等浏览器会对带 title 的 abbr 文字使用虚线下画线。如果希望在其他浏览器中也这样显示，可以在样式表中加上下面样式。

```
abbr[title] { border-bottom: 1px dotted #000; }
```

无论 abbr 是否添加了下画线样式，浏览器都会将 title 属性内容以提示框的形式显示出来。如果看不到 abbr 有虚线下画线，试着为其父元素的 CSS 添加 line-height 属性。

Note

提示：在 HTML5 之前有 acronym（首字母缩写词）元素，但设计和开发人员常常分不清楚缩写词和首字母缩写词，因此 HTML5 废除了 acronym 元素，让 abbr 适用于所有的场合。

当访问者将鼠标移至 abbr 上，该元素 title 属性的内容就会显示在一个提示框里。在默认情况下，Chrome 等一些浏览器不会让带有 title 属性的缩写词与普通文本有任何显示上的差别。

3.2.9 标注编辑或不用文本

有时可能需要将在前一个版本之后对页面内容的编辑标出来，或者对不再准确、不再相关的文本进行标记。有两种用于标注编辑的元素：代表添加内容的 ins 元素和标记已删除内容的 del 元素。这两个元素既可以单独使用，也可以一起使用。

【示例 1】在下面列表中，上一次发布之后，又增加了一个条目，同时根据 del 元素的标注，移除了一些条目。使用 ins 时不一定要使用 del，反之亦然。浏览器通常会让它们看起来与普通文本不一样。同时，s 元素用以标注不再准确或不再相关的内容（一般不用于标注编辑内容）。

```
<ul>
    <li><del>删除项目</del></li>
    <li>列表项目</li>
    <li><del>删除项目</del></li>
    <li><ins>插入项目</ins></li>
</ul>
```

浏览器通常对已删除的文本加上删除线，对插入的文本加上下画线。可以用 CSS 修改这些样式。

【示例 2】del 和 ins 是少有的既可以包围短语内容（HTML5 之前称“行内元素”），又可以包围块级内容的元素。

```
<ins>
    <p>文本 1</p>
</ins>
<del>
    <ul>
        <li><del>删除项目</del></li>
        <li>列表项目</li>
        <li><del>删除项目</del></li>
        <li><ins>插入项目</ins></li>
    </ul>
</del>
```

del 和 ins 都支持两个属性：cite 和 datetime。cite 属性（区别于 cite 元素）用于提供一个 URL，指向说明编辑原因的页面。

【示例 3】del 与 ins 两个元素的显示效果如图 3.2 所示。

```
<p> <cite>因为懂得，所以慈悲</cite>。<ins cite="http://news.sanwen8.cn/a/2014-07-13/9518.html" datetime="2020-8-1">这是张爱玲对胡兰成说的话</ins>。</p>
<p> <cite>笑，全世界便与你同笑；哭，你便独自哭</cite>。<del datetime="2020-8-8">出自冰心的《遥寄印度哲人泰戈尔》</del>，<ins cite="http://news.sanwen8.cn/a/2014-07-13/9518.html" datetime="2020-8-1">出自张爱玲的小说《花凋》</ins> </p>
```

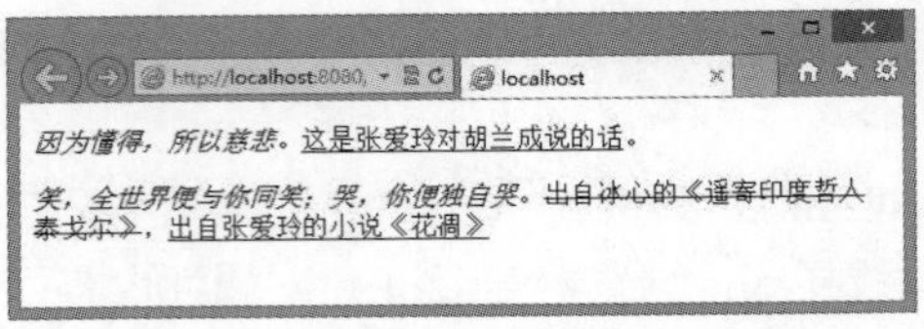

图 3.2 插入和删除信息的语义结构效果

Note

datetime 属性提供编辑的时间。浏览器不会将这两个属性的值显示出来，因此它们的使用并不广泛。不过，应该尽量包含它们，从而为内容提供一些背景信息。它们的值可以通过 JavaScript 或分析页面的程序提取出来。

如果需要向访问者展示内容变化情况，可以使用 del 和 ins。例如，经常可以看见一些站点使用它们表示初次发布后的更新信息，这样可以保持原始信息的完整性。

☑ 使用 ins 标记的文本通常会显示一条下画线。由于链接通常也以下画线表示，这可能会让访问者感到困惑。可以使用 CSS 改变插入的段落文本的样式。

☑ 使用 del 标记的文本通常会显示一条删除线。加上删除线以后，用户就很容易看出修改了什么。

提示： HTML5 指出：s 元素不适用于指示文档的编辑，要标记文档中一块已移除的文本，应使用 del 元素。有时，这之间的差异是很微妙的，只能由个人决定哪种选择更符合内容的语义。仅在有语义价值时使用 del、ins 和 s。如果只是出于装饰目的要给文字添加下画线或删除线，可以用 CSS 实现这些效果。

3.2.10 指明引用或参考

使用 cite 元素可以定义作品的标题，以指明对某内容源的引用或参考。例如戏剧、脚本或图书的标题，歌曲、电影、照片或雕塑的名称，演唱会或音乐会，规范、报纸或法律文件等。

【示例】 在本示例中，cite 元素标记的是音乐专辑、电影、图书和艺术作品的标题。

```
<p>他正在看<cite>红楼梦</cite></p>
```

提示，对于要从引用来源中引述内容的情况，使用 blockquote 或 q 元素标记引述的文本。要弄清楚的是，cite 只用于参考源本身，而不是从中引述的内容。

注意： HTML5 声明，不应使用 cite 作为对人名的引用，但 HTML 以前的版本允许这样做，而且很多设计和开发人员仍在这样做。HTML4 的规范有以下例子。

```
<cite>鲁迅</cite>说过：<q>世上本没有路，走的人多了，也便成了路.</q>
```

除了这些例子，有的网站经常用 cite 标记在博客和文章中发表评论的访问者的名字（WordPress 的默认主题就是这样做的）。很多开发人员表示他们将继续对与页面中的引文有关的名称使用 cite，因为 HTML5 没有提供他们认为可接受的其他元素（即 span 和 b 元素）。

3.2.11 引述文本

blockquote 元素表示单独存在的引述（通常很长），它默认显示在新的一行。而 q 元素则用于较短的引述，如句子里面的引述。例如：

```
<p>毛泽东说过：
    <blockquote>帝国主义都是纸老虎 ... </blockquote>
</p>
<p>世界自然基金会的目标是：<q cite="http://www.wwf.org"> 建设一个与自然和谐相处的未来 </q>我们希望他们成功。</p>
```

如果要添加署名，署名应该放在 blockquote 外面。可以把署名放在 p 里面，不过使用 figure 和 figcaption 可以更好地将引述文本与其来源关联起来。如果 blockquote 中仅包含一个单独的段落或短语，可以不必将其包在 p 中再放入 blockquote。

浏览器应对 q 元素中的文本自动加上特定语言的引号，但不同浏览器的效果并不相同。

浏览器默认对 blockquote 文本进行缩进，cite 属性的值则不会显示出来。不过，所有的浏览器都支持 cite 元素，通常对其中的文本以斜体显示。

【示例】下面这个结构综合展示了 cite、q 和 blockquote 元素以及 cite 引文属性的用法，演示效果如图 3.3 所示。

```
<div id="article">
    <h1>智慧到底是什么呢？</h1>
    <h2>《卖拐》智慧摘录</h2>
    <blockquote cite="http://www.szbf.net/Article_Show.asp?ArticleID=1249">
        <p>有人把它说成是知识，以为知识越多，就越有智慧。我们今天无时无处不在受到信息的包围和信息的轰炸，似乎所有的信息都是真理，仿佛离开了这些信息，就不能生存下去了。但是你掌握的信息越多，只能说明你知识的丰富，并不等于你掌握了智慧。有的人，知识丰富，智慧不足，难有大用；有的人，知识不多，但却无所不能，成为奇才。</p>
    </blockquote>
    <p>下面让我们看看<cite>大忽悠</cite>赵本山的这段台词，从中可以体会到语言的智慧。</p>
    <div id="dialog">
        <p>赵本山：<q>对头，就是你的腿有病，一条腿短！</q></p>
        <p>范　伟：<q>没那个事儿！我要一条腿长，一条腿短的话，那卖裤子人就告诉我了！</q> </p>
        <p>赵本山：<q> 卖裤子的告诉你你还买裤子么，谁像我心眼这么好哇？这老余，我给你调调。信不信，你的腿随着我的手往高抬，能抬多高抬多高，往下使劲落，好不好？信不信？腿指定有病，右腿短！来，起来！</q> </p>
        <p class="action">（范伟配合做动作）</p>
        <p>赵本山：<q>停！麻没？</q> </p>
        <p>范　伟：<q>麻了</q> </p>
        <p>高秀敏：<q>哎，他咋麻了呢？</q> </p>
        <p>赵本山：<q>你踩，你也麻！</q> </p>
    </div>
</div>
```

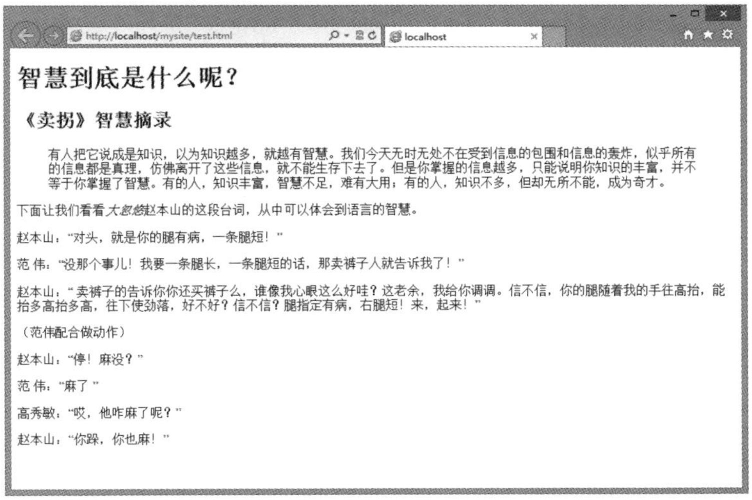

图 3.3　引用信息的语义结构效果

提示：可以对 blockquote 和 q 使用可选的 cite 属性，提供引述内容来源的 URL。尽管浏览器通常不会将 cite 的 URL 呈现给用户，但理论上讲，该属性对搜索引擎或其他收集引述文本及其引用的

Note

自动化工具来说还是有用的。如果要让访问者看到这个 URL，可以在内容中使用链接（a 元素）重复这个 URL。也可以使用 JavaScript 将 cite 的值暴露出来，但这样做的效果稍差一些。

q 元素引用的内容不能跨越不同的段落，在这种情况下应使用 blockquote。不要仅仅因为需要在字词两端添加引号就使用 q 元素。

blockquote 和 q 元素可以嵌套。嵌套的 q 元素应该自动加上正确的引号。由于内外引号在不同语言中的处理方式不一样，因此要根据需要在 q 元素中加上 lang 属性。不同浏览器对嵌套 q 元素的支持程度并不相同，其实浏览器对非嵌套 q 元素的支持也不同。由于 q 元素的跨浏览器问题，很多开发人员避免使用 q 元素，而是选择直接输入正确的引号或使用字符实体。

3.2.12 换行显示

使用 br 元素可以实现文本换行显示。要确保使用 br 是最后的选择，因为该元素将表现样式带入了 HTML，而不是让所有的表现样式都交由 CSS 控制。例如，不要使用 br 模拟段落之间的距离，相反，应该用 p 标记两个段落并通过 CSS 的 margin 属性规定两段之间的距离。

那么，什么时候该用 br 呢？实际上，对于诗歌、街道地址等应该紧挨着出现的短行，都适合用 br 元素。例如：

```
<p>北京市<br />
海淀区<br />
北京大学<br />
32 号楼</p>
```

每个 br 元素强制让接下来的内容在新的一行显示。如果没有 br 元素，整个地址都会显示在同一行，除非浏览器窗口太窄导致内容换行。可以使用 CSS 控制段落中的行间距以及段落之间的距离。在 HTML5 中，输入
或
都是有效的。

提示： hCard 微格式（http://microformats.org/wiki/hcard）是用于表示人、公司、组织和地点的人类和机器都可读的语义形式。可以使用微格式替代上面示例中表示地址的格式。

3.2.13 修饰文本

span 元素是没有任何语义的行内容器，适合包围字词或短语内容，而 div 适合包含块级内容。如果想将下面列出的项目应用到某一小块内容，而 HTML 又没有提供合适的语义化元素，就可以使用 span，具体内容如下。

☑ 属性，如 class、dir、id、lang、title 等。

☑ CSS 样式。

☑ JavaScript 行为。

由于 span 没有任何语义，因此应将它作为最后的选择，仅在没有其他合适的元素时才使用它。例如：

```
<style type="text/css">
.red { color: red; }
</style>
<p><span class="red">HTML</span>是通向 Web 技术世界的钥匙。</p>
```

在上面示例中，想对一小块文字指定不同的颜色，但从句子的上下文看，没有一个语义上适合 HTML 元素，因此额外添加了 span 元素定义一个类样式。

span 没有任何默认格式，但就像其他 HTML 元素一样，可以用 CSS 添加你自己的样式。可以对一个 span 元素同时添加 class 和 id 属性，但通常只应用这两个中的一个（如果真要添加的话）。主要区别在于，class 用于一组元素，而 id 用于标识页面中单独的、唯一的元素。

在 HTML 没有提供合适的语义化元素时，微格式经常使用 span 为内容添加语义化类名，以填补语义上的空白。要了解更多信息，可以参考以下网址：http://microformats.org。

3.2.14 非文本注解

与 b、i、s 和 small 一样，HTML5 重新定义了 u 元素，使之不再是无语义的、用于表现的元素。以前，u 元素用来为文本添加下画线。现在，u 元素用于非文本注解。HTML5 对它的定义为：u 元素为一块文字添加明显的非文本注解，如在中文中将文本标为专有名词（即中文的专名号①），或者标明文本拼写有误。例如：

```
<p>When they <u class="spelling"> recieved</u> the package, they put it with <u class="spelling">there</u></p>
```

class 完全是可选的，它的值（可以是任何内容）也不会在内容中明显指出这是个拼写错误。不过，可以用它对拼错的词添加不同于普通文本的样式（u 默认仍以下画线显示）。通过 title 属性可以为该元素包含的内容添加注释。

仅在 cite、em、mark 等其他元素语义上不合适的情况下使用 u 元素。同时，最好改变 u 文本的样式，以免与同样默认添加下画线的链接文本混淆。

3.3 特殊用途文本

HTML5 为标识特定用途的信息，新增了很多文本标签，具体说明如下。

3.3.1 标记高亮显示

HTML5 使用新的 mark 元素实现突出显示文本。可以使用 CSS 对 mark 元素里的文字应用样式（不应用样式也可以），但应仅在合适的情况下使用该元素。无论何时使用 mark，该元素总是用于提起浏览者对特定文本的注意。

最能体现 mark 元素作用的应用：在网页中检索某个关键词时，呈现的检索结果，现在许多搜索引擎都用其他方法实现了 mark 元素的功能。

【**示例 1**】使用 mark 元素高亮显示对“HTML5”关键词的搜索结果，演示效果如图 3.4 所示。

```
<article>
    <h2><mark>HTML5</mark>中国：中国最大的<mark>HTML5</mark>中文门户 - Powered by Discuz!官网</h2>
    <p><mark>HTML5</mark>中国，是中国最大的<mark>HTML5</mark>中文门户。为广大<mark>html5</mark>开发者提供<mark>html5</mark>教程、<mark>html5</mark>开发工具、<mark>html5</mark>网站示例、<mark>html5</mark>视频、js教程等多种<mark>html5</mark>在线学习资源。</p>
    <p>www.html5cn.org/ - 百度快照 - 86%好评</p>
</article>
```

mark 元素还可以用于标识引用原文，为了某种特殊作用会把原文作者没有重点强调的内容标示出来。

【**示例 2**】使用 mark 元素将唐诗中韵脚高亮显示出来，效果如图 3.5 所示。

```
<article>
    <h2>静夜思 </h2>
```

```
        <h3>李白</h3>
        <p>床前明月<mark>光</mark>，疑是地上<mark>霜</mark>。</p>
        <p>举头望明月，低头思故<mark>乡</mark>。</p>
    </article>
```


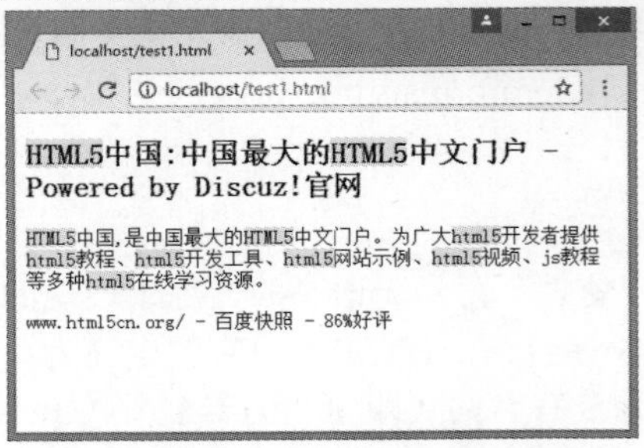

图 3.4　使用 mark 元素高亮显示关键字

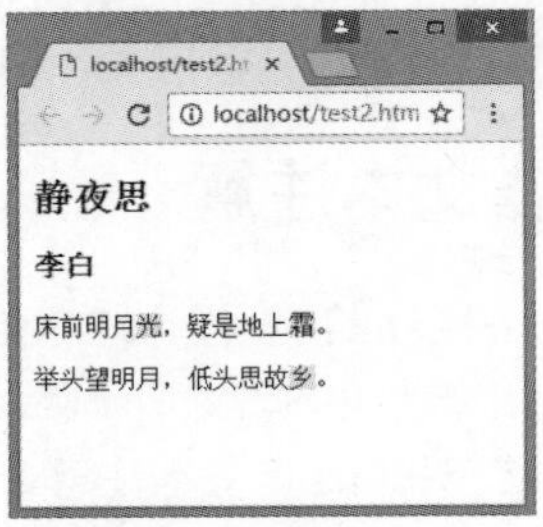

图 3.5　使用 mark 元素高亮显示韵脚

注意：在 HTML4 中，用户习惯使用 em 或 strong 元素来突出显示文字，但是 mark 元素的作用与这两个元素的作用是有区别的，不能混用。

mark 元素的标示目的与原文作者无关，或者说它不是被原文作者用来标示文字的，而是后来被引用时添加上去的，它的目的是吸引当前用户的注意力，供用户参考，希望能够对用户有帮助。而 strong 是原文作者用来强调一段文字的重要性的，如错误信息等，em 元素是作者为了突出文章重点文字而使用的。

提示：目前，所有最新版本的浏览器都支持 mark 元素。IE 8 以及更早的版本不支持 mark 元素。

3.3.2　标记进度信息

progress 是 HTML5 的新元素，它指示某项任务的完成进度。可以用它表示一个进度条，就像在 Web 应用中看到的指示保存或加载大量数据操作进度的那种组件。

支持 progress 的浏览器会根据属性值自动显示一个进度条，并根据值对其进行着色。<progress>和</progress>之间的文本不会显示出来。例如：

```
<p>安装进度: <progress max="100" value="35">35%</progress></p>
```

一般只能通过 JavaScript 动态地更新 value 属性值和元素里面的文本以指示任务进程。通过 JavaScript（或直接在 HTML 中）将 value 属性设为 35（假定 max="100"）。

progress 元素支持 3 个属性：max、value 和 form。它们都是可选的，max 属性指定任务的总工作量，其值必须大于 0。value 是任务已完成的量，值必须大于 0、小于或等于 max 属性值。如果 progress 没有嵌套在 form 元素里面，又需要将它们联系起来，可以添加 form 属性并将其值设为该 form 的 ID。

目前，Firefox 8+、Opera11+、IE 10+、Chrome 6+、Safari 5.2+ 版本的浏览器都以不同的表现形式对 progress 元素提供了支持。

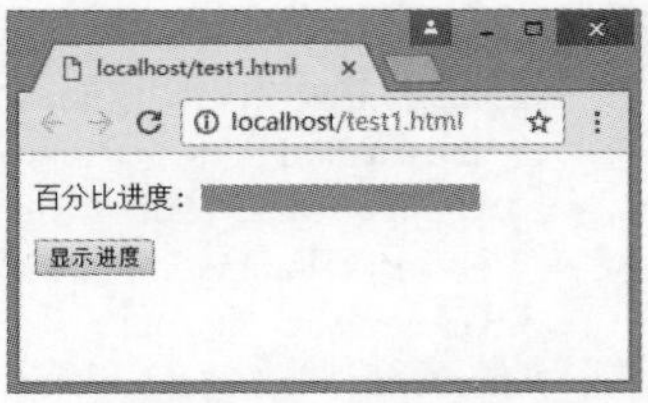

图 3.6　使用 progress 元素

【示例】应用 progress 元素，效果如图 3.6 所示。

```
<section>
    <p>百分比进度：<progress id="progress" max="100"><span>0</span>%</progress></p>
    <input type="button" onclick="click1()" value="显示进度"/>
</section>
```

```
<script>
function click1(){
    var progress = document.getElementById('progress');
    progress.getElementsByTagName('span')[0].textContent ="0";
    for(var i=0;i<=100;i++)
        updateProgress(i);
}
function updateProgress(newValue){
    var progress = document.getElementById('progress');
    progress.value = newValue;
    progress.getElementsByTagName('span')[0].textContent = newValue;
}
</script>
```

注意： progress 元素不适合用来表示度量衡，例如，磁盘空间使用情况或查询结果。如需表示度量衡，应使用 meter 元素。

3.3.3　标记刻度信息

meter 也是 HTML5 的新元素，它很像 progress 元素。可以用 meter 元素表示分数的值或已知范围的测量结果。简单地说，它代表的是投票结果。例如，已售票数（共 850 张，已售 811 张）、考试分数（百分制的 90 分）、磁盘使用量（如 256GB 中的 74GB）等测量数据。

HTML5 建议（并非强制）浏览器在呈现 meter 时，在旁边显示一个类似温度计的图形，一个表示测量值的横条，测量值的颜色与最大值的颜色有所区别（相等除外）。作为当前少数几个支持 meter 的浏览器，Firefox 正是这样显示的。对于不支持 meter 的浏览器，可以通过 CSS 对 meter 添加一些额外的样式，或用 JavaScript 进行改进。

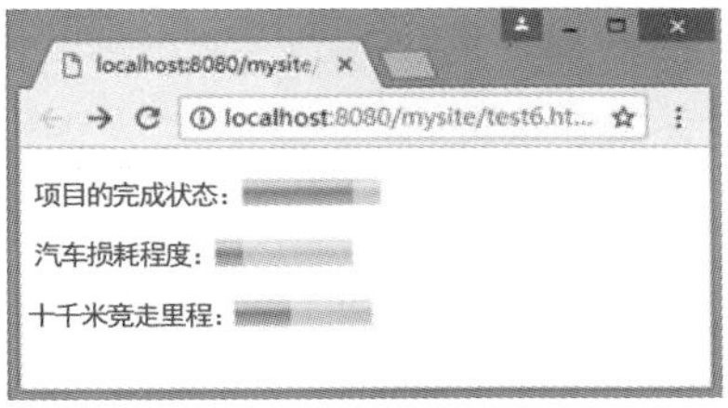

图 3.7　刻度值

【示例】应用 meter 元素，效果如图 3.7 所示。

```
<p>项目的完成状态：<meter value="0.80">80%完成</meter></p>
<p>汽车损耗程度：<meter low="0.25" high="0.75" optimum="0" value="0.21">21%</meter></p>
<p>十千米竞走里程：<meter min="0" max="13.1" value="5.5" title="Miles">4.5</meter></p>
```

支持 meter 的浏览器（如 Firefox）会自动显示测量值，并根据属性值进行着色。<meter>和</meter>之间的文字不会显示出来。如最后一个示例所示，如果包含 title 文本，就会在鼠标悬停在横条上时显示出来。虽然并非必需，但最好在 meter 里包含一些反映当前测量值的文本，供不支持 meter 的浏览器显示。

IE 不支持 meter，它会将 meter 元素里的文本内容显示出来，而不是显示一个彩色的横条。可以通过 CSS 改变其外观。

meter 不提供定义好的单位，但可以使用 title 属性指定单位，如最后一个例子所示。通常，浏览器会以提示框的形式显示 title 文本。meter 并不用于标记没有范围的普通测量值，如高度、宽度、距离、周长等。

meter 元素包含 7 个属性，简单说明如下。

- ☑ value：在元素中特别标示出来的实际值。该属性值默认为 0，可以为该属性指定一个浮点小数值。唯一必需包含的属性。
- ☑ min：设置规定范围时，允许使用的最小值。默认为 0，设定的值不能小于 0。

☑ max：设置规定范围时，允许使用的最大值。如果设定时，该属性值小于 min 属性的值，那么把 min 属性的值视为最大值。max 属性的默认值为 1。

☑ low：设置范围的下限值，必须小于或等于 high 属性的值。同样，如果 low 属性值小于 min 属性的值，那么把 min 属性的值视为 low 属性的值。

☑ high：设置范围的上限值。如果该属性值小于 low 属性的值，那么把 low 属性的值视为 high 属性的值，同样，如果该属性值大于 max 属性的值，那么把 max 属性的值视为 high 属性的值。

☑ optimum：设置最佳值。该属性值必须在 min 属性值与 max 属性值之间，可以大于 high 属性值。

☑ form：设置 meter 元素所属的一个或多个表单。

提示： 目前，Safari 5.2+、Chrome 6+、Opera 11+、Firefox 16+版本的浏览器支持 meter 元素。浏览器对 meter 的支持情况还在变化，关于最新的浏览器支持情况，可访问 http://caniuse.com/#feat=progressmeter。

有人尝试针对支持 meter 的浏览器和不支持 meter 的浏览器统一编写 meter 的 CSS。在网上搜索“style HTML5 meter with CSS”就可以找到一些解决方案，其中的一些用到了 JavaScript。

3.3.4 标记时间信息

使用 time 元素标记时间、日期或时间段，这是 HTML5 新增的元素。呈现这些信息的方式有多种。例如：

```
<p>我们在每天早上 <time>9:00</time> 开始营业。</p>
<p>我在 <time datetime="2020-02-14">情人节</time> 有个约会。</p>
```

time 元素最简单的用法是不包含 datetime 属性。在忽略 datetime 属性的情况下，它们的确提供了有效的机器可读格式的时间和日期。如果提供了 datetime 属性，time 标签中的文本可以不严格使用有效的格式；如果忽略 datetime 属性，文本内容就必须是合法的日期或时间格式。

time 中包含的文本内容会出现在屏幕上，对用户可见，而可选的 datetime 属性则是为机器准备的。该属性需要遵循特定的格式。浏览器只显示 time 元素的文本内容，而不会显示 datetime 的值。

datetime 属性不会单独产生任何效果，但可以用于在 Web 应用（如日历应用）之间同步日期和时间。这就是必须使用标准的机器可读格式的原因，这样程序之间就可以使用相同的“语言”来共享信息。

提示： 不能在 time 元素中嵌套另一个 time 元素，也不能在没有 datetime 属性的 time 元素中包含其他元素（只能包含文本）。

在早期的 HTML5 说明中，time 元素可以包含一个名为 pubdate 的可选属性。不过，后来 pubdate 已不再是 HTML5 的一部分。读者可能在早期的 HTML5 示例中碰到该属性。

【拓展】

datetime 属性（或者没有 datetime 属性的 time 元素）必须提供特定的机器可读格式的日期和时间。这可以简化为下面的形式。

```
YYYY-MM-DDThh:mm:ss
```

例如（当地时间）：

```
2020-11-03T17:19:10
```

表示“当地时间 2020 年 11 月 3 日下午 5 时 19 分 10 秒”。小时部分使用 24 小时制，因此表示下午 5 点应使用 17，而非 05。如果包含时间，秒是可选的。也可以使用 hh:mm.sss 格式提供时间的毫秒数。注意，毫秒数之前的符号是一个点。

如果要表示时间段，则格式稍有不同。有几种语法，不过最简单的形式为：

```
nh nm ns
```

其中，3 个 *n* 分别表示小时数、分钟数和秒数。

也可以将日期和时间表示为世界时。在末尾加上字母 Z，就成了 UTC（Coordinated Universal Time，全球标准时间）。UTC 是主要的全球时间标准。例如（使用 UTC 的世界时）：

```
2020-11-03T17:19:10Z
```

也可以通过相对 UTC 时差的方式表示时间。这时不写字母 Z，写上 -（减）或+（加）及时差即可。例如（含相对 UTC 时差的世界时）：

```
2020-11-03T17:19:10-03:30
```

表示“纽芬兰标准时（NST）2020 年 11 月 3 日下午 5 时 19 分 10 秒”（NST 比 UTC 晚 3 个半小时）。

提示： 如果确实要包含 datetime，不必提供时间的完整信息。

3.3.5 标记联系信息

HTML 没有专门用于标记通信地址的元素，address 元素是用以定义与 HTML 页面或页面一部分（如一篇报告或新文章）有关的作者、相关人士或组织的联系信息，通常位于页面底部或相关部分内容。至于 address 具体表示的是哪一种信息，取决于该元素出现的位置。

【示例】标记一个简单的联系信息。

```
<main role="main">
    <article>
        <h1>文章标题</h1>
        <p>文章正文</p>
        <footer>
            <p>说明文本</p>
            <address>
            <a href="mailto:zhangsan@163.com">zhangsan@163.com</a>.
            </address>
        </footer>
    </article>
</main>
<footer role="contentinfo">
    <p><small>&copy; 2020 baidu, Inc.</small></p>
    <address>
    北京 8 号<a href="index.html">首页</a>
    </address>
</footer>
```

大多数时候，联系信息的形式是作者的电子邮件地址或指向联系信息页的链接。联系信息也有可能是作者的通信地址，这时将地址用 address 标记就是有效的。但是用 address 标记公司网站“联系我们”页面中的办公地点，则是错误的用法。

在上面示例中，页面有两个 address 元素：一个用于 article 的作者，另一个位于页面级的 footer 里，用于整个页面的维护者。注意 article 的 address 只包含联系信息。尽管 article 的 footer 里也有关于作者的背景信息，但这些信息是位于 address 元素外面。

Note

address 元素中的文字默认以斜体显示。如果 address 嵌套在 article 里，则属于其所在的最近的 article 元素；否则属于页面的 body。说明整个页面的作者的联系信息时，通常将 address 放在 footer 元素里。article 里的 address 提供的是该 article 作者的联系信息，而不是嵌套在该 article 里的其他任何 article（如用户评论）的作者的联系信息。

address 只能包含作者的联系信息，不能包括其他内容，如文档或文章的最后修改时间。此外，HTML5 禁止在 address 里包含以下元素：h1～h6、article、address、aside、footer、header、hgroup、nav 和 section。

3.3.6　标记显示方向

如果在 HTML 页面中混合了从左到右书写的字符（如大多数语言所用的拉丁字符）和从右到左书写的字符（如阿拉伯语或希伯来语字符），就可能要用到 bdi 和 bdo 元素。

要使用 bdo，必须包含 dir 属性，取值包括 ltr（由左至右）或 rtl（由右至左），指定希望呈现的显示方向。

bdo 适用于段落里的短语或句子，不能用它包围多个段落。bdi 元素是 HTML5 中新加的元素，用于内容的方向未知的情况，不必包含 dir 属性，因为默认已设为自动判断。

【示例】设置用户名根据不同语言自动调整显示顺序。

```
<ul>
    <li><bdi>jcranmer</bdi></li>
    <li><bdi>hober</bdi></li>
    <li><bdi> نايا </bdi></li>
</ul>
```

目前，只有 Firefox 和 Chrome 浏览器支持 bdi 元素。

3.3.7　标记换行断点

HTML5 为 br 引入了一个相近的元素：wbr。它代表“一个可换行处”。可以在一个较长的无间断短语（如 URL）中使用该元素，表示此处可以在必要的时候进行换行，从而让文本在有限的空间内更具可读性。因此，与 br 不同，wbr 不会强制换行，而是让浏览器知道哪里可以根据需要进行换行。

【示例】为 URL 字符串添加换行符标签，当窗口宽度变化时，浏览器会自动根据断点确定换行位置，效果如图 3.8 所示。

```
<p>本站旧地址为：https:<wbr>//<wbr>www.old_site.com/，新地址为：https:<wbr>//<wbr>www.new_site.com/。</p>
```

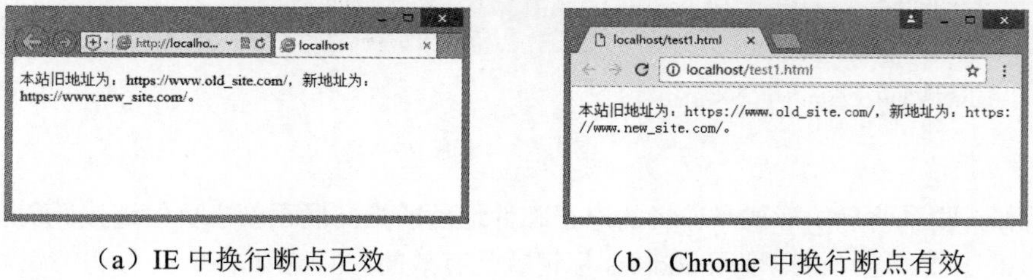

（a）IE 中换行断点无效　　（b）Chrome 中换行断点有效

图 3.8　定义换行断点

3.3.8　标记旁注

旁注标记是东亚语言（如中文和日文）中一种惯用符号，通常用于表示生僻字的发音。这些小的注解字符出现在它们标注的字符的上方或右方。它们常简称为旁注（ruby 或 rubi）。日语中的旁注字符称为振假名。

ruby 元素以及它们的子元素 rt 和 rp 是 HTML5 中为内容添加旁注标记的机制。rt 指明对基准字符进行注解的旁注字符。可选的 rp 元素用于在不支持 ruby 的浏览器中的旁注文本周围显示括号。

【示例】使用<ruby>和<rt>标签为唐诗诗句注音，效果如图 3.9 所示。

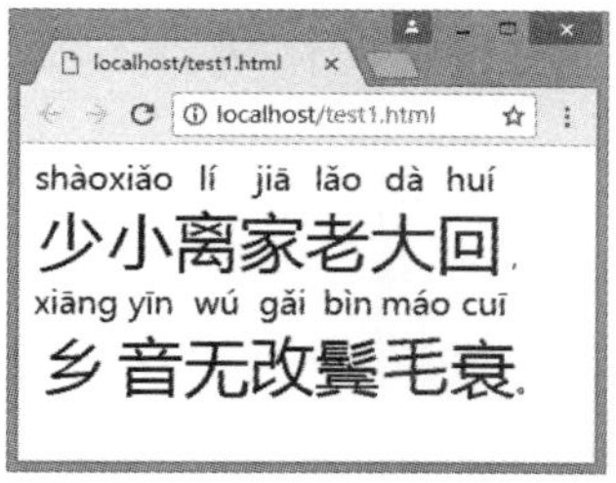

图 3.9　给唐诗注音

```
<style type="text/css">
ruby { font-size: 40px; }
</style>
<ruby>少<rt>shào</rt>小<rt>xiǎo</rt>离<rt>lí</rt>家<rt>jiā</rt>老<rt>lǎo</rt>大<rt>dà</rt>回<rt>huí</rt></ruby>，
<ruby>乡<rt>xiāng</rt>音<rt>yīn</rt>无<rt>wú</rt>改<rt>gǎi</rt>鬓<rt>bìn</rt>毛<rt>máo</rt>衰<rt>cuī</rt></ruby>。
```

支持旁注标记的浏览器会将旁注文本显示在基准字符的上方（也可能在旁边），不显示括号。不支持旁注标记的浏览器会将旁注文本显示在括号里，就像普通的文本一样。

目前，IE 9+、Firefox、Opera、Chrome 和 Safari 都支持这 3 个标签。

3.3.9　标记展开/收缩详细信息

HTML5 新增 details 和 summary 元素，允许用户创建一个可展开、折叠的元件，让一段文字或标题包含一些隐藏的信息。

一般情况下，details 用来对显示在页面的内容做进一步的解释，details 元素内并不仅限于放置文字，也可以放置表单、插件或对一个统计图提供详细数据的表格。

details 元素有一个布尔型的 open 属性，当该属性值为 true 时，details 包含的内容会展开显示；当该属性值为 false（默认值）时，其包含的内容被收缩起来不显示。

summary 元素从属于 details 元素，当单击 summary 元素包含的内容时，details 包含的其他所有从属子元素将会展开或收缩。如果 details 元素内没有 summary 元素，浏览器会提供默认文字以供单击，同时还会提供一个类似上下箭头的图标，提示 details 的展开或收缩状态。

当 details 元素的状态从展开切换为收缩，或者从收缩切换为展开时，均将触发 toggle 事件。

【示例】设计一个商品的详细数据展示，演示效果如图 3.10 所示。

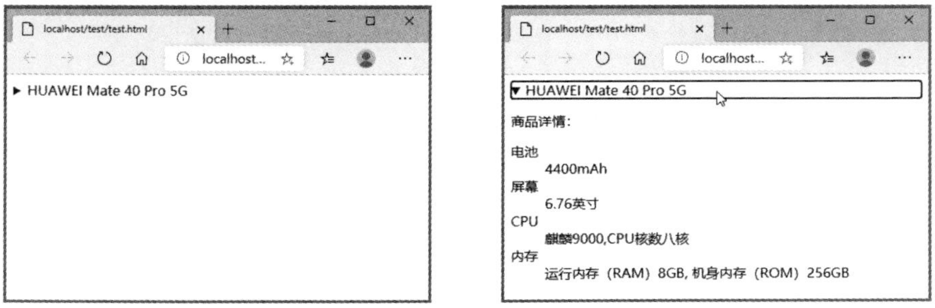

（a）收缩　　（b）展开

图 3.10　展开信息效果

```
<details>
    <summary>HUAWEI Mate 40 Pro 5G</summary>
    <p>商品详情：</p>
    <dl>
```

```
        <dt>电池</dt>
        <dd>4400mAh</dd>
        …
    </dl>
</details>
```

Note

目前，Chrome 12+、Edge 79+、Firefox 49+、Safari 8+和 Opera 26+支持该 details 和 summary 元素。

3.3.10　标记对话框信息

HTML5 新增 dialog 元素，用来定义一个对话框或窗口。dialog 在界面中默认为隐藏状态，可以设置 open 属性定义是否打开对话框或窗口，也可以在脚本中使用该元素的 show()或 close()方法动态控制对话框的显示或隐藏。

【示例 1】应用 dialog 元素，效果如图 3.11 所示。

```
<dialog>
    <h1>Hi, HTML5</h1>
    <button id="close">关闭</button>
</dialog>
<button id="open">打开对话框</button>
<script>
var d = document.getElementsByTagName("dialog")[0],
    openD = document.getElementById("open"),
    closeD = document.getElementById("close");
openD.onclick = function() {d.show();}  //显示对话框
closeD.onclick = function() {d.close();}  //关闭对话框
</script>
```

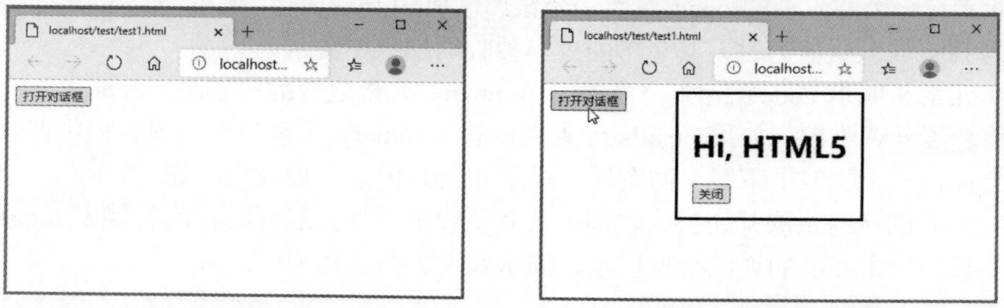

（a）隐藏状态　　　　（b）打开对话框状态

图 3.11　打开对话框效果

提示：在脚本中，设置 dialog.open="open"属性也可以打开对话框，设置 dialog.open=""关闭对话框。

【示例 2】如果调用 dialog 元素的 showModal()方法可以以模态对话框的形式打开，效果如图 3.12 所示。然后使用::backdrop 伪类设计模态对话框的背景样式。

```
<style>
::backdrop{background-color:black;}
</style>
<input type="button"value="打开对话框"onclick="document.getElementById('dg'). showModal(); ">
<dialog id="dg" onclose="alert('对话框被关闭')" oncancel="alert('在模式窗口中按下 Esc 键')">
    <h1>Hi, HTML5</h1>
    <input type="button" value="关闭" onclick="document.getElementById('dg').close();"/>
</dialog>
```

3.4　设 计 图 像

3.4.1　使用 img 元素

在 HTML5 中，使用<img>标签可以把图像插入网页中，具体用法如下。

```
<img src="URL" alt="替代文本" />
```

img 元素向网页中嵌入一幅图像，从技术上分析，<img>标签并不会在网页中插入图像，而是从网页上链接图像，<img>标签创建的是被引用图像的占位空间。

提示：<img>标签有两个必需的属性：src 属性和 alt 属性。具体说明如下。

☑　alt：设置图像的替代文本。

☑　src：定义显示图像的 URL。

【示例】在页面中插入一幅照片，在浏览器中预览效果如图 3.13 所示。

```
<img src="images/1.jpg" width="400" alt="读书女生"/>
```

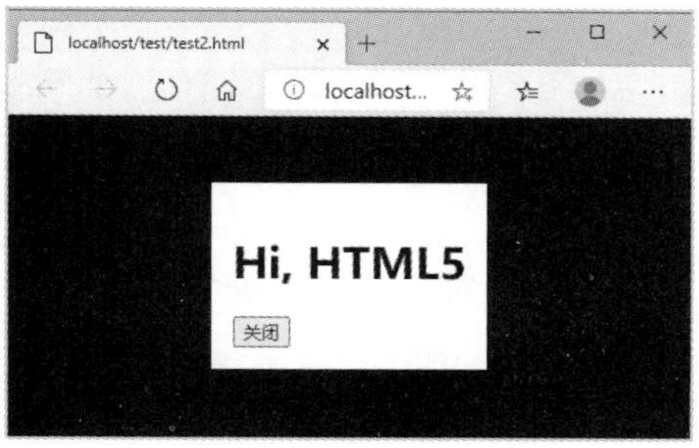

图 3.12　以模态对话框形式打开图像

图 3.13　在网页中插入图像

HTML5 为<img>标签定义了多个可选属性，简单说明如下。

☑　height：定义图像的高度。取值单位可以是像素或者百分比。

☑　width：定义图像的宽度。取值单位可以是像素或者百分比。

☑　ismap：将图像定义为服务器端图像映射。

☑　usemap：将图像定义为客户端图像映射。

☑　longdesc：指向包含长的图像描述文档的 URL。

其中不再推荐使用 HTML4 中部分属性，如 align（水平对齐方式）、border（边框粗细）、hspace（左右空白）、vspace（上下空白），对于这些属性，HTML5 建议使用 CSS 属性代替。

3.4.2　定义流内容

流内容是由页面上的文本引述出来的。在 HTML5 出现之前，没有专门实现这个目的的元素，因此一些开发人员使用没有语义的 div 元素来表示。通过引入 figure 和 figcaption，HTML5 改变了这种情况。

流内容可以是图表、照片、图形、插图、代码片段，以及其他类似的独立内容。可以由页面上的其他内容引出 figure。figcaption 是 figure 的标题，可选，出现在 figure 内容的开头或结尾处。例如：

```
<figure>
    <p>思索</p>
    <img src="images/1.jpg" width="350" />
</figure>
```

这个 figure 只有一张照片，不过放置多个图像或其他类型的内容（如数据表格、视频等）也是允许的。figcaption 元素并不是必需的，但如果包含它，它的位置必须是 figure 元素内嵌的第一个或最后一个元素。

【示例】在本示例中，包含新闻图片及其标题的 figure，显示在 article 文本中间。图片以缩进的形式显示，这是浏览器的默认样式。

```
<article>
    <h1>我国首次实现月球轨道交会对接 嫦娥五号完成在轨样品转移</h1>
    <p>12 月 6 日，航天科技人员在北京航天飞行控制中心指挥大厅监测嫦娥五号上升器与轨道器返回器组合体交会对接情况。</p>
    <p>记者从国家航天局获悉，12 月 6 日 5 时 42 分，嫦娥五号上升器成功与轨道器返回器组合体交会对接，并于 6 时 12 分将月球样品容器安全转移至返回器中。这是我国航天器首次实现月球轨道交会对接。</p>
    <figure>
        <figcaption>新华社记者<b>金立旺</b>摄</figcaption>
        <img src="images/news.jpg" alt="嫦娥五号完成在轨样品转移" /> </figure>
    <p>来源：<a href="http://www.xinhuanet.com/">新华网</a></p>
</article>
```

figure 元素可以包含多个内容块。不过不管 figure 包含有多少内容，只允许有一个 figcaption。

3.4.3 使用 picture 元素

<picture>标签仅作为容器，可以包含一个或多个<source>子标签。<source>可以加载多媒体源，它包含如下属性。

☑ srcset：必需，设置图片文件路径，如 srcset="img/minpic.png"。或者是逗号分隔的用像素密度描述的图片路径，如 srcset="img/minpic.png,img/maxpic.png 2x")。

☑ media：设置媒体查询，如 media="(min-width: 320px)"。

☑ sizes：设置宽度，如 sizes="100vw"。或者是媒体查询宽度，如 sizes="(min-width: 320px) 100vw"。也可以是逗号分隔的媒体查询宽度列表，如 sizes="(min-width: 320px) 100vw, (min-width: 640px) 50vw, calc(33vw - 100px) "。

☑ type：设置 MIME 类型，如 type= "image/webp"或者 type= "image/vnd.ms-photo "。

浏览器将根据 source 的列表顺序，使用第一个合适的 source 元素，并根据这些设置属性，加载具体的图片源，同时忽略后面的<source>标签。

注意：建议在<picture>标签尾部添加<img>标签，用来兼容不支持<picture>标签的浏览器。

【示例】使用 picture 元素设计在不同视图下加载不同的图片，演示效果如图 3.14 所示。

```
<picture>
    <source media="(min-width: 650px)" srcset="images/kitten-large.png">
    <source media="(min-width: 465px)" srcset="images/kitten-medium.png">
    <!--img 标签用于不支持 picture 元素的浏览器-->
    <img src="images/kitten-small.png" alt="a cute kitten" id="picimg">
</picture>
```

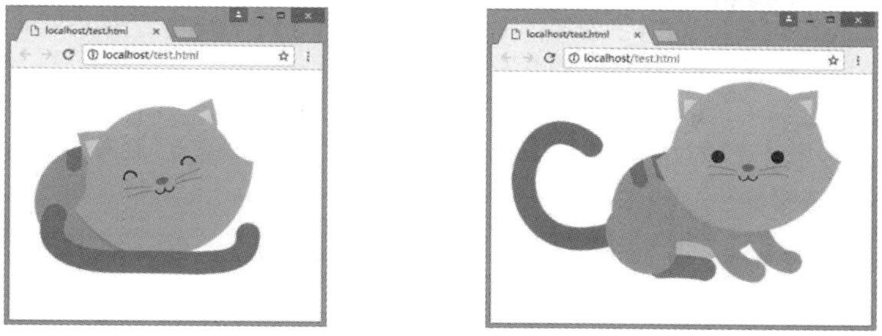

（a）小屏　　　　　　（b）中屏

图 3.14　根据视图大小加载图片

3.4.4　设计横屏和竖屏显示

本例根据屏幕的方向作为条件，当屏幕以横屏方向显示时加载 kitten-large.png 的图片，当屏幕以竖屏方向显示时加载 kitten-medium.png 的图片。演示效果如图 3.15 所示。

```
<picture>
    <source media="(orientation: portrait)" srcset="images/kitten-medium.png">
    <source media="(orientation: landscape)" srcset="images/kitten-large.png">
    <!--img 标签用于不支持 picture 元素的浏览器-->
    <img src="images/kitten-small.png" alt="a cute kitten" id="picimg">
```

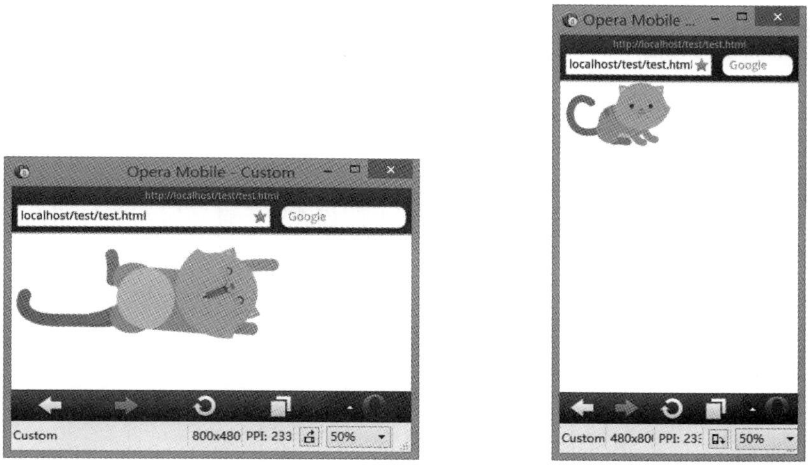

（a）横屏　　　　　　（b）竖屏

图 3.15　根据屏幕方向加载图片

提示： 可以结合多种条件，例如，屏幕方向和视图大小，分别加载不同的图片。代码如下。

```
<picture>
    <source media="(min-width: 320px) and (max-width: 640px) and (orientation: landscape)" srcset="images/minpic_
landscape.png">
    <source media="(min-width: 320px) and (max-width: 640px) and (orientation: portrait)" srcset="images/minpic_
portrait.png">
    <source media="(min-width: 640px) and (orientation: landscape)" srcset="images/middlepic_landscape.png">
    <source media="(min-width: 640px) and (orientation: portrait)" srcset="images/middlepic_portrait.png">
    <img src="images/picture.png" alt="this is a picture">
</picture>
```

Note

3.4.5 根据分辨率显示不同图像

本例以屏幕像素密度作为条件，设计当像素密度为 2x 时，加载后缀为_retina.png 的图片，当像素密度为 1x 时加载无后缀 retina 的图片。

```
<picture>
    <source media="(min-width: 320px) and (max-width: 640px)" srcset="images/minpic_retina.png 2x">
    <source media="(min-width: 640px)" srcset="img/middle.png,img/middle_retina.png 2x">
    <img src="img/picture.png,img/picture_retina.png 2x" alt="this is a picture">
</picture>
```

提示：有关 srcset 属性的详细说明请参考下面介绍。

3.4.6 根据格式显示不同图像

本例以图片的文件格式作为条件。当支持 webp 格式图片时加载 webp 格式图片，否则，加载 png 格式图片。

```
<picture>
    <source type="image/webp" srcset="images/picture.webp">
    <img src="images/picture.png" alt=" this is a picture ">
</picture>
```

3.4.7 自适应像素比

除 source 元素外，HTML5 为 img 元素也新增了 srcset 属性。srcset 属性是一个包含一个或多个源图的集合，不同源图用逗号分隔，每一个源图由下面两部分组成。

☑ 图像 URL。

☑ x（像素比描述）或 w（图像像素宽度描述）的描述符。描述符需要与图像 URL 以一个空格进行分隔，w 描述符的加载策略是通过 sizes 属性里的声明来计算选择的。

如果没有设置第二部分，则默认为 1x。在同一个 srcset 里，不能混用 x 描述符和 w 描述符，或者在同一个图像中，既使用 x 描述符，也使用 w 描述符。

sizes 属性的写法与 srcset 相同，也是用逗号分隔的一个或多个字符串，每个字符串由下面两部分组成。

☑ 媒体查询。最后一个字符串不能设置媒体查询，作为匹配失败后回退选项。

☑ 图像 size（大小）信息。注意，不能使用%来描述图像大小，如果想用百分比来表示，应使用类似于 vm（100vm = 100%设备宽度）的单位来描述，其他的（如 px、em 等）可以正常使用。

sizes 里给出的不同媒体查询选择图像大小的建议，只对 w 描述符起作用。也就是说，如果 srcset 里用的是 x 描述符，或根本没有定义 srcset，这个 sizes 是没有意义的。

注意：除了 IE 不兼容外，其他浏览器全部支持该技术，详细信息可以访问 http://caniuse.com/#search=srcset。

【示例】设计屏幕 5 像素比（如高清 2K 屏）的设备使用 2500px×2500px 的图片，3 像素比的设备使用 1500px×1500px 的图片，2 像素比的设备使用 1000px×1000px 的图片，1 像素比（如普通笔记本显示屏）的设备使用 500px×500px 的图片。对于不支持 srcset 的浏览器，显示 src 的图片。

第 1 步，设计之前，先准备 5 张图。

☑ 500.png：大小等于 500px×500px。

☑ 1000.png：大小等于 1000px×1000px。
☑ 1500.png：大小等于 1500px×1500px。
☑ 2000.png：大小等于 2000px×2000px。
☑ 2500.png：大小等于 2500px×2500px。

第 2 步，新建 HTML5 文档，输入下面代码即可，然后在不同屏幕比的设备上进行测试。

```
<img width="500" srcset="
        images/2500.png 5x,
        images/1500.png 3x,
        images/1000.png 2x,
        images/500.png 1x   "
    src="images/500.png"
/>
```

对于 srcset 里没有给出像素比的设备，不同浏览器的选择策略不同。例如，如果没有给出 1.5 像素比的设备要使用哪张图，浏览器可以选择 2 像素比的，也可以选择 1 像素比的，等等。

3.4.8 自适应视图宽

w 描述符可以简单理解为描述源图的像素大小，无关宽度还是高度，大部分情况下可以理解为宽度。如果没有设置 sizes，一般是按照 100vm 来选择加载图片。

【示例 1】设计如果视口在 500px 及以下时，使用 500w 的图片；如果视口在 1000px 及以下时，使用 1000w 的图片，以此类推。最后再设置媒体查询都满足的情况下，使用 2000w 的图片。实现代码如下。

```
<img width="500" srcset="
        images/2000.png 2000w,
        images/1500.png 1500w,
        images/1000.png 1000w,
        images/500.png 500w
        "
    sizes="
        (max-width: 500px) 500px,
        (max-width: 1000px) 1000px,
        (max-width: 1500px) 1500px,
        2000px "
    src="images/500.png"
/>
```

如果没有对应的 w 描述，一般选择第一个大于它的。例如，如果有一个媒体查询是 700px，一般加载 1000w 对应的源图。

【示例 2】使用百分比来设置视口宽度。

```
<img width="500" srcset="
        images/2000.png 2000w,
        images/1500.png 1500w,
        images/1000.png 1000w,
        images/500.png 500w
        "
    sizes="
        (max-width: 500px) 100vm,
        (max-width: 1000px) 80vm,
        (max-width: 1500px) 50vm,
        2000px "
```

```
    src="images/500.png"
/>
```


这里设计图片的选择：视口宽度乘以 1、0.8 或 0.5，根据得到的像素来选择不同的 w。例如，如果 viewport 为 800px，对应 80vm，就是 800×0.8=640px，应该加载一个 640w 的源图，但是 srcset 中没有 640w，这时会选择第一个大于 640w 的，也就是 1000w。如果没有设置，一般是按照 100vm 来选择加载图片。

3.5 使用 HTML5 多媒体

3.5.1 使用 audio 元素

<audio>标签可以播放声音文件或音频流，支持 Ogg Vorbis、MP3、Wav 等格式，其用法如下。

```
<audio src="samplesong.mp3" controls="controls"></audio>
```

其中，src 属性用于指定要播放的声音文件，controls 属性用于设置是否显示工具条。<audio>标签可用的属性如表 3.1 所示。

表 3.1 <audio>标签支持属性

属　性	值	说　明
autoplay	autoplay	如果出现该属性，则音频在就绪后马上播放
controls	controls	如果出现该属性，则向用户显示控件，如播放按钮
loop	loop	如果出现该属性，则每当音频结束时重新开始播放
preload	preload	如果出现该属性，则音频在页面加载时进行加载，并预备播放；如果使用"autoplay"，则忽略该属性
src	url	要播放的音频的 URL

提示：如果浏览器不支持<audio>标签，可以在<audio>与</audio>标识符之间嵌入替换的 HTML 字符串，这样旧的浏览器就可以显示这些信息。例如：

```
<audio src=" test.mp3" controls="controls">
您的浏览器不支持 audio 标签。
</audio>
```

替换内容可以是简单的提示信息，也可以是一些备用音频插件，或者是音频文件的链接等。

【示例 1】<audio>标签可以包裹多个<source>标签，用来导入不同的音频文件，浏览器会自动选择第一个可以识别的音频文件进行播放。

```
<audio controls>
    <source src="medias/test.ogg" type="audio/ogg">
    <source src="medias/test.mp3" type="audio/mpeg">
    <p>你的浏览器不支持 HTML5 audio，你可以 <a href="piano.mp3">
下载音频文件</a> (MP3, 1.3 MB)</p>
</audio>
```

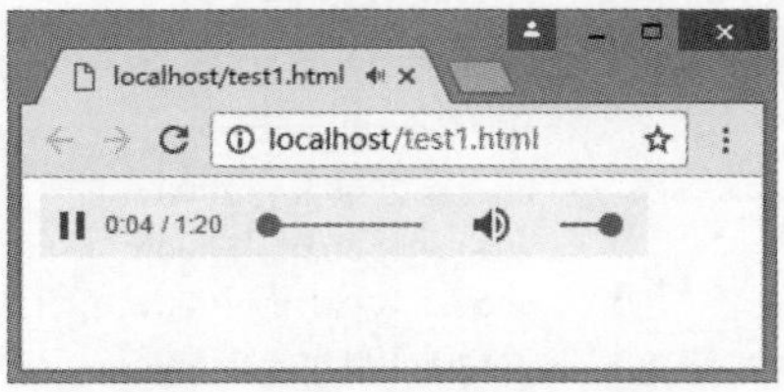

图 3.16 播放音频

以上代码在 Chrome 浏览器中的运行结果如图 3.16 所示，这个 audio 元素（含默认控件集）定义了两个音频源文件，一个编码为 Ogg，另一个为 MP3。完整的过程同指定多个视频源文件的过程是一样的。浏览器会忽略它不能播放的内容，仅播放它能播放的内容。

支持 Ogg 的浏览器（如 Firefox）会加载 piano.ogg。Chrome 能同时识别 Ogg 和 MP3，但是会先

加载 Ogg 文件，因为在 audio 元素的代码中，Ogg 文件位于 MP3 文件之前。不支持 Ogg 格式，但支持 MP3 格式的浏览器（IE 10）会加载 test.mp3，旧浏览器（如 IE 8）会显示备用信息。

<source>标签可以为<video>和<audio>标签定义多媒体资源，它必须包裹在<video>或<audio>标识符内。<source>标签包含 3 个可用属性。

☑ media：定义媒体资源的类型。

☑ src：定义媒体文件的 URL。

☑ type：定义媒体资源的 MIME 类型。如果媒体类型与源文件不匹配，浏览器可能会拒绝播放。可以省略 type 属性，让浏览器自动检测编码方式。

为了兼容不同浏览器，一般使用多个<source>标签包含多种媒体资源。对于数据源，浏览器会按照声明顺序进行选择，如果支持的不止一种，那么浏览器会优先播放位置靠前的媒体资源。数据源列表的排放顺序应按照用户体验由高到低，或者服务器消耗由低到高列出。

【示例 2】在页面中插入背景音乐：在<audio>标签中设置 autoplay 和 loop 属性，详细代码如下。

```
<audio autoplay loop>
    <source src="medias/test.ogg" type="audio/ogg">
    <source src="medias/test.mp3" type="audio/mpeg">
您的浏览器不支持 audio 标签。
</audio>
```

3.5.2 使用 video 元素

<video>标签可以播放视频文件或视频流，支持 Ogg、MPEG 4、WebM 等格式，其用法如下。

```
<video src="samplemovie.mp4" controls="controls"></video>
```

其中，src 属性用于指定要播放的视频文件，controls 属性用于提供播放、暂停和音量控件。<video>标签可用的属性如表 3.2 所示。

表 3.2 <video>标签支持属性

属　性	值	描　述
autoplay	autoplay	如果出现该属性，则视频在就绪后马上播放
controls	controls	如果出现该属性，则向用户显示控件，如播放按钮
height	pixels	设置视频播放器的高度
loop	loop	如果出现该属性，则当媒介文件完成播放后再次开始播放
muted	muted	设置视频的音频输出应该被静音
poster	URL	设置视频下载时显示的图像，或者在用户单击播放按钮前显示的图像
preload	preload	如果出现该属性，则视频在页面加载时进行加载，并预备播放。如果使用"autoplay"，则忽略该属性
src	url	要播放的视频的 URL
width	pixels	设置视频播放器的宽度

支持 HTML5 的浏览器有 Safari 3+、Firefox 4+、Opera 10+、Chrome 3+、IE 9+等。HTML5 的<video>标签支持 3 种常用的视频格式，简单说明如下。

☑ Ogg：带有 Theora 视频编码和 Vorbis 音频编码的 Ogg 文件。

☑ MPEG4：带有 H.264 视频编码和 AAC 音频编码的 MPEG 4 文件。

☑ WebM：带有 VP8 视频编码和 Vorbis 音频编码的 WebM 文件。

提示：如果浏览器不支持<video>标签，可以在<video>与</video>标识符之间嵌入替换的 HTML 字符串，这样旧的浏览器就可以显示这些信息。例如：

```
<video src=" test.mp4" controls="controls">
您的浏览器不支持 video 标签。
</video>
```

【示例 1】使用<video>标签在页面中嵌入一段视频，然后使用<source>标签链接不同的视频文件，浏览器会自己选择第一个可以识别的视频文件进行播放。

```
<video controls>
    <source src="medias/trailer.ogg" type="video/ogg">
    <source src="medias/trailer.mp4" type="video/mp4">
您的浏览器不支持 video 标签。
</video >
```

一个 video 元素中可以包含任意数量的 source 元素，因此为视频定义两种不同的格式是相当容易的。浏览器会加载第一个它支持的 source 元素引用的文件格式，并忽略其他来源。

【示例 2】通过设置 autoplay 属性，不需要播放控制，音频或视频文件就会在加载完成后自动播放。

```
<video autoplay>
    <source src="medias/trailer.ogg" type="video/ogg">
    <source src="medias/trailer.mp4" type="video/mp4">
您的浏览器不支持 video 标签。
</video >
```

也可以使用 JavaScript 脚本控制媒体播放，简单说明如下。

☑ load()：可以加载音频或者视频文件。

☑ play()：可以加载并播放音频或视频文件，除非已经暂停，否则默认从开头播放。

☑ pause()：暂停处于播放状态的音频或视频文件。

☑ canPlayType(type)：检测 video 元素是否支持给定 MIME 类型的文件。

【示例 3】通过移动鼠标来触发视频的 play 和 pause 功能。当用户移到鼠标到视频界面上时，播放视频，如果移出鼠标，则暂停视频播放。

```
<video id="movies" onmouseover="this.play()" onmouseout="this.pause()" autobuffer="true"
    width="400px" height="300px">
    <source src="medias/trailer.ogv" type='video/ogg; codecs="theora, vorbis"'>
    <source src="medias/trailer.mp4" type='video/mp4'>
</video>
```

3.6 在线支持

扫码免费学习
更多实用技能

一、专项练习

☑ HTML5 网页文本

☑ HTML5 音频和视频

二、参考

☑ 格式标签列表

☑ 编程标签列表

☑ 图像标签列表

☑ 音频/视频标签列表

三、HTML5 多媒体 API

☑ HTML5 多媒体 API 的属性

☑ HTML5 多媒体 API 的方法

☑ HTML5 多媒体 API 的事件

☑ 综合案例

四、更多案例实战

☑ 图文混排

☑ 设计图文新闻

☑ 设计阴影白边

☑ 设计音乐播放器

☑ 设计 MP3 播放器

☑ 设计视频播放器

新知识、新案例不断更新中……

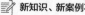

第 4 章

设计列表和超链接

在网页中，大部分信息都是列表结构，如菜单栏、图文列表、分类导航、新闻列表、栏目列表等。HTML5 定义了一套列表标签，通过列表结构实现对网页信息的合理排版。另外，网页中还会包含大量超链接，通过超链接实现网页、位置的跳转。超链接能够把整个网站同整个互联网联系在一起。列表结构与超链接关系紧密，经常需要配合使用。

视 频 讲 解

4.1 定 义 列 表

4.1.1 无序列表

无序列表是一种不分排序的列表结构，使用<ul>标签定义，在<ul>标签中可以包含多个<li>标签定义的列表项目。

【示例 1】使用无序列表定义一元二次方程的求解方法，预览效果如图 4.1 所示。

```
<h1>解一元二次方程</h1>
<p>一元二次方程求解有四种方法：</p>
<ul>
    <li>直接开平方法</li>
    <li>配方法</li>
    <li>公式法</li>
    <li>分解因式法</li>
</ul>
```

无序列表可以分为一级无序列表和多级无序列表，一级无序列表在浏览器中解析后，会在每个列表项目前面添加一个小黑点修饰符，而多级无序列表则会根据级数调整列表项目修饰符。

【示例 2】在页面中设计三层嵌套的多级列表结构，浏览器默认解析时显示效果如图 4.2 所示。

```
<ul>
    <li>一级列表项目 1
        <ul>
            <li>二级列表项目 1</li>
            <li>二级列表项目 2
                <ul>
                    <li>三级列表项目 1</li>
                    <li>三级列表项目 2</li>
                </ul>
            </li>
        </ul>
    </li>
    <li>一级列表项目 2</li>
</ul>
```

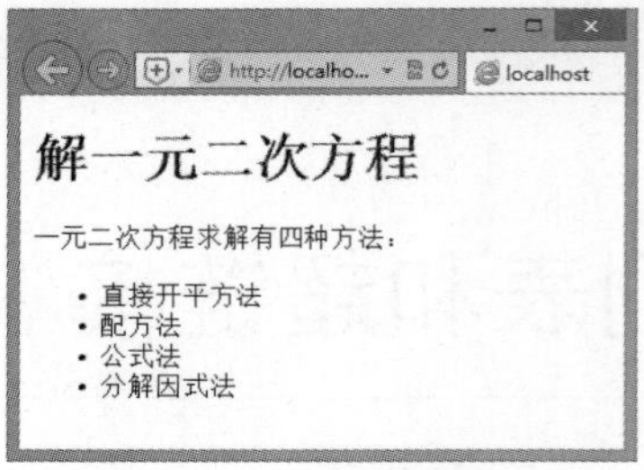

图 4.1　定义无序列表

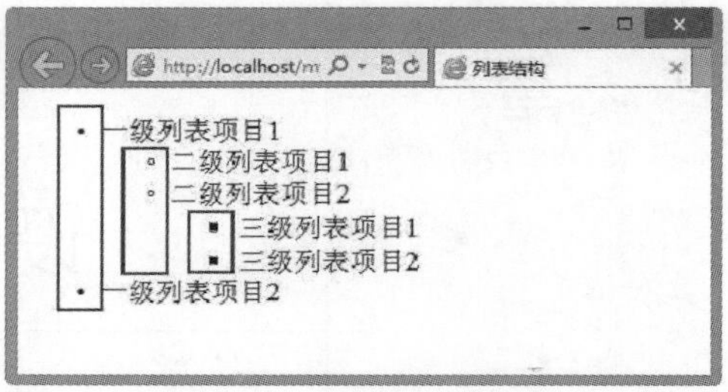

图 4.2　多级无序列表的默认解析效果

无序列表在嵌套结构中随着其所包含的列表级数的增加而逐渐缩进，并且随着列表级数的增加而改变修饰符。合理使用列表结构能让页面的结构更加清晰。

4.1.2　有序列表

有序列表是一种在意排序位置的列表结构，使用<ol>标签定义，其中包含多个<li>列表项目标签构成。在强调项目排序的栏目中，选用有序列表会更科学，如新闻列表（根据新闻时间排序）、排行榜（强调项目的名次）等。

【示例 1】 列表结构在网页中比较常见，其应用范畴比较宽泛，可以是新闻列表、销售列表，也可以是导航、菜单、图表等。本示例包含 3 种列表应用样式，效果如图 4.3 所示。

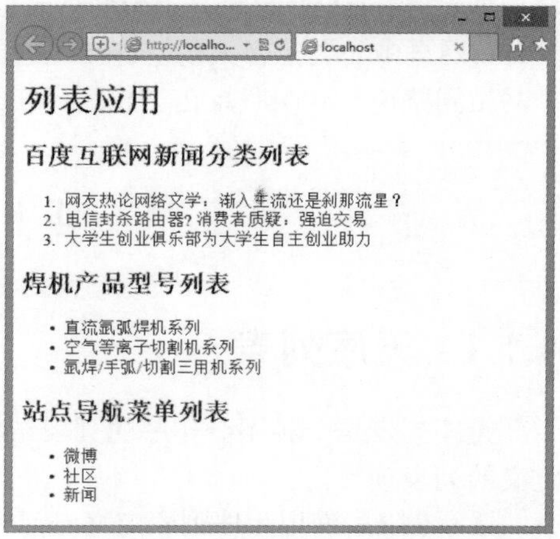

图 4.3　列表的应用形式

```
<h1>列表应用</h1>
<h2>百度互联网新闻分类列表</h2>
<ol>
    <li>网友热论网络文学：渐入主流还是刹那流星？</li>
    <li>电信封杀路由器？消费者质疑：强迫交易</li>
    <li>大学生创业俱乐部为大学生自主创业助力</li>
</ol>
<h2>焊机产品型号列表</h2>
<ul>
    <li>直流氩弧焊机系列</li>
    <li>空气等离子切割机系列</li>
    <li>氩焊/手弧/切割三用机系列</li>
</ul>
<h2>站点导航菜单列表</h2>
<ul>
    <li>微博</li>
    <li>社区</li>
    <li>新闻</li>
</ul>
```

【示例 2】 有序列表也可分为一级有序列表和多级有序列表，浏览器默认解析时都是将有序列表以阿拉伯数字表示，并逐级增加缩进，如图 4.4 所示。

```
<ol>
    <li>一级列表项目 1
        <ol>
```

```
                <li>二级列表项目 1</li>
                <li>二级列表项目 2
                    <ol>
                        <li>三级列表项目 1</li>
                        <li>三级列表项目 2</li>
                    </ol>
                </li>
            </ol>
        </li>
        <li>一级列表项目 2</li>
</ol>
```

<ol>标签包含 3 个比较实用的属性，这些属性同时获得 HTML5 支持，且其中 reversed 为新增属性。具体说明如表 4.1 所示。

表 4.1　<ol>标签属性

属　　性	取　　值	说　　明
reversed	reversed	定义列表顺序为降序，如 9，8，7...
start	number	定义有序列表的起始值
type	1、A、a、I、i	定义在列表中使用的标记类型

【示例 3】 设计有序列表降序显示，序列的起始值为 5，类型为大写罗马数字，效果如图 4.5 所示。

```
<ol type="I" start="5" reversed >
    <li>黄鹤楼<span>崔颢</span> </li>
    <li>送元二使安西<span>王维</span> </li>
    <li>凉州词（黄河远上）<span>王之涣</span> </li>
    <li>登鹳雀楼<span>王之涣</span> </li>
    <li>登岳阳楼<span>杜甫</span> </li>
</ol>
```

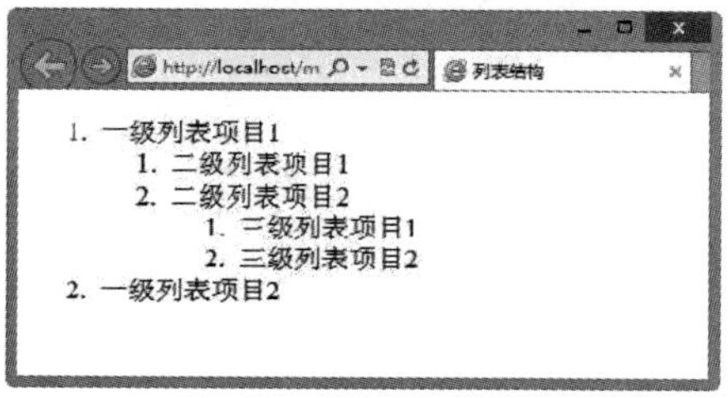

图 4.4　多级有序列表默认解析效果

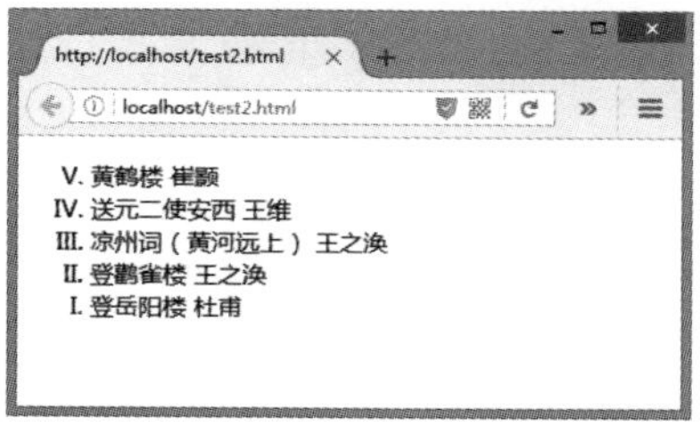

图 4.5　在 Firefox 中预览效果

4.1.3　描述列表

描述列表是一种特殊的结构，它包括词条和解释两块内容。包含的标签说明如下。

☑　<dl>...</dl>：标识描述列表。

☑　<dt>...</dt>：标识词条。

☑　<dd>...</dd>：标识解释。

【示例 1】 定义一个中药词条列表。

```
<h2>中药词条列表</h2>
<dl>
    <dt>丹皮</dt>
    <dd>为毛茛科多年生落叶小灌木植物牡丹的根皮。产于安徽、山东等地。秋季采收，晒干。生用或炒用。</dd>
```

```
</dl>
```

在上面结构中，“丹皮”是词条，而“为毛茛科多年生落叶小灌木植物牡丹的根皮。产于安徽、山东等地。秋季采收，晒干。生用或炒用。”是对词条进行的描述（或解释）。

【示例 2】使用描述列表显示两个成语的解释。

```
<h1>成语词条列表</h1>
<dl>
    <dt>知无不言，言无不尽</dt>
    <dd>知道的就说，要说就毫无保留。</dd>
    <dt>智者千虑，必有一失</dt>
    <dd>不管多聪明的人，在很多次的考虑中，也一定会出现个别错误。</dd>
</dl>
```

提示：描述列表内的<dt>和<dd>标签组合形式有多种，例如:

☑ 单条形式。

```
<dl>
    <dt>描述列表标题</dt>
    <dd>描述列表内容</dd>
</dl>
```

☑ 一带多形式。

```
<dl>
    <dt>描述列表标题 1</dt>
    <dd>描述列表内容 1.1</dd>
    <dd>描述列表内容 1.2</dd>
</dl>
```

☑ 多条形式。

```
<dl>
    <dt>描述列表标题 1</dt>
    <dd>描述列表内容 1</dd>
    <dt>描述列表标题 2</dt>
    <dd>描述列表内容 2</dd>
</dl>
```

【示例 3】在下面描述列表中包含了两个词条，介绍花圃中花的种类，列表结构代码如下。

```
<div class="flowers">
    <h1>花圃中的花</h1>
    <dl>
        <dt>玫瑰花</dt>
        <dd>玫瑰花，一名赤蔷薇，为蔷薇科落叶灌木。茎多刺。花有紫、白两种，形似蔷薇和月季。一般用作蜜饯、糕点等食品的配料。花瓣、根均作药用，入药多用紫玫瑰。</dd>
        <dt>杜鹃花</dt>
        <dd>中国十大名花之一。在所有观赏花木之中，称得上花、叶兼美，地栽、盆栽皆宜，用途最为广泛的。…</dd>
    </dl>
</div>
```

当列表包含内容集中时，可以适当添加一个标题，演示效果如图 4.6 所示。

注意：描述列表不局限于定义词条解释关系，搜索引擎认为 dt 包含的是抽象、概括或简练的内容，对应的 dd 包含的是与 dt 内容相关联的具体、详细或生动说明。例如:

```
<dl>
    <dt>软件名称</dt>
```

```
        <dd>小时代 2.6.3.10</dd>
        <dt>软件大小</dt>
        <dd>2431 KB</dd>
        <dt>软件语言</dt>
        <dd>简体中文</dd>
    </dl>
```

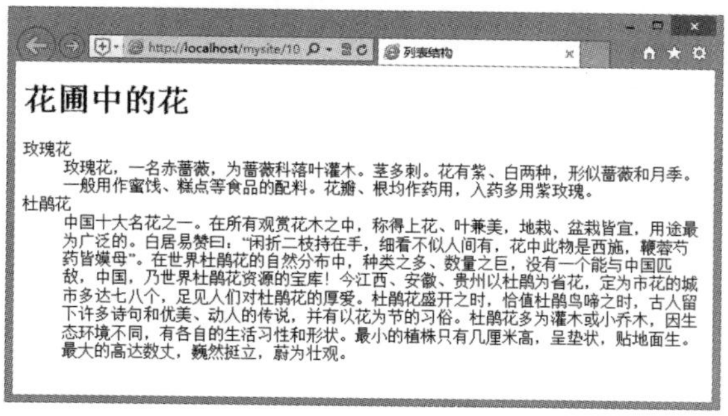

图 4.6　描述列表结构分析图

4.2　定义超链接

超链接一般包括两部分：链接目标和链接标签。目标通过 href 定义，指定访问者单击链接时会发生什么。标签就是访问者在浏览器中看到的内容，激活标签就可以到达链接的目标。

4.2.1　普通链接

创建指向另一个网页的链接的方法如下。

```
<a href="page.html ">标签文本</a>
```

其中，page.html 是目标网页的 URL。标签文本默认突出显示，访问者激活它时，就会转到 page.html 所指向的页面。

也可以添加一个 img 元素替代文本（或同文本一起）作为标签，例如：

```
<a href="page.html "><img src="images/1.jpg" /></a>
```

可以创建指向另一个网站的页面的链接，例如：

```
<a href="http://www.w3school.com.cn" rel="external"> W3School</a>
```

将 href 的值替换为目标 URL 地址，rel 属性是可选的，即便没有它，链接也能照常工作。但对于指向另一个网站的链接，推荐包含这个设置。此外，还可以对带有 rel="external"的链接添加不同的样式，从而告知访问者这是一个指向外部网站的链接。

访问者将鼠标移到指向其他网站的链接上时，目标 URL 会出现在状态栏里，title 文字（如果指定了的话）也会显示在链接旁边。

提示：可以通过键盘对网页进行导航，每按一次 Tab 键，焦点就会转移到 HTML 代码中出现的下一个链接、表单控件或图像映射。每按一次 Shift+Tab 快捷键，焦点就会向前转移。这个顺序不一定与网页上出现的顺序一致，因为页面的 CSS 布局可能不同。通过使用 tabindex 属性，可以改变 Tab 键访问的顺序。

<a>标签包含众多属性，其中被 HTML5 支持的属性如表 4.2 所示。

表 4.2 <a>标签属性

属　性	取　值	说　明
download	filename	规定被下载的链接目标
href	URL	规定链接指向的页面的 URL
hreflang	language_code	规定被链接文档的语言
media	media_query	规定被链接文档是为何种媒介/设备优化的
rel	text	规定当前文档与被链接文档之间的关系
target	_blank、_parent、_self、_top、framename	规定在何处打开链接文档
type	MIME type	规定被链接文档的的 MIME 类型

提示： 如果不使用 href 属性，则不可以使用如下属性：download、hreflang、media、rel、target 以及 type 属性。在默认状态下，被链接页面会显示在当前浏览器窗口中，可以使用 target 属性改变页面显示的窗口。

下面代码定义一个链接文本，设计当单击该文本时将在新的标签页中显示百度首页。

```
<a href="https://www.baidu.com/" target="_blank">百度一下</a>
```

注意： 在 HTML4 中，<a>标签可以定义链接，也可以定义锚点。但是在 HTML5 中，<a>标签只能定义链接，如果不设置 href 属性，则只是链接的占位符，而不再是一个锚点。

4.2.2　块链接

HTML5 放开对<a>标签的使用限制，允许在链接内包含任何类型的元素或元素组，如段落、列表、整篇文章和区块，这些元素大部分为块级元素，所以也称为块链接。在 HTML4 中，链接中只能包含图像、短语以及标记文本短语的行内元素，如 em、strong、cite 等。

注意： 链接内不能够包含其他链接、音频、视频、表单控件、iframe 等交互式内容。

【示例】以文章的一小段内容为链接，指向完整的文章。如果想让这一小段内容和提示都形成指向完整文章页面的链接，就应使用块链接。可以通过 CSS 让部分文字显示下画线，或者所有的文字都不会显示下画线。

```
<a href="pages.html">
    <h1>标题文本</h1>
    <p>段落文本.</p>
    <p>更多信息</p>
</a>
```

一般建议将最相关的内容放在链接的开头，而且不要在一个链接中放入过多内容。例如：

```
<a href="pioneer-valley.html">
    <h1>标题文本</h1>
    <img src="images/1.jpg" width="143" height="131" alt="1" />
    <img src=" images/2.jpg" width="202" height="131" alt="2" />
    <p>段落文本</p>
</a>
```

注意： 不要过度使用块链接，尽量避免将一大段内容使用一个链接包起来。

4.2.3　锚点链接

锚点链接是定向同一页面或者其他页面中的特定位置的链接。例如，在一个很长的页面，在页面的底部设置一个锚点，单击后可以跳转到页面顶部，这样避免了上下滚动的麻烦。

创建锚点链接的方法如下。

第 1 步，创建用于链接的锚点。任何被定义了 ID 值的元素都可以作为锚点标记，就可以定义指向该位置点的锚点链接了。注意，给页面标签的 ID 锚点命名时不要含有空格，同时不要置于绝对定位元素内。

第 2 步，在当前页面或者其他页面不同位置定义链接，为<a>标签设置 href 属性，属性值为“#+锚点名称”，如输入“#p4”。如果链接到不同的页面，如 test.html，则输入“test.html#p4”，可以使用绝对路径，也可以使用相对路径。注意，锚点名称是区分大小写的。

【示例】定义一个锚点链接，链接到同一个页面的不同位置，如图 4.7 所示，当单击网页顶部的文本链接后，会跳转到页面底部的图片 4 所在位置。

```
<!doctype html>
<body>
<p><a href="#p4">查看图片 4</a> </p>
<h2>图片 1</h2>
<p><img src="images/1.jpg" /></p>
<h2>图片 2</h2>
<p><img src="images/2.jpg" /></p>
<h2>图片 3</h2>
<p><img src="images/3.jpg" /></p>
<h2 id="p4">图片 4</h2>
<p><img src="images/4.jpg" /></p>
<h2>图片 5</h2>
<p><img src="images/5.jpg" /></p>
<h2>图片 6</h2>
<p><img src="images/6.jpg" /></p>
</body>
```

（a）跳转前　　　　（b）跳转后

图 4.7　定义锚链接

Note

4.2.4 目标链接

链接指向的目标可以是网页、位置，也可以是一张图片、一个电子邮件地址、一个文件、FTP 服务器，甚至是一个应用程序、一段 JavaScript 脚本。

【示例 1】如果浏览器能够识别 href 属性指向链接的目标类型，会直接在浏览器中显示；如果浏览器不能识别该类型，会弹出“文件下载”对话框，允许用户下载到本地，如图 4.8 所示。

```
<p><a href="images/1.jpg">链接到图片</a> </p>
<p><a href="demo.html">链接到网页</a> </p>
<p><a href="demo.docx">链接到 Word 文档</a> </p>
```

图 4.8　下载 Word 文档

定义链接地址为邮箱地址即为 E-mail 链接。通过 E-mail 链接可以为用户提供方便的反馈与交流机会。当浏览者单击邮件链接时，会自动打开客户端浏览器默认的电子邮件处理程序，收件人邮件地址被电子邮件链接中指定的地址自动更新，浏览者不用手工输入。

创建 E-mail 链接方法如下。

为<a>标签设置 href 属性，属性值为“mailto:+电子邮件地址+?+subject=+邮件主题”，其中 subject 表示邮件主题，为可选项目，如 mailto:namee@mysite.cn?subject=意见和建议。

【示例 2】使用<a>标签创建电子邮件链接。

```
<a href="mailto:namee@mysite.cn">namee@mysite.cn</a>
```

注意：如果为 href 属性设置“#”，则表示一个空链接，单击空链接，页面不会发生变化。

```
<a href="#">空链接</a>
```

如果为 href 属性设置 JavaScript 脚本，单击脚本链接，将会执行脚本。

```
<a href="javascript:alert(&quot;谢谢关注，投票已结束。&quot;);">我要投票</a>
```

4.2.5 下载链接

HTML5 新增 download 属性，使用该属性可以强制浏览器执行下载操作，而不是直接解析并显示出来。

【示例】比较链接使用 download 和不使用 download 的区别。

```
<p><a href="images/1.jpg" download >下载图片</a></p>
<p><a href="images/1.jpg" >浏览图片</a></p>
```

提示：目前，只有 Firefox 和 Chrome 浏览器支持 download 属性。

4.2.6 图像热点

图像热点就是为图像的局部区域定义链接，当单击热点区域时，会激活链接，并跳转到指定目标页面或位置。图像热点是一种特殊的链接形式，常用来在图像上设置多热点的导航。

使用<map>和<area>标签可以定义图像热点，具体说明如下。

☑ <map>：定义热点区域。包含 id 属性，定义热点区域的 ID，或者定义可选的 name 属性，也可以作为一个句柄，与热点图像进行绑定。

<img>中的 usemap 属性可引用<map>中的 id 或 name 属性（根据浏览器），所以应同时向<map>添加 id 和 name 属性。

☑ <area>：定义图像映射中的区域，area 元素必须嵌套在<map>标签中。该标签包含一个必须设置的属性 alt，定义热点区域的替换文本。该标签还包含多个可选属性，说明如表 4.3 所示。

表 4.3 <area>标签属性

属 性	取 值	说 明
coords	坐标值	定义可单击区域（对鼠标敏感的区域）的坐标
href	URL	定义此区域的目标 URL
nohref	nohref	从图像映射排除某个区域
shape	default、rect（矩形）、circ（圆形）、poly（多边形）	定义区域的形状
target	_blank、_parent、_self、_top	规定在何处打开 href 属性指定的目标 URL

提示：定义图像热点，建议用户借助 Dreamweaver 可视化设计视图以快速实现。

4.2.7 框架链接

HTML5 已经不支持 frameset 框架，但是仍然支持 iframe 浮动框架。浮动框架可以自由控制窗口大小，可以配合网页布局在任何位置插入窗口。

使用 iframe 创建浮动框架的用法如下。

```
<iframe src="URL">
```

src 表示浮动框架中显示网页的路径，可以是绝对路径，也可以是相对路径。

【示例】在浮动框架中链接到百度首页，显示效果如图 4.9 所示。

```
<iframe src="http://www.baidu.com"></iframe>
```

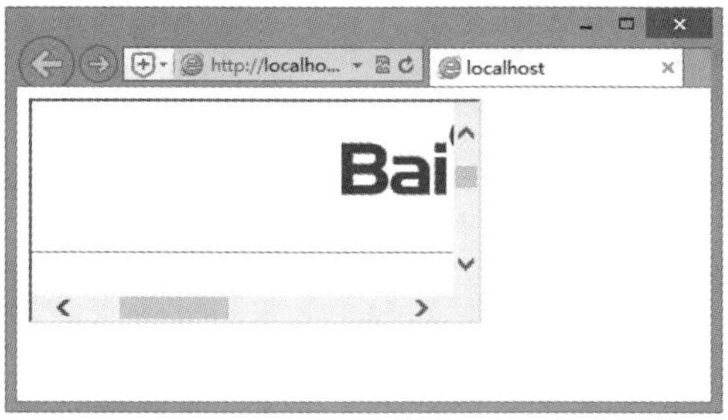

图 4.9 使用浮动框架

在默认情况下，浮动框架的宽度和高度为 220px×120px。如果需要调整浮动框架的尺寸，应该使用 CSS 样式。<iframe>标签包含多个属性，其中被 HTML5 支持或新增的属性如表 4.4 所示。

表 4.4 <iframe>标签属性

属 性	取 值	说 明
frameborder	1、0	规定是否显示框架周围的边框
height	pixels、%	规定 iframe 的高度

Note

续表

属　性	取　值	说　明
longdesc	URL	规定一个页面，该页面包含了有关 iframe 的较长描述
marginheight	pixels	定义 iframe 的顶部和底部的边距
marginwidth	pixels	定义 iframe 的左侧和右侧的边距
name	frame_name	规定 iframe 的名称
sandbox	"" allow-forms allow-same-origin allow-scripts allow-top-navigation	启用一系列对<iframe>中内容的额外限制
scrolling	yes、no、auto	规定是否在 iframe 中显示滚动条
seamless	seamless	规定<iframe>看上去像是包含文档的一部分
src	URL	规定在 iframe 中显示的文档的 URL
srcdoc	HTML_code	规定在<iframe>中显示的页面的 HTML 内容
width	pixels、%	定义 iframe 的宽度

4.3 在线支持

扫码免费学习
更多实用技能

一、专项练习
- ☑ CSS3 列表样式
- ☑ CSS3 超链接样式

二、参考
- ☑ Hyperlink 属性列表
- ☑ CSS 列表属性（List）列表

三、更多案例实战
- ☑ 类型标识
- ☑ 工具提示
- ☑ 图形化按钮
- ☑ 图片预览
- ☑ 新闻列表

新知识、新案例不断更新中……

第 5 章

设计表格和表单

在网页设计中，表格主要用于显示包含行、列结构的二维数据，如财务表格、调查数据、日历表、时刻表、节目表等。在大多数情况下，这类信息都由列标题或行标题加上数据构成。HTML5 基于 Web Forms 2.0 标准对 HTML4 表单进行全面升级，在保持简便、易用的基础上，新增了很多控件和属性，减轻开发人员的负担。表单为访问者提供了与网站进行互动的途径，一个完整的表单一般由控件和脚本两部分组成。

视频讲解

5.1 新建表格

5.1.1 定义普通表格

使用 table 元素可以定义 HTML 表格。简单的 HTML 表格由一个 table 元素，以及一个或多个 tr 和 td 元素组成，其中 tr 元素定义表格行，td 元素定义表格的单元格。

【示例】设计一个简单的 HTML 表格，包含 2 行 2 列，演示效果如图 5.1 所示。

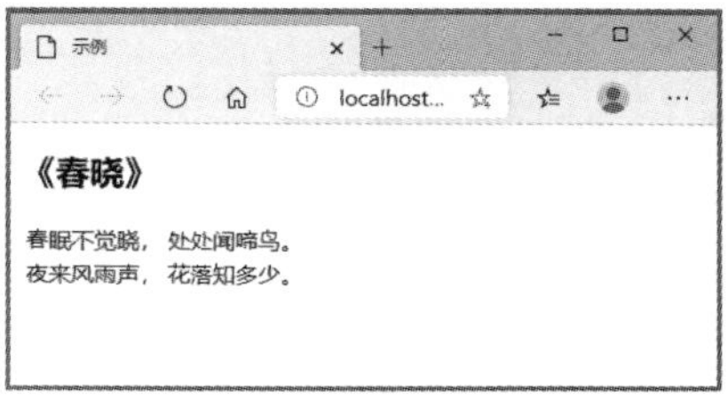

图 5.1　设计简单的表格

```
<article>
    <h1>《春晓》</h1>
    <table>
        <tr>
            <td>春眠不觉晓，</td>
            <td>处处闻啼鸟。</td>
        </tr>
        <tr>
            <td>夜来风雨声，</td>
            <td>花落知多少。</td>
        </tr>
    </table>
</article>
```

5.1.2 定义列标题

在 HTML 表格中，有两种类型的单元格。

☑ 表头单元格：包含表头信息，由 th 元素创建。

☑ 标准单元格：包含数据，由 td 元素创建。

在默认状态下，th 元素内通常为居中、粗体显示的文本，而 td 元素内通常是左对齐的普通文本。

在 HTML 中，使用 th 元素定义列标题单元格。

【示例 1】设计一个含有表头信息的 HTML 表格，包含 2 行 2 列，演示效果如图 5.2 所示。

```
<table>
    <tr><th>用户名</th><th>电子邮箱</th></tr>
    <tr><td>张三</td><td>zhangsan@163.com</td></tr>
</table>
```

Note

表头单元格一般位于表格的第 1 行，当然用户可以根据需要把表头单元格放在表格中的任意位置，例如第 1 行或最后一行，第 1 列或最后一列等。也可以定义多重表头。

【示例 2】设计一个简单的课程表，表格中包含行标题和列标题，即表格被定义了两类表头单元格，演示效果如图 5.3 所示。

```
<table>
    <tr><th> </th>
        <th>星期一</th><th>星期二</th><th>星期三</th><th>星期四</th><th>星期五</th>
    </tr>
    <tr><th>第 1 节</th>
        <td>语文</td><td>物理</td> <td>数学</td><td>语文</td> <td>美术</td>
    </tr>
    <tr><th>第 2 节</th>
        <td>数学</td><td>语文</td> <td>体育</td> <td>英语</td><td>音乐</td>
    </tr>
    <tr><th>第 3 节</th>
        <td>语文</td><td>体育</td><td>数学</td><td>英语</td><td>地理</td>
    </tr>
    <tr><th>第 4 节</th>
        <td>地理</td><td>化学</td> <td>语文</td><td>语文</td><td>美术</td>
    </tr>
</table>
```

图 5.2 设计带有表头的表格

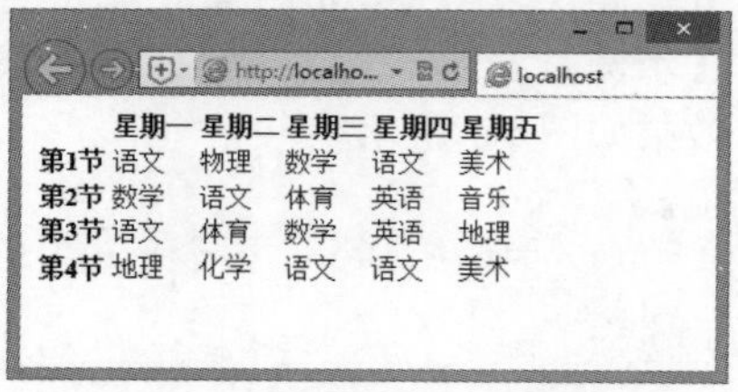

图 5.3 设计双表头的表格

5.1.3 定义表格标题

有时需要为表格添加一个标题。使用 caption 元素可以定义表格标题。注意，caption 必须紧随 table 元素，且每个表格只能定义一个标题。

【示例】以 5.1.2 节示例为基础，为表格添加一个标题，演示效果如图 5.4 所示。

图 5.4 设计带有标题的表格

```
<table>
    <caption>通讯录</caption>
    <tr><th>用户名</th><th>电子邮箱</th></tr>
    <tr><td>张三</td><td>zhangsan@163.com</td></tr>
</table>
```

从图 5.4 可以看到，在默认状态下标题位于表格上面居中显示。

5.1.4　表格行分组

thead、tfoot 和 tbody 元素可以对表格中的行进行分组。当创建表格时，如果希望拥有一个标题行，一些带有数据的行以及位于底部的一个总计行，可以设计独立于表格标题和页脚的表格正文滚动。当长的表格被打印时，表格的表头和页脚可以被打印在包含表格数据的每张页面上。

使用 thead 元素可以定义表格的表头，该标签用于组合 HTML 表格的表头内容，一般与 tbody 和 tfoot 元素结合起来使用。其中，tbody 元素用于对 HTML 表格中的主体内容进行分组，而 tfoot 元素用于对 HTML 表格中的表注（页脚）内容进行分组。

【示例】使用上述各种表格标签，设计一个符合标准的表格结构，代码如下。

```
<table>
    <caption>结构化表格标签</caption>
    <thead>
        <tr><th>标签</th><th>说明</th></tr>
    </thead>
    <tfoot>
        <tr><td colspan="2">* 在表格中，上述标签属于可选标签。</td></tr>
    </tfoot>
    <tbody>
        <tr><td>&lt;thead&gt;</td> <td>定义表头结构。</td></tr>
        <tr><td>&lt;tbody&gt;</td><td>定义表格主体结构。</td></tr>
        <tr><td>&lt;tfoot&gt;</td><td>定义表格的页脚结构。</td></tr>
    </tbody>
</table>
```

在上面示例代码中，可以看到<tfoot>是放在<thead>和<tbody>之间，而最终在浏览器中会发现<tfoot>中的内容显示在表格底部。在<tfoot>标签中有一个 colspan 属性，该属性主要功能是横向合并单元格，将表格底部的两个单元格合并为一个单元格，示例效果如图 5.5 所示。

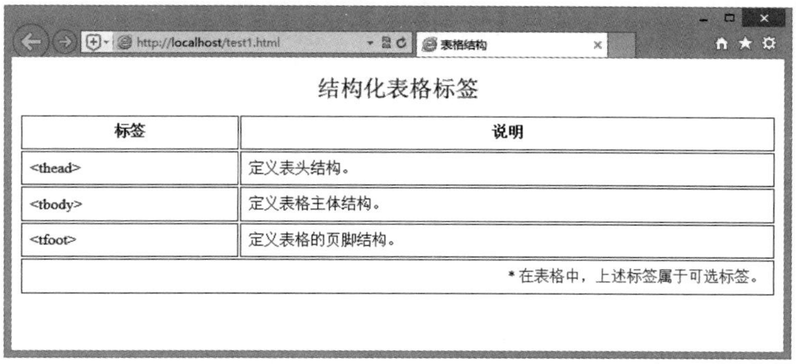

图 5.5　表格结构效果图

注意：在默认情况下，这些元素不会影响表格的布局。不过，用户可以使用 CSS 使这些元素改变表格的外观。在<thead>标签内部必须包含<tr>标签。

5.1.5　表格列分组

col 和 colgroup 元素可以对表格中的列进行分组。其中，使用<col>标签可以为表格中一个或多个列定义属性值。如果需要对全部列应用样式，<col>标签很有用，这样就不需要对各个单元格和各行重复应用样式了。

【示例】使用 col 元素为表格中的 3 列设置不同的对齐方式，效果如图 5.6 所示。

```
<table width="100%" border="1">
    <col align="left" />
    <col align="center" />
    <col align="right" />
    <tr><td>慈母手中线，</td><td>游子身上衣。</td><td>临行密密缝，</td></tr>
    <tr><td>意恐迟迟归。</td><td>谁言寸草心，</td><td>报得三春晖。</td></tr>
</table>
```

图 5.6　表格列分组样式

在上面示例中，使用 3 个 col 元素为表格中 3 列分别定义不同的对齐方式。这里使用 HTML 标签属性 align 设置对齐方式，取值包括 left（左对齐）、right（右对齐）、center（居中对齐）、justify（两端对齐）和 char（对准指定字符）。由于浏览器支持不统一，不建议使用 align 属性。

提示： span 是<colgroup>和<col>标签专用属性，规定列组应该横跨的列数，取值为正整数。例如，在一个包含 6 列的表格中，第 1 组有 4 列，第 2 组有 2 列，这样的表格在列上进行如下分组。

```
<colgroup span="4"></colgroup>
<colgroup span="2"></colgroup>
```

浏览器将表格的单元格合成列时，会将每行前 4 个单元格合成第 1 个列组，将接下来的两个单元格合成第 2 个列组。这样，<colgroup>标签的其他属性就可以用于该列组包含的列中了。

如果没有设置 span 属性，则每个<colgroup>或<col>标签代表一列，按顺序排列。

5.2　设置 table 属性

表格标签包含大量属性，其中大部分属性都可以使用 CSS 属性代替使用，也有几个专用属性无法使用 CSS 实现。HTML5 支持的<table>标签属性说明如表 5.1 所示。

表 5.1　HTML5 支持的<table>标签属性

属　性	说　明
border	定义表格边框，值为整数，单位为像素。当值为 0 时，表示隐藏表格边框线。功能类似 CSS 中的 border 属性，但是没有 CSS 提供的边框属性强大
cellpadding	定义数据表单元格的补白。功能类似 CSS 中的 padding 属性，但是功能比较弱
cellspacing	定义数据表单元格的边界。功能类似 CSS 中的 margin 属性，但是功能比较弱
width	定义数据表的宽度。功能类似 CSS 中的 width 属性

续表

属　　性	说　　明
frame	设置数据表的外边框线显示，实际上它是对 border 属性的功能扩展。 取值包括 void（不显示任一边框线）、above（顶端边框线）、below（底部边框线）、hsides（顶部和底部边框线）、lhs（左边框线）、rhs（右边框线）、vsides（左和右边的框线）、box（所有四周的边框线）、border（所有四周的边框线）
rules	设置数据表的内边线显示，实际上它是对 border 属性的功能扩展。 取值包括 none（禁止显示内边线）、groups（仅显示分组内边线）、rows（显示每行的水平线）、cols（显示每列的垂直线）、all（显示所有行和列的内边线）
summary	定义表格的摘要，没有 CSS 对应属性

5.2.1　定义分离单元格

cellpadding 属性用于定义单元格边沿与其内容之间的空白，cellspacing 属性定义单元格之间的空间。这两个属性的取值单位为像素或者百分比。

【示例】设计井字形状的表格。

```
<table border="1" frame="void" cellpadding="6" cellspacing="16">
    <caption>rules 属性取值说明</caption>
    <tr><th>值</th><th>说明</th></tr>
    <tr><td>none</td><td>没有线条。</td></tr>
    <tr><td>groups</td><td>位于行组和列组之间的线条。</td></tr>
    <tr><td>rows</td><td>位于行之间的线条。</td></tr>
    <tr><td>cols</td><td>位于列之间的线条。</td></tr>
    <tr><td>all</td><td>位于行和列之间的线条。</td></tr>
</table>
```

上面示例通过 frame 属性隐藏表格外框，然后使用 cellpadding 属性定义单元格内容的边距为 6 像素，单元格之间的间距为 16 像素，在浏览器中预览效果如图 5.7 所示。

图 5.7　定义分离单元格样式

提示： cellpadding 属性定义的效果可以使用 CSS 的 padding 样式属性代替，建议不要直接使用 cellpadding 属性。

5.2.2　添加表格说明

使用<table>标签的 summary 属性可以设置表格内容的摘要，该属性的值不会显示，但是屏幕阅读器可以利用该属性，也方便机器进行表格内容检索。

【示例】使用 summary 属性为表格添加一个简单的说明，以方便搜索引擎检索。

```
<table border="1" rules="all" width="100%" summary="rules 属性取值说明">
    <tr><th>值</th><th>说明</th></tr>
    <tr><td>none</td><td>没有线条。</td></tr>
    <tr><td>groups</td><td>位于行组和列组之间的线条。</td></tr>
    <tr><td>rows</td><td>位于行之间的线条。</td></tr>
    <tr><td>cols</td><td>位于列之间的线条。</td></tr>
    <tr><td>all</td><td>位于行和列之间的线条。</td></tr>
</table>
```

5.3 设置 td 和 th 属性

单元格标签（<td>和<th>）包含大量属性，其中大部分属性都可以使用 CSS 属性代替使用，也有几个专用属性无法使用 CSS 实现。HTML5 支持的<td>和<th>标签属性说明如表 5.2 所示。

表 5.2 HTML5 支持的<td>和<th>标签属性

属　性	说　明
abbr	定义单元格中内容的缩写版本
align	定义单元格内容的水平对齐方式。取值包括：right（右对齐）、left（左对齐）、center（居中对齐）、justify（两端对齐）和 char（对准指定字符）。功能类似 CSS 中的 text-align 属性，建议使用 CSS 完成设计
axis	对单元进行分类。取值为一个类名
char	定义根据哪个字符来进行内容的对齐
charoff	定义对齐字符的偏移量
colspan	定义单元格可横跨的列数
headers	定义与单元格相关的表头
rowspan	定义单元格可横跨的行数
scope	定义将表头数据与单元格数据相关联的方法。取值包括：col（列的表头）、colgroup（列组的表头）、row（行的表头）、rowgroup（行组的表头）
valign	定义单元格内容的垂直排列方式。取值包括：top（顶部对齐）、middle（居中对齐）、bottom（底部对齐）、baseline（基线对齐）。功能类似 CSS 中的 vertical-align 属性，建议使用 CSS 完成设计

5.3.1 定义跨单元格显示

colspan 和 rowspan 是两个重要的单元格属性，分别用来定义单元格跨列或跨行显示。取值为正整数，如果取值为 0，则表示浏览器横跨到列组的最后一列，或者行组的最后一行。

【示例】使用 colspan=5 属性，定义单元格跨列显示，效果如图 5.8 所示。

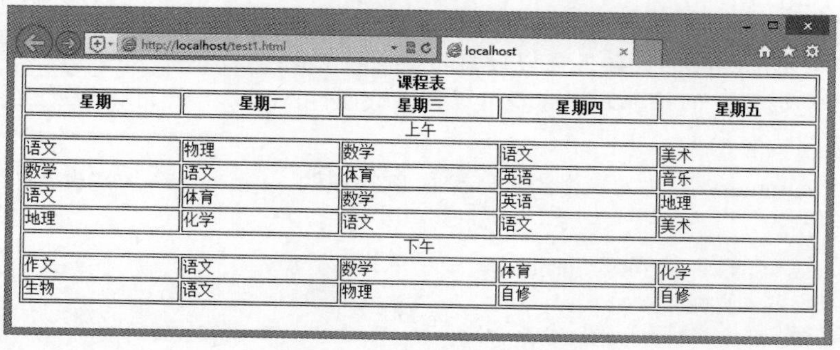

图 5.8 定义单元格跨列显示

```
<table border=1>
    <tr><th align=center colspan=5>课程表</th></tr>
    <tr><th>星期一</th><th>星期二</th> <th>星期三</th><th>星期四</th><th>星期五</th></tr>
```

```
    <tr><td align=center colspan=5>上午</td></tr>
    <tr><td>语文</td><td>物理</td> <td>数学</td> <td>语文</td><td>美术</td></tr>
    <tr><td>数学</td><td>语文</td><td>体育</td> <td>英语</td><td>音乐</td></tr>
    <tr><td>语文</td> <td>体育</td><td>数学</td><td>英语</td><td>地理</td></tr>
    <tr><td>地理</td><td>化学</td><td>语文</td> <td>语文</td><td>美术</td></tr>
    <tr><td align=center colspan=5>下午</td></tr>
    <tr><td>作文</td><td>语文</td><td>数学</td><td>体育</td><td>化学</td> </tr>
    <tr><td>生物</td><td>语文</td><td>物理</td><td>自修</td><td>自修</td> </tr>
</table>
```

5.3.2 定义表头单元格

使用 scope 属性，可以将单元格与表头单元格联系起来。其中，属性值 row，表示将当前行的所有单元格和表头单元格绑定起来；属性值 col，表示将当前列的所有单元格和表头单元格绑定起来；属性值 rowgroup，表示将单元格所在的行组（由<thead>、<tbody>或<tfoot>标签定义）和表头单元格绑定起来；属性值 colgroup，表示将单元格所在的列组（由<col>或<colgroup>标签定义）和表头单元格绑定起来。

【示例】将两个 th 元素标识为列的表头，将两个 td 元素标识为行的表头。

```
<table border="1">
    <tr>
        <th></th>
        <th scope="col">月份</th>
        <th scope="col">金额</th>
    </tr>
    <tr><td scope="row">1</td><td>9</td><td>$100.00</td></tr>
    <tr><td scope="row">2</td><td>4/td><td>$10.00</td></tr>
</table>
```

提示： 由于 scope 属性不会在普通浏览器中产生任何视觉效果，很难判断浏览器是否支持 scope 属性。

5.3.3 为单元格指定表头

使用 headers 属性可以为单元格指定表头，该属性的值是一个表头名称的字符串，这些名称是用 id 属性定义的不同表头单元格的名称。

headers 属性对非可视化的浏览器，也就是那些在显示出相关数据单元格内容之前就显示表头单元格内容的浏览器非常有用。

【示例】分别为表格中不同的数据单元格绑定表头，演示效果如图 5.9 所示。

```
<table border="1" width="100%">
    <tr>
        <th id="name">姓名</th>
        <th id="Email">电子邮箱</th>
        <th id="Phone">电话</th>
        <th id="Address">地址</th>
    </tr>
    <tr>
        <td headers="name">张三</td>
        <td headers="Email">zhangsan@163.com</td>
        <td headers="Phone">13522228888</td>
        <td headers="Address">北京长安街 38 号</td>
    </tr>
</table>
```

图 5.9　为数据单元格定义表头

Note

5.3.4　定义信息缩写

使用 abbr 属性可以为单元格中的内容定义缩写版本。abbr 属性不会在 Web 浏览器中产生任何视觉效果方面的变化，它主要为机器检索服务。

【示例】在 HTML 中使用 abbr 属性。

```
<table border="1">
    <tr><th>名称</th><th>说明</th></tr>
    <tr>
        <td abbr="HTML">HyperText Markup Language</td>
        <td>超级文本标记语言</td>
    </tr>
    <tr>
        <td abbr="CSS">Cascading Style Sheets</td>
        <td>层叠样式表</td>
    </tr>
</table>
```

5.4　认识 HTML5 表单

HTML5 的一个重要特性就是对表单的完善，引入新的表单元素和属性，简单概况如下。

☑ HTML5 新增输入型表单控件如下。
- ❖ 电子邮件框：<input type="email">。
- ❖ 搜索框：<input type="search">。
- ❖ 电话框：<input type="tel">。
- ❖ URL 框：<input type="url">。

☑ 以下控件得到了部分浏览器的支持，更多信息可以参考 www.wufoo.com/html5。
- ❖ 日期：<input type="date">，浏览器支持：https://caniuse.com/#feat=input-datetime。
- ❖ 数字：<input type="number">，浏览器支持：https://caniuse.com/#feat=input-number。
- ❖ 范围：<input type="range">，浏览器支持：https://caniuse.com/#feat=input-range。
- ❖ 数据列表：

```
<input type="text" name="favfruit" list="fruit" />
    <datalist id="fruit">
        <option>备选列表项目 1</option>
        <option>备选列表项目 2</option>
        <option>备选列表项目 3</option>
    </datalist>
```

☑ 以下控件争议较大，浏览器对其支持也不统一，W3C 曾经放弃把它们列入 HTML5，不过最后还是保留下来。
  ❖ 颜色：<input type="color" />。
  ❖ 全局日期和时间：<input type="datetime" />。
  ❖ 局部日期和时间：<input type="datetime-local" />。
  ❖ 月：<input type="month" />。
  ❖ 时间：<input type="time" />。
  ❖ 周：<input type="week" />。
  ❖ 输出：<output></output>。

☑ HTML5 新增的表单属性如下。
  ❖ accept：限制用户可上传文件的类型。
  ❖ autocomplete：如果对 form 元素或特定的字段添加 autocomplete="off"，就会关闭浏览器的对该表单或该字段的自动填写功能。默认值为 on。
  ❖ autofocus：页面加载后将焦点放到该字段。
  ❖ multiple：允许输入多个电子邮件地址，或者上传多个文件。
  ❖ list：将 datalist 与 input 联系起来。
  ❖ maxlength：指定 textarea 的最大字符数，在 HTML5 之前的文本框就支持该特性。
  ❖ pattern：定义一个用户所输入的文本在提交之前必须遵循的模式。
  ❖ placeholder：指定一个出现在文本框中的提示文本，用户开始输入后该文本消失。
  ❖ required：需要访问者在提交表单之前必须完成该字段。
  ❖ formnovalidate：关闭 HTML5 的自动验证功能。应用于提交按钮。
  ❖ novalidate：关闭 HTML5 的自动验证功能。应用于表单元素。

提示：有关浏览器支持信息，https://caniuse.com/上的信息通常比 www.wufoo.com/html5 上的更新一些，不过后者仍然是有关 HTML5 表单信息的一个重要资源。Ryan Seddon 的 H5F（https://github.com/ryanseddon/H5F）可以为旧式浏览器提供模仿 HTML5 表单行为的 JavaScript 方案。

5.5 定义表单

每个表单都以<form>标签开始，以</form>标签结束。两个标签之间是各种标签和控件。每个控件都有一个 name 属性，用于在提交表单时标识数据。访问者通过单击按钮提交表单，触发提交按钮时，填写的表单数据将被发送给服务器端的处理脚本。

【示例】新建 HTML5 文档，保存为 test.html，在<body>内使用<form>标签设计一个简单的用户登录表单。

```
<form method="post" action="show-data.php">
    <!--各种表单元素-->
    <fieldset>
        <h2 class="hdr-account">登录</h2>
        <div class="fields">
            <p class="row">
```

Note

```
                <label for="first-name">用户名：</label>
                <input type="text" id="first-name" name="first_name" class="field-large" />
            </p>
            <p class="row">
                <label for="last-name">昵称：</label>
                <input type="text" id="last-name" name="last_name" class="field-large" />
            </p>
        </div>
    </fieldset>
    <!--提交按钮-->
    <input type="submit" value="提  交" class="btn" />
</form>
```

<form>标签包含很多属性，其中 HTML5 支持的属性如表 5.3 所示。

表 5.3　HTML5 支持的<form>标签属性

属　性	值	说　明
accept-charset	charset_list	规定服务器可处理的表单数据字符集
action	URL	规定当提交表单时向何处发送表单数据
autocomplete	on、off	规定是否启用表单的自动完成功能
enctype	application/x-www-form-urlencoded、multipart/form-data、text/plain	规定在发送表单数据之前如何对其进行编码
method	get、post	规定用于发送 form-data 的 HTTP 方法
name	form_name	规定表单的名称
novalidate	novalidate	如果使用该属性，则提交表单时不进行验证
target	_blank、_self、_parent、_top、framename	规定在何处打开 action URL

提示：如果使用 method="get"方式提交表单，表单中的数据会显示在浏览器的地址栏里。如果使用 method="post"方式提交表单，表单中的数据不会显示在浏览器的地址栏里，这样比较安全。同时，使用 post 可以向服务器发送更多的数据。因此，如果需要在数据库中保存、添加或删除数据，就应选择 post 方式提交数据。

5.6　组织表单

使用<fieldset>标签可以组织表单结构，为表单对象进行分组，这样表单会更容易理解。在默认状态下，分组的表单对象外面会显示一个包围框。

使用<legend>标签可以定义每组的标题，描述每个分组的目的，有时这些描述还可以使用 h1～h6 标题。默认显示在<fieldset>包含框的左上角。

对于一组单选按钮或复选框，建议使用<fieldset>把它们包裹起来，为其添加一个明确的上下文，让表单结构显得更清晰。

【示例】在表单 4 个部分分别使用 fieldset，并将公共字段部分的“性别”单选按钮使用一个嵌套的 fieldset 包围起来。被嵌套的 fieldset 添加 radios 类，方便为其添加特定的样式，同时，还在其中添加了一个 legend 元素，用于描述单选按钮。

Note

```
<h1>表单标题</h1>
<form method="post" action="show-data.php">
    <fieldset>
        <h2 class="hdr-account">字段分组标题</h2>
        ... 用户名字段 ...
    </fieldset>
    <fieldset>
        <h2 class="hdr-address">字段分组标题</h2>
        ... 联系地址字段 ...
    </fieldset>
    <fieldset>
        <h2 class="hdr-public-profile">字段分组标题</h2>
        ... 公共字段 ...
        <div class="row">
            <fieldset class="radios">
                <legend>性别:</legend>
                <input type="radio" id="gender-male" name="gender" value="male" />
                <label for="gender-male">男士/label>
                <input type="radio" id="gender-female" name="gender" value="female" />
                <label for="gender-female">女士</label>
            </fieldset>
        </div>
    </fieldset>
    <fieldset>
        <h2 class="hdr-emails">电子邮箱</h2>
        ... Emails 字段 ...
    </fieldset>
    <input type="submit" value="提交表单" class="btn" />
</form>
```

使用 fieldset 元素对表单进行组织是可选的，使用 legend 也是可选的（使用 legend 则必须要有 fieldset）。不过推荐使用 fieldset 和 legend 对相关的单选按钮组、复选框组进行分组。

5.7　常用表单控件

5.7.1　文本框

文本框是访问者输入单行字符串的控件，常用于提交姓名、地址等信息。每个文本框都是通过带有 type="text"的 input 标签定义。除 type 外，还有一些可用的属性，其中最重要的就是 name。服务器端的脚本使用 name 获取访问者在文本框中输入的值或预设的值（即 value 属性值）。注意，name 和 value 对其他的表单控件来说，也是很重要的，具有相同的功能。

HTML5 允许使用下面两种形式定义文本框。

```
<input type="text" />
<input type="text">
```

5.7.2　标签

标签（label）是描述表单字段用途的文本。label 元素有一个特殊的属性：for。如果 for 的值与一个表单字段的 id 的值相同，该 label 就与该字段显式地关联起来了。如果访问者与标签进行交互，如使用鼠标单击了标签，与之对应的表单字段就会获得焦点。这对提升表单的可用性和可访问性都有帮助。因此，建议在 label 元素中包含 for 属性。

【示例】使用 label 标记提示标签，提升用户体验。

```
<p class="row">
    <label for="name">用户名<span class="required">*</span>:</label>
    <input type="text" id="name" name="name" class="field-large" required="required" aria-required="true" />
</p>
```

也可以将一个表单字段放在一个包含标签文本的 label 内，例如：

```
<label>用户名：<input type="text" name="name" /></label>
```

在这种情况下，就不需要使用 for 和 id 了。不过，将标签与字段分开是更常见的做法，原因之一是这样更容易添加样式。

5.7.3 密码框

密码框与文本框的唯一区别是：密码框中输入的文本会使用圆点或星号进行隐藏。密码框的作用是：防止其他人看到用户输入的密码。如果要真正地保护密码，可以使用比较安全的网络协议进行传输（HTTPS）。

使用 type="password"可以创建密码框，而不要用 type="text"，例如：

```
<p class="row">
    <label for="password">密码：</label>
    <input type="password" id="password" name="password" />
</p>
```

当访问者在表单中输入密码时，密码用圆点或星号隐藏起来了。但提交表单后，访问者输入的真实值会被发送给服务器。信息在发送过程中没有加密。

使用 size="n"属性可以定义密码框的大小，n 表示密码框宽度，以字符为单位。如果需要，使用 maxlength="n"设置密码框允许输入的最大字符数。

5.7.4 单选按钮

为 input 元素设置 type="radio"属性，可以创建单选按钮。

【示例】设计一个性别选项组。

```
<fieldset class="radios">
    <legend>姓名</legend>
    <p class="row">
        <input type="radio" id="gender-male" name="gender" value="male" />
        <label for="gender-male">男士</label>
    </p>
    <p class="row">
        <input type="radio" id="gender-female" name="gender" value="female" />
        <label for="gender-female">女士</label>
    </p>
</fieldset>
```

同一组单选按钮的 name 属性值必须相同，这样在同一时间只有其中一个能被选中。value 属性也很重要，因为对于单选按钮来说，访问者无法输入值。

name="radioset"用于识别发送至服务器的数据，同时用于将多个单选按钮联系在一起，确保同一组中最多只有一个被选中。推荐使用 fieldset 组织单选按钮组，并用 legend 进行描述。

Note

5.7.5 复选框

在一组单选按钮中，只允许选择一个答案，但在一组复选框中，可以选择任意数量的答案。为 input 元素设置 type="checkbox"属性，可以创建复选框。

【示例】创建复选框。

```
<div class="fields checkboxes">
    <p class="row">
        <input type="checkbox" id="email" name="email[]" value="电子邮箱" />
        <label for="email">电子邮件</label>
    </p>
    <p class="row">
        <input type="checkbox" id="phone" name="email[]" value="电话" />
        <label for="phone">电话</label>
    </p>
</div>
```

标签文本不需要与 value 属性值一致。因为标签文本用于在浏览器中提示复选框，而 value 则是发送到服务器端脚本的数据。

创建.checkboxes 类，可以方便为复选框添加样式。使用 checked 或 checked="checked"可以设置复选框在默认情况下处于选中状态。

访问者可以根据需要选择任意数量的复选框，每个框对应的 value 值，以及复选框组的 name 名称都会被发送给服务器端脚本。

使用 name="email"可以识别发送到服务器端的数据。对于组内所有复选框使用同一个 name 值，可以将多个复选框组织在一起。空的方括号是为 PHP 脚本的 name 准备的，如果使用 PHP 处理表单，使用 name="email[]"就会自动地创建一个包含复选框值的数组，名为$_POST['email']。

5.7.6 文本区域

如果设计多行文本框，如回答问题、评论反馈等，可以使用文本区域。

【示例 1】创建一个反馈框。

```
<label for="jianyi">建议：</label>
<textarea id="jianyi" name="jianyi" cols="40" rows="5" class="field-large"></textarea>
```

maxlength="n"可以设置输入的最大字符数，cols="n"设置文本区域的宽度（以字符为单位），rows="n"设置文本区域的高度（以行为单位）。

也可以使用 CSS 更好地控制文本区域的尺寸。如果没有使用 maxlength 限制文本区域的最大字符数，最大可以输入 32700 个字符，如果输入内容超出文本区域，会自动显示滚动条。

textarea 没有 value 属性，在<textarea>和</textarea>标签之间包含的文本将作为默认值显示在文本区域中。可以设置 placeholder 属性定义用于占位的文本。

使用 wrap 属性可以定义输入内容大于文本区域宽度时的显示方式。

☑ wrap="hard"，如果文本区域内的文本自动换行显示，则提交文本中会包含换行符。当使用"hard"时，必须设置 cols 属性。

☑ wrap="soft"，为默认值，提交的文本不会为自动换行位置添加换行符。

【示例 2】比较设置 wrap="hard"与 wrap="soft"提交的数据，效果如图 5.10 所示。

☑ 客户端表单。

```
<form action="test.php"    method="post">
<textarea name="test" maxlength=40 rows=6 wrap="hard" cols=30></textarea>
<input type="submit" value="提交"/>
</form>
```

☑　服务器端脚本。

```
<?php
echo "<pre>".$_POST['test']."</pre>";
?>
```

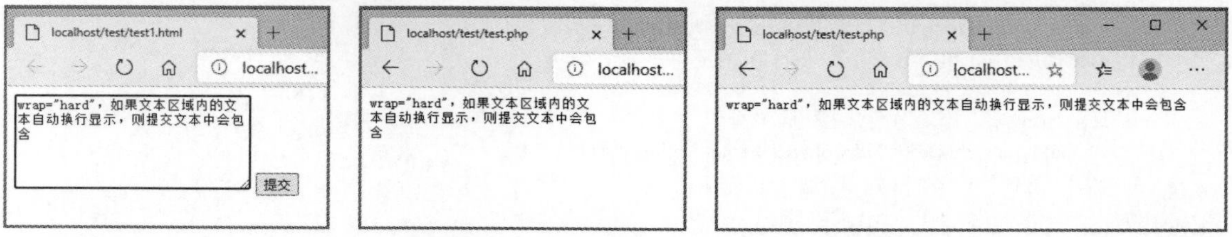

（a）提交的文本　　（b）wrap="hard"　　（c）wrap="soft"

图 5.10　提交多行文本及其回显效果

5.7.7　选择框

选择框为访问者提供一组选项，允许从中选择。如果允许单选，则呈现为下拉菜单样式；如果允许多选，则呈现为一个列表框，在需要时会自动显示滚动条。

选择框由两个元素合成：select 和 option。通常，在 select 元素里设置 name 属性，在每个 option 元素里设置 value 属性。

【示例 1】 创建一个简单的城市选择框。

```
<label for="state">省市</label>
<select id="state" name="state">
    <option value="BJ">北京</option>
    <option value="SH">上海</option>
    ...
</select>
```

在下拉菜单中，默认选中的是第 1 个选项；而在列表框中，默认没有选中的项。

使用 size="n"设置选择框的高度（以行为单位）。使用 multiple 或者 multiple="multiple"允许多选。每个选项的 value 属性值是选项选中后要发送给服务器的数据，如果省略 value，则包含的文本会被发送给服务器。使用 selected 或者 selected="selected"可以指定该选项被默认选中。

使用<optgroup>标签可以对选择项目进行分组，一个<optgroup>标签包含多个<option>标签，然后使用 label 属性设置分类标题，分类标题是一个不可选的伪标题。

【示例 2】 使用 optgroup 元素对下拉菜单项目进行分组。

```
<select name="选择城市">
    <optgroup label="山东省">
    <option value="潍坊">潍坊</option>
    <option value="青岛" selected="selected">青岛</option>
    </optgroup>
    <optgroup label="山西省">
    <option value="太原">太原</option>
    <option value="榆次">榆次</option>
    </optgroup>
</select>
```

5.7.8　上传文件

为 input 元素设置 type="file"属性，可以创建文件域，用来把本地文件上传到服务器。

【示例】创建上传控件。

```
<form method="post" action="show-data.php" enctype="multipart/form-data">
    <label for="picture">图片：</label>
    <input type="file" id="picture" name="picture" />
    <p class="instructions">最大 700k，JPG，GIF 或 PNG</p>
</form>
```

使用 multiple 属性可以允许上传多个文件。

5.7.9　隐藏字段

隐藏字段用于存储表单中的数据，但不会显示给访问者，可以视为不可见的文本框。常用于存储先前表单收集的信息，以便将这些信息同当前表单的数据一起提交给服务器脚本进行处理。

【示例】定义隐藏域。

```
<form method="post" action="your-script.php">
    <input type="hidden" name="step" value="6" />
    <input type="submit" value="提交" />
</form>
```

注意：尽量不要将密码、信用卡号等敏感信息放在隐藏字段中。虽然它们不会显示到网页中，但访问者可以通过查看 HTML 源代码看到它。

5.7.10　提交按钮

提交按钮可以呈现为文本。

```
<input type="submit" value="提交表单" class="btn" />
```

提交按钮也可以呈现为图像，使用 type="image"可以创建图像提交按钮，width 和 height 属性为可选。

```
<input type="image" src="button-submit.png"  width="188" height="95" alt="提交表单" />
```

如果激活提交按钮，可以将表单数据发送给服务器端的脚本。

如果不设置 name 属性，则提交按钮的 value 属性值就不会发送给服务器端的脚本。

如果省略 value 属性，那么根据不同的浏览器，提交按钮会显示默认的“提交”文本，如果有多个提交按钮，可以为每个按钮设置 name 属性和 value 属性，从而让脚本知道用户单击的是哪个按钮。否则，最好省略 name 属性。

5.8　HTML5 表单属性

5.8.1　定义自动完成

autocomplete 属性可以帮助用户在输入框中实现自动完成输入。取值包括 on 和 off，用法如下。

```
<input type="email" name="email" autocomplete="off" />
```

提示： autocomplete 属性适用 input 类型包括：text、search、url、telephone、email、password、datepickers、range 和 color。

autocomplete 属性也适用于 form 元素，默认状态下表单的 autocomplete 属性处于打开状态，其包含的输入域会自动继承 autocomplete 状态，也可以为某个输入域单独设置 autocomplete 状态。

注意： 在某些浏览器中需要先启用浏览器本身的自动完成功能，才能使 autocomplete 属性起作用。

【示例】 设置 autocomplete 为 on 时，可以使用 HTML5 新增的 datalist 元素和 list 属性提供一个数据列表供用户进行选择。本示例演示如何应用 autocomplete 属性、datalist 元素和 list 属性实现自动完成。

```
<h2>输入你最喜欢的城市名称</h2>
<form autocompelete="on">
    <input type="text" id="city" list="cityList">
    <datalist id="cityList" style="display:none;">
        <option value="BeiJing">BeiJing</option>
        <option value="QingDao">QingDao</option>
        <option value="QingZhou">QingZhou</option>
        <option value="QingHai">QingHai</option>
    </datalist>
</form>
```

在浏览器中预览，当用户将焦点定位到文本框中，会自动出现一个城市列表供用户选择，如图 5.11 所示。而当用户单击页面的其他位置时，这个列表就会消失。

当用户输入时，该列表会随用户的输入自动更新，例如，当输入字母 q 时，会自动更新列表，只列出以 q 开头的城市名称，如图 5.12 所示。随着用户不断地输入新的字母，下面的列表还会随之变化。

图 5.11　自动完成数据列表

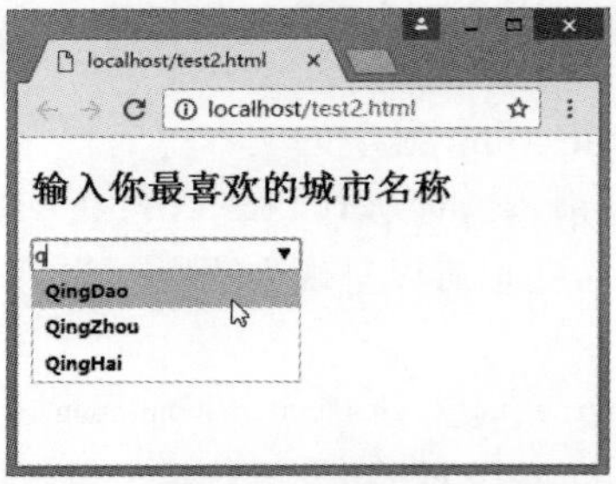

图 5.12　数据列表随用户输入而更新

提示： 多数浏览器都带有辅助用户完成输入的自动完成功能，只要开启了该功能，浏览器会自动记录用户所输入的信息，当再次输入相同的内容时，浏览器就会自动完成内容的输入。从安全性和隐私的角度考虑，这个功能存在较大的隐患，如果不希望浏览器自动记录这些信息，则可以为 form 或 form 中的 input 元素设置 autocomplete="off"属性，关闭该功能。当 autocomplete 属性用于 form 时，所有从属于该 form 的控件都具备自动完成功能。

5.8.2　定义自动获取焦点

autofocus 属性可以实现在页面加载时，让表单控件自动获得焦点。用法如下。

```
<input type="text" name="fname" autofocus="autofocus" />
```

autocomplete 属性适用所有<input>标签的类型，如文本框、复选框、单选按钮、普通按钮等。

注意： 在同一页面中只能指定一个 autofocus 对象，当页面中的表单控件比较多时，建议为最需要聚焦的那个控件设置 autofocus 属性值，如页面中搜索文本框，或者许可协议的“同意”按钮等。

【示例 1】 应用 autofocus 属性。

```
<form>
    <p>请仔细阅读许可协议：</p>
    <p>
        <label for="textarea1"></label>
        <textarea name="textarea1" id="textarea1" cols="45" rows="5">许可协议具体内容......</textarea>
    </p>
    <p>
        <input type="submit" value="同意" autofocus>
        <input type="submit" value="拒绝">
    </p>
</form>
```

以上代码在 Chrome 浏览器中的运行结果如图 5.13 所示。页面载入后，“同意”按钮自动获得焦点，因为通常希望用户直接单击该按钮。如果将“拒绝”按钮的 autofocus 属性值设置为 on，则页面载入后焦点就会停留在“拒绝”按钮上，如图 5.14 所示，但从页面功能的角度来说却并不合适。

图 5.13　“同意”按钮自动获得焦点

图 5.14　“拒绝”按钮自动获得焦点

【示例 2】 如果浏览器不支持 autofocus 属性，可以使用 JavaScript 实现相同的功能。在下面脚本中，先检测浏览器是否支持 autofocus 属性，如果不支持则获取指定的表单域，为其调用 focus()方法，强迫其获取焦点。

```
<script>
if (!("autofocus" in document.createElement("input"))) {
    document.getElementById("ok").focus();
}
</script>
```

5.8.3　定义所属表单

form 属性可以设置表单控件归属的表单，适用于所有<input>标签的类型。

提示： 在 HTML4 中，用户必须把相关的控件放在表单内部，即<form>和</form>之间。在提交表单时，在<form>和</form>之外的控件将被忽略。

【示例】 form 属性必须引用所属表单的 id，如果一个 form 属性要引用两个或两个以上的表单，则需要使用空格将表单的 id 值分隔开。下面是一个 form 属性应用。

```
<form action="" method="get" id="form1">
请输入姓名：<input type="text" name="name1" autofocus/>
```

```
<input type="submit"    value="提交"/>
</form>
请输入住址：<input type="text" name="address1" form="form1" />
```

以上代码在 Chrome 浏览器中的运行结果如图 5.15 所示。如果填写姓名和住址并单击“提交”按钮，则 name1 和 address1 分别会被赋值为所填写的值。例如，如果在姓名处填写“zhangsan”，住址处填写“北京”，则单击“提交”按钮后，服务器端会接收到“name1=zhangsan”和“address1=北京”。用户也可以在提交后观察浏览器的地址栏，可以看到有“name1=zhangsan&address1=北京”字样，如图 5.16 所示。

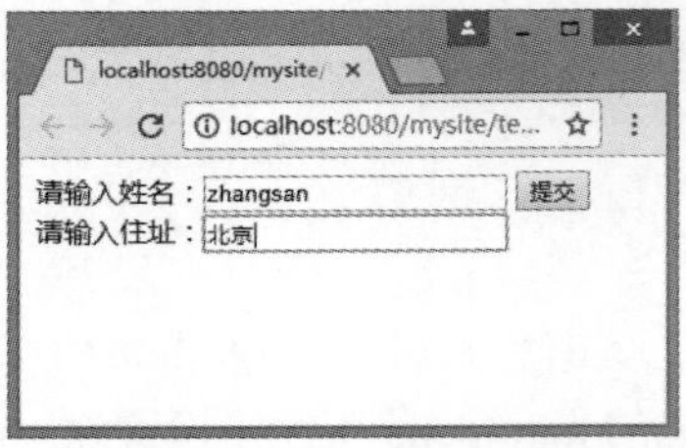

图 5.15　form 属性的应用

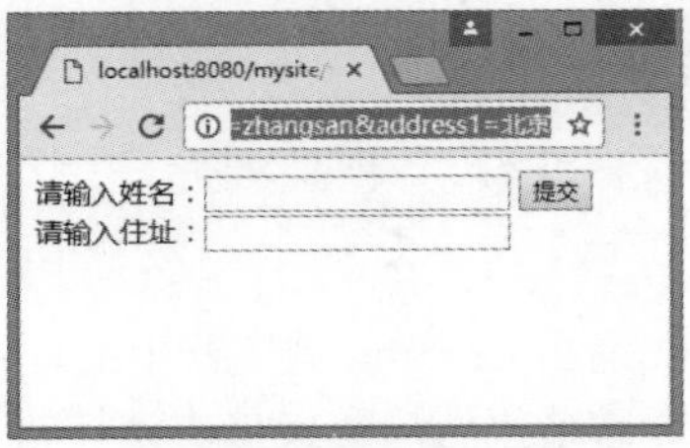

图 5.16　地址中要提交的数据

5.8.4　定义表单重写

HTML5 新增 5 个表单重写属性，用于重写<form>标签属性设置，简单说明如下。

- ☑ formaction：重写<form>标签的 action 属性。
- ☑ formenctype：重写<form>标签的 enctype 属性。
- ☑ formmethod：重写<form>标签的 method 属性。
- ☑ formnovalidate：重写<form>标签的 novalidate 属性。
- ☑ formtarget：重写<form>标签的 target 属性。

注意：表单重写属性仅适用于 submit 和 image 类型的 input 元素。

【示例】通过 formaction 属性实现将表单提交到不同的服务器页面。

```
<form action="1.asp" id="testform">
请输入电子邮件地址：<input type="email" name="userid" /><br />
    <input type="submit" value="提交到页面 1" formaction="1.asp" />
    <input type="submit" value="提交到页面 2" formaction="2.asp" />
    <input type="submit" value="提交到页面 3" formaction="3.asp" />
</form>
```

5.8.5　定义高和宽

height 属性和 width 属性仅用于设置<input type="image">标签的图像高度和宽度。

【示例】应用 height 属性和 width 属性。

```
<form action="testform.asp" method="get">
请输入用户名：<input type="text" name="user_name" /><br />
<input type="image" src="images/submit.png" width="72" height="26" />
</form>
```

源图像的大小为 288px×104px，使用以上代码将其大小限制为 72px×267px，在 Chrome 浏览器中的运行结果如图 5.17 所示。

5.8.6　定义最小值、最大值和步长

min、max 和 step 属性用于为包含数字或日期的 input 输入类型设置限值，适用于 date pickers、number 和 range 类型的<input>标签。具体说明如下。

☑　max 属性：设置输入框所允许的最大值。

☑　min 属性：设置输入框所允许的最小值。

☑　step 属性：为输入框设置合法的数字间隔（步长）。例如，step="4"，则合法值包括-4、0、4 等。

【示例】设计一个数字输入框，并规定该输入框接受 0～12 的值，且数字间隔为 4。

```
<form action="testform.asp" method="get">
    请输入数值：<input type="number" name="number1" min="0" max="12" step="4" />
    <input type="submit" value="提交" />
</form>
```

在 Chrome 浏览器中的运行，如果单击数字输入框右侧的微调按钮，则可以看到数字以 4 为步进值递增，如图 5.18 所示；如果输入不合法的数值，如 5，单击“提交”按钮时会显示错误提示，如图 5.19 所示。

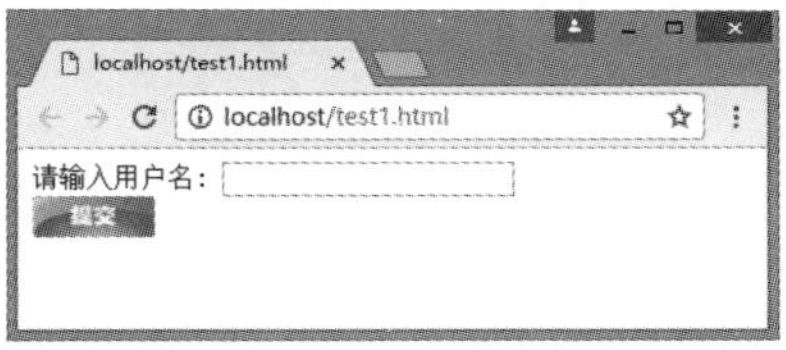

图 5.17　height 属性和 width 属性的应用

图 5.18　min、max 和 step 属性的应用

图 5.19　显示错误提示

5.8.7　定义多选

multiple 属性可以设置输入域一次选择多个值，适用于 email 和 file 类型的<input>标签。

【示例】在页面中插入了一个文件域，使用 multiple 属性允许用户一次提交多个文件。

```
<form action="testform.asp" method="get">
    请选择要上传的多个文件：<input type="file" name="img" multiple />
    <input type="submit" value="提交" />
</form>
```

在 Chrome 浏览器中的运行结果如图 5.20 所示。如果单击“选择文件”按钮，则会允许在打开的对话框中选择多个文件。选择文件并单击“打开”按钮后会关闭对话框，同时在页面中会显示选中文件的个数，如图 5.21 所示。

图 5.20　multiple 属性的应用

图 5.21　显示被选中文件的个数

Note

5.8.8 定义匹配模式

pattern 属性规定用于验证 input 域的模式（pattern）。模式就是 JavaScript 正则表达式，通过自定义的正则表达式匹配用户输入的内容，以便进行验证。该属性适用于 text、search、url、telephone、email 和 password 类型的<input>标签。

【示例】使用 pattern 属性设置文本框必须输入 6 位数的邮政编码。

```
<form action="/testform.asp" method="get">
    请输入邮政编码：<input type="text" name="zip_code" pattern="[0-9]{6}"
                                        title="请输入 6 位数的邮政编码" />
    <input type="submit" value="提交" />
</form>
```

在 Chrome 浏览器中的运行结果如图 5.22 所示。如果输入的数字不是 6 位，则会出现错误提示，如图 5.23 所示。如果输入的并非规定的数字而是字母，也会出现这样的错误提示，因为 pattern="[0-9]{6}"中规定了必须输入 0～9 这样的阿拉伯数字，并且必须为 6 位数。

图 5.22　pattern 属性的应用

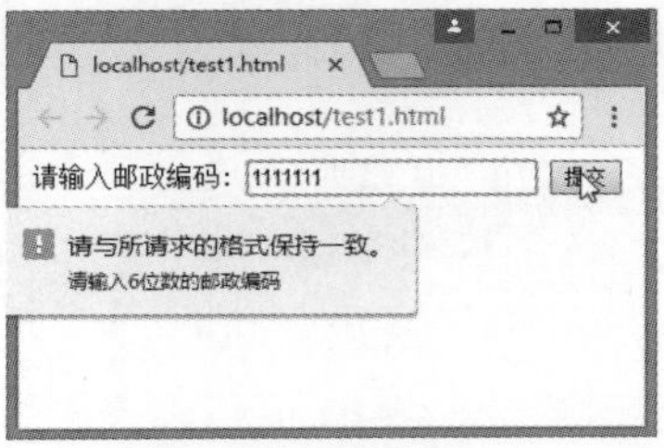

图 5.23　出现错误提示

提示：读者可以访问 http://html5pattern.com 找到一些常用的正则表达式，并将它们复制粘贴到自己的 pattern 属性中进行应用。

5.8.9 定义替换文本

placeholder 属性用于为 input 类型的输入框提供一种文本提示，这些提示可以描述输入框期待用户输入的内容，在输入框为空时显示，而当输入框获取焦点时自动消失。placeholder 属性适用于 text、search、url、telephone、email 和 password 类型的<input>标签。

【示例】应用 placeholder 属性。请注意比较本例与上例提示方法的不同。

```
<form action="/testform.asp" method="get">
    请输入邮政编码：
    <input type="text" name="zip_code" pattern="[0-9]{6}"
placeholder="请输入 6 位数的邮政编码" />
    <input type="submit" value="提交" />
</form>
```

以上代码在 Chrome 浏览器中的运行结果如图 5.24 所示。当输入框获得焦点并输入字符时，提示文字消失，如图 5.25 所示。

5.8.10 定义必填

required 属性用于定义输入框填写的内容不能为空，否则不允许提交表单。该属性适用于 text、

search、url、telephone、email、password、date pickers、number、checkbox、radio 和 file 类型的<input>标签。

【示例】使用 required 属性规定文本框必须输入内容。

```
<form action="/testform.asp" method="get">
    请输入姓名：<input type="text" name="usr_name" required="required" />
    <input type="submit" value="提交" />
</form>
```

在 Chrome 浏览器中的运行结果如图 5.26 所示。当输入框内容为空并单击“提交”按钮时，会出现“请填写此字段。”的提示，只有输入内容之后才允许提交表单。

图 5.24　placeholder 属性的应用

图 5.25　提示消失

图 5.26　required 属性的应用

5.8.11　定义复选框状态

在 HTML4 中，复选框有两种状态：选中和未选中。HTML5 为复选框添加了一种状态：未知。使用 indeterminate 属性可以进行控制，它与 checked 属性一样，都是布尔属性，用法相同。

```
<label><input type="checkbox" id="chk1" >未选中状态</label>
<label><input type="checkbox" id="chk2" checked >选中状态</label>
<label><input type="checkbox" id="chk3" indeterminate >未知状态</label>
```

【示例】在 JavaScript 脚本中可以直接设置或访问复选框的状态。

```
<style>
input:indeterminate {width: 20px; height: 20px;}        /*未知状态的样式*/
input:checked {width: 20px; height: 20px;}              /*选中状态的样式*/
</style>
<script>
chk3.indeterminate = true;                              //设置为未知状态
chk2.indeterminate = false;                             //设置为确知状态
if ( chk3.indeterminate ){ alert("未知状态") }
else{
    if ( chk3.checked ){ alert("选中状态") }
    else{ alert("未选中状态") }
}
</script>
```

注意：目前浏览器仅支持使用 JavaScript 脚本控制未知状态，如果直接为复选框标签设置 indeterminate 属性，则无任何效果，如图 5.27 所示。

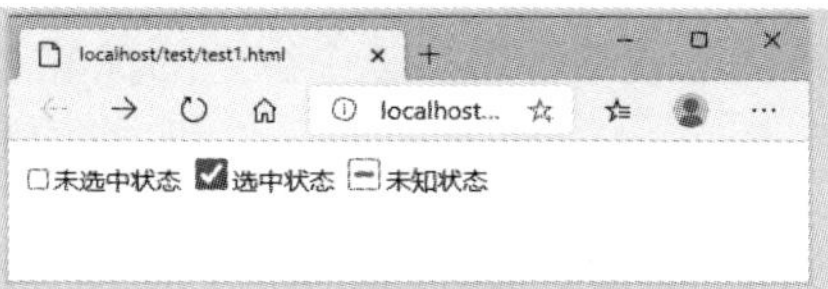

图 5.27　复选框的 3 种状态

提示：复选框的 indeterminate 状态的价值仅是视觉意义，在用户界面上看起来更友好，复选框的值仍然只有选中和未选中两种。

5.8.12 获取文本选取方向

HTML5 为文本框和文本区域控件新增 selectionDirection 属性，用来检测用户在这两个元素中使用鼠标选取文字时的操作方向。如果是正向选择，则返回"forward"；如果是反向选择，则返回"backward"。

【示例】获取用户选择文本的操作方向。

```
<script>
function ok() {
      var a=document.forms[0]['test'];
      alert(a.selectionDirection);
}
</script>
<form>
<input type="text" name="test" value="selectionDirection 属性">
<input type="button" value="提交" onClick="ok()">
</form>
```

5.8.13 访问标签绑定的控件

HTML5 为 label 元素新增 control 属性，允许使用该属性访问 label 绑定的表单控件。

【示例】使用<label>包含一个文本框，然后可以通过 label.control 来访问文本框。

```
<script type="text/javascript">
function setValue() {
      var label =document.getElementById("label");
      label.control.value = "010888";                    //访问绑定的文本框，并设置它的值
}
</script>
<form>
<label id="label">邮编  <input id="code" maxlength="6"></label>
<input type="button" value="默认值" onclick="setValue()">
</form>
```

提示：也可以通过 label 元素的 for 属性绑定文本框，然后使用 label 的 control 属性访问它。

5.8.14 访问控件的标签集

HTML5 为所有表单控件新增 labels 属性，允许使用该属性访问与控件绑定的标签对象，该属性返回一个 NodeList 对象（节点集合），再通过下标或 for 循环可以访问某个具体绑定的标签。

【示例】使用 text.labels.length 获取与文本框绑定的标签个数，如果仅绑定一个标签，则创建一个标签，然后绑定到文本框上，设置它的属性，并显示在按钮前面。最后判断用户输入的信息，并把验证信息显示在第 2 个绑定的标签对象中，效果如图 5.28 所示。

```
<script type="text/javascript">
window.onload = function () {
      var text = document.getElementById('text');
      var btn = document.getElementById('btn');
      if(text.labels.length==1) {                              //如果文本框仅绑定一个标签
            var label = document.createElement("label");       //创建标签对象
            label.setAttribute("for","text");                  //绑定到文本框上
```

```
            label.setAttribute("style","font-size:9px;color:red");     //设置标签文本的样式
            btn.parentNode.insertBefore(label,btn);                    //插入按钮前面并显示
        }
        btn.onclick = function() {
            if (text.value.trim() == "") {                             //如果文本框为空，则提示错误信息
                text.labels[1].innerHTML = "不能够为空";
            }
            else if(! /^[0-9]{6}$/.test(text.value.trim() )){          //如果不是 6 个数字，则提示非法
                text.labels[1].innerHTML = "请输入 6 位数字";
            } else{                                                    //否则提示验证通过
                text.labels[1].innerHTML = "验证通过";
            }
        }
    }
</script>
<form>
    <label id="label" for="text">邮编</label>
    <input id="text">
    <input id="btn" type="button" value="验证">
</form>
```

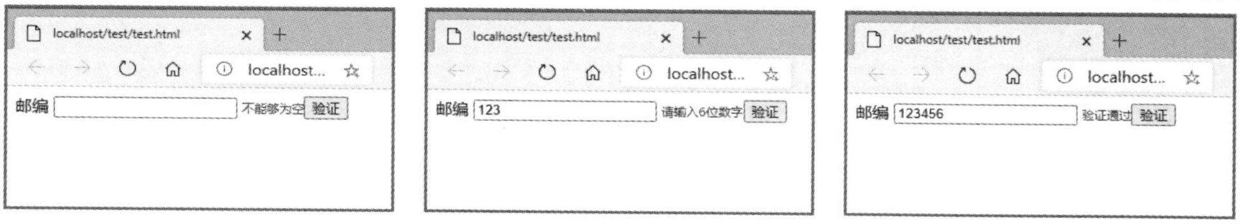

图 5.28　验证输入的邮政编码

5.8.15　定义数据列表

datalist 元素用于为输入框提供一个可选的列表，供用户输入匹配或直接选择。如果不想从列表中选择，也可以自行输入内容。

datalist 元素需要与 option 元素配合使用，每一个 option 选项都必须设置 value 属性值。其中<datalist>标签用于定义列表框，<option>标签用于定义列表项。如果要把 datalist 提供的列表绑定到某输入框上，还需要使用输入框的 list 属性来引用 datalist 元素的 id。

list 属性用于设置输入域的 datalist。datalist 是输入域的选项列表。该属性适用于以下类型的<input>标签：text、search、url、telephone、email、date pickers、number、range 和 color。

注意：目前最新的主流浏览器都已支持 list 属性，不过呈现形式略有不同。

【示例】配合使用 datalist 元素和 list 属性。

```
<form action="testform.asp" method="get">
    请输入网址：<input type="url" list="url_list" name="weblink" />
    <datalist id="url_list">
        <option label="新浪" value="http://www.sina.com.cn" />
        <option label="搜狐" value="http://www.sohu.com" />
        <option label="网易" value="http://www.163.com" />
    </datalist>
    <input type="submit" value="提交" />
</form>
```

在 Chrome 浏览器中运行，当用户单击输入框后，就会弹出一个下拉网址列表，供用户选择，效

Note

果如图 5.29 所示。

图 5.29　list 属性应用

5.8.16　定义输出结果

output 元素用于在浏览器中显示计算结果或脚本输出，其语法如下。

```
<output name="">Text</output>
```

output 元素应该位于表单结构的内部，或者设置 form 属性，指定所属表单。也可以设置 for 属性，绑定输出控件。

【示例】应用 output 元素。本示例计算用户输入的两个数字的乘积。

```
<script type="text/javascript">
 function multi(){
     a=parseInt(prompt("请输入第 1 个数字。",0));
     b=parseInt(prompt("请输入第 2 个数字。",0));
     document.forms["form"]["result"].value=a*b;
 }
</script>
<body onload="multi()">
<form action="testform.asp" method="get" name="form">
     两数的乘积为：<output name="result"></output>
</form>
</body>
```

以上代码在 Chrome 浏览器中的运行结果如图 5.30 和图 5.31 所示。当页面载入时，会首先提示“请输入第 1 个数字”，输入并单击“确定”按钮后再根据提示输入第 2 个数字。再次单击“确定”按钮后，显示计算结果，如图 5.32 所示。

图 5.30　提示输入第 1 个数字

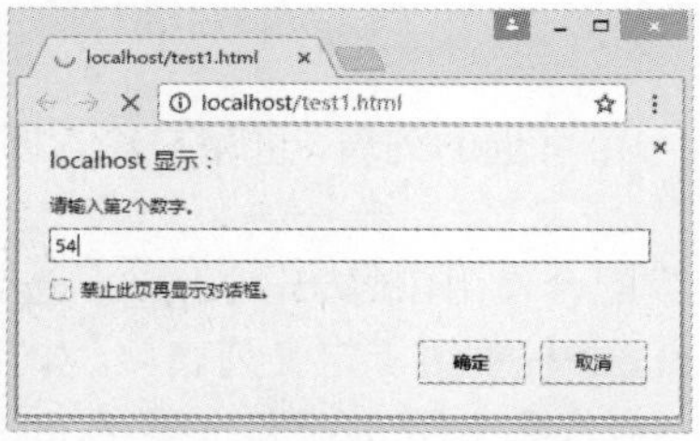

图 5.31　提示输入第 2 个数字

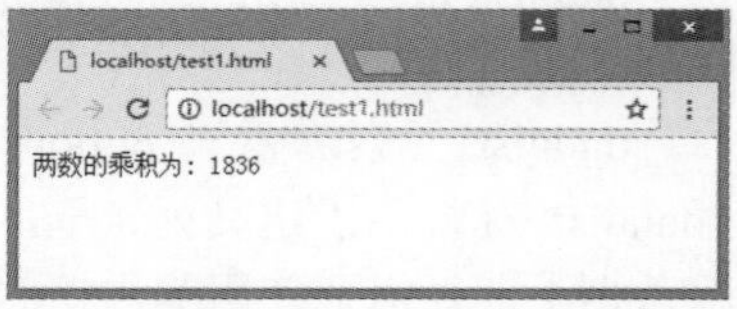

图 5.32　显示计算结果

5.8.17　定义禁止验证

HTML5 表单控件具有自动验证功能，如果要禁止验证，可以使用 novalidate 属性，该属性规定在提交表单时不应该验证 form 或 input 域。适用于<form>标签，以及 text、search、url、telephone、email、password、date pickers、range 和 color 类型的<input>标签。

【示例 1】使用 novalidate 属性取消整个表单的验证。

```
<form action="testform.asp" method="get" novalidate>
    请输入电子邮件地址：<input type="email" name="user_email" />
    <input type="submit"value="提交" />
</form>
```

【补充】

HTML5 为 form、input、select 和 textarea 元素定义了一个 checkValidity()方法。调用该方法，可

以显式地对表单内所有元素内容或单个元素内容进行有效性验证。checkValidity()方法将返回布尔值，以提示是否通过验证。

【示例 2】使用 checkValidity()方法，主动验证用户输入的 Email 地址是否有效。

```
<script>
function check(){
    var email = document.getElementById("email");
    if(email.value==""){
        alert("请输入 Email 地址");
        return false;
    }
    else if(!email.checkValidity()){
        alert("请输入正确的 Email 地址");
        return false;
    }
    else
        alert("您输入的 Email 地址有效");
}
</script>
<form id=testform onsubmit="return check();" novalidate>
    <label for=email>Email</label>
    <input name=email id=email type=email /><br/>
    <input type=submit>
</form>
```

提示： 在 HTML5 中，form 和 input 元素都有一个 validity 属性，该属性返回一个 ValidityState 对象。该对象具有很多属性，其中最简单、最重要的属性为 valid 属性，它表示表单内所有元素内容是否有效或单个 input 元素内容是否有效。

5.9 在线支持

扫码免费学习
更多实用技能

一、专项练习

- ☑ HTML5 表格结构和样式
- ☑ CSS3 表格样式
- ☑ HTML5 表单结构和行为
- ☑ CSS3 表单样式

二、参考

- ☑ CSS 表格属性（Table）列表

三、更多案例实战

- ☑ 斑马线表格
- ☑ 圆边表格
- ☑ 单线表格
- ☑ 自动隐藏列
- ☑ 背景修饰
- ☑ 调查表
- ☑ 搜索表单
- ☑ 设计状态样式
- ☑ 文件域
- ☑ 反馈表单

新知识、新案例不断更新中……

第 6 章

CSS3 基础

CSS3 是 CSS 规范的最新版本，在 CSS2 基础上增加了很多新功能，以帮助开发人员解决一些实际问题，如圆角、多背景、透明度、阴影等功能。本章将简单介绍 CSS3 基础知识，初步了解 CSS3 的基本用法。

视频讲解

6.1 初用 CSS

与 HTML5 一样，CSS3 也是一种标识语言，可以使用任意文本编辑器编写代码。下面简单介绍 CSS3 的基本用法。

6.1.1 CSS 样式

CSS 语法单元是样式，每个样式包含两部分内容：选择器和声明（或称规则），如图 6.1 所示。

- ☑ 选择器（Selector）：指定样式作用于哪些对象，这些对象可以是某个标签、指定 Class 或 ID 值的元素等。浏览器在解析这个样式时，根据选择器来渲染对象的显示效果。
- ☑ 声明（Declaration）：指定浏览器如何渲染选择器匹配的对象。声明包括两部分，即属性和属性值，并用分号来标识一个声明的结束，在一个样式中最后一个声明可以省略分号。所有声明被放置在一对大括号内，然后位于选择器的后面。
  - ❖ 属性（Property）：CSS 预设的样式选项。属性名是一个单词或多个单词组成，多个单词之间通过连字符相连。这样能够很直观地了解属性所要设置样式的类型。
  - ❖ 属性值（Value）：定义显示效果的值，包括值和单位，或者仅定义一个关键字。

【示例】在网页中设计 CSS 样式。

第 1 步，新建网页文件，保存为 test.html。

第 2 步，在<head>标签内添加<style type="text/css">标签，定义一个内部样式表。

第 3 步，在<style>标签内输入下面样式，定义网页字体大小为 24px，字体颜色为白色。

```
body{font-size: 24px; color: #fff;}
```

第 4 步，输入下面样式代码，定义段落文本的背景色为蓝色。

```
p { background-color: #00F; }
```

第 5 步，在<body>标签内输入下面一段话，然后在浏览器中预览，效果如图 6.2 所示。

```
<p>莫等闲、白了少年头，空悲切。</p>
```

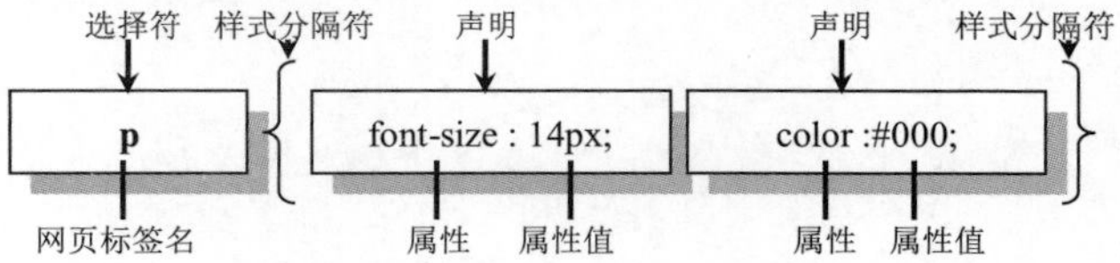

图 6.1　CSS 样式基本格式

图 6.2　使用 CSS 定义段落文本样式

6.1.2　引入 CSS 样式

在网页文档中，让浏览器识别和解析 CSS 样式，共有 3 种方法。

☑　行内样式。

把 CSS 样式代码置于标签的 style 属性中，例如：

```
<span style="color:red;">红色字体</span>
<div style="border:solid 1px blue; width:200px; height:200px;"></div>
```

一般不建议使用，这种方法没有真正把 HTML 结构与 CSS 样式分离出来。

☑　内部样式。

```
<style type="text/css">
body {/*页面基本属性*/
    font-size: 12px;
    color: #CCCCCC;
}
/*段落文本基础属性*/
p { background-color: #FF00FF; }
</style>
```

把 CSS 样式代码放在<style>标签内。这种用法也称为网页内部样式。该方法适合为单页面定义 CSS 样式，不适合为一个网站或多个页面定义样式。

内部样式一般位于网页的头部区域，目的是让 CSS 源代码早于页面源代码被下载并被解析。

☑　外部样式。

把样式放在独立的文件中，然后使用<link>标签或者@import 关键字导入。一般网站都采用这种方法来设计样式，真正实现 HTML 结构和 CSS 样式的分离，以便统筹规划、设计、编辑和管理 CSS 样式。

6.1.3　CSS 样式表

样式表是一个或多个 CSS 样式组成的样式代码段。样式表包括内部样式表和外部样式表，它们没有本质不同，只是存放位置不同。

内部样式表包含在<style>标签内，一个<style>标签就表示一个内部样式表。而通过标签的 style 属性定义的样式属性就不是样式表。如果一个网页文档中包含多个<style>标签，就表示该文档包含了多个内部样式表。

如果 CSS 样式被放置在网页文档外部的文件中，则称为外部样式表，一个 CSS 样式表文档就表示一个外部样式表。实际上，外部样式表也就是一个文本文件，其扩展名为.css。当把不同的样式复制到一个文本文件中后，另存为.css 文件，则它就是一个外部样式表。

在外部样式表文件顶部可以定义 CSS 源代码的字符编码。例如，下面代码定义样式表文件的字符编码为中文简体。

```
@charset "gb2312";
```

如果不设置 CSS 文件的字符编码，可以保留默认设置，则浏览器会根据 HTML 文件的字符编码来解析 CSS 代码。

Note

6.1.4 导入外部样式表

可以通过两种方法将外部样式表文件导入 HTML 文档中。

1. 使用<link>标签

使用<link>标签导入外部样式表文件的代码如下。

```
<link href="001.css" rel="stylesheet" type="text/css" />
```

该标签必须设置的属性说明如下。

☑ href：定义样式表文件 URL。

☑ rel：用于定义文档关联，这里表示关联样式表。

☑ type：定义导入文件类型，同 style 元素一样。

2. 使用@import 命令

在<style>标签内使用@import 关键字导入外部样式表文件的方法如下。

```
<style type="text/css">
@import url("001.css");
</style>
```

在@import 关键字后面，利用 url()函数包含具体的外部样式表文件的地址。

6.1.5 CSS 注释

在 CSS 中增加注释很简单，所有被放在“/*”和“*/”分隔符之间的文本信息都被称为注释。

```
/*注释*/
```

或

```
/*
注释
*/
```

在 CSS 源代码中，各种空格是不被解析的，因此可以利用 Tab 键、空格键对样式表和样式代码进行格式化排版，以方便阅读和管理。

6.1.6 CSS 属性

CSS 属性众多，在 W3C CSS 2.0 版本中共有 122 个标准属性（http://www.w3.org/TR/CSS2/propidx.html），在 W3C CSS 2.1 版本中共有 115 个标准属性（http://www.w3.org/TR/CSS21/ propidx.html），其中删除了 CSS 2.0 版本中 7 个属性：font-size-adjust、font-stretch、marker-offset、marks、page、size 和 text-shadow。在 W3C CSS 3.0 版本中又新增加了 20 多个属性（http://www.w3.org/Style/CSS/current-work#CSS3）。

本书将在后面各章节中详细介绍各种主要属性，用户也可以参考 CSS3 参考手册具体了解。

6.1.7 CSS 继承性

CSS 样式具有两个基本特性：继承性和层叠性。

CSS 继承性是指后代元素可以继承祖先元素的样式。继承样式主要包括字体、文本等基本属性，如字体、字号、颜色、行距等。对于下面类型属性是不允许继承的：边框、边界、补白、背景、定位、布局、尺寸等。

提示：灵活应用 CSS 继承性，可以优化 CSS 代码，但是继承的样式的优先级是最低的。

【示例】在 body 元素中定义整个页面的字体大小、字体颜色等基本页面属性，这样包含在 body 元素内的其他元素都将继承该基本属性，以实现页面显示效果的统一。

新建网页文档，在<body>标签内输入如下代码，设计一个多级嵌套结构。

```
<div id="wrap">
    <div id="header">
        <div id="menu">
            <ul>
                <li><span>首页</span></li>
                <li>菜单项</li>
            </ul>
        </div>
    </div>
    <div id="main">
        <p>主体内容</p>
    </div>
</div>
```

在<head>标签内添加<style type="text/css">标签，定义内部样式表，然后为 body 定义字体大小为 12px，通过继承性，则包含在 body 元素的所有其他元素都将继承该属性，并显示包含的字体大小为 12px。在浏览器中预览，显示效果如图 6.3 所示。

```
body {font-size:12px;}
```

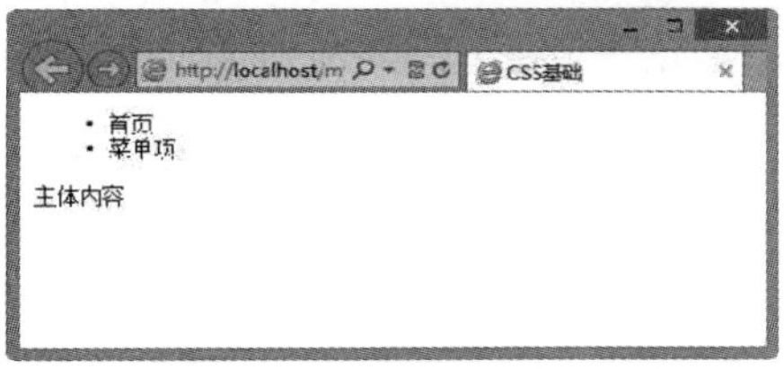

图 6.3　CSS 继承性演示效果

6.1.8　CSS 层叠性

CSS 层叠性是指 CSS 能够对同一个对象应用多个样式的能力。

【示例 1】新建网页文档，保存为 test.html，在<body>标签内输入如下代码。

```
<div id="wrap">看看我的样式效果</div>
```

在<head>标签内添加<style type="text/css">标签，定义一个内部样式表，分别添加两个样式。

```
div {font-size:12px;}
div {font-size:14px;}
```

两个样式中都声明相同的属性，并应用于同一个元素上。在浏览器中测试，则会发现最后字体显示为 14px，也就是说 14px 的字体大小覆盖了 12px 的字体大小，这就是样式层叠。

当多个样式作用于同一个对象，则根据选择器的优先级，确定对象最终应用的样式。

- ☑ 标签选择器：权重值为 1。
- ☑ 伪元素或伪对象选择器：权重值为 1。
- ☑ 类选择器：权重值为 10。
- ☑ 属性选择器：权重值为 10。
- ☑ ID 选择器：权重值为 100。
- ☑ 其他选择器：权重值为 0，如通配选择器等。

然后，以上面权值数为起点来计算每个样式中选择器的总权值数。计算规则如下。

- ☑ 统计选择器中 ID 选择器的个数，然后乘以 100。

☑ 统计选择器中类选择器的个数，然后乘以 10。

☑ 统计选择器中标签选择器的个数，然后乘以 1。

以此方法类推，最后把所有权重值数相加，即可得到当前选择器的总权重值，最后根据权重值来决定哪个样式的优先级大。

【示例 2】 新建一个网页，保存为 test.html，在<body>标签内输入如下代码。

```
<div id="box" class="red">CSS 选择器的优先级</div>
```

在<head>标签内添加<style type="text/css">标签，定义一个内部样式表，添加如下样式。

```
body div#box { border:solid 2px red;}
#box {border:dashed 2px blue;}
div.red {border:double 3px red;}
```

对于上面的样式表，可以这样计算它们的权重值。

body div#box = 1 + 1 + 100 = 102

#box = 100

di.red = 1 + 10 = 11

因此，最后的优先级为 body div#box 大于#box，#box 大于 di.red。所以可以看到显示效果为 2px 宽的红色实线，在浏览器中预览，显示效果如图 6.4 所示。

图 6.4　CSS 优先级的样式演示效果

提示：与样式表中样式相比，行内样式优先级最高；相同权重值时，样式最近的优先级最高；使用!important 命令定义的样式优先级绝对高；!important 命令必须位于属性值和分号之间，如#header{color:Red!important;}，否则无效。

6.1.9　CSS3 选择器

CSS3 选择器是在 CSS 2.1 选择器的基础上新增了部分属性选择器和伪类选择器，减少对 HTML 类和 ID 的依赖，使编写网页代码更加简单轻松。

根据所获取页面中元素的不同，可以把 CSS3 选择器分为五大类：元素选择器、关系选择器、伪类选择器、伪对象选择器和属性选择器。

其中，伪选择器包括伪类选择器和伪对象选择器。根据执行任务不同，伪类选择器又分为 6 种：动态伪类、目标伪类、语言伪类、状态伪类、结构伪类、否定伪类。

注意：CSS3 将伪对象选择符前面的单个冒号（:）修改为双冒号（::），用以区别伪类选择符，但以前的写法仍然有效。

6.2　元素选择器

元素选择器包括标签选择器、类选择器、ID 选择器和通配选择器。

6.2.1　标签选择器

标签选择器也称为类型选择器，它直接引用 HTML 标签名称，用来匹配同名的所有标签。

Note

☑ 优点：使用简单，直接引用，不需要为标签添加属性。

☑ 缺点：匹配的范围过大，精度不够。

因此，一般常用标签选择器重置各个标签的默认样式。

【示例】统一定义网页中段落文本的样式为：段落内文本字体大小为12px，字体颜色为红色。要实现该效果，可以考虑选用标签选择器定义如下样式。

```
p {
    font-size:12px;                     /*字体大小为 12px*/
    color:red;                          /*字体颜色为红色*/
}
```

6.2.2 类选择器

类选择器以点号（.）为前缀，后面是一个类名。应用方法是：在标签中定义 class 属性，然后设置属性值为类选择器的名称。

☑ 优点：能够为不同标签定义相同样式；使用灵活，可以为同一个标签定义多个类样式。

☑ 缺点：需要为标签定义 class 属性，影响文档结构，操作相对麻烦。

【示例】在对象中应用多个样式类。

第 1 步，新建文档，在<head>标签内添加<style type="text/css">标签，定义一个内部样式表。

第 2 步，在<style>标签内输入下面样式代码，定义 3 个类样式：red、underline 和 italic。

```
/*颜色类*/
.red { color: red; }                            /*红色*/
/*下画线类*/
.underline { text-decoration: underline; }      /*下画线*/
/*斜体类*/
.italic { font-style: italic; }
```

第 3 步，在段落文本中分别引用这些类，其中第 2 段文本标签引用了 3 个类，演示效果如图 6.5 所示。

```
<p class="underline">问君能有几多愁，恰似一江春水向东流。</p>
<p class="red italic underline">剪不断，理还乱，是离愁。别是一般滋味在心头。</p>
<p class="italic">独自莫凭栏，无限江山，别时容易见时难。流水落花春去也，天上人间。</p>
```

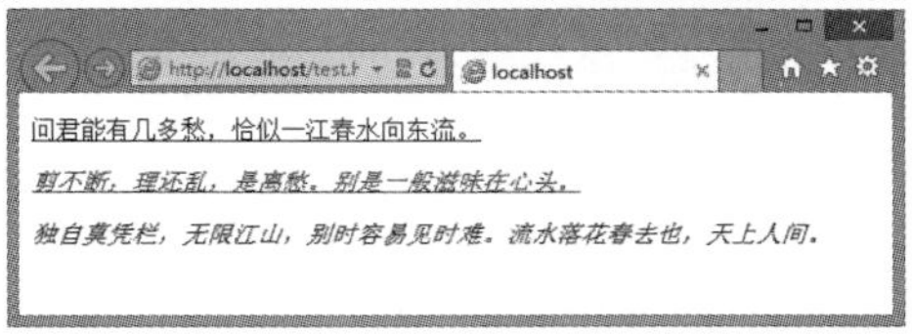

图 6.5 多类应用效果

6.2.3 ID 选择器

ID 选择器以井号（#）为前缀，后面是一个 ID 名。应用方法是：在标签中定义 id 属性，然后设置属性值为 ID 选择器的名称。

☑ 优点：精准匹配。

☑ 缺点：需要为标签定义 id 属性，影响文档结构，相对于类选择器，缺乏灵活性。

【示例】在文档中应用 ID 选择器。

第 1 步，新建网页文档，在<body>标签内输入<div>标签。

```
<div id="box">问君能有几多愁，恰似一江春水向东流。</div>
```

第 2 步，在<head>标签内添加<style type="text/css">标签，定义一个内部样式表。

第 3 步，输入下面样式代码，为盒子定义固定宽和高，设置背景图像、边框和内边距大小。

```
#box {/*ID 样式*/
```

```
        background:url(images/1.png) center bottom;     /*定义背景图像并居中、底部对齐*/
        height:200px;                                   /*固定盒子的高度*/
        width:400px;                                    /*固定盒子的宽度*/
        border:solid 2px red;                           /*边框样式*/
        padding:100px;                                  /*增加内边距*/
    }
```

第 4 步，在浏览器中预览，效果如图 6.6 所示。

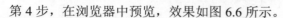

提示：不管是类选择器，还是 ID 选择器，都可以指定一个限定标签名，用于限定它们的应用范围。例如，针对本示例，在 ID 选择器前面增加一个 div 标签，这样 div#box 选择器的优先级会大于#box 选择器的优先级。在同等条件下，浏览器会优先解析 div#box 选择器定义的样式。对于类选择器，也可以使用这种方式限制类选择器的应用范围，并增加其优先级。

图 6.6　ID 选择器的应用

6.2.4　通配选择器

通配选择器使用星号（*）表示，用来匹配文档中所有标签。

【示例】使用下面样式可以清除所有标签的边距。

```
* { margin: 0; padding: 0; }
```

6.3　关系选择器

当把两个简单的选择器组合在一起，就形成了一个复杂的关系选择器。通过关系选择器可以精确匹配 HTML 结构中特定范围的元素。

6.3.1　包含选择器

包含选择器通过空格连接两个简单的选择器，前面选择器表示包含的对象，后面选择器表示被包含的对象。

☑　优点：可以缩小匹配范围。

☑　缺点：匹配范围相对较大，影响的层级不受限制。

【示例】新建网页文档，在<body>标签内输入如下结构。

```
<div id="wrap">
    <div id="header">
        <p>头部区域段落文本</p>
    </div>
    <div id="main">
        <p>主体区域段落文本</p>
    </div>
</div>
```

在<head>标签内添加<style type="text/css">标签，定义一个内部样式表。然后定义样式，希望实现如下设计目标。

☑ 定义<div id="header">包含框内的段落文本字体大小为 14px。

☑ 定义<div id="main">包含框内的段落文本字体大小为 12px。

这时可以利用包含选择器来快速定义样式，代码如下。

```
#header p { font-size:14px;}
#main p {font-size:12px;}
```

6.3.2　子选择器

子选择器使用尖角号（>）连接两个简单的选择器，前面选择器表示包含的父对象，后面选择器表示被包含的子对象。

☑ 优点：相对于包含选择器，匹配的范围更小，从层级结构上看，匹配目标更明确。

☑ 缺点：相对于包含选择器，匹配范围有限，需要熟悉文档结构。

【示例】 新建网页文档，在<body>标签内输入如下结构。

```
<h2><span>虞美人・春花秋月何时了</span></h2>
<div><span>春花秋月何时了？往事知多少。小楼昨夜又东风，故国不堪回首月明中。雕栏玉砌应犹在，只是朱颜改。问君能有几多愁？恰似一江春水向东流。</span></div>
```

在<head>标签内添加<style type="text/css">标签，在内部样式表中定义所有 span 元素的字体大小为 18px，再用子选择器定义 h2 元素包含的 span 子元素的字体大小为 28px。

```
span { font-size: 18px; }
h2 > span { font-size: 28px; }
```

在浏览器中预览，显示效果如图 6.7 所示。

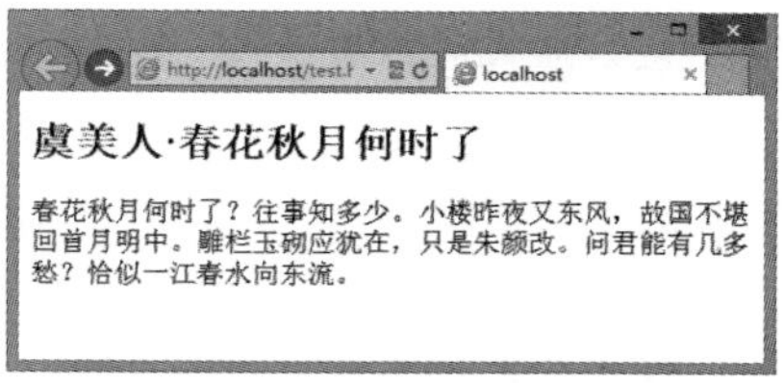

图 6.7　子选择器应用

6.3.3　相邻选择器

相邻选择器使用加号（+）连接两个简单的选择器，前面选择器指定相邻的前面一个元素，后面选择器指定相邻的后面一个元素。

☑ 优点：在结构中能够快速、准确地找到同级、相邻元素。

☑ 缺点：使用前需要熟悉文档结构。

【示例】 通过相邻选择器快速匹配出标题下面相邻的 p 元素，并设计其包含的文本居中显示，效果如图 6.8 所示。

```
<style type="text/css">
h2, h2 + p { text-align: center; }
</style>
<h2>虞美人・春花秋月何时了</h2>
<p>李煜 </p>
<p>春花秋月何时了？往事知多少。小楼昨夜又东风，故国不堪回首月明中。</p>
<p>雕栏玉砌应犹在，只是朱颜改。问君能有几多愁？恰似一江春水向东流。</p>
```

如果不使用相邻选择器，用户需要使用类选择器来设计，这样就相对麻烦很多。

6.3.4　兄弟选择器

兄弟选择器使用波浪符号（~）连接两个简单的选择器，前面选择器指定同级的前置元素，后面选择器指定其后同级所有匹配的元素。

☑ 优点：在结构中能够快速、准确地找到同级靠后的元素。

☑ 缺点：使用前需要熟悉文档结构，匹配精度没有相邻选择器更具体。

【示例】以 6.3.3 节示例为基础，添加如下样式，定义标题后面所有段落文本的字体大小为14px，字体颜色为红色。

```
h2 ~ p { font-size: 14px; color:red; }
```

在浏览器中预览，页面效果如图 6.9 所示。可以看到兄弟选择器匹配的范围包含了相邻选择器匹配的元素。

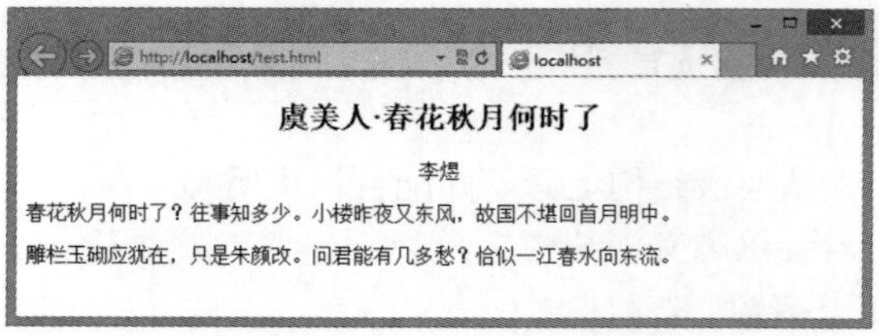

图 6.8 相邻选择器的应用

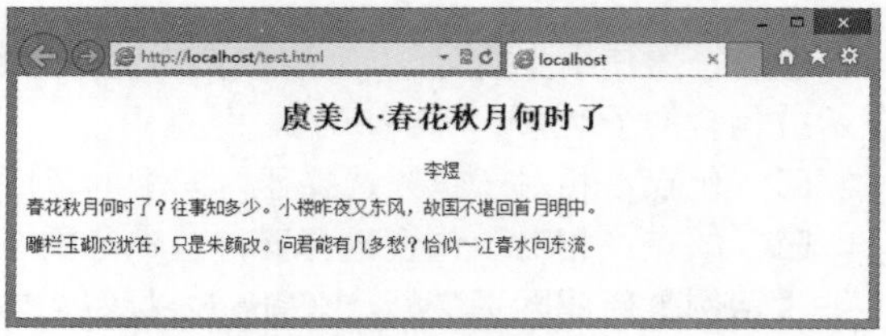

图 6.9 兄弟选择器的应用

6.3.5 分组选择器

分组选择器使用逗号（,）连接两个简单的选择器，前面选择器匹配的元素与后面选择器匹配的元素混合在一起作为分组选择器的结果集。

☑ 优点：可以合并相同样式，减少代码冗余。

☑ 缺点：不方便个性管理和编辑。

【示例】使用分组将所有标题元素统一样式。

```
h1, h2, h3, h4, h5, h5, h6 {
    margin: 0;                        /*清除标题的默认外边距*/
    margin-bottom: 10px;              /*使用下边距拉开标题距离*/
}
```

6.4 属性选择器

属性选择器是根据标签的属性来匹配元素，使用中括号进行定义。

```
[属性表达式]
```

CSS3 包括 7 种属性选择器形式，下面结合示例具体说明。

【示例】设计一个简单的图片灯箱导航示例。其中 HTML 结构和样式代码请参考本节示例源代码，初始预览效果如图 6.10 所示。

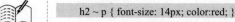

图 6.10 设计的灯箱广告效果图

1. E[attr]

选择具有 attr 属性的 E 元素。例如：

```
.nav a[id] {background: blue; color:yellow;font-weight:bold;}
```

上面代码表示选择 div.nav 下所有带有 id 属性的 a 元素，并在这个元素上使用背景色为蓝色，前景色为黄色，字体加粗的样式。对照上面的 HTML 结构，不难发现，只有第一个和最后一个链接使用了 id 属性，所以选中了这两个 a 元素，效果如图 6.11 所示。也可以指定多属性。

```
.nav a[href][title] {background: yellow; color:green;}
```

上面代码表示选择 div.nav 下具有 href 和 title 两个属性的 a 元素，效果如图 6.12 所示。

图 6.11　属性快速匹配

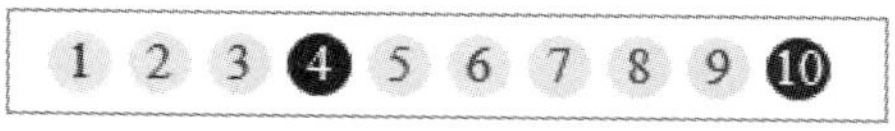

图 6.12　多属性快速匹配

2. E[attr="value"]

选择具有 attr 属性，且属性值等于 value 的 E 元素。例如：

```
.nav a[id="first"] {background: blue; color:yellow;font-weight:bold;}
```

选中 div.nav 中的 a 元素，且这个元素有一个 id="first"属性值，预览效果如图 6.13 所示。

E[attr="value"]属性选择器也可以多个属性并写，进一步缩小选择范围，用法如下，预览效果如图 6.14 所示。

```
.nav a[href="#1"][title] {background: yellow; color:green;}
```

图 6.13　属性值快速匹配

图 6.14　多属性值快速匹配

3. E[attr~="value"]

选择具有 attr 属性，且属性值为一个用空格分隔的字词列表，其中一个等于 value 的 E 元素。包含只有一个值，且该值等于 val 的情况。例如：

```
.nav a[title~="website"]{background:orange;color:green;}
```

在 div.nav 下的 a 元素的 title 属性中，只要其属性值中含有“website”这个词就会被选择，结果 a 元素中“2”“6”“7”“8”这 4 个 a 元素的 title 中都含有，所以被选中，如图 6.15 所示。

4. E[attr^="value"]

选择具有 attr 属性，且属性值为以 value 开头的字符串的 E 元素。例如：

```
.nav a[title^="http://"]{background:orange;color:green;}
.nav a[title^="mailto:"]{background:green;color:orange;}
```

上面代码表示的是选择了以 title 属性，并且以“http://”和“mailto:”开头的属性值的所有 a 元素，匹配效果如图 6.16 所示。

图 6.15　属性值局部词匹配

图 6.16　匹配属性值开头字符串的元素

5. E[attr$="value"]

选择具有 attr 属性，且属性值为以 value 结尾的字符串的 E 元素。例如：

```
.nav a[href$="png"]{background:orange;color:green;}
```

上面代码表示选择 div.nav 中元素有 href 属性，并以为“png”结尾的 a 元素。

6. E[attr*="value"]

选择具有 attr 属性，且属性值为包含 value 的字符串的 E 元素。例如：

```
.nav a[title*="site"]{background:black;color:white;}
```

上面代码表示选择 div.nav 中 a 元素的 title 属性中只要有“site”字符串就可以。上面样式的预览效果如图 6.17 所示。

7. E[attr|="value"]

选择具有 attr 属性，其值是以 value 开头，并用连接符“-”分隔的字符串的 E 元素；如果值仅为 value，也将被选择。例如：

```
.nav a[lang|="zh"]{background:gray;color:yellow;}
```

上面代码会选中 div.nav 中 lang 属性等于 zh 或以 zh-开头的所有 a 元素，如图 6.18 所示。

图 6.17　匹配属性值中的特定子串

图 6.18　匹配属性值开头字符串或值仅为 value 的元素

6.5　伪类选择器

伪类是一种特殊的类选择器，它的用处就是可以对不同状态或行为下的元素定义样式，这些状态或行为是无法通过静态的选择器匹配的，具有动态特性。

6.5.1　伪选择器概述

伪选择器包括伪类选择器和伪对象选择器。伪选择器能够根据元素或对象的特征、状态、行为进行匹配。

伪选择器以冒号（:）作为前缀标识符。冒号前可以添加限定选择符，限定伪类应用的范围，冒号后为伪类和伪对象名，冒号前后没有空格。

CSS 伪类选择器有两种用法方式。

☑　单纯式。

```
E:pseudo-class { property:value}
```

其中，E 为元素，pseudo-class 为伪类名称，property 是 CSS 的属性，value 为 CSS 的属性值。例如：

```
a:link {color:red;}
```

☑　混用式。

```
E.class:pseudo-class{property:value}
```

其中，.class 表示类选择符。把类选择符与伪类选择符组成一个混合式的选择器，能够设计更复杂的样式，以精准匹配元素。例如：

```
a.selected:hover {color: blue;}
```

由于 CSS3 伪选择器众多，下面仅针对 CSS3 中新增的伪类选择器进行说明，其他选择器请参考 CSS3 参考手册详细了解。

6.5.2　结构伪类

结构伪类是根据文档结构的相互关系来匹配特定的元素，从而减少文档元素的 class 属性和 ID 属性的无序设置，使得文档更加简洁。

结构伪类形式多样，但用法固定，以便设计各种特殊样式效果，结构伪类主要包括下面几种，简单说明如下。

- ☑ :fist-child：第 1 个子元素。
- ☑ :last-child：最后一个子元素。
- ☑ :nth-child()：按正序匹配特定子元素。
- ☑ :nth-last-child()：按倒序匹配特定子元素。
- ☑ :nth-of-type()：在同类型中匹配特定子元素。
- ☑ :nth-last-of-type()：按倒序在同类型中匹配特定子元素。
- ☑ :first-of-type：第 1 个同类型子元素。
- ☑ :last-of-type：最后一个同类型子元素。
- ☑ :only-child：唯一子元素。
- ☑ :only-of-type：同类型的唯一子元素。
- ☑ :empty：空元素。

图 6.19　设计推荐栏目样式

【示例 1】 设计排行榜栏目列表样式，设计效果如图 6.19 所示。在列表框中为每个列表项定义相同的背景图像。

设计的列表结构和样式请参考本节示例源代码。下面结合本示例分析结构伪类选择器的用法。

【示例 2】 如果设计第 1 个列表项前的图标为 1，且字体加粗显示，则使用:first-child 匹配。

```
#wrap li:first-child {
    background-position:2px 10px;
    font-weight:bold;
}
```

【示例 3】 如果单独给最后一个列表项定义样式，就可以使用:last-child 来匹配。

```
#wrap li:last-child {background-position:2px -277px;}
```

显示效果如图 6.20 所示。

【示例 4】 下面 6 个样式分别匹配列表中第 2～7 个列表项，并分别定义它们的背景图像 Y 轴坐标位置，显示效果如图 6.21 所示。

```
#wrap li:nth-child(2) { background-position: 2px -31px; }
#wrap li:nth-child(3) { background-position: 2px -72px; }
#wrap li:nth-child(4) { background-position: 2px -113px; }
#wrap li:nth-child(5) { background-position: 2px -154px; }
#wrap li:nth-child(6) { background-position: 2px -195px; }
#wrap li:nth-child(7) { background-position: 2px -236px; }
```

6.5.3　否定伪类

:not()表示否定选择器，即过滤掉 not()函数匹配的特定元素。

【示例】 为页面中所有段落文本设置字体大小为 24px，然后使用:not(.author)排出第 1 段文本，设置其他段落文本的字体大小为 14px，显示效果如图 6.22 所示。

```
<style type="text/css">
p { font-size: 24px; }
p:not(.author){ font-size: 14px; }
</style>
<h2>虞美人・春花秋月何时了</h2>
<p class="author">李煜</p>
```

```
<p>春花秋月何时了？往事知多少。小楼昨夜又东风，故国不堪回首月明中。</p>
<p>雕栏玉砌应犹在，只是朱颜改。问君能有几多愁？恰似一江春水向东流。</p>
```

图 6.20　设计最后一个列表项样式

图 6.21　设计每个列表项样式

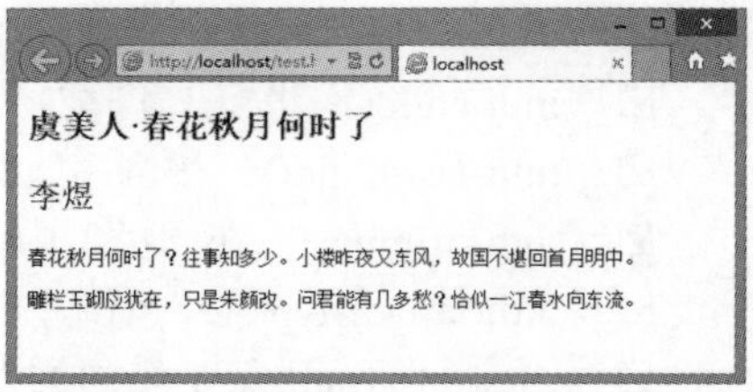

图 6.22　否定伪类的应用

6.5.4　状态伪类

CSS3 包含 3 个 UI 状态伪类选择器，简单说明如下。

☑　:enabled：匹配指定范围内所有可用 UI 元素。

☑　:disabled：匹配指定范围内所有不可用 UI 元素。

☑　:checked：匹配指定范围内所有选中 UI 元素。

【示例】设计一个简单的登录表单，效果如图 6.23 所示。在实际应用中，当用户登录完毕，不妨通过脚本把文本框设置为不可用（disabled="disabled"）状态，这时可以通过:disabled 选择器让文本框显示为灰色，以告诉用户该文本框不可用了，这样就不用设计“不可用”样式类，并把该类添加到 HTML 结构中。

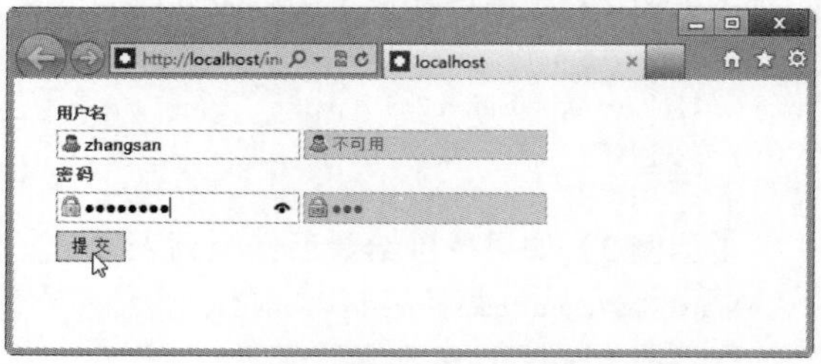

图 6.23　设计登录表单样式

【操作步骤】

第 1 步，新建一个文档，在文档中构建一个简单的登录表单结构。在这个表单结构中，使用 HTML 的 disabled 属性分别定义两个不可用的文本框对象。详细代码请参考本节示例源代码。

第 2 步，内建一个内部样式表，使用属性选择器定义文本框和密码域的基本样式。

```
input[type="text"], input[type="password"] {
    border:1px solid #0f0;
    width:160px;
    height:22px;
    padding-left:20px;
    margin:6px 0;
    line-height:20px;
}
```

第 3 步，再利用属性选择器，分别为文本框和密码域定义内嵌标识图标。

```
input[type="text"] { background:url(images/name.gif) no-repeat 2px 2px; }
input[type="password"] { background:url(images/password.gif) no-repeat 2px 2px; }
```

第 4 步，使用状态伪类选择器定义不可用表单对象显示为灰色，提示用户该表单不可用。

```
input[type="text"]:disabled {
    background:#ddd url(images/name1.gif) no-repeat 2px 2px;
    border:1px solid #bbb;}
```

```
input[type="password"]:disabled {
    background:#ddd url(images/password1.gif) no-repeat 2px 2px;
    border:1px solid #bbb;
}
```

6.5.5 目标伪类

目标伪类选择器类型形式如 E:target，它表示选择匹配 E 的所有元素，且匹配元素被相关 URL 指向。该选择器是动态选择器，只有当存在 URL 指向该匹配元素时，样式效果才有效。

【示例】设计当单击页面中的锚点链接，跳转到指定标题位置时，该标题会自动高亮显示，以提醒用户，当前跳转的位置，效果如图 6.24 所示。

```
<style type="text/css">
/*设计导航条固定在窗口右上角位置显示*/
h1{ position:fixed; right:12px; top:24px;}
/*让锚点链接堆叠显示*/
h1 a{ display:block;}
/*设计锚点链接的目标高亮显示*/
h2:target { background:hsla(93,96%,62%,1.00); }
</style>
<h1><a href="#p1">图片 1</a> <a href="#p2">图片 2</a> <a href="#p3">图片 3</a> <a href="#p4">图片 4</a> </h1>
…
```

图 6.24　目标伪类样式应用效果

6.5.6 动态伪类

动态伪类是一类行为类样式，只有当用户与页面进行交互时有效，详细示例演示请参考 11.1 节内容。动态伪类包括两种形式。

☑ 锚点伪类，如:link、:visited。

☑ 行为伪类，如:hover、:active 和:focus。

6.6 伪对象选择器

伪对象选择器主要针对不确定对象定义样式，如第 1 行文本、第 1 个字符、前面内容、后面内容。这些对象具体存在，但又无法具体确定，需要使用特定类型的选择器来匹配它们。

伪对象选择器以冒号（:）作为语法标识符。冒号前可以添加选择符，限定伪对象应用的范围，冒号后为伪对象名称，冒号前后没有空格。语法格式如下。

```
:伪对象名称
```

CSS3 新语法格式如下。

```
::伪对象名称
```

提示：伪对象前面包含两个冒号，主要是为了与伪类选择器进行语法区分。

【示例】使用:first-letter 伪对象选择器设置段落文本第 1 个字符放大下沉显示，并使用:first-line 伪对象选择器设置段落文本第 1 行字符放大带有阴影显示，效果如图 6.25 所示。

```
<style type="text/css">
p{ font-size:18px; line-height:1.6em;}
```

Note

```
p:first-letter {/*段落文本中第 1 个字符样式*/
    float:left;
    font-size:60px;
    font-weight:bold;
    margin:26px 6px;
}
p:first-line {/*段落文本中第 1 行字符样式*/
    color:red;
    font-size:24px;
    text-shadow:2px 2px 2px rgba(147,251,64,1);
}
</style>
```

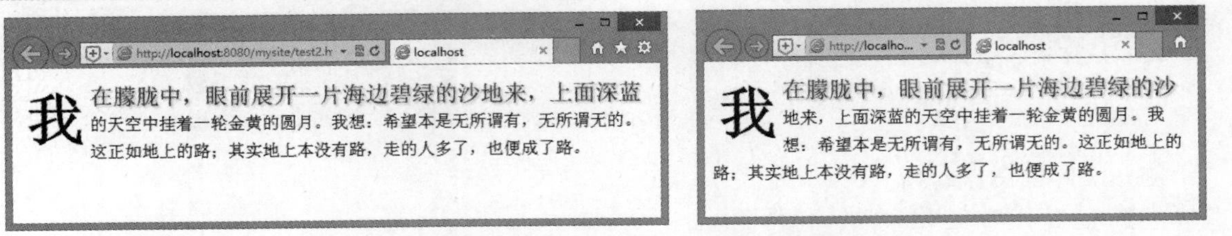

图 6.25　定义第 1 个字符和第 1 行字符特殊显示

6.7　在 线 支 持

扫码免费学习
更多实用技能

一、补充知识
- ☑ CSS 历史
- ☑ CSS3 模块
- ☑ CSS3 开发状态
- ☑ 浏览器支持状态
- ☑ CSS3 属性概述
- ☑ CSS3 属性值概述

二、专项练习
- ☑ CSS3 选择器

三、参考
- ☑ CSS3 选择器列表
- ☑ CSS 单位列表

四、更多案例实战
- ☑ 设计分类表格页
- ☑ 设计百度文库下载列表
- ☑ 案例实战：标准设计师与传统设计师初次 PK

新知识、新案例不断更新中……

第 7 章

设计文本样式

CSS3 优化了 CSS2.1 的字体和文本属性，同时新增了各种文字特效，使网页文字更具表现力和感染力，丰富了网页设计效果，如自定义字体类型、更多的色彩模式、文本阴影、生态生成内容、各种特殊值、函数等。本章将重点讲解 CSS3 字体和文本样式。

视频讲解

7.1 字 体 样 式

字体样式包括类型、大小、颜色、粗细、下画线、斜体、大小写等，下面分别进行介绍。

7.1.1 定义字体类型

使用 font-family 属性可以定义字体类型，用法如下。

```
font-family : name
```

name 表示字体名称，可以设置字体列表，多个字体按优先顺序排列，以逗号隔开。

如果字体名称包含空格，则应使用引号括起。第 2 种声明方式使用所列出的字体序列名称，如果使用 fantasy 序列，将提供默认字体序列。

【示例】新建网页，保存为 test1.html，在<body>标签内输入两行段落文本。

```
<p>月落乌啼霜满天，江枫渔火对愁眠。</p>
<p>姑苏城外寒山寺，夜半钟声到客船。</p>
```

在<head>标签内添加<style type="text/css">标签，定义一个内部样式表，然后输入下面样式，用来定义网页字体的类型。

```
p {/*段落样式*/
    font-family: "隶书";                    /*隶书字体*/
}
```

在浏览器中预览效果如图 7.1 所示。

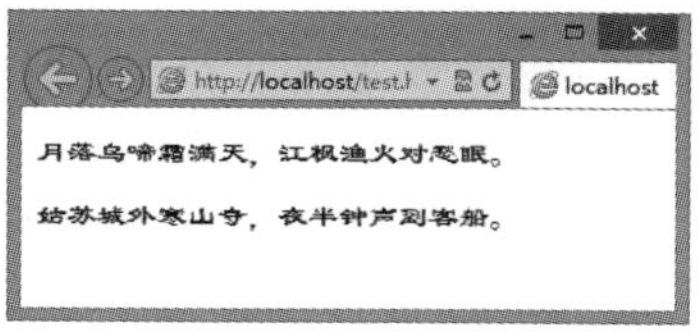

图 7.1　设计隶书字体效果

7.1.2 定义字体大小

使用 CSS3 的 font-size 属性可以定义字体大小，用法如下。

```
font-size : xx-small | x-small | small | medium | large | x-large | xx-large | larger | smaller | length
```

其中，xx-small（最小）、x-small（较小）、small（小）、medium（正常）、large（大）、x-large（较大）、xx-large（最大）表示绝对字体尺寸，这些特殊值将根据对象字体进行调整。

larger（增大）和 smaller（减少）这对特殊值能够根据父对象中字体尺寸进行相对增大或者缩小处理，使用成比例的 em 单位进行计算。

length 可以是百分数，或者浮点数字和单位标识符组成的长度值，但不可为负值。其百分比取值是基于父对象中字体的尺寸来计算，与 em 单位计算相同。

【示例】新建网页，在<head>标签内添加<style type="text/css">标签，定义一个内部样式表。然后输入下面样式，分别设置网页字体默认大小，正文字体大小，以及栏目中字体大小。

```
body {font-size:12px;}                          /*以像素为单位设置字体大小*/
p {font-size:0.75em;}                           /*以父辈字体大小为参考设置大小*/
div {font:9pt Arial, Helvetica, sans-serif;}    /*以点为单位设置字体大小*/
```

7.1.3 定义字体颜色

使用 CSS3 的 color 属性可以定义字体颜色，用法如下。

```
color : color
```

参数 color 表示颜色值，取值包括颜色名、十六进制值、RGB 等颜色函数等。

【示例】分别定义页面、段落文本、<div>标签、<span>标签包含字体的颜色。

```
body { color:gray;}                     /*使用颜色名*/
p { color:#666666;}                     /*使用十六进制*/
div { color:rgb(120,120,120);}          /*使用 RGB*/
span { color:rgb(50%,50%,50%);}         /*使用 RGB*/
```

7.1.4 定义字体粗细

使用 CSS3 的 font-weight 属性可以定义字体粗细，用法如下。

```
font-weight : normal | bold | bolder | lighter | 100 | 200 | 300 | 400 | 500 | 600 | 700 | 800 | 900
```

其中，normal 为默认值，表示正常的字体，相当于取值为 400；bold 表示粗体，相当于取值为 700，或者使用<b >标签定义的字体效果。

bolder（较粗）和 lighter（较细）相对于 normal 字体粗细而言。

另外也可以设置值为 100、200、300、400、500、600、700、800、900，它们分别表示字体的粗细，是对字体粗细的一种量化方式，值越大就表示越粗，相反就表示越细。

【示例】新建 test.html 文档，定义一个内部样式表，然后输入下面样式，分别定义段落文本、一级标题、<div>标签包含字体的粗细效果，同时定义一个粗体样式类。

```
p { font-weight: normal }               /*等于 400*/
h1 { font-weight: 700 }                 /*等于 bold*/
div{ font-weight: bolder }              /*可能为 500*/
.bold {font-weight:bold;}               /*粗体样式类*/
```

注意：设置字体粗细也可以称为定义字体的重量。对于中文网页设计来说，一般仅用到 bold（加粗）和 normal（普通）两个属性值。

7.1.5 定义艺术字体

使用 CSS3 的 font-style 属性可以定义字体倾斜效果，用法如下。

```
font-style : normal | italic | oblique
```

其中，normal 为默认值，表示正常的字体；italic 表示斜体；oblique 表示倾斜的字体。italic 和 oblique 两个取值只能在英文等西方文字中有效。

【示例】新建 test.html 文档，输入下面样式，定义一个斜体样式类。

```
.italic {/*斜体样式类*/
    font-style:italic;
}
```

在<body>标签中输入两段文本，并把斜体样式类应用到其中一段文本中。

```
<p>知我者，谓我心忧，不知我者，谓我何求。</p>
<p class="italic">君子坦荡荡，小人长戚戚。</p>
```

最后在浏览器中预览，比较效果如图 7.2 所示。

7.1.6　定义修饰线

使用 CSS3 的 text-decoration 属性可以定义字体修饰线效果，用法如下。

```
text-decoration : none || underline || blink || overline || line-through
```

其中，none 为默认值，表示无装饰线，blink 表示闪烁效果，underline 表示下画线效果，line- through 表示贯穿线效果，overline 表示上画线效果。

【操作步骤】

第 1 步，新建 test.html 文档，在<head>标签内添加<style type="text/css">标签，定义一个内部样式表。然后定义 3 个装饰字体样式类。

```
.underline {text-decoration:underline;}             /*下画线样式类*/
.overline {text-decoration:overline;}               /*上画线样式类*/
.line-through {text-decoration:line-through;}       /*删除线样式类*/
```

第 2 步，在<body>标签中输入 3 行段落文本，并分别应用上面的装饰类样式。

```
<p class="underline">昨夜西风凋碧树，独上高楼，望尽天涯路</p>
<p class="overline">衣带渐宽终不悔，为伊消得人憔悴</p>
<p class="line-through">众里寻他千百度，蓦然回首，那人却在灯火阑珊处</p>
```

第 3 步，再定义一个样式，在该样式中同时声明多个装饰值，定义的样式如下。

```
.line { text-decoration:line-through overline underline; }
```

第 4 步，在正文中输入一行段落文本，并把这个 line 样式类应用到该行文本中。

```
<p class="line">古今之成大事业、大学问者，必经过三种之境界。</p>
```

第 5 步，在浏览器中预览，多种修饰线比较效果如图 7.3 所示。

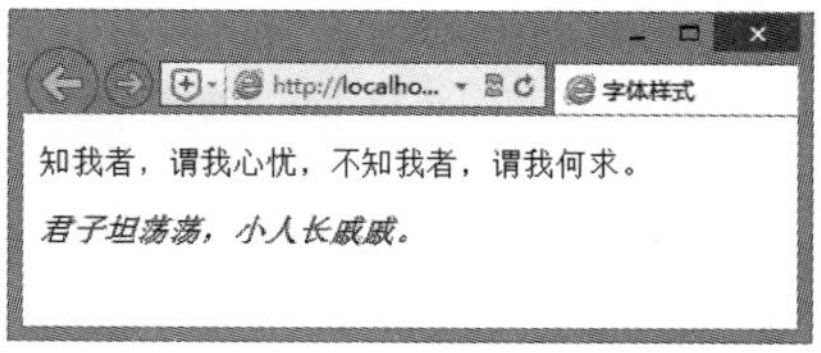

图 7.2　比较正常字体和斜体效果

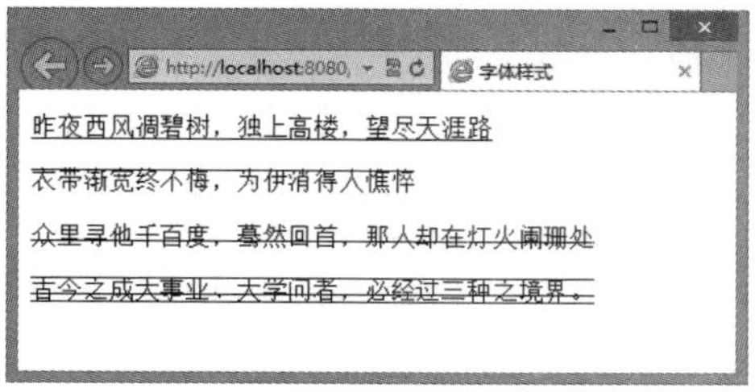

图 7.3　多种修饰线的应用效果

提示：CSS3 增强 text-decoration 功能，新增如下 5 个子属性。

- ☑ text-decoration-line：设置装饰线的位置，取值包括 none（无）、underline、overline、line-through、blink。
- ☑ text-decoration-color：设置装饰线的颜色。

- ☑ text-decoration-style：设置装饰线的形状，取值包括 solid、double、dotted、dashed、wavy（波浪线）。
- ☑ text-decoration-skip：设置文本装饰线条必须略过内容中的哪些部分。
- ☑ text-underline-position：设置对象中的下画线的位置。

7.1.7 定义字体的变体

使用 CSS3 的 font-variant 属性可以定义字体的变体效果，用法如下。

```
font-variant : normal | small-caps
```

其中，normal 为默认值，表示正常的字体；small-caps 表示小型的大写字母字体。

【示例】新建 test.html 文档，在内部样式表中定义一个类样式。

```
.small-caps {font-variant:small-caps;} /*小型大写字母样式类*/
```

然后在<body>标签中输入一行段落文本，并应用上面定义的类样式。

```
<p class="small-caps">font-variant </p>
```

> 注意：font-variant 仅支持拉丁字体，中文字体没有大小写效果区分。

7.1.8 定义大小写字体

使用 CSS3 的 text-transform 属性可以定义字体大小写效果。用法如下。

```
text-transform : none | capitalize | uppercase | lowercase
```

其中，none 为默认值，表示无转换发生；capitalize 表示将每个单词的第一个字母转换成大写，其余无转换发生；uppercase 表示把所有字母转换成大写；lowercase 表示把所有字母转换成小写。

【示例】新建 test.html 文档，在内部样式表中定义 3 个类样式。

```
.capitalize {text-transform:capitalize;}   /*首字母大小样式类*/
.uppercase {text-transform:uppercase;}   /*大写样式类*/
.lowercase {text-transform:lowercase;}   /*小写样式类*/
```

然后在<body>标签中输入 3 行段落文本，并分别应用上面定义的类样式。

```
<p class="capitalize">text-transform:capitalize;</p>
<p class="uppercase">text-transform:uppercase;</p>
<p class="lowercase">text-transform:lowercase;</p>
```

分别在 IE 和 Firefox 浏览器中预览，比较效果如图 7.4 和图 7.5 所示。

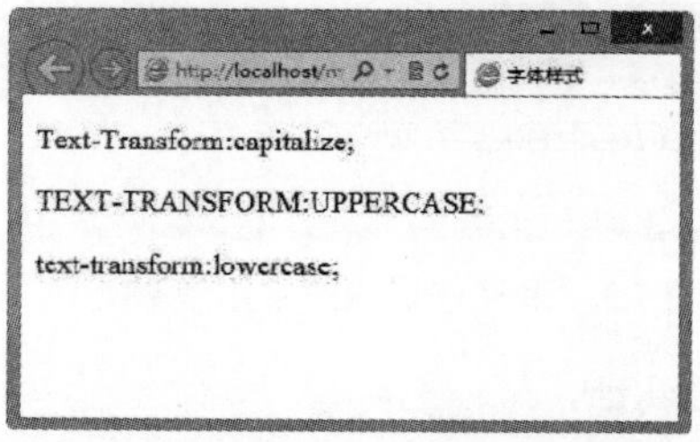

图 7.4 IE 中解析的大小写效果

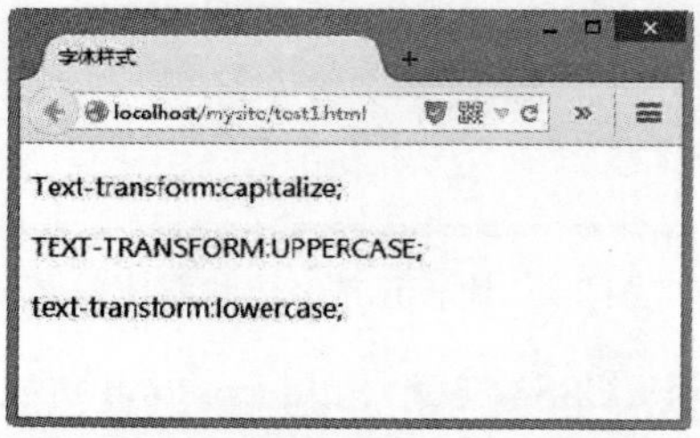

图 7.5 Firefox 中解析的大小写效果

比较发现：IE 认为只要是单词就把首字母转换为大写，而 Firefox 认为只有单词通过空格间隔之后，才能够成为独立意义上的单词，所以几个单词连在一起时就算作一个词。

7.2 文本样式

文本样式主要涉及正文的排版效果，属性名以 text 为前缀进行命名，下面分别进行介绍。

7.2.1 定义水平对齐

使用 CSS3 的 text-align 属性可以定义文本的水平对齐方式，用法如下。

```
text-align : left | right | center | justify
```

其中，left 为默认值，表示左对齐；right 为右对齐；center 为居中对齐；justify 为两端对齐。

【示例】新建 test.html 文档，在内部样式表中定义 3 个对齐类样式。

```
.left { text-align: left; }
.center { text-align: center; }
.right { text-align: right; }
```

然后在<body>标签中输入 3 段文本，并分别应用这 3 个类样式。

```
<p align="left">昨夜西风凋碧树，独上高楼，望尽天涯路</p>
<p class="center">衣带渐宽终不悔，为伊消得人憔悴</p>
<p class="right">众里寻他千百度，蓦然回首，那人却在灯火阑珊处</p>
```

在浏览器中预览，比较效果如图 7.6 所示。

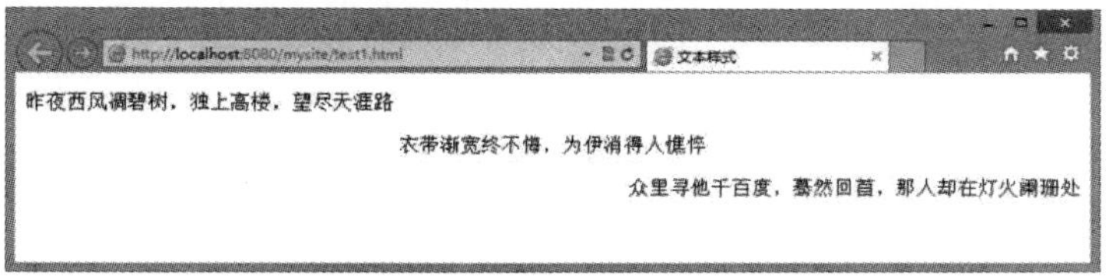

图 7.6 比较 3 种文本对齐效果

7.2.2 定义垂直对齐

使用 CSS3 的 vertical-align 属性可以定义文本垂直对齐，用法如下。

```
vertical-align : auto | baseline | sub | super | top | text-top | middle | bottom | text-bottom | length
```

取值简单说明如下：

- ☑ auto 将根据 layout-flow 属性的值对齐对象内容。
- ☑ baseline 表示默认值，表示将支持 valign 特性的对象内容与基线对齐。
- ☑ sub 表示垂直对齐文本的下标。
- ☑ super 表示垂直对齐文本的上标。
- ☑ top 表示将支持 valign 特性的对象的内容对象顶端对齐。
- ☑ text-top 表示将支持 valign 特性的对象的文本与对象顶端对齐。
- ☑ middle 表示将支持 valign 特性的对象的内容与对象中部对齐。
- ☑ bottom 表示将支持 valign 特性的对象的内容与对象底端对齐。
- ☑ text-bottom 表示将支持 valign 特性的对象的文本与对象底端对齐。
- ☑ length 表示由浮点数字和单位标识符组成的长度值或者百分数，可为负数，定义由基线算起

Note

的偏移量，基线对于数值来说为 0，对于百分数来说就是 0%。

【示例】新建 test1.html 文档，在<head>标签内添加<style type="text/css">标签，定义一个内部样式表，然后输入下面样式，定义上标类样式。

```
.super {vertical-align:super;}
```

然后在<body>标签中输入一行段落文本，并应用该上标类样式。

```
<p>vertical-align 表示垂直<span class="super">对齐</span>属性</p>
```

在浏览器中预览，显示效果如图 7.7 所示。

7.2.3　定义文本间距

使用 letter-spacing 属性可以定义字距，使用 word-spacing 属性可以定义词距。这两个属性的取值都是长度值，由浮点数字和单位标识符组成，默认值为 normal，表示默认间隔。

定义词距时，以空格为基准进行调节，如果多个单词被连在一起，则被 word-spacing 视为一个单词；如果汉字被空格分隔，则分隔的多个汉字就被视为不同的单词，word-spacing 属性有效。

【示例】新建网页，设计内部样式表，定义两个类样式。

```
.lspacing {letter-spacing:1em;}          /*字距样式类*/
.wspacing {word-spacing:1em;}            /*词距样式类*/
```

然后在<body>标签中输入两行段落文本，并应用上面两个类样式。

```
<p class="lspacing">letter spacing word spacing（字间距）</p>
<p class="wspacing">letter spacing word spacing（词间距）</p>
```

在浏览器中预览，显示效果如图 7.8 所示。从图中可以直观地看到，所谓字距就是定义字母之间的间距，而词距就是定义西文单词的间距。

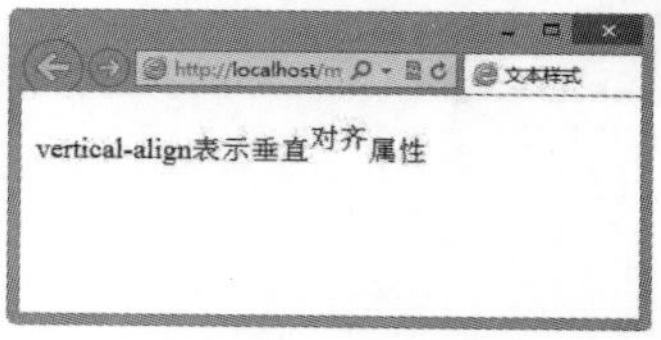

图 7.7　文本上标样式效果

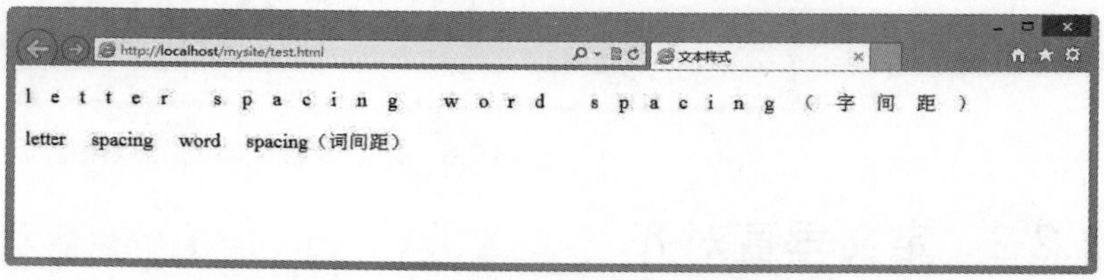

图 7.8　字距和词距演示效果比较

注意：字距和词距一般很少使用，使用时应慎重考虑用户的阅读体验和感受。对于中文用户来说，letter-spacing 属性有效，而 word-spacing 属性无效。

7.2.4　定义行高

使用 CSS3 的 line-height 属性可以定义行高，用法如下。

```
line-height : normal | length
```

其中，normal 表示默认值，一般为 1.2em；length 表示百分比数字，或者由浮点数字和单位标识符组成的长度值，允许为负值。

【示例】新建网页文档，在<head>标签内添加<style type="text/css">标签，定义一个内部样式表，输入下面样式，定义两个行高类样式。

```
.p1 {/*行高样式类 1*/
    line-height:1em; /*行高为一个字大小*/}
```

```
.p2 {/*行高样式类 2*/
    line-height:2em; /*行高为两个字大小*/}
```

然后在<body>标签中输入两行段落文本，并应用上面两个类样式。在浏览器中预览，显示效果如图 7.9 所示。

7.2.5　定义首行缩进

使用 CSS3 的 text-indent 属性可以定义文本首行缩进，用法如下。

```
text-indent : length
```

length 表示百分比数字，或者由浮点数字和单位标识符组成的长度值，允许为负值。建议在设置缩进单位时，以 em 为设置单位，它表示一个字距，这样比较精确确定首行缩进效果。

【示例】新建文档，设计内部样式表，输入下面样式，定义段落文本首行缩进两个字符。

```
p { text-indent:2em;}                    /*首行缩进两个字符*/
```

然后在<body>标签中输入标题和段落文本，代码可以参考本节示例源代码。在浏览器中预览，可以看到文本缩进效果，如图 7.10 所示。

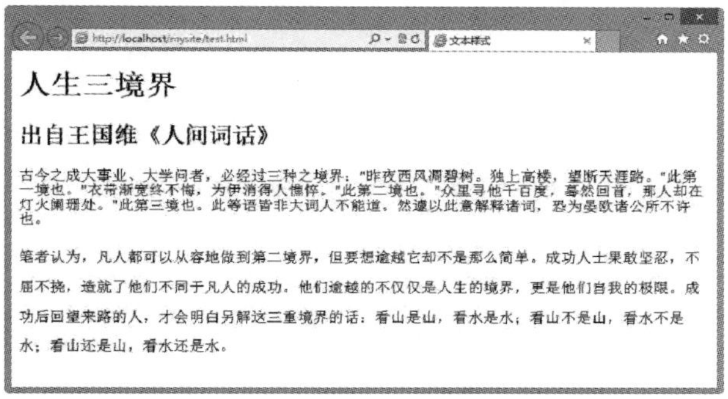

图 7.9　段落文本的行高演示效果

图 7.10　首行缩进效果

7.2.6　文本溢出

使用 text-overflow 属性可以设置超长文本省略显示。基本语法如下。

```
text-overflow:clip | ellipsis
```

text-overflow 属性适用于块状元素，取值简单说明如下。

☑ clip：当内联内容溢出块容器时，将溢出部分裁切掉，为默认值。

☑ ellipsis：当内联内容溢出块容器时，将溢出部分替换为“...”。

【示例】设计新闻列表有序显示，对于超出指定宽度的新闻项，则使用 text-overflow 属性省略并附加省略号，避免新闻换行或者撑开版块，演示效果如图 7.11 所示。

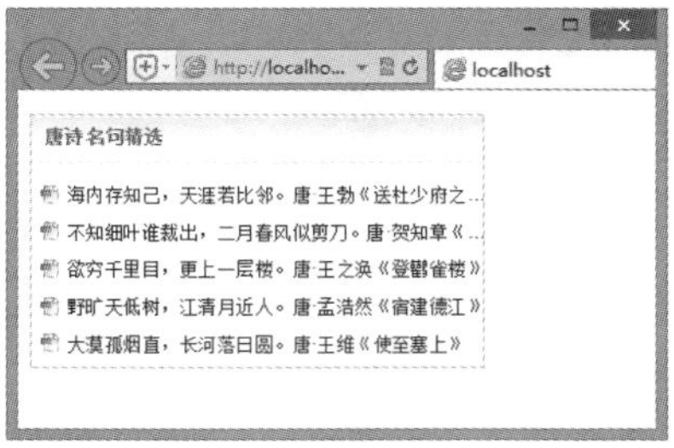

图 7.11　设计固定宽度的新闻栏目

主要样式代码如下（详细代码请参考本节示例源代码）。

```
dd {/*设新闻列表项样式*/
    font-size:0.78em;
    height:1.5em;width:280px;                /*固定每个列表项的大小*/
    padding:2px 2px 2px 18px;                /*为添加新闻项目符号腾出空间*/
```

Note

```
    background: url(images/icon.gif) no-repeat 6px 25%;   /*以背景方式添加项目符号*/
    margin:2px 0;
    white-space: nowrap;                                  /*为应用 text-overflow 做准备，禁止换行*/
    overflow: hidden;                                     /*为应用 text-overflow 做准备，禁止文本溢出显示*/
    -o-text-overflow: ellipsis;                           /*兼容 Opera*/
    text-overflow: ellipsis;                              /*兼容 IE, Safari (WebKit)*/
    -moz-binding: url('images/ellipsis.xml#ellipsis');    /*兼容 Firefox*/
}
```

7.2.7 文本换行

使用 word-break 属性可以定义文本自动换行。基本语法如下。

```
word-break:normal | keep-all | break-all
```

取值简单说明如下。

- ☑ normal：为默认值，依照亚洲语言和非亚洲语言的文本规则，允许在字内换行。
- ☑ keep-all：对于中文、韩文、日文不允许字断开。适合包含少量亚洲文本的非亚洲文本。
- ☑ break-all：与 normal 相同，允许非亚洲语言文本行的任意字内断开。该值适合包含一些非亚洲文本的亚洲文本，如使连续的英文字母间断行。

【示例】设计表格样式，由于标题行文字较多，标题行被撑开，影响了浏览体验。这里使用 word-break: keep-all;禁止换行，主要样式如下，详细代码请参考本节示例源代码。比较效果如图 7.12 所示。

```
th {
    background-image: url(images/th_bg1.gif);   /*使用背景图模拟渐变背景*/
    background-repeat: repeat-x;                /*定义背景图平铺方式*/
    height: 30px;
    vertical-align:middle;                      /*垂直居中显示*/
    border: 1px solid #cad9ea;                  /*添加淡色细线边框*/
    padding: 0 1em 0;
    overflow: hidden;                           /*超出范围隐藏显示，避免撑开单元格*/
    word-break: keep-all;                       /*禁止词断开显示*/
    white-space: nowrap;                        /*强迫在一行内显示*/
}
```

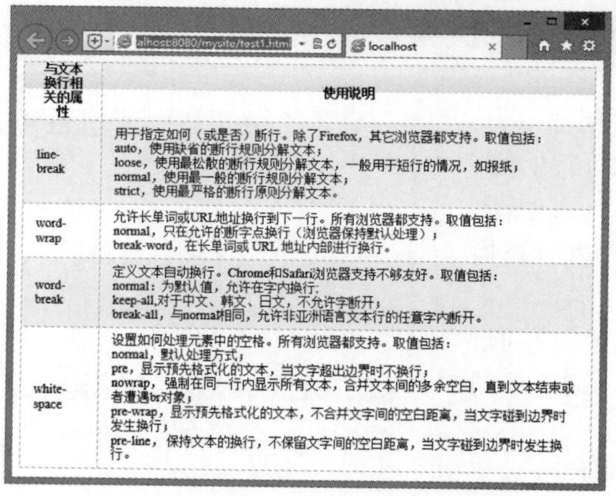

与文本换行相关的属性	使用说明
line-break	用于指定如何（或是否）断行。除了Firefox，其它浏览器都支持。取值包括： auto，使用缺省的断行规则分解文本； loose，使用最松散的断行规则分解文本，一般用于短行的情况，如报纸； normal，使用最一般的断行规则分解文本； strict，使用最严格的断行原则分解文本。
word-wrap	允许长单词或URL地址换行到下一行。所有浏览器都支持。取值包括： normal，只在允许的断字点换行（浏览器保持默认处理）； break-word，在长单词或 URL 地址内部进行换行。
word-break	定义文本自动换行。Chrome和Safari浏览器支持不够友好。取值包括： normal：为默认值，允许在字内换行； keep-all,对于中文、韩文、日文，不允许字断开； break-all，与normal相同，允许非亚洲语言文本行的任意字内断开。
white-space	设置如何处理元素中的空格。所有浏览器都支持。取值包括： normal，默认处理方式； pre，显示预先格式化的文本，当文字超出边界时不换行； nowrap，强制在同一行内显示所有文本，合并文本间的多余空白，直到文本结束或者遭遇br对象； pre-wrap，显示预先格式化的文本，不合并文字间的空白距离，当文字碰到边界时发生换行； pre-line，保持文本的换行，不保留文字间的空白距离，当文字碰到边界时发生换行。

（a）处理前

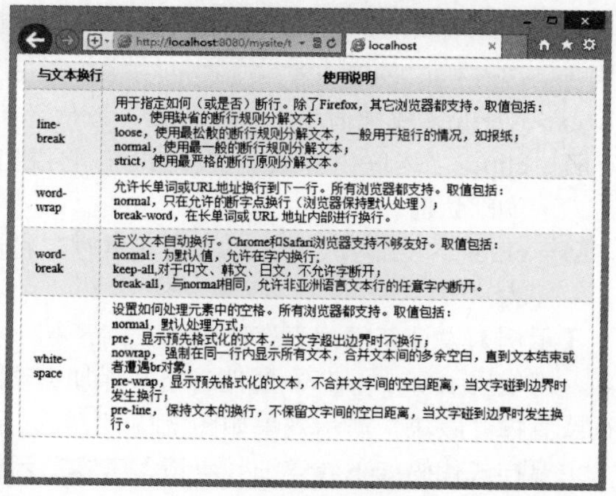

与文本换行	使用说明
line-break	用于指定如何（或是否）断行。除了Firefox，其它浏览器都支持。取值包括： auto，使用缺省的断行规则分解文本； loose，使用最松散的断行规则分解文本，一般用于短行的情况，如报纸； normal，使用最一般的断行规则分解文本； strict，使用最严格的断行原则分解文本。
word-wrap	允许长单词或URL地址换行到下一行。所有浏览器都支持。取值包括： normal，只在允许的断字点换行（浏览器保持默认处理）； break-word，在长单词或 URL 地址内部进行换行。
word-break	定义文本自动换行。Chrome和Safari浏览器支持不够友好。取值包括： normal：为默认值，允许在字内换行； keep-all,对于中文、韩文、日文，不允许字断开； break-all，与normal相同，允许非亚洲语言文本行的任意字内断开。
white-space	设置如何处理元素中的空格。所有浏览器都支持。取值包括： normal，默认处理方式； pre，显示预先格式化的文本，当文字超出边界时不换行； nowrap，强制在同一行内显示所有文本，合并文本间的多余空白，直到文本结束或者遭遇br对象； pre-wrap，显示预先格式化的文本，不合并文字间的空白距离，当文字碰到边界时发生换行； pre-line，保持文本的换行，不保留文字间的空白距离，当文字碰到边界时发生换行。

（b）处理后

图 7.12　禁止表格标题文本换行显示

7.3　特 殊 设 置

7.3.1　initial 值

initial 表示初始化值，所有属性都可以接受该值。如果重置属性值，那么就可以使用该值，这样就可以取消用户定义的 CSS 样式。注意，IE 暂不支持该属性值。

【示例】在页面中插入 4 段文本，然后在内部样式表中定义这 4 段文本蓝色、加粗显示，字体大小为 24px，显示效果如图 7.13 所示。

```
<style type="text/css">
p {
    color: blue;
    font-size:24px;
    font-weight:bold;
}
</style>
<p>春眠不觉晓，</p>
<p>处处闻啼鸟。</p>
<p>夜来风雨声，</p>
<p>花落知多少。</p>
```

如果想禁止第 1 句和第 3 句用户定义的样式，只需在内部样式表中添加一个独立样式，然后把文本样式的值都设为 initial 值即可，具体代码如下所示，运行结果如图 7.14 所示。

```
p:nth-child(odd){
    color: initial;
    font-size:initial;
    font-weight:initial;
}
```

图 7.13　定义段落文本样式

图 7.14　恢复段落文本样式

在浏览器中可以看到，第 1 句和第 3 句文本恢复为默认的黑色、常规字体，大小为 16px。

7.3.2　inherit 值

inherit 表示继承值，所有属性都可以接受该值。

【示例】设置一个包含框，高度为 200px，包含两个盒子，定义盒子高度分别为 100%和 inherit，在正常情况下显示 200px，但是在特定情况下，如定义盒子绝对定位显示，则设置 height: inherit;能够按预定效果显示，而 height: 100%;就可能撑开包含框，如图 7.15 所示。

```
<style type="text/css">
…
.height1 { height: 100%;}
.height2 {height: inherit;}
</style>
<div class="box">
    <div class="height1">height: 100%;</div>
</div>
<div class="box">
    <div class="height2">height: inherit;</div>
</div>
```

提示： inherit 一般用于字体、颜色、背景等；auto 表示自适应，一般用于高度、宽度、外边距和内边距等关于长度的属性。

7.3.3 unset 值

unset 表示清除用户声明的属性值，所有属性都可以接受该值。如果属性有继承的值，则该属性的值等同于 inherit，即继承的值不被擦除；如果属性没有继承的值，则该属性的值等同于 initial，即擦除用户声明的值，恢复初始值。注意，IE 和 Safari 暂时不支持该属性值。

【示例】设计 4 段文本，第 1 段和第 2 段位于<div class="box">容器中，设置段落文本为 30px 的蓝色字体。现在擦除第 2 段和第 4 段文本样式，则第 2 段文本显示继承样式，即 12px 的红色字体，而第 4 段文本显示初始化样式，即 16px 黑色字体，效果如图 7.16 所示。

```
<style type="text/css">
.box {color: red; font-size: 12px;}
p {color: blue; font-size: 30px;}
p.unset {
    color: unset;
    font-size: unset;
}
</style>
<div class="box">
    <p>春眠不觉晓，</p>
    <p class="unset">处处闻啼鸟。</p>
</div>
<p>夜来风雨声，</p>
<p class="unset">花落知多少。</p>
```

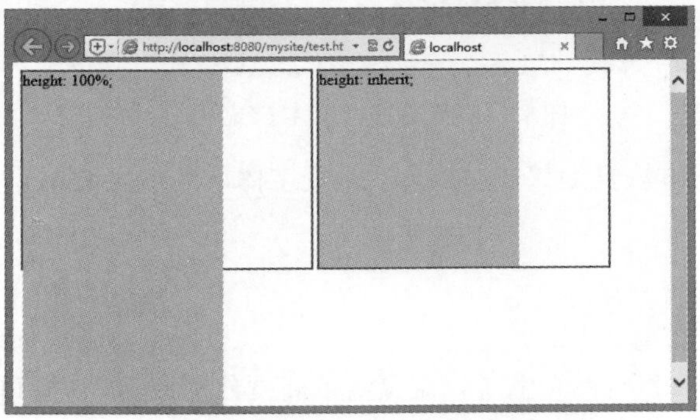

图 7.15　比较 inherit 和 100%高度效果

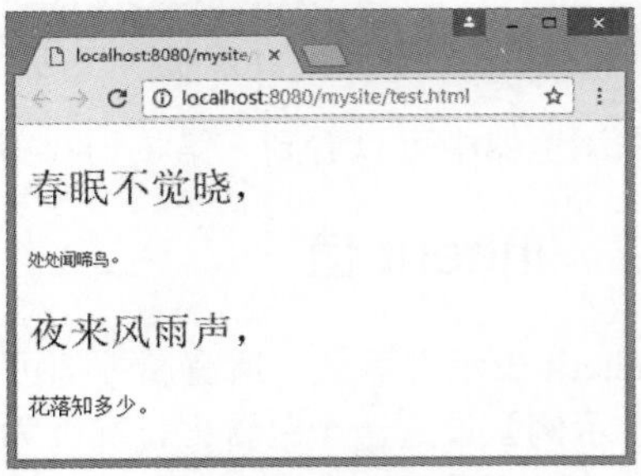

图 7.16　比较擦除后文本效果

7.3.4　all 属性

all 属性表示所有 CSS 的属性，但不包括 unicode-bidi 和 direction 这两个 CSS 属性。

注意：IE 暂时不支持该属性。

【示例】针对 7.3.3 节示例，可以简化 p.unset 类样式。

```
p.unset {
    all: unset;
}
```

如果在样式中，声明的属性非常多，使用 all 会极为方便，避免逐个设置每个属性。

7.3.5　opacity 属性

opacity 属性定义元素对象的不透明度。其语法格式如下。

```
opacity: <alphavalue> | inherit;
```

取值简单说明如下。

☑ <alphavalue>由浮点数字和单位标识符组成的长度值。不可为负值，默认值为 1。opacity 取值为 1 时，则元素是完全不透明的；取值为 0 时，元素是完全透明的，不可见的；0～1 的任何值都表示该元素的不透明程度。如果超过了这个范围，其计算结果将截取到与之最相近的值。

☑ inherit 表示继承父辈元素的不透明性。

【示例】设计<div class="bg">对象铺满整个窗口，显示为黑色背景，不透明度为 0.7，这样可以模拟一种半透明的遮罩效果；再使用 CSS 定位属性设计<div class="login">对象显示在上面。示例主要代码如下，演示效果如图 7.17 所示。

```
<style type="text/css">
body {margin: 0; padding: 0;}
div { position: absolute; }
.bg {
    width: 100%;
    height: 100%;
    background: #000;
    opacity: 0.7;
    filter: alpha(opacity=70);
}
</style>
<div class="web"><img src="images/bg.png" /></div>
<div class="bg"></div>
<div class="login"><img src="images/login.png"   /></div>
```

注意：使用色彩模式函数的 alpha 通道可以针对元素的背景色或文字颜色单独定义不透明度，而 opacity 属性只能为整个对象定义不透明度。

7.3.6　transparent 值

transparent 属性值用来指定全透明色彩，等效于 rgba(0,0,0,0)值。

【示例】使用 CSS 的 border 设计三角形效果，通过 transparent 颜色值让部分边框透明显示，代码如下，效果如图 7.18 所示。

```
<style type="text/css">
#demo {
    width: 0; height: 0;
    border-left: 50px solid transparent;
    border-right: 50px solid transparent;
    border-bottom: 100px solid red;
}
</style>
<div id="demo"></div>
```

图 7.17　设计半透明的背景布效果

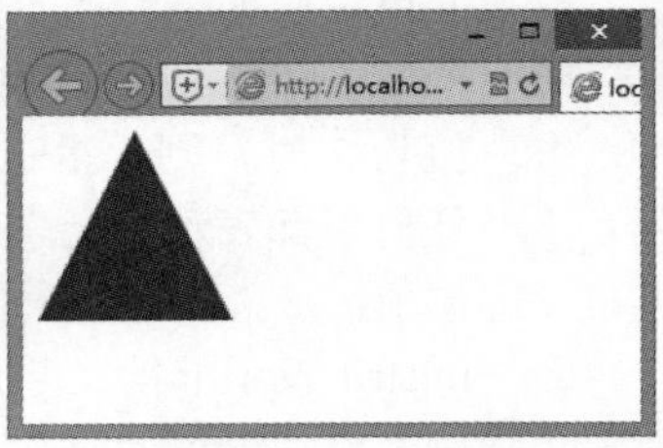

图 7.18　设计三角形效果

7.3.7　currentColor 值

border-color、box-shadow 和 text-decoration-color 属性的默认值是 color 属性的值。使用 currentColor 关键字可以表示 color 属性的值，并用于所有接受颜色的属性上。

【示例】设计图标背景颜色值为 currentColor，这样在网页中随着链接文本的字体颜色不断变化，图标的颜色也跟随链接文本的颜色变化而变化，确保整体导航条色彩的一致性，达到图文合一的境界，效果如图 7.19 所示。

图 7.19　设计图标背景色为 currentColor

```
<style type="text/css">
…
.link { margin-right: 15px; }
.link:hover { color: red; }/*虽然改变的是文字颜色，但是图标颜色也一起变化了*/
</style>
<a href="##" class="link"><i class="icon icon1"></i>首页</a>
<a href="##" class="link"><i class="icon icon2"></i>刷新</a>
<a href="##" class="link"><i class="icon icon3"></i>收藏</a>
<a href="##" class="link"><i class="icon icon4"></i>展开</a>
```

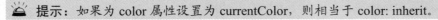

提示：如果为 color 属性设置为 currentColor，则相当于 color: inherit。

7.3.8　rem 值

CSS3 新增 rem 单位，用来设置相对大小，与 em 类似。em 总是相对于父元素的字体大小进行计算，而 rem 是相对根元素的字体大小进行计算。

rem 的优点是：在设计弹性页面时，以 rem 为单位进行设计，所有元素的尺寸都参考一个根元素，整个页面更容易控制，避免父元素不统一带来页面设计的混乱，特别适合移动页面设计。

【示例】浏览器默认字体大小是 16px，如果预设 rem 与 px 关系为：1rem = 10px，那么就可以设置 html 的字体大小为 font-size:62.5%（10/16=0.625=62.5%），在设计稿中把 px 固定尺寸转换为弹性尺寸，只需要除以 10 就可以，然后得到相应的 rem 尺寸，整个页面所有元素的尺寸设计就非常方便。

```
html { font-size:62.5%; }
.menu{ width:100%; height:8.8rem; line-height:8.8rem; font-size:3.2rem; }
```

在 Web App 开发中推荐使用 rem 作为单位，它能够等比例适配所有屏幕。

7.4　色彩模式

CSS2.1 支持 Color Name（颜色名称）、HEX（十六进制颜色值）、RGB，CSS3 新增 3 种颜色模式：RGBA、HSL 和 HSLA。

7.4.1　rgba()函数

RGBA 是 RGB 色彩模式的扩展，它在红、绿、蓝三原色通道基础上增加了 Alpha 通道。其语法格式如下。

```
rgba(r,g,b,<opacity>)
```

参数说明如下。

- ☑ r、g、b：分别表示红色、绿色、蓝色 3 种原色所占的比重。取值为正整数或者百分数。正整数值的取值范围为 0～255，百分数值的取值范围为 0.0%～100.0%。超出范围的数值将被截至其最接近的取值极限。注意，并非所有浏览器都支持使用百分数值。
- ☑ <opacity>：表示不透明度，取值为 0～1。

【示例】使用 CSS3 的 box-shadow 属性和 rgba()函数为表单控件设置半透明度的阴影，来模拟柔和的润边效果。主要样式代码如下，预览效果如图 7.20 所示。

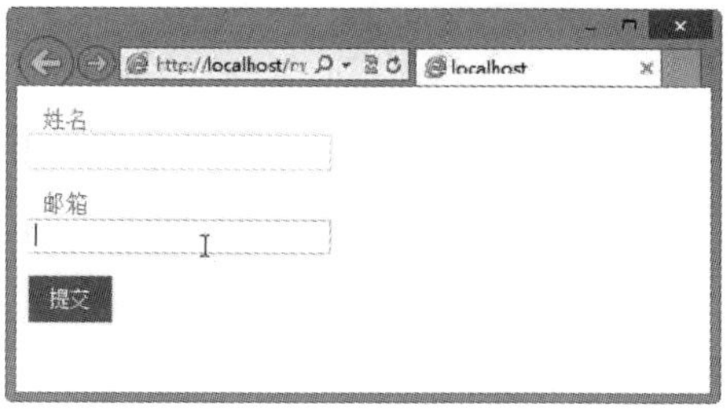

图 7.20　设计带有阴影边框的表单效果

```
input, textarea {                    /*统一文本框样式*/
    padding: 4px;                    /*增加内补白，增大表单对象尺寸，看起来更大方*/
    border: solid 1px #E5E5E5;       /*增加淡淡的边框线*/
    outline: 0;                      /*清除轮廓线*/
    font: normal 13px/100% Verdana, Tahoma, sans-serif;
    width: 200px;                    /*固定宽度*/
    background: #FFFFFF;             /*白色背景*/
    /*设置边框阴影效果*/
    box-shadow: rgba(0, 0, 0, 0.1) 0px 0px 8px;
}
```

提示：rgba(0,0,0,0.1)表示不透明度为 0.1 的黑色，这里不宜直接设置为浅灰色，因为对于非白色背景来说，灰色发虚，而半透明效果可以避免这种情况。

7.4.2　hsl()函数

HSL 是一种标准的色彩模式，包括了人类视力所能感知的所有颜色，在屏幕上可以重现 16777216 种颜色，是目前运用最广泛的颜色系统。它通过色调（H）、饱和度（S）和亮度（L）3 个颜色通道的叠加来获取各种颜色。其语法格式如下。

```
hsl(<length>,<percentage>,<percentage>)
```

参数说明如下。

- ☑ <length>表示色调（Hue）。可以为任意数值，用以确定不同的颜色。其中 0（或 360、−360）表示红色，60 表示黄色，120 表示绿色，180 表示青色，240 表示蓝色，300 表示洋红。
- ☑ <percentage>（第 1 个）表示饱和度（Saturation），可以为 0%～100%的值。其中 0%表示灰度，即没有使用该颜色；100%饱和度最高，即颜色最艳。
- ☑ <percentage>（第 2 个）表示亮度（Lightness）。取值为 0%～100%的值。其中 0%最暗，显示为黑色，50%表示均值，100%最亮，显示为白色。

7.4.3　hsla()函数

HSLA 是 HSL 色彩模式的扩展，在色相、饱和度、亮度三要素基础上增加了不透明度参数。使用 HSLA 色彩模式，可以定义不同透明效果。其语法格式如下。

```
hsla(<length>,<percentage>,<percentage>,<opacity>)
```

其中前 3 个参数与 hsl()函数参数含义和用法相同，第 4 个参数<opacity>表示不透明度，取值为 0～1。

7.5　文本阴影

使用 text-shadow 属性可以给文本添加阴影效果，具体语法格式如下。

```
text-shadow:none | <length>{2,3} && <color>?
```

取值简单说明如下。

- ☑ none：无阴影，为默认值。
- ☑ <length>①：第 1 个长度值用来设置对象的阴影水平偏移值。可以为负值。
- ☑ <length>②：第 2 个长度值用来设置对象的阴影垂直偏移值。可以为负值。
- ☑ <length>③：如果提供了第 3 个长度值则用来设置对象的阴影模糊值。不允许负值。
- ☑ <color>：设置对象的阴影的颜色。

图 7.21　定义文本阴影

【示例 1】为段落文本定义一个简单的阴影效果，演示效果如图 7.21 所示。

```
<style type="text/css">
p {
```

```
        text-align: center;
        font: bold 60px helvetica, arial, sans-serif;
        color: #999;
        text-shadow: 0.1em 0.1em #333;
    }
</style>
<p>HTML5+CSS3</p>
```

【示例 2】text-shadow 属性可以使用在:first-letter 和:first-line 伪元素上。本例使用阴影叠加设计立体文本特效，通过左上和右下各添加一个 1px 错位的补色阴影，营造一种淡淡的立体效果，代码如下，演示效果如图 7.22 所示。

```
p {text-shadow: -1px -1px white, 1px 1px #333;}
```

【示例 3】设计凹体效果。设计方法就是把上面示例中左上和右下阴影颜色颠倒即可，主要代码如下，演示效果如图 7.23 所示。

```
<style type="text/css">
p {text-shadow: 1px 1px white, -1px -1px #333;}
```

图 7.22　定义凸起的文字效果

图 7.23　定义凹下的文字效果

7.6　动态生成内容

使用 content 属性可以在 CSS 样式中临时添加非结构性的标签，或者说明性内容等。具体语法格式如下。

```
content: normal | string | attr() | url() | counter() | none;
```

取值说明如下。

- ☑ normal：默认值。表现与 none 值相同。
- ☑ string：插入文本内容。
- ☑ attr()：插入元素的属性值。
- ☑ url()：插入一个外部资源，如图像、音频、视频或浏览器支持的其他任何资源。
- ☑ counter()：计数器，用于插入排序标识。
- ☑ none：无任何内容。

【示例 1】配合使用 content 属性与 CSS 计数器，设计多层嵌套有序列表序号样式，效果如图 7.24 所示。

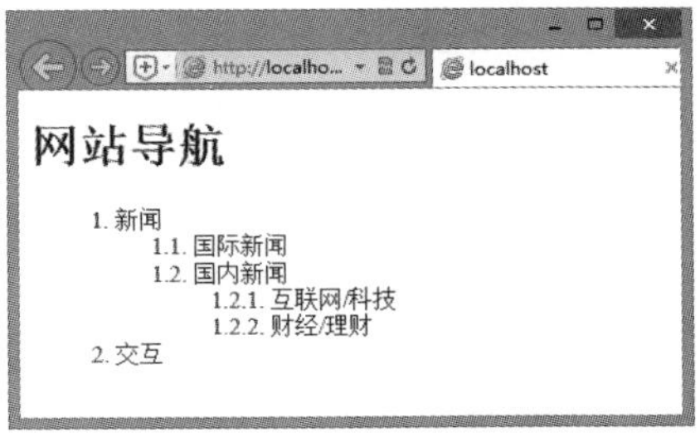

图 7.24　使用 CSS 技巧设计多层级目录序号

```
<style type="text/css">
ol { list-style:none;}                                   /*清除默认的序号*/
li:before {color:#f00; font-family:Times New Roman;}     /*设计层级目录序号的字体样式*/
li{counter-increment:a 1;}                               /*设计递增函数 a，递增起始值为 1*/
```

```
li:before{content:counter(a)". ";}                              /*把递增值添加到列表项前面*/
li li{counter-increment:b 1;}                                   /*设计递增函数 b，递增起始值为 1*/
li li:before{content:counter(a)"."counter(b)". ";}              /*把递增值添加到二级列表项前面*/
li li li{counter-increment:c 1;}                                /*设计递增函数 c，递增起始值为 1*/
li li li:before{content:counter(a)"."counter(b)"."counter(c)". ";}  /*把递增添加到三级项前面*/
</style>
```

【示例 2】使用 content 为引文动态添加引号，演示效果如图 7.25 所示。

```
<style type="text/css">
/*为不同语言指定引号的表现*/
:lang(en) > q {quotes:'"' '"';}
:lang(no) > q {quotes:"«" "»";}
:lang(ch) > q {quotes:"“" "”";}
/*在 q 标签的前后插入引号*/
q:before {content:open-quote;}
q:after   {content:close-quote;}
</style>
```

【示例 3】使用 content 为超链接动态添加类型图标，演示效果如图 7.26 所示。

```
<style type="text/css">
a[href $=".pdf"]:after { content:url(images/icon_pdf.png);}
a[rel = "external"]:after { content:url(images/icon_link.png);}
</style>
```

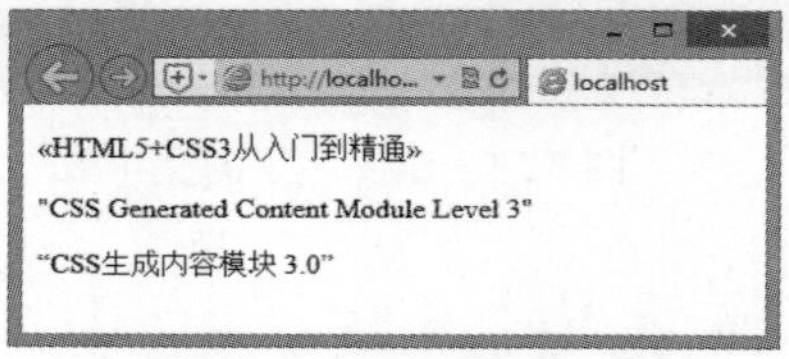

图 7.25　动态添加引号

图 7.26　动态添加超链接类型图标

7.7　自定义字体

使用@font-face 规则可以自定义字体类型，具体语法格式如下。

```
@font-face { <font-description> }
```

<font-description>是一个名值对的属性列表，属性及其取值说明如下。

- ☑ font-family：设置字体名称。
- ☑ font-style：设置字体样式。
- ☑ font-variant：设置是否大小写。
- ☑ font-weight：设置粗细。
- ☑ font-stretch：设置是否横向拉伸变形。
- ☑ font-size：设置字体大小。
- ☑ src：设置字体文件的路径。注意，该属性只用在@font-face 规则里。

【示例】通过@font-face 规则引入外部字体文件 glyphicons-halflings-regular.eot，然后定义字体图标，嵌入导航菜单项目中，效果如图 7.27 所示。

图 7.27　设计包含字体图标的导航菜单

Note

示例主要代码如下。

```
<style type="text/css">
/*引入外部字体文件*/
@font-face {
    font-family: 'Glyphicons Halflings';        /*选择默认的字体类型*/
    /*外部字体文件列表*/
    src: url('fonts/glyphicons-halflings-regular.eot');
    src: url('fonts/glyphicons-halflings-regular.eot?#iefix') format('embedded-opentype'),
        url('fonts/glyphicons-halflings-regular.woff2') format('woff2'),
        url('fonts/glyphicons-halflings-regular.woff') format('woff'),
        url('fonts/glyphicons-halflings-regular.ttf') format('truetype'),
        url('fonts/glyphicons-halflings-regular.svg#glyphicons_halflingsregular') format('svg');
}
/*应用外部字体*/
.glyphicon-home:before { content: "\e021"; }
.glyphicon-user:before { content: "\e008"; }
.glyphicon-search:before { content: "\e003"; }
.glyphicon-plus:before { content: "\e081"; }
…
</style>
<ul>
    <li><span class="glyphicon glyphicon-home"></span> <a href="#">主页</a></li>
    <li><span class="glyphicon glyphicon-user"></span> <a href="#">登录</a></li>
    <li><span class="glyphicon glyphicon-search"></span> <a href="#">搜索</a></li>
    <li><span class="glyphicon glyphicon-plus"></span> <a href="#">添加</a></li>
</ul>
```

7.8　定义列表样式

使用 CSS3 的 list-style-type 属性可以定义列表项目符号的类型，也可以取消项目符号，该属性取值说明如表 7.1 所示。

表 7.1　list-style-type 属性值

属　性　值	说　　明	属　性　值	说　　明
disc	实心圆，默认值	upper-roman	大写罗马数字
circle	空心圆	lower-alpha	小写英文字母
square	实心方块	upper-alpha	大写英文字母
decimal	阿拉伯数字	none	不使用项目符号
lower-roman	小写罗马数字	armenian	传统的亚美尼亚数字
cjk-ideographic	浅白的表意数字	georgian	传统的乔治数字
lower-greek	基本的希腊小写字母	hebrew	传统的希伯来数字
hiragana	日文平假名字符	hiragana-iroha	日文平假名序号
katakana	日文片假名字符	katakana-iroha	日文片假名序号
lower-latin	小写拉丁字母	upper-latin	大写拉丁字母

使用 CSS3 的 list-style-position 属性可以定义项目符号的显示位置。该属性取值包括 outside 和 inside，其中 outside 表示把项目符号显示在列表项的文本行以外，列表符号默认显示为 outside，inside 表示把项目符号显示在列表项文本行以内。

注意：如果要清除列表项目的缩进显示样式，可以使用下面样式实现。

```
ul, ol {
    padding: 0;
    margin: 0;
}
```

【示例 1】定义项目符号显示为空心圆，并位于列表行内部显示，如图 7.28 所示。

```
body {/*清除页边距*/
    margin: 0;                          /*清除边界*/
    padding: 0;                         /*清除补白*/
}
ul {/*列表基本样式*/
    list-style-type: circle;            /*空心圆符号*/
    list-style-position: inside;        /*显示在里面*/
}
```

提示：在定义列表项目符号样式时，应注意两点。

第一，不同浏览器对于项目符号的解析效果，以及其显示位置略有不同。如果要兼容不同浏览器的显示效果，应关注这些差异。

第二，项目符号显示在里面和外面会影响项目符号与列表文本之间的距离，同时影响列表项的缩进效果。不同浏览器在解析时会存在差异。

使用 CSS3 的 list-style-image 属性可以自定义项目符号。该属性允许指定一个外部图标文件，以此满足个性化设计需求。用法如下。

```
list-style-image: none | <url>
```

默认值为 none。

【示例 2】以上一个示例为基础，重新设计内部样式表，增加自定义项目符号，设计项目符号为外部图标 bullet_main_02.gif，效果如图 7.29 所示。

```
ul {/*列表基本样式*/
    list-style-type: circle;                            /*空心圆符号*/
    list-style-position: inside;                        /*显示在里面*/
    list-style-image: url(images/bullet_main_02.gif);   /*自定义列表项目符号*/
}
```

图 7.28　定义列表项目符号

图 7.29　自定义列表项目符号

提示：当同时定义项目符号类型和自定义项目符号时，自定义项目符号将覆盖默认的符号类型。但是如果 list-style-type 属性值为 none 或指定外部图标文件不存在时，则 list-style-type 属性值有效。

7.9 定义表格样式

CSS 为表格定义了 5 个专用属性，详细说明如表 7.2 所示。

表 7.2 CSS 表格属性列表

属　性	取　值	说　明
border-collapse	separate（边分开）| collapse（边合并）	定义表格的行和单元格的边是合并在一起还是按照标准的 HTML 样式分开
border-spacing	length	定义当表格边框独立（如当 border-collapse 属性等于 separate 时），行和单元格的边在横向和纵向上的间距，该值不可以取负值
caption-side	top | bottom	定义表格的 caption 对象位于表格的顶部或底部。应与 caption 元素一起使用
empty-cells	show | hide	定义当单元格无内容时，是否显示该单元格的边框
table-layout	auto | fixed	定义表格的布局算法，可以通过该属性改善表格呈递性能。如果设置 fixed 属性值，会使 IE 以一次一行的方式呈递表格内容，从而提供给信息用户更快的速度；如果设置 auto 属性值，则表格在每一单元格内所有内容读取计算之后才会显示出来

除了表 7.2 介绍的 5 个表格专用属性外，CSS 其他属性对于表格一样适用。

使用 CSS 的 border 属性代替<table>标签的 border 属性定义表格边框，可以优化代码结构。

【示例】 使用 CSS 设计细线边框样式的表格。

第 1 步，在<head>标签内添加<style type="text/css">标签，定义一个内部样式表。

第 2 步，在内部样式表中输入下面样式代码，定义单元格边框显示为 1px 的灰色实线。

```
th, td {font-size:12px; border:solid 1px gray;}
```

第 3 步，在<body>标签内构建一个简单的表格结构，详细代码请参考本节示例源代码。

第 4 步，在浏览器中预览，显示效果如图 7.30 所示。

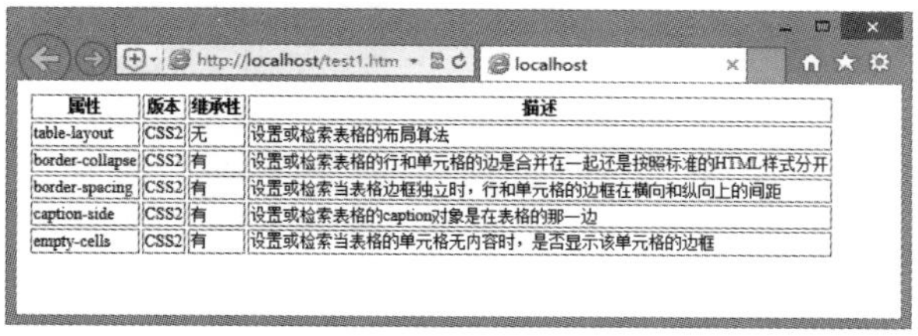

图 7.30　使用 CSS 定义单元格边框样式

通过效果图可以看到，使用 CSS 定义的单行线不是连贯的线条。这是因为表格中每个单元格都是一个独立的空间，为它们定义边框线时，相互之间不是紧密连接在一起的。

第 5 步，在内部样式表中为 table 元素添加如下 CSS 样式，把相邻单元格进行合并。

```
table { border-collapse:collapse;}/*合并单元格边框*/
```

第 6 步，在浏览器中重新预览页面效果，如图 7.31 所示。

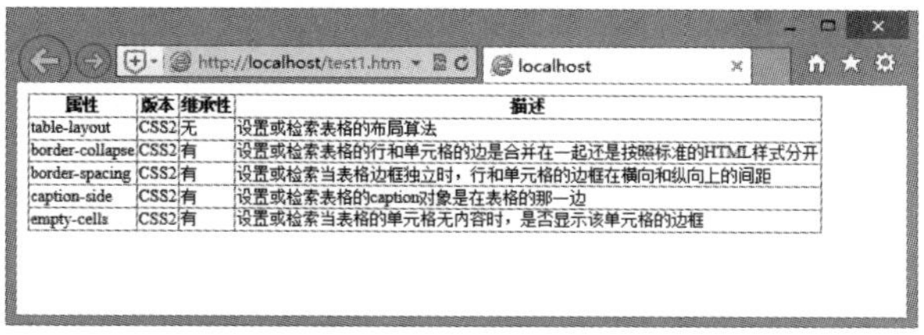

图 7.31　使用 CSS 合并单元格边框

Note

7.10 在线支持

扫码免费学习
更多实用技能

一、补充知识
- ☑ CSS3 文本模块
- ☑ 字体类型
- ☑ 字体大小
- ☑ 字体颜色
- ☑ 定义文本对齐
- ☑ 定义垂直对齐
- ☑ 定义行高

二、专项练习
- ☑ CSS3 文本样式

三、参考
- ☑ Color 属性列表
- ☑ CSS 字体属性（Font）列表
- ☑ 内容生成（Generated Content）属性列表
- ☑ CSS 打印属性（Print）列表
- ☑ CSS 文本属性（Text）列表

四、更多案例实战
- ☑ 设计棋子
- ☑ 设计目录索引
- ☑ 设计引号
- ☑ 引入外部资源
- ☑ 绘制图形
- ☑ 网页正文版式：杂志风格
- ☑ 网页正文版式：缩进风格
- ☑ 网页正文版式：码农风格

新知识、新案例不断更新中……

第 8 章

设计特效和动画样式

视频讲解

CSS3 盒模型规定了网页元素的显示方式，包括大小、边框、边界和补白等概念，2015 年 4 月，W3C 的 CSS 工作组发布了 CSS3 基本用户接口模块，该模块负责控制与用户接口界面相关效果的呈现方式。CSS3 动画包括过渡动画和关键帧动画，主要包括 Transform、Transitions 和 Animations 三大功能模块，其中 Transform 实现对网页对象的变形操作，Transitions 实现 CSS 属性过渡变化，Animations 实现 CSS 样式分步式演示效果。

8.1 盒模型基础

在网页设计中，经常会听说内容（content）、补白（padding）、边框（border）、边界（margin），在日常生活中盒子装东西与此类似，所以以上统称盒模型。

盒模型具有如下特点，结构示意如图 8.1 所示。

☑ 盒子都有 4 个区域：边界、边框、补白、内容。

☑ 每个区域都包括 4 个部分：上、右、下、左。

☑ 每个区域可以统一设置，也可分别设置。

☑ 边界和补白只能够定义大小，而边框可以定义样式、大小和颜色。

☑ 内容可以定义宽度、高度、前景色和背景色。

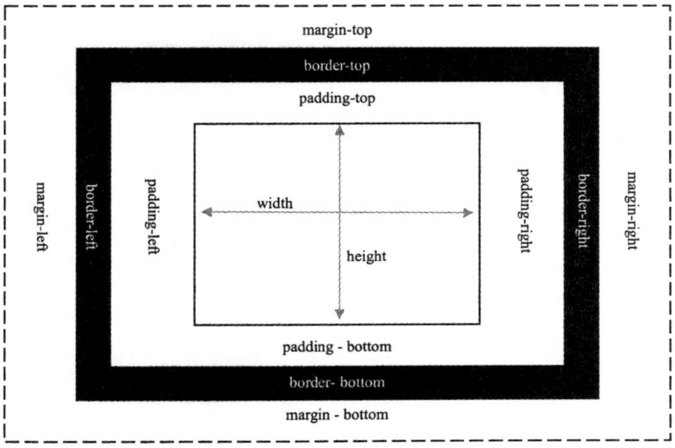

图 8.1　盒模型结构示意图

在默认状态下，所有元素的初始状态（即 margin、border、padding、width 和 height）都为 0，背景为透明。当元素包含内容后，width 和 height 会自动调整为内容的宽度和高度。调整补白、边框和边界的大小，不会影响内容的大小，但会增加元素在网页内显示的总尺寸。

Note

8.1.1 大小

使用 width（宽）和 height（高）属性可以定义内容区域的大小。

根据 CSS 盒模型规则，可以设计如下等式。

☑ 元素的总宽度=左边界+左边框+左补白+宽+右补白+右边框+右边界

☑ 元素的总高度=上边界+上边框+上补白+高+下补白+下边框+下边界

假设一个元素的宽度为 200px，左右边界为 50px，左右补白为 50px，边框为 20px，则该元素在页面中实际占据宽度为 50px+20px+50px+200px+50px+20px+50px=440px。

注意：在浏览器怪异解析模式中，元素在页面中占据的实际大小为：

☑ 元素的总宽度=左边界+宽+右边界

☑ 元素的总高度=上边界+高+下边界

使用 CSS 盒模型公式表示为：

width=border−left+padding−left+content−width+padding−right+border−fight

height=border−top+padding−top+content−height+padding−bottom+border−bottom

【示例】定义两个并列显示的 div 元素，设置每个 div 元素的 width 为 50%。

```
<style type="text/css">
div {/*定义 div 元素公共属性*/
    float: left;                              /*向左浮动，实现并列显示*/
    background-image: url(images/1.jpg);      /*定义背景图像*/
    background-color: #CC99CC;                /*定义背景色*/
    font-size: 32px;                          /*定义 div 内显示的字体大小*/
    color: #FF0000;                           /*定义 div 内显示的字体颜色*/
    text-align: center;                       /*定义 div 内显示的字体居中显示*/
    height: 540px; /*定义高度*/}
#box1 {/*定义第 1 个 div 元素属性*/
    width: 50% /*占据窗口一半的宽度*/}
#box2 {/*定义第 2 个 div 元素属性*/
    width: 50%; /*占据窗口一半的宽度*/}
</style>
<div id="box1">左边元素</div>
<div id="box2">右边元素</div>
```

8.1.2 边框

边框可以设计修饰线，也可以作为分界线。定义边框的宽度有多种方法。简单说明如下。

☑ 直接在属性后面指定宽度值。

```
border-bottom-width:12px;                  /*定义元素的底边框宽度为 12px*/
border-top-width:0.2em;                    /*定义顶部边框宽度为元素内字体大小的 0.2 倍*/
```

☑ 使用关键字，如 thin、medium 和 thick。thick 比 medium 宽，而 medium 比 thin 宽。不同浏览器对此解析的宽度值不同，有的解析为 5px、3px、2px，有的解析为 3px、2px、1px。

☑ 单独为某边设置宽度，可以使用 border-top-width（顶边框宽度）、border-right-width（右边框宽度）、border- bottom-width（底边框宽度）和 border-left-width（左边框宽度）。

☑ 使用 border-width 属性定义边框宽度。

```
border-width:2px;                          /*定义四边都为 2px*/
border-width:2px 4px;                      /*定义上下边为 2px，左右边为 4px*/
```

```
border-width:2px 4px 6px;                /*定义上边为 2px，左右边为 4px，底边为 6px*/
border-width:2px 4px 6px 8px;            /*定义上边为 2px，右边为 4px，底边为 6px，左边为 8px*/
```

提示：当定义边框宽度时，必须要定义边框样式，因为边框样式默认为none，即不显示，所以仅设置边框的宽度，由于样式不存在，就看不到效果。

定义边框颜色可以使用颜色名、RGB 颜色值或十六进制颜色值。

【示例 1】分别为元素的各个边框定义不同的颜色，演示效果如图 8.2 所示。

```
<style type="text/css">
#box {/*定义边框的颜色*/
    height: 164px;                       /*定义盒的高度*/
    width: 240px;                        /*定义盒的宽度*/
    padding: 2px;                        /*定义内补白*/
    font-size: 16px;                     /*定义字体大小*/
    color: #FF0000;                      /*定义字体显示颜色*/
    border-style: solid;                 /*定义边框为实线显示*/
    border-width: 50px;                  /*定义边框的宽度*/
    border-top-color: #aaa;              /*定义顶边框颜色为十六进制值*/
    border-right-color: gray;            /*定义右边框颜色为名称值*/
    border-bottom-color: rgb(120,50,20); /*定义底边框颜色为 RGB 值*/
    border-left-color:auto; /*定义左边框颜色将继承字体颜色*/}
</style>
<div id="box"><img src="images/1.jpg" width="240" height="164" alt=""/></div>
```

CSS 支持的边框样式主要包括以下内容。

- ☑ none：默认值，无边框，不受任何指定的 border-width 值影响。
- ☑ hidden：隐藏边框，IE 不支持。
- ☑ dotted：定义边框为点线。
- ☑ dashed：定义边框为虚线。
- ☑ solid：定义边框为实线。
- ☑ double：定义边框为双线边框，两条线及其间隔宽度之和等于指定的 border-width 值。
- ☑ groove：根据 border-color 值定义 3D 凹槽。
- ☑ ridge：根据 border-color 值定义 3D 凸槽。
- ☑ inset：根据 border-color 值定义 3D 凹边。
- ☑ outset：根据 border-color 值定义 3D 凸边。

【示例 2】在一段文本中包含一个 span 元素，利用它为部分文本定义特殊样式，设计顶部边框为 80px 宽的红色实线，底部边框为 80px 的绿色实线，演示效果如图 8.3 所示。

```
<style type="text/css">
p {/*定义段落属性*/
    margin: 50px;                        /*定义段落的边界为 50px*/
    border: dashed 1px #999;             /*定义段落的边框*/
    font-size: 14px;                     /*定义段落字体大小*/
    line-height: 24px; /*定义段落行高为 24px*/}
span {/*定义段落内内联文本属性 */
    border-top: solid red 80px;          /*定义行内元素的上边框样式*/
    border-bottom: solid green 80px;     /*定义行内元素的下边框样式*/
    color: blue;
}
</style>
```

```
<p> 寒蝉凄切，对长亭晚，骤雨初歇。都门帐饮无绪，留恋处舟催发。执手相看泪眼，竟无语凝噎。念去去千里烟波，暮霭沉沉楚天阔。<span>多情自古伤离别，更那堪冷落清秋节。</span>今宵酒醒何处？杨柳岸晓风残月。此去经年，应是良辰好景虚设。便纵有千种风情，更与何人说？</p>
```

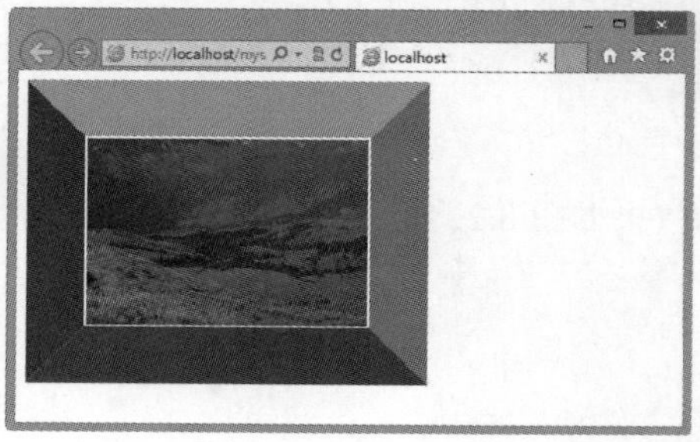

图 8.2　定义边框颜色

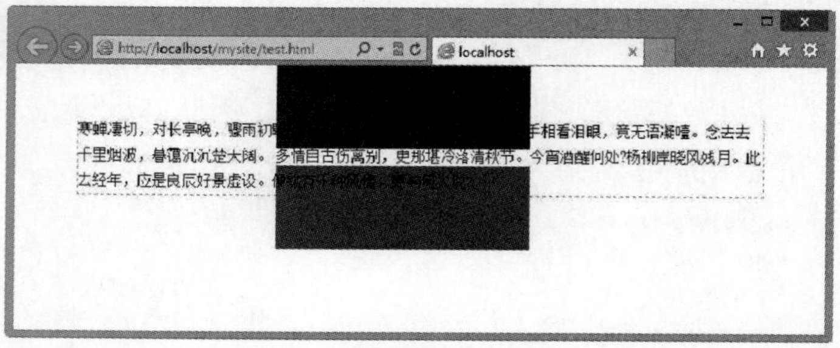

图 8.3　定义行内元素上下边框效果

可以看到上边框压住了上一行文字，并超出了段落边框；下边框压住了下一行文字，也超出了段落边框。

【示例 3】 在一段文本中包含一个 span 元素，利用它为部分文本定义特殊样式，设计左侧边框为 60px 的红色实线，右侧边框为 20px 的蓝色实线，上下边框为 1px 的红色实线。在 IE 中浏览，左右边框分别占据一定的位置，效果如图 8.4 所示。

```
<style type="text/css">
p {/*定义段落属性*/
    margin:20px;
    border:dashed 1px #999;
    font-size:14px;
    line-height:24px;}
span {/*定义段落内内联文本属性*/
    border-left:solid red 60px;              /*定义行内元素的左边框样式*/
    border-right:solid blue 20px;            /*定义行内元素的右边框样式*/
    border-top:solid red 1px;                /*定义行内元素的上边框样式*/
    border-bottom:solid red 1px;             /*定义行内元素的下边框样式*/
    color:#aaa; /*定义字体颜色*/}
</style>
<p> 寒蝉凄切，对长亭晚，骤雨初歇。都门帐饮无绪，留恋处舟催发。执手相看泪眼，竟无语凝噎。念去去千里烟波，暮霭沉沉楚天阔。<span>多情自古伤离别，更那堪冷落清秋节。</span>今宵酒醒何处？杨柳岸晓风残月。此去经年，应是良辰好景虚设。便纵有千种风情，更与何人说？</p>
```

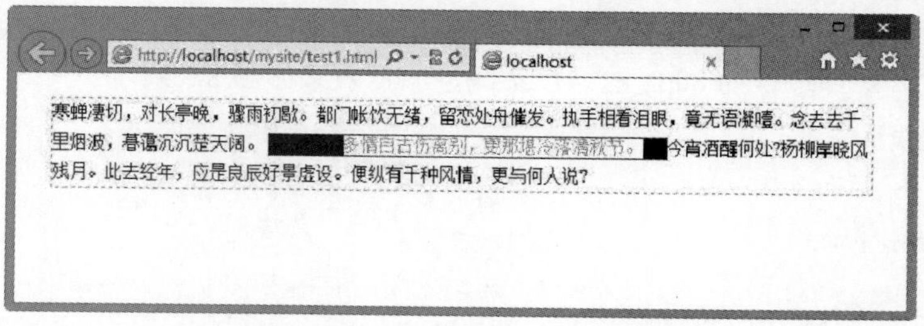

图 8.4　定义行内元素左右边框效果

8.1.3　边界

元素与元素外边框之间的区域称为边界，也称为外边距。设置边界可以使用 margin 属性。

```
margin:2px;                    /*定义元素四边边界为 2px*/
margin:2px 4px;                /*定义上下边界为 2px，左右边界为 4px*/
margin:2px 4px 6px;            /*定义上边界为 2px，左右边界为 4px，下边界为 6px*/
margin:2px 4px 6px 8px;        /*定义上边界为 2px，右边界为 4px，下边界为 6px，左边界为 8px*/
```

也可以使用 margin-top、margin-right、margin-bottom、margin-left 属性独立设置上、右、下和左边界的大小。

```
margin-top:2px;                /*定义元素上边界为 2px*/
margin-right:2em;              /*定义右边界为元素字体的 2 倍*/
margin-bottom:2%;              /*定义下边界为父元素宽度的 2%*/
margin-left:auto;              /*定义左边界为自动*/
```

margin 可以使用任何长度单位，如像素、磅、英寸、厘米、em、百分比等。margin 默认值为 0，可以取负值。如果设置负值，将反向偏移元素的位置。

【示例 1】通过边界调整子元素在包含框内的显示位置，如图 8.5 所示。

```
<style type="text/css">
body {margin: 0; /*适用 IE*/padding: 0; /*适用非 IE*/}/*清除页边距*/
div {/*定义父子元素共同属性*/
    margin: 20px;
    padding: 20px;
    float: left;}
#box1 {/*定义父元素的属性*/
    width: 500px;
    height: 300px;
    float: left;
    background-image: url(images/1.jpg);
    border: solid 20px red;}
#box2 {/*定义子元素的属性*/
    width: 150px;
    height: 150px;
    float: left;
    background-image: url(images/2.jpg);
    border: solid 20px blue;}
</style>
<div id="box1">
    <div id="box2">子元素</div>
</div>
```

【示例 2】演示当行内元素定义 margin 之后，会对左右两侧的间距产生影响，如图 8.6 所示。

```
<style type="text/css">
p {/*影响行高的属性*/
    line-height: 28px;
    font-size: 16px;
    vertical-align: middle;}
span {/*行内元素的边界*/
    margin: 100px;
    border: solid 1px blue;
    color: red;}
</style>
<p> 五月草长莺飞，窗外的春天盛大而暧昧。这样的春日，适合捧一本丰沛的大书在阳光下闲览。<span>季羡林的《清塘荷韵》</span>，正是手边一种：清淡的素色封面，一株水墨荷花迎风而立，书内夹有同样的书签，季羡林的题款颇有古荷风姿。</p>
```

图 8.5　演示效果

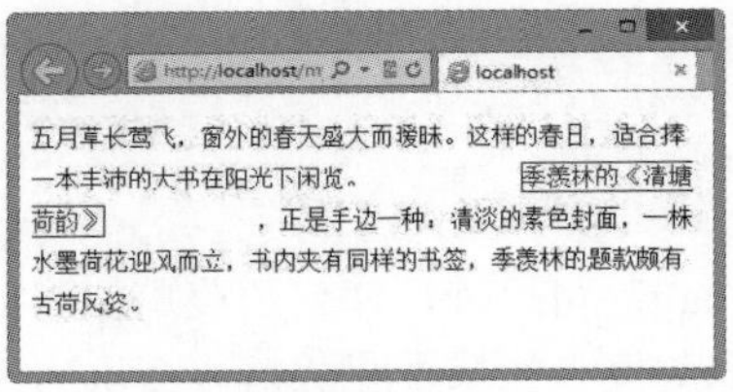

图 8.6　预览效果

8.1.4　补白

元素包含内容与内边框间的区域称为补白，也称为内边距。设置补白可以使用 padding 属性。

```
padding:2px;                        /*定义元素四周补白为 2px*/
padding:2px 4px;                    /*定义上下补白为 2px，左右补白为 4px*/
padding:2px 4px 6px;                /*定义上补白为 2px，左右补白为 4px，下补白为 6px*/
padding:2px 4px 6px 8px;            /*定义上补白为 2px，右补白为 4px，下补白为 6px，左补白为 8px*/
```

也可以使用 padding-top、padding-right、padding-bottom、padding-left 属性独立设置上、右、下和左补白的大小。

```
padding-top:2px;                    /*定义元素上补白为 2px*/
padding-right:2em;                  /*定义右补白为元素字体的 2 倍*/
padding-bottom:2%;                  /*定义下补白为父元素宽度的 2%*/
padding-left:auto;                  /*定义左补白为自动*/
```

补白取值不可以为负。补白和边界一样都是透明的，当设置背景色和边框色后，才能看到补白区域。

【示例】设计导航列表项目并列显示，然后通过补白调整列表项目的显示大小，效果如图 8.7 所示。

```
<style type="text/css">
ul {/*清除列表样式*/
    margin: 0;                      /*清除 IE 列表缩进*/
    padding: 0;                     /*清除非 IE 列表缩进*/
    list-style-type: none; /*清除列表样式*/}
#nav {width: 100%;height: 32px;}    /*定义列表框宽和高*/
#nav li {/*定义列表项样式*/
    float: left;                    /*浮动列表项*/
    width: 9%;                      /*定义百分比宽度*/
    padding: 0 5%;                  /*定义百分比补白*/
    margin: 0 2px;                  /*定义列表项间隔*/
    background: #def;               /*定义列表项背景色*/
    font-size: 16px;
    line-height: 32px;              /*垂直居中*/
    text-align: center; /*平行居中*/}
</style>

<ul id="nav">
```

```
    <li>美 丽 说</li>
    <li>聚美优品</li>
    <li>唯 品 会</li>
    <li>蘑 菇 街</li>
    <li>1 号 店</li>
</ul>
```

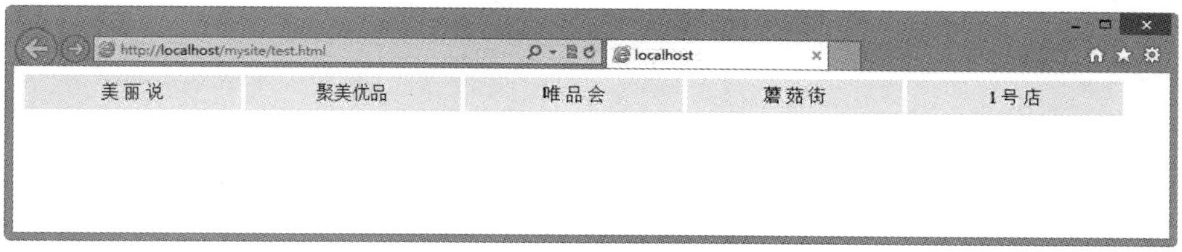

图 8.7 设计导航条效果

8.2 轮 廓 样 式

轮廓与边框不同，它不占用页面空间，且不一定是矩形。轮廓属于动态样式，只有当对象获取焦点或者被激活时呈现。使用 outline 属性可以定义块元素的轮廓线，具体语法如下。

```
outline：<'outline-width'> || <'outline-style'> || <'outline-color'> || <'outline-offset'>
```

取值简单说明如下。

☑ <'outline-width'>：指定轮廓边框的宽度。

☑ <'outline-style'>：指定轮廓边框的样式。

☑ <'outline-color'>：指定轮廓边框的颜色。

☑ <'outline-offset'>：指定轮廓边框偏移值。

【示例】设计当文本框获得焦点时，在周围画一个粗实线外廓，提醒用户进行交互，效果如图 8.8 所示。

```
<style type="text/css">
…
/*设计表单内文本框和按钮在被激活和获取焦点状态下时，轮廓线的宽、样式和颜色*/
input:focus, button:focus { outline: thick solid #b7ddf2 }
input:active, button:active   { outline: thick solid #aaa }
</style>
<div id="stylized" class="myform">
    <form id="form1" name="form1" method="post" action="">
        <h1>登录</h1>
        <p>请准确填写个人信息...</p>
        <label>Name <span class="small">姓名</span> </label>
        <input type="text" name="textfield" id="textfield" />
        <label>Email <span class="small">电子邮箱</span> </label>
        <input type="text" name="textfield" id="textfield" />
        <label>Password <span class="small">密码</span> </label>
        <input type="text" name="textfield" id="textfield" />
        <button   type="submit">登  录</button>
        <div class="spacer"></div>
    </form>
</div>
```

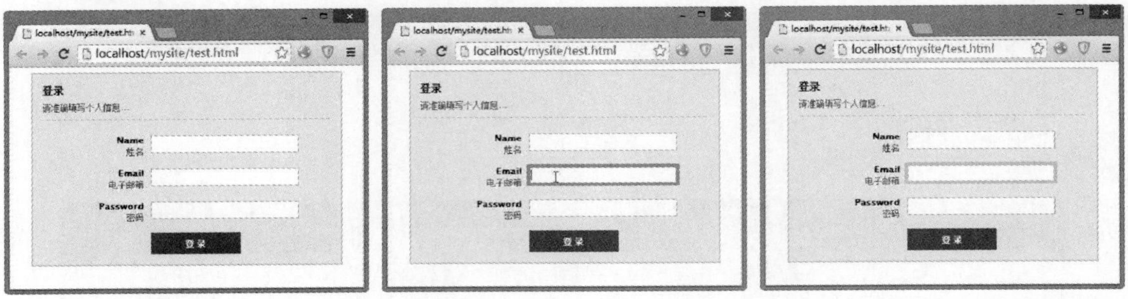

（a）默认状态　　（b）激活状态　　（c）获取焦点状态

图 8.8　设计文本框的轮廓线

8.3 圆角样式

使用 border-radius 属性可以设计元素的边框以圆角样式显示，具体语法如下。

```
border-radius：[ <length> | <percentage> ]{1,4} [ / [ <length> | <percentage> ]{1,4} ]?
```

取值简单说明如下。

- ☑ <length>：用长度值设置对象的圆角半径长度。不允许取负值。
- ☑ <percentage>：用百分比设置对象的圆角半径长度。不允许取负值。

border-radius 属性派生了 4 个子属性。

- ☑ border-top-right-radius：定义右上角的圆角。
- ☑ border-bottom-right-radius：定义右下角的圆角。
- ☑ border-bottom-left-radius：定义左下角的圆角。
- ☑ border-top-left-radius：定义左上角的圆角。

提示：border-radius 属性可包含两个参数值：第 1 个值表示圆角的水平半径，第 2 个值表示圆角的垂直半径。如果仅包含 1 个参数值，则第 2 个值与第 1 个值相同。如果参数值中包含 0，则这个角就是矩形，不会显示为圆角。

【示例】定义 img 元素显示为圆形，当图像宽高比不同时，显示效果不同，如图 8.9 所示。

```
<style type="text/css">
img {/*定义图像圆角边框*/
    border: solid 1px red;
    border-radius: 50%; /*圆角*/
}
.r1 {/*定义第 1 幅图像宽高比为 1∶1*/
    width:300px;
    height:300px;
}
.r2 {/*定义第 2 幅图像宽高比不为 1∶1*/
    width:300px;
    height:200px;
}
.r3 {/*定义第 3 幅图像宽高比不为 1∶1*/
    width:300px;
    height:100px;
```

```
    border-radius: 20px; /*定义圆角*/
}
</style>
<img class="r1" src="images/1.jpg" title="圆角图像" />
<img class="r2" src="images/1.jpg" title="椭圆图像" />
<img class="r3" src="images/1.jpg" title="圆形图像" />
```

图 8.9　定义圆形显示的元素效果

8.4　阴影样式

使用 box-shadow 属性可以定义元素的阴影效果，基本语法如下。

```
box-shadow : none | inset? && <length>{2,4} && <color>?
```

取值简单说明如下。

☑ none：无阴影。

☑ <length>①：第 1 个长度值用来设置对象的阴影水平偏移值。可以为负值。

☑ <length>②：第 2 个长度值用来设置对象的阴影垂直偏移值。可以为负值。

☑ <length>③：如果提供了第 3 个长度值，则用来设置对象的阴影模糊值。不允许负值。

☑ <length>④：如果提供了第 4 个长度值，则用来设置对象的阴影外延值。可以为负值。

☑ <color>：设置对象的阴影的颜色。

☑ inset：设置对象的阴影类型为内阴影。该值为空时，则对象的阴影类型为外阴影。

【示例 1】定义一个简单的实影投影效果，演示效果如图 8.10 所示。

```
<style type="text/css">
img{
    height:300px;
    box-shadow:5px 5px;
}
</style>
<img src="images/1.jpg" />
```

【示例 2】定义位移、阴影大小和阴影颜色，演示效果如图 8.11 所示。

```
img{
    height:300px;
    box-shadow:2px 2px 10px #06C;
}
```

图 8.10　定义简单的阴影效果

图 8.11　定义复杂的阴影效果

【示例 3】定义内阴影，阴影大小为 10px，颜色为#06C，演示效果如图 8.12 所示。

```
<style type="text/css">
pre {
    padding: 26px;
    font-size:24px;
    box-shadow: inset 2px 2px 10px #06C;
}
</style>
<pre>
-moz-box-shadow: inset 2px 2px 10px #06C;
-webkit-box-shadow: inset 2px 2px 10px #06C;
box-shadow: inset 2px 2px 10px #06C;
</pre>
```

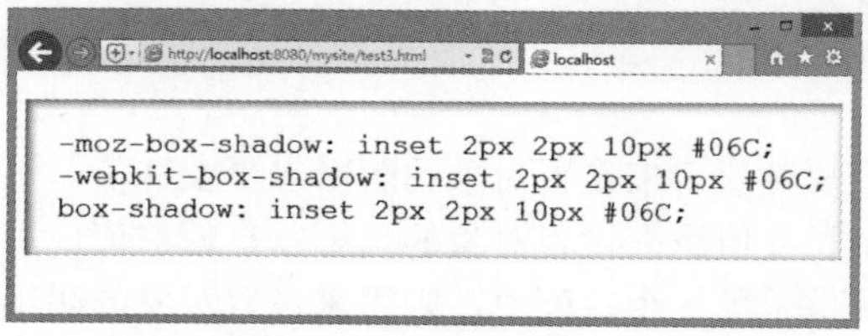

图 8.12　定义内阴影效果

【示例 4】通过设置多组参数值定义多色阴影，演示效果如图 8.13 所示。

```
img {
    height: 300px;
    box-shadow: -10px 0 12px red,
                10px 0 12px blue,
                0 -10px 12px yellow,
                0 10px 12px green;
}
```

【示例 5】通过多组参数值还可以定义渐变阴影，演示效果如图 8.14 所示。

```
<!doctype html>
img{
    height:300px;
    box-shadow:0 0 10px red,
               2px 2px 10px 10px yellow,
               4px 4px 12px 12px green;
}
```

图 8.13　定义多色阴影效果

图 8.14　定义渐变阴影效果

注意：当给同一个元素设计多个阴影时，最先定义的阴影将显示在最顶层。

8.5　过渡动画

2013 年 2 月，W3C 发布了 CSS Transitions 工作草案，这个草案描述了 CSS 过渡动画的基本实现方法和和属性。目前获得所有浏览器的支持。

8.5.1　设置过渡属性

transition-property 属性用来定义过渡动画的 CSS 属性名称，基本语法如下。

```
transition-property:none | all | [ <IDENT> ] [ ',' <IDENT> ]*;
```

取值简单说明如下。

- ☑ none：表示没有元素。
- ☑ all：默认值，表示针对所有元素，包括:before 和:after 伪元素。
- ☑ IDENT：指定 CSS 属性列表。几乎所有色彩、大小或位置等相关的 CSS 属性，包括许多新添加的 CSS3 属性，都可以应用过渡，如 CSS3 变换中的放大、缩小、旋转、斜切、渐变等。

【示例】 指定动画的属性为背景颜色。当鼠标经过盒子时，会自动从红色背景过渡到蓝色背景，演示效果如图 8.15 所示。

```
<style type="text/css">
div {
    margin: 10px auto; height: 80px;
    background: red;
    border-radius: 12px;
    box-shadow: 2px 2px 2px #999;
}
div:hover {
    background-color: blue;
    /*指定动画过渡的 CSS 属性*/
    transition-property: background-color;
}
</style>

<div></div>
```

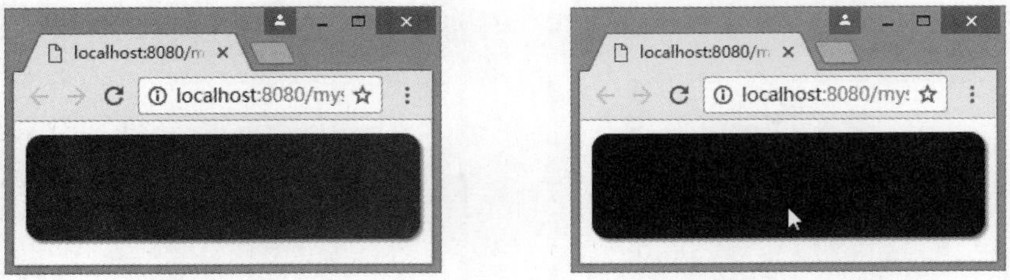

（a）默认状态　　（b）鼠标经过时背景颜色改变

图 8.15　定义简单的背景色切换动画

8.5.2　设置过渡时间

transition-duration 属性用来定义转换动画的时间长度，基本语法如下。

```
transition-duration:<time> [, <time>]*;
```

初始值为 0，适用于所有元素，以及:before 和:after 伪元素。在默认情况下，动画过渡时间为 0 秒，所以当指定元素动画时，会看不到过渡的过程，直接看到结果。

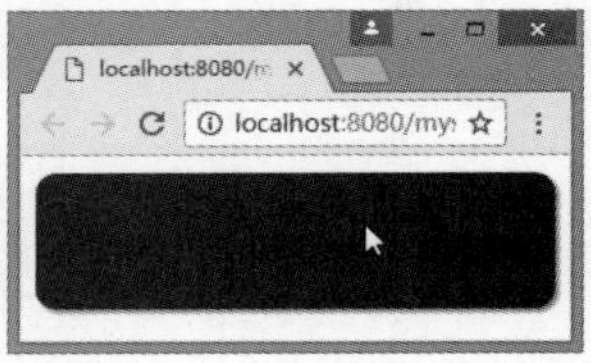

图 8.16　设置动画时间

【示例】以 8.5.1 节示例为例，设置动画过渡时间为 2 秒，当鼠标移过对象时，会看到背景色从红色逐渐过渡到蓝色，演示效果如图 8.16 所示。

```
div:hover {
    background-color: blue;
    /*指定动画过渡的 CSS 属性*/
    transition-property: background-color;
    /*指定动画过渡的时间*/
    transition-duration:2s;
}
```

8.5.3　设置延迟过渡时间

transition-delay 属性用来定义开启过渡动画的延迟时间，基本语法如下。

```
transition-delay:<time> [, <time>]*;
```

初始值为 0，适用于所有元素，以及:before 和:after 伪元素。设置时间可以为正整数、负整数和零，非零的时候必须设置单位是 s（秒）或者 ms（毫秒）；为负数的时候，过渡的动作会从该时间点开始显示，之前的动作被截断；为正数的时候，过渡的动作会延迟触发。

【示例】继续以 8.5.2 节示例为基础设置过渡动画推迟 2 秒钟后执行，当鼠标移过对象时，会看不到任何变化，过了 2 秒钟之后，才发现背景色从红色逐渐过渡到蓝色。

```
div:hover {
    background-color: blue;
    /*指定动画过渡的 CSS 属性*/
    transition-property: background-color;
    /*指定动画过渡的时间*/
    transition-duration: 2s;
    /*指定动画延迟触发*/
    transition-delay: 2s;
}
```

Note

8.5.4 设置过渡动画类型

transition-timing-function 属性用来定义过渡动画的类型，基本语法如下。

```
transition-timing-function:ease | linear | ease-in | ease-out | ease-in-out | cubicbezier(<number>, <number>, <number>, <number>)
[, ease | linear | ease-in | ease-out | ease-in-out | cubic-bezier(<number>, <number>,<number>, <number>)]*
```

属性初始值为 ease，取值简单说明如下。

☑ ease：平滑过渡，等同于 cubic-bezier(0.25, 0.1, 0.25, 1.0)函数，即立方贝塞尔，下同。

☑ linear：线性过渡，等同于 cubic-bezier(0.0, 0.0, 1.0, 1.0)函数。

☑ ease-in：由慢到快，等同于 cubic-bezier(0.42, 0, 1.0, 1.0)函数。

☑ ease-out：由快到慢，等同于 cubic-bezier(0, 0, 0.58, 1.0)函数。

☑ ease-in-out：由慢到快再到慢，等同于 cubic-bezier(0.42, 0, 0.58, 1.0)函数。

☑ cubic-bezier：特殊的立方贝塞尔曲线效果。

【示例】 继续以 8.5.3 节示例为基础设置过渡类型为线性效果，代码如下。

```
div:hover {
    background-color: blue;
    /*指定动画过渡的 CSS 属性*/
    transition-property: background-color;
    /*指定动画过渡的时间*/
    transition-duration: 10s;
    /*指定动画过渡为线性效果*/
    transition-timing-function: linear;
}
```

8.5.5 设置过渡触发动作

CSS3 过渡动画一般通过动态伪类触发，如表 8.1 所示。

表 8.1 CSS 动态伪类

动态伪类	作用元素	说明
:link	只有链接	未访问的链接
:visited	只有链接	访问过的链接
:hover	所有元素	鼠标经过元素
:active	所有元素	鼠标点击元素
:focus	所有可被选中的元素	元素被选中

也可以通过 Javascript 事件触发，包括 click、focus、mousemove、mouseover、mouseout 等。

1. :hover

最常用的过渡触发方式是使用:hover 伪类。

【示例 1】 设计当鼠标经过 div 元素上时，该元素的背景颜色会在经过 1 秒钟的初始延迟后，于 2 秒钟内动态地从红色变为蓝色。

```
<style type="text/css">
div {
    margin: 10px auto;
    height: 80px;
    border-radius: 12px;
    box-shadow: 2px 2px 2px #999;
```

```
        background-color: red;
        transition: background-color 2s ease-in 1s;
}
div:hover { background-color: blue}
</style>
<div></div>
```

Note

2. :active

:active 伪类表示用户单击某个元素并按住鼠标按钮时显示的状态。

【示例 2】设计当用户单击 div 元素时，该元素被激活，这时会触发动画，高度属性从 200px 过渡到 400px。如果按住该元素，保持活动状态，则 div 元素始终显示 400px 高度，松开鼠标之后，又会恢复原来的高度，如图 8.17 所示。

```
<style type="text/css">
div {
        margin: 10px auto;
        border-radius: 12px;
        box-shadow: 2px 2px 2px #999;
        background-color: #8AF435;
        height: 200px;
        transition: width 2s ease-in;
}
div:active {height: 400px;}
</style>
<div></div>
```

3. :focus

:focus 伪类通常会在表单对象接收键盘响应时出现。

【示例 3】设计当输入框获取焦点时，输入框的背景色逐步高亮显示，如图 8.18 所示。

（a）默认状态　　（b）单击

图 8.17　定义激活触发动画

图 8.18　定义获取焦点触发动画

```
<style type="text/css">
label {
        display: block;
        margin: 6px 2px;
}
input[type="text"], input[type="password"] {
        padding: 4px;
        border: solid 1px #ddd;
        transition: background-color 1s ease-in;
```

Note

```
}
input:focus { background-color: #9FFC54;}
</style>
<form id=fm-form action="" method=post>
    <fieldset>
        <legend>用户登录</legend>
        <label for="name">姓名
            <input type="text" id="name" name="name" >
        </label>
        <label for="pass">密码
            <input type="password" id="pass" name="pass" >
        </label>
    </fieldset>
</form>
```

提示：:hover 伪类与:focus 配合使用，能够丰富鼠标用户和键盘用户的体验。

4. :checked

:checked 伪类在发生选中状况时触发过渡，取消选中则恢复原来状态。

【示例 4】设计当复选框被选中时缓慢缩进两个字符，演示效果如图 8.19 所示。

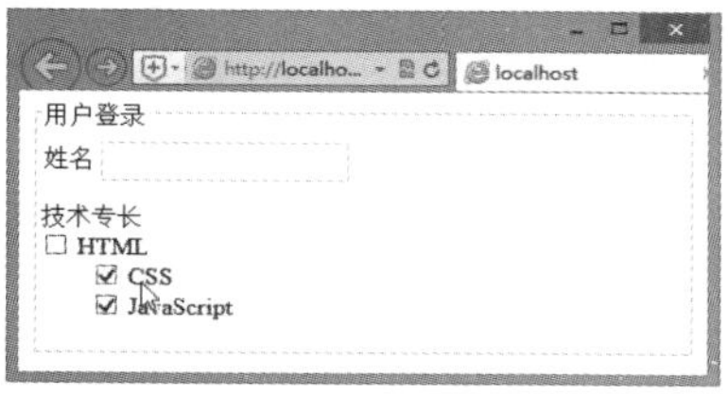

图 8.19 定义被选中时触发动画

```
<style type="text/css">
label.name {
    display: block;
    margin: 6px 2px;
}
input[type="text"], input[type="password"] {
    padding: 4px;
    border: solid 1px #ddd;
}
input[type="checkbox"] { transition: margin 1s ease;}
input[type="checkbox"]:checked { margin-left: 2em;}
</style>
<form id=fm-form action="" method=post>
    <fieldset>
        <legend>用户登录</legend>
        <label class="name" for="name">姓名
            <input type="text" id="name" name="name" >
        </label>
        <p>技术专长<br>
            <label>
                <input type="checkbox" name="web" value="html" id="web_0">
                HTML</label><br>
            <label>
                <input type="checkbox" name="web" value="css" id="web_1">
                CSS</label><br>
            <label>
                <input type="checkbox" name="web" value="javascript" id="web_2">
                JavaScript</label><br>
        </p>
    </fieldset>
</form>
```

5. 媒体查询

触发元素状态变化的另一种方法是使用 CSS3 媒体查询，关于媒体查询详解参考第 9 章内容。

【示例 5】设计 div 元素的宽度和高度为 49%×200px，如果用户将窗口大小调整到 420px 或以下，则该元素将过渡为 100%×100px。也就是说，当窗口宽度变化经过 420px 的阈值时，将会触发过渡动画，如图 8.20 所示。

```
<style type="text/css">
div {
    float: left; margin: 2px;
    width: 49%; height: 200px;
    background: #93FB40;
    border-radius: 12px;
    box-shadow: 2px 2px 2px #999;
    transition: width 1s ease, height 1s ease;
}
@media only screen and (max-width : 420px) {
    div {
        width: 100%;
        height: 100px;
    }
}
</style>
<div></div>
<div></div>
```

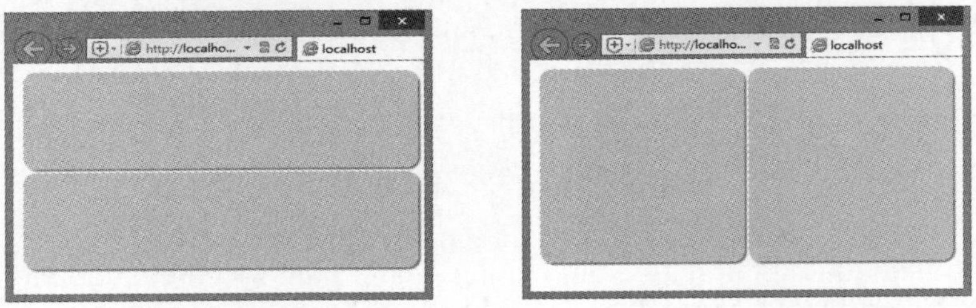

（a）当窗口小于等于 420px 宽度　　（b）当窗口大于 420px 宽度

图 8.20　设备阈值触发动画

如果网页加载时用户的窗口大小是 420px 或以下，浏览器会在该部分应用这些样式，但是由于不会出现状态变化，因此不会发生过渡。

6. JavaScript 事件

【示例 6】使用纯粹的 CSS 伪类触发过渡，为了方便用户理解，这里通过 jQuery 脚本触发过渡。

```
<script type="text/javascript" src="images/jquery-1.10.2.js"></script>
<script type="text/javascript">
$(function() {
    $("#button").click(function() {
        $(".box").toggleClass("change");
    });
});
</script>
<style type="text/css">
.box {
    margin:4px;
```

```
        background: #93FB40;
        border-radius: 12px;
        box-shadow: 2px 2px 2px #999;
        width: 50%; height: 100px;
        transition: width 2s ease, height 2s ease;
    }
    .change { width: 100%; height: 120px;}
    </style>
    <input type="button" id="button" value="触发过渡动画" />
    <div class="box"></div>
```

在文档中包含一个 box 类的盒子和一个按钮，当单击按钮时，jQuery 脚本都会将盒子的类切换为 change，从而触发了过渡动画，演示效果如图 8.21 所示。

（a）默认状态

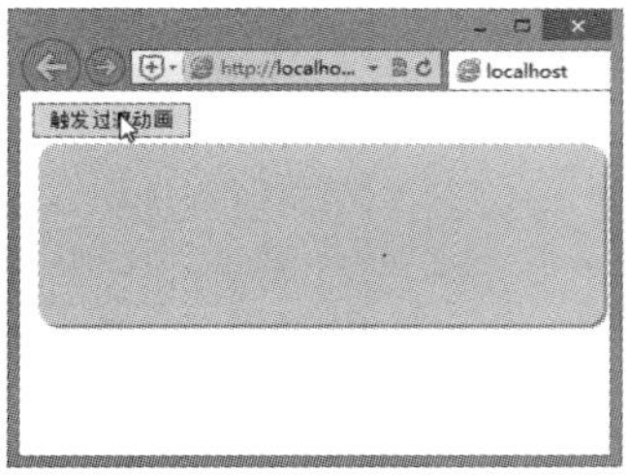

（b）JavaScript 事件激活状态

图 8.21　使用 JavaScript 脚本触发动画

上面演示了样式发生变化会导致过渡动画，也可以通过其他方法触发这些更改，包括通过 JavaScript 脚本动态更改。从执行效率来看，事件通常应当通过 JavaScript 触发，简单动画或过渡则应使用 CSS 触发。

8.5.6　设计动画效果菜单

本例利用 CSS3 过渡动画设计一个界面切换的导航菜单，当鼠标经过菜单项时，会以动画形式从中文界面缓慢翻转到英文界面，或者从英文界面翻转到中文界面，效果如图 8.22 所示。

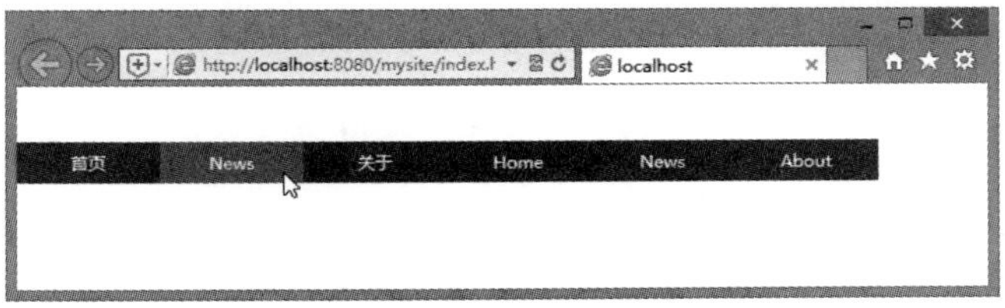

图 8.22　设计动画翻转菜单样式

【操作步骤】

第 1 步，设计菜单结构。在每个菜单项（<div class="menu1">）中包含两个子标签：<div class="one">和<div class="two">，设计菜单项仅显示一个子标签，当鼠标经过时，翻转显示另一个子标签。

```
<div>
    <div class="menu1">
        <div class="one"><a href="#">首页</a></div>
        <div class="two"><a href="#">Home</a></div>
    </div>
    <div class="menu1">
```

```
        <div class="one"><a href="#">新闻</a></div>
        <div class="two"><a href="#">News</a></div>
    </div>
    <div class="menu1">
        <div class="one"><a href="#">关于</a></div>
        <div class="two"><a href="#">About</a></div>
    </div>
</div>
```

第2步，设计菜单项的样式。固定大小、相对定位，禁止内容溢出容器，向左浮动，定义并列显示。

```
.menu1 {
    width: 100px; height: 30px;
    position: relative;
    font-family: 微软雅黑; font-size: 12px; color: #fff;
    overflow: hidden;
    float: left;
}
```

第 3 步，设计每个菜单项中子标签<div class="one">和<div class="two">的样式。定义它们与菜单项相同大小，这样就只能够显示一个子标签；为了方便控制，定义它们为绝对定位，包含文本水平居中和垂直居中，最后定义过渡动画时间为 0.3 秒，加速到减速显示。

```
.menu1 div {
    width: 100px; height: 30px;
    line-height: 30px; text-align: center;
    position: absolute;
    transition: all 0.3s ease-in-out;
}
```

第 4 步，设计过渡动画样式。本例设计过渡演示属性为 left、top 和 bottom，当鼠标经过时，改变定位属性的值，实现菜单项动态翻转效果。

```
.menu1 .one {
    top: 0; left: 0;
    z-index: 1;
    background: #63C; color: #FFF;
}
.menu1:hover .one { top: -30px; left: 0;}
.menu1 .two {
    bottom: -30px; left: 0;
    z-index: 2;
    background: #f50; color: #FFF;
}
.menu1:hover .two { bottom: 0px; left: 0;}
```

8.6 设计背景图像

CSS3 增强了 background 属性的功能，允许在同一个元素内叠加多个背景图像，还新增了 3 个与背景相关的属性：background-clip、background-origin、background-size。

CSS3 支持在同一个元素内定义多个背景图像，还可以将多个背景图像进行叠加显示，从而使设计多图背景栏目变得更加容易。

【示例】本例使用 CSS3 多背景设计花边框，使用 background-origin 定义仅在内容区域显示背景，使用 background-clip 属性定义背景从边框区域向外裁剪，如图 8.23 所示。

图 8.23　设计花边框效果

主要样式代码如下。

```
<style type="text/css">
.multipleBg {
    /*定义 5 个背景图，分别定位到 4 个顶角，其中前 4 个禁止平铺，最后一个可以平铺*/
    background: url("images/bg-tl.png") no-repeat left top,
                url("images/bg-tr.png") no-repeat right top,
                url("images/bg-bl.png") no-repeat left bottom,
                url("images/bg-br.png") no-repeat right bottom,
                url("images/bg-repeat.png") repeat left top;
    /*改变背景图像的 position 原点，四朵花都是 border 原点，而平铺背景是 paddin 原点*/
    background-origin: border-box, border-box, border-box, border-box, padding-box;
    /*控制背景图像的显示区域，所有背景图像超边 border 外边缘都将被剪切掉*/
    background-clip: border-box;
}
```

8.7　设计渐变背景

W3C 于 2010 年 11 月正式支持渐变背景样式，该草案作为图像值和图像替换内容模块的一部分进行发布。主要包括 linear-gradient()、radial-gradient()、repeating-linear-gradient()和 repeating-radial-gradient()4 个渐变函数。

8.7.1　定义线性渐变

创建一个线性渐变，至少需要两个颜色，也可以选择设置 1 个起点或 1 个方向。简明语法格式如下。

```
linear-gradient(angle, color-stop1, color-stop2, …)
```

参数简单说明如下。

☑　angle：用来指定渐变的方向，可以使用角度或者关键字来设置。关键字包括 4 个，说明如下。
- ❖　to left：设置渐变为从右到左，相当于 270deg。
- ❖　to right：设置渐变从左到右，相当于 90deg。

❖ to top：设置渐变从下到上，相当于 0deg。

❖ to bottom：设置渐变从上到下，相当于 180deg。该值为默认值。

提示：如果创建对角线渐变，可以使用 to top left（从右下到左上）类似组合来实现。

Note

☑ color-stop：用于指定渐变的色点。包括 1 个颜色值和 1 个起点位置，颜色值和起点位置以空格分隔。起点位置可以为一个具体的长度值（不可为负值），也可以是一个百分比值，如果是百分比值则参考应用渐变对象的尺寸，最终会被转换为具体的长度值。

【示例 1】为<div id="demo">对象应用一个简单的线性渐变背景，方向从上到下，颜色由白色到浅灰显示，效果如图 8.24 所示。

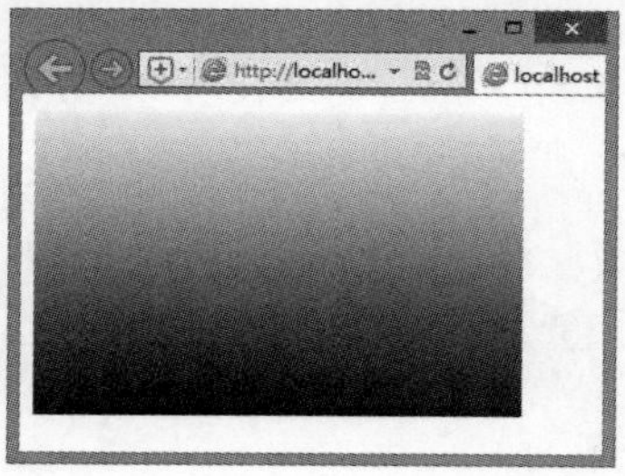

图 8.24　应用简单的线性渐变效果

```
<style type="text/css">
#demo {
    width:300px;
    height:200px;
    background: linear-gradient(#fff, #333);
}
</style>
<div id="demo"></div>
```

提示：针对示例 1，用户可以实现以下不同的设置，得到相同的设计效果。

☑ 设置一个方向：从上到下，覆盖默认值。

```
linear-gradient(to bottom, #fff, #333);
```

☑ 设置反向渐变：从下到上，同时调整起止颜色位置。

```
linear-gradient(to top, #333, #fff);
```

☑ 使用角度值设置方向。

```
linear-gradient(180deg, #fff, #333);
```

☑ 明确起止颜色的具体位置，覆盖默认值。

```
linear-gradient(to bottom, #fff 0%, #333 100%);
```

【补充】

最新主流浏览器都支持线性渐变的标准用法，但是考虑到安全性，用户应酌情兼容旧版本浏览器的私有属性。

Webkit 是第一个支持渐变的浏览器引擎（Safari 4+），它使用-webkit-gradient()私有函数支持线性渐变样式，简明用法如下。

```
-webkit-gradient(linear, point, point, stop)
```

参数简单说明如下。

☑ linear：定义渐变类型为线性渐变。

☑ point：定义渐变起始点和结束点坐标。该参数支持数值、百分比和关键字，如(0 0)或者(left top)等。关键字包括 top、bottom、left 和 right。

☑ stop：定义渐变色和步长。包括 3 个值，即开始的颜色，使用 from(colorvalue)函数定义；结束的颜色，使用 to(colorvalue)函数定义；颜色步长，使用 color-stop(value, color value)定义。color-stop()函数包含两个参数值，第 1 个参数值为一个数值或者百分比值，取值范围为 0～1.0（或者 0%～100%），第 2 个参数值表示任意颜色值。

【示例 2】针对示例 1，兼容早期 Webkit 引擎的线性渐变实现方法。

```
#demo {
    width:300px; height:200px;
    background: -webkit-gradient(linear, left top, left bottom, from(#fff), to(#333));
    background: linear-gradient(#fff, #333);
}
```

上面示例定义线性渐变背景色，从顶部到底部，从白色向浅灰色渐变显示，在谷歌的 Chrome 浏览器中所见效果与图 8.24 相同。

另外，Webkit 引擎也支持-webkit-linear-gradient()私有函数来设计线性渐变。该函数用法与标准函数 linear-gradient()的语法格式基本相同。

Firefox 浏览器从 3.6 版本开始支持渐变，Gecko 引擎定义了-moz-linear-gradient()私有函数来设计线性渐变。该函数用法与标准函数 linear-gradient()的语法格式基本相同。唯一区别就是当使用关键字设置渐变方向时，不带 to 关键字前缀，关键字语义取反。例如，从上到下应用渐变，标准关键字为 to bottom，Firefox 私有属性可以为 top。

【示例 3】针对示例 1，兼容早期 Gecko 引擎的线性渐变实现方法。

```
#demo {
    width:300px; height:200px;
    background: -webkit-gradient(linear, left top, left bottom, from(#fff), to(#333));
    background: -moz-linear-gradient(top, #fff, #333);
    background: linear-gradient(#fff, #333);
}
```

【示例 4】设计从左边开始的线性渐变。起点是红色，慢慢过渡到蓝色，效果如图 8.25 所示。

```
<style type="text/css">
#demo {
    width:300px; height:200px;
    background: -webkit-linear-gradient(left, red , blue);     /*Safari 10.1 - 6.0*/
    background: -o-linear-gradient(left, red, blue);           /*Opera 11.1 - 12.0*/
    background: -moz-linear-gradient(left, red, blue);         /*Firefox 3.6 - 15*/
    background: linear-gradient(to right, red , blue);         /*标准语法*/
}
</style>
<div id="demo"></div>
```

注意：第 1 个参数值渐变方向的设置不同。

【示例 5】通过指定水平和垂直的起始位置来设计对角渐变。设计从左上角开始，到右下角的线性渐变，起点是红色，慢慢过渡到蓝色，效果如图 8.26 所示。

```
#demo {
    width:300px; height:200px;
    background: -webkit-linear-gradient(left top, red , blue);        /*Safari 5.1 - 6.0*/
    background: -o-linear-gradient(left top, red, blue);              /*Opera 11.1 - 12.0*/
    background: -moz-linear-gradient(left top, red, blue);            /*Firefox 3.6 - 15*/
    background: linear-gradient(to bottom right, red , blue);         /*标准语法*/
}
```

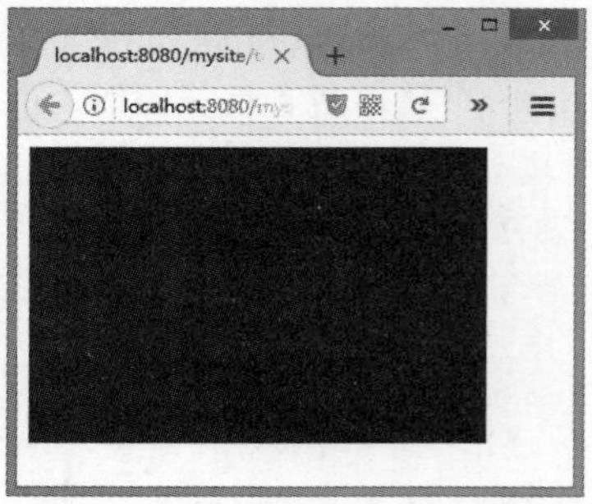

图 8.25　设计从左到右的线性渐变效果

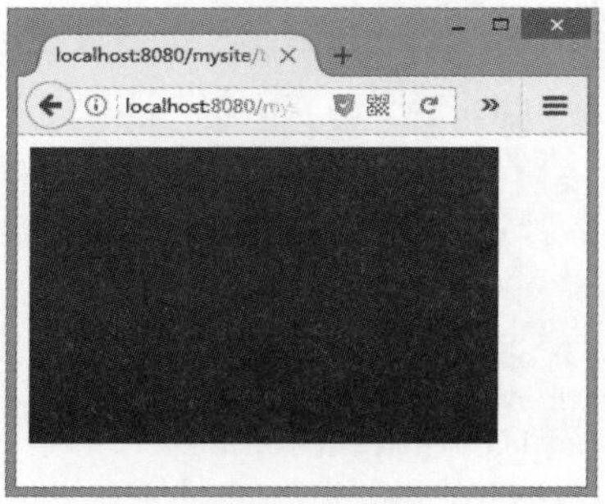

图 8.26　设计对角线性渐变效果

8.7.2　定义径向渐变

创建一个径向渐变，也至少需要定义两个颜色，同时可以指定渐变的中心点位置、形状类型（圆形或椭圆形）和半径大小。简明语法格式如下。

```
radial-gradient(shape size at position, color-stop1, color-stop2, ...);
```

参数简单说明如下。

☑ shape：用来指定渐变的类型，包括 circle（圆形）和 ellipse（椭圆）两种。

☑ size：如果类型为 circle，指定一个值设置圆的半径；如果类型为 ellipse，指定两个值分别设置椭圆的 x 轴和 y 轴半径。取值包括长度值、百分比、关键字。关键字说明如下。

  ❖ closest-side：指定径向渐变的半径长度为从中心点到最近的边。
  ❖ closest-corner：指定径向渐变的半径长度为从中心点到最近的角。
  ❖ farthest-side：指定径向渐变的半径长度为从中心点到最远的边。
  ❖ farthest-corner：指定径向渐变的半径长度为从中心点到最远的角。

☑ position：用来指定中心点的位置。如果提供两个参数，第 1 个表示 x 轴坐标，第 2 个表示 y 轴坐标；如果只提供 1 个值，第 2 个值默认为 50%，即 center。取值可以是长度值、百分比或者关键字，关键字包括 left（左侧）、center（中心）、right（右侧）、top（顶部）、center（中心）、bottom（底部）。

注意：position 值位于 shape 和 size 值后面。

☑ color-stop：用于指定渐变的色点。包括 1 个颜色值和 1 个起点位置，颜色值和起点位置以空格分隔。起点位置可以为一个具体的长度值（不可为负值），也可以是一个百分比值，如果是百分比值则参考应用渐变对象的尺寸，最终会被转换为具体的长度值。

【示例 1】在默认情况下，渐变的中心是 center（对象中心点），渐变的形状是 ellipse（椭圆形），渐变的大小是 farthest-corner（表示到最远的角落）。本示例仅为 radial-gradient()函数设置 3 个颜色值，则它将按默认值绘制径向渐变效果，如图 8.27 所示。

图 8.27　设计简单的径向渐变效果

```
<style type="text/css">
#demo {
    height:200px;
    background: -webkit-radial-gradient(red, green, blue);        /*Safari 5.1 - 6.0*/
    background: -o-radial-gradient(red, green, blue);             /*Opera 11.6 - 12.0*/
```

```
    background: -moz-radial-gradient(red, green, blue);          /*Firefox 3.6 - 15*/
    background: radial-gradient(red, green, blue);               /*标准语法*/
}
</style>
<div id="demo"></div>
```

提示：针对示例 1，用户可以继续尝试做下面练习，实现不同的设置，得到相同的设计效果。

☑ 设置径向渐变形状类型，默认值为 ellipse。

```
background: radial-gradient(ellipse, red, green, blue);
```

☑ 设置径向渐变中心点坐标，默认为对象中心点。

```
background: radial-gradient(ellipse at center 50%, red, green, blue);
```

☑ 设置径向渐变大小，这里定义填充整个对象。

```
background: radial-gradient(farthest-corner, red, green, blue);
```

【补充】

最新主流浏览器都支持线性渐变的标准用法，但是考虑到安全性，用户应酌情兼容旧版本浏览器的私有属性。

Webkit 引擎使用-webkit-gradient()私有函数支持径向渐变样式，简明用法如下。

```
-webkit-gradient(radial, point, radius, stop)
```

参数简单说明如下。

☑ radial：定义渐变类型为径向渐变。

☑ point：定义渐变中心点坐标。该参数支持数值、百分比和关键字，如(0 0)或者(left top)等。关键字包括 top、bottom、center、left 和 right。

☑ radius：设置径向渐变的长度，该参数为一个数值。

☑ stop：定义渐变色和步长。包括 3 个值，即开始的颜色，使用 from(colorvalue)函数定义；结束的颜色，使用 to(colorvalue)函数定义；颜色步长，使用 color-stop(value, color value)定义。color-stop()函数包含两个参数值，第 1 个参数值为一个数值或者百分比值，取值范围为 0～1.0（或者 0%～100%），第 2 个参数值表示任意颜色值。

【示例 2】设计一个红色圆球，并逐步径向渐变为绿色背景，兼容早期 Webkit 引擎的线性渐变实现方法。代码如下，演示效果如图 8.28 所示。

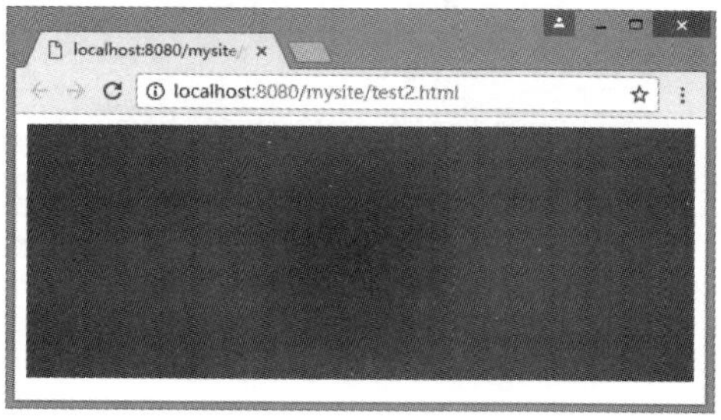

图 8.28　设计径向圆球效果

```
<style type="text/css">
#demo {
    height:200px;
    /*Webkit 引擎私有用法*/
    background: -webkit-gradient(radial, center center, 0, center center, 100, from(red), to(green));
    background: radial-gradient(circle 100px, red, green);          /*标准的用法*/
}
</style>
<div id="demo"></div>
```

另外，Webkit 引擎也支持-webkit-radial-gradient()私有函数来设计径向渐变。该函数用法与标准函数 radial-gradient()的语法格式类似。简明语法格式如下。

```
-webkit-radial-gradient(position, shape size, color-stop1, color-stop2, …);
```

Gecko 引擎定义了-moz-radial-gradient()私有函数来设计径向渐变。该函数用法与标准函数 radial-gradient()的语法格式也类似。简明语法格式如下。

```
-moz-radial-gradient(position, shape size, color-stop1, color-stop2, …);
```

提示： 上面两个私有函数的 size 参数值仅可设置关键字：closest-side、closest-corner、farthest-side、farthest-corner、contain 或 cover。

Note

【示例 3】 设计色点不均匀分布的径向渐变，效果如图 8.29 所示。

```
<style type="text/css">
#demo {
    height:200px;
    background: -webkit-radial-gradient(red 5%, green 15%, blue 60%);        /*Safari 5.1 - 6.0*/
    background: -o-radial-gradient(red 5%, green 15%, blue 60%);             /*Opera 11.6 - 12.0*/
    background: -moz-radial-gradient(red 5%, green 15%, blue 60%);           /*Firefox 3.6 - 15*/
    background: radial-gradient(red 5%, green 15%, blue 60%);                /*标准语法*/
}
</style>
<div id="demo"></div>
```

【示例 4】 shape 参数定义了形状，取值包括 circle 和 ellipse，其中 circle 表示圆形，ellipse 表示椭圆形，默认值是 ellipse。本示例设计圆形径向渐变，效果如图 8.30 所示。

```
#demo {
    height:200px;
    background: -webkit-radial-gradient(circle, red, yellow, green);        /*Safari 5.1 - 6.0*/
    background: -o-radial-gradient(circle, red, yellow, green);             /*Opera 11.6 - 12.0*/
    background: -moz-radial-gradient(circle, red, yellow, green);           /*Firefox 3.6 - 15*/
    background: radial-gradient(circle, red, yellow, green);                /*标准语法*/
}
```

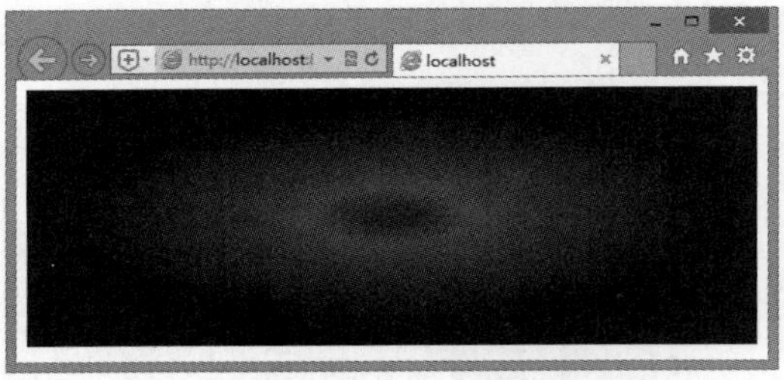

图 8.29　设计色点不均匀分布的径向渐变效果

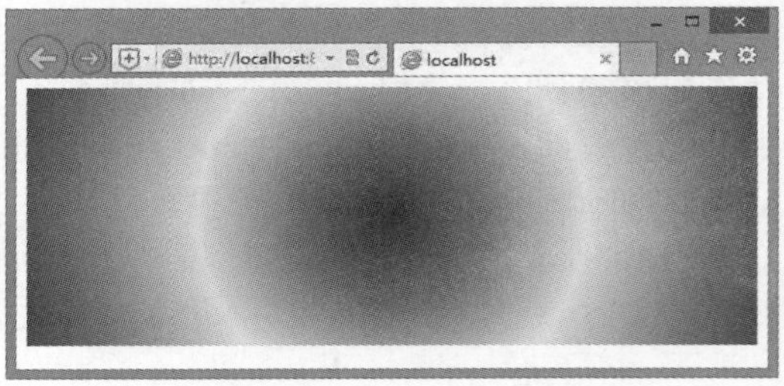

图 8.30　设计圆形径向渐变效果

8.8 在线支持

扫码免费学习
更多实用技能

一、补充知识
- ☑ 认识 CSS3 Transform
- ☑ CSS3 3D 变形基础
- ☑ 认识 CSS3 Transitions

二、专项练习
- ☑ CSS3 动画专练

三、参考
- ☑ CSS3 动画属性（Animation）列表
- ☑ Content for Paged Media 属性列表
- ☑ 2D/3D 转换属性（Transform）列表
- ☑ 过渡属性（Transition）列表

四、更多案例实战
- ☑ 设计 2D 盒子
- ☑ 定义 3D 变形
- ☑ 设计 3D 盒子
- ☑ 设计折叠面板

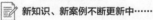

新知识、新案例不断更新中……

第 9 章

CSS 页面布局

CSS 布局始于第 2 个版本，CSS2.1 把布局分为 3 种：常规流、浮动和绝对定位。CSS3 推出更多布局方案：多列布局、弹性盒、模板层、网格定位、网格层、浮动盒等。2009 年，W3C 提出一种崭新的布局方案：弹性盒布局。使用该模型可以轻松创建自适应窗口的流动布局，或者自适应字体大小的弹性布局。W3C 的弹性盒布局分为旧版本、新版本以及混合过渡版本 3 种不同的设计方案。

视频讲解

2017 年 9 月，W3C 发布了媒体查询（Media Query Level 4）候选推荐标准规范，它扩展了已经发布的媒体查询的功能。该规范用于 CSS 的@media 规则，可以为文档设定特定条件的样式，也可用于 HTML、JavaScript 等语言中。

9.1 浮动布局

浮动布局能够实现块状元素并列显示，允许浮动元素向左或向右停靠，但不允许脱离文档流，依然受文档结构的影响。

浮动布局的优点是相对灵活，可以并列显示；缺点是版式不稳固，容易错行、重叠。

9.1.1 定义浮动显示

在默认情况下任何元素不具有浮动特性，可以使用 CSS 的 float 属性定义元素向左或向右浮动，具体语法格式如下。

```
float: none | left | right
```

取值 left 表示元素向左浮动，right 表示元素向右浮动，none 表示消除浮动，默认值为 none。

浮动布局的特征如下。

- ☑ 浮动元素以块状显示。如果浮动元素没有定义宽度和高度，它会自动收缩到仅能包住内容为止。例如，如果浮动元素内部包含一张图片，则浮动元素将与图片一样宽，如果是包含的文本，则浮动元素将与最长文本行一样宽。而块状元素如果没有定义宽度，则显示为 100%。
- ☑ 浮动元素与流动元素可以混用，不会重叠。都遵循先上后下显示顺序，受文档流影响。
- ☑ 浮动元素仅能改变水平显示顺序，不能改变垂直显示方式。浮动元素不会强制前面的流动元素环绕其周围流动，而总是换行浮动显示。
- ☑ 浮动元素可以并列显示，如果宽度不够，则会换行显示。

【示例】设计 3 个并列显示的方块，通过 float 定义左、中、右 3 栏并列显示，效果如图 9.1 所示。

```
<style type="text/css">
body {padding: 0; margin: 0; text-align: center;}
#main {/*定义网页包含框样式*/
```

```
        width: 400px;
        margin: auto;
        padding: 4px;
        line-height: 160px;
        color: #fff;
        font-size: 20px;
        border: solid 2px red;}
#main div {float: left;height: 160px;}          /*定义 3 个并列栏目向左浮动显示*/
#left {width: 100px;background: red;}           /*定义左侧栏目样式*/
#middle {width: 200px;background: blue;}        /*定义中间栏目样式*/
#right {width: 100px; background: green;}       /*定义右侧栏目样式*/
.clear { clear: both; }
</style>
<div id="main">
    <div id="left">左侧栏目</div>
    <div id="middle">中间栏目</div>
    <div id="right">右侧栏目</div>
    <br class="clear" />
</div>
```

注意： 浮动布局可以设计多栏并列显示效果，但也容易错行，如果浏览器窗口发生变化，或者包含框的宽度不固定，则会出现错行显示问题，破坏并列布局效果。

9.1.2　清除浮动

使用 CSS 的 clear 属性可以清除浮动，定义与浮动相邻的元素在必要的情况下换行显示，这样可以控制浮动元素同时挤在一行内显示。clear 属性取值包括 4 个。

- ☑ left：清除左边的浮动元素，如果左边存在浮动元素，则当前元素会换行显示。
- ☑ right：清除右边的浮动元素，如果右边存在浮动元素，则当前元素会换行显示。
- ☑ both：清除左右两边浮动元素，不管哪边存在浮动对象，则当前元素都会换行显示。
- ☑ none：默认值，允许两边都可以存在浮动元素，当前元素不会主动换行显示。

【示例】设计一个简单的 3 行 3 列页面结构，设置中间 3 栏平行浮动显示，如图 9.2 所示。

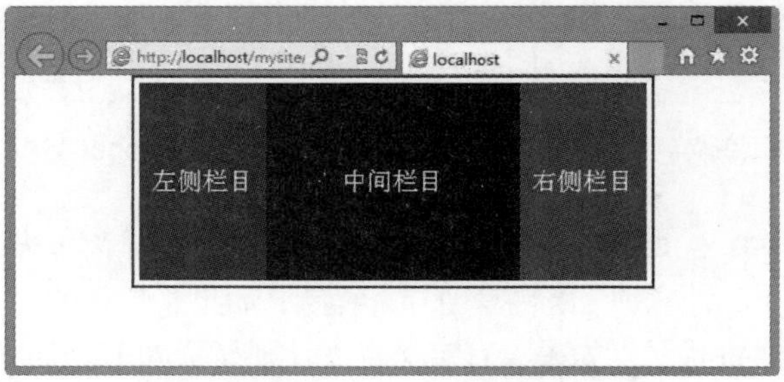

图 9.1　并列浮动显示

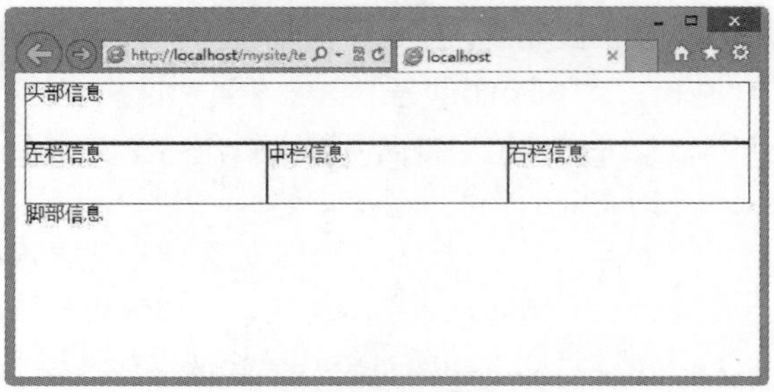

图 9.2　IE 中浮动布局效果

```
<style type="text/css">
div {
    border: solid 1px red;                      /*增加边框，以方便观察*/
    height: 50px; /*固定高度，以方便比较*/}
#left, #middle, #right {
    float: left;                                /*定义中间 3 栏向左浮动*/
    width: 33%; /*定义中间 3 栏等宽*/}
</style>
```

```
<div id="header">头部信息</div>
<div id="left">左栏信息</div>
<div id="middle">中栏信息</div>
<div id="right">右栏信息</div>
<div id="footer">脚部信息</div>
```

但是如果设置左栏高度大于中栏和右栏高度，则发现脚部信息栏上移并环绕在左栏右侧，如图 9.3 所示。

```
#left {height:100px;}                    /*定义左栏高出中栏和右栏*/
```

如果为<div id="footer">元素定义一个清除样式。

```
#footer {clear:left;}                    /*为脚部栏目元素定义清除属性*/
```

在浏览器中预览，则又恢复到预设的 3 行 3 列布局效果，如图 9.4 所示。

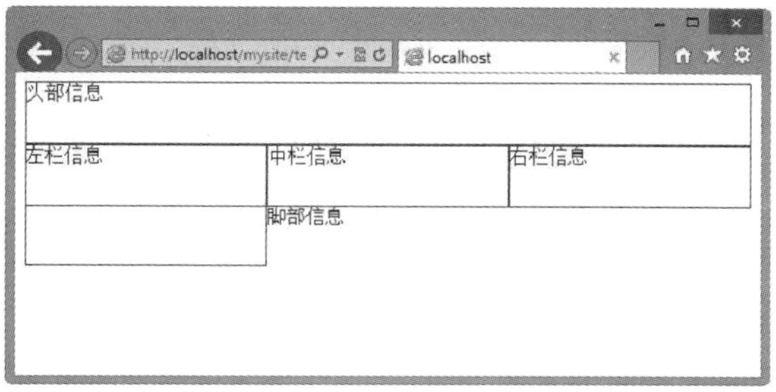

图 9.3　调整部分栏目高度后发生的错位现象

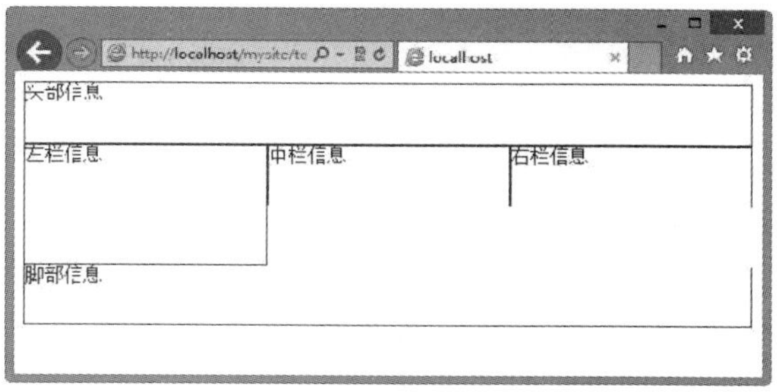

图 9.4　清除浮动元素错行显示

提示： Clear 主要针对 float 属性起作用，对左右两侧浮动元素有效，对于非浮动元素是无效的。

9.2　定位布局

定位布局允许精确定义网页元素的显示位置，可以相对原位置，也可以相对定位框，或者是相对视图窗口。定位布局的优点是：精确定位；缺点是：缺乏灵活性。

9.2.1　定义定位显示

使用 position 属性可以定义元素定位显示，具体语法格式如下。

```
position: static | relative | absolute | fixed
```

取值说明如下。

- ☑ static：表示静态显示，非定位模式。遵循 HTML 流动模型，为所有元素的默认值。
- ☑ absolute：表示绝对定位，将元素从文档流中脱离出来，可以使用 left、right、top、bottom 属性进行定位，定位参照最近的定位框。如果没有定位框，则参照窗口左上角。定位元素的堆放顺序可以通过 z-index 属性定义。
- ☑ fixed：表示固定定位，与 absolute 定位类型类似，但它的定位框是视图本身，由于视图本身是固定的，它不会随浏览器窗口的滚动而变化，因此固定定位的元素会始终位于浏览器窗口内视图的某个位置，不会受文档流动影响，这与 background-attachment:fixed;属性功能相同。
- ☑ relative：表示相对定位，通过 left、right、top、bottom 属性设置元素在文档流中的偏移位置。元素的形状和原位置保留不变。

9.2.2 相对定位

相对定位将参照元素在文档流中的原位置进行偏移。

【示例】在下面示例中，定义 strong 元素对象为相对定位，然后通过相对定位调整标题在文档顶部的显示位置，效果如图 9.5 所示。

```
<style type="text/css">
p { margin: 60px; font-size: 14px;}
p span { position: relative; }
p strong {/*[相对定位]*/
    position: relative;
    left: 40px; top: -40px;
    font-size: 18px;}
</style>

<p> <span><strong>虞美人</strong>南唐\宋  李煜</span> <br>春花秋月何时了，<br>往事知多少。<br>小楼昨夜又东风，
<br>故国不堪回首月明中。<br>雕阑玉砌应犹在，<br>只是朱颜改。<br>问君能有几多愁，<br>恰似一江春水向东流。  </p>
```

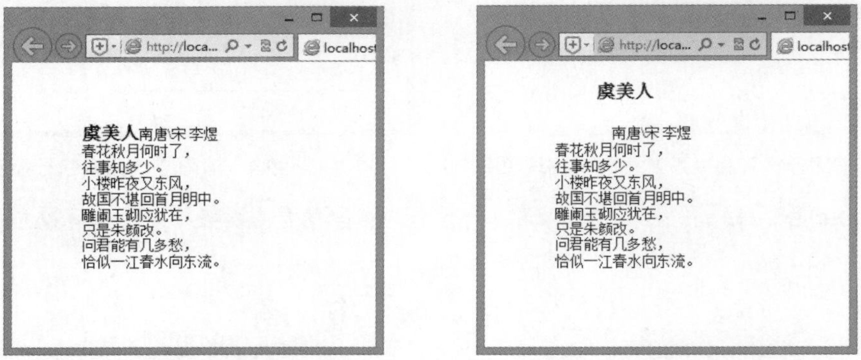

（a）定位前　　　　（b）定位后

图 9.5　相对定位显示效果

从图 9.5 可以看到，偏移之后，元素原位置保留不变。

9.2.3 定位框

定位框与包含框是两个不同的概念，定位框是包含框的一种特殊形式。从 HTML 结构的包含关系来说，如果一个元素包含另一个元素，那么这个包含元素就是包含框。包含框可以是父元素，也可以是祖先元素。

如果一个包含框被定义了相对定位、绝对定位或者固定定位，那么它不仅是一个包含框，也是一个定位框。定位框主要作用是为被包含的绝对定位元素提供坐标偏移参考。

9.2.4 层叠顺序

定位元素可以重叠显示，类似 Photoshop 的图层模式，这样就容易出现网页对象相互遮盖现象。如果要改变元素的层叠顺序，可以定义 z-index 属性。如果取值为正整数，数字越大，则越优先显示出来；如果取值为负数，数字越大，则优先被遮盖。

9.3 弹性布局

新版弹性盒模型主要优化了 UI 布局，可以简单地使一个元素居中（包括水平和垂直居中），可以扩大或收缩元素来填充容器的可利用空间，可以改变布局顺序等。本节将重点介绍新版本弹性盒模型的基本用法。

9.3.1 认识 Flexbox 系统

Flexbox 由弹性容器和弹性项目组成。

在弹性容器中，每一个子元素都是一个弹性项目，弹性项目可以是任意数量的，弹性容器外和弹性项目内的一切元素都不受影响。

弹性项目沿着弹性容器内的一个弹性行定位，通常每个弹性容器只有一个弹性行。在默认情况下，弹性行和文本方向一致：从左至右，从上到下。

常规布局是基于块和文本流方向，而 Flex 布局是基于 flex-flow 流。如图 9.6 所示是 W3C 规范对 Flex 布局的解释。

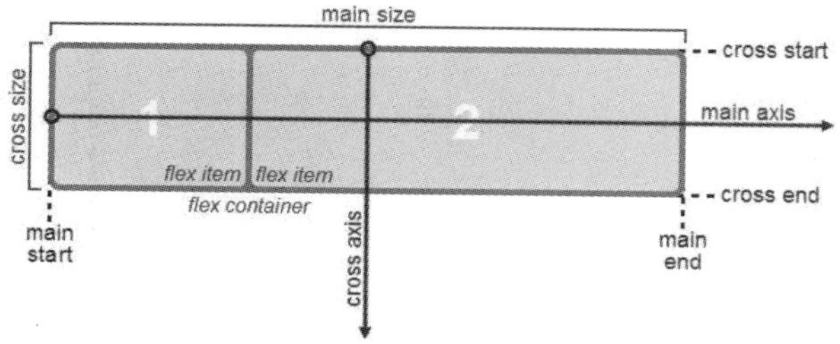

图 9.6　Flex 布局模式

弹性项目是沿着主轴（main axis），从主轴起点（main start）到主轴终点（main end），或者沿着侧轴（cross axis），从侧轴起点（cross start）到侧轴终点（cross end）排列。

- ☑ 主轴（main axis）：弹性容器的主轴，弹性项目主要沿着这条轴进行排列布局。注意，它不一定是水平的，这主要取决于 justify-content 属性设置。
- ☑ 主轴起点（main start）和主轴终点（main end）：弹性项目放置在弹性容器内从主轴起点（main start）向主轴终点（main end）方向。
- ☑ 主轴尺寸（main size）：弹性项目在主轴方向的宽度或高度就是主轴的尺寸。弹性项目主要的大小属性要么是宽度，要么是高度，由哪一个对着主轴方向决定。
- ☑ 侧轴（cross axis）：垂直于主轴称为侧轴。它的方向主要取决于主轴方向。
- ☑ 侧轴起点（cross start）和侧轴终点（cross end）：弹性行的配置从容器的侧轴起点边开始，往侧轴终点边结束。
- ☑ 侧轴尺寸（cross size）：弹性项目的侧轴方向的宽度或高度就是项目的侧轴长度，弹性项目的侧轴长度属性是 width 或 height 属性，由哪一个对着侧轴方向决定。

一个弹性项目就是一个弹性容器的子元素，弹性容器中的文本也被视为一个弹性项目。弹性项目中内容与普通文本流一样。例如，当一个弹性项目被设置为浮动，用户依然可以在这个弹性项目中放置一个浮动元素。

Note

9.3.2 启动弹性盒

通过设置元素的 display 属性为 flex 或 inline-flex 可以定义一个弹性容器。设置为 flex 的容器被渲染为一个块级元素，而设置为 inline-flex 的容器则渲染为一个行内元素。具体语法如下。

```
display: flex | inline-flex;
```

上面语法定义弹性容器，属性值决定容器是行内显示还是块显示，它的所有子元素将变成 flex 文档流，被称为弹性项目。

此时，CSS 的 columns 属性在弹性容器上没有效果，同时 float、clear 和 vertical-align 属性在弹性项目上也没有效果。

【示例】设计一个弹性容器，其中包含 4 个弹性项目，演示效果如图 9.7 所示。

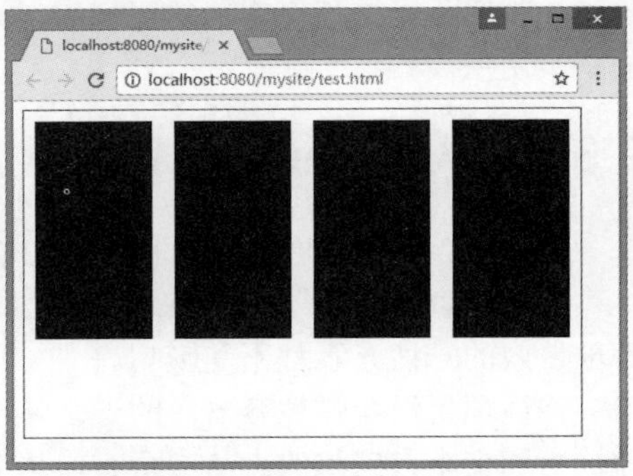

图 9.7　定义弹性盒布局

```
<style type="text/css">
.flex-container {
    display: -webkit-flex;
    display: flex;
    width: 500px; height: 300px;
    border: solid 1px red;
}
.flex-item {
    background-color: blue;
    width: 200px; height: 200px;
    margin: 10px;
}
</style>
<div class="flex-container">
    <div class="flex-item">弹性项目 1</div>
    <div class="flex-item">弹性项目 2</div>
    <div class="flex-item">弹性项目 3</div>
    <div class="flex-item">弹性项目 4</div>
</div>
```

9.3.3 设置主轴方向

使用 flex-direction 属性可以定义主轴方向，适用于弹性容器。具体语法如下。

```
flex-direction: row | row-reverse | column | column-reverse
```

取值说明如下。

- ☑ row：主轴与行内轴方向作为默认的书写模式，即横向从左到右排列（左对齐）。
- ☑ row-reverse：对齐方式与 row 相反。
- ☑ column：主轴与块轴方向作为默认的书写模式，即纵向从上往下排列（顶对齐）。
- ☑ column-reverse：对齐方式与 column 相反。

【示例】在 9.3.2 节示例基础上设计一个弹性容器，其中包含 4 个弹性项目，然后定义弹性项目从上向下排列，演示效果如图 9.8 所示。

```
<style type="text/css">
.flex-container {
```

```
        display: -webkit-flex;
        display: flex;
        -webkit-flex-direction: column;
        flex-direction: column;
        width: 500px;height: 300px;border: solid 1px red;
}
.flex-item {
        background-color: blue;
        width: 200px; height: 200px;
        margin: 10px;
}
</style>
```

9.3.4 设置行数

flex-wrap 定义弹性容器是单行还是多行显示弹性项目，侧轴的方向决定了新行堆放的方向。具体语法格式如下。

```
flex-wrap: nowrap | wrap | wrap-reverse
```

取值说明如下。

☑ nowrap：flex 容器为单行。该情况下 flex 子项可能会溢出容器。

☑ wrap：flex 容器为多行。该情况下 flex 子项溢出的部分会被放置到新行，子项内部会发生断行。

☑ wrap-reverse：反转 wrap 排列。

【示例】在上面示例基础上设计一个弹性容器，其中包含 4 个弹性项目，然后定义弹性项目多行排列，演示效果如图 9.9 所示。

```
<style type="text/css">
.flex-container {
        display: -webkit-flex;
        display: flex;
        -webkit-flex-wrap: wrap;
        flex-wrap: wrap;
        width: 500px; height: 300px;border: solid 1px red;
}
.flex-item {
        background-color: blue;
        width: 200px; height: 200px;
        margin: 10px;
}
</style>
```

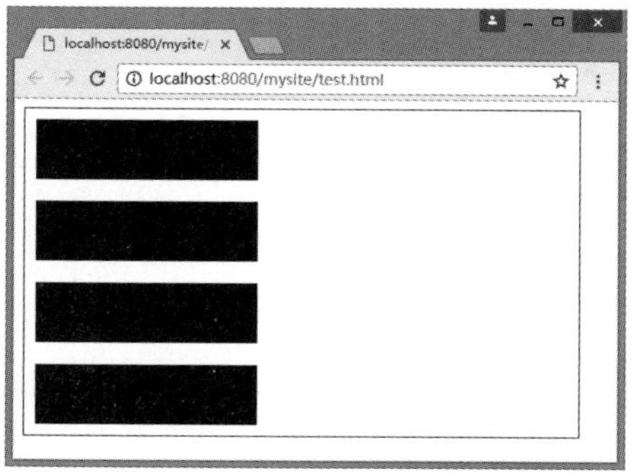

图 9.8 定义弹性项目从上向下布局

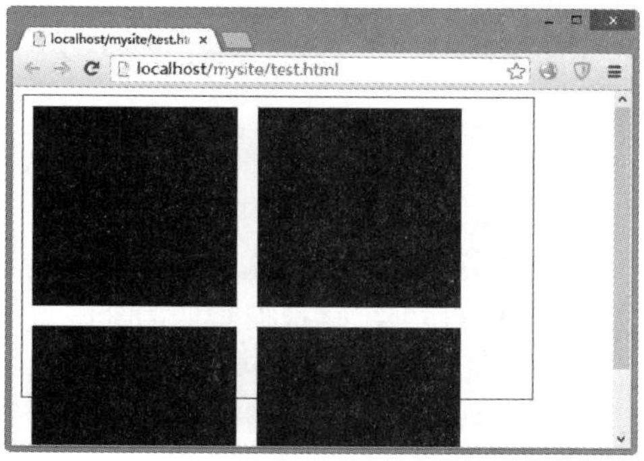

图 9.9 定义弹性项目多行布局

提示：flex-flow 属性是 flex-direction 和 flex-wrap 属性的复合属性，适用于弹性容器。该属性可以同时定义弹性容器的主轴和侧轴。其默认值为 row nowrap。具体语法如下。

```
flex-flow: <'flex-direction'> || <'flex-wrap'>
```

取值说明如下。

- ☑ <'flex-direction'>：定义弹性盒子元素的排列方向。
- ☑ <'flex-wrap'>：控制 flex 容器是单行或者多行。

9.3.5 设置对齐方式

1. 主轴对齐

justify-content 定义弹性项目沿着主轴线的对齐方式，该属性适用于弹性容器。具体语法如下。

```
justify-content: flex-start | flex-end | center | space-between | space-around
```

取值说明如下。

- ☑ flex-star：为默认值，弹性项目向一行的起始位置靠齐。
- ☑ flex-end：弹性项目向一行的结束位置靠齐。
- ☑ center：弹性项目向一行的中间位置靠齐。
- ☑ space-between：弹性项目会平均地分布在行里。第 1 个弹性项目在一行中最开始位置，最后一个弹性项目在一行中最终点位置。
- ☑ space-around：弹性项目会平均地分布在行里，两端保留一半的空间。

上述取值比较效果如图 9.10 所示。

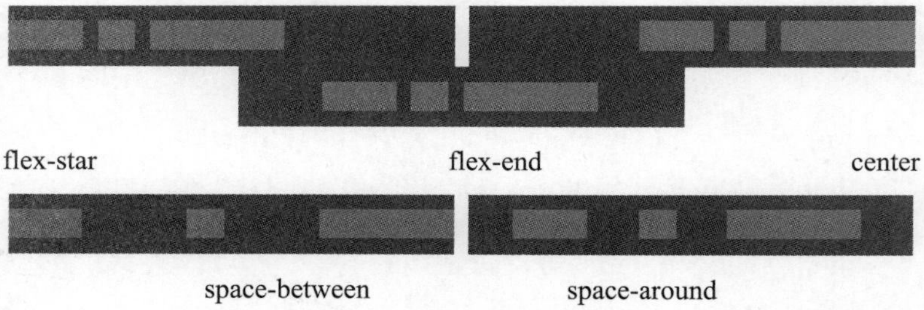

图 9.10 主轴对齐示意图

2. 侧轴对齐

align-items 定义弹性项目在侧轴上的对齐方式，该属性适用于弹性容器。具体语法如下。

```
align-items: flex-start | flex-end | center | baseline | stretch
```

取值说明如下。

- ☑ flex-start：弹性项目在侧轴起点边的外边距紧靠住该行在侧轴起始的边。
- ☑ flex-end：弹性项目在侧轴终点边的外边距靠住该行在侧轴终点的边。
- ☑ center：弹性项目的外边距盒在该行的侧轴上居中放置。
- ☑ baseline：弹性项目根据它们的基线对齐。
- ☑ stretch：默认值，弹性项目拉伸填充整个弹性容器。此值会使项目的外边距盒的尺寸在遵照 min/max-width/height 属性的限制下尽可能接近所在行的尺寸。

上述取值比较效果如图 9.11 所示。

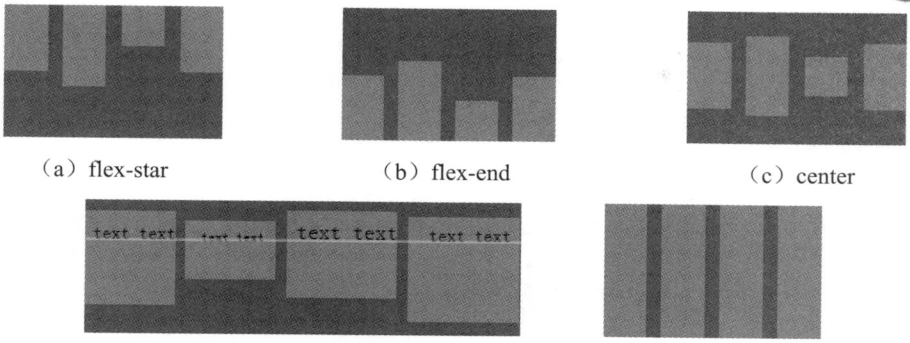

（a）flex-star　（b）flex-end　（c）center

（d）baseline　（e）stretch

图 9.11　侧轴对齐示意图

3. 弹性行对齐

align-content 定义弹性行在弹性容器里的对齐方式，该属性适用于弹性容器。类似于弹性项目在主轴上使用 justify-content 属性一样，但本属性在只有一行的弹性容器上没有效果。具体语法如下。

```
align-content: flex-start | flex-end | center | space-between | space-around | stretch
```

取值说明如下。

☑　flex-start：各行向弹性容器的起点位置堆叠。

☑　flex-end：各行向弹性容器的结束位置堆叠。

☑　center：各行向弹性容器的中间位置堆叠。

☑　space-between：各行在弹性容器中平均分布。

☑　space-around：各行在弹性容器中平均分布，在两边各有一半的空间。

☑　stretch：默认值，各行将会伸展以占用剩余的空间。

上述取值比较效果如图 9.12 所示。

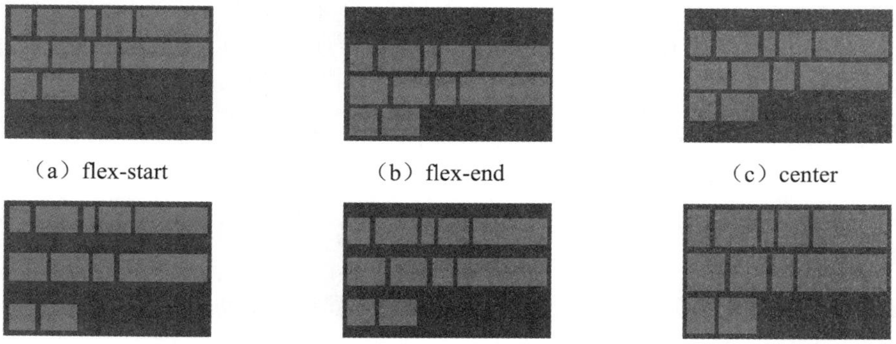

（a）flex-start　（b）flex-end　（c）center

（d）space-between　（e）space-around　（f）stretch

图 9.12　弹性行对齐示意图

【示例】以上面示例为基础，定义弹性行在弹性容器中居中显示，如图 9.13 所示。

```
<style type="text/css">
.flex-container {
    display: -webkit-flex;
    display: flex;
    -webkit-flex-wrap: wrap;
    flex-wrap: wrap;
    -webkit-align-content: center;
```

Note

```
        align-content: center;
        width: 500px; height: 300px;border: solid 1px red;
    }
    .flex-item {
        background-color: blue;
        width: 200px; height: 200px;
        margin: 10px;
    }
</style>
```

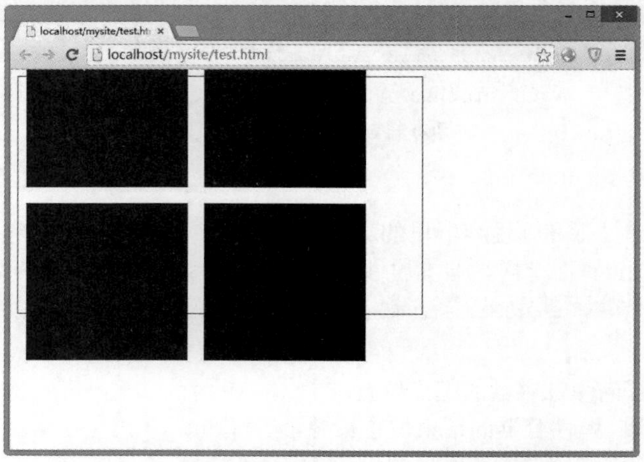

图 9.13　定义弹性行居中对齐

9.3.6　设置弹性项目

弹性项目都有一个主轴长度（main size）和一个侧轴长度（cross size）。主轴长度是弹性项目在主轴上的尺寸，侧轴长度是弹性项目在侧轴上的尺寸。一个弹性项目的宽或高取决于弹性容器的轴，可能就是它的主轴长度或侧轴长度。下面的属性适用于弹性项目，可以调整弹性项目的行为。

1. 显示位置

order 属性可以控制弹性项目在弹性容器中的显示顺序，具体语法如下。

```
order: <integer>
```

<integer>用整数值来定义排列顺序，数值小的排在前面。可以为负值。

2. 扩展空间

flex-grow 可以定义弹性项目的扩展能力，决定弹性容器剩余空间按比例应扩展多少空间。具体语法如下。

```
flex-grow: <number>
```

<number>用数值来定义扩展比率。不允许负值，默认值为 0。

如果所有弹性项目的 flex-grow 设置为 1，那么每个弹性项目将设置为一个大小相等的剩余空间。如果给其中一个弹性项目设置 flex-grow 为 2，那么这个弹性项目所占的剩余空间是其他弹性项目所占剩余空间的两倍。

3. 收缩空间

flex-shrink 可以定义弹性项目收缩的能力，与 flex-grow 功能相反，具体语法如下。

```
flex-shrink: <number>
```

<number>用数值来定义收缩比率。不允许负值，默认值为 1。

4. 弹性比率

flex-basis 可以设置弹性基准值，剩余空间按比率进行弹性。具体语法如下。

```
flex-basis: <length> | <percentage> | auto | content
```

取值说明如下。

- ☑ <length>：用长度值来定义宽度。不允许负值。
- ☑ <percentage>：用百分比来定义宽度。不允许负值。
- ☑ auto：无特定宽度值，取决于其他属性值。
- ☑ content：基于内容自动计算宽度。

提示：flex 是 flex-grow、flex-shrink 和 flex-basis 3 个属性的复合属性，该属性适用于弹性项目。其中第 2 个和第 3 个参数（flex-shrink、flex-basis）是可选参数。默认值为“0 1 auto”。语法如下。

```
flex: none | [ <'flex-grow'> <'flex-shrink'>? || <'flex-basis'> ]
```

5. 对齐方式

align-self 用来在单独的弹性项目上覆写默认的对齐方式。具体语法如下。

```
align-self: auto | flex-start | flex-end | center | baseline | stretch
```

align-self 的属性值与 align-items 的属性值相同。

【示例 1】以上面示例为基础，定义弹性项目在当前位置向右错移一个位置，其中第 1 个项目位于第 2 个项目的位置，第 2 个项目位于第 3 个项目的位置上，最后一个项目移到第 1 个项目的位置上，演示效果如图 9.14 所示。

```
<style type="text/css">
.flex-container {
    display: -webkit-flex;
    display: flex;
    width: 500px; height: 300px;border: solid 1px red;
}
.flex-item { background-color: blue; width: 200px; height: 200px; margin: 10px;}
.flex-item:nth-child(0){
    -webkit-order: 4;
    order: 4;
}
.flex-item:nth-child(1){
    -webkit-order: 1;
    order: 1;
}
.flex-item:nth-child(2){
    -webkit-order: 2;
    order: 2;
}
.flex-item:nth-child(3){
    -webkit-order: 3;
    order: 3;
}
</style>
```

【示例 2】margin: auto;在弹性盒中具有强大的功能，一个"auto"的 margin 会合并剩余的空间。它可以用来把弹性项目挤到其他位置。下面示例利用 margint: auto;定义包含的项目居中显示，效果如

Note

图 9.15 所示。

```
<style type="text/css">
.flex-container {
    display: -webkit-flex;
    display: flex;
    width: 500px; height: 300px; border: solid 1px red;
}
.flex-item {
    background-color: blue; width: 200px; height: 200px;
    margin: auto;
}
</style>
<div class="flex-container">
    <div class="flex-item">弹性项目</div>
</div>
```

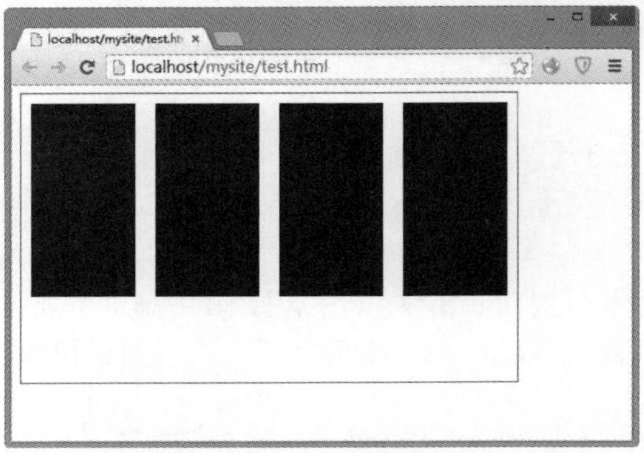

图 9.14　定义弹性项目错位显示

图 9.15　定义弹性项目居中显示

9.4 响应布局

媒体查询可以根据设备特性，如屏幕宽度、高度、设备方向（横向或纵向），为设备定义独立的 CSS 样式表。一个媒体查询由一个可选的媒体类型和零个或多个限制范围的表达式组成，如宽度、高度和颜色。

9.4.1 媒体类型和媒体查询

CSS2 提出媒体类型（Media Type）的概念，它允许为样式表设置限制范围的媒体类型。例如，仅供打印的样式表文件、仅供手机渲染的样式表文件、仅供电视渲染的样式表文件等，具体说明如表 9.1 所示。

表 9.1　CSS 媒体类型

类　　型	支持的浏览器	说　　明
aural	Opera	用于语音和音乐合成器
braille	Opera	用于触觉反馈设备
handheld	Chrome，Safari，Opera	用于小型或手持设备

续表

类　　型	支持的浏览器	说　　明
print	所有浏览器	用于打印机
projection	Opera	用于投影图像，如幻灯片
screen	所有浏览器	用于屏幕显示器
tty	Opera	用于使用固定间距字符格的设备，如电传打字机和终端
tv	Opera	用于电视类设备
embossed	Opera	用于凸点字符（盲文）印刷设备
speech	Opera	用于语音类型
all	所有浏览器	用于所有媒体设备类型

通过 HTML 标签的 media 属性定义样式表的媒体类型，具体方法如下。

☑ 定义外部样式表文件的媒体类型。

```
<link href="csss.css" rel="stylesheet" type="text/css" media="handheld" />
```

☑ 定义内部样式表文件的媒体类型。

```
<style type="text/css" media="screen">
...
</style>
```

CSS3 在媒体类型基础上，提出了 Media Queries（媒体查询）的概念。媒体查询比 CSS2 的媒体类型功能更强大、更加完善。两者主要区别是，媒体查询是一个值或一个范围的值，而媒体类型仅是设备的匹配。媒体类型可以帮助用户获取以下数据。

☑ 浏览器窗口的宽和高。

☑ 设备的宽和高。

☑ 设备的手持方向，横向还是竖向。

☑ 分辨率。

例如，下面这条导入外部样式表的语句。

```
<link rel="stylesheet" media="screen and (max-width: 600px)" href="small.css" />
```

在 media 属性中设置媒体查询的条件(max-width: 600px)：当屏幕宽度小于或等于 600px，则调用 small.css 样式表来渲染页面。

9.4.2 使用@media

CSS3 使用@media 规则定义媒体查询，简化语法格式如下。

```
@media [only | not]? <media_type> [and <expression>]* | <expression> [and <expression>]*{
    /*CSS 样式列表*/
}
```

参数简单说明如下。

☑ <media_type>：指定媒体类型，具体说明参考表 9.1 所示。

☑ <expression>：指定媒体特性。放在一对圆括号中，如(min-width:400px)。

☑ 逻辑运算符，如 and（逻辑与）、not（逻辑否）、only（兼容设备）等。

媒体特性包括 13 种，接受单个的逻辑表达式作为值，或者没有值。大部分特性接受 min 或 max 的前缀，用来表示大于等于，或者小于等于的逻辑，以此避免使用大于号（>）和小于号（<）字符。

在 CSS 样式的开头必须定义@media 关键字，然后指定媒体类型，再指定媒体特性。媒体特性的格式与样式的格式相似，分为两部分，由冒号分隔，冒号前指定媒体特性，冒号后指定该特性的值。

【示例 1】指定当设备显示屏幕宽度小于等于 640px 时所使用的样式。

```
@media screen and (max-width: 639px) {
    /*样式代码*/
}
```

【示例 2】使用多个媒体查询将同一个样式应用于不同的媒体类型和媒体特性中，媒体查询之间通过逗号分隔，类似选择器分组。

```
@media handheld and (min-width:360px),screen and (min-width:480px) {
    /*样式代码*/
}
```

【示例 3】在表达式中加上 not、only 和 and 等逻辑运算符。

```
//下面样式代码将被使用在除便携设备之外的其他设备或非彩色便携设备中
@media not handheld and (color) {
    /*样式代码*/
}
//下面样式代码将被使用在所有非彩色设备中
@media all and (not color) {
    /*样式代码*/
}
```

【示例 4】only 运算符能够让那些不支持媒体查询，但是支持媒体类型的设备，将忽略表达式中的样式。例如：

```
@media only screen and (color) {
    /*样式代码*/
}
```

对于支持媒体查询的设备来说，能够正确地读取其中的样式，仿佛 only 运算符不存在；对于不支持媒体查询，但支持媒体类型的设备（如 IE8）来说，可以识别@media screen 关键字，但是由于先读取的是 only 运算符，而不是 screen 关键字，将忽略这个样式。

提示：媒体查询也可以用在@import 规则和<link>标签中。例如：

```
@import url(example.css) screen and (width:800px);
//下面代码定义了如果页面通过屏幕呈现，且屏幕宽度不超过 480px，则加载 shetland.css 样式表
<link rel="stylesheet" type="text/css" media="screen and (max-device-width: 480px)" href="shetland.css" />
```

9.4.3 应用@media

【示例 1】and 运算符用于符号两边规则均满足条件的匹配。

```
@media screen and (max-width : 600px) {
    /*匹配宽度小于等于 600px 的屏幕设备*/
}
```

【示例 2】not 运算符用于取非，所有不满足该规则的均匹配。

```
@media not print {
    /*匹配除了打印机以外的所有设备*/
}
```

注意：not 仅应用于整个媒体查询。

```
@media not all and (max-width : 500px) {}
/*等价于*/
```

```
@media not (all and (max-width : 500px)) {}
/*而不是*/
@media (not all) and (max-width : 500px) {}
```

在逗号媒体查询列表中，not 仅会否定它所在的媒体查询，而不影响其他的媒体查询。

如果在复杂的条件中使用 not 运算符，要显式添加小括号，避免歧义。

Note

【示例 3】,（逗号）相当于 or 运算符，用于两边有一条满足则匹配。

```
@media screen, (min-width : 800px) {
    /*匹配屏幕或者宽度大于等于 800px 的设备*/
}
```

【示例 4】在媒体类型中，all 是默认值，匹配所有设备。

```
@media all {
    /*可以过滤不支持 media 的浏览器*/
}
```

常用的媒体类型还有：screen 匹配屏幕显示器、print 匹配打印输出，更多媒体类型可以参考表 9.1。

【示例 5】使用媒体查询时，必须要加括号，一个括号就是一个查询。

```
@media (max-width : 600px) {
    /*匹配界面宽度小于等于 600px 的设备*/
}
@media (min-width : 400px) {
    /*匹配界面宽度大于等于 400px 的设备*/
}
@media (max-device-width : 800px) {
    /*匹配设备（不是界面）宽度小于等于 800px 的设备*/
}
@media (min-device-width : 600px) {
    /*匹配设备（不是界面）宽度大于等于 600px 的设备*/
}
```

提示：在设计手机网页时，应该使用 device-width/device-height，因为手机浏览器默认会对页面进行一些缩放，如果按照设备宽高来进行匹配，会更接近预期的效果。

【示例 6】媒体查询允许相互嵌套，这样可以优化代码，避免冗余。

```
@media not print {
    /*通用样式*/
    @media (max-width:600px) {
        /*此条匹配宽度小于等于 600px 的非打印机设备*/
    }
    @media (min-width:600px) {
        /*此条匹配宽度大于等于 600px 的非打印机设备*/
    }
}
```

【示例 7】在设计响应式页面时，用户应该根据实际需要，先确定自适应分辨率的阈值，也就是页面响应的临界点。

```
@media (min-width: 768px){
    /*>=768px 的设备*/
}
@media (min-width: 992px){
    /*>=992px 的设备*/
```

```
}
@media (min-width: 1200){
    /*>=1200px 的设备*/
}
```

注意：下面的样式顺序是错误的，因为后面的查询范围将覆盖前面的查询范围，导致前面的媒体查询失效。

```
@media (min-width: 1200){ }
@media (min-width: 992px){ }
@media (min-width: 768px){   }
```

因此，当我们使用 min-width 媒体特性时，应该按从小到大的顺序设计各个阈值。同理如果使用 max-width 时，就应该按从大到小的顺序设计各个阈值。

```
@media (max-width: 1199){
    /*<=1199px 的设备*/
}
@media (max-width: 991px){
    /*<=991px 的设备*/
}
@media (max-width: 767px){
    /*<=768px 的设备*/
}
```

【示例 8】用户可以创建多个样式表，以适应不同媒体类型的宽度范围。当然，更有效率的方法是将多个媒体查询整合在一个样式表文件中，这样可以减少请求的数量。

```
@media only screen and (min-device-width : 320px) and (max-device-width : 480px) {
    /*样式列表*/
}
@media only screen and (min-width : 321px) {
    /*样式列表*/
}
@media only screen and (max-width : 320px) {
    /*样式列表*/
}
```

【示例 9】如果从资源的组织和维护的角度考虑，可以选择使用多个样式表的方式来实现媒体查询，这样做更高效。

```
<link rel="stylesheet" media="screen and (max-width: 600px)" href="small.css" />
<link rel="stylesheet" media="screen and (min-width: 600px)" href="large.css" />
<link rel="stylesheet" media="print" href="print.css" />
```

【示例 10】使用 orientation 属性可以判断设备屏幕当前是横屏（值为 landscape），还是竖屏（值为 portrait）。

```
@media screen and (orientation: landscape) {
    .iPadLandscape {
        width: 30%;
        float: right;
    }
}
@media screen and (orientation: portrait) {
    .iPadPortrait {clear: both;}
}
```

不过 orientation 属性只在 iPad 上有效，对于其他可转屏的设备（如 iPhone），可以使用 min-device-width 和 max-device-width 来变通实现。

9.5 在线支持

扫码免费学习
更多实用技能

一、补充知识

- ☑ CSS3 显示类型
- ☑ CSS3 布局类型
- ☑ Flexbox 系统概述
- ☑ 浏览器的支持

二、专项练习

- ☑ 盒模型
- ☑ 版式设计
- ☑ 用户界面
- ☑ CSS3 新功能

三、参考

- ☑ Flexbox 伸缩布局新旧版本语法比较
- ☑ 可伸缩框属性（Flexible Box）列表
- ☑ Grid 属性列表
- ☑ Marquee 属性列表
- ☑ 多列属性（Multi-column）列表
- ☑ Paged Media 属性列表

四、更多案例实战

- ☑ 设计应用界面
- ☑ 设计 3 行 3 列应用
- ☑ 多列布局

新知识、新案例不断更新中……

Note

第 10 章

JavaScript 基础

JavaScript 是一种轻量级、解释型的 Web 开发语言，获得了所有浏览器的支持，是目前广泛使用的编程语言之一。本章将简单介绍 JavaScript 基本语法和用法。

视频讲解

10.1 JavaScript 基本规范

编写正确的 JavaScript 脚本，需要掌握最基本的语法规范，下面简单了解一下。

1. 字符编码

JavaScript 遵循 Unicode 字符编码规则。Unicode 字符集中每个字符使用两个字节来表示，这意味着用户可以使用中文来命名 JavaScript 变量。

2. 区分大小写

JavaScript 严格区分大小。为了避免输入混乱和语法错误，建议采用小写字符编写代码。在特殊情况下才可以使用大写形式。

3. 标识符

标识符（identifier）就是名称的专业术语，JavaScript 标识符包括变量、函数、参数和属性等。合法的标识符必须遵守如下规则。

☑ 第 1 个字符必须是字母、下画线（_）或美元符号（$）。

☑ 除第 1 个字符外，其他位置可以使用 Unicode 字符。一般建议仅使用 ASCII 编码的字母，不建议使用双字节的字符。

☑ 不能与 JavaScript 关键字、保留字重名。

☑ 可以使用 Unicode 转义序列。例如，字符 a 可以使用“\u0061”表示。

【示例 1】定义变量 a，使用 Unicode 转义序列表示变量名。

```
var \u0061 = "字符 a 的 Unicode 转义序列是\\u0061";
console.log(\u0061);
```

4. 直接量

直接量（literal）就是具体的值，即能够直接参与运算或显示，如字符串、数值、布尔值、正则表达式、对象直接量、数组直接量、函数直接量等。

5. 关键字和保留字

关键字就是 ECMA-262 规定 JavaScript 语言内部使用的一组名称（或称为命令），这些名称具有特定的用途，用户不能够自定义同名的标识符，具体说明如表 10.1 所示。

表 10.1 ECMAScript 关键字

break	delete	if	this	while
case	do	in	throw	with
catch	else	instanceof	try	
continue	finally	new	typeof	
debugger（ECMAScript 5 新增）	for	return	var	
default	function	switch	void	

保留字就是 ECMA-262 规定 JavaScript 语言内部预备使用的一组名称（或称为命令），这些名称目前还没有具体的用途，但是为 JavaScript 升级版本预留备用。不建议用户使用，具体说明如表 10.2 所示。

表 10.2 ECMAScript 保留字

abstract	double	goto	native	static
boolean	enum	implements	package	super
byte	export	import	private	synchronized
char	extends	int	protected	throws
class	final	interface	public	transient
const	float	long	short	volatile

6. 分隔符

分隔符就是各种不可见的字符，如空格（\u0020）、水平制表符（\u0009）、垂直制表符（\u000B）、换页符（\u000C）、不中断空白（\u00A0）、字节序标记（\uFEFF）、换行符（\u000A）、回车符（\u000D）、行分隔符（\u2028）、段分隔符（\u2029）等。

在 JavaScript 中，分隔符不被解析，主要用来分隔各种记号，如标识符、关键字、直接量等信息。在 JavaScript 脚本中，常用分隔符来格式化代码，方便阅读代码。

7. 注释

注释就是不被解析的一串字符。JavaScript 注释有两种方法。

☑ 单行注释：//单行注释信息。

☑ 多行注释：/*多行注释信息*/。

【示例 2】把位于“//”字符后一行内的所有字符视为单行注释信息。下面几条注释语句可以位于代码段的不同位置，分别描述不同区域代码的功能。

```
//程序描述
function toStr(a){            //块描述
    //代码段描述
    return a.toString();      //语句描述
}
```

使用单行注释时，在“//”后面的行内任何字符或代码都被忽略，不再解析。

【示例 3】使用“/*”和“*/”可以定义多行注释信息。

```
/*!
 * jQuery JavaScript Library v3.3.1
 * https://jquery.com/
*/
```

在多行注释中，包含在“/*”和“*/”符号之间的任何字符都视为注释文本而忽略掉。

Note

8. 转义序列

转义序列就是字符的一种表示方式（映射）。由于各种原因，很多字符无法直接在代码中输入或输出，只能够通过转义序列间接表示。

Unicode 转义序列方法：\u，4 位十六进制数字。

Latin-1 转义序列方法：\x，2 位十六进制数字。

【示例 4】 字符“©”的 Unicode 转义为\u00A9，ASCII 转义为\xA9。

```
console.log("\xa9");            //显示字符©
console.log("\u00a9");          //显示字符©
```

提示：在后面字符串章节中还会详细讲解转义字符，这里仅简单了解一下。

10.2 变　　量

10.2.1 声明变量

在 JavaScript 中，使用 var 语句可以声明变量。

【示例 1】 在一个 var 语句中，可以声明一个或多个变量，也可以为变量赋值。未赋值的变量，初始为 undefined。当声明多个变量时，应使用逗号运算符进行分隔。

```
var a;                          //声明一个变量
var a, b, c;                    //声明多个变量
var b = 1;                      //声明并赋值
console.log(a);                 //返回 undefined
console.log(b);                 //返回 1
```

ECMAScript 6（ECMAScript 2015）新增加了两个重要的关键字：let 和 const。

- ☑ let：声明的变量只在 let 命令所在的代码块内有效。
- ☑ const：声明只读的常量，一旦声明，常量的值就不能改变。

ECMAScript 6 新增块级作用域，之前只有全局作用域和函数内的局部作用域。使用 var 关键字声明的变量不具备块级作用域的特性，使用 let 关键字可以实现块级作用域。

【示例 2】 let 声明的变量只在所属的代码块{}内有效，在{}之外不能访问。

```
var i = 5;
for (let i = 0; i < 10; i++) {
    console.log(i);
}
console.log(i);                 //i 为 5
```

如果 for (let i = 0; i < 10; i++)改为 for (var i = 0; i < 10; i++)，则 console.log(i);将输出 10，因为可以访问循环体内变量 i 的值。

10.2.2 赋值变量

使用等号（=）运算符可以为变量赋值，等号左侧为变量，右侧为被赋的值。

【示例】 变量提升现象。JavaScript 在预编译期会先预处理声明的变量，但是变量的赋值操作发生在 JavaScript 执行期，而不是预编译期。

```
console.log( a );               //显示 undefined
a =1;
```

```
console.log( a );                    //显示 1
var a;
```

在上面示例中，声明变量放在最后，赋值操作放在前面，由于 JavaScript 在预编译期已经对变量声明语句进行了预解析，所以第 1 行代码读取变量值时不会抛出异常，而是返回未初始化的值 undefined。第 3 行代码是在赋值操作之后读取，显示为数字 1。

10.3 数据类型

10.3.1 基本类型

JavaScript 定义了 6 种基本数据类型，如表 10.3 所示。

表 10.3 JavaScript 的 6 种基本数据类型

数据类型	说　明
null	空值。表示非对象
undefined	未定义的值。表示未赋值的初始化值
number	数字。数学运算的值
string	字符串。表示信息流
boolean	布尔值。逻辑运算的值
object	对象。表示复合结构的数据集

使用 typeof 运算符可以检测上述 6 种基本类型。

【示例】使用 typeof 运算符分别检测常用值的类型。

```
console.log(typeof 1);               //返回字符串"number"
console.log(typeof "1");             //返回字符串"string"
```

10.3.2 数字

数字（Number）也称为数值或数。

1. 数值直接量

在 JavaScript 程序中，直接输入的任何数字都被视为数值直接量。

【示例 1】数值直接量可以细分为整型直接量和浮点型直接量。浮点数就是带有小数点的数值，而整数是不带小数点的数。

```
var int = 1;                         //整型数值
var float = 1.0;                     //浮点型数值
```

整数一般都是 32 位数值，而浮点数一般都是 64 位数值。

【示例 2】浮点数可以使用科学计数法来表示。

```
var float = 1.2e3;
```

其中，e（或 E）表示底数，其值为 10，而 e 后面跟随的是 10 的指数。指数是一个整型数值，可以取正负值。上面代码等价于：

```
var float = 1.2*10*10*10;
var float = 1200;
```

【示例 3】科学计数法表示的浮点数也可以转换为普通的浮点数。

```
var float = 1.2e-3;
```

等价于：

```
var float = 0.0012;
```

但不等于：

```
var float = 1.2*1/10*1/10*1/10;          //返回 0.0012000000000000001
var float = 1.2/10/10/10;                //返回 0.0012000000000000001
```

2. 二进制、八进制和十六进制数值

JavaScript 支持把十进制数值转换为二进制、八进制和十六进制等不同进制的数值。

【示例 4】十六进制数以“0X”或“0x”作为前缀，后面跟随十六进制的数值直接量。

```
var num = 0x1F4;                         //十六进制数值
console.log(num);                        //返回 500
```

十六进制的数是从 0～9 和 a～f 的数字或字母任意组合，用来表示 0～15 的某个字。

10.3.3 字符串

JavaScript 字符串（String）就是由 0 个或多个字符组成的字符序列。0 个字符表示空字符串。

1. 字符串直接量

字符串必须包含在单引号或双引号中。字符串直接量有如下几个特点。

☑ 如果字符串包含在双引号中，则字符串内可以包含单引号。反之，可以在单引号中包含双引号。例如，定义 HTML 字符串时，习惯使用单引号表示字符串，HTML 中包含的属性值使用双引号表示，这样不容易出现错误。

```
console.log('<meta charset="utf-8">');
```

☑ 在 ECMAScript 3 中，字符串必须在一行内表示，换行表示是不允许的。例如，下面字符串直接量的写法是错误的。

```
console.log("字符串
直接量");                                 //抛出异常
```

如果要换行显示字符串，可以在字符串中添加换行符（\n）。例如：

```
console.log("字符串\n 直接量");           //在字符串中添加换行符
```

☑ 在 ECMAScript 5 中，字符串允许多行表示，实现方法：在换行结尾处添加反斜杠（\）。反斜杠和换行符不作为字符串直接量的内容。例如：

```
console.log("字符串\
直接量");                                 //显示"字符串直接量"
```

☑ 在字符串中插入特殊字符，需要使用转义字符，如单引号、双引号等。例如，英文中常用单引号表示撇号，此时如果使用单引号定义字符串，就应该添加反斜杠转义字符，单引号就不再被解析为字符串标识符，而是作为撇号使用。

```
console.log('I can\'t read.');           //显示"I can't read."
```

☑ 字符串中每个字符都有固定的位置。第 1 个字符的下标位置为 0，第 2 个字符的下标位置为 1，依此类推。最后一个字符的下标位置是字符串长度减 1。

Note

2. 转义字符

JavaScript 定义反斜杠加上字符可以表示字符自身。注意，一些字符加上反斜杠后会表示特殊字符，而不是原字符本身，这些特殊转义字符具体说明如表 10.4 所示。

表 10.4 JavaScript 特殊转义字符

序　列	代 表 字 符
\0	Null 字符（\u0000）
\b	退格符（\u0008）
\t	水平制表符（\u0009）
\n	换行符（\u000A）
\v	垂直制表符（\u000B）
\f	换页符（\u000C）
\r	回车符（\u000D）
\"	双引号（\u0022）
\'	撇号或单引号（\u0027）
\\	反斜线（\u005C）
\xXX	由 2 位十六进制数值 XX 指定的 Latin-1 字符
\uXXXX	由 4 位十六进制数值 XXXX 指定的 Unicode 字符
\XXX	由 1～3 位八进制数值（000～377）指定的 Latin-1 字符，可表示 256 个字符。如\251 表示版权符号。注意，ECMAScript 3.0 不支持，考虑到兼容性不建议使用

提示： 在一个正常字符前添加反斜杠时，JavaScript 会忽略该反斜杠。例如：

```
console.log("子曰:\"学\而\不\思\则\罔\，\思\而\不\学\则\殆\。\"")
```

等价于：

```
console.log("子曰:\"学而不思则罔，思而不学则殆。\"")
```

10.3.4 布尔值

布尔型（Boolean）仅包含两个固定的值（true 和 false），其中 true 代表“真”，而 false 代表“假”。

注意： 在 JavaScript 中，undefined、null、""、0、NaN 和 false 这 6 个特殊值转换为布尔值时为 false，被称为假值。除假值外，其他任何类型的数据转换为布尔值时都是 true。

【示例】使用 Boolean()函数可以强制转换值为布尔值。

```
console.log(Boolean(0));          //返回 false
console.log(Boolean(""));         //返回 false
```

10.3.5 null

Null 类型只有一个值，即 null，它表示空值，定义一个空对象指针。

使用 typeof 运算符检测 null 值，返回 Object，表明它属于对象类型，但是 JavaScript 把它归为一类特殊的值。

设置变量的初始化值为 null，可以定义一个备用的空对象，即特殊的对象值，或称为非对象。例如，如果检测一个对象为空，则可以对其进行初始化。

```
if( men == null) {
    men = {
```

```
            //初始化对象 men
        }
    }
```

10.3.6 undefined

undefined 是 Undefined 类型的唯一值，表示未定义的值。当声明变量未赋值时，或者定义属性未设置值时，默认值都为 undefined。

【示例】undefined 派生自 null，null 和 undefined 都表示空缺的值，转换为布尔值都是假值，可以相等。

```
console.log(null == undefined);          //返回 true
```

null 和 undefined 属于两种不同类型，使用全等运算符（===）或 typeof 运算符可以进行检测。

```
console.log(null === undefined);         //返回 false
console.log(typeof null);                //返回"object"
console.log(typeof undefined);           //返回"undefined "
```

10.4 类型检测

使用 typeof 运算符可以检测基本数据类型，本节再介绍两种更实用的方法。

10.4.1 使用 constructor 属性

constructor 是 Object 类型的原型属性，它能够返回当前对象的构造器（类型函数）。利用该属性，可以检测复合型数据的类型，如对象、数组和函数等。

【示例】使用 constructor 检测对象和数组的类型。

```
var o = {};
var a = [];
if(o.constructor == Object) console.log("o 是对象");
if(a.constructor == Array) console.log("a 是数组");
```

10.4.2 使用 toString()方法

toString()是 Object 类型的原型方法，它能够返回当前对象的字符串表示。利用该属性，可以检测任意类型的数据，如对象、数组、函数、正则表达式、错误对象、宿主对象、自定义类型对象等。也可以对值类型数据进行检测。

【示例】在对象上动态调用 Object 的原型方法 toString()，就会返回统一格式的字符串表示，然后通过这些不同的字符串表示，可以确定数据的类型。

```
var _toString = Object.prototype.toString;      //引用 Object 的原型方法 toString()
//使用 apply()方法在对象上动态调用 Object 的原型方法 toString()
console.log( _toString.apply(o));               //表示为"[object Object]"
console.log( _toString.apply(a));               //表示为"[object Array]"
console.log( _toString.apply(f));               //表示为"[object Function]"
```

10.5 基本类型转换

10.5.1 转换为字符串

把值转换为字符串有两种常用方法。

1. 使用加号运算符

当值与空字符串相加运算时，JavaScript 会自动把值转换为字符串。

```
var n = 123;
n = n + "";
console.log(typeof n);                    //返回类型为 string
```

2. 使用 toString()方法

当为简单的值调用 toString()方法时，JavaScript 会自动把它们封装为对象，然后再调用 toString()方法，获取对象的字符串表示。

```
var a = 123456;
a.toString();
console.log(a);                           //返回字符串"123456"
```

使用加号运算符转换字符串，实际上也是调用 toString()方法来完成。只不过是 JavaScript 自动调用 toString()方法实现的。

10.5.2 转换为数字

把值转换为数字有 3 种常用方法。

1. 使用 parseInt()

parseInt()是一个全局函数，它可以把值转换为整数。

【示例】把十六进制数字字符串"123abc"转换为十进制整数。

```
var a = "123abc";
console.log(parseInt(a,16));              //返回值十进制整数 1194684
```

2. 使用 parseFloat()

parseFloat()也是一个全局函数，它可以把值转换为浮点数，即它能够识别第 1 个出现的小数点号，而第 2 个小数点号被视为非法。解析过程与 parseInt()方法相同。

```
console.log(parseFloat("1.234.5"));       //返回数值 1.234
```

3. 使用乘号运算符

如果变量乘以 1，则变量会被 JavaScript 自动转换为数值，乘于 1 之后，结果没有发生变化，但是值的类型被转换为数值。如果值无法被转换为合法的数值，则返回 NaN。

```
var a = 1;                                //数值
var b = "1";                              //数字字符串
console.log(a + (b * 1));                 //返回数值 2
```

Note

10.5.3 转换为布尔值

把值转换为布尔值有两种常用方法。

1. 使用双重逻辑非

一个逻辑非运算符（!）可以把值转换为布尔值并取反，两个逻辑非运算符就可以把值转换为正确的布尔值。

```
console.log(!!0);                              //返回 false
console.log(!!1);                              //返回 true
```

2. 使用 Boolean()函数

使用 Boolean()函数可以强制把值转换为布尔值。

```
console.log(Boolean(0));                       //返回 false
console.log(Boolean(1));                       //返回 true
```

10.5.4 转换为对象

使用 new 命令调用 String()、Number()、Boolean()类型函数，可以把字符串、数字和布尔值 3 类简单值包装为对应类型的对象。

【示例】分别使用 String()、Number()、Boolean()类型函数执行实例化操作，并把值“123”传入，使用 new 运算符创建实例对象，简单值分别被包装为字符串型对象、数值型对象和布尔型对象。

```
var n = "123" ;
console.log(typeof new String(n));             //返回 object
console.log(typeof new Number(n));             //返回 object
console.log(typeof new Boolean(n));            //返回 object
```

10.5.5 强制类型转换

JavaScript 支持使用下面函数强制类型转换。

☑ Boolean(value)：把参数值转换为布尔型值。

☑ Number(value)：把参数值转换为数字。

☑ String(value)：把参数值转换为字符串。

【示例】分别调用 Boolean()、Number()、String() 3 个函数，把参数值强制转换为新的类型值。

```
console.log(String(true));                     //返回字符串"true"
console.log(String(0));                        //返回字符串"0"
console.log(Number("1"));                      //返回数值 1
```

在 JavaScript 中，使用强制类型转换非常有用，但是应该根据具体应用场景确保正确转换值。

10.6 算术运算

算术运算符包括加（+）、减（−）、乘（*）、除（/）、余数运算符（%）、数值取反运算符（-）。另外，JavaScript 还支持下面 4 种自增运算。

☑ 前置递增（++n）：先递增，再赋值。

☑ 前置递减（--n）：先递减，再赋值。
☑ 后置递增（n++）：先赋值，再递增。
☑ 后置递减（n--）：先赋值，再递减。

【示例】比较递增和递减的 4 种运算方式所产生的结果。

```
var a=b =c= 4;
console.log(a++);                //返回 4，先赋值，再递增，运算结果不变
console.log(++b);                //返回 5，先递增，再赋值，运算结果加 1
console.log(c++);                //返回 4，先赋值，再递增，运算结果不变
console.log(c);                  //返回 5，变量的值加 1
console.log(++c);                //返回 6，先递增，再赋值，运算结果加 1
console.log(c);                  //返回 6，变量的值也加 1
```

提示：递增运算符和递减运算符是相反的操作，在运算之前都会试图转换值为数值类型，如果失败则返回 NaN。

10.7 逻辑运算

逻辑运算又称布尔代数，就是布尔值（true 和 false）的“算术”运算。逻辑运算符包括逻辑与（&&）、逻辑或（||）和逻辑非（!）。

10.7.1 逻辑与运算

逻辑与运算（&&）是 AND 布尔操作。只有两个操作数都为 true 时，才返回 true，否则返回 false，具体描述如表 10.5 所示。

表 10.5 逻辑与运算

第 1 个操作数	第 2 个操作数	运 算 结 果
true	true	true
true	false	false
false	true	false
false	false	false

逻辑与是一种短路逻辑。如果左侧表达式为 false，则直接短路返回结果，不再运算右侧表达式。

【示例】利用逻辑与运算检测变量并进行初始化。

```
var user;                                  //定义变量
(!user && console.log("没有赋值"));        //返回提示信息“没有赋值”
```

等效于：

```
var user;                                  //定义变量
if(!user){                                 //条件判断
    console.log("变量没有赋值");
}
```

10.7.2 逻辑或运算

逻辑或运算（||）是布尔 OR 操作。如果两个操作数都为 true，或者其中一个为 true，就返回 true，否则返回 false。具体描述如表 10.6 所示。

表 10.6　逻辑或运算符

第 1 个操作数	第 2 个操作数	运 算 结 果
true	true	true
true	false	true
false	true	true
false	false	false

【示例】针对下面 4 个表达式：

```
var n = 3;
(n == 1) && console.log(1);
(n == 2) && console.log(2);
(n == 3) && console.log(3);
(!n) && console.log("null");
```

可以使用逻辑或对其进行合并。

```
var n = 3;
(n == 1) && console.log(1) ||
(n == 2) && console.log(2) ||
(n == 3) && console.log(3) ||
(!n) && console.log("null");
```

由于&&运算符的优先级高于||运算符的优先级，所以不必使用小括号进行分组。

10.7.3　逻辑非运算

逻辑非运算（!）是布尔取反操作（NOT）。作为一元运算符，直接放在操作数之前，把操作数的值转换为布尔值，然后取反并返回。

【示例 1】列举特殊操作数的逻辑非运算值。

```
console.log(!{});                    //如果操作数是对象，则返回 false
console.log(!0);                     //如果操作数是 0，则返回 true
```

【示例 2】如果对操作数执行两次逻辑非运算操作，就相当于把操作数转换为布尔值。

```
console.log(!0);                     //返回 true
console.log(!!0);                    //返回 false
```

注意：逻辑与和逻辑或运算的返回值不必是布尔值，但是逻辑非运算的返回值一定是布尔值。

10.8　关系运算

关系运算也称比较运算，需要两个操作数，运算返回值总是布尔值。

比较大小关系的运算符有 4 个，说明如表 10.7 所示。

表 10.7　大小关系运算符

大小运算符	说　明
<	如果第 1 个操作数小于第 2 个操作数，则返回 true，否则返回 false
<=	如果第 1 个操作数小于或者等于第 2 个操作数，则返回 true，否则返回 false
>=	如果第 1 个操作数大于或等于第 2 个操作数，则返回 true，否则返回 false
>	如果第 1 个操作数大于第 2 个操作数，则返回 true，否则返回 false

☑　如果两个操作数都是数字，或者一个是数值，另一个可以被转换成数字，则将根据数字大小进行比较。

```
console.log(4>3);                    //返回 true，直接利用数值大小进行比较
console.log("4">Infinity);           //返回 false，无穷大比任何数字都大
```

☑　如果两个操作数都是字符串，则执行字符串比较。

```
console.log("4">"3");                //返回 true，根据字符编码表的编号值比较
console.log("a">"b");                //返回 false，a 编码为 61，b 编码为 62
console.log("ab">"cb");              //返回 false，c 编码为 63
console.log("abd">"abc");            //返回 true，d 编码为 64，如果前面相同，则比较下个字符，依此类推
```

注意：字符比较是区分大小写的，一般小写字符大于大写字符。如果不区分大小写，则建议使用 toLowerCase()或 toUpperCase()方法把字符串统一为小写或大写之后再比较。

等值检测运算符包括 4 个，详细说明如表 10.8 所示。

表 10.8　等值运算

比较运算符	说　明
==（相等）	比较两个操作数的值是否相等
!=（不相等）	比较两个操作数的值是否不相等
===（全等）	比较两个操作数的值是否相等，同时检测它们的类型是否相等
!==（不全等）	比较两个操作数的值是否不相等，同时检测它们的类型是否不相等

10.9　赋值运算

赋值运算有两种形式。

☑　简单的赋值运算（=）：把等号右侧操作数的值，直接赋值给左侧的操作数，因此左侧操作数的值会发生变化。

☑　附加操作的赋值运算：赋值之前先对两侧操作数执行特定运算，然后把运算结果再赋值给左侧操作数，具体说明如表 10.9 所示。

表 10.9　附加操作的赋值运算符

赋值运算符	说　明	示　例	等　效　于
+=	加法运算或连接操作并赋值	a += b	a = a + b
-=	减法运算并赋值	a -= b	a = a - b
*=	乘法运算并赋值	a *= b	a = a * b
/=	除法运算并赋值	a /= b	a = a / b
%=	取模运算并赋值	a %= b	a = a % b
<<=	左移位运算并赋值	a <<= b	a = a << b
>>=	右移位运算并赋值	a >>= b	a = a >> b
>>>=	无符号右移位运算并赋值	a >>>= b	a = a >>> b
&=	位与运算并赋值	a &= b	a = a & b
|=	位或运算并赋值	a |= b	a = a | b
^=	位异或运算并赋值	a ^= b	a = a ^ b

Note

【示例】使用赋值运算符设计复杂的连续赋值表达式。

```
var a = b = c = d = e = f = 100;                    //连续赋值
//在条件语句的小括号内进行连续赋值
for(var a = b = 1; a < 5; a ++ ){    console.log(a + "" + b );    }
```

赋值运算符的结合性是从右向左，所以最右侧的赋值运算先执行，然后再向左赋值，依此类推，所以连续赋值运算不会引发异常。

10.10 条件运算

条件运算符是唯一的三元运算符，语法形式如下。

```
b ? x : y
```

b 操作数必须是一个布尔型的表达式，x 和 y 是任意类型的值。

☑ 如果操作数 b 的返回值为 true，则执行 x 操作数，并返回该表达式的值。

☑ 如果操作数 b 的返回值为 false，则执行 y 操作数，并返回该表达式的值。

【示例】定义变量 a，然后检测 a 是否赋值，如果赋值则使用该值，否则设置默认值。

```
var a = null;                                   //定义变量 a
typeof a != "undefined" ? a = a : a = 0 ;       //检测变量 a 是否赋值，否则设置默认值
console.log(a);                                 //显示变量 a 的值，返回 null
```

条件运算符可以转换为条件结构：

```
if( typeof a != "undefined" )                   //赋值
    a=a;
else                                            //没有赋值
    a = 0;
console.log(a);
```

也可以转换为逻辑表达式：

```
(typeof a != "undefined") && (a = a) || (a = 0);    //逻辑表达式
console.log(a);
```

在上面表达式中，如果 a 已赋值，则执行(a=a)表达式，执行完毕就不再执行逻辑或后面的(a = 0)表达式。如果 a 未赋值，则不再执行逻辑与运算符后面的(a=a)表达式，转而执行逻辑或运算符后面的表达式(a = 0)。

10.11 分支结构

10.11.1 if 语句

if 语句允许根据特定的条件执行指定的语句。语法格式如下。

```
if (expr)
    statement
```

如果表达式 expr 的值为 true，则执行语句 statement；否则，将忽略语句 statement。

【示例】使用内置函数 Math.random()随机生成一个 1～100 的整数，然后判断该数能否被 2 整除，如果可以整除，则输出显示。

```
var num = parseInt(Math.random()*99 + 1);       //使用 random()函数生成一个随机数
if (num % 2 == 0){                              //判断变量 num 是否为偶数
```

```
        console.log(num + "是偶数。");
}
```

提示：如果 statement 为单句，可以省略大括号，例如：

```
if (num % 2 == 0)
        console.log(num + "是偶数。");
```

10.11.2 else 语句

else 语句仅在 if 或 elseif 语句的条件表达式为假时执行。语法格式如下。

```
if (expr)
        statement1
else
        statement2
```

如果表达式 expr 的值为真，则执行语句 statement1；否则，将执行语句 statement2。

【示例】针对 10.11.1 节示例，可以设计二重分支，实现根据条件显示不同的提示信息。

```
var num = parseInt(Math.random()*99 + 1);          //使用 random()函数生成一个随机数
if (num % 2 == 0){                                 //判断变量 num 是否为偶数
        console.log(num + "是偶数。");
} else {
        console.log(num + "是奇数。");
}
```

10.11.3 switch 语句

switch 语句专门用来设计多分支条件结构。与 if-else 多分支结构相比，switch 结构更简洁，执行效率更高。语法格式如下。

```
switch (expr){
        case value1:
                statementList1
                break;
        case value2:
                statementList2
                break;
        …
        case valuen:
                statementListn
                break;
        default:
                default statementList
}
```

switch 语句根据表达式 expr 的值，依次与 case 后表达式的值进行比较，如果相等，则执行其后的语句段，只有遇到 break 语句，或者 switch 语句结束才终止；如果不相等，继续查找下一个 case。switch 语句包含一个可选的 default 语句，如果在前面的 case 中没有找到相等的条件，则执行 default 语句，它与 else 语句类似。

【示例】使用 switch 语句设计网站登录会员管理模块。

```
var id = 1;
switch (id) {
        case 1:
                console.log("普通会员");
                break;                                  //停止执行，跳出 switch
```

```
    case 2:
        console.log("VIP 会员");
        break;                          //停止执行，跳出 switch
    case 3:
        console.log("管理员");
        break;                          //停止执行，跳出 switch
    default:                            //上述条件都不满足时，默认执行的代码
        console.log("游客");
```

当 JavaScript 解析 switch 结构时，先计算条件表达式，然后计算第 1 个 case 子句后的表达式的值，并使用全等（===）运算符来检测两值是否相同。由于使用全等运算符，因此不会自动转换每个值的类型。

10.11.4 default 语句

default 是 switch 的子句，可以位于 switch 内任意位置，不会影响多重分支的正常执行。

【示例】使用 switch 语句设计一个四则运算函数。在 switch 结构内，先使用 case 枚举 4 种可预知的算术运算，当然还可以继续扩展 case 子句，枚举所有可能的操作，但是无法枚举所有意外情况，因此最后使用 default 处理意外情况。

```
function oper(a, b, opr){
    switch (opr){
        case "+" :                      //正常枚举
            return a + b;
        case "-" :                      //正常枚举
            return a - b;
        case "*" :                      //正常枚举
            return  a * b;
        case "/" :                      //正常枚举
            return  a / b;
        default:                        //异常处理
            return "非预期的 opr 值";
    }
}
console.log(oper(2, 5, "*"));           //返回 10
```

10.12 循环结构

10.12.1 while 语句

while 语句是最基本的循环结构。语法格式如下。

```
while (expr)
    statement
```

当表达式 expr 的值为 true 时，将执行 statement 语句，执行结束后，再返回到 expr 表达式继续进行判断。直到表达式的值为 false，才跳出循环，执行下面的语句。

【示例】使用 while 语句输出 1～100 的偶数。

```
var n = 1;                              //声明并初始化循环变量
while(n <= 100){                        //循环条件
    n ++ ;                              //递增循环变量
```

```
    if( n%2 == 0) document.write(n + " ");              //执行循环操作
}
```

10.12.2　do/while 语句

do/while 与 while 循环相似，区别在于表达式的值是在每次循环结束时检查，而不是在开始时检查。因此 do/while 循环能够保证至少执行一次循环，而 while 循环中，如果表达式的值为 false，则直接终止循环。语法格式如下。

```
do
    statement
while (expr)
```

【示例】针对 10.12.1 节示例使用 do/while 结构来设计，则代码如下。

```
var n = 1;                                          //声明并初始化循环变量
do {                                                //循环条件
    n ++ ;                                          //递增循环变量
    if(n%2 == 0) document.write(n + " ");           //执行循环操作
} while(n <= 100);
```

提示：建议在 do/while 结构的尾部使用分号表示语句结束，避免意外情况发生。

10.12.3　for 语句

for 语句是一种更简洁的循环结构。语法格式如下。

```
for (expr1; expr2; expr3)
    statement
```

表达式 expr1 在循环开始前无条件地求值一次，而表达式 expr2 在每次循环开始前求值。如果表达式 expr2 的值为 true，则执行循环语句，否则将终止循环，执行下面代码。表达式 expr3 在每次循环之后被求值。

【示例】使用嵌套循环求 1～100 的所有素数。外层 for 循环遍历每个数字，在内层 for 循环中，使用当前数字与其前面的数字求余。如果有至少一个能够整除，则说明它不是素数；如果没有一个被整除，则说明它是素数，最后输出当前数字。

```
for(var i=2 ; i<100 ; i++){                         //打印 2～100 的素数
    var b = true;
    for(var j = 2; j < i; j++){
                                                    //判断 i 能否被 j 整除，能被整除则说明不是素数，修改布尔值为 false
        if(i%j == 0)    b = false ;
    }
    if(b) document.writeln(i + " ");                //打印素数
}
```

10.12.4　for/in 语句

for/in 语句是 for 语句的一种特殊形式，语法格式如下。

```
for ([var] variable in <object | array>)
    statement
```

variable 表示一个变量，可以在其前面附加 var 语句，用来直接声明变量名。in 后面是一个对象或数组类型的表达式。在遍历对象或数组过程中，把获取的每一个值赋值给 variable，然后执行 statement 语句，其中可以访问 variable 来读取每个对象属性或数组元素的值。执行完毕，返回继续枚举下一个元素，周而复始，直到所有元素都被枚举为止。

【示例】使用 for/in 语句遍历数组，并枚举每个元素及其值。

```
var a = [1, true, "0", [false], {}];                    //声明并初始化数组变量
for(var n in a){                                        //遍历数组
    document.write("a[" + n + "] = " + a[n] + "<br>");  //显示每个元素及其值
}
```

ECMAScript 6 新增 for/of 循环，该循环可以访问任何可迭代的数据类型。for/of 循环的编写方式与 for/in 循环基本一样，只是将 in 替换为 of，但是可以忽略索引。例如：

```
const a = ["a","b","c"];
for (const e of a) {
    console.log(e);
}
```

等效于：

```
const a = ["a","b","c"];
for (const i in a) {
    console.log(a[i]);
}
```

10.13 流 程 控 制

10.13.1 label 语句

在 JavaScript 中，使用 label 语句可以为一行语句添加标签，以便在复杂结构中设置跳转目标。语法格式如下。

```
label : statements
```

label 为任意合法的标识符，但不能使用保留字，然后使用冒号分隔标签名与标签语句。

10.13.2 break 语句

break 语句能够结束当前 for、for/in、while、do/while 或者 switch 语句的执行。同时 break 可以接受一个可选的标签名，来决定跳出的结构语句。语法格式如下。

```
break label;
```

如果没有设置标签名，则表示跳出当前最内层结构。

【示例】在客户端查找 document 的 bgColor 属性。如果完全遍历 document 对象，会浪费时间，因此设计一个条件，判断所枚举的属性名是否等于“bgColor”，如果相等，则使用 break 语句跳出循环。

```
for(i in document){
    if(i.toString() == "bgColor"){
        document.write("document." + i + "=" + document[i] + "<br />");
        break;
    }
}
```

在上面代码中，break 语句并非跳出当前 if 结构体，而是跳出当前最内层的循环结构。

10.13.3 continue 语句

continue 语句用在循环结构内，用于跳过本次循环中剩余的代码，并在表达式的值为 true 时，继

续执行下一次循环。它可以接受一个可选的标签名，来决定跳出的循环语句。语法格式如下。

```
continue label;
```

【示例】使用 continue 语句过滤数组中的字符串值。

```
var a = [1, "hi", 2, "good", "4", , "" , 3, 4],      //定义并初始化数组 a
    b = [], j = 0;                                   //定义数组 b 和变量 j
for(var i in a){                                     //遍历数组 a
    if(typeof a[i] == "string")                      //如果为字符串，则返回继续下一次循环
        continue;
    b[j ++ ] = a[i];                                 //把数字寄存到数组 b
}
document.write(b);                                   //返回 1,2,3,4
```

10.14 异常处理

10.14.1 try/catch/finally 语句

try/catch/finally 是 JavaScript 异常处理语句。语法格式如下。

```
try{
   //调试代码块
}
catch(e){
   //捕获异常，并进行异常处理的代码块
}
finally{
   //后期清理代码块
}
```

在正常情况下，JavaScript 按顺序执行 try 子句中的代码，如果没有异常发生，将会忽略 catch 子句，跳转到 finally 子句中继续执行。

如果在 try 子句中发生运行时错误，或者使用 throw 语句主动抛出异常，则执行 catch 子句中的代码，同时传入一个参数，引用 Error 对象。

注意：在异常处理结构中，大括号不能够省略。

【示例】先在 try 子句中制造一个语法错误，然后在 catch 子句中获取 Error 对象，读取错误信息，最后在 finally 子句中提示代码。

```
try{
    1=1;                                 //非法语句
}
catch(error){                            //捕获错误
    console.log(error.name);             //访问错误类型
    console.log(error.message);          //访问错误详细信息
}
finally{                                 //清除处理
   console.log("1=1");                   //提示代码
}
```

catch 和 finally 子句是可选的，在正常情况下应该包含 try 和 catch 子句。

```
try{ 1=1; }
catch(error){}
```

10.14.2 throw 语句

throw 语句能够主动抛出一个异常，语法格式如下。

```
throw expression;
```

expression 是任意类型的表达式，一般为 Error 对象，或者 Error 子类实例。

当执行 throw 语句时，程序会立即停止执行。只有当使用 try/catch 语句捕获到被抛出的值时，程序才会继续执行。

【示例】在循环体内设计当循环变量大于 5 时，定义并抛出一个异常。

```
try{
    for(var i=0; i<10;i++){
        if(i>5) throw new Error("循环变量的值大于 5 了");     //抛出异常
        console.log(i);
    }
}
catch(error){ }                                    //捕获错误，其中 error 就是 new Error()的实例
```

在抛出异常时，JavaScript 也会停止程序的正常执行，并跳转到最近的 catch 子句。如果没有找到 catch 子句，则会检查上一级的 catch 子句，依此类推，直到找到一个异常处理器为止。如果在程序中都没有找到任何异常处理器，将会显示错误。

10.15 在线支持

扫码免费学习
更多实用技能

一、历史

☑ JavaScript 早期历史
☑ 细说 JavaScript 语言历史
☑ JavaScript 发展趋势

二、概念

☑ 词法基础
☑ 句法基础

三、基本使用

☑ JavaScript 代码嵌入网页的方法
☑ HTTP 协议下载
☑ 比较 defer 属性和 async 属性
☑ 在 XHTML 中使用 JavaScript 脚本
☑ 兼容不支持 JavaScript 的浏览器
☑ 比较嵌入代码与链接脚本
☑ 使用<noscript>标签

四、深入

☑ JavaScript 解析基础
☑ JavaScript 脚本的工作原理
☑ 脚本的动态加载
☑ 严格模式
☑ JavaScript 简单编程
☑ 异常处理结构

五、参考

☑ <script>标签的 6 个属性
☑ JavaScript 运算符列表说明
☑ JavaScript 语句列表说明

六、工具

☑ 浏览器与 JavaScript
☑ JavaScript 开发工具

七、数据类型

☑ 数值补充
☑ Null 和 Undefined 补充
☑ 严格模式的执行限制
☑ 使用 toString 检测类型升级版
☑ 细说数值

八、表达式运算

☑ 表达式求值强化练习
☑ 表达式简单编程
☑ 表达式计算
☑ 表达式编程

九、位运算

☑ 认识位运算
☑ 逻辑位运算
☑ 移位运算

新知识、新案例不断更新中……

第 11 章

处理字符串

字符串（String）是不可变的、有限数量的字符序列，字符包括可见字符、不可见字符和转义字符。在程序设计中，经常需要处理字符串，如复制、替换、连接、比较、查找、截取、分割等。在 JavaScript 中，字符串是一类简单值，直接调用 String 原型方法，可以操作字符串。操作字符串在表单验证、HTML 文本解析、Ajax 异步交互等方面广泛应用。

视频讲解

正则表达式（RegExp）也称规则表达式（Regular Expression），是非常强大的字符串操作工具，语法格式为一组特殊字符构成的匹配模式，用来匹配字符串。ECMAScript 3 以 Perl 为基础，规范了 JavaScript 正则表达式，实现了 Perl 5 正则表达式的子集。JavaScript 通过内置 RegExp 类型支持正则表达式，String 和 RegExp 类型都提供了执行正则表达式匹配操作的相关方法。

11.1 字符串处理基础

11.1.1 定义字符串

1. 字符串直接量

使用双引号或单引号包含任意长度的文本，可以定义字符串直接量。

【示例 1】任何被引号包含的文本都称为字符串。

```
var s = "true";                              //把布尔值转换为字符串
var s = "123";                               //把数值转换为字符串
var s = "[1,2,3]";                           //把数组转换为字符串
var s = "{x:1,y:2}";                         //把对象转换为字符串
var s = "console.log('Hello,World')";        //把可执行表达式转换为字符串
```

【示例 2】单引号和双引号可以配合使用，定义特殊形式的字符串。

```
var s = 'console.log("Hello,World")';
```

单引号可以包含双引号，或者双引号包含单引号。但是不能够在单引号中包含单引号，或者在双引号中包含双引号。

【示例 3】表示特殊字符，需要使用转义字符。在下面字符串中，使用“\"”表示双引号，这样可以直接用于双引号定义的字符串中。

```
var s = "\"";                                //有效的引号字符
```

2. 构造字符串

使用 String()类型函数可以构造字符串，该函数可以接收一个参数，并把它作为值来初始化字符串。

【示例 4】使用 new 运算符调用 String()构造函数，将创建一个字符串型对象。

```
var s = new String();                    //创建一个空字符串
var s = new String("我是构造字符串");     //创建字符串对象，初始化之后赋值给变量 s
```

注意： 通过 String 构造函数构造的字符串与字符串直接量的类型是不同的。前者为引用型对象，后者为值类型的字符串。

【示例 5】String()也可以直接使用，把参数转换为字符串类型的简单值返回。

```
var s = String(123456);                  //包装字符串
console.log(s);                          //返回字符串"123456"
```

【示例 6】String()允许传入多个参数，但是仅处理第 1 个参数，并把它转换为字符串返回。

```
var s = String(1, 2, 3, 4, 5, 6);        //带有多个参数
console.log(s);                          //返回字符串"1"
```

3. 使用字符编码

使用 fromCharCode()方法可以把字符编码转换为字符串。该方法可以包含多个参数，每个参数代表字符的 Unicode 编码，返回字符串表示。

【示例 7】把一组字符串编码转换为字符串。

```
var a = [35835, 32773, 24744, 22909], b = [];    //声明一个字符编码的数组
for(var i in a){                                 //遍历数组
    b.push(String.fromCharCode(a[i]));           //把每个字符编码都转换为字符串存入数组
}
console.log(b.join(""));                         //返回字符串"读者您好"
```

也可以把所有字符串按顺序传给 fromCharCode()。

```
var b = String.fromCharCode(35835, 32773, 24744, 22909);    //传递多个参数
```

提示： fromCharCode()是 String 类型的静态函数，不能通过字符串来调用。与 fromCharCode()相反，charCodeAt()可以把字符转换为 Unicode 编码。

11.1.2 获取长度

使用字符串的 length 属性可以读取字符串的长度。长度以字符为单位，该属性为只读属性。

【示例 1】使用字符串的 length 属性获取字符串的长度。

```
var s = "String 类型长度";               //定义字符串
console.log(s.length);                   //返回 10 个字符
```

注意： JavaScript 支持的字符包括单字节、双字节两种类型，为了精确计算字符串的字节长度，可以采用下面方法来计算。

【示例 2】为 String 扩展原型方法 byteLength()，该方法将枚举每个字符，并根据字符编码，判断当前字符是单字节还是双字节，然后统计字符串的字节长度。有关类型和原型的相关知识请参考第 14 章内容。

```
String.prototype.byteLength = function(){        //获取字符串的字节数，扩展 String 类型方法
    var b = 0, l = this.length;                  //初始化字节数递加变量，并获取字符串参数的字符个数
    if(l){                                       //如果存在字符串，则执行计算
        for(var i = 0; i < l; i ++){             //遍历字符串，枚举每个字符
            if(this.charCodeAt(i) > 255){        //字符编码大于 255，说明是双字节字符
                b += 2;                          //则累加 2 个
            }else{
```

```
                b ++ ;                              //否则递加一次
            }
        }
        return b;                                   //返回字节数
    }else{
        return 0;                                   //如果参数为空，则返回 0 个
    }
}
```

应用原型方法如下。

```
var s = "String 类型长度";                          //定义字符串直接量
console.log(s.byteLength())                         //返回 14
```

11.1.3 连接字符串

1. 使用加号运算符

连接字符串的最简便方法是使用加号运算符。

【示例 1】使用加号运算符连接两个字符串。

```
var s1 = "abc", s2 = "def";
console.log(s1+s2);                                 //返回字符串"abcdef"
```

2. 使用 concat()

使用字符串的 concat()方法可以把多个参数添加到指定字符串的尾部。该方法的参数类型和个数没有限制，它会把所有参数都转换为字符串，然后按顺序连接到当前字符串的尾部，最后返回连接后的新字符串。

【示例 2】使用字符串的 concat()方法把多个字符串连接在一起。

```
var s1 = "abc";
var s2 = s1.concat("d", "e", "f");                  //调用 concat()连接字符串
console.log(s2);                                    //返回字符串"abcdef"
```

提示：concat()方法不会修改原字符串的值，与数组的 concat()方法操作相似。

3. 使用 join()

在特定环境中，可以借助数组的 join()方法连接字符串，如 HTML 字符串输出等。

【示例 3】借助数组的方法来连接字符串。

```
var s = "JavaScript", a = [];                       //定义一个字符串
for(var i = 0; i < 1000; i ++)                      //循环执行 1000 次
    a.push(s);                                      //把字符串装入数组
var str = a.join("");                               //通过 join()方法把数组元素连接在一起
a = null;                                           //清空数组
document.write(str);
```

在上面示例中，使用 for 语句把 1000 个"JavaScript"字符串装入数组，然后调用数组的 join()方法把元素的值连接成一个长长的字符串。使用完毕应该立即清除数组，避免占用系统资源。

11.1.4 检索字符串

检索字符串的方法有多种，简单说明如表 11.1 所示。

表 11.1　String 类型的查找字符串方法

字符串方法	说　明
charAt()	返回字符串中第 n 个字符
charCodeAt()	返回字符串中第 n 个字符的编码
indexOf()	检索字符串
lastIndexOf()	从后向前检索一个字符串
match()	在字符串中找到一个或多个与正则表达式相匹配的子串
search()	在字符串中检索与正则表达式相匹配的子串

1. 查找字符

使用字符串的 charAt()和 charCodeAt()方法，可以根据参数（非负整数的下标值）返回指定位置的字符或字符编码。

提示：对于 charAt()方法来说，如果参数不在 0 和字符串的 length-1 之间，则返回空字符串。而对于 charCodeAt()方法来说，则返回 NaN，而不是 0 或空字符串。

【示例 1】为 String 类型扩展一个原型方法，用来把字符串转换为数组。在函数中使用 charAt()方法读取字符串中每个字符，然后装入一个数组并返回。有关类型和原型的相关知识请参考第 14 章内容。

```
String.prototype.toArray = function(){          //把字符串转换为数组
    var l = this.length, a = [];                //获取当前字符串长度，并定义空数组
    if(l){                                      //如果存在则执行循环操作，预防空字符串
        for(var i = 0; i < l; i ++){            //遍历字符串，枚举每个字符
            a.push(this.charAt(i));             //把每个字符按顺序装入数组
        }
    }
    return a;                                   //返回数组
}
```

应用原型方法：

```
var s = "abcdefghijklmn".toArray();             //把字符串转换为数组
for(var i in s){                                //遍历返回数组，显示每个字符
    console.log(s[i]);
}
```

2. 查找字符串

使用字符串的 indexOf()和 lastIndexOf()方法，可以根据参数字符串，返回指定子字符串的下标位置。这两个方法都有两个参数。

☑ 第 1 个参数为一个子字符串，指定要查找的子串。

☑ 第 2 个参数为一个整数，指定开始查找的起始位置，取值范围是 0～length-1。

对于第 2 个参数来说，有几种特殊情况需要注意。

☑ 如果值为负数，则视为 0，相当于从第 1 个字符开始查找。

☑ 如果省略了这个参数，也将从字符串的第 1 个字符开始查找。

☑ 如果值大于等于 length 属性值，则视为当前字符串中没有指定的子字符串，返回−1。

【示例 2】查询字符串中首个字母 a 的下标位置。

```
var s = "JavaScript";
var i = s.indexOf("a");
console.log(i);                                 //返回值为 1，即字符串中第 2 个字符
```

indexOf()方法只返回查找到的第 1 个子字符串的起始下标值，如果没有找到则返回−1。

【示例 3】查询 URL 字符串中首个字母 w 的下标位置。

```
var s = "http://www.mysite.cn/";
var a = s.indexOf("www");                    //返回值为 7，即第 1 个字符 w 的下标位置
```

如果要查找下一个子字符串，则可以使用第 2 个参数来限定范围。

【示例 4】分别查询 URL 字符串中两个点号字符的下标位置。

```
var s = "http://www.mysite.cn/";
var b = s.indexOf(".");                      //返回值为 10，即第 1 个字符.的下标位置
var e = s.indexOf(".", b + 1);               //返回值为 17，即第 2 个字符.的下标位置
```

注意：indexOf()方法是按着从左到右的顺序进行查找的。如果希望从右到左进行查找，则可以使用 lastIndexOf()方法查找。

【示例 5】按从右到左的顺序查询 URL 字符串中最后一个点号字符的下标位置。

```
var s = "http://www.mysite.cn/index.html";
var n = s.lastIndexOf(".");                  //返回值为 26，即第 3 个字符.的下标位置
```

【示例 6】lastIndexOf()方法的第 2 个参数指定开始查找的下标位置，但是将从该点开始向左查找，而不是向右查找。

```
var s = "http://www.mysite.cn/index.html";
var n = s.lastIndexOf("." , 11);             //返回值为 10，而不是 17
```

其中第 2 个参数值 11 表示字符 c（第 1 个）的下标位置，然后从其左侧开始向左查找，所以就返回第 1 个点号的位置。如果找到，则返回第 1 次找到的字符串的起始下标值。

```
var s = "http://www.mysite.cn/index.html";
var n = s.lastIndexOf("www");                //返回值为 7（第 1 个 w），而不是 10
```

如果没有设置第 2 个参数，或者为参数负值，或者参数大于等于 length，则将遵循 indexOf()方法进行操作。

3. 搜索字符串

search()方法与 indexOf()功能相同，查找指定字符串第 1 次出现的位置。但是 search()方法仅有一个参数，定义匹配模式。该方法没有 lastIndexOf()的反向检索功能，也不支持全局模式。

【示例 7】使用 search()方法匹配斜杠字符在 URL 字符串的下标位置。

```
var s = "http://www.mysite.cn/index.html";
var n = s.search("//");                      //返回值为 5
```

注意：

☑ search()方法的参数为正则表达式（RegExp 对象）。如果参数不是 RegExp 对象，则 JavaScript 会使用 RegExp()函数把它转换成 RegExp 对象。

☑ search()方法遵循从左到右的查找顺序，并返回第 1 个匹配的子字符串的起始下标位置值。如果没有找到，则返回−1。

☑ search()方法无法查找指定的范围，始终返回的是第 1 个匹配子字符串的下标值，没有 indexOf()方法灵活。

4. 匹配字符串

match()方法能够找出所有匹配的子字符串，并以数组的形式返回。

【示例 8】使用 match()方法找到字符串中所有字母 h，并返回它们。

```
var s = "http://www.mysite.cn/index.html";
var a = s.match(/h/g);                    //全局匹配所有字符 h
console.log(a);                           //返回数组[h,h]
```

match()方法返回的是一个数组，如果不是全局匹配，match()方法只能执行一次匹配。例如，下面匹配模式没有 g 修饰符，只能执行一次匹配，返回仅有一个元素 h 的数组。

```
var a = s.match(/h/);                     //返回数组[h]
```

如果没有找到匹配字符，则返回 null，而不是空数组。

当不执行全局匹配时，如果匹配模式包含子表达式，则返回子表达式匹配的信息。

【示例 9】使用 match()方法匹配 URL 字符串中所有点号字符。

```
var s = "http://www.mysite.cn/index.html";  //匹配字符串
var a = s.match(/(\.).*(\.).*(\.)/);        //执行一次匹配检索
console.log(a.length);                      //返回 4，包含 4 个元素的数组
console.log(a[0]);                          //返回字符串".mysite.cn/index."
console.log(a[1]);                          //返回第 1 个点号.，由第 1 个子表达式匹配
console.log(a[2]);                          //返回第 2 个点号.，由第 2 个子表达式匹配
console.log(a[3]);                          //返回第 3 个点号.，由第 3 个子表达式匹配
```

在这个正则表达式"/(\.).*(\.).*(\.)/"中，左右两个斜杠是匹配模式分隔符，JavaScript 解释器能够根据这两个分隔符来识别正则表达式。在正则表达式中小括号表示子表达式，每个子表达式匹配的文本信息会被独立存储。点号需要转义，因为在正则表达式中它表示匹配任意字符，星号表示前面的匹配字符可以匹配任意多次。

在上面示例中，数组 a 包含 4 个元素，其中第 1 个元素存放的是匹配文本，其余的元素存放的是每个正则表达式的子表达式匹配的文本。

另外，返回的数组还包含两个对象属性，其中 index 属性记录匹配文本的起始位置，input 属性记录的是被操作的字符串。

```
console.log(a.index);                     //返回值 10，第 1 个点号字符的起始下标位置
console.log(a.input);                     //返回字符串"http://www.mysite.cn/index.html"
```

注意：在全局匹配模式下，match()将执行全局匹配。此时返回的数组元素存放的是字符串中所有匹配文本，该数组没有 index 属性和 input 属性，同时不再提供子表达式匹配的文本信息，也不提示每个匹配子串的位置。如果需要这些信息，可以使用 RegExp.exec()方法，详细说明请参考 11.2.2 节。

11.1.5 截取字符串

截取字符串的方法有 3 个，简单说明如表 11.2 所示。

表 11.2 String 类型的截取子字符串方法

字符串方法	说 明
slice()	抽取一个子串
substr()	抽取一个子串
substring()	返回字符串的一个子串

1. 截取指定长度字符串

substr()方法能够根据指定长度来截取子字符串。它包含两个参数，第 1 个参数表示准备截取的子

串的起始下标，第 2 个参数表示截取的长度。

【示例 1】使用 lastIndexOf()获取字符串的最后一个点号的下标位置，然后从其后的位置开始截取 4 个字符。

```
var s = "http://www.mysite.cn/index.html";
var b = s.substr(s.lastIndexOf(".")+1, 4);          //截取最后一个点号后 4 个字符
console.log(b);                                      //返回子字符串"html"
```

注意：

☑ 如果省略第 2 个参数，则表示截取从起始位置开始到结尾的所有字符。考虑到扩展名的长度不固定，省略第 2 个参数会更灵活。

```
var b = s.substr( s.lastIndexOf( "." )+1 );
```

☑ 如果第 1 个参数为负值，则表示从字符串的尾部开始计算下标位置，即-1 表示最后一个字符，-2 表示倒数第 2 个字符，以此类推。这对于左侧字符长度不固定时非常有用。

提示：ECMAScript 不再建议使用该方法，推荐使用 slice()和 substring()方法。

2. 截取起止下标位置字符串

slice()和 substring()方法都是根据指定的起止下标位置来截取子字符串。它们都可以包含两个参数，第 1 个参数表示起始下标，第 2 个参数表示结束下标。

【示例 2】使用 substring()方法截取 URL 字符串中网站主机名信息。

```
var s = "http://www.mysite.cn/index.html";
var a = s.indexOf("www");                    //获取起始点的下标位置
var b = s.indexOf("/", a);                   //获取结束点后面的下标位置
var c = s.substring(a, b);                   //返回字符串 www.mysite.cn
var d = s.slice(a, b);                       //返回字符串 www.mysite.cn
```

注意：

☑ 截取的字符串包含第 1 个参数所指定的字符。结束点不被截取。

☑ 第 2 个参数如果省略，表示截取到结尾的所有字符串。

下面比较 slice()和 substring()方法使用。

如果第 1 个参数值比第 2 个参数值大，substring()方法能够在执行截取之前，先交换两个参数，而对于 slice()方法来说则被视为无效，并返回空字符串。

【示例 3】比较 substring()方法和 slice()方法的用法。

```
var s = "http://www.mysite.cn/index.html";
var a = s.indexOf("www");                    //获取起始点下标
var b = s.indexOf("/", a);                   //获取结束点后下标
var c = s.substring(b, a);                   //返回字符串 www.mysite.cn
var d = s.slice(b, a);                       //返回空字符串
```

提示：当起始点和结束点的值大小无法确定时，使用 substring()方法更合适。

如果参数值为负值，slice()方法能够把负号解释为从右侧开始定位，这与 Array 的 slice()方法相同。但是 substring()方法会视其为无效，并返回空字符串。

【示例 4】比较 substring()方法和 slice()方法的用法。

```
var s = "http://www.mysite.cn/index.html";
var a = s.indexOf("www");                    //获取起始点下标
```

```
var b = s.indexOf("/", a);                    //获取结束点后下标
var l = s.length;                             //获取字符串的长度
var c = s.substring(a-l, b-l);                //返回空字符串
var d = s.slice(a-l, b-l);                    //返回子字符串 www.mysite.cn
```

Note

11.1.6　替换字符串

使用字符串的 replace()方法可以替换指定的子字符串。该方法包含两个参数，第 1 个参数表示执行匹配的正则表达式，第 2 个参数表示准备替换匹配的子串。

【示例 1】使用 replace()方法替换字符串中“html”为“htm”。

```
var s = "http://www.mysite.cn/index.html";
var b = s.replace(/html/, "htm");             //把字符串 html 替换为 htm
console.log(b);                               //返回字符串"http://www.mysite.cn/index.htm"
```

第 2 个参数可以是替换的文本，或者是生成替换文本的函数，把函数返回值作为替换文本来替换匹配文本。

【示例 2】在使用 replace()方法时，灵活使用替换函数修改匹配字符串。

```
var s = "http://www.mysite.cn/index.html";
function f(x){                                //替换文本函数
    return x.substring(x.lastIndexOf(".")+1, x.length - 1)   //获取扩展名部分字符串
}
var b = s.replace(/(html)/, f(s));            //调用函数指定替换文本操作
console.log(b);                               //返回字符串"http://www.mysite.cn/index.htm"
```

replace()方法实际上执行的是同时查找和替换两个操作。它将在字符串中查找与正则表达式相匹配的子字符串，然后调用第 2 个参数值或替换函数替换这些子字符串。如果正则表达式具有全局性质 g，那么将替换所有的匹配子字符串，否则，它只替换第 1 个匹配子字符串。

【示例 3】在 replace()方法中约定了一个特殊的字符（$），这个美元符号如果附加 1 个序号就表示对正则表达式中匹配的子表达式存储的字符串引用。

```
var s = "JavaScript";
var b = s.replace(/(Java)(Script)/, "$2-$1");   //交换位置
console.log(b);                                 //返回字符串"Script-Java"
```

在上面示例中，正则表达式/(java)(script)/中包含两对小括号，按顺序排列，其中第 1 对小括号表示第 1 个子表达式，第 2 对小括号表示第 2 个子表达式，在 replace()方法的参数中可以分别使用字符串"$1"和"$2"来表示对它们匹配文本的引用。另外，美元符号与其他特殊字符组合还可以包含更多的语义，详细说明如表 11.3 所示。

表 11.3　replace()方法第 2 个参数中特殊字符

约定字符串	说　明
$1,$2,..., $99	与正则表达式中的第 1～99 个子表达式相匹配的文本
$&（美元符号+连字符）	与正则表达式相匹配的子字符串
$`（美元符号+切换技能键）	位于匹配子字符串左侧的文本
$'（美元符号+单引号）	位于匹配子字符串右侧的文本
$$	表示$符号

【示例 4】重复字符串。

```
var s = "JavaScript";
var b = s.replace(/.*/, "$&$&");              //返回字符串"JavaScriptJavaScript"
```

由于字符串“$&”在 replace()方法中被约定为正则表达式所匹配的文本，利用它可以重复引用匹配的文本，从而实现字符串重复显示效果。其中正则表达式“/.*/”表示完全匹配字符串。

【示例 5】对匹配文本左侧的文本完全引用。

```
var s = "JavaScript";
var b = s.replace(/Script/, "$& != $`");          //返回字符串"JavaScript != Java"
```

其中，字符“$&”代表匹配子字符串“Script”，字符“$`”代表匹配文本左侧文本“Java”。

【示例 6】对匹配文本右侧的文本完全引用。

```
var s = "JavaScript";
var b = s.replace(/Java/, "$&$' is");          //返回字符串"JavaScript is Script"
```

其中，字符“$&”代表匹配子字符串“Java”，字符“$'”代表匹配文本右侧文本“Script”。然后把“$&$' is”所代表的字符串“JavaScript is”替换原字符串中的“Java”子字符串，即组成一个新的字符串“JavaScript is Script”。

11.1.7　转换大小写

转换字符串大小写有 4 种方法，简单说明如表 11.4 所示。

表 11.4　String 字符串大小写转换方法

字符串方法	说　　明
toLocaleLowerCase()	把字符串转换成小写
toLocaleUpperCase()	将字符串转换成大写
toLowerCase()	将字符串转换成小写
toUpperCase()	将字符串转换成大写

【示例】把字符串全部转换为大写形式。

```
var s = "JavaScript";
console.log(s.toUpperCase());          //返回字符串"JAVASCRIPT"
```

提示： toLocaleLowerCase()和 toLocaleUpperCase()是两个本地化方法。它们能够按照本地方式转换大小写字母，由于只有几种语言（如土耳其语）具有地方特有的大小写映射，所以通常与 toLowerCase()和 toUpperCase()方法的返回值一样。

11.1.8　转换为数组

使用 split()方法可以根据指定的分隔符把字符串转切分为数组。相反，如果使用数组的 join()方法，可以把数组元素连接为字符串。

【示例 1】如果参数为空字符串，则 split()方法能够按单个字符进行分切，然后返回与字符串等长的数组。

```
var s = "JavaScript";
var a = s.split("");          //按字符空隙分割
console.log(s.length);          //返回值为 10
console.log(a.length);          //返回值为 10
```

提示：

☑　如果参数为空，则 split()方法能够把整个字符串作为一个元素的数组返回。

☑ 如果参数为正则表达式，则 split()方法以匹配的文本作为分隔符进行切分。

☑ 如果正则表达式匹配的文本位于字符串的边沿，则 split()方法也执行分切操作，且为数组添加一个空元素。

☑ 如果在字符串中指定的分隔符没有找到，则返回一个包含整个字符串的数组。

Note

split()方法支持第 2 个参数，该参数是一个可选的整数，用来指定返回数组的最大长度。如果设置了该参数，返回的数组长度不会多于这个参数指定的值。如果没有设置该参数，将分割整个字符串，不考虑数组长度。例如：

```
var s = "JavaScript";
var a = s.split("",4);                    //按顺序从左到右，仅分切 4 个元素的数组
console.log(a);                           //返回数组[J,a,v ,a]
console.log(a.length);                    //返回值为 4
```

【示例 2】如果想使返回的数组包括分隔符或分隔符的一个或多个部分，可以使用带子表达式的正则表达式来实现。

```
var s = "aa2bb3cc4dd5e678f12g";
var a = s.split(/(\d)/);                  //使用小括号包含数字分隔符
console.log(a);                           //返回数组[aa,2,bb,3,cc,4,dd,5,e,6,,7,,8,f,1,,2,g]
```

11.1.9 清除字符串

使用 trim()方法可以从字符串中移除前导空字符、尾随空字符和行终止符。该方法在表单处理中非常实用。

提示：空字符包括空格、制表符、换页符、回车符和换行符。

【示例】使用 trim()方法快速清除字符串首尾空格。

```
var s = "      abc def         \r\n    ";
s = s.trim();
console.log("[" + s + "]");               //[abc def]
console.log(s.length);                    //7
```

11.1.10 Unicode 编码和解码

JavaScript 定义了 6 个全局方法，用于 Unicode 字符串的编码和解码，说明如表 11.5 所示。

表 11.5 JavaScript 编码和解码方法

方　法	说　明
escape()	使用转义序列替换某些字符来对字符串进行编码
unescape()	对使用 escape()方法编码的字符串进行解码
encodeURI()	通过转义某些字符对 URI 进行编码
decodeURI()	对使用 encodeURI()方法编码的字符串进行解码
encodeURIComponent()	通过转义某些字符对 URI 的组件进行编码
decodeURIComponent()	对使用 encodeURIComponent()方法编码的字符串进行解码

1. escape()和 unescape()方法

escape()方法能够把除 ASCII 之外的所有字符转换为%xx 或%uxxxx（x 表示十六进制的数字）的转义序列。从\u0000 到\u00ff 的 Unicode 字符由转义序列%xx 替代，其他所有 Unicode 字符由%uxxxx

序列替代。

【示例 1】使用 escape()方法编码字符串。

```
var s = "JavaScript 中国";
s = escape(s);
console.log(s);                    //返回字符串"JavaScript%u4E2D%u56FD"
```

可以使用该方法对 cookie 字符串进行编码，避免与其他约定字符发生冲突，因为 cookie 包含的标点符号是有限制的。

与 escape()方法对应，unescape()方法能够对 escape()编码的字符串进行解码。

【示例 2】使用 unescape()方法解码被 escape()方法编码的字符串。

```
var s = "JavaScript 中国";
s = escape(s);                     //Unicode 编码
console.log(s);                    //返回字符串"JavaScript%u4E2D%u56FD"
s = unescape(s);                   //Unicode 解码
console.log(s);                    //返回字符串"JavaScript 中国"
```

2. encodeURI()和 decodeURI()方法

encodeURI()方法能够把 URI 字符串进行转义处理。例如：

```
var s = "JavaScript 中国";
s = encodeURI(s);
console.log(s);                    //返回字符串"JavaScript%E4%B8%AD%E5%9B%BD"
```

encodeURI()方法与 escape()方法的编码结果是不同的，但是它们都不会编码 ASCII 字符。

相对而言，encodeURI()方法会更加安全。它能够将字符转换为 UTF-8 编码字符，然后用十六进制的转义序列（形式为%xx）对生成的 1 个、2 个或 4 个字节的字符编码。

使用 decodeURI()方法可以 encodeURI()方法的结果进行解码。

【示例 3】对 URL 字符串进行编码和解码操作。

```
var s = "JavaScript 中国";
s = encodeURI(s);                  //URI 编码
console.log(s);                    //返回字符串"JavaScript%E4%B8%AD%E5%9B%BD"
s = decodeURI(s);                  //URI 解码
console.log(s);                    //返回字符串" JavaScript 中国"
```

3. encodeURIComponent()和 decodeURIComponent()

encodeURIComponent()与 encodeURI()方法不同。它们主要区别就在于，encodeURIComponent()方法假定参数是 URI 的一部分，例如协议、主机名、路径或查询字符串。因此，它将转义用于分隔 URI 各个部分的标点符号。而 encodeURI()方法仅把它们视为普通的 ASCII 字符，并没有转换。

【示例 4】比较 URL 字符串被 encodeURIComponent()方法编码前后的比较。

```
var s = "http://www.mysite.cn/navi/search.asp?keyword=URI";
a = encodeURI(s);
console.log(a);
b = encodeURIComponent(s);
console.log(b);
```

输出显示为：

```
http://www.mysite.cn/navi/search.asp?keyword=URI
http%3A%2F%2Fwww.mysite.cn%2Fnavi%2Fsearch.asp%3Fkeyword%3DURI
```

第 1 行字符串是 encodeURI()方法编码的结果，第 2 行字符串是 encodeURIComponent()方法编码的结果。与 encodeURI()方法一样，encodeURIComponent()方法对于 ASCII 字符不编码。而用于分隔

URI 各种组件的标点符号，都由一个或多个十六进制的转义序列替换。

使用 decodeURIComponent()方法可以对 encodeURIComponent()方法编码的结果进行解码。

```
var s = "http://www.mysite.cn/navi/search.asp?keyword=URI";
b = encodeURIComponent(s);
b = decodeURIComponent(b)
console.log(b);
```

Note

11.1.11 Base64 编码和解码

Base64 是一种编码方法，可以将任意字符（包括二进制字节流）转换成可打印字符。JavaScript 定义了两个与 Base64 相关的全局方法。

☑ btoa()：字符串或二进制字节串转为 Base64 编码。

☑ atob()：把 Base64 编码转为原来字符。

注意：Base64 方法不能够操作非 ASCII 字符。

【示例】要将非 ASCII 码字符转为 Base64 编码，必须使用 11.1.10 节介绍的方法把 Unicode 双字节字符串转换为 ASCII 字符表示，再使用这两个方法。

```
function b64Encode(str) {
    return btoa(encodeURIComponent(str));
}
function b64Decode(str) {
    return decodeURIComponent(atob(str));
}
var b = b64Encode('JavaScript 从入门到精通');
var a = b64Decode(b);
console.log(b); //返回 SmF2YVNjcmlwdCVFNCVCQiU4RSVFNSU4NSVBNSVFOSU5NyVBOCVFNSU4OCVCMCVFNyVC
MiVCRSVFOSU4MCU5QQ==
console.log(a);                              //返回'JavaScript 从入门到精通'
```

11.1.12 字符串模板

ECMAScript 6 允许使用反引号（`）来创建字符串，使用这种方法创建的字符串里可以包含由美元符号加花括号包裹的变量${vraible}。例如：

```
let num = Math.random();                    //产生一个随机数
console.log(`your num is ${num}`);          //使用字符串模板将这个数字输出到控制台
```

11.2 使用正则表达式

11.2.1 定义正则表达式

1. 构造正则表达式

使用 RegExp()构造函数可以定义正则表达式对象，具体语法格式如下。

```
new RegExp(pattern, attributes)
```

参数 pattern 是一个字符串，指定匹配模式或者正则表达式对象；参数 attributes 是一个可选的修饰性标志，包含"g"、"i"和"m"，分别用来设置全局匹配、区分大小写的匹配和多行匹配。如果参数

pattern 是正则表达式对象，则必须省略第 2 个参数。

RegExp()函数将返回一个 RegExp 实例对象，对象包含指定的匹配模式和匹配标志。

提示： JavaScript 正则表达式支持"g"、"i"、"m"、"u"和"y" 5 个标志符，简单说明如下。

- ☑ "g"：global 缩写，定义全局匹配，正则表达式将在一行字符串范围内执行所有匹配。
- ☑ "i"：insensitive 缩写，定义不区分大小写匹配，正则表达式忽略字母大小写。
- ☑ "m"：multiline 缩写，定义多行字符串匹配。
- ☑ "m"：ES6 新增，允许对 Unicode 字符串进行匹配。
- ☑ "y"：ES6 新增，开启粘滞模式匹配，允许设置匹配的精确位置。

【示例 1】 使用 RegExp 构造函数定义了一个简单的正则表达式，希望匹配字符串中所有的字母 a，不区分大小写，因此需要在第 2 个参数中设置 g 和 i 修饰词。

```
var r = new RegExp("a","gi");         //设置匹配模式为全局匹配，且不区分大小写
var s = "JavaScript!=JAVA";           //字符串直接量
var a = s.match(r);                   //匹配查找
console.log(a);                       //返回数组["a","a","A","A"]
```

【示例 2】 在正则表达式中可以使用特殊字符。本示例的正则表达式将匹配字符串"JavaScript JAVA"中每个单词的首字母。

```
var r = new RegExp("\\b\\w","gi");    //构造正则表达式对象
var s = "JavaScript JAVA";            //字符串直接量
var a = s.match(r);                   //匹配查找
console.log(a);                       //返回数组["j", "J"]
```

在上面示例中，"\b"表示单词的边界，"\w"表示任意 ASCII 字符。由于在字符串中，反斜杠表示转义序列，为了避免误解，使用“\\”替换所有“\”字符，使用双反斜杠表示斜杠自身。

2. 正则表达式直接量

正则表达式直接量使用双斜杠作为分隔符进行定义，双斜杠之间包含的字符为正则表达式的字符模式，字符模式不能使用引号，标志字符放在最后一个斜杠的后面。语法如下。

```
/pattern/attributes
```

【示例 3】 定义一个正则表达式直接量，然后直接调用。

```
var r = /\b\w/gi;
var s = "JavaScript JAVA";
var a = s.match(r);                   //直接调用正则表达式直接量
console.log(a);                       //返回数组["j", "J"]
```

提示： 匹配模式不是字符串，对于 RegExp()构造函数来说，它接收的参数全部是字符串，为了防止字符串被转义，需要使用双斜杠进行规避，而在正则表达式直接量中，每个字符都按正则表达式的语法规则来定义，不需要考虑字符串的转义问题。

11.2.2 执行匹配

使用 exec()方法可以执行通用匹配操作。具体语法格式如下。

```
regExp.exec(string)
```

regExp 表示正则表达式对象，参数 string 是要检索的字符串。返回一个数组，其中存放匹配的结果。如果未找到匹配结果，则返回 null。

数组的第 1 个元素存储匹配的字符串，第 2 个元素是第 1 个子表达式匹配的文本（如果有的话），第 3 个元素是第 2 个子表达式匹配的文本（如果有的话），以此类推。

数组对象还会包含下面两个属性。

☑ index：匹配文本的第 1 个字符的下标位置。

☑ input：存放被检索的字符串，即参数 string 自身。

提示： 在非全局模式下，exec()方法返回的数组与 String.match()方法返回的数组是相同的。

在全局模式下，exec()方法与 String.match()方法返回结果不同。当调用 exec()方法时，会为正则表达式对象定义 lastIndex 属性，指定执行下一次匹配的起始位置，同时返回匹配数组，与非全局模式下的数组结构相同。而 String.match()方法仅返回匹配文本组成的数组，没有附加信息。

因此，在全局模式下获取完整的匹配信息只能使用 exec()方法。

当 exec()方法找到了与表达式相匹配的文本后，会重置 lastIndex 属性为匹配文本的最后一个字符下标位置加 1，为下一次匹配设置起始位置。因此，通过反复调用 exec()方法，可以遍历字符串，实现全局匹配操作，如果找不到匹配文本时，将返回 null，并重置 lastIndex 属性为 0。

【示例】定义正则表达式，然后调用 exec()方法，逐个匹配字符串中每个字符，最后使用 while 语句显示完整的匹配信息。

```
var s = "JavaScript";                    //测试使用的字符串直接量
var r = /\w/g;                           //匹配模式
while((a = r.exec(s)) ){                 //循环执行匹配操作
    console.log("匹配文本 = " +  a[0] + "     a.index = " + a.index   + "      r.lastIndex = " +  r.lastIndex);
                                         //显示每次匹配操作后返回的数组信息
}
```

在 while 语句中，把返回结果作为循环条件，当返回值为 null 时，说明字符串检测完毕，立即停止迭代，否则继续执行。在循环体内，读取返回数组 a 中包含的匹配结果，并读取结果数组的 index 属性，以及正则表达式对象的 lastIndex 属性，演示效果如图 11.1 所示。

注意： 正则表达式对象的 lastIndex 属性是可读可写的。使用 exec()方法对一个字符串执行匹配操作后，如果再对另一个字符串执行相同的匹配操作，应该手动重置 lastIndex 属性为 0，否则不会从字符串的第 1 个字符开始匹配，返回的结果也会不同。

图 11.1　执行全局匹配操作结果

11.2.3　检测字符串

使用 test()方法可以检测一个字符串是否包含匹配字符串。语法格式如下。

```
regExp.test(string)
```

regExp 表示正则表达式对象，参数 string 表示要检测的字符串。如果字符串 string 中含有与 regExp 正则表达式匹配的文本，则返回 true，否则返回 false。

【示例】使用 test()方法检测字符串中是否包含字符。

```
var s = "JavaScript";
var r = /\w/g;                           //匹配字符
var b = r.test(s);                       //返回 true
```

如果使用下面正则表达式进行匹配，则返回 false，因为在字符串"JavaScript"中找不到数字。

```
var r = /\d/g;                    //匹配数字
var b = r.test(s);                //返回 false
```

11.2.4 编译表达式

使用 compile()方法可以重新编译正则表达式对象，修改匹配模式。具体语法格式如下。

```
regExp.compile(regExp,modifier)
```

参数 regExp 表示正则表达式对象，或者匹配模式字符串。当第 1 个参数为匹配模式字符串时，可以设置第 2 个参数 modifier，如"g"、"i"、"gi"等。

【示例】在 11.2.3 节示例基础上，设计当匹配到第 3 个字母时，重新修改字符模式，定义在后续操作中，仅匹配大写字母，结果就只匹配到 S 这个大写字母，演示效果如图 11.2 所示。

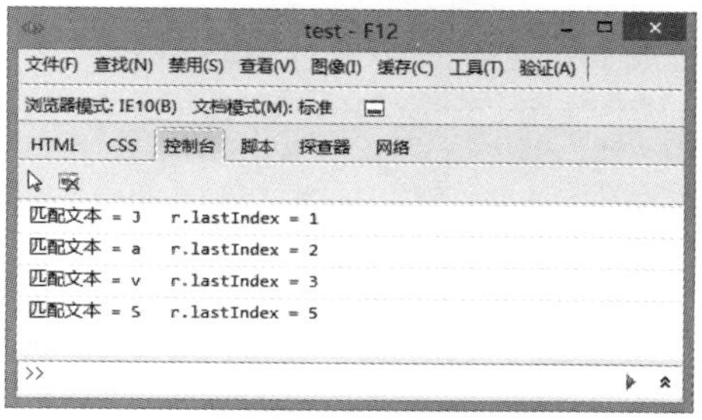

图 11.2 在匹配迭代中修改正则表达式

```
var s = "JavaScript";                //测试字符串
var r = /\w/g;                       //匹配模式
var n=0
while(r.test(s)){                    //循环执行匹配验证
    if(r.lastIndex == 3){            //当匹配第 4 个字符时，调整匹配模式
        r.compile(/[A-Z]/g);         //修改字符模式，定义仅匹配大写字母
        r.lastIndex = 3;             //设置下一次匹配的起始位置
    }
    console.log("匹配文本 = " +  RegExp.lastMatch + "    r.lastIndex = " +  r.lastIndex);
}
```

在上面示例代码中，r.compile(/[A-Z]/g);可以使用 r.compile("[A-Z]","g");代替。

注意：重新编译正则表达式之后，正则表达式所包含的信息都被恢复到初始化状态，如 lastIndex 变为 0。因此，如果想继续匹配，就需要设置 lastIndex 属性，定义继续匹配的起始位置。反之，当执行正则表达式匹配操作后，如果想用该正则表达式去继续匹配其他字符串，不妨利用下面方法恢复其初始状态，而不用手动重置 lastIndex 属性。

```
regExp.compile(regExp);
```

其中，regExp 表示同一个正则表达式。

11.2.5 访问匹配信息

每个正则表达式对象都包含一组属性，说明如表 11.6 所示。

表 11.6 RegExp 对象属性

属　　性	说　　明
global	返回 Boolean 值，检测 RegExp 对象是否具有标志 g
ignoreCase	返回 Boolean 值，检测 RegExp 对象是否具有标志 i
multiline	返回 Boolean 值，检测 RegExp 对象是否具有标志 m
lastIndex	一个整数，返回或者设置执行下一次匹配的下标位置
source	返回正则表达式的字符模式源码

注意：global、ignoreCase、multiline 和 source 属性都是只读属性。lastIndex 属性可读可写，通过设置该属性，可以定义匹配的起始位置。

【示例】读取正则表达式对象的基本信息，以及 lastIndex 属性在执行匹配前后的变化。

```
var s = "JavaScript";                                   //测试字符串
var r = /\w/g;                                          //匹配模式
console.log("r.global = " + r.global);                  //返回 true
console.log("r.ignoreCase = " + r.ignoreCase);          //返回 true
console.log("r.multiline = " + r.multiline);            //返回 false
console.log("r.source = " + r.source);                  //返回 a
console.log("r.lastIndex = " + r.lastIndex);            //返回 0
r.exec(s);                                              //执行匹配操作
console.log("r.lastIndex = " + r.lastIndex);            //返回 1
```

11.2.6　访问 RegExp 静态信息

RegExp 类型对象包含一组属性，通过 RegExp 对象直接访问，也称为静态信息。这组属性记录了当前脚本中最新正则表达式匹配的详细信息，说明如表 11.7 所示。

表 11.7　RegExp 静态属性

长　　名	短　　名	说　　明
input	$_	返回当前所作用的字符串，初始值为空字符串""
index		当前模式匹配的开始位置，从 0 开始计数。初始值为-1，每次成功匹配时，index 属性值都会随之改变
lastIndex		当前模式匹配的最后一个字符的下一个字符位置，从 0 开始计数，常被作为继续匹配的起始位置。初始值为-1，表示从起始位置开始搜索，每次成功匹配时，lastIndex 属性值都会随之改变
lastMatch	$&	最后模式匹配的字符串，初始值为空字符串""。在每次成功匹配时，lastMatch 属性值都会随之改变
lastParen	$+	最后子模式匹配的字符串，如果匹配模式中包含有子模式（包含小括号的子表达式），在最后模式匹配中最后一个子模式所匹配到的子字符串。初始值为空字符串""。每次成功匹配时，lastParen 属性值都会随之改变
leftContext	$`	在当前所作用的字符串中，最后模式匹配的字符串左边的所有内容。初始值为空字符串""。每次成功匹配时，其属性值都会随之改变
rightContext	$'	在当前所作用的字符串中，最后模式匹配的字符串右边的所有内容。初始值为空字符串""。每次成功匹配时，其属性值都会随之改变
$1～$9	$1～$9	只读属性，如果匹配模式中有小括号包含的子模式，$1～$9 属性值分别是第 1～9 个子模式所匹配到的内容。如果有超过 9 个以上的子模式，$1～$9 属性分别对应最后的 9 个子模式匹配结果。在一个匹配模式中，可以指定任意多个小括号包含的子模式，但 RegExp 静态属性只能存储最后 9 个子模式匹配的结果。在 RegExp 实例对象的一些方法所返回的结果数组中，可以获得所有圆括号内的子匹配结果

提示：这些静态属性大部分有两个名字：长名（全称）和短名（简称，以美元符号$开头表示）。

【示例 1】使用 RegExp 类型静态属性，匹配字符串"JavaScript"。

```
var s = "JavaScript,not JavaScript";
var r = /(Java)Script/gi;
```

```
var a = r.exec(s);                        //执行匹配操作
console.log(RegExp.input);                //返回字符串"JavaScript,not JavaScript"
console.log(RegExp.leftContext);          //返回空字符串，左侧没有内容
console.log(RegExp.rightContext);         //返回字符串", not JavaScript"
console.log(RegExp.lastMatch);            //返回字符串"JavaScript"
console.log(RegExp.lastParen);            //返回字符串"Java"
```

执行匹配操作后，各个属性的返回值说明如下。

- ☑ input 属性记录操作的字符串："JavaScript,not JavaScript"。
- ☑ leftContext 属性记录匹配文本左侧的字符串，在第 1 次匹配操作时，左侧文本为空。而 rightContext 属性记录匹配文本右侧的文本，即为", not JavaScript"。
- ☑ lastMatch 属性记录匹配的字符串，即为"JavaScript"。
- ☑ lastParen 属性记录匹配的分组字符串，即为"Java"。

如果匹配模式中包含多个子模式，则最后一个子模式所匹配的字符就是 RegExp.lastParen。

```
var r = /(Java)(Script)/gi;
var a = r.exec(s);                        //执行匹配操作
console.log(RegExp.lastParen);            //返回字符串"Script"，而不再是"Java"
```

【示例 2】针对上面示例也可以使用短名来读取相关信息。

```
var s = "JavaScript,not JavaScript";
var r = /(Java)(Script)/gi;
var a = r.exec(s);
console.log(RegExp.$_);                   //返回字符串"JavaScript,not JavaScript"
console.log(RegExp["$`"]);                //返回空字符串
console.log(RegExp["$'"]);                //返回字符串",not JavaScript"
console.log(RegExp["$&"]);                //返回字符串"JavaScript"
console.log(RegExp["$+"]);                //返回字符串"Script"
```

注意：这些属性的值都是动态的，在每次执行匹配操作时，都会被重新设置。

11.3　匹配模式语法基础

匹配模式是一组特殊格式的字符串，它由一系列特殊字符（也称元字符）和普通字符构成，每个元字符都包含特殊的语义，能够匹配特定的字符。

11.3.1　字符

根据正则表达式语法规则，大部分字符仅能够描述自身，这些字符称为普通字符，如所有的字母、数字等。

元字符就是拥有特定功能的特殊字符，大部分需要加反斜杠进行标识，以便与普通字符进行区别。而少数元字符，需要加反斜杠以便转义为普通字符使用。JavaScript 正则表达式支持的元字符如表 11.8 所示。

表 11.8　元字符

元　字　符	描　　述
.	查找单个字符，除了换行和行结束符
\w	查找单词字符

续表

元 字 符	描 述
\W	查找非单词字符
\d	查找数字
\D	查找非数字字符
\s	查找空白字符
\S	查找非空白字符
\b	匹配单词边界
\B	匹配非单词边界
\0	查找 NUL 字符
\n	查找换行符
\f	查找换页符
\r	查找回车符
\t	查找制表符
\v	查找垂直制表符
\xxx	查找以八进制数 xxx 规定的字符
\xdd	查找以十六进制数 dd 规定的字符
\uxxxx	查找以十六进制数 xxxx 规定的 Unicode 字符

表示字符的方法有多种，除了可以直接使用字符本身外，还可以使用 ASCII 编码或者 Unicode 编码来表示。

【示例 1】使用 ASCII 编码定义正则表达式直接量。

```
var r = /\x61/;                              //以 ASCII 编码匹配字母 a
var s = "JavaScript";
var a = s.match(r);                          //匹配第 1 个字符 a
```

由于字母 a 的 ASCII 编码为 97，被转换为十六进制数值后为 61，因此如果要匹配字符 a，就应该在前面添加“\x”前缀，表示 ASCII 编码。

【示例 2】除十六进制外，还可以使用八进制数值表示字符。

```
var r = /\141/;                              //141 是字母 a 的 ASCII 编码的八进制值
var s = "JavaScript";
var a = s.match(r);                          //即匹配第 1 个字符 a
```

使用十六进制需要添加“\x”前缀，主要是避免语义混淆，但是八进制不需要添加前缀。

【示例 3】ASCII 编码只能够匹配有限的单字节字符，使用 Unicode 编码可以表示双字节字符。Unicode 编码方式是：“\u”前缀加上 4 位十六进制值。

```
var r = /\u0061/;                            //以 Unicode 编码匹配字母 a
var s = "JavaScript";                        //字符串直接量
var a = s.match(r);                          //匹配第 1 个字符 a
```

11.3.2 字符范围

在正则表达式语法中，方括号表示字符范围。在方括号内可以包含多个字符，表示匹配其中任意一个字符。如果多个字符的编码顺序是连续的，可以仅指定开头和结尾字符，中间字符可以省略，仅使用连字符（-）表示。如果在方括号内添加脱字符（^）前缀，还可以表示范围之外的字符。例如：

☑ [abc]：查找方括号内任意一个字符。

☑ [^abc]：查找不在方括号内的字符。

☑ [0-9]：查找范围在 0～9 的数字，即查找数字。

☑ [a-z]：查找范围在 a～z 的字符，即查找小写字母。

☑ [A-Z]：查找范围在 A～Z 的字符，即查找大写字母。

☑ [A-z]：查找范围在 A～z 的字符，即所有大小写的字母。

【示例 1】字符范围遵循字符编码的顺序进行匹配。如果将要匹配的字符恰好在字符编码表中特定区域内，就可以使用这种方式表示。

如果匹配任意 ASCII 字符：

```
var r = /[\u0000-\u00ff]/g;
```

如果匹配任意双字节的汉字：

```
var r = /[^\u0000-\u00ff]/g;
```

如果要匹配任意大小写字母和数字：

```
var r = /[a-zA-Z0-9]/g;
```

使用 Unicode 编码设计，匹配数字：

```
var r = /[\u0030-\u0039]/g;
```

使用下面字符模式可以匹配任意大写字母：

```
var r = /[\u0041-\u004A]/g;
```

使用下面字符模式可以匹配任意小写字母：

```
var r = /[\u0061-\u007A]/g;
```

【示例 2】在字符范围内可以混用各种字符模式。

```
var s = "abcdez";                    //字符串直接量
var r = /[abce-z]/g;                 //字符 a、b、c，以及 e～z 的任意字符
var a = s.match(r);                  //返回数组["a","b","c","e","z"]
```

【示例 3】在中括号内不要有空格，否则会误解为还要匹配空格。

```
var r = /[0-9 ]/g;
```

【示例 4】字符范围可以组合使用，以便设计更灵活的匹配模式。

```
var s = "abc4 abd6 abe3 abf1 abg7";  //字符串直接量
var r = /ab[c-g][1-7]/g;             //前两个字符为 ab，第 3 个字符为 c～g，第 4 个字符为 1～7 的任意数字
var a = s.match(r);                  //返回数组["abc4","abd6","abe3","abf1","abg7"]
```

【示例 5】使用反义字符范围可以匹配很多无法直接描述的字符，实现以少应多的目的。

```
var r = /[^0123456789]/g;
```

在这个正则表达式中，将会匹配除了数字以外任意的字符。反义字符类比简单字符类显得功能更加强大和实用。

11.3.3　选择匹配

选择匹配使用竖线（|）描述，表示在两个子模式的匹配结果中任选一个。

☑ 匹配任意数字或字母。

```
var r = /\w+|\d+/;                   //选择重复字符类
```

☑ 可以定义多重选择模式。设计方法是：在多个子模式之间加入选择操作符。

```
var r = /(abc)|(efg)|(123)|(456)/;   //多重选择匹配
```

注意：为了避免歧义，应该为选择操作的多个子模式加上小括号。

【示例】对提交的表单字符串进行敏感词过滤。先设计一个敏感词列表，然后使用竖线把它们连接在一起，定义选择匹配模式，最后使用字符串的 repalce()方法把所有敏感字符替换为可以显示的编码格式，演示效果如图 11.3 所示。

```
var s = '<meta charset="utf-8">';          //待过滤的表单提交信息
var r = /\'|\"|\<|\>/gi;                   //过滤敏感字符的正则表达式
function f(){                              //替换函数
    //把敏感字符替换为对应的网页显示的编码格式
    return "&#" + arguments[0].charCodeAt(0) + ";";
}
var a = s.replace(r,f);                    //执行过滤替换
document.write(a);                         //在网页中显示正常的字符信息
console.log(a);                            //返回"&#60;meta charset=&#34;utf-8&#34;&#62; "
```

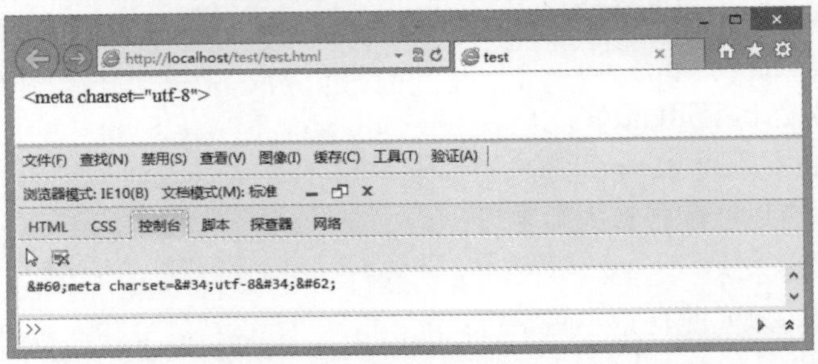

图 11.3　过滤 HTML 字符串

11.3.4　重复匹配

在正则表达式语法中，定义了一组重复类量词，如表 11.9 所示。它们定义了重复匹配字符的确数或约数。

表 11.9　重复类量词列表

量　词	描　述
n+	匹配任何包含至少一个 n 的字符串
n*	匹配任何包含零个或多个 n 的字符串
n?	匹配任何包含零个或一个 n 的字符串
n{x}	匹配包含 x 个 n 的序列的字符串
n{x,y}	匹配包含最少 x 个、最多 y 个 n 的序列的字符串
n{x,}	匹配包含至少 x 个 n 的序列的字符串

【示例】设计一个字符串：

```
var s = "ggle gogle google gooogle goooogle gooooogle goooooogle gooooooogle goooooooogle"
```

☑　如果仅匹配单词 ggle 和 gogle，可以设计：

```
var r = /go?gle/g;                //匹配前一项字符 o 0 次或 1 次
var a = s.match(r);               //返回数组["ggle", "gogle"]
```

量词“?”表示前面字符或子表达式为可有可无，等效于：

```
var r = /go{0,1}gle/g;            //匹配前一项字符 o 0 次或 1 次
var a = s.match(r);               //返回数组["ggle", "gogle"]
```

☑　如果匹配第 4 个单词 gooogle，可以设计：

```
var r = /go{3}gle/g;            //匹配前一项字符 o 重复显示 3 次
var a = s.match(r);             //返回数组["gooogle"]
```

等效于：

```
var r = /gooogle/g;             //匹配字符 gooogle
var a = s.match(r);             //返回数组["gooogle"]
```

☑　如果匹配第 4～6 个的单词，可以设计：

```
var r = /go{3,5}gle/g;          //匹配第 4～6 个的单词
var a = s.match(r);             //返回数组["gooogle", "goooogle", "gooooogle"]
```

☑　如果匹配所有单词，可以设计：

```
var r = /go*gle/g;              //匹配所有的单词
var a = s.match(r);             //返回数组["ggle", "gogle", "google", "gooogle", "goooogle", "gooooogle", "goooooogle",
"gooooooogle", "goooooooogle"]
```

量词＂*＂表示前面字符或子表达式可以不出现，或者重复出现任意多次。等效于：

```
var r = /go{0,}gle/g;           //匹配所有的单词
var a = s.match(r);             //返回数组["ggle", "gogle", "google", "gooogle", "goooogle", "gooooogle", "goooooogle",
"gooooooogle", "goooooooogle"]
```

☑　如果匹配包含字符“o”的所有单词，可以设计：

```
var r = /go+gle/g;              //匹配的单词中字符＂o＂至少出现 1 次
var a = s.match(r);             //返回数组["gogle", "google", "gooogle", "goooogle", "gooooogle", "goooooogle", "gooooooogle",
"goooooooogle"]
```

量词“+”表示前面字符或子表达式至少出现 1 次，最多重复次数不限。等效于：

```
var r = /go{1,}gle/g;           //匹配的单词中字符＂o＂至少出现 1 次
var a = s.match(r);             //返回数组["gogle", "google", "gooogle", "goooogle", "gooooogle", "goooooogle", "gooooooogle",
"goooooooogle"]
```

注意：重复类量词总是出现在它们所作用的字符或子表达式后面。如果想作用多个字符，需要使用小括号把它们包裹在一起形成一个子表达式。

11.3.5　惰性匹配

重复类量词都具有贪婪性，在条件允许的前提下，会匹配尽可能多的字符。

☑　?、{n}和{n, m}重复类具有弱贪婪性，表现为贪婪的有限性。

☑　*、+和{n, }重复类具有强贪婪性，表现为贪婪的无限性。

【示例 1】排在左侧的重复类量词匹配优先级别高。本示例显示当多个重复类量词同时满足条件时，会在保证右侧重复类量词最低匹配次数基础上，最左侧的重复类量词将尽可能占有所有字符。

```
var s ="<html><head><title></title></head><body></body></html>";
var r = /(<.*>)(<.*>)/
var a = s.match(r);
//左侧子表达式匹配"<html><head><title></title></head><body></body>"
console.log(a[1]);
console.log(a[2]);              //右侧子表达式匹配"</html>"
```

与贪婪匹配相反，惰性匹配将遵循另一种算法：在满足条件的前提下，尽可能少地匹配字符。定义惰性匹配的方法是：在重复类量词后面添加问号（?）限制词。贪婪匹配体现了最大化匹配原则，惰性匹配则体现最小化匹配原则。

【示例 2】定义惰性匹配模式。

```
var s ="<html><head><title></title></head><body></body></html>";
var r = /<.*?>/
var a = s.match(r);            //返回单个元素数组["<html>"]
```

在上面示例中，对于正则表达式/<.*?>/来说，它可以返回匹配字符串“<>”，但是为了能够确保匹配条件成立，在执行中还是匹配了带有 4 个字符的字符串“html”。惰性取值不能够以违反模式限定的条件而返回，除非没有找到符合条件的字符串，否则必须满足它。

11.3.6 边界

边界就是确定匹配模式的位置，如字符串的头部或尾部，具体说明如表 11.10 所示。

表 11.10 JavaScript 正则表达式支持的边界量词

量　词	说　明
^	匹配开头，在多行检测中，会匹配一行的开头
$	匹配结尾，在多行检测中，会匹配一行的结尾

【示例】使用边界量词。

☑ 先定义字符串。

```
var s = "how are you";
```

☑ 匹配最后一个单词。

```
var r = /\w+$/;
var a = s.match(r);            //返回数组["you"]
```

☑ 匹配第 1 个单词。

```
var r = /^\w+/;
var a = s.match(r);            //返回数组["how"]
```

☑ 如果每一个单词。

```
var r = /\w+/g;
var a = s.match(r);            //返回数组["how", "are" , "you"]
```

11.3.7 条件声明

声明量词表示条件的意思。声明量词包括正向声明和反向声明两种模式。

1. 正向声明

指定匹配模式后面的字符必须被匹配，但又不返回这些字符。语法格式如下。

```
匹配模式(?=匹配条件)
```

声明包含在小括号内，它不是分组，因此作为子表达式。

【示例 1】定义一个正向声明的匹配模式。

```
var s = "one:1;two=2";
var r = /\w*(?==)/;            //使用正向声明，指定执行匹配必须满足的条件
var a = s.match(r);            //返回数组["two"]
```

在上面示例中，通过（?==）锚定条件，指定只有在\w*所能够匹配的字符后面跟随一个等号字符，才能够执行\w*匹配。所以，最后匹配的是字符串“two”，而不是字符串“one”。

Note

2. 反向声明

与正向声明匹配相反，指定接下来的字符都不必匹配。语法格式如下。

```
匹配模式(?!匹配条件)
```

【示例 2】定义一个反前向声明的匹配模式。

```
var s = "one:1;two=2";
var r = /\w*(?!=)/;                //使用反向声明，指定执行匹配不必满足的条件
var a = s.match(r);                //返回数组["one"]
```

在上面示例中，通过（?!=）锚定条件，指定只有在“\w*”所能够匹配的字符后面不跟随一个等号字符，才能够执行\w*匹配。所以，最后匹配的是字符串“one”，而不是字符串“two”。

11.3.8 子表达式

使用小括号可以对字符模式进行任意分组，在小括号内的字符串表示子表达式，也称为子模式。子表达式同时具有独立的匹配功能，保存独立的匹配结果。同时小括号后的量词将会作用于整个子表达式。

通过分组可以在一个完整的字符模式中定义一个或多个子模式。当正则表达式成功地匹配目标字符串后，也可以从目标字符串中抽出与子模式相匹配的子内容。

【示例】匹配出每个变量声明，同时抽出每个变量及其值。

```
var s ="ab=21,bc=45,cd=43";
var r = /(\w+)=(\d*)/g;
while(a = r.exec(s)){
    console.log(a);                //返回类似 ["ab=21", "ab","21"]3 个数组
}
```

11.3.9 反向引用

在字符模式中，后面的字符可以引用前面的子表达式。实现方法如下。

```
\数字
```

数字指定子表达式在字符模式中的顺序。如“\1”引用的是第 1 个子表达式，“\2”引用的是第 2 个子表达式。

【示例 1】通过引用前面子表达式匹配的文本，以实现成组匹配字符串。

```
var s ="<h1>title<h1><p>text<p>";
var r = /(<\/?\w+>).*\1/g;
var a = s.match(r);                //返回数组["<h1>title<h1>", "<p>text<p>"]
```

提示：由于子表达式可以相互嵌套，它们的顺序将根据左括号的顺序来确定。例如，下面示例定义匹配模式包含多个子表达式。

```
var s = "abc";
var r = /(a(b(c)))/;
var a = s.match(r);                //返回数组["abc", "abc", "bc", "c"]
```

在这个模式中，共产生了 3 个反向引用，第 1 个是“(a(b(c)))”，第 2 个是“(b(c))”，第 3 个是“(c)”。它们引用的匹配文本分别是字符串“abc”、“bc”和“c”。

注意：对子表达式的引用，是指引用前面子表达式所匹配的文本，而不是子表达式的匹配模式。如果要引用前面子表达式的匹配模式，则必须使用下面方式，只有这样才能够达到匹配目的。

```
var s ="<h1>title</h1><p>text</p>";
var r = /((<\/?\w+>).*(<\/?\w+>))/g;
var a = s.match(r);                    //返回数组["<h1>title</h1>","<p>text</p>"]
```

反向引用在开发中主要有以下几种常规用法。

【示例 2】在正则表达式对象的 test()方法，以及字符串对象的 match()和 search()等方法中使用。在这些方法中，反向引用的值可以从 RegExp()构造函数中获得。

```
var s = "abcdefghijklmn";
var r = /(\w)(\w)(\w)/;
r.test(s);
console.log(RegExp.$1);            //返回第 1 个子表达式匹配的字符 a
console.log(RegExp.$2);            //返回第 2 个子表达式匹配的字符 b
console.log(RegExp.$3);            //返回第 3 个子表达式匹配的字符 c
```

通过上面示例可以看到，正则表达式执行匹配测试后，所有子表达式匹配的文本都被分组存储在 RegExp()构造函数的属性内，通过前缀符号$与正则表达式中子表达式的编号来引用这些临时属性。其中属性$1 标识符指向第 1 个值引用，属性$2 标识符指向第 2 个值引用，依此类推。

【示例 3】直接在定义的字符模式中包含反向引用。这可以通过使用特殊转义序列（如\1、\2 等）来实现。

```
var s = "abcbcacba";
var r = /(\w)(\w)(\w)\2\3\1\3\2\1/;
var b = r.test(s);                 //验证正则表达式是否匹配该字符串
console.log(b);                    //返回 true
```

在上面示例的正则表达式中，“\1”表示对第 1 个反向引用(\w)所匹配的字符 a 引用，“\2”表示对第 2 个反向引用(\w)所匹配的字符 b 引用，“\3”表示对第 2 个反向引用(\w)所匹配的字符 c 引用。

【示例 4】在字符串对象的 replace()方法中实现反向引用。通过使用特殊字符序列$1、$2、$3 等来实现。例如，在下面的示例中将颠倒相邻字母和数字的位置。

```
var s = "aa11bb22c3d4e5f6";
var r = /(\w+?)(\d+)/g;
var b = s.replace(r,"$2$1");
console.log(b);                    //返回字符串"11aa22bb3c 4d5e6f"
```

在上面例子中，正则表达式包括两个分组，第 1 个分组匹配任意连续的字母，第 2 个分组匹配任意连续的数字。在 replace()方法的第 2 个参数中，$1 表示对正则表达式中第 1 个子表达式匹配文本的引用，而$2 表示对正则表达式中第 2 个子表达式匹配文本的引用，通过颠倒$1 和$2 标识符的位置，即可实现字符串的颠倒替换原字符串。

11.3.10 禁止引用

反向引用会占用一定的系统资源，在较长的正则表达式中，反向引用会降低匹配速度。如果分组仅仅是为了方便操作，可以禁止反向引用。实现方法是：在左括号的后面加上一个问号和冒号。

【示例】禁止引用。

```
var s1 = "abc";
var r = /(?:\w*?)|(?:\d*?)/;       //非引用型分组
var a = r.test(s1);                //返回 true
```

非引用型分组对于必须使用子表达式，但是又不希望存储无用的匹配信息，或者希望提高匹配速度，是非常重要的方法。

11.4　在线支持

扫码免费学习
更多实用技能

一、补充知识

☑ 修剪字符串

☑ String 原型方法扩展：字符串修剪

二、参考

☑ String 对象原型属性和原型方法

新知识、新案例不断更新中……

第 12 章 使用数组

数组（Array）是有序数据集合，具有复合型结构，属于引用型数据。数组的结构具有弹性，能够自动伸缩。数组长度可读可写，能够动态控制数组的结构。数组中的每个值称为元素，通过下标可以索引元素的值，元素的类型没有限制。在 JavaScript 中数组主要用于数据处理和管理。

视频讲解

12.1 定义数组

12.1.1 构造数组

使用 new 运算符调用 Array()类型函数，可以构造新数组。

【示例 1】直接调用 Array()函数，不传递参数，可以创建一个空数组。

```
var a = new Array();                          //空数组
```

【示例 2】传递多个值，可以创建一个实数组。

```
var a = new Array(1,true,"string",[1,2],{x:1,y:2});   //实数组
```

每个参数指定一个元素的值，值的类型没有限制。参数的顺序也是数组元素的顺序，数组的 length 属性值等于所传递参数的个数。

【示例 3】传递一个数值参数，可以定义数组的长度，即包含元素的个数。

```
var a = new Array(5);                         //指定长度的数组
```

参数值等于数组的 length 属性值，每个元素的值默认为 undefined。

12.1.2 数组直接量

使用数组直接量定义数组是最简便、最高效的方法。数组直接量的语法格式如下。

```
[元素 1,元素 2,…,元素 n]
```

在中括号中包含多个值列表，值之间以逗号分隔。

【示例】使用数组直接量定义数组。

```
var a = [];                                   //空数组
var a = [1,true,"0",[1,0],{x:1,y:0}];         //包含具体元素的数组
```

提示：ECMAScript 6 新增 Set 类型的数据结构，本质与数组类似。不同在于 Set 中只能保存不同元素，如果元素相同会被忽略。例如：

```
let set = new Set([2,3,4,5,5]);               //返回[2,3,4,5]
```

Note

12.1.3　空位数组

空位数组就是数组中包含空元素。所谓空元素，就是在语法上数组中两个逗号之间没有任何值。出现空位数组的情况如下。

☑　直接量定义。

```
var a = [1, , 2];
a.length;                          //返回 3
```

注意：如果最后一个元素后面加逗号，不会产生空位，与没有逗号时效果一样。

```
var a = [1, 2, ];
a.length;                          //返回 2
```

☑　构造函数定义。

```
var a = new Array(3);              //指定长度的数组
a.length;                          //返回 3，产生 3 个空元素
```

☑　delete 删除。

```
var a = [1, 2, 3];
delete a[1];
console.log(a[1]);                 //undefined
console.log(a.length);             //3
```

上面代码使用 delete 命令删除了数组的第 2 个元素，这个位置就形成了空位。

空元素可以读写，length 属性不排斥空位。如果使用 for 语句和 length 属性遍历数组，则空元素都可以被读取，空元素返回值为 undefined。

```
var a = [, , ,];
for(var i =0; i<a.length;i++)
    console.log(a[i]);             //返回 3 个 undefined
```

注意：空元素与元素的值为 undefined 是两个不同的概念，虽然空元素的返回值也是 undefined。JavaScript 在初始化数组时，只有真正存储有值的元素才可以分配内存。

使用 forEach()方法、for/in 语句以及 Object.keys()方法进行遍历时，空元素都会被跳过，但是值为 undefined 元素，能够正常被迭代。

```
var a = [, , undefined,];
for (var i in a) {
    console.log(i);                //返回 2，仅读取了第 3 个元素
}
console.log(a.length);             //返回 3，包含 3 个元素
```

12.1.4　关联数组

关联数组是一种数据格式，也称为哈希表。使用哈希表检索数据，速度优于数组。两者区别如下。

☑　数组：以正整数为下标，数据排列有规律，类型为 Array。

☑　关联数组：以字符串为下标，数据排列没有规律，类型为 Object。

【示例】在本示例中，数组下标 false、true 将不会被强制转换为数字 0、1，JavaScript 会把变量 a 视为对象，false 和 true 转换为字符串被视为对象的属性名。

```
var a = [];                        //声明数组
a[false] = false;
```

```
a[true] = true;
console.log(a[0]);                    //返回 undefined
console.log(a[1]);                    //返回 undefined
console.log(a[false]);                //返回 false
console.log(a[true]);                 //返回 true
console.log(a["false"]);              //返回 false
console.log(a["true"]);               //返回 true
```

12.1.5　类数组

类数组，也称为伪类数组，即类似数组结构的对象。该对象的属性名类似数组下标，为非负整数，从 0 开始，有序递增，同时包含 length 属性，以方便对类数组执行迭代操作。

【示例1】在本示例中，obj 是一个对象，不是一个数组，当使用下标为其赋值时，实际上是定义属性。

```
var obj = {};                         //定义对象直接量
obj[0] = 0;                           //属性 0
obj[1] = 1;                           //属性 1
obj[2] = 2;                           //属性 2
obj.length = 3;                       //属性 length
```

由于数字是非法的标识符，所以不能使用点语法访问，但是可以使用中括号语法访问。

```
console.log(obj["2"]);
```

提示：ECMAScript 6 新增 Array.from()方法，该方法能够把一个类数组对象或者可遍历对象转换成一个真正的数组。例如：

```
let arrayLike = {0: 'tom', 1: '65', 2: '男','length': 3}    //定义类数组
let arr = Array.from(arrayLike)                             //转换为数组
console.log(arr)                                            //输出['tom','65','男']
```

注意：如果将上面代码中 length 属性去掉，则将返回一个长度为 0 的空数组；如果对象的属性名不是数字类型，或者字符串型的数字，则返回指定长度的数组，数组元素均为 undefined。

【示例 2】将 Set 结构的数据转换为真正的数组。

```
let arr = [1,2,3,3]                   //定义数组
let set = new Set(arr)                //转换为 Set
console.log(Array.from(set))          //转换为数组之后，再输出[1, 2, 3]
```

Array.from()还可以接收第 2 个参数，作用类似于数组的 map()方法，用来对每个元素进行处理，将处理后的值放入返回的数组。

```
let arr = [1,2,3,3]                   //定义数组
let set = new Set(arr)
console.log(Array.from(set, item => item + 1))    //输出[2, 3, 4]
```

【示例 3】将字符串转换为数组。

```
let str = 'hello world!';
console.log(Array.from(str))          //["h", "e", "l", "l", "o", " ", "w", "o", "r", "l", "d", "!"]
```

注意：如果 Array.from()的参数是一个真正的数组，则直接返回一个一模一样的新数组。

12.2　访问数组

12.2.1　读写数组

使用中括号（[]）可以访问数组。中括号左侧是数组名称，中括号内为数组下标。

```
数组[下标表达式]
```

下标表达式是值为非负整数的表达式。一般下标从 0 开始，有序递增，通过下标可以索引对应位置元素的值。

【示例 1】使用中括号为数组写入数据，然后再读取数组元素的值。

```
var a = [];                        //声明一个空数组
a[0] = 0;                          //为第 1 个元素赋值为 0
a[2] = 2;                          //为第 3 个元素赋值为 2
console.log(a[0]);                 //读取第 1 个元素，返回值为 0
console.log(a[1]);                 //读取第 2 个元素，返回值为 undefined
console.log(a[2]);                 //读取第 3 个元素，返回值为 2
```

在上面代码中仅为 0 和 2 下标位置的元素赋值，下标为 1 的元素为空，读取时为空的元素返回值默认为 undefined。

【示例 2】使用 for 语句批量为数组赋值。其中数组下标是一个递增表达式。

```
var a = new Array();               //创建一个空数组
for(var i = 0; i < 10; i ++){      //循环为数组赋值
    a[i ++ ] = ++ i;               //不按顺序为数组元素赋值
}
console.log(a);                    //返回 2,,,5 ,,,8,,, 11
```

【示例 3】ECMAScript 6 开始支持解构表达式，包括数组结构和对象结构。例如，下面分别解构数组中每个元素的值，以及对象中每个键的值。

```
let arr = [1,2,3] ;                //定义数组
const [x,y,z] = arr;               //x，y，z 将与 arr 中的每个对应位置进行取值
let person = {name:"jack", age:21} //定义对象
const {name,age } = person;        //解构对象获取每个键的值
```

提示：ECMAScript 6 新增展开运算符，用 3 个连续的点（...）表示，它能够将字面量对象展开为多个元素，相当于把对象打散为一个个元素。例如：

```
const arr = ["a", "b", "c"];
console.log(...arr);               //展开为 a b c
```

12.2.2　访问多维数组

使用多个叠加的中括号语法可以访问多维数组，具体说明如下。

☑　二维数组。

```
数组[下标表达式] [下标表达式]
```

☑　三维数组。

```
数组[下标表达式] [下标表达式] [下标表达式]
```

以此类推。

【示例】设计一个二维数组，然后分别访问第 1 行第 1 列的元素值，以及第 2 行第 2 列的元素值。

```
var a = [];                          //声明二维数组
a[0] = [1,2];                        //为第 1 个元素赋值为数组
a[1] = [3,4];                        //为第 2 个元素赋值为数组
console.log(a[0][0])                 //返回 1，读取第 1 个元素的值
console.log(a[1][1])                 //返回 4，读取第 4 个元素的值
```

Note

注意：在存取多维数组时，左侧中括号内的下标值不能够超出数组范围，否则就会抛出异常。如果第 1 个下标超出数组范围，返回值为 undefined，表达式 undefined[1]显然是错误的。

12.2.3 数组长度

使用数组对象的 length 属性可以获取数组的长度，JavaScript 允许 length 最大值等于 $2^{32}-1$。

【示例 1】定义了一个空数组，然后为下标等于 100 的元素赋值，则 length 属性返回 101。因此，length 属性不能体现数组元素的实际个数。

```
var a = [];                          //声明空数组
a[100] =2;
console.log(a.length);               //返回 101
```

length 属性可读可写，是一个动态属性。length 属性值也会随数组元素的变化而自动更新。同时，如果重置 length 属性值，也将影响数组的元素，具体说明如下。

☑ 如果 length 属性被设置了一个比当前 length 值小的值，则数组会被截断，新长度之外的元素值都会丢失。

☑ 如果 length 属性被设置了一个比当前 length 值大的值，那么空元素就会被添加到数组末尾，使得数组增长到新指定的长度，读取值都为 undefined。

【示例 2】length 属性值动态变化对数组的影响。

```
var a = [1,2,3];                     //声明数组直接量
a.length = 5;                        //增长数组长度
console.log(a[4]);                   //返回 undefined，说明该元素还没有被赋值
a.length = 2;                        //缩短数组长度
console.log(a[2]);                   //返回 undefined，说明该元素的值已经丢失
```

12.2.4 使用 for 迭代数组

for 和 for/in 语句都可以迭代数组。for 语句需要配合 length 属性和数组下标来实现，执行效率没有 for/in 语句高。另外，for/in 语句会跳过空元素。

【示例 1】使用 for 语句迭代数组，过滤出所有数字元素。

```
var a = [1, 2, ,,,,,true,,,,,,, "a",,,,,,,,,,,,,4,,,,,56,,,,,,"b"];//定义数组
var b = [], num=0;
for(var i = 0; i < a.length ; i ++){          //遍历数组
    if(typeof a[i] == "number")                 //如果为数字，则返回该元素的值
        b.push(a[i]);
    num++;                                      //计数器
}
console.log(num);                               //返回 42，说明循环了 42 次
console.log(b);                                 //返回[1,2,4,56]
```

【示例 2】使用 for/in 语句迭代示例 1 中的数组 a。在 for/in 循环结构中，变量 i 表示数组的下标，而 a[i]为可以读取指定下标的元素值。

```
var b = [], num=0;
for(var i in a){                          //遍历数组
    if(typeof a[i] == "number")           //如果为数字，则返回该元素的值
        b.push(a[i]);
    num++;                                //计数器
}
console.log(num);                         //返回 7，说明循环了 7 次
console.log(b);                           //返回[1,2,4,56]
```

通过计时器可以看到，for/in 迭代数组仅循环了 7 次，而 for 语句循环了 42 次。

12.2.5　使用 forEach 迭代数组

使用 forEach 方法可以为数组执行迭代操作。具体语法格式如下。

```
array.forEach(callbackfn[, thisArg])
```

参数说明如下。

☑　callbackfn：回调函数，该函数可以包含 3 个参数：元素值、元素下标索引和数组对象。

☑　thisArg：可选参数，设置回调函数中 this 引用的对象。如果省略，则 this 值为 undefined。

forEach 方法将会为数组中每个元素调用回调函数一次，但是不会为空位元素调用该回调函数。map 方法返回一个新数组，新数组包含回调函数返回值的列表。

提示： filter 方法不仅可以被数组对象调用，也允许伪类数组使用，如 arguments 参数对象等。

【示例 1】使用 forEach 迭代数组 a，然后计算数组元素的和并输出。

```
var a = [10, 11, 12], sum = 0;
a.forEach(function(value){
    sum += value;
});
console.log(sum);                         //返回 33
```

【示例 2】使用 foeEach 迭代数组，在迭代过程中，先读取元素的值，乘方之后，再回写该值，实现对数组的修改。

```
var obj = {
    f1: function(value, index, array) {
        console.log(   "a[" + index +   "] = " + value);
        array[index] = this.f2(value);
    },
    f2: function(x) { return x * x }
};
var a = [12, 26, 36];
a.forEach(obj.f1, obj);
console.log(a);                           //返回[144,676,1296]
```

12.3　操作数组

12.3.1　栈读写

使用 push()和 pop()方法可以在数组尾部执行操作。其中 push()方法能够把一个或多个参数值附加到数组的尾部，并返回添加元素后的数组长度。pop()方法能够删除数组中最后一个元素，并返回被

删除的元素。

【示例】使用 push()和 pop()方法在数组尾部执行交替操作，模拟栈操作。栈操作的规律是：先进后出，后进先出。

```
var a = [];                      //定义数组，模拟空栈
console.log(a.push(1));          //进栈，栈值为[1]，length 为 1
console.log(a.push(2));          //进栈，栈值为[1,2]，length 为 2
console.log(a.pop());            //出栈，栈值为[1]，length 为 1
console.log(a.push(3,4));        //进栈，栈值为[1,3,4]，length 为 3
console.log(a.pop());            //出栈，栈值为[1, 3]，length 为 2
console.log(a.pop());            //出栈，栈值为[1]，length 为 1
```

12.3.2 队列读写

使用 unshift()和 shift()方法可以在数组头部执行操作。其中 unshift()能够把一个或多个参数值附加到数组的头部，并返回添加元素后的数组长度。

shift()方法能够删除数组第 1 个元素，并返回该元素，然后将余下所有元素前移 1 位，以填补数组头部的空缺。如果数组为空，shift()将不进行任何操作，返回 undefined。

【示例】将 pop()与 unshift()方法结合，或者将 push()与 shift()方法结合，可以模拟队列操作。队列操作的规律是：先进先出，后进后出。下面示例利用队列把数组元素的所有值放大 10 倍。

```
var a = [1,2,3,4,5];             //定义数组
for(var i in a){                 //遍历数组
    var t = a.pop();             //尾部弹出
    a.unshift(t*10);             //头部推入，把推进的值放大 10 倍
}
console.log(a);                  //返回[10,20,30,40,50]
```

12.3.3 删除元素

使用 pop()方法可以删除尾部的元素，使用 shift()方法可以删除头部的元素。也可以使用下面 3 种方法删除元素。

【示例 1】使用 delete 运算符能删除指定下标位置的元素，删除后的元素为空位元素，删除数组的 length 保持不变。

```
var a = [1, 2, true, "a", "b"];  //定义数组
delete a[0];                     //删除指定下标的元素
console.log(a);                  //返回[, 2, true, "a", "b"]
```

【示例 2】使用 length 属性可以删除尾部一个或多个元素，甚至可以清空整个数组。删除元素之后，数组的 length 将会动态保持更新。

```
var a = [1, 2, true, "a", "b"];  //定义数组
a.length = 3 ;                   //删除尾部两个元素
console.log(a);                  //返回[1, 2, true]
```

【示例 3】使用 splice()方法可以删除指定下标位置后一个或多个数组元素。该方法的参数比较多，功能也很多，本示例仅演示它如何删除数组元素。其中第 1 个参数为操作的起始下标位置，第 2 个参数指定要删除元素的个数。

```
var a = [1,2,3,4,5];             //定义数组
a.splice(1,2)                    //执行删除操作
console.log(a);                  //返回[1, 4, 5]
```

在 splice(1,2,3,4,5)方法中，第 1 个参数值 1 表示从数组 a 的第 2 个元素位置开始，删除两个元素，删除后数组 a 仅剩下 3 个元素。

12.3.4 添加元素

使用 push()方法可以在尾部添加一个或多个元素，使用 unshift()方法可以在头部附加一个或多个元素。也可以使用下面 3 种方法添加元素。

【示例 1】通过中括号和下标值，可以为数组指定下标位置添加新元素。

```
var a = [1,2,3];                    //定义数组
a[3] =4 ;                           //为数组添加一个元素
console.log(a);                     //返回[1,2,3,4]
```

【示例 2】concat()方法能够把传递的所有参数按顺序添加到数组的尾部。下面代码为数组 a 添加 3 个元素。

```
var a = [1,2,3,4,5];                //定义数组
var b = a.concat(6,7,8);            //为数组 a 添加 3 个元素
console.log(b);                     //返回[1,2,3,4,5,6,7,8]
```

【示例 3】使用 splice()方法在指定下标位置后添加一个或多个元素。splice()方法不仅可以删除元素，也可以在数组中插入元素。其中第 1 个参数为操作的起始下标位置，第 2 个参数为 0，不执行删除操作，第 3 个及后面参数为要插入的元素。

```
var a = [1,2,3,4,5];                //定义数组
a.splice(1,0,3,4,5)                 //执行插入操作
console.log(a);                     //返回[1,3,4,5,2,3,4,5]
```

在上面代码中，第 1 个参数值 1 表示从数组 a 的第 1 个元素位置后，插入元素 3、4 和 5。

12.3.5 截取数组

1. splice()

splice()方法可以添加、删除元素。具体语法格式如下。

```
array.splice(index,howmany,item1,...,itemX)
```

参数说明如下。

- ☑ index：设置操作的下标位置。
- ☑ howmany：可选参数，设置要删除多少元素，数字类型，如果为 0，则表示不删除元素；如果未设置该参数，则表示删除从 index 开始，到原数组结尾的所有元素。
- ☑ item1, ..., itemX：设置要添加到数组的新元素列表。

返回值是被删除的子数组，如果没有删除元素，则返回的是一个空数组。当 index 大于 length 时，被视为在尾部执行操作，如插入元素。

【示例 1】在原数组尾部添加多个元素。

```
var a = [1,2,3,4,5];                //定义数组
var b = a.splice(6,2,2,3);          //起始值大于 length 属性值
console.log(a);                     //返回[1, 2, 3, 4, 5, 2, 3]
```

【示例 2】如果第 1 个参数为负值，则按绝对值从数组右侧开始向左侧定位。如果第 2 个参数为负值，则被视为 0。

```
var a = [1,2,3,4,5];                //定义数组
```

```
var b = a.splice(-2,-2,2,3);        //第 1、2 个参数都为负值
console.log(a);                     //返回[1, 2, 3, 2, 3, 4, 5]
```

2. 使用 slice()方法

slice()方法与 splice()方法功能相近，但是它仅能够截取数组中指定区段的元素，并返回这个子数组。该方法包含两个参数，分别指定截取子数组的起始和结束位置的下标。

【示例 3】本示例从原数组中截取第 3 个元素到第 6 个元素之前的所有元素。

```
var a = [1,2,3,4,5];                //定义数组
var b = a.slice(2,5);               //截取第 3 个元素到第 6 个元素前的所有元素
console.log(b);                     //返回[3, 4, 5]
```

12.3.6 数组排序

1. reverse()

reverse()方法能够颠倒数组内元素的排列顺序，该方法不需要参数。例如：

```
var a = [1,2,3,4,5];                //定义数组
a.reverse();                        //颠倒数组顺序
console.log(a);                     //返回数组[5,4,3,2,1]
```

注意：该方法是在原数组上执行操作，而不会创建新的数组。

2. 使用 sort()方法

sort()方法能够根据指定的条件对数组进行排序。在任何情况下，值为 undefined 的元素都被排列在末尾。sort()方法也是在原数组上执行操作，不会创建新的数组。

如果没有参数，则按默认的字母顺序对数组进行排序。

```
var a = ["a","e","d","b","c"];      //定义数组
a.sort();                           //按字母顺序对元素进行排序
console.log(a);                     //返回数组[a,b,c ,d,e]
```

如果传入一个排序函数，该函数会比较两个值，然后返回一个说明这两个值的相对位置的数字。排序函数应该包含两个参数，假设传入参数为 a 和 b，返回值与 a、b 位置关系说明如下。

- ☑ 如果 a 小于 b，在排序后的数组中 a 应该出现在 b 之前，即位置不变，则应返回一个小于 0 的值；反之，如果 a 应该出现在 b 之后，即互换位置，则应返回一个大于 0 的值。
- ☑ 如果 a 等于 b，位置不动，就返回 0。
- ☑ 如果 a 大于 b，在排序后的数组中 a 应该出现在 b 之前，即位置不变，则应返回一个大于 0 的值；反之，如果 a 应该出现在 b 之后，即互换位置，则应返回一个小于 0 的值。

【示例 1】根据排序函数比较数组中每个元素的大小，并按从小到大的顺序执行排序。

```
function f(a, b){                   //排序函数
    return (a - b)                  //返回比较参数
}
var a = [3, 1, 2, 4, 5, 7, 6, 8, 0, 9];   //定义数组
a.sort(f);                          //根据数字大小由小到大进行排序
console.log(a);                     //返回数组[0,1,2 ,3,4, 5,6,7 ,8,9]
```

如果按从大到小的顺序执行排序，则可以让返回值取反即可。代码如下。

```
function f(a, b){                   //排序函数
    return  -(a - b)                //取反并返回比较参数
}
var a = [3, 1, 2, 4, 5, 7, 6, 8, 0, 9];   //定义数组
```

```
a.sort(f);                                          //根据数字大小由大到小进行排序
console.log(a);                                     //返回数组[9,8,7 ,6,5, 4,3,2 ,1,0]
```

【示例 2】把浮点数和整数分开显示，整数排在左侧，浮点数排在右侧。

```
function f(a, b){                                   //排序函数
    if(a > Math.floor(a)) return   1;               //如果 a 是浮点数，则调换位置
    if(b > Math.floor(b)) return  - 1;              //如果 b 是浮点数，则调换位置
}
var a = [3.55555, 1.23456, 3, 2.11111, 5, 7, 3]; //定义数组
a.sort(f);                                          //进行筛选
console.log(a);                                     //返回数组[3,5,7,3,2.11111,1.23456,3.55555]
```

12.3.7　数组转换

JavaScript 允许数组与字符串之间相互转换。其中 Array 对象定义了 3 个方法，以实现把数组转换为字符串，如表 12.1 所示。

表 12.1　Array 对象的数组与字符串相互转换方法

数 组 方 法	说　明
toString()	将数组转换成一个字符串
toLocaleString()	把数组转换成本地约定的字符串
join()	将数组元素连接起来以构建一个字符串

【示例 1】使用 toString()方法输出数组的字符串表示，以逗号进行连接。

```
var a = [1, 2, 3, 4, 5, 6, 7, 8, 9, 0];            //定义数组
var s = a.toString();                               //把数组转换为字符串
console.log(s);                                     //返回字符串"1, 2, 3, 4, 5, 6, 7, 8, 9, 0"
```

【示例 2】toLocalString()方法与 toString()方法的用法基本相同，主要区别在于 toLocalString()方法能够使用本地约定分隔符连接生成的字符串。

```
var a = [1, 2, 3, 4, 5];                            //定义数组
var s = a.toLocaleString();                         //把数组转换为本地字符串
console.log(s);                                     //返回字符串"1.00,   2.00 , 3.00 , 4. 00, 5 .00 "
```

在上面示例中，toLocalString()方法根据中国大陆的使用习惯，先把数字转换为浮点数之后再执行字符串转换操作。

【示例 3】join()方法可以把数组转换为字符串，允许传递一个参数作为分隔符来连接每个元素。如果省略参数，默认使用逗号作为分隔符，这时与 toString()方法转换操作效果相同。

```
var a = [1, 2, 3, 4, 5];                            //定义数组
var s = a.join("==");                               //指定分隔符
console.log(s);                                     //返回字符串"1==2== 3==4 ==5"
```

12.3.8　定位元素

indexOf()和 lastIndexOf()方法可以获取指定元素的索引位置，与 String 的 indexOf()和 lastIndexOf()方法用法相同。

1. indexOf()

indexOf()返回指定值在数组中第 1 次匹配项的索引下标，如果没有找到指定的值，则返回−1。具体语法格式如下。

```
array.indexOf(searchElement[, fromIndex])
```

参数说明如下。

☑ searchElement：需要定位的值。

☑ fromIndex：可选参数，设置开始搜索的索引位置。如果省略，则从开始位置搜索；如果大于或等于数组长度，则返回-1；如果为负数，则从数组长度加上 fromIndex 的位置开始搜索。

Note

提示：indexOf()方法是从左到右进行检索，检索时会使用全等（===）运算符比较元素与 searchElement 参数值。

【示例 1】使用 indexOf 方法定位"cd"字符串的索引位置。

```
var a = ["ab", "cd", "ef", "ab", "cd"];
console.log(a.indexOf("cd"));          //1
console.log(a.indexOf("cd", 2)) ;      //4
```

2. lastIndexOf()

lastIndexOf 返回指定的值在数组中的最后一次匹配项的索引，用法与 indexOf()相同。

【示例 2】使用 lastIndexOf()方法定位"cd"字符串的索引位置。

```
var a = ["ab", "cd", "ef", "ab", "cd"];
console.log(a.lastIndexOf("cd"));       //4
console.log(a.lastIndexOf("cd", 2));    //1
```

12.3.9 检测数组

使用 Array.isArray()方法可以判断一个对象是否为数组。使用运算符 in 可以检测一个值是否存在于数组中。

【示例】使用 typeof 运算符无法检测数组类型，而使用 Array.isArray()方法比较方便、准确。

```
var a = [1, 2, 3];                  //定义数组直接量
console.log(typeof a);              //返回"object"
console.log(Array.isArray(a)) ;     //返回 true
```

12.3.10 检测元素

1. 检测是否全部符合

使用 every()方法可以检测数组的所有元素是否全部符合指定的条件。具体语法格式如下。

```
array.every(callbackfn[, thisArg])
```

参数说明如下。

☑ callbackfn：回调函数，该函数可以包含 3 个参数：元素值、元素下标索引和数组对象。

☑ thisArg：可选参数，设置回调函数中 this 引用的对象。如果省略，则 this 值为 undefined。

every()方法将会为数组中每个元素调用回调函数一次，但是不会为空位元素调用该回调函数。如果每次调用回调函数都返回 true，则 every 返回值为 true；否则 every 返回值为 false。如果数组没有元素，则 every 返回值为 true。

提示：filter()方法不仅可以被数组对象调用，也允许伪类数组使用。

【示例 1】检测数组中元素是否都为偶数。

```
function f(value, index, ar) {
    if (value % 2 == 0) return true;
    else return false;
```

```
}
var a = [2, 4, 5, 6, 8];
if (a.every(f)) console.log("都是偶数。");
else console.log("不全为偶数。");
```

2. 检测是否存在符合

使用 some()方法可以检测数组是否存在有符合指定条件的元素。具体语法格式如下。

```
array.some(callbackfn[, thisArg])
```

参数说明如下。

☑ callbackfn：回调函数，该函数可以包含 3 个参数：元素值、元素下标索引和数组对象。

☑ thisArg：可选参数，设置回调函数中 this 引用的对象。如果省略，则 this 值为 undefined。

some()方法将会为数组中每个元素调用回调函数一次，但是不会为空位元素调用该回调函数。如果每次调用回调函数都返回 false，则 some 返回值为 false；如果全部或者部分调用返回 true，则 some 返回值为 true。如果数组没有元素，则 some 返回值为 false。

【示例 2】检测数组中元素的值是否都为奇数。如果 some()方法检测到偶数，则返回 true，并提示不全是偶数，如果没有检测到偶数，则提示全部是奇数。

```
function f(value, index, ar) {
    if (value % 2 == 0) return true;
}
var a = [1, 15, 4, 10, 11, 22];
var evens = a.some(f);
if(evens) console.log("不全是奇数。");
else console.log("全是奇数。");
```

12.3.11 映射数组

使用 map()方法可以为数组执行映射操作。具体语法格式如下。

```
array.map(callbackfn[, thisArg])
```

参数说明如下。

☑ callbackfn：回调函数，该函数可以包含 3 个参数：元素值、元素下标索引和数组对象。

☑ thisArg：可选参数，设置回调函数中 this 引用的对象。如果省略，则 this 值为 undefined。

map()方法将会为数组中每个元素调用回调函数一次，但是不会为空位元素调用该回调函数。map()方法返回一个新数组，新数组包含回调函数返回值的列表。

【示例】使用 map()方法映射数组，把数组中每个元素的值除以一个阈值，然后返回余数的新数组，其中回调函数和阈值都以对象的属性进行传递。通过这种方式获取原数组中每个数字的个位数的新数组。

```
var obj = {
    val: 10,
    f: function (value) {
        return value % this.val;
    }
}
var a = [6, 12, 25, 30];
var a1 = a.map(obj.f, obj);
console.log(a1);                                    //6,2,5,0
```

Note

12.3.12 过滤数组

使用 filter()方法可以为数组执行过滤操作。具体语法格式如下。

```
array.filter(callbackfn[, thisArg])
```

参数说明如下。

- ☑ callbackfn：回调函数，该函数可以包含 3 个参数：元素值、元素下标索引和数组对象。
- ☑ thisArg：可选参数，设置回调函数中 this 引用的对象。如果省略，则 this 值为 undefined。

filter()方法将会为数组中每个元素调用回调函数一次，但是不会为空位元素调用该回调函数。filter()返回一个新数组，新数组包含回调函数返回 true 的所有元素。

【示例】使用 filter()方法过滤掉数组中指定范围外的元素。

```
var f = function(value) {                                          //过滤函数
    if (typeof value !== 'number')    return false;                //如果元素值不是数字，则直接过滤掉
    else return value >= this.min && value <= this.max ;           //如果在 10～20，则保留
}
var a = [6, 12, "15", 16, "the", -12];                             //待处理的数组
var obj = { min: 10, max: 20 }                                     //设置范围对象，包含最小值和最大值属性
var r = a.filter(f, obj);                                          //执行过滤操作
console.log(r);                                                    //返回新数组：12,16
```

提示：ECMAScript 6 新增 3 个过滤函数，专门用于查找特定元素，简单说明如下。

- ☑ find(callback)：在每个元素上执行回调函数 callback，如果返回 true，则返回该元素。
- ☑ findIndex(callback)：与 find 类似，不过返回的是匹配元素的下标索引。
- ☑ includes(callback)：与 find 类似，如果匹配到元素，则返回 true。

12.3.13 汇总数组

使用 reduce()和 reduceRight()方法可以为数组执行汇总操作。

1. reduce()

在数组的每个元素上调用回调函数，回调函数的返回值将在下一次被调用时作为参数传入。具体语法格式如下。

```
array.reduce(callbackfn[, initialValue])
```

参数说明如下。

- ☑ callbackfn：回调函数。
- ☑ initialValue：可选参数，指定初始值。如果指定该参数，则在第 1 次调用回调函数时，使用该参数值和第 1 个元素值传入回调函数；如果没有指定该参数，则使用第 1 个元素和第 2 个元素值传入回调函数。然后，依次在下一个元素上调用函数，并把上一次回调函数的返回值与当前元素的值传入回调函数。

reduce 返回值是最后一次调用回调函数的返回值。reduce 不会为空位元素调用该回调函数。

回调函数的语法格式如下。

```
function callbackfn(previousValue, currentValue, currentIndex, array)
```

回调函数参数说明如下。

- ☑ previousValue：上一次调用回调函数的返回值。如果 reduce 包含参数 initialValue，则在第 1

次调用函数时，previousValue 为 initialValue。

☑ currentValue：当前元素的值。

☑ currentIndex：当前元素的下标索引。

☑ array：数组对象。

【示例 1】使用 reduce()方法汇总数组内元素的和。

```
function f(pre, curr) {
    return pre +curr;
}
var a = [1, 2, 3, 4];
var r = a.reduce(f);
console.log(r);                //返回 10
```

2. reduceRight()

reduceRight()方法与 reduce()方法的语法和用法基本相同，唯一区别是：从右向左对数组中的所有元素调用指定的回调函数。

【示例 2】使用 reduceRight()方法，以" "为分隔符，按从右到左顺序把数组元素的值连接在一起，返回字符串"4 3 2 1"。如果调用 reduce()方法，则返回字符串为"1 2 3 4"。

```
function f (pre, curr) {
    return pre + " " + curr;
}
var a = [1, 2, 3, 4];
var r = a.reduceRight(f);
console.log(r);                //返回 4 3 2 1
```

12.4 在线支持

扫码免费学习
更多实用技能

一、补充知识

☑ 构造数组
☑ 数组直接量
☑ 多维数组
☑ 空位数组
☑ 关联数组
☑ 伪类数组
☑ 读写数组
☑ 访问多维数组
☑ 数组长度

二、专项练习

☑ 插入排序
☑ 二分插入排序
☑ 选择排序
☑ 冒泡排序
☑ 快速排序
☑ 计数排序
☑ 排序算法动画演示
☑ 排序算法测试速度

三、参考

☑ Array 原型属性和原型方法

新知识、新案例不断更新中……

第 13 章

使用函数

函数（Function）就是一段被封装的代码，允许反复调用。不仅如此，在 JavaScript 中，函数可以作为表达式参与运算，可以作为闭包存储信息，也可以作为类型构造实例。JavaScript 拥有函数式编程的很多特性，灵活使用函数，可以编写出功能强大、代码简洁、设计优雅的程序。

视频讲解

13.1 定义函数

13.1.1 声明函数

使用 function 关键字可以声明函数。具体语法格式如下。

```
function funName([args]){
    statements
}
```

funName 表示函数名，必须是合法的标识符。在函数名之后是由小括号包含的参数列表，参数之间以逗号分隔，参数是可选项，没有数量限制。

在小括号之后是一对大括号，大括号内包含的代码就是函数体。大括号不可缺少，否则将会抛出语法错误。函数体内可以包含零条或者多条语句，没有数量限制。

【示例】最简单的函数体是一个空函数，不包含任何代码。

```
function funName(){}                                    //空函数
```

提示：var 和 function 都是声明语句，它们声明的变量和函数在 JavaScript 预编译期被解析，这种现象被称为变量提升或函数提升，因此如果在代码的底部声明变量或函数，在代码的顶部也能够访问。在预编译期，JavaScript 引擎会为每个 function 创建上下文运行环境，定义变量对象，同时把函数内所有私有变量作为属性注册到变量对象上。

13.1.2 构造函数

使用 Function()可以构造函数。具体语法格式如下。

```
var funName = new Function(p1, p2, ..., pn, body);
```

Function()的参数类型都是字符串，p1～pn 表示所创建函数的参数列表，body 表示所创建函数的函数体代码，在函数体内语句之间通过分号进行分隔。

【示例 1】构造一个函数求两个数的和。参数 a 和 b 用来接收用户输入的值，然后返回它们的和。

```
var f = new Function("a", "b", "return a+b");          //通过构造函数来创建函数结构
```

在上面代码中，f 就是所创建函数的名称。如果使用 function 语句可以设计相同结构的函数。

```
function f(a, b){                    //使用 function 语句定义函数结构
    return a + b;
}
```

【示例 2】使用 Function()构造函数可以不指定任何参数，表示创建一个空函数。

```
var f = new Function();              //定义空函数
```

【示例 3】在 Function()构造函数参数中，p1～pn 表示参数列表，可以分开传递，也可以合并为一个字符串进行传递。下面 3 行代码定义的参数都是等价的。

```
var f = new Function("a", "b", "c", "return a+b+c")
var f = new Function("a, b, c", "return a+b+c")
var f = new Function("a,b", "c", "return a+b+c")
```

提示：使用 Function()可以动态创建函数，这样可以把函数体作为一个字符串表达式来设计，而不是作为一个程序结构，因此使用起来会更灵活。缺点如下。

☑ Function()构造函数在执行期被编译，执行效率较低。

☑ 函数体包含的所有语句，将以一行字符串的形式进行表示，代码的可读性较差。

因此，Function()构造函数不是很常用，也不推荐使用。

13.1.3 函数直接量

函数直接量也称为函数表达式、匿名函数，没有函数名，仅包含 function 关键字、参数列表和函数体。具体语法格式如下。

```
function([args]){
    statements
}
```

【示例 1】定义一个函数直接量。

```
function(a, b){                      //函数直接量
    return a + b;
}
```

在上面代码中，函数直接量与使用 function 语句定义函数结构基本相同，它们的结构都是固定的。但是函数直接量没有指定函数名。

【示例 2】匿名函数可以作为一个表达式来使用，也称为函数表达式，而不再是函数结构块。在本示例中把匿名函数作为一个表达式，赋值给变量 *f*。

```
var f = function(a, b){
    return a + b;
};
```

当把函数作为一个表达式赋值给变量之后，变量就可以作为函数被调用。

```
console.log(f(1,2));                 //返回数值 3
```

【示例 3】匿名函数可以直接参与表达式运算。本示例把函数定义和调用合并在一起编写。

```
console.log(                         //函数作为一个操作数进行调用
    (function(a, b){
        return a + b;
    })(1,2));                        //返回数值 3
```

13.1.4 箭头函数

ECMAScript 6 新增箭头函数，它是一种特殊结构的函数表达式，语法比 function 函数表达式更简洁，并且没有自己的 this、arguments、super 或 new.target，不能用作构造函数，不能与 new 一起使用。语法格式如下。

```
(param1, param2, …, paramN) => { statements }
(param1, param2, …, paramN) => expression
```

其中，param1, param2, …, paramN 表示参数列表，statements 表示函数内的语句块，expression 表示函数内仅包含一个表达式，它相当于如下语法。

```
function (param1, param2, …, paramN) { return expression; }
```

当只有一个参数时，小括号是可选的。

```
(singleParam) => { statements }            //正确
singleParam => { statements }              //正确
```

没有参数时，需要使用空的小括号表示。

```
() => { statements }
```

【示例 1】使用箭头函数定义一个求平方的函数。

```
var fn = x => x * x;
```

等价于：

```
var fn = function (x) {
    return x * x;
}
```

【示例 2】定义一个比较函数，比较两个参数，返回最大值。

```
var fn = (x,y) => {
    if (x > y) {
        return x;
    } else {
        return y;
    }
}
```

13.2 调用函数

调用函数有 4 种模式：常规调用、方法调用、动态调用、实例化调用。具体说明如下。

13.2.1 常规调用

在默认状态下，函数是不会被执行的。使用小括号（()）可以执行函数，在小括号中可以包含 0 个或多个参数，参数之间通过逗号进行分隔。

【示例 1】使用小括号调用函数，然后把返回值作为参数，再传递给 f()函数，进行第 2 轮运算，这样可以节省两个临时变量。

```
function f(x,y){                        //定义函数
    return x*y;                         //返回值
```

```
}
console.log(f(f(5,6),f(7,8)));          //返回 1680，重复调用函数
```

【示例 2】如果函数返回值为一个函数，则在调用时可以使用多个小括号反复调用。

```
function f(x, y){                       //定义函数
    return function(){                  //返回函数类型的数据
        return x * y;
    }
}
console.log(f(7, 8)());                 //返回值 56，反复调用函数
```

13.2.2 函数的返回值

在函数体内，使用 return 语句可以设置函数的返回值，一旦执行 return 语句，将停止函数的运行，并运算和返回 return 后面的表达式的值。如果函数不包含 return 语句，则执行完函数体内所有语句后，返回 undefined 值。

【示例 1】函数的参数没有限制，但是返回值只能是一个。如果要输出多个值，可以通过数组或对象进行设计。

```
function f(){
    var a = [];
    a[0] = true;
    a[1] = 123;
    return a;                           //返回多个值
}
```

在上面代码中，函数返回值为数组，该数组包含两个元素，从而实现使用一个 return 语句，返回多个值的目的。

【示例 2】在函数体内可以包含多个 return 语句，但是仅能执行一个 return 语句，因此在函数体内可以使用分支结构决定函数返回值。

```
function f(x, y){
    //如果参数为非数字类型，则终止函数执行
    if( typeof x != "number" || typeof y != "number") return;
    //根据条件返回值
    if(x > y) return x - y;
    if(x < y) return y - x;
    if(x * y <= 0) return x + y;
}
```

13.2.3 方法调用

当一个函数被设置为对象的属性值时，称为方法。使用点语法可以调用一个方法。

【示例】创建一个 obj 对象，且该对象包含一个 value 属性和一个 increment()方法。increment()方法接受一个可选的参数，如果该参数不是数字，则默认使用数字 1。

```
var obj = {
    value : 0,
    increment : function(inc) {
        this.value += typeof inc === 'number' ? inc : 1;
    }
}
obj.increment();
```

```
console.log(obj.value);                //1
obj.increment(2);
console.log(obj.value);                //3
```

使用点语法调用对象 obj 的方法 increment()，然后通过 increment()函数改写 value 属性的值。在 increment()方法中可以使用 this 访问 obj 对象，然后使用 obj.value 方式读写 value 属性值。

Note

13.2.4 动态调用

call()和 apply()是 function 的原型方法，它们能够将特定函数当作一个方法绑定到指定对象上，并进行调用。具体语法格式如下。

```
function.call(thisobj, args...)
function.apply(thisobj, [args])
```

function 表示要调用的函数。参数 thisobj 表示绑定对象，也就是将函数 function 体内的 this 动态绑定到 thisobj 对象上。参数 args 表示将传递给被函数的参数。

call()只能接收多个参数列表，而 apply()只能接收一个数组或者伪类数组，数组元素将作为参数列表传递给被调用的函数。

【示例 1】使用 call()动态调用函数 f，并传入参数值 3 和 4，返回两个值的和。

```
function f(x,y){                       //定义求和函数
    return x+y;
}
console.log( f.call(null, 3, 4));      //返回 7
```

在上面示例中，f 是一个简单的求和函数，通过 call()方法把函数 f 绑定到空对象 null 身上，以实现动态调用函数 f，同时把参数 3 和 4 传递给函数 f，返回值为 7。实际上，f.call(null, 3, 4)等价于 null.m(3,4)。

【示例 2】使用 apply()方法来调用函数 f。

```
function f(x,y){                       //定义求和函数
    return x+y;
}
console.log(f.apply(null, [3, 4]));    //返回 7
```

如果把一个数组或伪类数组的所有元素作为参数进行传递时，使用 apply()方法就非常方便。

【示例 3】使用 apply()方法设计一个求最大值的函数。

```
function max(){                                  //求最大值函数
    var m = Number.NEGATIVE_INFINITY;            //声明一个负无穷大的数值
    for(var i = 0; i < arguments.length; i ++){  //遍历所有实参
        if(arguments[i] > m)                     //如果实参值大于变量 m
        m = arguments[i];                        //则把该实参值赋值给 m
    }
    return m;                                    //返回最大值
}
var a = [23, 45, 2, 46, 62, 45, 56, 63];         //声明并初始化数组
var m = max.apply(Object, a);                    //动态调用 max，绑定为 Object 的方法
console.log(m);                                  //返回 63
```

在上面示例中，设计定义一个函数 max()，用来计算所有参数中最大值参数。首先，通过 apply()方法，动态调用 max()函数。然后，把它绑定为 Object 对象的一个方法，并把包含多个值的数组传递给它。最后，返回经过 max()计算后的最大数组元素。

如果使用 call()方法，就需要把数组内所有元素全部读取出来，再逐一传递给 call()方法，显然这

种做法不是很方便。

【示例 4】动态调用 Math 的 max()方法来计算数组的最大值元素。

```
var a = [23, 45, 2, 46, 62, 45, 56, 63];          //声明并初始化数组
var m = Math.max.apply(Object, a);                //调用系统函数 max
console.log(m);                                   //返回 63
```

13.2.5　实例化调用

使用 new 命令可以实例化对象，在创建对象的过程中会运行函数。因此，使用 new 命令可以间接调用函数。

注意： 使用 new 命令调用函数时，返回的是对象，而不是 return 的返回值。如果不需要返回值，或者 return 的返回值是对象，可以选用 new 间接调用函数。

【示例】使用 new 调用函数，把传入的参数值显示在控制台。

```
function f(x,y){                                  //定义函数
    console.log("x = " + x + ", y = " + y);
}
new f(3, 4);
```

13.3　函 数 参 数

参数是函数对外联系的唯一入口，用户只能通过参数来控制函数的运行。

13.3.1　形参和实参

函数的参数包括两种类型。

☑　形参：在定义函数时，声明的参数变量，仅在函数内部可见。

☑　实参：在调用函数时，实际传入的值。

【示例 1】定义 JavaScript 函数时，可以设置 0 个或多个参数。

```
function f(a,b){                                  //设置形参 a 和 b
    return a+b;
}
var x=1,y=2;                                      //声明并初始化变量
console.log(f(x,y));                              //调用函数并传递实参
```

在上面示例中，a、b 就是形参，而在调用函数时向函数传递的变量 x、y 就是实参。

一般情况下，函数的形参和实参数量应该相同，但是 JavaScript 并没有要求形参和实参必须相同。在特殊情况下，函数的形参和实参数量可以不相同。

【示例 2】如果函数实参数量少于形参数量，那么多出来的形参的值默认为 undefined。

```
(function(a,b){                                   //定义函数，包含两个形参
    console.log(typeof a);                        //返回 number
    console.log(typeof b);                        //返回 undefined
})(1);                                            //调用函数，传递一个实参
```

【示例 3】如果函数实参数量多于形参数量，那么多出来的实参就不能够通过形参进行访问，函数会忽略多余的实参。在本示例中，实参 3 和 4 就被忽略了。

```
(function(a,b){                          //定义函数，包含两个形参
    console.log(a);                      //返回 1
    console.log(b);                      //返回 2
})(1,2,3,4);                             //调用函数，传入 4 个实参值
```

提示：ECMAScript 6 开始支持默认参数，以前设置默认参数的方法如下。

```
function add(a , b) {
    b = b || 1;                          //判断 b 是否为空，为空就给默认值 1
}
```

现在可以设置设计：

```
function add(a , b=1) {                  //如果参数 b 为空，则使用默认值 1
}
```

13.3.2 获取参数个数

使用 arguments 对象的 length 属性可以获取函数的实参个数。arguments 对象只能在函数体内可见，因此 arguments.length 也只能在函数体内使用。

使用函数对象的 length 属性可以获取函数的形参个数，该属性为只读属性，在函数体内和函数体外都可以使用。演示示例可以参考下面两节示例代码。

13.3.3 使用 arguments 对象

arguments 对象表示函数的实参集合，仅能够在函数体内可见，并可以直接访问。

【示例 1】函数没有定义形参，但是在函数体内通过 arguments 对象可以获取调用函数时传入的每一个实参值。

```
function f(){                                         //定义没有形参的函数
    for(var i = 0; i < arguments.length; i ++ ){      //遍历 arguments 对象
        console.log(arguments[i]);                    //显示指定下标的实参的值
    }
}
f(3, 3, 6);                                           //逐个显示每个传递的实参
```

注意：arguments 对象是一个伪类数组，不能够继承 Array 的原型方法。可以使用数组下标的形式访问每个实参，如 arguments[0]表示第 1 个实参，下标值从 0 开始，直到 arguments.length-1。其中 length 是 arguments 对象的属性，表示函数包含的实参个数。同时，arguments 对象可以允许更新其包含的实参值。

【示例 2】使用 for 循环遍历 arguments 对象，然后把循环变量的值传入 arguments，以便改变实参值。

```
function f(){
    for(var i = 0; i < arguments.length; i ++ ){      //遍历 arguments 对象
        arguments[i] =i;                              //修改每个实参的值
        console.log(arguments[i]);                    //提示修改的实参值
    }
}
f(3, 3, 6);                                           //返回提示 0、1、2，而不是 3、3、6
```

【示例 3】通过修改 length 属性值，也可以改变函数的实参个数。当 length 属性值增大时，则增加的实参值为 undefined；如果 length 属性值减小，则会丢弃 length 长度值之后的实参值。

```
function f(){
    arguments.length = 2  ;                          //修改 arguments 对象的 length 属性值
    for(var i = 0; i < arguments.length; i ++ ){
        console.log(arguments[i]);
    }
}
f(3, 3, 6);                                          //返回提示 3、3
```

13.3.4 使用 callee 属性

callee 是 arguments 对象的属性，它引用当前 arguments 对象所属的函数。使用该属性可以在函数体内调用函数自身。在匿名函数中，callee 属性比较有用，例如，利用它可以设计递归调用。

【示例】使用 arguments.callee 获取匿名函数，然后通过函数的 length 属性获取函数形参个数，最后比较实参个数与形参个数，以检测用户传递的参数是否符合要求。

```
function f(x, y, z){
    var a = arguments.length;                        //获取函数实参的个数
    var b = arguments.callee.length;                 //获取函数形参的个数
    if (a != b){                                     //如果形参和实参个数不相等，则提示错误信息
        throw new Error("传递的参数不匹配");
    }
    else{                                            //如果形参和实参数目相同，则返回它们的和
        return x + y + z;
    }
}
console.log(f(3, 4, 5));                             //返回值为 12
```

arguments.callee 等价于函数名，在上面示例中，arguments.callee 等于 f。

13.3.5 剩余参数

ECMAScript 6 新增剩余参数，它允许将不定数量的参数表示为一个数组。语法格式如下。

```
function(a, b, ...args) {
  //函数体
}
```

如果函数最后一个形参以...为前缀，则它就表示剩余参数，将传递的所有剩余的实参组成一个数组，传递给形参 args。

提示： 剩余参数与 arguments 对象之间的区别主要有 3 个。

- ☑ 剩余参数只包含那些没有对应形参的实参，而 arguments 对象包含了所有的实参。
- ☑ arguments 对象是一个伪类数组，而剩余参数是真正的数组类型。
- ☑ arguments 对象有自己的属性，如 callee 等。

【示例】利用剩余参数设计一个求和函数。

```
var fn = (x, y, ...rest) => {
    var i, sum = x + y;
    for (i=0; i<rest.length; i++) {
        sum += rest[i];
    }
    return sum;
}
console.log( fn(5, 7, 6, 4, 7));
```

可以简写为：

```
var fn = (...rest) => {
    var i, sum = 0;
    for (i=0; i<rest.length; i++) {
        sum += rest[i];
    }
    return sum;
}
```

此时，剩余参数 rest 与 arguments 对象包含的实参个数相等。

13.4 函数作用域

JavaScript 支持全局作用域和局部作用域，局部作用域也称为函数作用域，局部变量在函数体内可见，因此也称为私有变量。

13.4.1 定义作用域

作用域（scope）表示变量的作用范围和可见区域，一般包括词法作用域和执行作用域。

☑ 词法作用域：根据代码的结构关系来确定作用域。它是一种静态的词法结构，JavaScript 解析器主要根据词法结构确定每个变量的可见范围和有效区域。

☑ 执行作用域：当代码被执行时，才能够确定变量的作用范围和可见性，与词法作用域相对，它是一种动态作用域。函数的作用域会因为调用对象不同而发生变化。

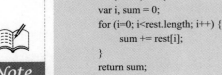

注意： JavaScript 支持词法作用域，JavaScript 函数只能运行在被预先定义好的词法作用域里，而不是被执行的作用域里。因此，定义作用域实际上就是定义函数。

13.4.2 作用域链

JavaScript 作用域属于静态概念，根据词法结构来确定，而不是根据执行来确定。作用域链是 JavaScript 提供的一套解决函数内私有变量的访问机制。JavaScript 规定每一个作用域都有一个与之相关联的作用域链。

作用域链用于在函数执行时，求出私有变量的值。该链中包含多个对象，当访问私有变量的过程中，会从链首的对象开始，然后依次查找后面的对象，直到在某个对象中找到与私有变量名称相同的属性。如果在作用域链的顶端（全局对象）中仍然没有找到同名的属性，则返回 undefined。

【示例】通过多层嵌套的函数设计一个作用域链，在最内层函数中可以逐级访问外层函数的私有变量。

```
var a = 1;                          //全局变量
(function(){
    var b = 2;                      //第 1 层局部变量
    (function(){
        var c = 3;                  //第 2 层局部变量
        (function(){
            var d = 4;              //第 3 层局部变量
            console.log(a+b+c+d);   //返回 10
        })()                        //直接调用函数
```

```
    })()                            //直接调用函数
})()                                //直接调用函数
```

在上面代码中，JavaScript 引擎首先在最内层活动对象中查询属性 a、b、c 和 d，其中只找到了属性 d，并获得它的值（4），然后沿着作用域链，在上一层活动对象中继续查找属性 a、b 和 c，其中找到了属性 c，获得它的值（3），依此类推，直到找到所有需要的变量值为止，如图 13.1 所示。

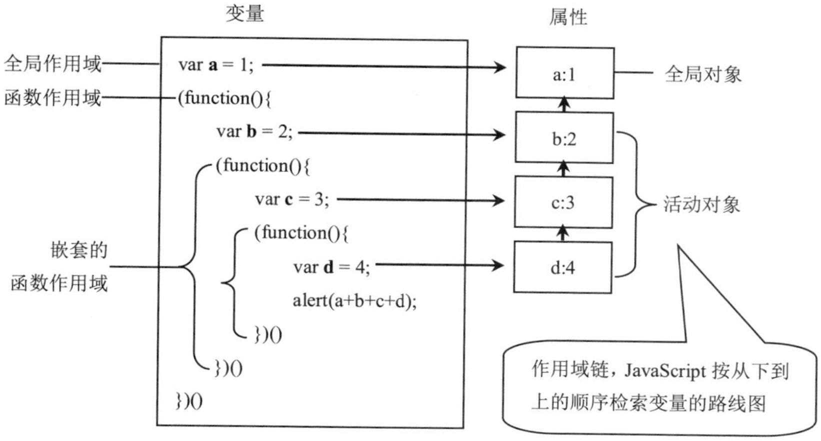

图 13.1　变量的作用域链

13.4.3　函数的私有变量

在函数体内，一般包含以下类型的私有变量。

☑　函数参数。

☑　Arguments。

☑　局部变量。

☑　内部函数。

☑　This。

其中 this 和 arguments 是系统内置标识符，不需要特别声明。这些标识符在函数体内的优先级如下，其中左侧优先级要大于右侧。

this → 局部变量 → 形参 → arguments → 函数名

JavaScript 函数的作用域是静态的，但是函数的调用却是动态的。由于函数可以在不同的运行环境内被执行，因此 JavaScript 在函数体内内置了 this 关键字，用来获取当前的运行环境。this 是一个指针型变量，它动态引用当前的运行环境，具体说就是调用函数的对象。

13.5　闭包函数

闭包是高阶函数的重要特性，在函数式编程中有着重要作用，本节将介绍闭包的结构和基本用法。

13.5.1　定义闭包

闭包就是一个持续存在的函数上下文运行环境。典型的闭包体是一个嵌套结构的函数。内部函数引用外部函数的私有变量，同时内部函数又被外界引用，当外部函数被调用后，就形成了闭包，这个函数也称为闭包函数。

【示例 1】一个典型的闭包结构。

```
function f(x){                    //外部函数
    return function(y){           //内部函数，通过返回内部函数，实现外部引用
        return x + y;             //访问外部函数的参数
    };
}
var c = f(5);                     //调用外部函数，获取引用内部函数
console.log(c(6));                //调用内部函数，原外部函数的参数继续存在
```

【示例 2】下面结构形式也可以形成闭包，通过全局变量引用内部函数，实现内部函数对外开放。

```
var c;                            //声明全局变量
function f(x){                    //外部函数
    c =  function(y){             //内部函数，通过向全局变量开放实现外部引用
        return x + y;             //访问外部函数的参数
    };
}
f(5);                             //调用外部函数
console.log(c(6));                //使用全局变量 c 调用内部函数，返回 11
```

【示例 3】除嵌套函数外，如果外部引用函数内部的私有数组或对象，也容易形成闭包。

```
var  add;                         //全局变量，定义访问闭包的通道
function f(){                     //外部函数
    var a = [1,2,3];              //私有变量，引用型数组
    add = function(x){            //测试函数，对外开放
        a[0] = x*x;               //修改私有数组的元素值
    }
    return a;                     //返回私有数组的引用
}
var c = f();
console.log(c[0]);                //读取闭包内数组，返回 1
add(5);                           //测试修改数组
console.log(c[0]);                //读取闭包内数组，返回 25
add(10);                          //测试修改数组
console.log(c[0]);                //读取闭包内数组，返回 100
```

与函数相同，对象和数组也是引用型数据。调用函数 f，返回私有数组 a 的引用，即传值给全局变量 c，而 a 是函数 f 的私有变量，当被调用后，活动对象继续存在，这样就形成了闭包。

注意： 这种特殊形式的闭包没有实际应用价值，因为它的功能单一，只能作为一个静态的、单向的闭包。而闭包函数可以设计各种复杂的运算表达式，它是函数式编程的基础。

反之，如果返回的是一个简单的值，就无法形成闭包，值传递是直接复制。外部变量 c 得到的仅是一个值，而不是对函数内部变量的引用，这样当函数调用后，直接注销活动对象。

```
function f(x){                    //外部函数
    var a = 1;                    //私有变量，简单值
    return a;
}
var c = f(5);
console.log(c);                   //仅是一个值，返回 1
```

13.5.2　使用闭包

下面结合示例介绍闭包的简单使用。

【示例 1】使用闭包实现优雅的打包，定义存储器。

```
var f = function(){                    //外部函数
    var a = []                         //私有数组初始化
    return function(x){                //返回内部函数
        a.push(x);                     //添加元素
        return a;                      //返回私有数组
    };
}();                                   //直接调用函数，生成执行环境
var a = f(1);                          //添加值
console.log(a);                        //返回 1
var b = f(2);                          //添加值
console.log(b);                        //返回 1,2
```

在上面示例中，通过外部函数设计一个闭包，定义一个永久的存储器。当调用外部函数，生成执行环境之后，就可以利用返回的匿名函数，不断向闭包体内的数组 a 传入新值，传入的值会一直持续存在。

【示例 2】在网页中事件处理函数很容易形成闭包。

```
function f(){                          //事件处理函数，闭包
    var a = 1;                         //私有变量 a，初始化为 1
    b = function(){                    //开放私有函数
        console.log("a = " + a);       //读取 a 的值
    }
    c = function(){                    //开放私有函数
        a ++ ;                         //递增 a 的值
    }
    d = function(){                    //开放私有函数
        a --;                          //递减 a 的值
    }
}
</script>
<button onclick="f()">生成闭包</button>
<button onclick="b()">查看 a 的值</button>
<button onclick="c()">递 增</button>
<button onclick="d()">递 减</button>
```

在浏览器中浏览时，首先单击“生成闭包”按钮，生成一个闭包。单击第 2 个按钮，可以随时查看闭包内私有变量 a 的值。单击第 3、4 个按钮时，可以动态修改闭包内变量 a 的值，演示效果如图 13.2 所示。

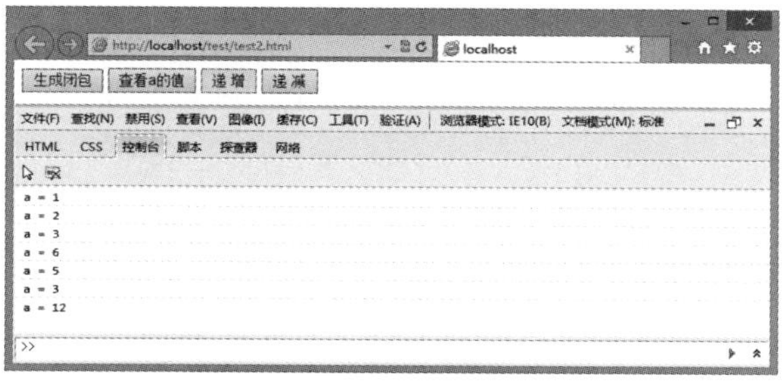

图 13.2　事件处理函数闭包

Note

13.6 在线支持

扫码免费学习
更多实用技能

一、补充知识

- ☑ 声明函数
- ☑ 构造函数
- ☑ 函数直接量
- ☑ 嵌套函数
- ☑ 调用函数
- ☑ 函数的返回值
- ☑ 使用 new 调用函数
- ☑ 函数的参数
- ☑ 函数的标识符
- ☑ 词法作用域
- ☑ 执行上下文和活动对象
- ☑ 作用域链

二、专项练习

- ☑ 汉诺塔动画演示

三、拓展

- ☑ 执行上下文栈和执行上下文的具体变化过程

新知识、新案例不断更新中……

第 14 章

使用对象

JavaScript 是以对象为基础，以函数为模型，以原型为继承的基于对象的开发模式，JavaScript 不是面向对象的编程语言，在 ECMAScript 6 规范之前，JavaScript 没有类的概念，仅允许通过构造函数来模拟类，通过原型实现继承。ECMAScript 6 新增类和模块功能，提升了 JavaScript 高级编程的能力。

视频讲解

14.1 定义对象

对象（Object）是最基本、最通用的类型，具有复合性结构，属于引用型数据，对象的结构具有弹性，内部的数据是无序的，每个成员被称为属性。在 JavaScript 中，对象还是一个泛化的概念，任何值都可以转换为对象，所有对象都继承于 Object 类型，拥有很多原型属性。

14.1.1 构造对象

使用 new 运算符调用构造函数，可以构造对象。具体语法格式如下。

```
var objectName = new functionName(args);
```

简单说明如下。

- ☑ objectName：返回的实例对象。
- ☑ functionName：构造函数，详细说明可以参考 23.1 节内容。
- ☑ args：参数列表。

【示例】使用 new 运算符调用不同的类型函数，构造不同的对象。

```
var o = new Object();          //定义一个空对象
var a = new Array();           //定义一个空数组
var f = new Function();        //定义一个空函数
```

14.1.2 对象直接量

使用直接量可以快速定义对象，具体语法格式如下。

```
var objectName = {
    属性名 1：属性值 1,
    属性名 2：属性值 2,
    …
    属性名 n：属性值 n
};
```

在对象直接量中，属性名与属性值之间通过冒号进行分隔，属性值可以是任意类型的数据，属性名可以是 JavaScript 标识符，或者是字符串型表达式。属性与属性之间通过逗号进行分隔，最后一个属性末尾不需要逗号。

【示例 1】使用对象直接量定义 1 个对象。

```
var o = {                                   //对象直接量
    a : 1,                                  //定义属性
    b : true                                //定义属性
}
```

【示例 2】如果不包含任何属性，则可以定义一个空对象。

```
var o = { }                                 //定义一个空对象直接量
```

提示：ECMAScript 6 新增 Map 类型的数据结构，本质与 Object 结构类似。两者区别是：Object 强制规定 key 只能是字符串；而 Map 结构的 key 可以是任意对象。

14.1.3 使用 create()方法

Object.create 是 ECMAScript 5 新增的一个静态方法，用来定义对象。该方法可以指定对象的原型和对象特性。具体语法格式如下。

```
Object.create(prototype, descriptors)
```

参数说明如下。

- ☑ prototype：必须参数，指定原型对象，可以为 null。
- ☑ descriptors：可选参数，包含一个或多个属性描述符的 JavaScript 对象。属性描述符包含数据特性和访问器特性，其中数据特性说明如下。
  - ❖ value：指定属性值。
  - ❖ writable：默认为 false，设置属性值是否可写。
  - ❖ enumerable：默认为 false，设置属性是否可枚举（for/in）。
  - ❖ configurable：默认为 false，设置是否可修改属性特性和删除属性。

访问器特性包含两个方法，简单说明如下。

- ❖ set()：设置属性值。
- ❖ get()：返回属性值。

【示例】使用 Object.create 定义一个对象，继承 null，包含两个可枚举的属性 size 和 shape，属性值分别为“large”和“round”。

```
var newObj = Object.create(null, {
            size: {                              //属性名
                value: "large",                  //属性值
                enumerable: true                 //可以枚举
            },
            shape: {                             /属性名
                value: "round",                  //属性值
                enumerable: true                 //可以枚举
            }
        });
console.log(newObj.size);                        //large
console.log(newObj.shape);                       //round
console.log(Object.getPrototypeOf(newObj));      //null
```

14.2 对象的属性

属性也称为名/值对，包括属性名和属性值。属性名可以是包含空字符串在内的任意字符串，一个对象中不能存在两个同名的属性。属性值可以是任意类型的数据。

14.2.1 定义属性

1. 直接量定义

在对象直接量中，属性名与属性值之间通过冒号分隔，冒号左侧是属性名，右侧是属性值，名/值对之间通过逗号分隔。

【示例 1】使用直接量方法定义对象 obj，然后添加了两个属性。

```
var obj = {                          //定义对象
    x:1,                             //属性
    y:function(){                    //方法
        return this.x + this.x;
    }
}
```

2. 点语法定义

【示例 2】通过点语法，可以在构造函数内或者对象外添加属性。

```
var obj =   {}                       //定义空对象
obj.x = 1;                           //定义属性
obj.y = function(){                  //定义方法
    return this.x + this.x;
}
```

3. 使用 defineProperty()

使用 Object.defineProperty()函数可以为对象添加属性，或者修改现有属性。如果指定的属性名在对象中不存在，则执行添加操作；如果在对象中存在同名属性，则执行修改操作。具体语法格式如下。

```
Object.defineProperty(object, propertyname, descriptor)
```

参数说明如下。

- ☑ object：指定要添加或修改属性的对象，可以是 JavaScript 对象或者 DOM 对象。
- ☑ propertyname：表示属性名的字符串。
- ☑ descriptor：定义属性描述符，包括数据特性、访问器特性。

Object.defineProperty 返回值为已修改的对象。

【示例 3】先定义一个对象直接量 obj，然后使用 Object.defineProperty()函数为 obj 对象定义属性：属性名为 x、值为 1、可写、可枚举、可修改。

```
var obj = {};
Object.defineProperty(obj, "x", {
    value: 1,                        //属性值
    writable: true,                  //属性可读可写
    enumerable: true,                //属性可枚举
    configurable: true               //属性可修改
});
console.log(obj.x);                  //1
```

4. 使用 defineProperties()

使用 Object.defineProperties()函数可以一次定义多个属性。具体语法格式如下。

```
object.defineProperties(object, descriptors)
```

参数说明如下。

☑ object：对其添加或修改属性的对象，可以是本地对象或 DOM 对象。

☑ descriptors：包含一个或多个属性描述符。每个属性描述符描述一个数据属性或访问器属性。

【示例 4】使用 Object.defineProperties()函数将数据属性和访问器属性添加到对象 obj 上。

```
var obj = {};
Object.defineProperties(obj, {
    x: {                        //定义属性 x
        value: 1,
        writable: true,         //可写
    },
    y: {                        //定义属性 y
        set: function(x) {      //设置访问器属性
            this.x = x;         //改写 obj 对象的 x 属性的值
        },
        get: function() {       //设置访问器属性
            return this.x;      //获取 obj 对象的 x 属性的值
        },
    }
});
obj.y = 10;
console.log(obj.x);             //10
```

14.3.2 访问属性

1. 使用点语法

使用点语法可以快速读写对象属性，点语法左侧是引用对象的变量，右侧是属性名。

【示例 1】定义对象 obj，包含属性 x，然后使用点语法读取属性 x 的值。

```
var obj = {                     //定义对象
    x:1,
}
console.log(obj.x);             //访问对象属性 x，返回 1
obj.x = 2;                      //重写属性值
console.log(obj.x);             //访问对象属性 x，返回 2
```

2. 使用中括号语法

也可以使用中括号语法来读写对象属性。

【示例 2】针对上面示例，使用中括号语法读写对象 obj 的属性 x 的值。

```
console.log(obj["x"]);          //2
obj["x"] = 3;                   //重写属性值
console.log(obj["x"]);          //3
```

注意：在中括号语法中，必须以字符串形式指定属性名，而不能够使用标识符。
中括号内可以使用字符串，也可以是字符型表达式，即只要表达式的值为字符串即可。

【示例 3】使用 for/in 遍历对象的可枚举属性，并读取它们的值，然后重写属性值。

```
for(var i in obj){              //遍历对象
    console.log(obj[i]);        //读取对象的属性值
```

```
    obj[i] = obj[i] + obj[i];                    //重写属性值
    console.log(obj[i]);                         //读取修改后属性值
}
```

在上面代码中，中括号中的表达式 i 是一个变量，其返回值为 for/in 遍历对象时，枚举每个属性名。

3. 使用 getOwnPropertyNames()

使用 Object.getOwnPropertyNames()函数能够返回指定对象私有属性的名称。私有属性是指用户在本地定义的属性，而不是继承的原型属性。具体语法格式如下。

```
Object.getOwnPropertyNames(object)
```

参数 object 表示一个对象，返回值为一个数组，其中包含所有私有属性的名称。其中包括可枚举的和不可枚举的属性和方法的名称。如果仅返回可枚举的属性和方法的名称，应该使用 Object.keys()函数。

【示例 4】定义一个对象，该对象包含 3 个属性，然后使用 getOwnPropertyNames()获取该对象的私有属性名称。

```
var obj = { x:1, y:2, z:3 }
var arr = Object.getOwnPropertyNames(obj);
console.log (arr);                               //返回属性名：x,y,z
```

4. 使用 keys()

使用 Object.keys()函数仅能获取可枚举的私有属性名称。具体语法格式如下。

```
Object.keys(object)
```

参数 object 表示指定对象，可以是 JavaScript 对象或 DOM 对象。返回值是一个数组，其中包含对象的可枚举属性名称。

5. 使用 getOwnPropertyDescriptor()

使用 Object.getOwnPropertyDescriptor()函数能够获取对象的属性描述符。具体语法格式如下。

```
Object.getOwnPropertyDescriptor(object, propertyname)
```

参数 object 表示指定的对象，propertyname 表示属性的名称。返回值为属性的描述符对象。

【示例 5】定义一个对象 obj，包含 3 个属性，然后使用 Object.getOwnPropertyDescriptor()函数获取属性 x 的数据属性描述符，并使用该描述符将属性 x 设置为只读。最后，再调用 Object.defineProperty()函数，使用数据属性描述符修改属性 x 的特性。遍历修改后的对象，可以发现只读特性 writable 为 false。

```
var obj = {   x:1, y:2, z:3   }                       //定义对象
var des = Object.getOwnPropertyDescriptor(obj, "x");  //获取属性 x 的数据属性描述符
for (var prop in des) {                               //遍历属性描述符对象
    console.log(prop + ': ' + des[prop]);             //显示特性值
}
des.writable = false;                                 //重写特性，不允许修改属性
des.value = 100;                                      //重写属性值
Object.defineProperty(obj, "x", des);                 //使用修改后的数据属性描述符覆盖属性 x
var des = Object.getOwnPropertyDescriptor(obj, "x");  //重新获取属性 x 的数据属性描述符
for (var prop in des) {                               //遍历属性描述符对象
    console.log(prop + ': ' + des[prop]);             //显示特性值
}
```

注意： 一旦为未命名的属性赋值后，对象会自动定义该名称的属性，在任何时候和位置为该属性赋值，都不需要定义属性，而只会重新设置它的值。如果读取未定义的属性，则返回值都是 undefined。

14.3.3 删除属性

使用 delete 运算符可以删除对象的属性。

【示例】使用 delete 运算符删除指定属性。

```
var obj = { x: 1}                                    //定义对象
delete obj.x;                                        //删除对象的属性 x
console.log(obj.x);                                  //返回 undefined
```

提示：当删除对象属性后，不是将该属性值设置为undefined，而是从对象中彻底清除属性。如果使用 for/in 语句枚举对象属性，只能枚举属性值为 undefined 的属性，但不会枚举已删除属性。

14.3 属性描述符

属性描述符是 ECMAScript 5 新增的一个内部对象，用来描述对象属性的特性。

14.3.1 属性描述符的特性

属性描述符包含 6 个特性，简单说明如下。

- ☑ value：属性值，默认值为 undefined。
- ☑ writable：设置属性值是否可写，默认值为 true。
- ☑ enumerable：设置属性是否可枚举，即是否允许使用 for/in 语句或 Object.keys()函数遍历访问，默认为 true。
- ☑ configurable：设置是否可设置属性特性，默认为 true。如果为 false，将无法删除该属性，不能修改属性值，也不能修改属性描述符。
- ☑ get：取值器，默认为 undefined。
- ☑ set：存值器，默认为 undefined。

【示例 1】使用 value 读写属性的值。

```
var obj = {};                                                    //定义空对象
Object.defineProperty(obj, 'x', { value: 100 });                 //添加属性 x，值为 100
console.log(Object.getOwnPropertyDescriptor(obj, 'x').value);    //返回 100
```

【示例 2】使用 writable 特性禁止修改属性 x。

```
var obj = {};                                        //定义对象直接量
Object.defineProperty(obj, 'x', {                    //添加属性
    value: 1,                                        //设置属性默认值为 1
    writable: false                                  //禁止修改属性值
});
obj.x = 2;                                           //修改属性 x 的值
console.log(obj.x)                                   //返回值为 1，说明修改失败
```

在正常模式下，如果 writable 为 false，重写属性不会报错，但是操作会失败；而在严格模式下会抛出异常。

14.3.2 访问器

可以使用点语法、中括号语法访问属性的值，也可以使用访问器访问属性的值。

访问器包括 set 和 get 两个方法，其中 set 可以设置属性值，get 可以读取属性值。使用访问器的好处是：为属性访问绑定高级功能，如设计访问条件、数据再处理、与内部数据进行互动等。

【示例 1】设计对象 obj 的 x 属性值必须是数字。这里使用访问器对用户的访问操作进行监控。当用户使用 obj.x 取值时，就会调用 get 方法；当用户赋值时，就会调用 set 方法。

```
var obj = Object.create(Object.prototype, {                              //创建对象，继承自原型对象
    _x : {                                                               //内部私有数据属性
        value : 1,                                                       //初始值
        writable:true                                                    //允许读写
    },
    x: {                                                                 //定义可访问的属性
        get: function() {                                                //设计 get 方法
            return   this._x ;                                           //返回内部私有属性_x 的值
        },
        set: function(value) {                                           //设计 set 方法
            if(typeof value   != "number" ) throw new Error('请输入数字'); //如果输入的值不是数字，则抛出异常
            this._x = value;                                             //把用户输入的值保存到内部私有属性中
        }
    }
});
console.log(obj.x);                                                      //访问属性值，返回值为 1
obj.x = "2";                                                             //为属性赋一个字符串，则抛出异常
```

注意：取值方法 get()不能接收参数，存值方法 set()只能接收一个参数，用于设置属性的值。

【示例 2】JavaScript 也支持一种简写方法。针对示例 1，通过如下方式可以快速定义属性。

```
var obj ={                                                               //定义对象直接量
    _x : 1,                                                              //定义_x 私有属性
    get x() { return this._x },                                          //定义 x 属性的 get 方法
    set x(value) {                                                       //定义 x 属性的 set 方法
        if(typeof value   != "number" ) throw new Error('请输入数字');     //如果输入的值不是数字，则抛出异常
        this._x = value;                                                 //把用户输入的值保存到内部私有属性中
    }
};
console.log(obj.x);                                                      //访问属性值，返回值为 1
obj.x = 2;                                                               //为属性 x 赋值，值为数字 2
console.log(obj.x);                                                      //返回数字 2
```

14.3.3 操作属性描述符

属性描述符是一个内部对象，不允许直接读写，可以通过下面几个函数进行操作。

- ☑ Object.getOwnPropertyDescriptor()：可以读出指定对象的私有属性的属性描述符。
- ☑ Object.defineProperty()：通过定义属性描述符，来定义或修改一个属性，然后返回修改后的对象。
- ☑ Object.defineProperties()：与 defineProperty()功能类似，但可以同时定义多个属性描述符。
- ☑ Object.getOwnPropertyNames()：获取对象的所有私有属性。
- ☑ Object.keys()：获取对象的所有本地的、可枚举的属性。
- ☑ propertyIsEnumerable()：对象的实例方法，用以判断指定的私有属性是否可以枚举。

Note

14.3.4 保护对象

JavaScript 提供了 3 种方法，用来精确控制一个对象的读写状态，防止对象被篡改。

- ☑ Object.preventExtensions：阻止为对象添加新的属性。
- ☑ Object.seal：阻止为对象添加新的属性，同时也无法删除旧属性。等价于把属性描述符的 configurable 属性设为 false。注意，该方法不影响修改某个属性的值。
- ☑ Object.freeze：阻止为一个对象添加新属性、删除旧属性、修改属性值。

同时提供 3 个对应的辅助检查函数，简单说明如下。

- ☑ Object.isExtensible：检查一个对象是否允许添加新的属性。
- ☑ Object.isSealed：检查一个对象是否使用了 Object.seal 方法。
- ☑ Object.isFrozen：检查一个对象是否使用了 Object.freeze 方法。

【示例】分别使用 Object.preventExtensions、Object.seal 和 Object.freeze 函数控制对象的状态，然后再使用 Object.isExtensible、Object.isSealed 和 Object.isFrozen 函数检测对象的状态。

```
var obj1 =   {};                                  //定义对象直接量 obj1
console.log(Object.isExtensible(obj1));           //检测对象 obj1 是否可扩展，返回 true
Object.preventExtensions(obj1);                   //禁止对象扩展属性
console.log(Object.isExtensible(obj1));           //检测对象 obj1 是否可扩展，返回 false
var obj2 =   {};                                  //定义对象直接量 obj2
console.log(Object.isSealed(obj2));               //检测对象 obj2 是否已禁止配置，返回 false
Object.seal(obj2);                                //禁止配置对象的属性
console.log(Object.isSealed(obj2));               //检测对象 obj2 是否已禁止配置，返回 true
var obj3 =   {};                                  //定义对象直接量 obj3
console.log(Object.isFrozen(obj3));               //检测对象 obj3 是否已冻结，返回 false
Object.freeze(obj3);                              //冻结对象的属性
console.log(Object.isFrozen(obj3));               //检测对象 obj3 是否已冻结，返回 true
```

14.4 Object 原型方法

在 JavaScript 中，Object 是所有对象的基类。Object 内置的原生方法包括两类：Object 静态函数和 Object 原型方法。Object 原型方法定义在 Object.prototype 对象上，也称为实例方法，所有对象都自动拥有这些方法。

14.4.1 使用 toString()方法

toString()方法能够返回一个对象的字符串表示，它返回的字符串比较灵活，可能是一个具体的值，也可能是一个对象的类型标识符。

【示例】显示实例对象、类型对象的 toString()方法返回值。

```
function F(x,y){                                  //构造函数
    this.x = x;
    this.y = y;
}
var f = new F(1,2);                               //实例化对象
console.log(F.toString());                        //返回函数的源代码
console.log(f.toString());                        //返回字符串"[object Object]"
```

toString()方法返回信息简单，为了能够返回更多有用信息，可以重写该方法。例如，针对实例对

象返回的字符串都是"[object Object]"，可以重写该方法，让对象实例返回构造函数的源代码。

```
Object.prototype.toString = function(){
    return this.constructor.toString();
}
```

调用 f.toString()，则返回函数的源代码，而不是字符串"[object Object]"。当然，重写方法不会影响 JavaScript 内置对象的 toString()返回值，因为它们都是只读的。

```
console.log(f.toString());                    //返回函数的源代码
```

提示：当把数据转换为字符串时，JavaScript 一般都会调用 toString()方法来实现。由于不同类型的对象在调用该方法时，所转换的字符串表示不同，且有一定规律，所以开发人员常用它来判断对象的类型，弥补 typeof 运算符和 constructor 属性在检测对象数据类型的不足，详细内容请参阅第 18 章。

14.4.2　使用 valueOf()方法

valueOf()方法能够返回对象的值。JavaScript 自动类型转换时会默认调用这个方法。Object 默认 valueOf()方法返回值与toString()方法返回值相同，但是部分类型对象重写了valueOf()方法。

【示例】 Date 对象的 valueOf()方法返回值是当前日期对象的毫秒数。

```
var o = new Date();                               //对象实例
console.log(o.toString());                        //返回当前时间的 UTC 字符串
console.log(o.valueOf());                         //返回距离 1970 年 1 月 1 日午夜之间的毫秒数
console.log(Object.prototype.valueOf.apply(o));   //默认返回当前时间的 UTC 字符串
```

对于 String、Nutuber 和 Boolean 类型的对象来说，由于它们都有明显的原始值，因此它们的 valueOf()方法会返回合适的原始值。

14.4.3　检测私有属性

根据继承关系不同，对象属性可以分为两类：私有属性（或称本地属性）和继承属性（或称原型属性）。使用 hasOwnProperty()原型方法可以快速检测属性的类型，如果是私有属性，则返回 true，否则返回 false。

【示例 1】 在本示例的自定义类型中，this.name 表示对象本地的私有属性，而原型对象中的 name 属性就是继承的属性。

```
function F(){                                     //自定义数据类型
    this.name = "私有属性";                       //本地属性
}
F.prototype.name = "继承属性";                    //原型属性
```

【示例 2】 针对示例 1，实例化对象，然后判定实例对象的属性 name 是什么类型。

```
var f = new F();                                  //实例化对象
console.log(f.hasOwnProperty("name"));            //返回 true，说明当前调用的 name 是私有属性
console.log(f.name);                              //返回字符串"私有属性"
```

注意：对于原型对象自身来说，这些原型属性又是它们的私有属性，返回值是 true。

14.4.4　检测可枚举属性

使用 propertyIsEnumerable()原型方法可以检测一个私有属性是否可以枚举，如果允许枚举，则返回 true，否则返回 false。

【示例】实例化对象 o，使用 for/in 循环遍历它的所有属性，但是 Javascript 允许枚举的属性只有 a、b 和 c，而能够枚举的本地属性只有 a 和 b。

```
function F(){                                    //构造函数
    this.a =1;                                   //本地属性 a
    this.b =2;                                   //本地属性 b
}
F.prototype.c =3;                                //原型属性 c
F.d = 4;                                         //类型对象的属性
var o = new F();                                 //实例化对象
for(var I in o){                                 //遍历对象的属性
    console.log(I);                              //打印可枚举的属性
}
console.log(o.propertyIsEnumerable("a"));        //返回值为 true，说明可以枚举
console.log(o.propertyIsEnumerable("b"));        //返回值为 true，说明可以枚举
console.log(o.propertyIsEnumerable("c"));        //返回值为 false，说明不可以枚举
console.log(o.propertyIsEnumerable("d"));        //返回值为 false，说明不可以枚举
```

14.4.5　检测原型对象

使用 isPrototypeOf()方法可以检测当前对象是否为指定对象的原型。

【示例】针对 14.4.5 节示例，可以判断 F.prototype 就是实例对象 o 的原型对象，因为其返回值为 true。

```
var b = F.prototype.isPrototypeOf(o);
console.log(b);                                  //返回 true
```

14.5　Object 静态函数

Object 静态函数是定义在 Object 类型对象上的本地方法，通过 Object 直接调用，不需要实例化，也不需要继承。

14.5.1　对象包装函数

Object()是一个类型函数，它可以将任意值转为对象。如果参数为空，或者为 undefined 和 null，将创建一个空对象。

【示例】如果参数为数组、对象、函数，则返回原对象，不进行转换。根据这个特性，可以设计一个类型检测函数，专门检测一个值是否为引用型对象。

```
function isObject(value) {
    return value === Object(value);
}
console.log(isObject([]));                       //true
console.log(isObject(true));                     //false
```

14.5.2　对象构造函数

Object()不仅可以包装对象，还可以当作构造函数使用。如果使用 new 调用 Object()函数，将创建一个实例对象。

【示例】创建一个新的实例对象。

```
var obj = new Object();
```

14.5.3 静态函数

Object 类型对象包含很多静态函数，下面简单总结如下。

☑ 遍历对象。
  - ❖ Object.keys：以数组形式返回参数对象包含的可枚举的私有属性名。
  - ❖ Object.getOwnPropertyNames：以数组形式返回参数对象包含的私有属性名。

☑ 对象属性。
  - ❖ Object.getOwnPropertyDescriptor()：获取指定属性的属性描述符对象。
  - ❖ Object.defineProperty()：定义属性，并设置属性描述符。
  - ❖ Object.defineProperties()：定义多个属性，并设置属性描述符。

☑ 对象状态控制。
  - ❖ Object.preventExtensions()：防止对象扩展。
  - ❖ Object.isExtensible()：判断对象是否可扩展。
  - ❖ Object.seal()：禁止对象配置。
  - ❖ Object.isSealed()：判断一个对象是否可配置。
  - ❖ Object.freeze()：冻结一个对象。
  - ❖ Object.isFrozen()：判断一个对象是否被冻结。

☑ 对象原型。
  - ❖ Object.create()：返回一个新的对象，并指定原型对象和属性。
  - ❖ Object.getPrototypeOf()：获取对象的 Prototype 对象。

14.6 构造函数

构造函数（constructor）也称类型函数或构造器，功能类似对象模板，一个构造函数可以生成任意多个实例对象，实例对象拥有相同的原型属性和行为特征。

14.6.1 定义构造函数

在语法和用法上，构造函数与普通函数没有任何区别。定义构造函数的方法如下。

```
function 类型名称(配置参数) {
    this.属性 1 = 属性值 1;
    this.属性 2= 属性值 2;
    …
    this.方法 1 = function(){
        //处理代码
    };
    …
    //其他代码，可以包含 return 语句
}
```

提示：建议构造函数的名称首字母大写，以便与普通函数进行区分。

Note

注意：构造函数有两个显著特点。

☑ 函数体内可以使用 this，引用将要生成的实例对象。当然，普通函数内也允许使用 this，指代调用函数的对象。

☑ 必需使用 new 命令调用函数，才能够生成实例对象。如果直接调用构造函数，则不会直接生成实例对象，此时与普通函数的功能相同。

【示例】定义一个构造函数，包含了 2 个属性和 1 个方法。

```
function Point(x,y){                  //构造函数
    this.x = x;                       //私有属性
    this.y = y;                       //私有属性
    this.sum = function(){            //方法
        return this.x + this.y;
    }
}
```

在上面代码中，Point 就是构造函数，它提供模板，用来生成实例对象。

14.6.2 调用构造函数

使用 new 命令可以调用构造函数，创建实例对象，并返回这个对象。

【示例】针对 14.6.1 节示例，使用 new 命令调用构造函数，生成两个实例对象，然后分别读取属性，调用方法 sum()。

```
function Point(x,y){                  //构造函数
    this.x = x;                       //私有属性
    this.y = y;                       //私有属性
    this.sum = function(){            //私有方法
        return this.x + this.y;
    }
}
var p1 = new Point(100,200);          //实例化对象 1
var p2 = new Point(300,400);          //实例化对象 2
console.log(p1.x);    //100
console.log(p2.x);    //300
console.log(p1.sum());                //300
console.log(p2.sum());                //700
```

提示：构造函数可以接受参数，以便初始化实例对象。如果不需要传递参数，可以省略小括号，直接使用 new 命令调用，下面两行代码是等价的。

```
var p1 = new Point();
var p2 = new Point;
```

如果不使用 new 命令，直接使用小括号调用构造函数，这时构造函数就是普通函数，不会生成实例对象，this 就代表调用函数的对象，在客户端指代 window 全局对象。

为了避免误用，最有效的方法是在函数中启用严格模式，代码如下，这样调用构造函数时，必须使用 new 命令，否则将抛出异常。

```
function Point(x,y){                  //构造函数
    'use strict';                     //启用严格模式
    this.x = x;                       //私有属性
    this.y = y;                       //私有属性
    this.sum = function(){            //私有方法
        return this.x + this.y;
```

```
    }
}
```

或者使用 if 语句对 this 进行检测，如果 this 不是实例对象，则强迫返回实例对象。

```
function Point(x,y){ //构造函数
    if(!(this instanceof Point)) return new Point(x, y);        //检测 this 是否为实例对象
    this.x = x;                                                  //私有属性
    this.y = y;                                                  //私有属性
    this.sum = function(){                                       //私有方法
        return this.x + this.y;
    }
}
```

14.6.3 构造函数的返回值

构造函数允许使用 return 语句。如果返回值为简单值，则将被忽略，直接返回 this 指代的实例对象；如果返回值为对象，则将覆盖 this 指代的实例，返回 return 语句后面的对象。

【示例】在构造函数内部定义 return 返回一个对象直接量，当使用 new 命令调用构造函数时，返回的不是 this 指代的实例，而是这个对象直接量，因此当读取 x 和 y 属性值时，与预期的结果是不同的。

```
function Point(x,y){                                             //构造函数
    this.x = x;                                                  //私有属性
    this.y = y;                                                  //私有属性
    return { x : true, y : false }
}
var p1 = new Point(100,200);                                     //实例化对象 1
console.log(p1.x);                                               //true
console.log(p1.y);                                               //false
```

14.6.4 引用构造函数

在普通函数内，使用 arguments.callee 可以引用函数自身。在严格模式下，是不允许使用 arguments.callee 引用函数的，这时可以使用 new.target 来访问构造函数。

【示例】在构造函数内部使用 new.target 指代构造函数本身，以便对用户操作进行监测，如果没有使用 new 命令，则强制使用 new 实例化。

```
function Point(x,y){                                             //构造函数
    'use strict';                                                //启用严格模式
    if(!(this instanceof new.target)) return new new.target(x, y);  //检测 this 是否为实例对象
    this.x = x;                                                  //私有属性
    this.y = y                                                   //私有属性
}
var p1 = new Point(100,200);                                     //实例化对象 1
console.log(p1.x);                                               //100
```

注意：IE 浏览器对其支持不是很完善，使用时要考虑兼容性。

14.6.5 使用 this 指针

this 是由 JavaScript 引擎在执行函数时自动生成，存在于函数内的一个动态指针，指代当前调用对象。具体用法如下。

```
this[.属性]
```

如果 this 未包含属性，则传递的是当前对象。

下面简单总结 this 在 5 种常用场景中的表现，以及应对策略。

1. 普通调用

【示例 1】函数引用和函数调用对 this 的影响。

```
var obj = {                                //父对象
    name : "父对象 obj",
    func : function(){
        return this;
    }
}
obj.sub_obj = {                            //子对象
    name : "子对象 sub_obj",
    func : obj.func                        //引用父对象 obj 的方法 func
}
var who = obj.sub_obj.func();
console.log(who.name);                     //返回"子对象 sub_obj"，说明 this 代表 sub_obj
```

把子对象 sub_obj 的 func 改为函数调用。

```
obj.sub_obj = {
    name : "子对象 sub_obj",
    func : obj.func()                      //调用父对象 obj 的方法 func
}
```

则函数中的 this 所代表的是定义函数时所在的父对象 obj。

```
var who = obj.sub_obj.func;
console.log(who.name);                     //返回"父对象 obj"，说明 this 代表父对象 obj
```

2. 实例化

【示例 2】使用 new 命令调用函数时，this 总是指代实例对象。

```
var obj ={};
obj.func = function(){
    if(this == obj) console.log("this = obj");
    else if(this == window) console.log("this = window");
    else if(this.constructor == arguments.callee) console.log("this = 实例对象");
}
new obj.func;                              //实例化
```

3. 动态调用

【示例 3】使用 call 和 apply 可以绑定 this，使其指向参数对象。

```
function func(){
    //如果 this 的构造函数等于当前函数，则表示 this 为实例对象
    if(this.constructor == arguments.callee) console.log("this = 实例对象");
    //如果 this 等于 window，则表示 this 为 window 对象
    else if (this == window) console.log("this = window 对象");
    //如果 this 为其他对象，则表示 this 为其他对象
    else console.log("this == 其他对象 \n this.constructor = " + this.constructor );
}
func();                                    //this 指向 window 对象
new func();                                //this 指向实例对象
func.call(1);                              //this 指向数值对象
```

在上面示例中，直接调用函数 func()时，this 代表 window 对象。当使用 new 命令调用函数时，将创建一个新的实例对象，this 就指向这个新创建的实例对象。

使用 call 方法执行函数 func()时，由于 call 方法的参数值为数字 1，则 JavaScript 引擎会把数字 1 强制封装为数值对象，此时 this 就会指向这个数值对象。

4. 事件处理

【**示例 4**】在事件处理函数中，this 总是指向触发该事件的对象。

```
<input type="button" value="测试按钮" />
<script>
var button = document.getElementsByTagName("input")[0];
var obj ={};
obj.func = function(){
    if(this == obj) console.log("this = obj");
    if(this == window) console.log("this = window");
    if(this == button) console.log("this = button");
}
button.onclick = obj.func;
</script>
```

在上面代码中，func()所包含的 this 不再指向对象 obj，而是指向按钮 button，因为 func()是被传递给按钮的事件处理函数之后，才被调用执行的。

使用 DOM 2 级标准注册事件处理函数。

```
if(window.attachEvent){                                   //兼容 IE 模型
    button.attachEvent("onclick", obj.func);
} else{                                                   //兼容 DOM 标准模型
    button.addEventListener("click", obj.func, true);
}
```

在 IE 浏览器中，this 指向 window 和 button，而在 DOM 标准的浏览器中仅指向 button。因为，在 IE 浏览器中，attachEvent()是 window 对象的方法，调用该方法时，this 会指向 window。

为了解决浏览器兼容性问题，可以调用 call()或 apply()方法强制在对象 obj 身上执行方法 func()，避免不同浏览器对 this 解析不同。

```
if(window.attachEvent){
    button.attachEvent("onclick", function(){          //用闭包封装 call 方法强制执行 func()
        obj.func.call(obj);
    });
}
else{
    button.addEventListener("click", function(){
        obj.func.call(obj);
    }, true);
}
```

当再次执行时，func()中包含的 this 始终指向对象 obj。

5. 定时器

【**示例 5**】使用定时器调用函数。

```
var obj ={};
obj.func = function(){
    if(this == obj) console.log("this = obj");
    else if(this == window) console.log("this = window");
    else if(this.constructor == arguments.callee) console.log("this = 实例对象");
    else console.log("this == 其他对象 \n this.constructor = " + this.constructor );
}
setTimeout(obj.func, 100);
```

Note

在 IE 中 this 指向 window 和 button 对象，具体原因与上面讲解的 attachEvent()方法相同。在符合 DOM 标准的浏览器中，this 指向 window 对象，而不是 button 对象。

因为方法 setTimeout()是在全局作用域中被执行的，所以 this 指向 window 对象。解决浏览器兼容性问题，可以使用 call()或 apply()方法来实现。

```
setTimeout(function(){
    obj.func.call(obj);
}, 100);
```

14.6.6 绑定函数

绑定函数是为了纠正函数的执行上下文，把 this 绑定到指定对象上，避免在不同执行上下文中调用函数时，this 指代的对象不断变化。

【实现代码】

```
function bind(fn, context) {                        //绑定函数
    return function() {
        return fn.apply(context, arguments);        //在指定上下文对象上动态调用函数
    };
}
```

bind()函数接收一个函数和一个上下文环境，返回一个在给定环境中调用给定函数的函数，并且将返回函数的所有的参数原封不动地传递给调用函数。

注意： 这里的 arguments 属于内部函数，而不属于 bind()函数。在调用返回的函数时，会在给定的环境中执行被传入的函数，并传入所有参数。

【应用代码】

函数绑定可以在特定的环境中为指定的参数调用另一个函数，该特征常与回调函数、事件处理函数一起使用。

```
<button id="btn">测试按钮</button>
<script>
var handler = {                                     //事件处理对象
    message : 'handler',                            //名称
    click : function(event) {                       //事件处理函数
        console.log(this.message);                  //提示当前对象的 message 值
    }
};
var btn = document.getElementById('btn');
btn.addEventListener('click', handler.click);       //undefined
</script>
```

在上面示例中，为按钮绑定单击事件处理函数，设计当单击按钮时，将显示 handler 对象的 message 属性值。但是，实际测试发现，this 最后指向了 DOM 按钮，而非 handler。

解决方法是：使用闭包进行修正。

```
var handler = {                                     //事件处理对象
    message : 'handler',                            //名称
    click : function(event) {                       //事件处理函数
        console.log(this.message);                  //提示当前对象的 message 值
    }
};
var btn = document.getElementById('btn');
btn.addEventListener('click', function(){           //使用闭包进行修正：封装事件处理函数的调用
```

```
        handler.click();
    });                                                   //'handler'
```

使用闭包比较麻烦，如果创建多个闭包可能会令代码变得难于理解和调试，因此，改进方法是：使用 bind()绑定函数。

```
var handler = {                                          //事件处理对象
    message : 'handler',                                 //名称
    click : function(event) {                            //事件处理函数
        console.log(this.message);                       //提示当前对象的 message 值
    }
};
var btn = document.getElementById('btn');
btn.addEventListener('click', bind(handler.click, handler));  //'handler'
```

14.6.7　使用 bind()方法

ECMAScript 5 为 Function 新增 bind()原型方法，用来把函数绑定到指定对象上。在绑定函数中，this 对象被解析为传入的对象。具体用法如下。

```
function.bind(thisArg[,arg1[,arg2[,argN]]])
```

参数说明如下。

- ☑ function：必需参数，一个函数对象。
- ☑ thisArg：必需参数，this 可在新函数中引用的对象。
- ☑ arg1[,arg2[,argN]]]：可选参数，要传递到新函数的参数的列表。

bind()方法将返回与 function 函数相同的新函数，thisArg 对象和初始参数除外。

【示例 1】定义原始函数 check()，用来检测传入的参数值是否在一个指定范围内，范围下限和上限根据当前实例对象的 min 和 max 属性决定。然后使用 bind()方法把 check()函数绑定到对象 range 身上。如果再次调用这个新绑定后的函数 check1()，就可以根据该对象的属性 min 和 max 来确定调用函数时传入值是否在指定的范围内。

```
var check = function (value) {
    if (typeof value !== 'number')    return false;
    else    return value >= this.min && value <= this.max;
}
var range = { min : 10,    max : 20 };
var check1 = check.bind(range);
var result = check1 (12);
console.log(result);  //true
```

【示例 2】在上面示例基础上，为 obj 对象定义两个上下限属性，以及一个方法 check()。然后，直接调用 obj 对象的 check()方法，检测 10 是否在指定范围，此时返回值为 false，因为当前 min 和 max 值分别为 50 和 100。接着，把 obj.check()方法绑定到 range 对象，则再次传入值 10，返回值为 true，说明在指定范围，因为此时 min 和 max 值分别为 10 和 20。

```
var obj = {
    min: 50,
    max: 100,
    check: function (value) {
        if (typeof value !== 'number')
            return false;
        else
            return value >= this.min && value <= this.max;
```

Note

```
        }
    }
    var result = obj.check(10);
    console.log(result);                          //false
    var range = { min: 10, max: 20 };
    var check1 = obj.check.bind(range);
    var result = check1(10);
    console.log(result);                          //true
```

【示例 3】利用 bind()方法为函数两次传递参数值，以便实现连续参数求值计算。

```
var func = function (val1, val2, val3, val4) {
    console.log(val1 + " " + val2 + " " + val3 + " " + val4);
}
var obj = {};
var func1 = func.bind(obj, 12, "a");
func1("b", "c");                               //12 a b c
```

14.7 原　　型

在 JavaScript 中，所有函数都有原型。函数实例化后，实例对象可以访问原型属性，实现继承机制。

14.7.1 定义原型

原型实际上就是一个普通对象，继承于 Object 类，由 JavaScript 自动创建并依附于每个函数。使用点语法，可以通过 function.prototype 访问和操作原型对象。

【示例】为函数 P 定义原型。

```
function P(x){                              //构造函数
    this.x = x;                             //声明私有属性，并初始化为参数 x
}
P.prototype.x = 1                           //添加原型属性 x，赋值为 1
var p1 = new P(10);                         //实例化对象，并设置参数为 10
P.prototype.x = p1.x                        //设置原型属性值为私有属性值
console.log(P.prototype.x);                 //返回 10
```

14.7.2 访问原型

访问原型对象有 3 种方法，简单说明如下。

☑ obj.__proto__。

☑ obj.constructor.prototype。

☑ Object.getPrototypeOf(obj)。

其中，obj 表示一个实例对象，constructor 表示构造函数。

__proto__（前后各两个下画线）是一个私有属性，可读可写，与 prototype 属性相同，都可以访问原型对象。Object.getPrototypeOf(obj)是一个静态函数，参数为实例对象，返回值是参数对象的原型对象。

注意：__proto__属性是一个私有属性，存在浏览器兼容性问题，以及缺乏非浏览器环境的支持。使用 obj.constructor.prototype 也存在一定风险，如果 obj 对象的 constructor 属性值被覆盖，则 obj.constructor.prototype 将会失效。因此，比较安全的用法是使用 Object.getPrototypeOf(obj)。

【示例】创建一个空的构造函数，然后实例化，分别使用上述 3 种方法访问实例对象的原型。

```
var F = function(){};                          //构造函数
var obj = new F();                             //实例化
var proto1 = Object.getPrototypeOf(obj);       //引用原型
var proto2 =    obj.__proto__;                 //引用原型，注意，IE 暂不支持
var proto3 = obj.constructor.prototype;        //引用原型
var proto4 = F.prototype;                      //引用原型
console.log(proto1 === proto2);                //true
console.log(proto1 === proto3);                //true
console.log(proto1 === proto4);                //true
console.log(proto2 === proto3);                //true
console.log(proto2 === proto4);                //true
console.log(proto3 === proto4);                //true
```

14.7.3 设置原型

设置原型对象有 3 种方法，简单说明如下。

☑ obj.__proto__ = prototypeObj。

☑ Object.setPrototypeOf(obj, prototypeObj)。

☑ Object.create(prototypeObj)。

其中，obj 表示一个实例对象，prototypeObj 表示原型对象。注意，IE 不支持前面两种方法。

【示例】利用设置原型对象的 3 种方法为对象直接量设置原型。

```
var proto = { name:"prototype"};               //原型对象
var obj1 = {};                                 //普通对象直接量
obj1.__proto__ = proto;                        //设置原型
console.log(obj1.name);
var obj2 = {};                                 //普通对象直接量
Object.setPrototypeOf(obj2, proto);            //设置原型
console.log(obj2.name);
var obj3 = Object.create(proto);               //创建对象，并设置原型
console.log(obj3.name);
```

14.7.4 检测原型

使用 isPrototypeOf()方法可以判断该对象是否为参数对象的原型。isPrototypeOf()是一个原型方法，可以在每个实例对象上调用。

【示例】检测原型对象。

```
var F = function(){};                          //构造函数
var obj = new F();                             //实例化
var proto1 = Object.getPrototypeOf(obj);       //引用原型
console.log(proto1.isPrototypeOf(obj));        //true
```

提示：也可以使用下面代码检测不同类型的实例。

```
var proto = Object.prototype;
console.log(proto.isPrototypeOf({}));          //true
console.log(proto.isPrototypeOf([]));          //true
console.log(proto.isPrototypeOf(/ /));         //true
console.log(proto.isPrototypeOf(function(){})); //true
console.log(proto.isPrototypeOf(null));        //false
```

Note

14.7.5 原型属性

原型属性可以被所有实例访问，而私有属性只能被当前实例访问。

【示例】定义一个构造函数，并为实例对象定义私有属性。

```
function f(){                               //声明一个构造类型
    this.a = 1;                             //为构造类型声明一个私有属性
    this.b = function(){                    //为构造类型声明一个私有方法
        return this.a;
    };
}
var e =new f();                             //实例化构造类型
console.log(e.a);                           //调用实例对象的属性 a，返回 1
console.log(e.b());                         //调用实例对象的方法 b，提示 1
```

构造函数 f 中定义了两个私有属性，分别是属性 a 和方法 b()。当构造函数实例化后，实例对象继承了构造函数的私有属性。此时可以在本地修改实例对象的属性 a 和方法 b()。

```
e.a = 2;
console.log(e.a);
console.log(e.b());
```

如果给构造函数定义了与原型属性同名的私有属性，则私有属性会覆盖原型属性值。

如果使用 delete 运算符删除私有属性，则原型属性会被访问。在上面示例基础上删除私有属性，则会发现可以访问原型属性。

14.7.6 原型链

在 JavaScript 中，实例对象在读取属性时，总是先检查私有属性，如果存在，则会返回私有属性值；否则就会检索 prototype 原型，如果找到同名属性，则返回 protoype 原型的属性值。

protoype 原型允许引用其他对象。如果在 protoype 原型中没有找到指定的属性，则 JavaScript 将会根据引用关系，继续检索 protoype 原型对象的 protoype 原型，依此类推。

【示例】对象属性查找原型的基本方法和规律。

```
function a(x){                              //构造函数 a
    this.x = x;
}
a.prototype.x = 0;                          //原型属性 x 的值为 0
function b(x){                              //构造函数 b
    this.x = x;
}
b.prototype = new a(1);                     //原型对象为构造函数 a 的实例
function c(x){                              //构造函数 c
    this.x = x;
}
c.prototype = new b(2);                     //原型对象为构造函数 b 的实例
var d = new c(3);                           //实例化构造函数 c
console.log(d.x);                           //调用实例对象 d 的属性 x，返回值为 3
delete d.x;                                 //删除实例对象的私有属性 x
console.log(d.x);                           //调用实例对象 d 的属性 x，返回值为 2
delete c.prototype.x;                       //删除 c 类的原型属性 x
console.log(d.x);                           //调用实例对象 d 的属性 x，返回值为 1
delete b.prototype.x;                       //删除 b 类的原型属性 x
console.log(d.x);                           //调用实例对象 d 的属性 x，返回值为 0
```

```
delete a.prototype.x;                    //删除 a 类的原型属性 x
console.log(d.x);                        //调用实例对象 d 的属性 x，返回值为 undefined
```

原型链能够帮助用户更清楚地认识 JavaScript 面向对象的继承关系，如图 14.1 所示。

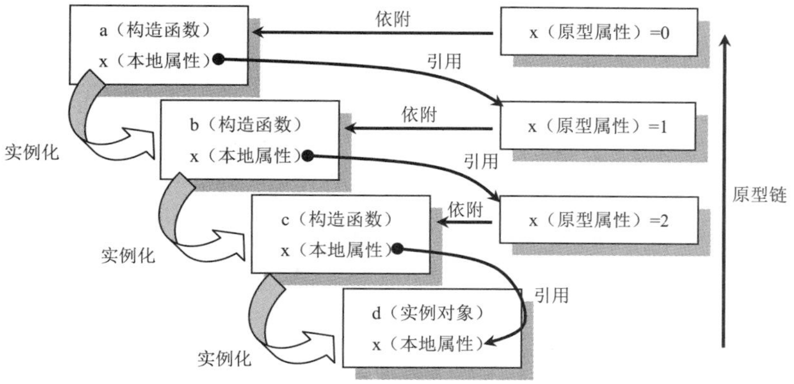

图 14.1　原型链检索示意图

14.8 在线支持

扫码免费学习更多实用技能

一、对象参考

- ☑ Number 对象原型属性和原型方法
- ☑ Boolean 对象原型属性和原型方法
- ☑ String 对象原型属性和原型方法
- ☑ Math 对象静态属性和静态函数
- ☑ Date 对象原型属性和原型方法
- ☑ Array 对象原型属性和原型方法
- ☑ Object 对象属性和方法
- ☑ Function 对象属性和方法
- ☑ Error 对象原型属性
- ☑ RegExp 原型属性和原型方法
- ☑ 全局对象属性和函数

二、Object 对象

- ☑ 使用 Object 对象
- ☑ Object()函数
- ☑ Object 构造函数
- ☑ 使用 Object 静态方法
- ☑ 使用 Object 实例方法

三、包装对象

- ☑ 使用包装对象
- ☑ 包装对象的实例方法
- ☑ 原始类型的自动转换
- ☑ 自定义方法
- ☑ Boolean 对象

四、属性描述对象

- ☑ 认识属性描述对象
- ☑ Object.getOwnPropertyDescriptor()
- ☑ Object.defineProperty()和 Object.defineProperties()
- ☑ 元属性
- ☑ Object.getOwnPropertyNames()
- ☑ Object.prototype.propertyIsEnumerable()
- ☑ 存取器
- ☑ 对象的拷贝
- ☑ 控制对象状态

五、Math 对象

- ☑ 使用 Math 对象
- ☑ Math 属性
- ☑ Math 方法

六、Date 对象

- ☑ 使用 Date 对象
- ☑ 创建 Date 对象
- ☑ 日期运算
- ☑ Date 静态方法
- ☑ Date 实例方法

七、JSON 对象

- ☑ 使用 JSON 对象
- ☑ JSON.stringify()
- ☑ JSON.parse()
- ☑ 比较 JSON 与 XML
- ☑ 优化 JSON 数据

八、console 对象

- ☑ 使用 console 对象
- ☑ 浏览器实现
- ☑ console 对象的方法
- ☑ 命令行 API
- ☑ debugger 语句

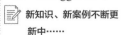

新知识、新案例不断更新中……

第 15 章

jQuery 基础

jQuery 是一个轻量级的 JavaScript 代码库，是目前流行的 JavaScript 框架之一。jQuery 的设计宗旨是“Write Less，Do More”，即倡导写更少的代码，做更多的事情。本章简单介绍 jQuery 基础知识，帮助用户掌握如何正确使用 jQuery。

视频讲解

15.1 使用 jQuery

15.1.1 认识 jQuery

jQuery 诞生于 2005 年，由 John Resig 开发。到现在，jQuery 经历了 16 年的时间洗涤，成为全球最受欢迎的 JavaScript 框架。jQuery 封装常用的 JavaScript 代码，提供一种简便的 JavaScript 设计模式，优化 HTML 文档操作、事件处理、CSS 设计和 Ajax 交互。可以说，jQuery 改变用户编写 JavaScript 代码的方式。

jQuery 最早支持 CSS3 选择器，兼容所有主流浏览器，如 IE 6.0+、Firefox 1.5+、Safari 2.0+、Opera 9.0+等，因此逐渐成为许多开发人员的必备工具。jQuery 功能强大，具有如下优势。

☑ 体积小，使用灵巧。
☑ 丰富的 DOM 选择器（CSS1～3、XPath）。
☑ 跨浏览器（IE、Edge、Chrome、Firefox、Safari、Opera）。
☑ 链式代码。
☑ 强大的事件、样式支持。
☑ 强大的 Ajax 功能。
☑ 易于扩展、插件丰富。

目前，jQuery 有三大版本。

☑ 1.x：兼容 IE 6、IE 7、IE 8，使用最为广泛，官方只做 BUG 维护，功能不再新增。因此，对于一般项目来说，使用 1.x 版本就可以了。最终版本是 1.12.4，发布于 2016 年 5 月 20 日。
☑ 2.x：不再兼容 IE 6、IE 7、IE 8，很少有人使用，官方只做 BUG 维护，功能不再新增。如果不考虑兼容低版本的浏览器，可以使用 2.x。最终版本是 2.2.4，发布于 2016 年 5 月 20 日。
☑ 3.x：不兼容 IE 6、IE 7、IE 8，只支持最新的浏览器。除非特殊要求，一般不会使用 3.x 版本 jQuery，很多老的 jQuery 插件不支持这个版本。目前该版本是官方主要更新维护的版本。最新版本是 3.6.0，发布于 2021 年 3 月 3 日。

无论是 jQuery 的 1.x、2.x 和 3.x 版本都具有相同的公开 API，然而它们的内部实现是有所不同的。选用版本的一般原则是：越新越好。jQuery 版本是在不断进步和发展的，最新版是当前最高技术水平，也是当前最先进的技术理念。

jQuery 项目主要包括 jQuery Core（核心库）、jQuery UI（界面库）、Sizzle（CSS 选择器）、jQueryMobile（jQuery 移动版）和 QUnit（测试套件）5 个部分，参考网址如表 15.1 所示。

表 15.1　jQuery 参考网址

类　型	网　址
jQuery 框架官网	http://jquery.com/
jQuery 项目组官网	http://jquery.org/
jQuery UI 项目主页	http://jqueryui.com/
jQueryMobile 项目主页	http://jquerymobile.com/
Sizzle 选择器引擎官网	http://sizzlejs.com/
QUnit 官网	http://qunitjs.com/
John Resign 个人网站（jQuery 原创作者）	http://ejohn.org/

15.1.2　下载 jQuery

访问 jQuery 官方网站（http://jquery.com/），下载最新版本的 jQuery 库文件，在网站首页单击 Download jQuery v3.6.0 图标，进入下载页面，如图 15.1 所示，目前最新版本是 3.6.0。

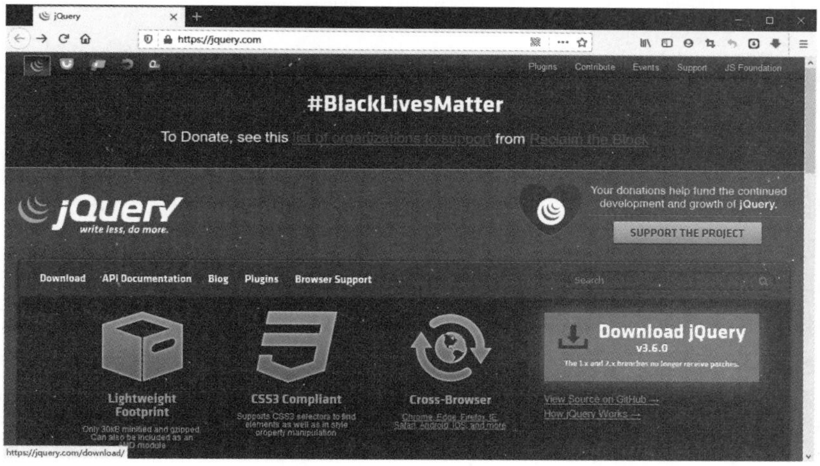

图 15.1　下载 jQuery 最新版本

单击进入下载页面（http://jquery.com/download/）。在下载页面，如果选择 Download the compressed, production jQuery 3.6.0 选项，则可以下载代码压缩版本，下载的文件为 jquery-3.6.0.min.js。如果选择 Download the uncompressed, development jQuery 3.6.0 选项，则可以下载包含注释的未被压缩的版本，下载的文件为 jquery-3.6.0.js。

也可以访问下面网址进行下载。

- ☑ http://github.com/jquery/jquery
- ☑ https://code.jquery.com/

提示：jQuery 全部版本下载地址：http://code.jquery.com/jquery/。

15.1.3　安装 jQuery

jQuery 库不需要复杂的安装，只需要把下载的库文件放到站点中，然后导入页面中即可。

【示例】导入 jQuery 库文件可以使用相对路径，也可以使用绝对路径，具体情况根据存放 jquery 库文件的位置而定。

```
<!doctype html>
<html><head>
<meta charset="utf-8">
<script src="jquery/jquery-3.6.0.js" type="text/javascript"></script>
<script type="text/javascript">
    //在这里用户就可以使用 jQuery 编程了!!
</script>
</head>
<body></body>
</html>
```

提示：除了上述方法将 jQuery 库导入页面中，还可以使用 jQuery 在线提供的库文件，在大多数环境下，推荐使用在线提供的 jQuery 代码，因为使用在线存储的 jQuery 更加稳定、高速。

```
<script type="text/javascript" src="https://code.jquery.com/jquery-3.6.0.min.js"></script>
```

考虑到 jQuery 官网访问不是很稳定，建议使用一些稳定的公共链接，如微软 jQuery 压缩版引用地址。

```
<script src="https://ajax.aspnetcdn.com/ajax/jquery/jquery-3.6.0.min.js"></script>
```

15.1.4　测试 jQuery

引入 jQuery 库文件之后，就可以在页面中进行 jQuery 开发了。开发的步骤很简单，在导入 jQuery 库文件的<script>标签行下面，重新使用<script>标签定义一个 JavaScript 代码段，然后在<script>标签内调用 jQuery 方法，编写 JavaScript 脚本。

【示例】设计在页面初始化完毕后，调用 JavaScript 的 alert()方法与浏览者打个招呼。在浏览器中预览，则可以看到在当前窗口中会弹出一个提示对话框，如图 15.2 所示。

图 15.2　测试 jQuery 代码

```
<script type="text/javascript">
$(function(){
    alert("Hi,您好!");
})
</script>
```

在 jQuery 代码中，$是 jQuery 的别名，如$()等效于 jQuery()。jQuery()函数是 jQuery 库文件的接口函数，所有 jQuery 操作都必须从该接口函数切入。jQuery()函数相当于页面初始化事件处理函数，当页面加载完毕，会执行 jQuery()函数包含的函数，所以当浏览该页面时，会执行 alert("Hi,您好!");代码，看到弹出的提示信息。

15.2　简单选择器

jQuery 选择器采用 CSS3 选择器语法规范，在 HTML 结构中可以快速匹配元素。它具有使用便捷、功能强大、支持完善、处理灵活等优势。jQuery 选择器返回值均是一个类数组的 jQuery 对象，如果没有匹配元素，则会返回一个空的类数组，因此不能使用 if($("tr"))来检测 jQuery 对象是否包含元素，而应该使用 if($("tr").length > 0)进行检测。

jQuery 选择器分为简单选择器、结构选择器、过滤选择器、属性选择器以及表单专用选择器等。简单选择器包括 5 种类型：ID 选择器、标签选择器、类选择器、通配选择器和分组选择器。具体说明如下。

15.2.1 ID 选择器

JavaScript 提供原生的 getElementById()方法，可以在 DOM 中匹配指定 ID 元素。jQuery 简化了 JavaScript 原生方法的操作，通过一个简单的“#”标识前缀快速匹配指定 ID 元素。用法如下。

```
jQuery("#id");
```

参数 id 为字符串，表示标签的 id 属性值。返回值为包含匹配 id 的元素的 jQuery 对象。

【示例】使用 jQuery 匹配文档中 ID 值为 box 的元素，并设置其背景色为红色。

```
<script>
$(function(){                                   //页面初始化函数
    $("#box").css("background","red");          //匹配 ID 为 box 的元素，设置其背景色为红色
})
</script>
<div id="box">测试盒子</div>
```

在上面代码中，$("#box")函数包含的"#box"参数表示 ID 选择器，jQuery 构造器能够根据这个选择器，准确返回包含该元素引用的 jQuery 对象。

在 ID 选择器中，如果包含特殊字符，可以使用两个反斜杠对特殊字符进行转义。例如：

```
<script>
$(function(){
    $("#a\\.b").css("color","red");
    $("#a\\:b").css("color","red");
    $("#\\[div\\]").css("color","red");
})
</script>
<div id="a.b">div1</div>
<div id="a:b">div2</div>
<div id="[div]">div3</div>
```

15.2.2 标签选择器

JavaScript 提供原生的 getElementsByTagName()方法，用来在 DOM 中选择指定标签类型的元素。该方法返回值为所选择类型元素的集合，参数值为字符串型 HTML 标签名称。

jQuery 匹配指定标签的方法比较简单，在 jQuery()构造函数中指定标签名称即可。用法如下。

```
jQuery("element");
```

参数 element 为字符串，表示标签的名称。返回值为包含匹配标签的 jQuery 对象。与 ID 选择器不同，标签选择器的字符串不需要附加标识前缀（#）。

【示例】使用 jQuery 匹配文档中所有的<div>标签，并定义它们的字体颜色为红色。

```
<script>
$(function(){
    $("div").css("color","red");
})
</script>
```

$("div")表示匹配文档中所有的<div>标签，返回 jQuery 对象，然后调用 jQuery 的 css()方法，为

Note

所有匹配的<div>标签定义红色字体。

15.2.3 类选择器

HTML5 新增 getElementsByClassName()方法，使用该方法可以选择指定类名的元素。该方法可以接收一个字符串参数，包含一个或多个类名，类名通过空格分隔，不分先后顺序，方法返回带有指定类的所有元素的集合。

在 jQuery 中，类选择器的字符串需要附加标识前缀（.）。用法如下。

```
jQuery(".className") ;
```

参数 className 为字符串，表示标签的 class 属性值，前缀符号“.”表示该选择器为类选择器。返回值为包含匹配 className 的元素的 jQuery 对象。

【示例】使用 jQuery 构造器匹配文档中所有类名为 red 的标签，并定义它们的字体颜色为红色。

```
<script>
$(function(){
    $(".red").css("color","red");
})
</script>
```

15.2.4 通配选择器

在 JavaScript 中，使用 document.getElementsByTagName("*")可以匹配文档中所有的元素。jQuery 也支持通配选择器，该选择器能够匹配指定上下文中所有元素。用法如下。

```
jQuery("*") ;
```

参数*为字符串，表示将匹配指定范围内所有的标签元素。

【示例】匹配文档中<body>标签下包含的所有标签，然后定义所有标签包含的字体显示为红色。

```
<script>
$(function(){
    $("body *").css("color","red");
})
</script>
```

15.2.5 分组选择器

分组选择器通过逗号分隔符来分隔多个不同的选择器，这些子选择器可以是任意类型的，也可以是复合选择器。用法如下。

```
jQuery("selector1,selector2,selectorN") ;
```

参数 selector1、selector2、selectorN 为字符串，表示多个选择器，这些选择器没有数量限制，它们通过逗号进行分隔。当执行组选择器后，返回的 jQuery 对象将包含每一个选择器匹配到的元素。jQuery 在执行组选择器匹配时，先是逐一匹配每个选择器，然后将匹配到的元素合并到一个 jQuery 对象中返回。

【示例】利用组选择器匹配文档中包含的不同标签，然后定义所有标签包含的字体显示为红色。

```
<script>
$(function(){
    $("h2, #wrap, span.red, [title='text']").css("color","red");
})
</script>
```

Note

15.3 关系选择器

关系选择器能够根据元素之间的结构关系进行匹配，主要包括包含选择器、子选择器、相邻选择器和兄弟选择器，说明如表 15.2 所示。

表 15.2 关系选择器

选择器	说明
ancestor descendant	在给定的祖先元素下匹配所有的后代元素。ancestor 表示任何有效选择器，descendant 表示用以匹配元素的选择器，并且它是第一个选择器的后代元素。例如，$("form input") 可以匹配表单下所有的 input 元素
parent > child	在给定的父元素下匹配所有的子元素。parent 表示任何有效选择器，child 表示用以匹配元素的选择器，并且它是第一个选择器的子元素。例如，$("form > input")可以匹配表单下所有的子级 input 元素
prev + next	匹配所有紧接在 prev 元素后的 next 元素。prev 表示任何有效选择器，next 表示一个有效选择器并且紧接着第一个选择器。例如，$("label + input")可以匹配所有跟在 label 后面的 input 元素
prev ~ siblings	匹配 prev 元素之后的所有 siblings 元素。prev 表示任何有效选择器，siblings 表示一个选择器，并且它作为第一个选择器的同辈。例如，$("form ~ input")可以匹配到所有与表单同辈的 input 元素

【示例】利用 jQuery 关系选择器可以方便地控制 HTML 文档各级元素的样式。虽然这些结构没有定义 id 或 class 属性，但是并不影响用户方便、精确地控制文档样式。

```
<script>
$(function(){
    $("div").css("border", "solid 1px red");              //控制文档中所有 div 元素
    $("div > div").css("margin", "2em");                   //控制 div 元素包含的 div 子元素，实际上它与 div
                                                           //包含选择器所匹配的元素是相同的
    $("div div").css("background", "#ff0");                //控制最外层 div 元素包含的所有 div 元素
    $("div div div").css("background", "#f0f");            //控制第 3 层及其以内的 div 元素
    $("div + p").css("margin", "2em");                     //控制 div 相邻的 p 元素
    $("div:eq(1) ~ p").css("background", "blue");          //控制 div 后面并列的所有 p 元素
})
</script>
<div>一级 div 元素
    <div>二级 div 元素
        <div>
            三级 div 元素
        </div>
        <p>段落文本 11</p>
        <p>段落文本 12</p>
    </div>
    <p>段落文本 21</p>
    <p>段落文本 22</p>
</div>
<p>段落文本 31</p>
<p>段落文本 32</p>
```

在关系选择器中，左右两个子选择器可以为任何形式的选择器，可以是简单选择器，也可以是复合选择器，甚至可以是关系选择器。例如，$("div div div")可以有两种理解："div div"表示子包含选择器，位于左侧，作为父包含选择器的包含对象，而第 3 个"div"表示被包含的对象，它是一个简单选择器；或者"div"表示简单选择器，位于左侧，作为父包含选择器的包含对象，而"div div"表示被包含的对象，它是一个子包含选择器。

Note

15.4 伪类选择器

15.4.1 子选择器

子选择器就是通过当前匹配元素选择该元素包含的特定子元素。子选择器主要包括 4 种类型，说明如表 15.3 所示。

表 15.3 子选择器

选 择 器	说 明
:nth-child	匹配其父元素下的第 *n* 个子或奇偶元素
:first-child	匹配第一个子元素。 :first 选择器只匹配一个元素，而:first-child 选择符将为每个父元素匹配一个子元素
:last-child	匹配最后一个子元素。 :last 只匹配一个元素，而:last-child 选择符将为每个父元素匹配一个子元素
:only-child	如果某个元素是父元素中唯一的子元素，那将会被匹配；如果父元素中含有其他元素，那将不会被匹配

:eq(index)选择器只能够匹配一个元素，而:nth-child 能够为每一个父元素匹配子元素。:nth-child 从 1 开始，而:eq()从 0 开始。下面表达式都可以使用。

```
nth-child(even)            //匹配偶数位元素
:nth-child(odd)            //匹配奇数位元素
:nth-child(3n)             //匹配第 3 个及其后面间隔 3 的每个元素
:nth-child(2)              //匹配第 2 个元素
:nth-child(3n+1)           //匹配第 1 个及其后面间隔 3 的每个元素
:nth-child(3n+2)           //匹配第 2 个及其后面间隔 3 的每个元素
```

【示例】分别利用子选择器匹配不同位置上的 li 元素，并为其设计不同的样式。

```
<script>
$(function(){
    $("li:first-child").css("color", "red");
    $("li:last-child").css("color", "blue");
    $("li:nth-child(1)").css("background", "#ff6");
    $("li:nth-child(2n)").css("background", "#6ff");
})
</script>
```

15.4.2 位置选择器

位置选择器主要是根据编号和排位筛选特定位置上的元素，或者过滤掉特定元素。位置选择器详细说明如表 15.4 所示。

表 15.4 位置选择器

选 择 器	说 明
:first	匹配找到的第一个元素。例如，$("tr:first")表示匹配表格的第 1 行
:last	匹配找到的最后一个元素。例如，$("tr:last")表示匹配表格的最后一行
:not	去除所有与给定选择器匹配的元素。注意，在 jQuery 1.3 中，已经支持复杂选择器了，如:not(div a)和:not(div,a)。例如，$("input:not(:checked)")可以匹配所有未选中的 input 元素
:even	匹配所有索引值为偶数的元素，从 0 开始计数。例如，$("tr:even")可以匹配表格的 1、3、5 行（即索引值 0、2、4...）
:odd	匹配所有索引值为奇数的元素，从 0 开始计数。例如，$("tr:odd")可以匹配表格的 2、4、6 行（即索引值 1、3、5...）
:eq	匹配一个给定索引值的元素，从 0 开始计数。例如，$("tr:eq(0)")可以匹配第 1 行表格行
:gt	匹配所有大于给定索引值的元素，从 0 开始计数。例如，$("tr:gt(0)")可以匹配第 2 行及其后面行
:lt	匹配所有小于给定索引值的元素。例如，$("tr:gt(1)")可以匹配第 1 行及其后面行
:header	匹配如 h1、h2、h3 之类的标题元素
:animated	匹配所有正在执行动画效果的元素

【示例】借助基本选择器，为表格中不同行设置不同的显示样式。

```
<script>
$(function(){
    $("tr:first").css("color", "red");              //设置第 1 行字体为红色
    $("tr:eq(0)").css("font-size", "20px");         //设置第 1 行字体大小为 20px
    $("tr:last").css("color", "blue");              //设置最后一行字体为蓝色
    $("tr:even").css("background", "#ffd");         //设置偶数行背景色
    $("tr:odd").css("background", "#dff");          //设置奇数行背景色
    $("tr:gt(3)").css("font-size", "12px");         //设置从第 5 行开始所有行的字体大小
    $("tr:lt(4)").css("font-size", "14px");         //设置第 1～4 行字体大小
})
</script>
```

15.4.3 内容选择器

内容选择器主要根据匹配元素所包含的子元素或者文本内容进行过滤。主要包括 4 种内容选择器，说明如表 15.5 所示。

表 15.5 内容选择器

选 择 器	说 明
:contains	匹配包含给定文本的元素。例如，$("div:contains('图片')")匹配所有包含“图片”的 div 元素
:empty	匹配所有不包含子元素或者文本的空元素
:has	匹配含有选择器所匹配元素的元素。例如，$("div:has(p)")匹配所有包含 p 元素的 div 元素
:parent	匹配含有子元素或者文本的元素

【示例】借助内容选择器，分别选择文档中特定内容元素，然后对其进行控制。

```
<script>
$(function(){
    $("li:empty").text("空内容");                    //匹配空 li 元素
    $("div ul:parent").css("background", "#ff1");   //匹配 div 包含 ul 中子元素或者文本
    $("h2:contains('标题')").css("color", "red");    //标题元素中包含“标题”文本内容的
    $("p:has(span)").css("color", "blue");          //包含 span 元素的 p 元素
})
</script>
```

Note

15.4.4 可视选择器

可视选择器就是根据元素的可见或者隐藏来进行匹配，详细说明如表 15.6 所示。

表 15.6 可视选择器

选 择 器	说 明
:hidden	匹配所有不可见元素，或者 type 为 hidden 的元素
:visible	匹配所有的可见元素

【示例】分别设置奇数位 p 元素和偶数位 p 元素的字体颜色，如果奇数位 p 元素被隐藏，则通过 p:hidden 选择器匹配它们，并把它们显示出来。

```
<script>
$(function(){
    $("p:odd").hide();                          //隐藏奇数位 p 元素
    $("p:odd").css("color", "red");             //设置奇数位 p 元素的字体颜色为红色
    $("p:visible").css("color", "blue");        //设置偶数位 p 元素的字体颜色为蓝色
    $("p:hidden").show();                       //显示奇数位 p 元素
})
</script>
```

15.5 属性选择器

属性选择器主要根据元素的属性及其属性值作为过滤条件，来匹配对应的 DOM 元素。属性选择器都是以中括号作为起止分界符。jQuery 定义了 7 类属性选择器，说明如表 15.7 所示。

表 15.7 属性选择器

选 择 器	说 明
[attribute]	匹配包含给定属性的元素。注意，在 jQuery 1.3 中，前导的@符号已经被废除，如果想要兼容最新版本，只需要简单去掉@符号即可。例如，$("div[id]") 表示查找所有含有 id 属性的 div 元素
[attribute=value]	匹配属性等于特定值的元素。属性值的引号在大多数情况下是可选的，如果属性值中包含"]"时，需要加引号用以避免冲突。例如，$("input[name='text']") 表示查找所有 name 属性值是 text 的 input 元素
[attribute!=value]	匹配所有不含有指定的属性，或者属性不等于特定值的元素。该选择器等价于:not([attr=value])。要匹配含有特定属性但不等于特定值的元素，可以使用[attr]:not ([attr=value])。例如，$("input[name!='text']")表示查找所有 name 属性值不是 text 的 input 元素
[attribute^=value]	匹配给定的属性是以某些值开始的元素。例如，$("input[name^='text']")表示所有 name 属性值是以 text 开始的 input 元素
[attribute$=value]	匹配给定的属性是以某些值结尾的元素。例如，$("input[name$='text']")表示所有 name 属性值是以 text 结束的 input 元素
[attribute*=value]	匹配给定的属性是包含某些值的元素。例如，$("input[name*='text']")表示所有 name 属性值是包含 text 字符串的 input 元素

Note

续表

选 择 器	说 明
[selector1][selector2][selectorN]	复合属性选择器，需要同时满足多个条件时使用。 例如，$("input[name*='text'] [id]")表示所有 name 属性值包含 text 字符串，且包含了 id 属性的 input 元素

【示例】使用 jQuery 属性选择器根据超链接文件的类型，分别为不同类型的文件添加类型文件图标。

```
<script>
$(function(){
    var a1 = $("a[href$='.pdf']");
    a1.html(function(){
        return "<img src='images/pdf.gif' />   " + $(this).attr("href");
    });
    var a2 = $("a[href$='.rar']");
    a2.html(function(){
        return "<img src='images/rar.gif' />   " + $(this).attr("href");
    });
    var a3 = $("a[href$='.jpg'],a[href$='.bmp'],a[href$='.gif'],a[href$='.png']");
    a3.html(function(){
        return "<img src='images/jpg.gif' />   " + $(this).attr("href") ;
    });
    var a4 = $("a[href^='http:']");
    a4.html(function(){
        return "<img src='images/html.gif' />   " + $(this).attr("href") ;
    });
})
</script>
```

15.6 表单选择器

15.6.1 类型选择器

jQuery 定义了一组伪类选择器，专门用来获取页面中的表单类型元素，说明如表 15.8 所示。

表 15.8 表单类型选择器

选 择 器	说 明
:input	匹配所有 input、textarea、select 和 button 元素
:text	匹配所有单行文本框
:password	匹配所有密码框
:radio	匹配所有单选按钮
:checkbox	匹配所有复选框
:submit	匹配所有提交按钮
:image	匹配所有图像域
:reset	匹配所有重置按钮
:button	匹配所有按钮
:file	匹配所有文件域
:hidden	匹配所有不可见元素，或者 type 为 hidden 的元素

【示例】使用表单选择器控制实现交互操作。表单的 HTML 结构代码可以参考本节示例源代码。使用表单选择器快速选择这些表单域，并修改它们的 value 属性值。

```
<script>
$(function(){
    $("#test :text").val("修改后的文本域");
    $("#test :password").val("修改后的密码域");
    $("#test :checkbox").val("修改后的复选框");
    $("#test :radio").val("修改后的单选按钮");
    $("#test :image").val("修改后的图像域");
    $("#test :file").val("修改后的文件域");
    $("#test :hidden").val("修改后的隐藏域");
    $("#test :button").val("修改后的普通按钮");
    $("#test :submit").val("修改后的提交按钮");
    $("#test :reset").val("修改后的重置按钮");
})
</script>
```

15.6.2 状态选择器

jQuery 根据表单域状态定义了 4 个专用选择器，说明如表 15.9 所示。

表 15.9 状态选择器

选 择 器	说 明
:enabled	匹配所有可用元素
:disabled	匹配所有不可用元素
:checked	匹配所有被选中的元素（复选框、单选按钮等，不包括 select 中的 option）
:selected	匹配所有选中的 option 元素

【示例】使用表单属性选择器实现交互操作。表单的 HTML 结构可以参考本节示例源代码，然后使用表单状态选择器快速选择这些表单域，并对表单域实施控制。

```
<script>
$(function(){
    $("#test :disabled").val("不可用");
    $("#test :enabled").val("可用");
    $("#test :checked").removeAttr("checked");
    $("#test :selected").removeAttr("selected");
})
</script>
```

15.7 筛选对象

jQuery 过滤器是一系列简单、实用的 jQuery 对象方法，建立在选择器基础上，对 jQuery 对象进行二次过滤。在 jQuery 框架中，过滤器主要包含过滤、查找和串联 3 类操作行为。

筛选是对 jQuery 匹配的 DOM 元素进行再选择，主要包括 8 种方法，详细说明如下。

15.7.1 包含类

jQuery 使用 hasClass()方法检查当前元素是否包含特定的类。用法如下。

```
hasClass(className)
```

参数 className 是一个字符串，表示类名。该方法适合条件检测，判断 jQuery 对象中的每个元素是否包含了指定类名，如果包含则返回 true，否则返回 false。

提示：使用 is("." + className)可以执行相同的判断操作。

【示例】在 click 事件处理函数中使用 hasClass()方法，对 jQuery 对象包含的每个元素进行类型过滤，设置当<div>标签包含 class 属性值为 red 的元素时，则为其绑定一组动画，实现当鼠标单击类名为 red 的<div>标签时，让它左右摆动两下。

```
<script>
$(function(){
  $("div").click(function(){                //为所有 div 元素绑定单击事件
    if ($(this).hasClass("red"))            //只有类名为 red 的 div 元素才绑定系列动画
        $(this)
          .animate({ left: 120 })
          .animate({ left: 240 })
          .animate({ left: 0 })
          .animate({ left: 240 })
          .animate({ left: 120 });
  });
})
</script>
```

在上面代码中，文档包含 4 个<div>标签，其中有两个<div>标签设置了 red 类名，在设置 red 类名的<div>标签中，有一个是复合类，包含 red 类和 pos 类。在页面初始化事件处理函数中，使用 jQuery()函数匹配文档中所有的 div 元素，然后为它们绑定 click 事件。在事件处理函数中检测每个元素是否包含 red 类。如果包含，则为它绑定系列动画，实现当用户单击红色盒子时，它能够左右摇摆显示。

15.7.2　定位对象

使用 eq()方法可以获取当前 jQuery 对象中指定下标位置的 DOM 元素，返回 jQuery 对象，当参数大于等于 0 时为正向选取，如 0 代表第 1 个，1 代表第 2 个。当参数为负数时为反向选取，如−1 为倒数第一个。eq()方法用法如下。

```
eq(index)
```

参数 index 是一个整数值，从 0 开始，用来指定元素在 jQuery 对象中的下标位置。

提示：get(index)方法也可以获取指定下标位置的元素，不过 get(index)返回的是 DOM 元素。

【示例】针对 15.7.1 节示例，使用 eq()方法可以精确选取出第 2 个<div>标签，并为其绑定一组动画，此时第 4 个<div>标签就不再拥有该动画行为。

```
$(function(){
  $("div").eq(1).click(function(){          //为第 2 个 div 元素绑定系列动画
        $(this)
          .animate({ left: 120 })
          .animate({ left: 240 })
          .animate({ left: 0 })
          .animate({ left: 240 })
          .animate({ left: 120 });
  });
})
```

Note

15.7.3 超级过滤

使用 filter()方法可以筛选出与指定表达式匹配的元素集合。用法如下。

```
filter(expr|obj|ele|fn)
```

参数说明如下。

- ☑ expr：选择器表达式。
- ☑ jQuery：jQuery 对象，以匹配当前的元素。
- ☑ element：用于匹配元素的 DOM 元素。
- ☑ function(index)：一个函数，用来作为测试元素的集合。它接受一个参数 index，这是元素在 jQuery 集合的索引。在函数内，this 指的是当前的 DOM 元素。

【示例 1】使用 filter()方法从$("div")所匹配的 div 元素集合中过滤出包含 red 类的元素，然后为这些元素定义红色背景。

```
<script>
$(function(){
    $("div").filter(".red").css("background-color","red");
})
</script>
```

提示：该方法还可以带多个表达式，表达式之间通过逗号进行分隔，这样可以过滤更多的符合不同条件的元素。例如，下面代码将匹配到文档中<div class="blue">、<div class="red">和<div class="red pos">3 个标签，并设置它们的背景色为红色。

```
$(function(){
$("div").filter(".red,.blue").css("background-color","red");
})
```

【示例 2】使用 filter()方法从$("p")所匹配的 p 元素集合中过滤出包含两个 span 子元素的标签，然后为这些元素定义红色背景。

```
<script>
$(function(){
    $("p").filter(function(index) {
        return $("span", this).length == 2;
    }).css("background-color","red");
})
</script>
<p><span class="red">床前明月光，疑是地上霜。</span></p>
<p><span>举头望明月，</span><span>低头思故乡。</span></p>
<p>独在异乡为异客，每逢佳节倍思亲。</p>
<p>遥知兄弟登高处，遍插茱萸少一人。</p>
```

filter()方法包含的参数函数能够返回一个布尔值，在这个函数内部将对每个元素计算一次，工作原理类似$.each()方法，如果调用的这个参数函数返回 false，则这个元素被删除，否则就会保留。

在上面示例中，$("span", this)将匹配当前元素内部的所有 span 元素，然后计算它的长度，检测如果当前元素包含两个 sapn 元素，则返回 true，否则返回 false。filter()方法将根据参数返回值决定是否保留每个匹配元素。

由于参数函数可以实现各种复杂的计算和处理，所以使用 filter(fn)比 filter(expr)更为灵活，用户可以在参数函数中完成各种额外的任务，或者为每个元素执行添加附加行为和操作。

15.7.4 包含过滤

使用 has()方法可以保留包含特定后代的元素，去掉那些不含有指定后代的元素。用法如下。

```
has(expr)
```

参数 expr 可以是一个 jQuery 选择器表达式，也可以是一个元素或者一组元素，将会从给定的 jQuery 对象中重新创建一组匹配的 jQuery 对象。提供的选择器会一一测试每个元素的后代，如果元素包含了与 expr 表达式相匹配的子元素，则将保留该元素，否则就会删除该元素。

【示例】以 15.7.3 节示例为基础，使用 has()方法从$("p")所匹配的 p 元素集合中过滤出包含类名为 red 的 span 子元素的标签，然后为这些元素定义红色背景。

```
$(function(){
    $("p").has("span.red").css("background-color","red");
})
```

15.7.5 是否包含

is()方法可以根据选择器、DOM 元素或 jQuery 对象来检测匹配元素集合，如果其中至少有一个元素符合给定的表达式就返回 true；如果没有元素符合，或者表达式无效，都返回 false。

```
is(expr|obj|ele|fn)
```

参数说明如下。

- ☑ expr：供匹配当前元素集合的选择器表达式。
- ☑ jQuery：jQuery 对象，以匹配当前的元素。
- ☑ element：用于匹配元素的 DOM 元素。
- ☑ function：一个函数，用来作为测试元素的集合。它接受一个参数 index，这是元素在 jQuery 集合的索引。在函数内，this 指的是当前的 DOM 元素。

【示例】使用 is()方法检测$("p")所匹配的 p 元素集合中是否包含 span 元素，如果包含则进行提示，否则提示错误信息。

```
<script>
$(function () {
    if ($("p").is(function () {
            return $(this).has("span").length > 0;
        }))
        alert("当前 jQuery 对象中包含有 span 子元素");
    else
        alert("没有找到");
})
</script>
```

15.7.6 映射函数

map()方法能够将一组元素转换成其他数组，不论是否为元素数组，如值、属性、或者 CSS 样式，都可以用这个方法来建立一个列表。用法如下。

```
map(callback)
```

参数 callback 表示回调函数，将在每个元素上调用，根据每次回调函数的返回值新建一个 jQuery

对象并返回。返回的 jQuery 对象可以包含元素，也可以是其他值，主要根据回调函数返回值。

【示例】通过 map()方法把所有匹配的 input 元素的 value 属性值映射为一个新 jQuery 对象，然后调用 get()方法把 jQuery 对象包含值转换为数组，再调用数组的 join()方法把集合元素连接为字符串，最后调用 jQuery 的 append()方法把这个字符串附加到<p>标签中的末尾。

```
<script>
$(function(){
    $("#submit").click(function(){
        $("p").html("<h2>提交信息<h2>").append( $("input").map(function(){
            return $(this).val();
        }).get().join("、 ") );
        return false;
    })
})
</script>
```

15.7.7 排除对象

使用 not()方法能够从匹配元素的集合中删除与指定表达式匹配的元素，并返回清除后的 jQuery 对象，用法如下。

```
not(expr|ele|fn)
```

参数说明如下。

☑ expr：一个选择器字符串。

☑ element：一个 DOM 元素。

☑ function(index)：一个用来检查集合中每个元素的函数。this 是当前的元素。

【示例】通过 not()方法排除首页导航菜单，然后为其他菜单项定义统一的样式。

```
<script>
$(function(){
    $("#menu li").not(".home").css("color","red");   //清除 home 类菜单项
})
</script>
```

15.7.8 截取片段

slice()方法能够从 jQuery 对象中截取部分元素，并把这个被截取的元素集合装在一个新的 jQuery 对象中返回，用法如下。

```
slice(start,[end])
```

参数 start 和 end 都是一个整数，其中 start 表示开始选取子集的位置，第 1 个元素是 0，如果该参数为负数，则表示从集合的尾部开始选起。end 是一个可选参数，表示结束选取的位置，如果不指定，则表示到集合的结尾，但是被截取的元素中不包含 end 所指定位置的元素。

【示例】通过 slice()方法截取第 3、4 个菜单项，然后为其定义样式。

```
<script>
$(function(){
    $("#menu li").slice(2,4).css("color","red");        //截取第 3、4 个菜单项
})
</script>
```

15.8 结构过滤

结构过滤是指以 jQuery 对象为基础，查找父级、同级或者下级元素，增强对文档的控制力。

15.8.1 查找后代节点

1. children()

children()方法能够取得一个包含匹配的元素集合中每一个元素的所有子元素的元素集合。

```
children([expr])
```

参数 expr 表示 jQuery 选择器表达式字符串，用以过滤子元素。该参数为可选，如果省略，则将匹配所有的子元素。

注意： parents()将查找所有祖辈元素，而 children()只考虑子元素，而不考虑所有后代元素。

【示例 1】 为当前列表框中所有列表项定义一个下画线样式。

```
<script>
$(function(){
    $("#menu").children().css("text-decoration","underline");
})
</script>
```

【示例 2】 以上面示例为基础，为 children()方法传递一个表达式，仅获取包含 home 类的子元素。

```
$(function(){
    $("#menu").children(".home").css("text-decoration","underline");
})
```

2. contents()

使用 contents()方法可以查找匹配元素内部所有的子节点，包括文本节点。如果元素是一个 iframe，则查找文档内容。该方法没有参数，功能等同于 DOM 的 childNodes。

3. find()

使用 find()方法能够查找所有后代元素中，所有与指定表达式匹配的元素。这个函数是找出正在处理的元素的后代元素的好方法，而 children()方法仅能够查找子元素。用法如下。

```
find(expr|obj|ele)
```

参数说明如下。

☑ expr：用于查找的表达式。

☑ jQuery：一个用于匹配元素的 jQuery 对象。

☑ element：一个 DOM 元素。

【示例 3】 使用 jQuery()函数获取页面中 body 的子元素 div，然后分别调用 children()和 find()方法获取其包含的所有 div 元素，同时使用 contents()获取其包含的节点。在浏览器中预览，则可以看到 children("div")包含 3 个元素，find("div")返回 5 个元素。而 contents()返回 7 个元素，其中包含两个文本节点。

```
<script>
$(function () {
```

```
        var div = $("body > div");
        console.log(div.children("div").length);          //返回 3 个 div 元素
        console.log(div.find("div").length);              //返回 5 个 div 元素
        console.log(div.contents().length);               //返回 7，包括 5 个 div 元素，2 个文本节点（空格）
})
</script>
```

Note

15.8.2 查找祖先元素

1. parents()

parents()方法能够查找所有匹配元素的祖先元素，不包含根元素。用法如下。

```
parents([expr])
```

参数 expr 表示 jQuery 选择器表达式字符串，用以过滤祖先元素。该参数为可选，如果省略，则将匹配所有元素的祖先元素。

【示例 1】查找所有匹配 img 元素的祖先元素，并为它们定义统一边框样式。

```
<script>
$(function(){
    $("img").parents().css({"border":"solid 1px red","margin":"10px"}) ;
    alert($("img").parents().length);              //返回 4，分别是 span、div、body 和 html
})
</script>
```

提示：parents()方法将查找所有匹配元素的祖先元素，如果存在重合的祖先元素，则仅记录一次。可以在 parents()参数中定义一个过滤表达式，过滤出符合条件的祖先元素。

2. parent()

使用 parent()方法可以取得一个包含所有匹配元素的唯一父元素的元素集合。用法如下。

```
parents([expr])
```

参数 expr 表示 jQuery 选择器表达式字符串，用以过滤父元素。该参数为可选，如果省略，则将匹配所有元素的唯一父元素。

【示例 2】针对上面示例，将 parents()方法替换为 parent()方法，将查找所有匹配的 img 元素的父元素，并为它们定义统一的边框样式。

```
$(function(){
    $("img").parent().css({"border":"solid 1px red","margin":"10px"}) ;
     $("img").parent().each(function(){alert(this.nodeName)});   //提示 SPAN 和 DIV 元素
})
```

3. parentsUntil()

使用 parentsUntil()方法可以查找当前元素的所有的父辈元素，直到遇到匹配的那个元素为止。用法如下。

```
parentsUntil([expr|element][,filter])
```

参数说明如下。

- ☑ expr：用于筛选祖先元素的表达式。
- ☑ element：用于筛选祖先元素的 DOM 元素。
- ☑ filter：一个字符串，其中包含一个选择表达式匹配元素。

如果省略参数，则将匹配所有祖先元素。

Note

提示：如果提供的 jQuery 代表了一组 DOM 元素，parentsUntil()方法也能让我们找遍所有元素的祖先元素，直到遇到了一个跟提供的参数匹配的元素时才会停下来。返回的 jQuery 对象里包含了所有找到的父辈元素，但不包括选择器匹配到的元素。

【示例 3】在本示例中，使用$('li.l31')匹配三级菜单下的第一个列表项，然后使用 parentsUntil('.u1')方法获取它的所有祖先元素，但是只包含<ul class="u1">标签范围内的元素，最后为查找的祖先元素定义边框样式。

```
<script>
$(function(){
    $('li.l31').parentsUntil('.u1').css({"border":"solid 1px red","margin":"10px"}) ;
})
</script>
```

4. offsetParent()

使用 offsetParent()方法能够获取第一个匹配的元素，且用于定位的父节点。用法如下。

```
offsetParent()
```

该方法没有参数。offsetParent()方法仅对可见元素有效。

提示：定位元素就是设置 position 属性值为 relative 或 absolute 的祖先元素。

5. closest()

使用closest()方法可以从元素本身开始，逐级向上级元素匹配，并返回最先匹配的元素。用法如下。

```
closest(expr|object|element)
```

参数说明如下。

- ☑ expr：用以过滤元素的表达式。jQuery 1.4 开始，也可以传递一个字符串数组，用于查找多个元素。
- ☑ object：一个用于匹配元素的 jQuery 对象。
- ☑ element：一个用于匹配元素的 DOM 元素。

closest()会首先检查当前元素是否匹配，如果匹配则直接返回元素本身。如果不匹配则向上查找父元素，一层一层往上，直到找到匹配选择器的元素。如果没找到则返回一个空 jQuery 对象。

closest()与 parents()方法的主要区别如下。

- ☑ 前者从当前元素开始匹配寻找，后者从父元素开始匹配寻找。
- ☑ 前者逐级向上查找，直到发现匹配的元素后就停止了，后者一直向上查找直到根元素，然后把这些元素放进一个临时集合中，再用给定的选择器表达式过滤。
- ☑ 前者返回 0 个或 1 个元素，后者可能包含 0 个、1 个或者多个元素。

【示例 4】以上面示例为基础，使用$('li.l31')匹配三级菜单下的第 1 个列表项，然后使用 closest("ul")方法获取祖先元素中最靠近当前元素的父元素，最后为这个元素定义边框样式。

```
$(function(){
    $('li.l31').closest("ul").css({"border":"solid 1px red","margin":"10px"});
})
```

15.8.3 查找前面兄弟元素

1. prev()

使用 prev()方法可以获取一个包含匹配的元素集合中每一个元素紧邻的前一个同辈元素的元素集

合。用法如下。

```
prev([expr])
```

参数 expr 表示 jQuery 选择器表达式字符串，用以过滤匹配元素。该参数为可选，如果省略，则将匹配所有上一个相邻的元素。

Note

【示例 1】先查找类名为 red 的 p 元素，然后使用 prev()方法查找前一个相邻的 p 元素，并为它定义边框样式。

```
<script>
$(function(){
    $(".red").prev().css("border","solid 1px red");
})
</script>
```

2. prevAll()

使用 prevAll()方法可以查找当前元素之前所有的同辈元素。用法如下。

```
prevAll [expr])
```

参数 expr 表示 jQuery 选择器表达式字符串，用以过滤匹配元素。该参数为可选，如果省略，则将匹配所有前面同辈元素。

【示例 2】以上面示例为基础，先查找类名为 red 的 p 元素，然后使用 prevAll()方法查找它的前面同辈的所有 p 元素，并为它定义边框样式。

```
$(function(){
    $(".red").prevAll("p").css("border","solid 1px red");
})
```

3. prevUntil()

使用 prevUntil()方法能够查找当前元素之前所有的同辈元素，直到遇到匹配的那个元素为止。用法如下。

```
prevUntil([exp|ele][,fil])
```

参数说明如下。

☑ expr：用于筛选祖先元素的表达式。

☑ element：用于筛选祖先元素的 DOM 元素。

☑ filter：一个字符串，其中包含一个选择表达式匹配元素。

参数为可选，如果省略，则将匹配所有前面同辈元素。

15.8.4 查找后面兄弟元素

1. next()

使用 next()方法可以获取一个包含匹配的元素集合中每一个元素紧邻的后面同辈元素的元素集合。用法如下。

```
next([expr])
```

参数 expr 表示 jQuery 选择器表达式字符串，用以过滤匹配元素。该参数为可选，如果省略，则将匹配所有下一个相邻的元素。

【示例 1】查找类名为 red 的 p 元素，然后使用 next()方法查找它的下一个相邻的 p 元素，并为它定义边框样式。

```
<script>
$(function(){
    $(".red").next("p").css("border","solid 1px red");
})
</script>
```

2. nextAll()

使用 nextAll()方法能够查找当前元素之后所有的同辈元素。用法如下。

```
nextAll([expr])
```

参数 expr 表示 jQuery 选择器表达式字符串，用以过滤匹配元素。该参数为可选，如果省略，则将匹配所有后面的同辈元素。

【示例 2】以上面示例为基础，先查找类名为 blue 的 p 元素，然后使用 nextAll()方法查找它的前面同辈的所有 p 元素，并为它们定义边框样式。

```
$(function(){
    $(".blue").nextAll("p").css("border","solid 1px red");
})
```

3. nextUntil()

nextUntil()方法能够查找当前元素之后所有的同辈元素，直到遇到匹配的那个元素为止。用法如下。

```
nextUntil([exp|ele][,fil])
```

参数说明如下。

☑ expr：用于筛选祖先元素的表达式。

☑ element：用于筛选祖先元素的 DOM 元素。

☑ filter：一个字符串，其中包含一个选择表达式匹配元素。

如果没有选择器匹配到，或者没有提供参数，那么跟在后面的所有同辈元素都会被选中。这就跟用没有提供参数的 nextAll()效果一样。

【示例 3】继续以上面示例为基础，先查找类名为 blue 的 p 元素，然后使用 nextUntil(".red")方法查找类名为 red 的元素前面的所有同辈元素，并为它定义边框样式。

```
$(function(){
    $(".blue").nextUntil(".red").css("border","solid 1px red");
})
```

15.8.5 查找同辈元素

使用 siblings()方法可以获取一个包含匹配的元素集合中每一个元素的所有唯一同辈元素的元素集合。用法如下。

```
siblings([expr])
```

参数 expr 表示 jQuery 选择器表达式字符串，用以过滤匹配元素。该参数为可选，如果省略，则将匹配所有同辈兄弟元素。

【示例】先查找类名为 red 的 p 元素，然后使用 siblings("p")方法查找所有同辈的 p 元素，并为它定义边框样式。

```
<script>
$(function(){
    $(".red").siblings("p").css("border","solid 1px red");
})
</script>
```

Note

15.9 特殊操作

15.9.1 添加对象

使用 add()方法可以把与表达式匹配的元素添加到 jQuery 对象中。这个函数可以用于连接分别与两个表达式匹配的元素结果集。用法如下。

```
add(expr|ele|html|obj[,con])
```

参数说明如下。

- ☑ expr：用于匹配元素并添加的表达式字符串，或者用于动态生成的 HTML 代码，如果是一个字符串数组则返回多个元素。
- ☑ elements：DOM 元素。
- ☑ html：HTML 片段添加到匹配的元素。
- ☑ jQuery object：一个 jQuery 对象增加到匹配的元素。
- ☑ context：作为待查找的 DOM 元素集、文档或 jQuery 对象。

【示例】先查找类名为 red 的 p 元素，然后使用 siblings("p")方法查找所有同辈的 p 元素，再使用 add("h1,h2")方法把一级标题和二级标题也添加到当前 jQuery 对象中，最后为新的 jQuery 内所有元素定义边框样式。

```
<script>
$(function(){
    $(".red").siblings("p").add("h1,h2").css("border","solid 1px red");
})
</script>
```

15.9.2 合并对象

使用 addBack()方法可以将堆栈中元素集合添加到当前集合中。该方法没有参数，直接调用。

【示例】addBack()方法的设计思路和使用方法。首先，使用$(".blue")获取第一段文本，然后使用$(".blue").nextAll()获取同级段落文本，分别为它们设计 CSS 样式。

```
<script>
$(function(){
    $(".blue").css("border","solid 1px red");
    $(".blue").nextAll().css("border","solid 1px red");
})
</script>
```

针对上面示例，实际上在$(".blue").nextAll()后面添加 addBack()方法，就可以把$(".blue")和$(".blue").nextAll()两个不同 jQuery 对象合并在一起，即把$(".blue")匹配的 DOM 集合添加到$(".blue").nextAll()匹配的 DOM 集合中，从而保证链式语法的连贯性。

```
$(function () {
    $(".blue").nextAll().addBack().css("border", "solid 1px red");
})
```

15.9.3 返回前面对象

使用end()方法能够回到最近的一个“破坏性”操作之前，即将匹配的元素列表变为前一次的状态。如果之前没有破坏性操作，则返回一个空集。

提示：所谓破坏性操作就是指任何改变 jQuery 对象所匹配的 DOM 元素的操作，如 jQuery 对象的 add()、andSelf()、children()、filter()、find()、map()、next()、nextAll()、not()、parent()、parents()、prev()、prevAll()、siblings()、slice()、clone()方法。当调用这些方法之后，将会改变 jQuery 对象所匹配的 DOM 元素。

【示例】设计为<p>标签定义边框样式，然后再为<div>标签定义背景色。简单的做法就是：重新换一行为<div>标签定义样式。不过现在利用 jQuery 定义的 end()方法，可以保持在一行内完成两行任务，即当调用 find("p").css()后，再调用 end()方法返回$("div")方法匹配的 jQuery 对象，而不是 find()方法所查找的 jQuery。

```
<script>
$(function() {
    $("div").find("p").css({ "border": "solid 1px red", "margin": "4px" })
    .end().css({ "background": "#ddd", "color": "#222", "padding": "4px" });
})
</script>
```

在上面代码中，首先为$("div").find("p")定义的 jQuery 所包含的元素定义边框样式，然后调用 end()方法返回上一次匹配的 jQuery 对象，即$("div")定义的 jQuery 对象，再为该对象调用 css()方法定义背景样式。

15.10　在线支持

扫码免费学习
更多实用技能

一、基础应用

- ☑ 图片是否被完全加载
- ☑ 自适应图片背景
- ☑ 检测图片
- ☑ 检测图片 URL 示例
- ☑ 单击更改网页背景
- ☑ 动态表单生成图片预览效果
- ☑ 实现 facebook 风格的预加载
- ☑ 获取图片尺寸

二、进阶实战

- ☑ 在页加载完成之前显示图片
- ☑ 判断所有的图片加载完成
- ☑ 顺序淡出图片显示
- ☑ 预加载图片
- ☑ 按比例缩放图片
- ☑ 可移动的网页图片
- ☑ 滑动的背景图
- ☑ 上下滑动的图片效果
- ☑ 淡出图片，淡入另一张图片
- ☑ 淡入淡出图片效果
- ☑ 强制显示图片
- ☑ 加载时随机显示图片
- ☑ 平滑的图片放大效果
- ☑ 鼠标悬停图片放大提示效果

新知识、新案例不断更新中……

第 16 章

文档操作

DOM（Document Object Model，文档对象模型）是 W3C 制订的一套技术规范，用来描述 JavaScript 脚本如何与 HTML 文档进行交互的 Web 标准。DOM 规定了一系列标准接口，允许开发人员通过标准方式访问文档结构、操作网页内容、控制样式和行为等。jQuery 继承并优化了 JavaScript 访问 DOM 的特性，使开发人员更加方便地操作 DOM。本章将具体介绍 jQuery 操作 DOM 的方法。

视频讲解

16.1 创建节点

节点（node）是 DOM 最基本的单元，并派生出不同类型的节点，它们共同构成了文档结构模型。在网页中所有对象和内容都被称为节点，如文档、元素、文本、属性、注释等。

16.1.1 创建元素

使用 DOM 的 createElement()方法能够根据参数指定的标签名称创建一个新的元素，并返回新建元素的引用。用法如下。

```
var element = document.createElement("tagName");
```

其中，element 表示新建元素的引用，createElement()是 document 对象的一个方法，该方法只有一个参数，用来指定创建元素的标签名称。

如果要把创建的元素添加到文档中，还需要调用 appendChild()方法来实现。

【示例 1】创建 div 元素对象，然后添加到文档中。

```
window.onload = function(){                          //页面初始化函数
    var div = document.createElement("div");          //创建 div 元素
    document.body.appendChild(div);                   //把创建的 div 元素添加到 DOM 文档树中
}
```

jQuery 简化 DOM 操作，直接使用 jQuery 构造函数$()创建元素对象。用法如下。

```
$(html)
```

该函数能够根据参数 html 所传递的 HTML 字符串，创建一个 DOM 对象，并将该对象包装为 jQuery 对象返回。

【示例 2】动态创建的元素不会自动添加到文档中，需要使用其他方法把它添加到文档中。可以使用 jQuery 的 append()方法把创建的 div 元素添加到文档 body 元素节点下。

```
$(function(){                                        //页面初始化函数
    var $div = $("<div></div>");                     //创建 div 对象
    $("body").append($div);                          //把创建的 div 对象添加到文档中
})
```

Note

在浏览器中运行代码后，新创建的 div 元素被添加到文档中，由于该元素没有包含任何文本，所以看不到任何显示效果。

16.1.2　创建文本

使用 DOM 的 createTextNode()方法可以创建文本节点。用法如下。

```
document.createTextNode(data)
```

参数 data 表示字符串。参数中不能够包含任何 HTML 标签，否则 JavaScript 会把这些标签作为字符串进行显示。最后返回新创建的文本节点。

新创建的文本节点不会自动增加到 DOM 文档树中，需要使用 appendChild()方法实现。

【示例 1】为 div 元素创建一行文本，并在文档中显示。

```
window.onload = function(){
    var div = document.createElement("div");
    var txt = document.createTextNode("DOM");
    div.appendChild(txt);
    document.body.appendChild(div);
}
```

jQuery 创建文本节点比较简单，直接把文本字符串添加到元素标记字符串中，然后使用 append()等方法把它们添加到 DOM 文档树中。

【示例 2】在文档中插入一个 div 元素，并在<div>标签中包含 DOM 文本信息。

```
$(function(){
    var $div = $("<div>DOM</div>");
    $("body").append($div);
})
```

从代码输入的角度分析，JavaScript 实现相对麻烦，用户需要分别创建元素节点和文本节点，然后把文本节点添加到元素节点中，再把元素添加到 DOM 树中。而 jQuery 经过包装之后，与 jQuery 创建元素节点操作相同，仅需要两步操作即可快速实现。

16.1.3　创建属性

使用 DOM 的 setAttribute()方法可以创建属性节点，并设置属性节点包含的值。用法如下。

```
setAttribute(name,value)
```

参数 name 和 value 分别表示属性名称和属性值。属性名和属性值必须以字符串的形式进行传递。如果元素中存在指定的属性，它的值将被刷新；如果不存在，则 setAttribute()方法将为元素创建该属性并赋值。

【示例 1】以 16.1.2 节示例为例，调用 setAttribute()方法为 div 元素设置 title 属性。

```
window.onload = function(){
    var div = document.createElement("div");
    var txt = document.createTextNode("DOM");
    div.appendChild(txt);
    document.body.appendChild(div);
    div.setAttribute("title","盒子");                    //为 div 元素定义 title 属性
}
```

jQuery 创建属性节点与创建文本节点类似，简单而又方便。

【示例 2】针对上面示例，在 jQuery 构造函数中以字符串形式简单设置。使用 jQuery 实现的代

Note

码如下。

```
$(function(){
    var $div = $("<div  title='盒子' >DOM</div>");
    $("body").append($div);
})
```

从代码编写的角度分析，直接使用 JavaScript 实现需要单独为元素设置属性，而 jQuery 能够直接把元素、文本和属性包装在一起以 HTML 字符串的形式进行传递。

16.2 插入节点

16.2.1 内部插入

在 DOM 中，使用 appendChild()和 insertBefore()可以在元素内插入节点内容。appendChild()方法能够把参数指定的元素插入指定节点的尾部。用法如下。

```
nodeObject.appendChild(newchild)
```

其中，nodeObject 表示节点对象，参数 newchild 表示要添加的子节点。插入成功之后，返回插入节点。

【示例 1】在 div 元素的后面添加一个 h1 元素。

```
<script>
window.onload = function(){
    var div = document.getElementsByTagName("div")[0];
    var h1 = document.createElement("h1");
    div.appendChild(h1);
}
</script>
```

insertBefore()方法可以在指定子节点前面插入元素。用法如下。

```
insertBefore(newchild,refchild)
```

其中，参数 newchild 表示插入新的节点，refchild 表示在节点前插入新节点。返回新的子节点。

【示例 2】在 div 元素的第 1 个子元素前面插入一个 h1 元素。

```
<script>
window.onload = function(){
    var div = document.getElementsByTagName("div")[0];
    var h1 = document.createElement("h1");
    var o = div.insertBefore(h1,div.firstChild);
}
</script>
```

jQuery 定义了 4 个方法用来在元素内部插入内容，说明如表 16.1 所示。

表 16.1　在节点内部插入内容的方法

方　法	说　明
append()	向每个匹配的元素内部追加内容
appendTo()	把所有匹配的元素追加到另一个指定的元素集合中。实际上，该方法颠倒了 append()的用法。例如，$(A).append(B)与$(B).appendTo(A)是等价的

续表

方　法	说　明
prepend()	向每个匹配的元素内部前置内容
prependTo()	把所有匹配的元素前置到另一个、指定的元素集合中。实际上，该方法颠倒了 prepend()的用法。例如，$(A).prepend(B)与$(B).prependTo(A)是等价的

1. append()

append()方法能够把参数指定的内容插入指定的节点中，并返回一个 jQuery 对象。指定的内容被插入每个匹配元素里面的最后面，作为它的最后一个子元素（last child）。用法如下。

```
append(content)
append(function(index,html))
```

参数 content 可以是一个元素、HTML 字符串或者 jQuery 对象，用来插在每个匹配元素里面的末尾。参数 function(index, html)是一个返回 HTML 字符串的函数，该字符串用来插入匹配元素的末尾。

【示例 3】调用 jQuery 的 append()方法把一个列表项字符串添加到当前列表的末尾。

```
<script>
$(function(){
    $(".container").append('<li><img src="images/3.png" /></li>');
})
</script>
<h2>浏览器图标</h2>
<ul class="container">
    <li><img src="images/1.png" /></li>
    <li><img src="images/2.png" /></li>
</ul>
```

append()方法不仅接收 HTML 字符串，还可以是 jQuery 对象，或者是 DOM 对象。如果把 jQuery 对象追加到当前元素尾部，则将删除原来位置的 jQuery 匹配对象，此操作相当于移动，而不是复制。

【示例 4】把标题移动到列表结构的尾部。

```
$(function(){
    $(".container").append($("h2"));
})
```

2. appendTo()

appendTo()方法将匹配的元素插入目标元素的最后面。用法如下。

```
appendTo(target)
```

参数 target 表示一个选择符、元素、HTML 字符串或者 jQuery 对象；符合的元素会被插入由参数指定的目标的末尾。例如，对于下面一行语句。

```
$(".container").append($("h2"));
```

可以改写为：

```
$("h2").appendTo($(".container"));
```

appendTo()与 append()方法操作相反，但是实现效果相同。

3. prepend()

prepend()方法能够把参数指定的内容插入指定的节点中，并返回一个 jQuery 对象。指定的内容被插入每个匹配元素里面的最前面，作为它的第一个子元素（first child）。用法如下。

```
prepend(content)
prepend(function(index,html))
```

参数 content 可以是一个元素、HTML 字符串，或者 jQuery 对象，用来插在每个匹配元素里面的末尾。参数 function(index, html)是一个返回 HTML 字符串的函数，该字符串用来插入匹配元素的末尾。

Note

【示例 5】以上面示例为基础，调用 jQuery 的 prepend()方法把一个列表项字符串添加到当前列表的首位。

```
$(function(){
    $(".container").prepend('<li><img src="images/3.png" /></li>');
})
```

另外，jQuery 定义了 prependTo()方法，该方法与 appendTo()方法相对应，即把指定的 jQuery 对象包含的内容插入参数匹配的元素中。

16.2.2 外部插入

DOM 没有提供外部插入的一般方法，如果要实现在匹配元素外面插入或者包裹元素，则需要间接方式实现。jQuery 提供了多个外部插入内容的方法，详细说明如表 16.2 所示。

表 16.2 在节点外部插入内容

方　法	说　明
after()	在每个匹配的元素之后插入内容
insertAfter()	把所有匹配的元素插入另一个指定的元素集合的后面
before()	在每个匹配的元素之前插入内容
insertBefore()	把所有匹配的元素插入另一个指定的元素集合的前面

1. after()

after()方法能够根据设置参数在每一个匹配的元素之后插入内容。用法如下。

```
after(content)
after(function(index))
```

参数 content 表示一个元素、HTML 字符串，或者 jQuery 对象，用来插在每个匹配元素的后面。参数 function(index)表示一个返回 HTML 字符串的函数，这个字符串会被插入每个匹配元素的后面。

【示例 1】调用 jQuery 的 after()方法在每个列表项后面添加一行字符串，该字符串是通过 $("li img").attr("src")方法从列表结构中获取图片中的 src 属性值。

```
<script>
$(function(){
    $("li img").after($("li img").attr("src"));
})
</script>
<ul class="container">
    <li><img src="images/1.jpg" /></li>
    <li><img src="images/2.jpg" /></li>
</ul>
```

2. insertAfter()方法

insertAfter()与 after()方法功能相同，但用法相反。用法如下。

```
insertAfter(target)
```

参数 target 表示一个选择器、元素、HTML 字符串或者 jQuery 对象，匹配的元素将会被插入由参数指定的目标后面。例如，针对下面这行代码：

```
$("li img").after($("<span>注释文本</span>"));
```

则可以改写为：

```
$("<span>注释文本</span>").insertAfter($("li img"));
```

3. before()

before()方法为每个匹配的元素之前插入内容。用法如下。

```
before(content)
before(function(index))
```

参数 content 表示一个元素、HTML 字符串，或者 jQuery 对象，用来插在每个匹配元素的后面。参数 function(index)表示一个返回 HTML 字符串的函数，这个字符串会被插入每个匹配元素的后面。

【示例 2】以上面示例为基础，调用 jQuery 的 before()方法在每个列表项前面添加图片中的 src 字符串信息。

```
$(function(){
    $("li img").before($("li img").attr("src"));
})
```

4. insertBefore()方法

insertBefore()与 before()方法功能相同，但操作相反。用法如下。

```
insertBefore(target)
```

参数 target 表示一个选择器、元素、HTML 字符串或者 jQuery 对象，匹配的元素将会被插入由参数指定的目标后面。例如，针对下面这行代码：

```
$("li img").brfore($("<span>注释文本</span>"));
```

则可以改写为：

```
$("<span>注释文本</span>").insertBefore($("li img"));
```

提示：appendTo()、prependTo()、insertBefore()和 insertAfter()方法具有破坏性操作特性。也就是说，如果选择已存在内容，并把它们插入指定对象中时，则原位置的内容将被删除。

16.3 删除节点

使用 DOM 的 removeChild()方法可以删除指定的节点及其包含的所有子节点，并返回这些删除的内容。用法如下。

```
nodeObject.removeChild(node)
```

其中，nodeObject 表示父节点对象，参数 node 表示要删除的子节点。

【示例】先使用 document.getElementsByTagName()方法获取页面中的 div 和 p 元素，然后移出 p 元素，把移出的 p 元素附加到 div 元素后面。

```
<script>
window.onload = function(){
    var div = document.getElementsByTagName("div")[0];
    var p = document.getElementsByTagName("p")[0];
    var p1 = div.removeChild(p);
    div.parentNode.insertBefore(p1,div.nextSibling);
```

```
}
</script>
<div>
    <p>段落文本</p>
</div>
```

Note

由于 DOM 的 insertBefore()与 appendChild()方法都具有破坏性，当使用文档中现有元素进行操作时，会先删除原位置上的元素。因此对于下面两行代码：

```
var p1 = div.removeChild(p);                              //移出 p 元素
div.parentNode.insertBefore(p1,div.nextSibling);          //把移出的 p 元素附加到 div 元素后面
```

可以合并为：

```
div.parentNode.insertBefore(p,div.nextSibling);           //直接使用 insertBefore()移动 p 元素
```

jQuery 定义了 3 个删除内容的方法：remove()、empty()和 detach()。其中，remove()方法对应 DOM 的 removeChild()方法。详细说明如表 16.3 所示。

表 16.3　jQuery 删除内容的方法

方　法	说　明
remove()	从 DOM 中删除所有匹配的元素
empty()	删除匹配的元素集合中所有的子节点
detach()	从 DOM 中删除所有匹配的元素

16.3.1　移出

remove()方法能够将匹配元素从 DOM 中删除。用法如下。

```
remove([selector])
```

参数 selector 表示一个选择表达式用来过滤匹配的将被移除的元素。该方法还将同时移除元素内部的一切，包括绑定的事件及与该元素相关的 jQuery 数据。

【示例 1】为<button>标签绑定 click 事件，当用户单击按钮时将调用 jQuery 的 remove()方法移出所有的段落文本。

```
<script>
$(function(){
    $("button").click(function () {
        $("p").remove();
    });
})
</script>
<p>段落文本 1</p>
<div>布局文本</div>
<p>段落文本 2</p>
<button>清除段落文本</button>
```

提示：由于 remove()方法能够删除匹配的元素，并返回这个被删除的元素，因此在特定条件下该方法的功能可以使用 jQuery 的 appendTo()、prependTo()、insertBefore()或 insertAfter()方法进行模拟。

【示例 2】将父元素 div 的子元素 p 移出，然后插入父元素 div 的后面。

```
<script>
$(function(){
    var $p = $("p").remove();
```

```
        $p.insertAfter("div");
})
</script>
<div>
        <p>段落文本</p>
</div>
```

如果使用 insertAfter()方法，则可以把上面的两步操作合并为一步，代码如下。

```
<script>
$(function(){
        $("p").insertAfter("div");               //直接把段落文本移动到 div 元素
})
</script>
```

不过 remove()方法的主要功能是删除指定节点以及包含的子节点。

16.3.2 清空

empty()方法可以清空元素包含的内容。在用法上，empty()和 remove()方法相似，但是执行结果略有区别。用法如下。

```
empty()
```

该方法没有参数，表示将直接删除匹配元素包含的所有内容。

【示例】为<button>标签绑定 click 事件，当用户单击按钮时将调用 jQuery 的 empty()方法移出段落文本内所有的内容，但没有删除 p 元素。

```
<script>
$(function(){
        $("button").click(function () {
                $("p").empty();
        });
})
</script>
<p>段落文本 1</p>
<div>布局文本</div>
<p>段落文本 2</p>
<button>清除段落文本</button>
```

提示：移出将删除指定的 jQuery 对象所匹配的所有元素，以及其包含的所有内容，而清空仅删除指定的 jQuery 对象所匹配的所有元素包含的内容，但是不删除当前匹配元素。

另外，remove()方法能够根据传递的参数进行有选择的移出操作，而 empty()方法将对所有匹配的元素执行清空操作，没有可以选择的参数。

16.3.3 分离

detach()方法能够将匹配元素从 DOM 中分离出来。用法如下。

```
detach([expr])
```

参数 expr 是一个选择表达式，将需要移除的元素从匹配的元素中过滤出来。该参数可以省略，如果省略将移出所有匹配的元素。

【示例 1】为<button>标签绑定 click 事件，当用户单击按钮时将调用 jQuery 的 detch()方法移出所有的段落文本。

```
<script>
$(function(){
    $("p").click(function(){
        $(this).toggleClass("off");
    });
    var p;
    $("button").click(function(){
        if ( p ) {
            p.appendTo("body");
            p = null;
        } else {
            p = $("p").detach();
        }
    });
})
</script>
<p>段落文本 1</p>
<div>布局文本</div>
<p>段落文本 2</p>
<button>清除段落文本</button>
```

在上面示例中，文档中包含两段文本，通过$("p").click()方法为段落文本绑定一个单击事件，即单击段落文本时，将设置或者移出 off 样式类，这样 p 元素就拥有了一个事件属性，单击段落文本可以切换 off 样式类。在内部样式表中，定义段落文本默认背景色为浅黄色，单击后应用 off 样式类，恢复默认的白色背景，通过 toggleClass()类切换方法实现再次单击段落文本后将再次显示浅黄色背景。

然后在按钮的 click 事件处理函数中，将根据一个临时变量 p 的值来判断是否分离文档中的段落文本，或者把分离的段落文本重新附加到文档尾部。此时，会发现当再次恢复被删除的段落文本后，它依然保留着上面定义的事件属性。

注意：detach()方法与 remove()方法基本一样。它与 remove()方法不同的是，detach()方法能够保存所有 jQuery 数据与被移走的元素相关联，所有绑定在元素上的事件、附加的数据等都会保留下来。当需要移走一个元素，不久又将该元素插入 DOM 时，这种方法很有用。

【示例 2】以上面示例为基础，如果使用 remove()方法代替 detach()方法，则当再次恢复被删除的段落文本后，段落文本的 click 事件属性将失效。

```
$(function(){
    $("p").click(function(){
        $(this).toggleClass("off");
    });
    var p;
    $("button").click(function(){
        if ( p ) {
            p.appendTo("body");
            p = null;
        } else {
            p = $("p").remove();
        }
    });
})
```

Note

16.4 克隆节点

使用 DOM 的 cloneNode()方法可以克隆节点，用法如下。

```
nodeObject.cloneNode(include_all)
```

参数 include_all 为布尔值，如果为 true，那么将会克隆原节点，以及所有子节点；为 false 时，仅复制节点本身。复制后返回的节点副本属于文档所有，但并没有为它指定父节点，需要通过 appendChild()、insertBefore()或 replaceChild()方法将它添加到文档中。

【示例 1】使用 cloneNode()方法复制 div 元素及其所有属性和子节点，然后当单击段落文本时，将复制段落文本，并追加到文档的尾部。

```
<script>
window.onload = function(){
    var div = document.getElementsByTagName("div")[0];
    div.onclick = function(){
        var div1 = div.cloneNode(true);
        div.parentNode.insertBefore(div1,div.nextSibling);
    }
}
</script>
<div class="red" title="no" ondblclick="alert('ok')">
    <p>段落文本</p>
</div>
```

注意：复制的 div 元素不拥有事件处理函数，但是拥有 div 标签包含的事件属性。如果为 clone()方法传递 true 参数，则可以使复制的 div 元素也拥有单击事件，也就是说，当单击复制的 div 元素时，会继续进行复制操作，连续单击会使复制的 div 元素成倍增加。

jQuery 使用 clone()方法复制节点，用法如下。

```
clone([Even[,deepEven]])
```

参数说明如下。

☑ Even：一个布尔值（true 或者 false），设置事件处理函数是否会被复制。默认值是 false。

☑ deepEven：一个布尔值，设置是否对事件处理程序和克隆的元素的所有子元素的数据应该被复制。默认值是 false。

【示例 2】通过 clone(true)方法复制<b>标签，并把它复制到<p>标签的后面，同时保留该标签默认的事件处理函数。

```
<script>
$(function(){
    $("b").click(function(){
        $(this).toggleClass("off");
    });
    $("b").clone(true).insertAfter("p");
})
</script>
<b>加粗文本</b>
<p>段落文本</p>
```

Note

16.5 替换节点

使用 DOM 的 replaceChild()方法可以替换节点。用法如下。

```
nodeObject.replaceChild(new_node,old_node)
```

其中，参数 new_node 为指定新的节点，old_node 为被替换的节点。如果替换成功，则返回被替换的节点；如果替换失败，则返回 null。

【示例 1】 使用 document.createElement("div")方法创建一个 div 元素，然后在循环结构体内逐一使用克隆的 div 元素替换段落文本内容。

```
<script>
window.onload = function(){
    var p = document.getElementsByTagName("p");
    var div = document.createElement("div");
    div.innerHTML = "盒子";
    for(var i=0,l = p.length;i< l;i++){
        var div1 = div.cloneNode(true);
        p[0].parentNode.replaceChild(div1,p[0]);
    }
}
</script>
<p>段落 1</p>
<p>段落 2</p>
<p>段落 3</p>
```

jQuery 定义了 replaceWith()和 replaceAll()方法用来替换节点。

replaceWith()方法能够将所有匹配的元素替换成指定的 HTML 或 DOM 元素。用法如下。

```
replaceWith(newContent)
replaceWith(function)
```

参数 newContent 表示插入的内容，可以是 HTML 字符串、DOM 元素或者 jQuery 对象。

参数 function 返回 HTML 字符串，即用来替换的内容。

【示例 2】 为按钮绑定 click 事件处理函数，当单击按钮后将调用 replaceWith()方法把当前按钮替换为 div 元素，并把按钮显示的文本装入 div 元素中。

```
<script>
$(function(){
    $("button").click(function () {
        $(this).replaceWith("<div>" + $(this).text() + "</div>");
    });
})
</script>
<button>按钮 1</button>
<button>按钮 2</button>
<button>按钮 3</button>
```

提示： replaceWith()方法将会用选中的元素替换目标元素，此操作是移动，而不是复制。与大部分其他 jQuery 方法一样，replaceWith()方法返回 jQuery 对象，所以可以通过链式语法与其他方法链接使用，但是需要注意的是：replaceWith()方法返回的 jQuery 对象是与被移走的元素相关联，而不是新插入的元素。

replaceAll()方法能够用匹配的元素替换掉所有指定参数匹配到的元素。用法如下。

```
replaceAll(selector)
```

参数 selector 表示 jQuery 选择器字符串，用于查找所要被替换的元素。

replaceAll()与 replaceWith()方法实际是一对相反操作，实现结果是一致的，但是操作方式相反，$A.replaceAll($B)等于$B.replaceWith($A)。

【示例 3】使用 replaceAll()方法替换上面示例中的 replacecWith()方法，所实现的结果都是一样的。即为按钮绑定 click 事件处理函数，当单击按钮后将调用 replaceAll()方法把当前按钮替换为 div 元素，并把按钮显示的文本装入 div 元素中。

```
$(function(){
    $("button").click(function () {
        $("<div>" + $(this).text() + "</div>").replaceAll(this);
    });
})
```

16.6 包裹元素

DOM 没有提供包裹元素的方法，jQuery 定义了 3 种包裹元素的方法：wrap()、wrapInner()和 wrapAll()。这些方法区别主要在于包裹的形式不同，下面分别进行介绍。

16.6.1 外包

wrap()方法能够在每个匹配的元素外层包上一个 html 元素。用法如下。

```
wrap(wrappingElement)
wrap(wrappingFunction)
```

参数 wrappingElement 表示一个 HTML 片段、选择表达式、jQuery 对象或者 DOM 元素，用来包在匹配元素的外层。参数 wrappingFunction 表示一个生成用来包元素的回调函数。

【示例 1】为每个匹配的<a>标签使用 wrap()方法包裹一个<li>标签，为了方便观察，在文档头部定义一个内部样式表，定义 li 元素显示红色边框样式。

```
<script>
$(function(){
    $("a").wrap("<li></li>");
})
</script>
<a href="#">首页</a>
<a href="#">社区</a>
<a href="#">新闻</a>
```

提示： 参数可以是字符串或者对象，只要该参数能够生成 DOM 结构即可，且 jQuery 允许参数是嵌套的，但是结构只包含一个最里层元素，这个结构会包在每个匹配元素外层。该方法通过返回没被包裹过的元素的 jQuery 对象来链接其他函数。

【示例 2】针对上面示例，为每个超链接包裹 DOM 结构。

```
$(function(){
    $("a").wrap("<ul><li></li></ul>");
})
```

在内部样式表中添加 ul{border:solid 2px blue;}样式。

16.6.2 内包

Note

wrapInner()方法能够在匹配元素的内容外包裹一层结构。用法如下。

```
wrapInner(wrappingElement)
wrapInner(wrappingFunction)
```

参数 wrappingElement 表示一个 HTML 片段、选择表达式、jQuery 对象或者 DOM 元素，用来包在匹配元素内的内容外层。参数 wrappingFunction 表示一个生成用来包元素的回调函数。

【示例 1】在下面示例中先为每个匹配的<a>标签使用 wrap()方法包裹一个<li>标签，然后在 body 元素内使用 wrapInner()方法为所有列表项包裹一个 ul 元素。为了方便观察，在文档头部定义一个内部样式表，定义 li 元素显示红色边框样式，同时定义 ul 元素显示为蓝色粗边框线。

```
<script>
$(function(){
    $("a").wrap("<li></li>");
    $("body").wrapInner("<ul></ul>");
})
</script>
```

提示：与 wrap()方法一样，参数可以是字符串或者对象，只要该参数能够形成 DOM 结构即可，且 jQuery 允许参数是嵌套的，但是结构只包含一个最里层元素。这个结构会包在每个匹配元素外层。该方法通过返回没被包裹过的元素的 jQuery 对象来链接其他函数。

【示例 2】针对上面示例，把其中的代码行：

```
$("body").wrapInner("<ul></ul>");
```

替换为：

```
$("body").wrapInner("<div><div><ul></ul></div></div>");
```

然后在内部样式表中添加 div{border:solid 1px gray; padding:5px;}样式。

16.6.3 总包

wrapAll()方法能够在所有匹配元素外包一层结构。用法如下。

```
wrapAll(wrappingElement)
```

参数 wrappingElement 表示包在外面的 HTML 片段、表达式、jQuery 对象或者 DOM 元素。

【示例】先为每个匹配的<a>标签使用 wrap()方法包裹一个<li>标签，然后使用 wrapAll()方法为所有列表项包裹一个 ul 元素。为了方便观察，在文档头部定义一个内部样式表，定义 li 元素显示红色边框样式，同时定义 ul 元素显示为蓝色粗边框线。

```
<script>
$(function(){
    $("a").wrap("<li></li>");
    $("li").wrapAll("<ul></ul>");
})
</script>
```

本示例演示效果与 16.6.2 节示例效果一样，虽然两个示例使用的方法不同，但是结果一致。也就是说，$("li").wrapAll("<ul></ul>");等效于$("body").wrapInner("<ul></ul>");。

16.6.4　卸包

unwrap()方法与 wrap()方法的功能相反，能够将匹配元素的父级元素删除，保留自身在原来的位置。用法如下。

```
unwrap()
```

该方法没有参数。

【示例】为按钮绑定一个开关事件，当单击按钮时可以为<a>标签包裹或者卸包<li>标签。

```
<script>
$(function(){
    var i = 0, $a =$("a") ;
    $("button").click(function(){
        if(i==0){
            $a.wrap("<li></li>");
            i = 1;
        }else{
            $a.unwrap();
            i=0;
        }
    });
})
</script>
```

16.7　操作属性

jQuery 和 DOM 都提供了属性的基本操作方法。属性操作包括设置属性、读取属性值、删除属性或者修改属性值等。

16.7.1　设置属性

在 DOM 中使用 setAttribute()方法可以设置元素属性，用法如下。

```
elementNode.setAttribute(name,value)
```

其中，elementNode 表示节点，参数 name 表示设置的属性名，value 表示要设置的属性值。

【示例 1】为页面中段落标签<p>定义一个 title 属性，设置属性值为“段落文本”。

```
<script>
window.onload = function(){
    var p = document.getElementsByTagName("p")[0];
    p.setAttribute("title","段落文本");
}
</script>
<p>段落文本</p>
```

jQuery 定义了两个用来设置属性值的方法：prop()和 attr()。

1. prop()

prop()能够为匹配的元素设置一个或更多的属性。用法如下。

```
prop(propertyName, value)
```

```
prop(map)
prop(propertyName, function(index, oldPropertyValue))
```

参数 propertyName 表示要设置的属性的名称，value 表示一个值，用来设置属性值。如果为元素设置多个属性值，可以使用 map 参数，该参数是一个用于设置属性的对象，以{属性:值}对形式进行定义。

参数 function(index, oldPropertyValue)用来设置返回值的函数。接收到集合中的元素和属性的值作为参数旧的索引位置。在函数中，关键字 this 指的是当前元素。

【示例 2】 先为所有被选中的复选框设置只读属性，当 input 元素的 checked 属性值为 checked 时，则调用 prop()方法设置该元素的 disabled:属性值为 true。

```
<script>
$(function(){
    $("input[checked='checked']").prop({
        disabled: true
    });
})
</script>
<input type="checkbox" checked="checked" />
<input type="checkbox" />
<input type="checkbox" />
<input type="checkbox"   checked="checked" />
```

2. attr()

attr()也能够为匹配的元素设置一个或更多的属性。用法如下。

```
attr(attributeName, value)
attr(map )
attr(attributeName, function(index, attr))
```

参数 attributeName 表示要设置的属性的名称，value 表示一个值，用来设置属性值。如果为元素设置多个属性值，可以使用 map 参数，该参数是一个用于设置属性的对象，以{属性:值}对形式进行定义。

参数 function(index, attr)用来设置返回值的函数。接收到集合中的元素和属性的值作为参数旧的索引位置。在函数中，关键字 this 指的是当前元素。

【示例 3】 使用 attr()方法为所有 img 元素动态设置 src 属性值，实现图像占位符自动显示序列图标图像效果。

```
<script>
$(function(){
    $("img").attr("src",function(index){
        return "images/"+(index+1)+".jpg";
    });
 })
</script>
<img /><img /><img />
```

提示： prop()和 attr()方法都可以用来设置元素属性，但是它们在用法上还是有细微区别。一般使用 prop()方法获取表单属性值。使用 prop()方法时，返回值是标准属性，如$('#checkbox').prop('disabled')，不会返回 disabled 或者空字符串，只会是 true/false。

16.7.2　访问属性

在 DOM 中使用 getAttribute()方法可以访问属性的值。用法如下。

```
elementNode.getAttribute(name)
```

其中，elementNode 表示元素节点对象，参数 name 表示属性的名称，以字符串形式传递，该方法的返回值为指定属性的属性值。

【示例 1】 直接使用 JavaScript 读取段落文本中 title 属性值，然后以提示对话框的形式显示出来。

```
<script>
window.onload = function(){
    var p = document.getElementsByTagName("p")[0];
    alert(p.getAttribute("title"));
}
</script>
<p title="段落文本">段落文本</p>
```

与设置属性的方法一样，jQuery 定义了两个用来访问元素属性值的方法：prop()和 attr()。这两个方法的用法在 16.7.1 节中曾经详细讲解。

当为 prop()和 attr()方法传递两个参数时，一般用来为指定的属性设置值，而当为这两个方法传递一个参数时，则表示读取指定属性的值。

1. prop()

prop()方法的用法如下。

```
prop(propertyName)
```

参数 propertyName 表示要读取属性的名称。

提示： prop()方法只获得 jQuery 对象中第一个匹配元素的属性值。如果元素的一个属性没有设置，或者如果没有匹配的元素，则该方法将返回 undefined 值。为了获取每个元素的属性值，不妨使用循环结构的 jQuery.each()或.map()方法来逐一读取。

attributes 和 properties 之间的差异在特定情况下很重要。例如，针对下面 HTML 片段结构：

```
<input type="checkbox" checked="checked" />
```

使用不同的方法访问该对象的 checked 属性时返回值是不同的。

```
$(elem).prop("checked")              //返回布尔值 true
elem.getAttribute("checked")         //返回字符串"checked"
$(elem).attr("checked")(1.6+)        //返回字符串"checked"
$(elem).attr("checked")(pre-1.6)     //返回布尔值 true
```

但是，根据 W3C 的表单规范，checked 属性是一个布尔属性，这意味着该属性值为布尔值，那么如果属性没有值或者为空字符串值，这就为在脚本中进行逻辑判断带来了麻烦。考虑到不同浏览器对其处理结果不同，为此用户可以采用下面方式之一进行检测。

```
if (elem.checked)
if ($(elem).prop("checked"))
if ($(elem).is(":checked"))
```

如果使用 attr()进行检测，就容易出现问题，因为 attr("checked")将获取该属性值，即只是用来存储默认或选中属性的初始值，无法直观地检测复选框的选中状态。因此使用下面代码检测复选框选中状态将是错误的。

```
if($(elem).attr("checked"))
```

【示例 2】为复选框绑定 change 事件，当复选框状态发生变化后，将再次调用 change()方法，在该方法内通过参数函数动态获取当前复选框的状态值，以及 checked 属性值，并分别使用 attr()、prop()和 is()方法来进行检测，以比较使用这 3 种方法所获取的值差异。

```
<script>
$(function(){
    $("input").change(function() {
        var $input = $(this);
        $("p").html(".attr('checked') = <b>" + $input.attr('checked') + "</b><br>"
              + ".prop('checked') = <b>" + $input.prop('checked') + "</b><br>"
              + ".is(':checked') = <b>" + $input.is(':checked') ) ;
    }).change();
})
</script>
<input id="check" type="checkbox" checked="checked">
<label for="check">复选框</label>
<p></p>
```

2. attr()

attr()方法的用法如下。

```
attr(attributeName)
```

参数 attributeName 表示要读取属性的名称。

提示：与 prop()方法一样，attr()方法只获取 jQuery 第 1 个匹配元素的属性值。如果要获取每个单独的元素的属性值，需要使用 jQuery 的 each()或者 map()方法做一个循环。

【示例 3】调用 jQuery 的 each()方法遍历所有匹配的 img 元素，然后在每个 img 元素的回调函数中分别使用 attr()方法获取该 img 元素的 title 属性值，并把它放在<p>标签中，然后把该段落文本追加到 img 元素的后面。

```
<script>
$(function(){
    $("img").each(function(){
        $(this).after("<span>" + $(this).attr("title") + "</span>");
    })
})
</script>
<img src="images/1.jpg" title="淘气包"   />
<img src="images/2.jpg" title="得意忘形"   />
<img src="images/3.jpg" title="快乐宝贝"   />
```

16.7.3 删除属性

在 DOM 中使用 removeAttribute()方法可以删除指定的属性。用法如下。

```
elementNode.removeAttribute(name)
```

其中，elementNode 表示元素节点对象，参数 name 表示属性的名称，以字符串形式传递。删除不存在的属性，或者当删除没有设置但具有默认值属性时，删除操作将被忽略。如果文档类型声明（DTD）为指定的属性设置了默认值，那么再次调用 getAttribute()方法将返回那个默认值。

【示例 1】使用 removeAttribute()方法删除段落文本中的 title 属性。

```
<script>
window.onload = function(){
```

```
        var p = document.getElementsByTagName("p")[0];
        p.removeAttribute("title");
}
</script>
<p title="段落文本">段落文本</p>
```

jQuery 定义了 removeProp()和 removeAttr()方法都可以删除指定的元素属性。

1. removeProp()

removeProp()方法主要用来删除由 prop()方法设置的属性集。对于一些内置属性的 DOM 元素或 window 对象，如果试图删除部分属性，浏览器可能会产生错误。因此 jQuery 为可能产生错误的删除属性，第一次给它分配一个 undefined 值，这样就避免了浏览器生成的任何错误。removeProp()的用法如下。

```
removeProp(propertyName)
```

参数 propertyName 表示要删除的属性名称。

【示例 2】先使用 prop()方法为 img 元素添加一个 code 属性，然后访问该属性值，接着调用 removeProp()方法删除 code 属性值，再次使用 prop()方法访问属性，则显示值为 undefined。

```
<script>
$(function(){
    var $img = $("img");
    $img.prop("code", 1234);
    $img.after("<div>图像密码初设置：" + String($img.prop("code")) +   "</div>");
    $img.removeProp("code");
    $img.after("<div>图像密码现在是：" + String($img.prop("code")) +   "</div>");
})
</script>
<img src="images/2.jpg" />
```

2. removeAttr()

removeAttr()方法使用 DOM 原生的 removeAttribute()方法，该方法优点是能够直接被 jQuery 对象访问调用，而且具有良好的浏览器兼容性。对于特殊的属性，建议使用 removeAttr()方法。removeAttr()的用法如下。

```
removeAttr(attributeName)
```

参数 attributeName 表示要删除的属性名称。

【示例 3】为按钮绑定 click 事件处理函数，当单击按钮时则调用 removeAttr()方法移出文本框的 disabled 属性，再调用 focus()方法激活文本框的焦点，并设置文本框的默认值为“可编辑文本框”。

```
<script>
$(function(){
    $("button").click(function () {
        $(this).next().removeAttr("disabled")
                    .focus()
                    .val("可编辑文本框");
    });
})
</script>
<button>激活文本框</button>
<input type="text" disabled="disabled" value="只读文本框" />
```

Note

16.8 操　作　类

16.8.1 添加类样式

jQuery 使用 addClass()方法专门负责为元素追加样式。用法如下。

```
addClass(className)
addClass(function(index, class))
```

参数 className 表示为每个匹配元素所要增加的一个或多个样式名。参数函数 function(index, class)返回一个或多个用空格隔开的要增加的样式名，这个参数函数能够接收元素的索引位置和元素旧的样式名作为参数。

【示例】使用 addClass()方法分别为文档中第 2、3 段添加不同的类样式，其中第 2 段添加类名 highlight，设计高亮背景显示；第 3 段添加类名 selected，设计文本加粗显示。

```
<script>
$(function(){
    $("p:last").addClass("selected");
    $("p").eq(1).addClass("highlight");
})
</script>
<p>温暖一生的故事，寄托一生的梦想。</p>
<p>感动一生的情怀，执著一生的信念。</p>
<p>成就一生的辉煌，炮烙一生的记忆。</p>
```

提示：addClass()方法不会替换一个样式类名，它只是简单地添加一个样式类名到可能已经指定的元素上。对所有匹配的元素可以同时添加多个样式类名，样式类名通过空格分隔，例如：

```
$('p').addClass('class1 class2');
```

一般 addClass()方法与 removeClass()方法一起使用用来切换元素的样式，例如：

```
$('p').removeClass('class1 class2').addClass(' class3');
```

16.8.2 删除类样式

jQuery 使用 removeClass()方法删除类样式，用法如下。

```
removeClass([className])
removeClass(function(index, class))
```

参数 className 为每个匹配元素移除的样式属性名，参数函数 function(index, class)返回一个或更多用空格隔开的被移除样式名，参数函数能接收元素的索引位置和元素旧样式名作为参数。

【示例】使用 removeClass()方法分别删除偶数行段落文本的 blue 和 under 类样式。

```
<script>
$(function(){
    $("p:odd").removeClass("blue under");
})
</script>
<p class="blue under">床前明月光，</p>
<p class="blue under highlight">疑是地上霜。</p>
```

```
<p class="blue under">举头望明月，</p>
<p class="blue under">低头思故乡。</p>
```

提示：如果没有样式名作为参数，那么所有的样式类将被移除。从所有匹配的每个元素中同时移除多个用空格隔开的样式类，例如：

```
$('p').removeClass('class1 class2')
```

16.8.3 切换类样式

样式切换在 Web 开发中比较常用，如折叠、开关、伸缩、Tab 切换等动态效果。jQuery 使用 toggleClass()方法开/关定义类样式。用法如下。

```
toggleClass(className)
toggleClass(className, switch)
toggleClass(function(index, class), [switch])
```

参数 className 表示在匹配的元素集合中的每个元素上用来切换的一个或多个（用空格隔开）样式类名。switch 表示一个用来判断样式类添加或移除的 boolean 值。

参数函数 function(index, class)用来返回在匹配的元素集合中的每个元素上用来切换的样式类名，该参数函数接收元素的索引位置和元素旧的样式类作为参数。

【示例】为文档中的按钮绑定 click 事件处理函数，当单击该按钮时将为 p 元素调用 toggleClass()方法，并传递 hidden 类样式，实现段落包含的图像隐藏或者显示。

```
<script>
$(function(){
    $("input").eq(0).click(function(){
        $("p").toggleClass("hidden");
    })
})
</script>
<p>红豆生南国，春来发几枝。愿君多采撷，此物最相思。</p>
<input type="button" value="切换样式"  />
```

提示：toggleClass()方法以一个或多个样式类名称作为参数。如果在匹配的元素集合中的每个元素上存在该样式类就会被移除；如果某个元素没有这个样式类，就会加上这个样式类。如果该方法包含第 2 个参数，则使用第 2 个参数判断样式类是否应该被添加或删除，如果这个参数的值是 true，那么这个样式类将被添加，如果这个参数的值是 false，那么这个样式类将被移除。也可以通过函数来传递切换的样式类名。例如：

```
$("p").toggleClass(function() {
    if ($(this).parent().is('.bar')) {
        return 'happy';
    } else {
        return 'sad';
    }
});
```

上面代码表示如果匹配元素的父级元素有 bar 样式类名，则为<p>元素切换 happy 样式类，否则将切换 sad 样式类。

Note

16.8.4 判断样式

在 DOM 中使用 hasAttribute()方法可以判断指定属性是否设置。用法如下。

```
hasAttribute(name)
```

参数 name 表示属性名，但是复合类样式中，该方法无法判断 class 属性中是否包含了特定的类样式。jQuery 使用 hasClass()方法判断元素是否包含指定的类样式。

```
hasClass(className)
```

参数 className 表示要查询的样式名。

【示例】 使用 hasClass()方法判断 p 元素是否包含 red 类样式。

```
<script>
$(function(){
    alert($("p").hasClass("red"));//返回 true
})
</script>
<p class="red">段落文本</p>
```

hasClass()方法实际上是 is()方法的再包装，jQuery 为了方便用户使用，重新定义了 hasClass()专门用来判断指定类样式是否存在。其中，$("p").hasClass("red")可以改写为$("p").is(".red")。

16.9 操作内容

16.9.1 读写 HTML 字符串

DOM 为元素定义了 innerHTML 属性，该属性以字符串形式读写元素包含的 HTML 结构。

【示例 1】 使用 innerHTML 属性访问 div 元素包含的所有内容，然后把这些内容通过 innerHTML 属性传递给 p 元素，并覆盖 p 元素包含的文本。

```
<script>
window.onload = function(){
    var p = document.getElementsByTagName("p")[0];
    var div = document.getElementsByTagName("div")[0];
    p.innerHTML = div.innerHTML;
}
</script>
<div>
    <h1>标题</h1>
    <p>段落文本</p>
</div>
```

jQuery 使用 html()方法以字符串形式读写 HTML 文档结构。用法如下。

```
html()
html(htmlString)
html(function(index, html))
```

参数 htmlString 用来设置每个匹配元素的一个 HTML 字符串，参数函数 function(index, html)用来返回设置 HTML 内容的一个函数，该参数函数接收元素的索引位置和元素旧的 HTML 作为参数。

当 html()方法不包含参数时，表示以字符串形式读取指定节点下的所有 HTML 结构。当 html()方法包含参数时，表示向指定节点下写入 HTML 结构字符串，同时会覆盖该节点原来包含的所有内容。

Note

【示例 2】针对上面示例使用 jQuery 的 html()方法。

```
$(function(){
    var s = $("div").html();
    $("p").html(s);
})
```

注意：html()方法实际上是对 DOM 的 innerHTML 属性包装，因此它不支持 XML 文档。

16.9.2 读写文本

jQuery 使用 text()方法读写指定元素下包含的文本内容，这些文本内容主要是指文本节点包含的数据。用法如下。

```
text(textString)
text(function(index, text))
```

参数 textString 用于设置匹配元素内容的文本，参数函数 function(index, text)用来返回设置文本内容的一个函数，参数函数可以接收元素的索引位置和元素旧的文本值作为参数。

当 text()方法不包含参数时，表示以字符串形式读取指定节点下的所有文本内容。当 text()方法包含参数时，表示向指定节点下写入文本字符串，同时覆盖该节点原来包含的所有文本内容。

【示例】使用 text()方法访问 div 元素包含的所有文本内容，然后把这些内容通过 text()方法传递给 p 元素，并覆盖 p 元素包含的文本。

```
<script>
$(function(){
    var s = $("div").text();
    $("p").text(s);
})
</script>
<div>
    <h1>标题</h1>
    <p>段落文本</p>
</div>
```

16.9.3 读写值

jQuery 使用 val()方法读写指定表单对象包含的值。当 val()方法不包含参数并调用时，表示将读取指定表单元素的值；当 val()方法包含参数时，表示向指定表单元素写入值。用法如下。

```
val()
val(value)
val(function(index, value))
```

参数 value 表示一个文本字符串或一个以字符串形式的数组来设定每个匹配元素的值，参数函数 function(index, value)表示一个用来返回设置值的函数。

【示例 1】当文本框获取焦点时，清空默认的提示文本信息，准备用户输入值，而当离开文本框后，如果文本框没有输入信息，则重新显示默认的值。

```
<script>
$(function(){
    $("input").focus(function(){
        if($(this).val() == "请输入文本") $(this).val("");
    })
    $("input").blur(function(){
```

```
            if($(this).val() == "") $(this).val("请输入文本");
        })
    })
</script>
<form action="" method="get">
    <input type="text" value="请输入文本" />
</form>
```

提示：val()方法在读写单选按钮、复选框、下拉菜单和列表框的值时，比较实用，且操作速度比较快。对于 val()方法来说，可以传递一个参数设置表单的显示值。由于下拉菜单和列表框显示为每个选项的文本，而不是 value 属性值，故通过设置选项的显示值，可以决定相应显示的项目。不过对于其他表单元素来说，必须指定 value 属性值，方才有效。如果为元素指定多个值，则可以以数组的形式进行参数传递。

【示例 2】单击第 1 个按钮可以使用 val()方法读取各个表单的值，单击第 2 个按钮可以设置表格表单的值。

```
<script>
$(function(){
    $("button").eq(0).click(function(){
        alert($("#s1").val() + $("#s2").val() +$("input").val()+ $(":radio").val());
    })
    $("button").eq(1).click(function(){
        $("#s1").val("单选 2");
        $("#s2").val(["多选 2", "多选 3"]);
        $("input").val(["6", "8"]);
    })
})
</script>
```

16.10 在线支持

扫码免费学习
更多实用技能

一、基础应用

- ☑ jQuery 将事件和函数绑定到元素
- ☑ jQuery 如何从元素中除去 HTML 标签
- ☑ jQuery 如何测试某个元素是否可见
- ☑ jQuery 如何辨别 HTML 元素嵌套的方法
- ☑ jQuery 如何验证某个元素是否为空
- ☑ jQuery 检查特定 HTML 元素的方法
- ☑ jQuery 复制节点元素的方法
- ☑ jQuery 替换节点元素的方法
- ☑ jQuery 实现表头固定效果
- ☑ jQuery 禁用右键单击上下文菜单
- ☑ jQuery 屏蔽页面所有超链接的方法
- ☑ jQuery 禁用文本选择功能

二、进阶实战

- ☑ jQuery 限制输入框仅接受特殊字符的输入
- ☑ jQuery 取得列表控件选中的 option 对象
- ☑ jQuery 获取当前元素的索引值
- ☑ jQuery 为表单内控件设定缺省数值和文本
- ☑ jQuery 输入框获取焦点时关联文本高亮提示
- ☑ jQuery 插入节点元素的方法
- ☑ jQuery 如何限制文本域中字符的个数
- ☑ jQuery 实现多个输入框同步操作
- ☑ jQuery 如何使用属性过滤器
- ☑ jQuery 在新窗口中打开外部链接
- ☑ jQuery 实现 outerHTML
- ☑ jQuery 删除节点元素的方法

新知识、新案例不断更新中……

第 17 章 事件处理

JavaScript 以事件驱动实现页面交互，事件驱动的核心就是以消息为基础，以事件来驱动。当浏览器加载文档完毕，会生成一个事件；当用户单击某个按钮时，也会生成一个事件。jQuery 以 JavaScript 事件处理机制为基础，不仅提供了更加优雅的事件处理语法，而且极大地增强了事件处理能力。

视频讲解

17.1 事件基础

17.1.1 事件模型

在浏览器发展历史中，出现 4 种事件处理模型。

☑ 基本事件模型：也称为 DOM 0 事件模型，是浏览器初期出现的一种比较简单的事件模型，主要通过 HTML 事件属性，为指定标签绑定事件处理函数。由于这种模型应用比较广泛，获得了所有浏览器的支持，目前依然比较流行。但是这种模型对于 HTML 文档标签依赖严重，不利于 JavaScript 独立开发。

☑ DOM 事件模型：由 W3C 制定，是目前标准的事件处理模型。所有符合标准的浏览器都支持该模型，IE 怪异模式不支持。DOM 事件模型包括 DOM 2 事件模块和 DOM 3 事件模块，DOM 3 事件模块为 DOM 2 事件模块的升级版，略有完善，主要是新增了一些事件类型，以适应移动设备的开发需要，但大部分规范和用法保持一致。

☑ IE 事件模型：IE 4.0 及其以上版本浏览器支持，与 DOM 事件模型相似，但用法不同。

☑ Netscape 事件模型：由 Netscape 4 浏览器实现，在 Netscape 6 中停止支持。

17.1.2 事件流

事件流就是多个节点对象对同一种事件进行响应的先后顺序，主要包括 3 种类型。

1. 冒泡型

事件从最特定的目标向最不特定的目标（document 对象）触发，也就是事件从下向上进行响应，这个传递过程被形象地称为冒泡。

2. 捕获型

事件从最不特定的目标（document 对象）开始触发，然后到最特定的目标，也就是事件从上向下进行响应。

3. 混合型

W3C 的 DOM 事件模型支持捕获型和冒泡型两种事件流，其中捕获型事件流先发生，然后才发生冒泡型事件流。两种事件流会触及 DOM 中的所有层级对象，从 document 对象开始，最后返回 document 对象结束。因此，可以把事件传播的整个过程分为 3 个阶段。

☑ 捕获阶段：事件从 document 对象沿着文档树向下传播到目标节点，如果目标节点的任何一个上级节点注册了相同事件，那么事件在传播的过程中就会首先在最接近顶部的上级节点执行，依次向下传播。

☑ 目标阶段：注册在目标节点上的事件被执行。

☑ 冒泡阶段：事件从目标节点向上触发，如果上级节点注册了相同的事件，将会逐级响应，依次向上传播。

17.1.3 绑定事件

在基本事件模型中，JavaScript 支持两种绑定方式。

☑ 静态绑定。

把 JavaScript 脚本作为属性值，直接赋予给事件属性。

【示例 1】把 JavaScript 脚本以字符串的形式传递给 onclick 属性，为<button>标签绑定 click 事件。当单击按钮时，就会触发 click 事件，执行这行 Javascript 脚本。

```
<button onclick="alert('你单击了一次！');">按钮</button>
```

☑ 动态绑定。

使用 DOM 对象的事件属性进行赋值。

【示例 2】使用 document.getElementById()方法获取 button 元素，然后把一个匿名函数作为值传递给 button 元素的 onclick 属性，实现事件绑定操作。

```
<button id="btn">按钮</button>
<script>
var button = document.getElementById("btn");
button.onclick = function(){
    alert("你单击了一次！");
}
</script>
```

可以在脚本中直接为页面元素附加事件，不破坏 HTML 结构，比上一种方式灵活。

17.1.4 事件处理函数

事件处理函数是一类特殊的函数，与函数直接量结构相同，主要任务是实现事件处理，为异步调用，由事件触发进行响应。

事件处理函数一般没有明确的返回值。不过在特定事件中，用户可以利用事件处理函数的返回值影响程序的执行，如单击超链接时，禁止默认的跳转行为。

【示例 1】为 form 元素的 onsubmit 事件属性定义字符串脚本，设计当文本框中输入值为空时，定义事件处理函数返回值为 false。这样将强制表单禁止提交数据。

```
<form id="form1" name="form1" method="post" action="http://www.mysite.cn/" onsubmit="if(this.elements[0].value.length==0) return false;">
    姓名：<input id="user" name="user" type="text" />
    <input type="submit" name="btn" id="btn" value="提交" />
</form>
```

在上面代码中，this 表示当前 form 元素，elements[0]表示姓名文本框，如果该文本框的 value.length

属性值长度为 0，表示当前文本框为空，则返回 false，禁止提交表单。

事件处理函数不需要参数。在 DOM 事件模型中，事件处理函数默认包含 event 参数对象，event 对象包含事件信息，在函数内进行传播。

【示例 2】为按钮绑定一个单击事件。在事件处理函数中，参数 e 为形参，响应事件之后，浏览器会把 event 对象传递给形参变量 e，再把 event 对象作为一个实参进行传递，读取 event 对象包含的事件信息，在事件处理函数中输出当前源对象节点名称。

```
<button id="btn">按　　钮</button>
<script>
var button = document.getElementById("btn");
button.onclick = function(e){
    var e = e || window.event;                              //获取事件对象
    document.write(e.srcElement ? e.srcElement : e.target);  //获取当前单击对象的标签名
}
</script>
```

【示例 3】定义当单击按钮时改变当前按钮的背景色为红色，其中 this 关键字就表示 button 按钮对象。

```
<button id="btn" onclick="this.style.background='red';">按　　钮</button>
```

也可以使用下面一行代码来表示。

```
<button id="btn" onclick="(event.srcElement?event.srcElement:event.target).style.background='red';">按　　钮</button>
```

17.1.5　注册事件

在 DOM 事件模型中，通过调用对象的 addEventListener()方法注册事件，用法如下。

```
element.addEventListener(String type, Function listener, boolean useCapture);
```

参数说明如下。

☑ type：注册事件的类型名。事件类型与事件属性不同，事件类型名没有 on 前缀。例如，对于事件属性 onclick 来说，所对应的事件类型为 click。

☑ listener：监听函数，即事件处理函数。在指定类型的事件发生时将调用该函数。在调用这个函数时，默认传递给它的唯一参数是 event 对象。

☑ useCapture：是一个布尔值。如果为 true，则指定的事件处理函数将在事件传播的捕获阶段触发；如果为 false，则事件处理函数将在冒泡阶段触发。

提示：使用 addEventListener()方法能够为多个对象注册相同的事件处理函数，也可以为同一个对象注册多个事件处理函数。为同一个对象注册多个事件处理函数对于模块化开发非常有用。

【示例 1】为段落文本注册两个事件：mouseover 和 mouseout。当鼠标移到段落文本上时会显示为蓝色背景，而当鼠标移出段落文本时会自动显示为红色背景。这样就不需要破坏文档结构为段落文本增加多个事件属性。

```
<p id="p1">为对象注册多个事件</p>
<script>
var p1 = document.getElementById("p1");                 //捕获段落元素的句柄
p1.addEventListener("mouseover", function(){
    this.style.background = 'blue';
} , true);                                              //为段落元素注册第 1 个事件处理函数
p1.addEventListener("mouseout", function(){
    this.style.background = 'red';
```

```
}, true);                                              //为段落元素注册第 2 个事件处理函数
</script>
```

IE 事件模型使用 attachEvent()方法注册事件，用法如下。

```
element.attachEvent(etype,eventName)
```

参数说明如下。

☑ etype：设置事件类型，如 onclick、onkeyup、onmousemove 等。

☑ eventName：设置事件名称，也就是事件处理函数。

【示例 2】为段落标签<p>标签注册两个事件：mouseover 和 mouseout。设计当鼠标经过时，段落文本背景色显示为蓝色；当鼠标移开后，背景色显示为红色。

```
<p id="p1">IE 事件注册</p>
<script>
var p1 = document.getElementById("p1");               //捕获段落元素
p1.attachEvent("onmouseover", function(){
    p1.style.background = 'blue';
});                                                     //注册 mouseover 事件
p1.attachEvent("onmouseout", function(){
    p1.style.background = 'red';
});                                                     //注册 mouseout 事件
</script>
```

提示：使用 attachEvent()注册事件时，其事件处理函数的调用对象不再是当前事件对象本身，而是 window 对象，因此事件函数中的 this 就指向 window，而不是当前对象。如果要获取当前对象，应该使用 event 的 srcElement 属性。

注意：IE 事件模型中的 attachEvent()方法第一个参数为事件类型名称，但需要加上 on 前缀，而使用 addEventListener()方法时，不需要这个 on 前缀，如 click。

17.1.6 销毁事件

在 DOM 事件模型中，使用 removeEventListener()方法可以从指定对象中删除已经注册的事件处理函数。用法如下。

```
element.removeEventListener(String type, Function listener, boolean useCapture);
```

参数说明参阅 addEventListener()方法参数说明。

【示例 1】分别为按钮 a 和按钮 b 注册 click 事件，其中按钮 a 的事件函数为 ok()，按钮 b 的事件函数为 delete_event()。在浏览器中预览，当单击“点我”按扭将弹出一个对话框，在不删除之前这个事件是一直存在的。当单击“删除事件”后，“点我”按钮将失去任何效果。

```
<input id="a" type="button" value="点我" />
<input id="b" type="button" value="删除事件" />
<script>
var a = document.getElementById("a");                 //获取按钮 a
var b = document.getElementById("b");                 //获取按钮 b
function ok(){                                         //按钮 a 的事件处理函数
    alert("您好，欢迎光临！");
}
function delete_event(){                               //按钮 b 的事件处理函数
    a.removeEventListener("click",ok,false);           //移出按钮 a 的 click 事件
}
```

```
a.addEventListener("click",ok,false);                //默认为按钮 a 注册事件
b.addEventListener("click",delete_event,false);      //默认为按钮 b 注册事件
</script>
```

提示：removeEventListener()方法只能够删除 addEventListener()方法注册的事件。如果直接使用 onclick 等直接写在元素上的事件，将无法使用 removeEventListener()方法删除。

IE 事件模型使用 detachEvent()方法注销事件，用法如下。

```
element.detachEvent(etype,eventName)
```

参数说明参阅 attachEvent()方法参数说明。

由于 IE 怪异模式不支持 DOM 事件模型，为了保证页面的兼容性，开发时需要兼容两种事件模型以实现在不同浏览器中具有相同的交互行为。

【示例 2】 设计段落标签<p>仅响应一次鼠标经过行为。当第 2 个鼠标经过段落文本时，所注册的事件不再有效。

为了能够兼容 IE 事件模型和 DOM 事件模型，本示例使用 if 语句判断当前浏览器支持的事件处理模型，然后分别使用 DOM 注册方法和 IE 注册方法为段落文本注册 mouseover 和 mouseout 两个事件。当触发 mouseout 事件后，再把 mouseover 和 mouseout 事件注销掉。

```
<p id="p1">注册兼容性事件</p>
<script>
var p1 = document.getElementById("p1");              //捕获段落元素
var f1 = function(){                                 //定义事件处理函数 1
    p1.style.background = 'blue';
};
var f2 = function(){                                 //定义事件处理函数 2
    p1.style.background = 'red';
    if(p1.detachEvent){                              //兼容 IE 事件模型
        p1.detachEvent("onmouseover", f1);           //注销事件 mouseover
        p1.detachEvent("onmouseout", f2);            //注销事件 mouseout
    } else{                                          //兼容 DOM 事件模型
        p1.removeEventListener("mouseover", f1);     //注销事件 mouseover
        p1.removeEventListener("mouseout", f2);      //注销事件 mouseout
    }
};
if(p1.attachEvent){                                  //兼容 IE 事件模型
    p1.attachEvent("onmouseover", f1);               //注册事件 mouseover
    p1.attachEvent("onmouseout", f2);                //注册事件 mouseout
}else{                                               //兼容 DOM 事件模型
    p1.addEventListener("mouseover", f1);            //注册事件 mouseover
    p1.addEventListener("mouseout", f2);             //注册事件 mouseout
}
</script>
```

17.1.7　使用 event 对象

event 对象由事件自动创建，记录了当前事件的状态，如事件发生的源节点，键盘按键的响应状态，鼠标指针的移动位置，鼠标按键的响应状态等信息。event 对象的属性提供了有关事件的细节，其方法可以控制事件的传播。

2 级 DOM Events 规范定义了一个标准的事件模型，它被除了 IE 怪异模式以外的所有现代浏览器所实现，而 IE 定义了专用的、不兼容的模型。简单比较两种事件模型。

☑ 在 DOM 事件模型中，event 对象被传递给事件处理函数，但是在 IE 事件模型中，它被存储

在 window 对象的 event 属性中。

☑ 在 DOM 事件模型中，Event 类型的各种子接口定义了额外的属性，它们提供了与特定事件类型相关的细节；在 IE 事件模型中，只有一种类型的 event 对象，它用于所有类型的事件。

下面列出了 2 级 DOM 事件标准定义的 event 对象属性，如表 17.1 所示。注意，这些属性都是只读属性。

表 17.1　DOM 事件模型中 event 对象属性

属　性	说　明
bubbles	返回布尔值，指示事件是否是冒泡事件类型。如果事件是冒泡类型，则返回 true，否则返回 false
cancelable	返回布尔值，指示事件是否可以取消关联的默认动作。如果使用 preventDefault()方法可以取消与事件关联的默认动作，则返回值为 true，否则为 false
currentTarget	返回触发事件的当前节点，即当前处理该事件的元素、文档或窗口。在捕获和冒泡阶段，该属性是非常有用的，因为在这两个阶段，它不同于 target 属性
eventPhase	返回事件传播的当前阶段，包括（1）捕获阶段；（2）目标事件阶段；（3）冒泡阶段
target	返回事件的目标节点（触发该事件的节点），如生成事件的元素、文档或窗口
timeStamp	返回事件生成的日期和时间
type	返回当前 event 对象表示的事件的名称，如"submit"、"load"或"click"

下面列出了 2 级 DOM 事件标准定义的 event 对象方法，如表 17.2 所示，IE 事件模型不支持这些方法。

表 17.2　DOM 事件模型中 event 对象方法

方　法	说　明
initEvent()	初始化新创建的 event 对象的属性
preventDefault()	通知浏览器不要执行与事件关联的默认动作
stopPropagation()	终止事件在传播过程的捕获、目标处理或冒泡阶段进一步传播。调用该方法后，该节点上处理该事件的处理函数将被调用，但事件不再被分派到其他节点

提示：表 17.1 是 Event 类型提供的基本属性，各个事件子模块也都定义了专用属性和方法。例如，UIEvent 提供了 view（发生事件的 window 对象）和 detail（事件的详细信息）属性。而 MouseEvent 除了拥有 Event 和 UIEvent 属性和方法外，也定义了更多实用属性，详细说明可参考下面章节内容。

IE7 及其早期版本，以及 IE 怪异模式不支持标准的 DOM 事件模型，并且 IE 的 event 对象定义了一组完全不同的属性，如表 17.3 所示。

表 17.3　IE 事件模型中 event 对象属性

属　性	描　述
cancelBubble	如果想在事件处理函数中阻止事件传播到上级包含对象，必须把该属性设为 true
fromElement	对于 mouseover 和 mouseout 事件，fromElement 引用移出鼠标的元素
keyCode	对于 keypress 事件，该属性声明了按键生成的 Unicode 字符码。对于 keydown 和 keyup 事件，它指定了按键的虚拟键盘码。虚拟键盘码可能和使用的键盘的布局相关
offsetX、offsetY	发生事件的地点在事件源元素的坐标系统中的 x 坐标和 y 坐标
returnValue	如果设置了该属性，它的值比事件处理函数的返回值优先级高。把这个属性设置为 false，可以取消发生事件的源元素的默认动作

续表

属　性	描　述
srcElement	对于生成事件的 window 对象、document 对象或 element 对象的引用
toElement	对于 mouseover 和 mouseout 事件，该属性引用移入鼠标的元素
x、y	事件发生的位置的 x 坐标和 y 坐标，它们相对于用 CSS 定位的最内层包含元素

IE 事件模型并没有为不同的事件定义继承类型，因此所有和任何事件的类型相关的属性都在表 17.3 中。

提示： 为了兼容 IE 和 DOM 两种事件模型，可以使用下面表达式。

```
var event = event || window.event;                    //兼容不同模型的 event 对象
```

上面代码右侧是一个选择运算表达式，如果事件处理函数存在 event 实参，则使用 event 形参来传递事件信息，如果不存在 event 参数，则调用 window 对象的 event 属性来获取事件信息。把上面表达式放在事件处理函数中即可进行兼容。

在以事件驱动为核心的设计模型中，一次只能够处理一个事件，由于从来不会并发两个事件，因此使用全局变量来存储事件信息是一种比较安全的方法。

【示例】 禁止超链接默认的跳转行为。

```
<a href="https://www.baidu.com/" id="a1">禁止超链接跳转</a><script>
document.getElementById('a1').onclick = function(e) {
    e = e || window.event;                          //兼容事件对象
    var target = e.target || e.srcElement;          //兼容事件目标元素
    if(target.nodeName !== 'A') {                   //仅针对超链接起作用
        return;
    }
    if( typeof e.preventDefault === 'function') {   //兼容 DOM 模型
        e.preventDefault();                         //禁止默认行为
        e.stopPropagation();                        //禁止事件传播
    } else {                                        //兼容 IE 模型
        e.returnValue = false;                      //禁止默认行为
        e.cancelBubble = true;                      //禁止冒泡
    }
};
</script>
```

17.1.8 事件委托

事件委托（delegate），也称为事件托管或事件代理，就是把目标节点的事件绑定到祖先节点上。这种简单而优雅的事件注册方式是基于事件传播过程中，逐层冒泡总能被祖先节点捕获。

事件委托的好处是：优化代码，提升运行性能，真正把 HTML 和 JavaScript 分离，也能防止在动态添加或删除节点过程中，注册的事件丢失现象。

【示例 1】 使用一般方法为列表结构中每个列表项目绑定 click 事件，单击列表项目，将弹出提示对话框，提示当前节点包含的文本信息。但是，当为列表框动态添加列表项目之后，新添加的列表项目没有绑定 click 事件，这与我们的愿望相反。

```
<button id="btn">添加列表项目</button>
<ul id="list">
    <li>列表项目 1</li>
    <li>列表项目 2</li>
```

```
    <li>列表项目 3</li>
</ul>
<script>
var ul=document.getElementById("list");
var lis=ul.getElementsByTagName("li");
for(var i=0;i<lis.length;i++){
    lis[i].addEventListener('click',function(e){
        var e = e || window.event;
        var target = e.target || e.srcElement;
        alert(e.target.innerHTML);
    },false);
}
var i = 4;
var btn=document.getElementById("btn");
btn.addEventListener("click",function(){
    var li = document.createElement("li");
    li.innerHTML = "列表项目" + i++;
    ul.appendChild(li);
});
</script>
```

【示例 2】借助事件委托技巧，利用事件传播机制，在列表框 ul 元素上绑定 click 事件。当事件传播到父节点 ul 上时，捕获 click 事件，然后在事件处理函数中检测当前事件响应节点类型。如果是 li 元素，则进一步执行下面代码；否则跳出事件处理函数，结束响应。

```
<script>
var ul=document.getElementById("list");
ul.addEventListener('click',function(e){
    var e = e || window.event;
    var target = e.target || e.srcElement;
    if(e.target&&e.target.nodeName.toUpperCase()=="LI"){        /*判断目标事件是否为 li*/
        alert(e.target.innerHTML);
    }
},false);
var i = 4;
var btn=document.getElementById("btn");
btn.addEventListener("click",function(){
    var li = document.createElement("li");
    li.innerHTML = "列表项目" + i++;
    ul.appendChild(li);
});
</script>
```

当页面存在大量元素，并且每个元素注册了一个或多个事件时，可能会影响性能。访问和修改更多的 DOM 节点，程序就会更慢，特别是事件连接过程都发生在 load（或 DOMContentReady）事件中时，对任何一个富交互网页来说，这都是一个繁忙的时间段。另外，浏览器需要保存每个事件句柄的记录，也会占用更多内存。

17.2 jQuery 实现

jQuery 在 JavaScript 基础上统一封装了不同类型的事件模型，从而形成一种功能更强大、用法更优雅的“jQuery 事件模型”。考虑到 IE 浏览器不支持事件流中的捕获型阶段，且开发者很少使用捕获阶段，jQuery 事件模型也没有支持事件流中的捕获型阶段。除了这一点区别外，jQuery 事件模型的功能与 DOM 事件模型基本相似。

17.2.1 绑定事件

使用 on()方法可以为当前或未来的元素绑定事件，如由脚本创建的新元素。用法如下。

```
on(event,childselector,data,function)
```

参数说明如下。

☑ event：必需参数项，添加到元素的一个或多个事件，如 click、dblclick 等，详细说明可参考 bind()方法。

☑ childselector: 可选参数项，指定需要注册事件的元素，一般为调用对象的子元素。

☑ data：可选参数项，设计需要传递的参数。

☑ function：必需参数项，当绑定事件发生时，需要执行的函数。

【示例】向事件处理函数传递数据。本例传递两个值 A 和 B，先使用对象结构对其进行封装，然后作为参数传递给 on()方法。在事件处理函数中可以通过 event 对象的 data 属性来访问这个对象，进而访问该对象内包含的数据。

```
<script type="text/javascript" >
$(function () {
    $("ul").on("click","li",{a:"A",b:"B"},function(event){
        $(this).text(event.data.a + event.data.b);
    });
});
</script>
<ul id="list">
    <li>列表项目 1</li>
    <li>列表项目 2</li>
    <li>列表项目 3</li>
</ul>
```

在上面代码中，如果既想取消元素特定事件类型的默认的行为，又想阻止事件起泡，可以设置事件处理函数返回值为 false。

```
$("ul").on("click",{a:"A",b:"B"},function(event){
    $(this).text(event.data.a + event.data.b);
    return false;
});
```

使用 preventDefault()方法可以只取消默认的行为。

```
$("ul").on("click",{a:"A",b:"B"},function(event){
    $(this).text(event.data.a + event.data.b);
    event.preventDefault();
});
```

使用 stopPropagation()方法可以只阻止一个事件起泡。

```
$("ul").on("click",{a:"A",b:"B"},function(event){
    $(this).text(event.data.a + event.data.b);
    event.stopPropagation();
});
```

Note

17.2.2　事件方法

除了事件绑定专用方法外，jQuery 还定义了 21 个快捷方法为特定的事件类型绑定事件处理程序，这些方法与 2 级事件模型中的事件类型一一对应，名称完全相同，如表 17.4 所示。

表 17.4　绑定特定事件类型的方法

blur()	focusout()	mousemove()	scroll()
change()	keydown()	mouseout()	select()
click()	keypress()	mouseover()	submit()
dblclick()	keyup()	mouseup()	
focus()	mouseenter()	mouseleave()	
focusin()	mousedown()	resize()	

【示例】使用 on()方法绑定事件。

```
$("p").on("click",function(){
    alert($(this).text());
});
```

也可以直接使用 click()方法绑定事件。

```
$("p").click(function(){
    alert($(this).text());
});
```

注意：当使用这些快捷方法时，无法向 event.data 属性传递额外的数据。如果不为这些方法传递事件处理函数而直接调用它们，则会触发已绑定这些对象上的对应事件，包括默认的动作。

17.2.3　绑定一次性事件

one()是 on()的一个特例，由它绑定的事件在执行 1 次响应之后就会失效。用法如下。

```
one(type,[data],fn)
```

参数说明如下。

- ☑ type：必需参数项，添加到元素的一个或多个事件，如 click、dblclick 等，详细说明可参考 bind()方法。
- ☑ data：可选参数项，设计需要传递的参数。
- ☑ function：必需参数项，当绑定事件发生时，需要执行的函数。

【示例】使用 one()方法绑定 click 事件，它只能够响应 1 次，当第 2 次单击列表项目时就不再响应。

```
<script type="text/javascript" >
$(function(){
    $("ul>li").one("click",function(){
        alert($(this).text());
    });
})
</script>
```

17.2.4　注销事件

交互型事件的生命周期往往与页面的生命周期是相同的，但是很多交互事件只有在特定的时间或者条件下有效，超过了时效期，就应该注销掉，以节省系统空间。

jQuery 提供 off()注销方法，与注册方法是相反操作，参数和用法基本相同。它们能够从每一个匹配的元素中删除绑定的事件。如果没有指定参数，则删除所有绑定的事件，包括注册的自定义事件。

【示例 1】分别为 p 元素绑定 click、mouseover、mouseout 和 dblclick 事件类型。在 dblclick 事件类型的事件处理函数中调用 off()。这样在没有双击段落文本之前，鼠标的移过、移出和单击都会触发响应，一旦双击段落文本，则所有类型的事件都被注销，鼠标的移过、移出和单击动作就不再响应。

```
<script type="text/javascript" >
$(function(){
    $("p").dblclick(function(){              //注册双击事件
        $("p").off();                        //注册注销所有事件
    });
    $("p").click(f);                         //注册单击事件
    $("p").mouseover(f);                     //注册鼠标移过事件
    $("p").mouseout(f);                      //注册鼠标移出事件
    function f(event){                       //事件处理函数
        this.innerHTML= "事件类型 = " + event.type;
    }
})
</script>
```

如果提供了事件类型作为参数，则只删除该类型的绑定事件。

【示例 2】注销 mouseover 事件类型，而其他类型的事件依然有效。

```
$("p").dblclick(function(){
    $("p").off("mouseover");
});
```

如果将在绑定时传递的处理函数作为第 2 个参数，则只有这个特定的事件处理函数会被删除。

17.2.5　使用事件对象

jQuery 统一了 IE 事件模型和 DOM 事件模型中 event 对象属性和方法的用法，使其完全符合 DOM 标准事件模型的规范。表 17.5 为 jQuery 的 event 对象可以完全使用的属性和方法。

表 17.5　jQuery 安全的 event 对象属性和方法

属性/方法	说　明
type	获取事件的类型，如 click、mouseover 等。返回值为事件类型的名称，该名称与注册事件处理函数时使用的名称相同
target	发生事件的结点。一般利用该属性来获取当前被激活事件的具体对象
relatedTarget	引用与事件的目标结点相关的节点。对于 mouseover 事件来说，它是鼠标指针移到目标上时所离开的那个结点；对于 mouseout 事件来说，它是离开目标时鼠标指针将要进入的那个结点
altKey	表示在声明鼠标事件时，是否已按 Alt 键。如果返回值为 true，则表示已按
ctrlKey	表示在声明鼠标事件时，是否已按 Ctrl 键。如果返回值为 true，则表示已按
shiftKey	表示在声明鼠标事件时，是否已按 Shift 键。如果返回值为 true，则表示已按
metaKey	表示在声明鼠标事件时，是否已按 Meta 键。如果返回值为 true，则表示已按
which	当在声明 mousedown、mouseup 和 click 事件时，显示鼠标键的状态值，也就是说哪个鼠标键改变了状态。返回值为 1，表示已按左键；返回值为 2，表示已按中键；返回值为 3，表示按下右键。当在声明 keydown 和 keypress 事件时，显示触发事件的键盘键的数字编码

Note

续表

属性/方法	说　明
pageX	对于鼠标事件来说，指定鼠标指针相对于页面原点的水平坐标
pageY	对于鼠标事件来说，指定鼠标指针相对于页面原点的垂直坐标
screenX	对于鼠标事件来说，指定鼠标指针相对于屏幕原点的水平坐标
screenY	对于鼠标事件来说，指定鼠标指针相对于屏幕原点的垂直坐标
data	存储事件处理函数第 2 个参数所传递的额外数据
preventDefault()	取消可能引起任何语义操作的事件，如元素特定事件类型的默认动作
stopPropagation()	防止事件沿着 DOM 树向上传播

17.2.6　触发事件

在传统表单设计中，表单域元素都拥有 focus()和 blur()方法，调用它们将会直接调用对应的 focus 和 blur 事件处理函数，使文本域获取焦点或者失去焦点。

jQuery 定义在脚本控制下自动触发事件处理函数的一系列方法，用法如下。

```
trigger(type, [data])
```

其中，参数 type 表示事件类型，以字符串形式传递；第 2 个参数 data 是可选参数，利用该参数可以向调用的事件处理函数传递额外的数据。

【示例 1】 利用 trigger()方法，把处理程序定义在鼠标指针移过事件处理函数中，从而使鼠标指针在移过段落文本时，自动触发鼠标单击事件。

```
<script type="text/javascript" >
$(function(){
    $("li").click(function(){
        alert($(this).text());
    });
    $("li").mouseover(function(){
        $(this).trigger("click");          //调用 trigger()方法直接触发 click 事件
    });
})
</script>
```

trigger()方法也会触发同名的浏览器默认行为。例如，如果用 trigger()触发一个 submit 事件类型，则同样会导致浏览器提交表单。如果要阻止这种默认行为，则可以在事件处理函数中设置返回值为 false。

所有触发的事件都会冒泡到 DOM 树顶。例如，如果在 li 元素上触发一个事件，它首先会在这个元素上触发，然后向上冒泡，直到触发 document 对象。通过 event 对象的 target 属性可以找到最开始触发这个事件的元素。用户可以用 stopPropagation()方法来阻止事件冒泡，或者在事件处理函数中返回 false。

triggerHandler()方法对 trigger()方法进行补充，该方法的行为表现与 trigger()方法类似，用法也相同，但是存在以下 3 个主要区别。

☑ triggerHandler()方法不会触发浏览器默认事件。

☑ triggerHandler()方法只触发 jQuery 对象集合中第 1 个元素的事件处理函数。

☑ triggerHandler()方法返回的是事件处理函数的返回值，而不是 jQuery 对象。如果最开始的 jQuery 对象集合为空，则这个方法返回 undefined。

除 trigger()和 triggerHandler()方法外，jQuery 还为大部分事件类型提供了快捷触发的方法，如表 17.6 所示。

表 17.6　jQuery 定义的快捷触发事件的方法

blur()	dblclick()	keydown()	select()
change()	error()	keypress()	submit()
click()	focus()	keyup()	

这些方法没有参数，直接引用能够自动触发引用元素绑定的对应事件处理程序。

【示例 2】针对上面示例，也可以直接使用 click()方法替代 trigger("click")方法。

```
$(function(){
    $("li").click(function(){
        alert($(this).text());
    });
    $("li").mouseover(function(){
        $(this).click();             //调用 click()方法直接触发 click 事件
    });
})
```

17.2.7　事件切换

jQuery 定义了两个事件切换的合成方法：hover()和 toggle()。事件切换在 Web 开发中经常会用到，如样式交互、行为交互等。

从 jQuery 1.9 版本开始，jQuery 删除 toggle(function, function, ...)用法，仅作为元素显隐切换的交互事件，如果元素是可见的，切换为隐藏的；如果元素是隐藏的，切换为可见的。具体用法如下。

```
toggle([speed],[easing],[fn])
```

参数 speed 为可选参数，表示隐藏/显示效果的速度，默认是 0 毫秒，可选值如"slow"、"normal"、"fast"。参数 easing 也是可选参数，用来指定切换效果，默认是"swing"，可用参数"linear"。参数 fn 也是可选参数，定义在动画完成时执行的函数，每个元素执行 1 次。

【示例】使用按钮动态控制列表框的显示或隐藏。

```
<script type="text/javascript" >
$(function(){
    $("button").click(function(){
        $("ul#list").toggle("slow");
    });
})
</script>
```

也可以直接为 toggle()方法传递 true 或 false 参数，用于确定显示或隐藏元素。例如，下面代码定义当单击按钮时，将隐藏段落文本。

```
$(function(){
    $("button").click(function(){
        $("ul#list").toggle(false);
    });
})
```

17.2.8　悬停事件

hover()方法可以模仿悬停事件，即鼠标指针移动到一个对象上面及移出这个对象。这是一个自定义的方法，它为频繁使用的任务提供了一种保持在其中的状态。

hover()方法包含两个参数，其中第 1 个参数表示鼠标指针移到元素上要触发的函数，第 2 个参数表示鼠标指针移出元素要触发的函数。

【示例】设计一个嵌套结构：div 包含 span，为 div 元素绑定 mouseover 和 mouseout 事件处理程序，当鼠标指针进入 div 元素时将会触发 mouseover 事件，而当鼠标指针移到 span 元素上时，虽然鼠标指针并没有离开 div 元素，但是将会触发 mouseout 和 mouseover 事件。如果鼠标指针在 div 元素内部移动，就可能会不断触发 mouseout 和 mouseover 事件，产生不断闪烁的事件触发现象。

但是，如果使用 hover()来实现相同的设计效果，当鼠标指针进入 div 元素，并在 div 元素内部移动时，只会触发一次 mouseover 事件。

```
<script type="text/javascript" >
$(function(){
    $("div").hover(                          //绑定 hover()合成事件
        function(event){                     //注册 mouseover 事件处理函数
            $("p").append(event.type + "<br />");
        },
        function(event){                     //注册 mouseout 事件处理函数
            $("p").append(event.type + "<br />");
        }
    )
})
</script>
```

17.2.9　自定义事件

jQuery 支持自定义事件，所有自定义事件都可以通过 trigger()方法触发。

【示例】自定义一个 delay 事件类型，并把它绑定到 input 元素对象上。然后在按钮单击事件中触发自定义事件，以实现延迟响应的设计效果。

```
<script type="text/javascript" >
$(function(){
    $("input").on("delay", function(event){  //自定义并绑定 delay 事件类型
        setTimeout(function(){               //延迟响应
            alert(event.type);
        },1000);
    });
    $("input").click(function(){             //绑定 click 事件
        $("input").trigger("delay");         //触发自定义事件
    });
})
</script>
<input   type="button" value="jQuery 自定义事件" />
```

实际上，自定义事件不是真正意义上的事件，读者可以把它理解为自定义函数，触发自定义事件就相当于调用自定义函数。由于自定义事件拥有事件类型的很多特性，因此自定义事件在开发中拥有特殊的用途。

17.3 在线支持

扫码免费学习
更多实用技能

一、基础应用

- ☑ jQuery 激活整个 DIV 层的单击事件
- ☑ jQuery 为表单行增加单击事件
- ☑ jQuery 模拟鼠标单击事件的方法
- ☑ jQuery 双击不选中文本的方法
- ☑ jQuery 通过回车事件模拟 Tab 事件
- ☑ jQuery 鼠标单击实现 DIV 的选取
- ☑ jQuery 绑定鼠标右键单击事件

二、进阶实战

- ☑ jQuery 禁止与启用输入框的方法
- ☑ jQuery 实时监听输入框字符变化的方法
- ☑ jQuery 实时监听输入框值变化的方法
- ☑ jQuery 如何为动态添加的元素绑定事件处理函数
- ☑ jQuery 通过事件获取页面加载时间
- ☑ jQuery 设定时间间隔的方法
- ☑ jQuery 设定时间延迟的方法

新知识、新案例不断更新中……

第 18 章

使用 Ajax

Ajax（Asynchronous JavaScript and XML）是使用 JavaScript 脚本，借助 XMLHttpRequest 插件在客户端与服务器端之间实现异步通信的一种方法。2005 年 2 月，Ajax 第一次正式出现，从此以后 Ajax 成为 JavaScript 发起 HTTP 异步请求的代名词。2006 年 W3C 发布了 Ajax 标准，Ajax 技术开始快速普及。本章代码测试环境为：Windows（运行系统）+Apache（服务器）+PHP（脚本）。

视 频 讲 解

18.1 XMLHttpRequest 基础

XMLHttpRequest 是客户端的一个 API，它为浏览器与服务器通信提供了一个便捷通道。现代浏览器都支持 XMLHttpRequest API，如 IE 7+、Firefox、Chrome、Safari 和 Opera 等。

18.1.1 定义 XMLHttpRequest 对象

使用 XMLHttpRequest 插件的第 1 步是：创建 XMLHttpRequest 对象。具体方法如下。

```
var xhr = new XMLHttpRequest();
```

提示： IE 5.0 版本开始以 ActiveX 组件形式支持 XMLHttpRequest，IE 7.0 版本开始支持标准化 XMLHttpRequest。不过所有浏览器实现的 XMLHttpRequest 对象都提供相同的接口和用法。

【示例】使用工厂模式把定义 XMLHttpRequest 对象进行封装，这样只要调用 createXHR()方法就可以返回一个 XMLHttpRequest 对象。

```
//创建 XMLHttpRequest 对象
//参数：无；返回值：XMLHttpRequest 对象
function createXHR(){
    var XHR = [//兼容不同浏览器和版本的创建函数数组
        function() {return new XMLHttpRequest()},
        function() {return new ActiveXObject("Msxml2.XMLHTTP")},
        function() {return new ActiveXObject("Msxml3.XMLHTTP")},
        function() {return new ActiveXObject("Microsoft.XMLHTTP")}
    ];
    var xhr = null;
    //尝试调用函数，如果成功则返回 XMLHttpRequest 对象，否则继续尝试
    for (var i = 0; i < XHR.length; i ++ ){
        try{
            xhr = XHR[i]();
        }catch (e){
            continue            //如果发生异常，则继续下一个函数调用
        }
```

```
        break;                        //如果成功，则中止循环
    }
    return xhr;                       //返回对象实例
}
```

在上面示例中，先定义一个数组，收集各种创建 XMLHttpRequest 对象的函数。第 1 个函数是标准用法，其他函数主要针对 IE 浏览器的不同版本尝试创建 ActiveX 对象。然后设置变量 xhr 为 null，表示为空对象。接着遍历工厂内所有函数并尝试执行它们，为了避免发生异常，把所有调用函数放在 try 中执行，如果发生错误，则在 catch 中捕获异常，并执行 continue 命令，返回继续执行，避免抛出异常。如果创建成功，则中止循环，返回 XMLHttpRequest 对象。

Note

18.1.2 建立 HTTP 连接

使用 XMLHttpRequest 对象的 open()方法可以建立一个 HTTP 请求。用法如下。

```
xhr.open(method, url, async, username, password);
```

其中，xhr 表示 XMLHttpRequest 对象，open()方法包含 5 个参数，简单说明如下。

- ☑ method：HTTP 请求方法，必设参数，值包括 POST、GET 和 HEAD，大小写不敏感。
- ☑ url：请求的 URL 字符串，必设参数，大部分浏览器仅支持同源请求。
- ☑ async：指定请求是否为异步方式，默认为 true。如果为 false，当状态改变时会立即调用 onreadystatechange 属性指定的回调函数。
- ☑ username：可选参数，如果服务器需要验证，该参数指定用户名，如果未指定，当服务器需要验证时，会弹出验证窗口。
- ☑ password：可选参数，验证信息中的密码部分，如果用户名为空，则该值将被忽略。

建立连接后，可以使用 send()方法发送请求，用法如下。

```
xhr.send(body);
```

参数 body 表示将通过该请求发送的数据，如果不传递信息，可以设置为 null 或者省略。

发送请求后，可以使用 XMLHttpRequest 对象的 responseBody、responseStream、responseText 或 responseXML 属性等待接收响应数据。

【示例】实现异步通信。

```
var xhr = createXHR();                  //实例化 XMLHttpRequest 对象
xhr.open("GET","server.txt", false);    //建立连接，要求同步响应
xhr.send(null);                         //发送请求
console.log(xhr.responseText);          //接收数据
```

在服务器端文件（server.txt ）中输入下面的字符串。

```
Hello World                             //服务器端脚本
```

在浏览器控制台会显示“Hello World”的提示信息。该字符串是从服务器端响应的字符串。

18.1.3 发送 GET 请求

发送 GET 请求简单、方便，适用简单字符串，不适用大容量或加密数据。实现方法是：将包含查询字符串的 URL 传入 XMLHttpRequest 对象的 open()方法，设置第 1 个参数值为 GET。服务器能够通过查询字符串接收用户信息。

【示例】以 GET 方式向服务器传递一条信息 callback=functionName。

```
<input name="submit" type="button" id="submit" value="向服务器发出请求" />
<script>
```

Note

```
window.onload = function(){                                          //页面初始化
    var b = document.getElementsByTagName("input")[0];
    b.onclick = function(){
        var url = "server.php?callback=functionName"                 //设置查询字符串
        var xhr = createXHR();                                        //实例化 XMLHttpRequest 对象
        xhr.open("GET",url, false);                                   //建立连接，要求同步响应
        xhr.send(null);                                               //发送请求
        console.log(xhr.responseText);                                //接收数据
    }
}
</script>
```

在服务器端文件（server.php）中输入下面的代码，获取查询字符串中 callback 的参数值，并把该值响应给客户端。

```
<?php
echo $_GET["callback"];
?>
```

在浏览器中预览页面，当单击“提交”按钮时，控制台会显示传递的参数值。

提示：查询字符串通过问号（?）作为前缀附加在 URL 的末尾，发送数据是以连字符（&）连接的一个或多个名/值对。

18.1.4 发送 POST 请求

POST 请求允许发送任意类型、长度的数据，多用于表单提交，以 send()方法进行传递，而不以查询字符串的方式进行传递。POST 字符串与 GET 字符串的格式相同，格式如下。

```
send("name1=value1&name2=value2…");
```

【示例】以 18.1.3 节示例为基础，使用 POST 方式向服务器传递数据。

```
window.onload = function(){                                          //页面初始化
    var b = document.getElementsByTagName("input")[0];
    b.onclick = function(){
        var url = "server.php"                                        //设置请求的地址
        var xhr = createXHR();                                        //实例化 XMLHttpRequest 对象
        xhr.open("POST",url, false);                                  //建立连接，要求同步响应
        xhr.setRequestHeader('Content-type','application/x-www-form-urlencoded'); //设置为表单方式提交
        xhr.send("callback=functionName");                            //发送请求
        console.log(xhr.responseText);                                //接收数据
    }
}
```

在 open()方法中，设置第 1 个参数为 POST，然后使用 setRequestHeader()方法设置请求消息的内容类型为 application/x-www-form-urlencoded，它表示传递的是表单值，一般使用 POST 发送请求时都必须设置该选项，否则服务器会无法识别传递过来的数据。

在服务器端设计接收 POST 方式传递的数据，并进行响应。

```
<?php
echo $_POST["callback"];
?>
```

Note

18.1.5 串行格式化

GET 和 POST 方法都是以串行格式化的字符串发送数据。主要形式有两种。

1. 对象格式

例如，定义一个包含 3 个名/值对的对象数据。

```
{ user:"ccs8", pass: "123456", email: "css8@mysite.cn" }
```

转换为串行格式化的字符串表示为：

```
'user="ccs8"&pass="123456"&email="css8@mysite.cn"'
```

2. 数组格式

例如，定义一组信息，包含多个对象类型的元素。

```
[{ name:"user", value:"css8" }, { name:"pass", value:"123456" },{ name:"email", value:"css8@mysite.cn" } ]
```

转换为串行格式化的字符串表示为：

```
'user="ccs8"& pass="123456"& email="css8@mysite.cn"'
```

【示例】为了方便开发，定义一个工具函数，把 JavaScript 对象或数组对象转换为串行格式化字符串并返回。

```
//把 JSON 数据转换为串行字符串
//参数：data 表示数组或对象类型数据；返回值：串行字符串
function JSONtoString(data){
    var a = [];                          //临时数组
    if( data.constructor == Array){      //处理数组
        for(var i = 0 ; i < data.length ; i++){
            a.push(data[i].name + "=" + encodeURIComponent(data[i].value));
        }
    } else{                              //处理对象
        for(var i in data){
            a.push(i + "=" + encodeURIComponent(data[i]));
        }
    }
    return a.join("&");                  //把数组转换为串行字符串，并返回
}
```

18.1.6 跟踪响应状态

使用 XMLHttpRequest 对象的 readyState 属性可以实时跟踪响应状态。当该属性值发生变化时，会触发 readystatechange 事件，调用绑定的回调函数。readyState 属性值说明如表 18.1 所示。

表 18.1 readyState 属性值

返回值	说明
0	未初始化。表示对象已经建立，但是尚未初始化，尚未调用 open()方法
1	初始化。表示对象已经建立，尚未调用 send()方法
2	发送数据。表示 send()方法已经调用，但是当前的状态及 HTTP 头未知
3	数据传送中。已经接收部分数据，因为响应及 HTTP 头不全，这时通过 responseBody 和 responseText 获取部分数据会出现错误
4	完成。数据接收完毕，此时可以通过 responseBody 和 responseText 获取完整的响应数据

如果 readyState 属性值为 4，则说明响应完毕，那么就可以安全读取响应的数据。注意，考虑到各种特殊情况，更安全的方法是同时监测 HTTP 状态码，只有当 HTTP 状态码为 200 时，说明 HTTP 响应顺利完成。

【示例】以 18.1.4 节示例为基础，修改请求为异步响应请求，然后通过 status 属性获取当前的 HTTP 状态码。如果 readyState 属性值为 4，且 status（状态码）属性值为 200，则说明 HTTP 请求和响应过程顺利完成，这时可以安全、异步地读取数据。

```
window.onload = function(){                                           //页面初始化
    var b = document.getElementsByTagName("input")[0];
    b.onclick = function(){
        var url = "server.php"                                        //设置请求的地址
        var xhr = createXHR();                                        //实例化 XMLHttpRequest 对象
        xhr.open("POST",url, true);                                   //建立连接，要求异步响应
        xhr.setRequestHeader('Content-type','application/x-www-form-urlencoded');//设置为表单方式提交
        xhr.onreadystatechange = function(){                          //绑定响应状态事件监听函数
            if(xhr.readyState == 4){                                  //监听 readyState 状态
                if (xhr.status == 200 || xhr.status == 0){            //监听 HTTP 状态码
                    console.log(xhr.responseText);                    //接收数据
                }
            }
        }
        xhr.send("callback=functionName");                            //发送请求
    }
}
```

18.1.7 中止请求

使用 XMLHttpRequest 对象的 abort()方法可以中止正在进行的请求。用法如下。

```
xhr.onreadystatechange = function(){};                                //清理事件响应函数
xhr.abort();                                                          //中止请求
```

提示：在调用 abort()方法前，应先清除 onreadystatechange 事件处理函数，因为 IE 和 Mozilla 在请求中止后也会激活这个事件处理函数，如果将 onreadystatechange 属性设置为 null，则 IE 会发生异常，所以可以为它设置一个空函数。

18.1.8 获取 XML 数据

XMLHttpRequest 对象通过 responseText、responseBody、responseStream 或 responseXML 属性获取响应信息，说明如表 18.2 所示，它们都是只读属性。

表 18.2 XMLHttpRequest 对象响应信息属性

响 应 信 息	说　明
responseBody	将响应信息正文以 Unsigned Byte 数组形式返回
responseStream	以 ADO Stream 对象的形式返回响应信息
responseText	将响应信息作为字符串返回
responseXML	将响应信息格式化为 XML 文档格式返回

在实际应用中，一般将格式设置为 XML、HTML、JSON 或其他纯文本格式。具体使用哪种响应格式，可以参考下面 3 条原则。

☑ 如果向页面中添加大块数据，选择 HTML 格式会比较方便。
☑ 如果需要协作开发，且项目庞杂，选择 XML 格式会更通用。
☑ 如果要检索复杂的数据，且结构复杂，那么选择 JSON 格式轻便。

【示例 1】在服务器端创建一个简单的 XML 文档。

```
<?xml version="1.0" encoding="utf-8"?>
<the>XML 数据</the >
```

然后，在客户端进行如下请求。

```
<input name="submit" type="button" id="submit" value="向服务器发出请求" />
<script>
window.onload = function(){                                       //页面初始化
    var b = document.getElementsByTagName("input")[0];
    b.onclick = function(){
        var xhr = createXHR();                                    //实例化 XMLHttpRequest 对象
        xhr.open("GET","server.xml", true);                       //建立连接，要求异步响应
        xhr.onreadystatechange = function(){                      //绑定响应状态事件监听函数
            if(xhr.readyState == 4){                              //监听 readyState 状态
                if (xhr.status == 200 || xhr.status == 0){         //监听 HTTP 状态码
                    var   info = xhr.responseXML;
                    console.log(info.getElementsByTagName("the")[0].firstChild.data); //返回元信息字符串"XML 数据"
                }
            }
        }
        xhr.send();                                               //发送请求
    }
}
</script>
```

在上面代码中，使用 XML DOM 的 getElementsByTagName()方法获取 the 节点，然后再定位第 1 个 the 节点的子节点内容。此时如果继续使用 responseText 属性来读取数据，则会返回 XML 源代码字符串。

【示例 2】以示例 1 为基础，使用服务器端脚本生成 XML 结构数据。

```
<?php
header('Content-Type: text/xml;');
echo '<?xml version="1.0" encoding="utf-8"?><the>XML 数据</the >';       //输出 XML
?>
```

18.1.9 获取 HTML 字符串

设计响应信息为 HTML 字符串，然后使用 DOM 的 innerHTML 属性把获取的字符串插入网页中。

【示例】在服务器端设计响应信息为 HTML 结构代码。

```
<table border="1" width="100%">
    <tr><td>RegExp.exec()</td><td>通用的匹配模式</td></tr>
    <tr><td>RegExp.test()</td><td>检测一个字符串是否匹配某个模式</td></tr>
</table>
```

在客户端可以这样来接收响应信息。

```
<input name="submit" type="button" id="submit" value="向服务器发出请求" />
<div id="grid"></div>
<script>
window.onload = function(){                                       //页面初始化
```

Note

```
        var b = document.getElementsByTagName("input")[0];
        b.onclick = function(){
            var xhr = createXHR();                              //实例化 XMLHttpRequest 对象
            xhr.open("GET","server.html", true);                //建立连接，要求异步响应
            xhr.onreadystatechange = function(){                //绑定响应状态事件监听函数
                if(xhr.readyState == 4){                        //监听 readyState 状态
                    if (xhr.status == 200 || xhr.status == 0){  //监听 HTTP 状态码
                        var o = document.getElementById("grid");
                        o.innerHTML = xhr.responseText;         //直接插入页面中
                    }
                }
            }
            xhr.send();                                         //发送请求
        }
    }
</script>
```

注意：在某些情况下，HTML 字符串可能为客户端解析响应信息节省了一些 JavaScript 脚本，但是也带来了如下问题。

☑ 响应信息中包含大量无用的字符，响应数据会变得很臃肿。因为HTML标记不含有信息，完全可以把它们放置在客户端由 JavaScript 脚本负责生成。

☑ 响应信息中包含的 HTML 结构无法有效利用，对于 JavaScript 脚本来说，它们仅仅是一堆字符串。同时，结构和信息混合在一起，也不符合标准化设计原则。

18.1.10 获取 JavaScript 脚本

设计响应信息为 JavaScript 代码，与 JSON 数据不同，它是可执行的命令或脚本。

【示例】在服务器端请求文件中包含下面一个函数。

```
function(){
    var d = new Date()
    return d.toString();
}
```

然后在客户端执行下面的请求。

```
<input name="submit" type="button" id="submit" value="向服务器发出请求" />
<script>
window.onload = function(){                                  //页面初始化
    var b = document.getElementsByTagName("input")[0];
    b.onclick = function(){
        var xhr = createXHR();                               //实例化 XMLHttpRequest 对象
        xhr.open("GET","server.js", true);                   //建立连接，要求异步响应
        xhr.onreadystatechange = function(){                 //绑定响应状态事件监听函数
            if(xhr.readyState == 4){                         //监听 readyState 状态
                if (xhr.status == 200 || xhr.status == 0){   //监听 HTTP 状态码
                    var info = xhr.responseText;
                    var o = eval("("+info+")" + "()");       //用 eval()把字符串转换为脚本
                    console.log(o);                          //返回客户端当前日期
                }
            }
        }
        xhr.send();                                          //发送请求
```

```
        }
    }
</script>
```

注意：使用 eval()方法时，在字符串前后附加两个小括号，一个包含函数结构体，一个表示调用函数。不建议直接使用 JavaScript 代码作为响应格式，因为它不能够传递更丰富的信息，同时 JavaScript 脚本极易引发安全隐患。

18.1.11　获取 JSON 数据

使用 responseText 可以获取 JSON 格式的字符串，然后使用 eval()方法将其解析为本地 JavaScript 脚本，再从该数据对象中读取信息。

【示例】在服务器端请求文件中包含下面 JSON 数据。

```
{user:"ccs8",pass: "123456",email:"css8@mysite.cn"}
```

然后在客户端执行下面的请求。把返回 JSON 字符串转换为对象，然后读取属性值。

```
<input name="submit" type="button" id="submit" value="向服务器发出请求" />
<script>
window.onload = function(){                                    //页面初始化
    var b = document.getElementsByTagName("input")[0];
    b.onclick = function(){
        var xhr = createXHR();                                 //实例化 XMLHttpRequest 对象
        xhr.open("GET","server.js", true);                     //建立连接，要求异步响应
        xhr.onreadystatechange = function(){                   //绑定响应状态事件监听函数
            if(xhr.readyState == 4){                           //监听 readyState 状态
                if (xhr.status == 200 || xhr.status == 0){     //监听 HTTP 状态码
                    var info = xhr.responseText;
                    var o = eval("("+info+")");                //调用 eval()把字符串转换为本地脚本
                    console.log(info);                         //显示 JSON 对象字符串
                    console.log(o.user);                       //读取对象属性值，返回字符串"css8"
                }
            }
        }
        xhr.send();                                            //发送请求
    }
}
</script>
```

注意：eval()方法在解析 JSON 字符串时存在安全隐患。如果 JSON 字符串中包含恶意代码，在调用回调函数时可能会被执行。解决方法是：先对 JSON 字符串进行过滤，屏蔽掉敏感或恶意代码。也可以访问 http://www.json.org/json2.js 下载 JavaScript 版本解析程序。不过如果确信所响应的 JSON 字符串是安全的，没有被人恶意攻击，那么可以使用 eval()方法解析 JSON 字符串。

18.1.12　获取纯文本

对于简短的信息，可以使用纯文本格式进行响应。但是纯文本信息在传输过程中比较容易丢失，且没有办法检测信息的完整性。

【示例】服务器端响应信息为字符串"true"，则可以在客户端这样设计。

```
var xhr = createXHR();                                         //实例化 XMLHttpRequest 对象
```

Note

```
xhr.open("GET","server.txt", true);                              //建立连接，要求异步响应
xhr.onreadystatechange = function(){                             //绑定响应状态事件监听函数
    if(xhr.readyState == 4){                                     //监听 readyState 状态
        if (xhr.status == 200 || xhr.status == 0){               //监听 HTTP 状态码
            var   info = xhr.responseText;
            if(info == "true") console.log("文本信息传输完整");    //检测信息是否完整
            else console.log("文本信息可能存在丢失");
        }
    }
}
xhr.send();                                                      //发送请求
```

18.1.13 获取和设置头部消息

HTTP 请求和响应都包含一组头部消息，获取和设置头部消息可以使用 XMLHttpRequest 对象的两个方法。

☑ getAllResponseHeaders()：获取响应的 HTTP 头部消息。

☑ getResponseHeader("Header-name")：获取指定的 HTTP 头部消息。

【示例】获取 HTTP 响应的所有头部消息。

```
var xhr = createXHR();
var url = "server.txt";
xhr.open("GET", url, true);
xhr.onreadystatechange = function (){
    if (xhr.readyState == 4 && xhr.status == 200) {
        console.log(xhr.getAllResponseHeaders());                //获取头部消息
    }
}
xhr.send(null);
```

如果要获取指定的某个头部消息，可以使用 getResponseHeader()方法，参数为获取头部的名称。例如，获取 Content-Type 头部的值，则可以这样设计。

```
console.log(xhr.getResponseHeader("Content-Type"));
```

除了可以获取这些头部消息外，还可以使用 setRequestHeader()方法在发送请求中设置各种头部消息。用法如下。

```
xhr.setRequestHeader("Header-name", "value");
```

其中，Header-name 表示头部消息的名称，value 表示消息的具体值。例如，使用 POST 方法传递表单数据，可以设置如下头部消息。

```
xhr.setRequestHeader("Content-type", "application/x-www-form-urlencoded");
```

18.1.14 认识 XMLHttpRequest 2.0

XMLHttpRequest 1.0 API 存在很多缺陷：

☑ 只支持文本数据的传送，无法用来读取和上传二进制文件。

☑ 传送和接收数据时，没有进度信息，只能提示有没有完成。

☑ 受到同域限制，只能向同一域名的服务器请求数据。

2014 年 11 月，W3C 正式发布 XMLHttpRequest Level 2（http://www.w3.org/TR/XMLHttpRequest2/）标准规范，新增了很多实用功能，推动异步交互在 JavaScript 中的应用。简单说明如下。

☑ 可以设置 HTTP 请求的时限。
☑ 可以使用 FormData 对象管理表单数据。
☑ 可以上传文件。
☑ 可以请求不同域名下的数据（跨域请求）。
☑ 可以获取服务器端的二进制数据。
☑ 可以获得数据传输的进度信息。

18.1.15 请求时限

XMLHttpRequest 2 为 XMLHttpRequest 对象新增 timeout 属性，使用该属性可以设置 HTTP 请求时限。

```
xhr.timeout = 3000;
```

上面语句将异步请求的最长等待时间设为 3000 毫秒。超过时限，就自动停止 HTTP 请求。

与之配套的还有一个 timeout 事件，用来指定回调函数。

```
xhr.ontimeout = function(event){
    console.log('请求超时！');
}
```

18.1.16 FormData 数据对象

XMLHttpRequest 2 新增 FormData 对象，使用它可以处理表单数据。使用方法如下。

第 1 步，新建 FormData 对象。

```
var formData = new FormData();
```

第 2 步，为 FormData 对象添加表单项。

```
formData.append('user', '张三');
formData.append('pass', 123456);
```

第 3 步，直接传送 FormData 对象。

```
xhr.send(formData);
```

第 4 步，FormData 对象也可以直接获取网页表单的值。

```
var form = document.getElementById('myform');
var formData = new FormData(form);
formData.append('grade', '2');              //添加一个表单项
xhr.open('POST', form.action);
xhr.send(formData);
```

18.1.17 上传文件

新版 XMLHttpRequest 对象不仅可以发送文本信息，还可以上传文件。使用 send()方法可以发送字符串、Document 对象、表单数据、Blob 对象、文件和 ArrayBuffer 对象。

【示例】设计一个“选择文件”的表单元素（input[type="file"]），将它装入 FormData 对象。

```
var formData = new FormData();
for (var i = 0; i < files.length;i++) {
    formData.append('files[]', files[i]);
}
```

Note

然后，发送 FormData 对象给服务器。

```
xhr.send(formData);
```

18.1.18 跨域访问

XMLHttpRequest 2 版本允许向不同域名的服务器发出 HTTP 请求。使用跨域资源共享的前提是：浏览器必须支持这个功能，且服务器端必须同意这种跨域。如果能够满足上面两个条件，则跨域代码的写法与不跨域的请求完全一样。例如：

```
var xhr = createXHR();
var url = 'http://other.server/and/path/to/script';          //请求的跨域文件
xhr.open('GET', url, true);
xhr.onreadystatechange = function (){
    if (xhr.readyState == 4 && xhr.status == 200){
        console.log(xhr.responseText);
    }
}
xhr.send();
```

18.1.19 响应不同类型数据

新版本的 XMLHttpRequest 对象新增 responseType 和 response 属性。

- ☑ responseType：用于指定服务器端返回数据的数据类型，可用值为 text、arraybuffer、blob、json 或 document。如果将属性值指定为空字符串值或不使用该属性，则该属性值默认为 text。
- ☑ response：如果向服务器端提交请求成功，则返回响应的数据。
  - ❖ 如果 reaponseType 为 text 时，则 reaponse 返回值为一串字符串。
  - ❖ 如果 reaponseType 为 arraybuffer 时，则 reaponse 返回值为一个 ArrayBuffer 对象。
  - ❖ 如果 reaponseType 为 blob 时，则 reaponse 返回值为一个 Blob 对象。
  - ❖ 如果 reaponseType 为 json 时，则 reaponse 属返回值为一个 JSON 对象。
  - ❖ 如果 reaponseType 为 document 时，则 reaponse 返回值为一个 Document 对象。

18.1.20 接收二进制数据

XMLHttpRequest 1.0 版本只能从服务器接收文本数据，新版则可以使用新增的 responseType 属性从服务器接收二进制数据。

☑ 可以把 responseType 设为 blob，表示服务器传回的是二进制对象。

```
var xhr = new XMLHttpRequest();
xhr.open('GET', '/path/to/image.png');
xhr.responseType = 'blob';
```

接收数据时，用浏览器自带的 Blob 对象即可。

```
var blob = new Blob([xhr.response], {type: 'image/png'});
```

注意：是读取 xhr.response，而不是 xhr.responseText。

☑ 可以将 responseType 设为 arraybuffer，把二进制数据装在一个数组里。

```
var xhr = new XMLHttpRequest();
xhr.open('GET', '/path/to/image.png');
xhr.responseType = "arraybuffer";
```

接收数据时，需要遍历这个数组。

```
var arrayBuffer = xhr.response;
if (arrayBuffer) {
    var byteArray = new Uint8Array(arrayBuffer);
    for (var i = 0; i < byteArray.byteLength; i++) {
        //执行代码
    }
}
```

18.1.21　监测数据传输进度

新版本的 XMLHttpRequest 对象新增一个 progress 事件，用来返回进度信息。它分成上传和下载两种情况。下载的 progress 事件属于 XMLHttpRequest 对象，上传的 progress 事件属于 XMLHttpRequest.upload 对象。

第 1 步，先定义 progress 事件的回调函数。

```
xhr.onprogress = updateProgress;
xhr.upload.onprogress = updateProgress;
```

第 2 步，在回调函数里，使用这个事件的一些属性。

```
function updateProgress(event) {
    if (event.lengthComputable) {
        var percentComplete = event.loaded / event.total;
    }
}
```

上面的代码中，event.total 是需要传输的总字节，event.loaded 是已经传输的字节。如果 event.lengthComputable 不为真，则 event.total 等于 0。

与 progress 事件相关的，还有其他 5 个事件，可以分别指定回调函数。

☑ load：传输成功完成。
☑ abort：传输被用户取消。
☑ error：传输中出现错误。
☑ loadstart：传输开始。
☑ loadend：传输结束，但是不知道成功还是失败。

18.2　jQuery 实现

18.2.1　GET 请求

jQuery 定义了 get()方法，专门负责通过远程 HTTP GET 请求方式载入信息。该方法是一个简单的 GET 请求功能，以取代复杂的$.ajax()方法。用法如下。

```
jQuery.get(url, [data], [callback], [type])
```

get()方法包含 4 个参数，其中第 1 个参数为必须设置项，后面 3 个参数为可选参数。

第 1 个参数表示要请求页面的 URL 地址。

第 2 个参数表示一个对象结构的名/值对列表。

第 3 个参数表示异步交互成功之后调用的回调函数。回调函数的参数值为服务器端响应的信息。

第 4 个参数表示服务器端响应信息返回的内容格式，如 XML、HTML、Script、JSON 和 Text，或者_default。

【示例 1】使用 get()方法向服务器端的 test.php 文件发出一个请求，并把一组数据传递给该文件，然后在回调函数中读取并显示服务器端响应的信息。

```
<script type="text/javascript" >
$(function(){
    $("input").click(function(){                          //绑定 click 事件
            $.get("test.php",{                             //向 test.php 文件发出请求
                name : "css8" ,                            //发送的请求信息
                pass : 123456,
                age : 1
            },function(data){                              //回调函数
                alert(data);                               //显示响应信息
        });
    });
})
</script>
<input type="button" value="jQuery 实现的异步请求" />
```

get()方法能够在请求成功时调用回调函数。如果需要在出错时执行函数，则必须使用 $.ajax()方法。可以把 get()方法的第 2 个参数所传递的数据，以查询字符串的形式附加在第 1 个参数 URL 后面。例如，针对上面的 get()方法，还可以按如下方式编写。

```
$.get("test.php?name=css8&pass=123456&age=1",function(data){   //回调函数
    alert(data);                                               //显示响应信息
});
```

jQuery 还定义了两个专用方法，即 getJSON()和 getScript()。这两个方法的功能和用法与 get()方法的区别是，getJSON()方法能够请求载入 JSON 数据，getScript()方法能够请求载入 JavaScript 文件。

另外，这两个方法仅支持 get()方法的前 3 个参数，不需要设置第 4 个参数，即指定响应数据的类型，因为方法本身已经说明了接收的信息类型。

【示例 2】在服务器端文件中输入下面的响应信息。

```
[
    {name:"zhu",pass:"123456",age:"1"},
    {name:"zhang",pass:"abcdef",age:"2"},
    {name:"zhao",pass:"opqrst",age:"3"}
]
```

上面信息以 JSON 格式进行编写，整个数据包含在 1 个数组中，每个数组元素是 1 个对象，对象中包含 3 个属性，分别是 name、pass 和 age。

然后，在客户端的 jQuery 脚本中，使用 getJSON()方法请求服务器端文件，并把响应信息解析为数据表格形式显示。

```
<script type="text/javascript">
$(function(){
    $("input").click(function(){
        $.getJSON("test1.php",function(data){                   //发送请求并接收 JSON 格式数据
                var data=data;                                  //获取响应数据
                var str = "<table border=1 width=100%>";        //定义字符串临时变量
                str += "<tr>";
                for(var name in data[0]){                       //遍历响应数据中的第 1 个数组元素对象
```

```
                    str += "<th>" + name + "</th>";                  //获取并显示元素对象的属性名
                }
                str += "</tr>";
                for(var i=0; i<data.length; i++){                    //遍历响应数据中数组元素
                    str += "<tr>";
                    for(var name in data[i]){                        //遍历数组元素的属性成员
                        str += "<td>" + data[i][name]   + "</td>";  //获取并显示属性值
                    }
                    str += "</tr>";
                }
                str += "<table>";
                $("div").html(str);                                  //把 HTML 字符串嵌入 div 元素中显示
            });
        });
})
</script>
<input type="button" value="jQuery 实现的异步请求" />
<div></div>
```

使用 getScript()方法能够异步请求并导入外部 JavaScript 文件，具体示例不再演示。

18.2.2 POST 请求

jQuery 定义了 post()方法，专门负责通过远程 HTTP POST 请求方式载入信息。该方法是一个简单的 POST 请求功能，以取代复杂的$.ajax()方法。用法如下。

```
jQuery.post(url, [data], [callback], [type])
```

post()方法包含 4 个参数，与 get()方法相似，其中第 1 个参数为必须设置的参数，后面 3 个参数为可选参数。

第 1 个参数表示要请求页面的 URL 地址。

第 2 个参数表示一个对象结构的名/值对列表。

第 3 个参数表示异步交互成功之后调用的回调函数。回调函数的参数值为服务器端响应的信息。

第 4 个参数表示服务器端响应信息返回的内容格式，如 XML、HTML、Script、JSON 和 Text，或者_default。

【示例】使用 post()方法向服务器端的 test.php 文件发出一个请求，并把一组数据传递给该文件，然后在回调函数中读取并显示服务器端响应的信息。

```
<script type="text/javascript">
$(function(){
    $("input").click(function(){                                 //绑定 click 事件
            $.post("test.php",{                                  //向 test.php 文件发出请求
                name : "css8",                                   //发送的请求信息
                pass : 123456,
                age : 1
            },function(data){                                    //回调函数
                alert(data);                                     //显示响应信息
        });
    });
})
</script>
<input type="button" value="jQuery 实现的异步请求" />
```

通过上面示例可以看到，post()方法与get()方法的用法以及数据传递和接收响应信息的方式都基本相同，唯一区别是请求方式不同。具体选用哪个方法，主要根据客户端所要传递的数据容量和格式而定，同时应该考虑服务器端接收数据的处理方式。

不管是 get()方法，还是 post()方法，都是一种简单的请求方式，对于特殊的数据请求和响应处理，应该选择$.ajax()方法。ajax()方法的参数比较多且复杂，能够处理各类特殊的异步交互行为。

Note

18.2.3 ajax 请求

ajax()方法是 jQuery 实现 Ajax 的底层方法，也就是说它是 get()、post()等方法的基础，使用该方法可以完成通过 HTTP 请求加载远程数据。由于 ajax()方法的参数较为复杂，在没有特殊需求时，使用高级方法（如 get()、post()等）即可。用法如下。

```
jQuery.ajax(url,[settings])
```

ajax()方法只有一个参数，即一个列表结构的对象，包含各配置及回调函数信息。

【示例 1】通过 ajax()方法加载 JavaScript 文件，则可以使用下面的参数选项。

```
$.ajax({
    type: "GET",                                //请求方式
    url: "test.js",                             //请求文件的 URL
    dataType: "script"                          //响应的数据类型
});
```

【示例 2】通过 ajax()方法把客户端的数据传递给服务器端，并获取服务器的响应信息，可以使用类似下面的参数选项。

```
$.ajax({
    type: "POST",                               //请求方式
    url: "test.php",                            //请求文件的 URL
    data: "name=John&location=Boston",          //传递给服务器的数据
    success: function(data){                    //异步通信成功后的回调函数
        alert(data);                            //显示服务器的响应信息
    }
});
```

【示例 3】通过 ajax()方法加载 HTML 页面，可以使用下面的参数选项。

```
$.ajax({
    url: "test.html",                           //请求文件的 URL
    cache: false,                               //禁止缓存
    success: function(html){                    //异步通信成功后的回调函数
        $("#box").append(html);                 //把 HTML 片段附加到当前文档的盒子中
    }
});
```

【示例 4】通过 ajax()方法以同步方式加载数据，可以使用下面的选项设置。当使用同步方式加载数据时，其他用户操作将被锁定。

```
var html = $.ajax({
    url: "test.php",                            //请求文件的 URL
    async: false                                //同步请求
 }).
```

ajax()方法的参数选项如表 18.3 所示。

表 18.3 ajax()方法的参数选项

参 数	数据类型	说 明
async	Boolean	设置是否异步请求。默认为 true，即所有请求均为异步请求。如果需要发送同步请求，设置为 false 即可。注意，同步请求将锁住浏览器，用户其他操作必须等待请求完成才可以执行
beforeSend	Function	发送请求前可修改 XMLHttpRequest 对象的函数，如添加自定义 HTTP 头。XMLHttpRequest 对象是唯一的参数。该函数如果返回 false，可以取消本次 Ajax 请求
cache	Boolean	设置缓存。默认值为 true，当 dataType 为 script 时，默认为 false。设置为 false 将不会从浏览器缓存中加载请求信息
complete	Function	请求完成后回调函数（请求成功或失败时均调用）。该函数包含两个参数：XMLHttpRequest 对象和一个描述成功请求类型的字符串
contentType	String	发送信息至服务器时内容编码类型。默认为 application/x-www-form-urlencoded
data	Object、String	发送到服务器的数据。将自动转换为请求字符串格式，必须为 key/value 格式。GET 请求中将附加在 URL 后。查看 processData 选项说明以禁止此自动转换。如果为数组，jQuery 将自动为不同值对应同一个名称。如{foo:["bar1", "bar2"]}转换为'&foo=bar1&foo=bar2'
dataFilter	Function	给 Ajax 返回的原始数据进行预处理的函数。提供 data 和 type 两个参数：data 是 Ajax 返回的原始数据，type 是调用 jQuery.ajax 时提供的 dataType 参数。函数返回的值将由 jQuery 进一步处理
dataType	String	预期服务器返回的数据类型。如果不指定，jQuery 自动根据 HTTP 包含的 MIME 信息返回 responseXML 或 responseText，并作为回调函数参数传递，可用值： xml：返回 XML 文档，可用 jQuery 处理。 html：返回纯文本 HTML 信息；包含的 script 标签会在插入 dom 时执行。 script：返回纯文本 JavaScript 代码。不会自动缓存结果。除非设置了 cache 参数。注意：在远程请求时（不在同一个域下），所有 POST 请求都将转为 GET 请求（因为将使用 DOM 的 script 标签来加载）。 json：返回 JSON 数据。 jsonp：JSONP 格式。使用 JSONP 格式调用函数时，如"myurl?callback=?"，jQuery 将自动替换为正确的函数名，以执行回调函数。 text：返回纯文本字符串
error	Function	请求失败时调用函数。该函数包含 3 个参数：XMLHttpRequest 对象、错误信息（可选）、捕获的错误对象。如果发生了错误，错误信息（第 2 个参数）除了得到 null 外，还可能是 timeout、error、notmodified 和 parsererror
global	Boolean	是否触发全局 Ajax 事件，默认值为 true。设置为 false 将不会触发全局 Ajax 事件，如 ajaxStart 或 ajaxStop 可用于控制不同的 Ajax 事件
ifModified	Boolean	仅在服务器数据改变时获取新数据，默认值为 false。使用 HTTP 包含的 Last-Modified 头信息进行判断
jsonp	String	在一个 jsonp 请求中重写回调函数的名字。这个值用来替代在"callback=?"这种 GET 或 POST 请求中 URL 参数里的 callback 部分，如{jsonp:'onJsonPLoad'}会导致将"onJsonPLoad=?"传给服务器
password	String	用于响应 HTTP 访问认证请求的密码

Note

续表

参　　数	数据类型	说　　明
processData	Boolean	发送的数据将被转换为对象（技术上讲并非字符串）以配合默认内容类型 application/x-www-form-urlencoded。默认值为 true，如果要发送 DOM 树信息或其他不希望转换的信息，请设置为 false
scriptCharset	String	只有当请求时 dataType 为 jsonp 或 script，并且 type 是 GET 才会用于强制修改 charset。通常在本地和远程的内容编码不同时使用
success	Function	请求成功后的回调函数。函数的参数由服务器返回，并根据 dataType 参数进行处理后的数据；描述状态的字符串
timeout	Number	设置请求超时时间（毫秒）。此设置将覆盖全局设置
type	String	设置请求方式，如 POST 或 GET，默认为 GET。其他 HTTP 请求方法，如 PUT 和 DELETE 也可以使用，但仅部分浏览器支持
url	String	发送请求的地址，默认为当前页面地址
username	String	用于响应 HTTP 访问认证请求的用户名
xhr	Function	需要返回一个 XMLHttpRequest 对象。默认在 IE 下是 ActiveXObject，而其他情况下是 XMLHttpRequest。用于重写或者提供一个增强的 XMLHttpRequest 对象

如果设置了 dataType 选项，应确保服务器返回正确的 MIME 信息，例如，XML 返回 text/xml。如果设置 dataType 为 script，则在请求时，如果请求文件与当前文件不在同一个域名中，所有 POST 请求都被转换为 GET 请求，因为 jQuery 将使用 DOM 的 script 标签来加载响应信息。

18.2.4　跟踪状态

jQuery 在 XMLHttpRequest 对象定义的 readyState 属性基础上，对异步交互中服务器响应状态进行封装，提供了 6 个响应事件，以便于进一步细化对整个请求响应过程的跟踪，说明如表 18.4 所示。

表 18.4　jQuery 封装的响应状态事件

事　　件	说　　明
ajaxStart()	Ajax 请求开始时进行响应
ajaxSend()	Ajax 请求发送前进行响应
ajaxComplete()	Ajax 请求完成时进行响应
ajaxSuccess()	Ajax 请求成功时进行响应
ajaxStop()	Ajax 请求结束时进行响应
ajaxError()	Ajax 请求发生错误时进行响应

【示例】为当前异步请求绑定 6 个 jQuery 定义的 Ajax 事件，在浏览器中预览，则可以看到浏览器根据请求和响应的过程，逐步提示过程进展。首先响应的是 ajaxStart 和 ajaxSend 事件，然后是 ajaxSuccess 事件，最后是 ajaxComplete 和 ajaxStop 事件。如果请求失败，则中间会响应 ajaxError 事件。

```
<script type="text/javascript" >
$(function(){
    $("input").click(function(){
        $.ajax({
            type: "POST",
            url: "test.php",
            data: "name=css8"
```

```
            });
            $("div").ajaxStart(function(){
                alert("Ajax 请求开始");
            })
            $("div").ajaxSend(function(){
                alert("Ajax 请求将要发送");
            })
            $("div").ajaxComplete(function(){
                alert("Ajax 请求完成");
            })
            $("div").ajaxSuccess(function(){
                alert("Ajax 请求成功");
            })
            $("div").ajaxStop(function(){
                alert("Ajax 请求结束");
            })
            $("div").ajaxError(function(){
                alert("Ajax 请求发生错误");
            })
        });
})
</script>
<input type="button" value="jQuery 实现的异步请求" />
<div></div>
```

在这些事件中大部分都会包含几个默认参数。例如，ajaxSuccess、ajaxSend 和 ajaxComplete 都包含 event、request 和 settings，其中 event 表示事件类型，request 表示请求信息，settings 表示设置的选项信息。

ajaxError 事件还包含 4 个默认参数：event、XMLHttpRequest、ajaxOptions 和 thrownError，其中前 3 个参数与其他几个事件方法的参数基本相同，最后一个参数表示抛出的错误。

18.2.5 载入文件

遵循 Ajax 异步交互的设计原则，jQuery 定义了可以加载网页文档的方法 load()。该方法与 getScript()方法的功能相似，都是加载外部文件，但是它们的用法完全不同。load()方法能够把加载的网页文件附加到指定的网页标签中。

【示例 1】新建一个简单的网页文件。

```
<table width="100%" border="1">
    <tr><th>name</th> <th>pass</th><th>age</th></tr>
    <tr><td>zhu</td> <td>123</td><td>1</td></tr>
    <tr><td>zhang</td><td>456</td><td>2</td></tr>
    <tr><td>wang</td> <td>789</td><td>3</td> </tr>
</table>
</body>
</html>
```

然后，在另一个页面中输入下面的 jQuery 脚本。

```
<script type="text/javascript" >
$(function(){
    $("input").click(function(){
        $("div").load("table.html");
    });
```

Note

```
})
</script>
<input type="button" value="jQuery 实现的异步请求" />
<div></div>
```

这样当在浏览器中预览时，单击“jQuery 实现的异步请求”按钮，则会把请求的 test.html 文件中的数据表格加载到当前页面的 div 元素中。

使用 ajax()方法可以替换 load()方法，因为 load()方法是以 ajax()方法作为底层来实现的。

【示例 2】针对上面示例，可以使用下面的 jQuery 代码进行替换。

```
<script type="text/javascript" >
$(function(){
    $("input").click(function(){
        var str = ($.ajax({                     //调用 ajax()方法，返回 XMLHttpRequest 对象
            url : "table.html",                 //载入的 URl
            async: false                        //禁止异步载入
        })).responseText;                       //获取 XMLHttpRequest 对象中包含的响应信息
        $("div").html(str);                     //把载入的网页内容附加到 div 元素内
    });
})
</script>
<input type="button" value="jQuery 实现的异步请求" />
<div></div>
```

18.2.6 设置 Ajax 选项

jQuery 定义了 ajaxSetup()方法，该方法可以预设异步交互中通用选项，从而减轻频繁设置选项的烦琐。ajaxSetup()方法的参数仅包含一个参数选项的列表对象，这与 ajax()方法的参数选项设置是相同的。在该方法中设置的选项，可以实现全局共享，从而在具体交互中只需要设置个性化参数即可。

【示例】使用$.ajaxSetup()方法把本页面中异步交互的公共选项进行预设，包括请求的服务器端文件、禁止触发全局 Ajax 事件、请求方式、响应数据类型和响应成功之后的回调函数。这样在不同按钮上绑定异步请求时，只需要设置需要发送请求的信息即可。

在服务器端的请求文件（test.php）中输入下面的代码。

```
<?php
if(isset($_POST["name"])){
    $name = $_POST["name"];
}
if($name != null){
    echo("接受到请求信息： " + $name);
}else{
    echo("没有接受到请求信息！ ");
}
?>
```

这样当单击不同按钮时，会弹出不同的响应信息，这些响应信息都是从客户端接收到的请求信息。

```
<script type="text/javascript" >
$(function(){
    $.ajaxSetup({                               //预设公共选项
        url: "test.php",                        //请求的 URL
        global: false,                          //禁止触发全局 Ajax 事件
        type: "POST",                           //请求方式
        dataType: "text",                       //响应数据的类型
```

```
            success : function(data){              //响应成功之后的回调函数
                alert(data);
            }
        });
        $("input").eq(0).click(function(){          //为按钮 1 绑定异步请求
            $.ajax({
                data : "name=zhu"                   //发送请求的信息
            });
        });
        $("input").eq(1).click(function(){          //为按钮 2 绑定异步请求
            $.ajax({
                data : "name=wang"                  //发送请求的信息
            });
        });
        $("input").eq(2).click(function(){          //为按钮 3 绑定异步请求
            $.ajax({
                data : "name=zhang"                 //发送请求的信息
            });
        });
    })
    </script>
    <input type="button" value="异步请求 1" />
    <input type="button" value="异步请求 2" />
    <input type="button" value="异步请求 3" />
    <div></div>
```

18.2.7 序列化字符串

在 Ajax 异步通信过程中，客户端所发送的请求字符串格式必须是由“&”字符连接的多个名/值对，如 user=zhu&sex=man&grade=2。而当使用表单发送请求时，发送请求的信息并非按此格式进行传递。用户需要手工编写发送信息的字符串格式。为了减轻开发人员不必要的劳动量，特意定义了 serialize()方法，该方法能够帮助用户按名/值对的字符串格式快速整理，并返回合法的请求字符串。

【示例 1】当设计复杂表单时，用户需要传递的表单值是比较多的，如果逐项获取并组织为请求字符串，就稍显烦琐。

如果在发送请求之前调用 serialize()方法，就可以轻松解决合法格式的请求字符串的设计问题。

```
<script type="text/javascript">
$(function(){
    $("#submit").click(function(){
        $("p").html($("form").serialize());    //获取和格式化表单请求字符串信息并显示出来
        return false;                          //禁止提交表单
    });
})
</script>
```

在浏览器中预览，然后单击“提交”按钮，则可以看到规整的请求字符串。

除 serialize()方法外，jQuery 还定义了 serializeArray()方法，该方法能够返回指定表单域值的 JSON 结构的对象。

注意：serializeArray()方法返回的是 JSON 对象，而非 JSON 字符串。JSON 对象是由一个对象数组组成的，其中每个对象包含 1 个或 2 个名/值对：name 参数和 value 参数（如果 value 不为空）。

【示例2】设计如下 jQuery 代码，获取用户传递的请求值，并把这个 JSON 结构的对象解析为

Note

HTML 字符串显示出来。

```
<script type="text/javascript">
$(function(){
    $("#submit").click(function(){
        //在表单域上调用 serializeArray()方法，返回包含传递表单域和值的 JSON 对象
        var array = $("input, select, :radio").serializeArray();
        var str = "[ <br />"
        for(var i = 0; i<array.length; i++){                        //遍历数组格式的 JSON 对象
            str += "        {"
            for(var name in array[i]){                              //遍历数组元素对象
                str += name + ":" + array[i][name]    + ","         //组合为 JSON 格式字符串
            }
            str = str.substring(0,str.length-1);                    //清除最后一个字符
            str += "},<br />";
        }
        str = str.substring(0,str.length-7);                        //清除最后 7 个字符
        str += "<br />]";
        $("p").html(str);                                           //显示返回的 JSON 结构字符串
        return false;
    });
})
</script>
```

18.3 在线支持

扫码免费学习
更多实用技能

一、基础应用

- ☑ 无刷新删除记录
- ☑ 滚动时加载网页内容
- ☑ 加载并显示 XML 文件
- ☑ Ajax 验证用户登录信息
- ☑ 加载 XML 内容到 HTML 表格
- ☑ Ajax 调用的异常处理

二、进阶实战

- ☑ 动态加载 HTML 内容到标签页中
- ☑ Ajax JSON 格式使用
- ☑ 加载服务器端的参数描述
- ☑ 显示加载指示器
- ☑ 从外部加载文件内容
- ☑ 使用 Google API 进行搜索
- ☑ 创建全局性的页面监听器
- ☑ 取消异步请求
- ☑ 无刷新上传文件

新知识、新案例不断更新中……

第 19 章

CSS 样式操作

脚本化 CSS 就是使用 JavaScript 脚本操作 CSS，配合 HTML5、Ajax、jQuery 等技术，可以设计出细腻、逼真的页面特效和交互行为，提升用户体验，如网页对象的显示/隐藏、定位、变形、运动等动态样式。

视频讲解

19.1　CSS 脚本化基础

CSS 样式有两种形式：样式属性和样式表。DOM 2 级规范提供了一套 API，其中包括 CSS 样式表访问接口。在 DOM 2 级规范之前，允许使用标签对象的 style 属性访问行内样式属性。

19.1.1　访问行内样式

任何支持 style 特性的 HTML 标签，在 JavaScript 中都有一个对应的 style 脚本属性。style 是一个可读可写的对象，包含了一组 CSS 样式。

使用 style 的 cssText 属性可以返回行内样式的字符串表示。同时 style 对象还包含一组与 CSS 样式属性一一映射的脚本属性。这些脚本属性的名称与 CSS 样式属性的名称对应。在 JavaScript 中，由于连字符是减号运算符，含有连字符的样式属性（如 font-family），脚本属性会以驼峰命名法重新命名（如 fontFamily）。

【示例】对于 border-right-color 属性来说，在脚本中应该使用 borderRightColor。

```
<div id="box" >盒子</div>
<script>
var box = document.getElementById("box");
box.style.borderRightColor = "red";
box.style.borderRightStyle = "solid";
</script>
```

提示：使用 CSS 脚本属性时，需要注意几个问题。

☑　float 是 JavaScript 保留字，因此使用 cssFloat 表示与之对应的脚本属性的名称。

☑　在 JavaScript 中，所有 CSS 属性值都是字符串，必须加上引号。

```
elementNode.style.fontFamily = "Arial, Helvetica, sans-serif";
elementNode.style.cssFloat = "left";
elementNode.style.color = "#ff0000";
```

☑　CSS 样式声明结尾的分号不能够作为脚本属性值的一部分。

☑　属性值和单位必须完整地传递给 CSS 脚本属性，省略单位则所设置的脚本样式无效。

```
elementNode.style.width = "100px";
elementNode.style.width = width + "px";
```

19.1.2 使用 style 对象

DOM 2 级样式规范为 style 对象定义了一些属性，简单说明如下。

- ☑ cssText：返回 style 的 CSS 样式字符串。
- ☑ length：返回 style 的声明 CSS 样式的数量。
- ☑ parentRule：返回 style 所属的 CSSRule 对象。
- ☑ getPropertyCSSValue：返回包含指定属性的 CSSValue 对象。
- ☑ getPropertyPriority：返回包含指定属性是否附加了!important 命令。
- ☑ item：返回指定下标位置的 CSS 属性的名称。
- ☑ getPropertyValue：返回指定属性的字符串值。
- ☑ removeProperty：从样式中删除给定属性。
- ☑ setProperty：为指定属性设置值，也可以附加优先权标志。

19.1.3 使用 styleSheets 对象

在 DOM 2 级样式规范中，使用 styleSheets 对象可以访问页面中所有样式表，包括用<style>标签定义的内部样式表，以及用<link>标签或@import 命令导入的外部样式表。

cssRules 对象包含指定样式表中所有的规则（样式）。提示，IE 支持 rules 对象表示样式表中的规则。可以使用下面代码兼容不同浏览器。

```
var cssRules = document.styleSheets[0].cssRules || document.styleSheets[0].rules;
```

在上面代码中，先判断浏览器是否支持 cssRules 对象，如果支持则使用 cssRules（非 IE 浏览器），否则使用 rules（IE 浏览器）。

【示例】通过<style>标签定义一个内部样式表，为页面中的<div id="box">标签定义 4 个属性：宽度、高度、背景色和边框。然后在脚本中使用 styleSheets 访问这个内部样式表，把样式表中的第 1 个样式的所有规则读取出来，在盒子中输出显示，如图 19.1 所示。

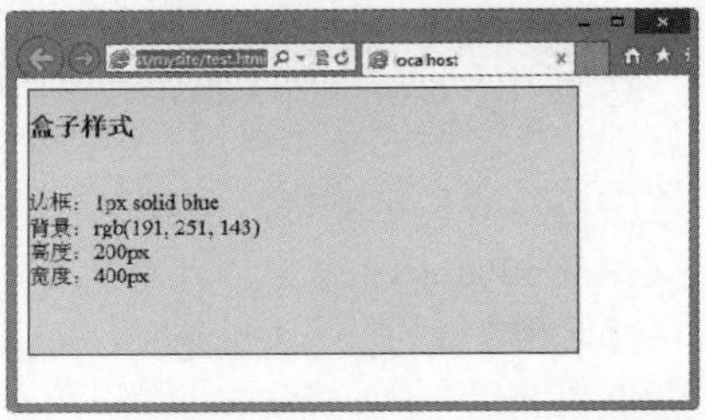

图 19.1 使用 styleSheets 访问内部样式表

```
<style type="text/css">
#box {
    width: 400px;
    height: 200px;
    background-color:#BFFB8F;
    border: solid 1px blue;
}
</style>
<script>
window.onload = function(){
    var box = document.getElementById("box");
    var cssRules = document.styleSheets[0].cssRules || document.styleSheets[0].rules;        //判断浏览器类型
    box.innerHTML =   "<h3>盒子样式</h3>"
    box.innerHTML +=   "<br>边框：" + cssRules[0].style.border;                              //cssRules 的 border 属性
    box.innerHTML +=   "<br>背景：" + cssRules[0].style.backgroundColor;
    box.innerHTML +=   "<br>高度：" + cssRules[0].style.height;
```

```
        box.innerHTML +=  "<br>宽度：" + cssRules[0].style.width;
}
</script>
<div id="box"></div>
```

提示：cssRules（或 rules）的 style 对象在访问 CSS 属性时，使用的是 CSS 脚本属性名，因此所有属性名称中不能使用连字符。例如：

```
cssRules[0].style.backgroundColor;
```

19.1.4 使用 selectorText 对象

使用 selectorText 对象可以获取样式的选择器字符串表示。

【示例】使用 selectorText 属性获取第 1 个样式表（styleSheets[0]）中的第 3 个样式（cssRules[2]）的选择器名称，输出显示为“.blue”，如图 19.2 所示。

```
<style type="text/css">
#box { color:green; }
.red { color:red; }
.blue { color:blue; }
</style>
<link href="style1.css" rel="stylesheet" type="text/css" media="all" />
<script>
window.onload = function(){
        var cssRules = document.styleSheets[0].cssRules || document.styleSheets[0].rules;
        var box = document.getElementById("box");
        box.innerHTML =  "第 1 个样式表中第 3 个样式选择符 = " + cssRules[2].selectorText;
}
</script>
<div id="box"></div>
```

19.1.5 编辑样式

cssRules 的 style 不仅可以读取，还可以写入属性值。

【示例】定义一个样式表中包含 3 个样式，其中蓝色样式类（.blue）定义字体显示为蓝色。然后用脚本修改该样式类（.blue 规则）字体颜色为浅灰色（#999），效果如图 19.3 所示。

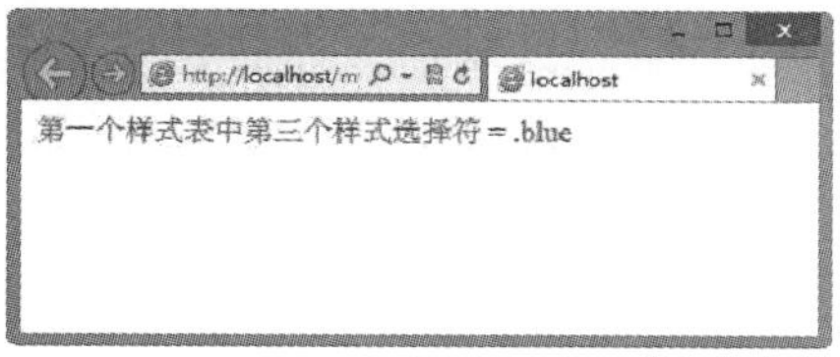

图 19.2 使用 selectorText 访问样式选择符

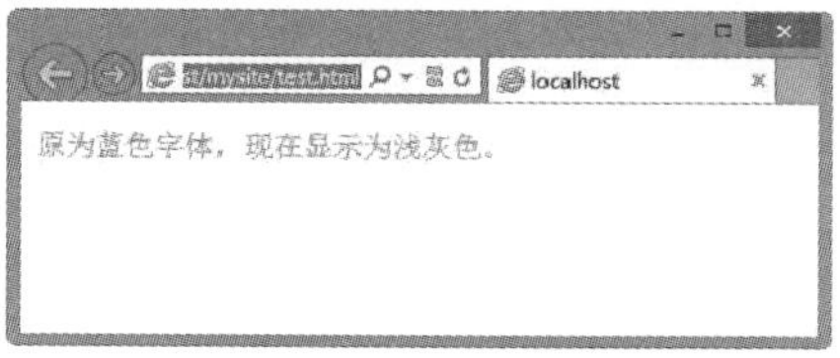

图 19.3 修改样式表中的样式

```
<style type="text/css">
#box { color:green; }
.red { color:red; }
.blue { color:blue; }
</style>
<script>
window.onload = function(){
        var cssRules = document.styleSheets[0].cssRules || document.styleSheets[0].rules;
```

```
        cssRules[2].style.color="#999";                    //修改样式表中指定属性的值
    }
    </script>
    <p class="blue">原为蓝色字体，现在显示为浅灰色。</p>
```

Note

提示：上述方法修改样式表中的类样式，会影响其他对象或其他文档对当前样式表的引用，因此在使用时请务必谨慎。

19.1.6 添加样式

使用 addRule()方法可以为样式表增加一个样式。具体用法如下。

```
styleSheet.addRule(selector,style,[index])
```

styleSheet 表示样式表引用，参数说明如下。

- ☑ selector：表示样式选择符，以字符串的形式传递。
- ☑ style：表示具体的声明，以字符串的形式传递。
- ☑ index：表示一个索引号，表示添加样式在样式表中的索引位置，默认为-1，表示位于样式表的末尾，该参数可以不设置。

Firefox 支持使用 insertRule()方法添加样式。用法如下。

```
styleSheet.insertRule(rule,[index])
```

参数说明如下。

- ☑ rule：表示一个完整的样式字符串。
- ☑ index：与 addRule()方法中的 index 参数作用相同，但默认为 0，放置在样式表的末尾。

【示例】先在文档中定义一个内部样式表，然后使用 styleSheets 集合获取当前样式表，利用数组默认属性 length 获取样式表中包含的样式个数。最后在脚本中使用 addRule()（或 insertRule()）方法增加一个新样式，样式选择符为 p，样式声明为背景色为红色，字体颜色为白色，段落内部补白为 1 个字体大小。

```
<style type="text/css">
#box { color:green; }
.red { color:red; }
.blue { color:blue; }
</style>
<script>
window.onload = function(){
  var styleSheets = document.styleSheets[0];              //获取样式表引用
  var index = styleSheets.length;                          //获取样式表中包含样式的个数
  if(styleSheets.insertRule){                              //判断浏览器是否支持 insertRule()方法
        //在内部样式表中增加 p 标签选择符的样式，插入样式表的末尾
        styleSheets.insertRule("p{background-color:red;color:#fff;padding:1em;}", index);
  }else{                                                   //如果浏览器不支持 insertRule()方法
        styleSheets.addRule("P", "background-color:red;color:#fff;padding:1em;", index);
  }
}
</script>
<p>在样式表中增加样式操作</p>
```

保存页面，在浏览器中预览，显示效果如图 19.4 所示。

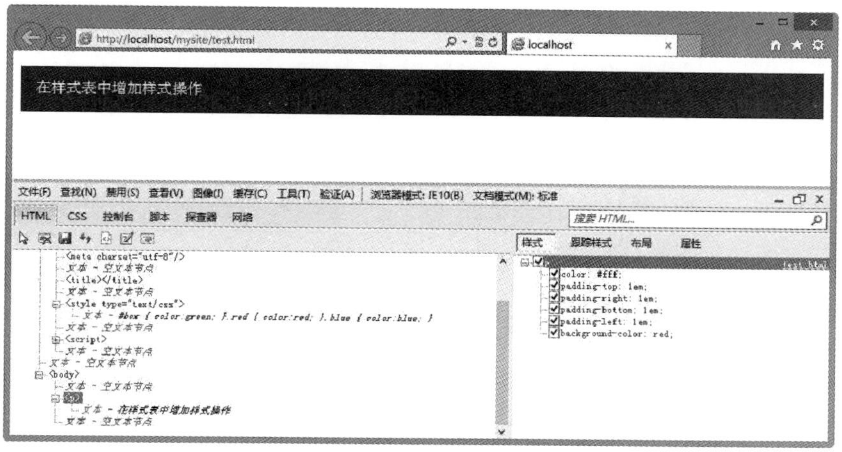

图 19.4　为段落文本增加样式

19.1.7　读取渲染样式

CSS 样式具有重叠特性，因此定义的样式与最终显示的样式并非完全相同。DOM 定义了一个方法帮助用户快速检测当前对象的显示样式，不过 IE 和标准 DOM 之间实现的方法不同。

☑　IE 浏览器。

IE 使用 currentStyle 对象读取元素的最终显示样式，为一个只读对象。currentStyle 对象包含元素的 style 属性，以及浏览器预定义的默认 style 属性。

☑　非 IE 浏览器。

DOM 使用 getComputedStyle()方法获取目标对象的显示样式，但是它属于 document.defaultView 对象。getComputedStyle()方法包含了两个参数：第 1 个参数表示元素，用来获取样式的对象；第 2 个参数表示伪类字符串，定义显示位置，一般可以省略，或者设置为 null。

【示例】使用 if 语句判断当前浏览器是否支持 document.defaultView，如果支持则进一步判断是否支持 document.defaultView.getComputedStyle，如果支持则使用 getComputedStyle()方法读取最终显示样式；否则，判断当前浏览器是否支持 currentStyle，如果支持则使用它读取最终显示样式。

```
<style type="text/css">
#box { color:green; }
.red { color:red; }
.blue {color:blue; background-color:#FFFFFF;}
</style>
<script>
window.onload = function(){
    var styleSheets = document.styleSheets[0];                //获取样式表引用指针
    var index = styleSheets.length;                           //获取样式表中包含样式的个数
    if(styleSheets.insertRule){                               //判断浏览器是否支持
        styleSheets.insertRule("p{background-color:red;color:#fff;padding:1em;}", index);
    }else{
        styleSheets.addRule("P", "background-color:red;color:#fff;padding:1em;", index);
    }
    var p = document.getElementsByTagName("p")[0];
    if( document.defaultView && document.defaultView.getComputedStyle)
        p.innerHTML = "背 景 色："+document.defaultView.getComputedStyle(p,null).backgroundColor+"<br>字体颜色：
"+document.defaultView.getComputedStyle(p,null).color;
```

```
        else if( p.currentStyle)
            p.innerHTML = "背 景 色："+p.currentStyle.backgroundColor+"<br>字体颜色："+p.currentStyle.color;
        else p.innerHTML = "当前浏览器无法获取最终显示样式";
    }
</script>
<p class="blue">在样式表中增加样式操作</p>
```

保存页面，在 Firefox 中预览，显示效果如图 19.5 所示。

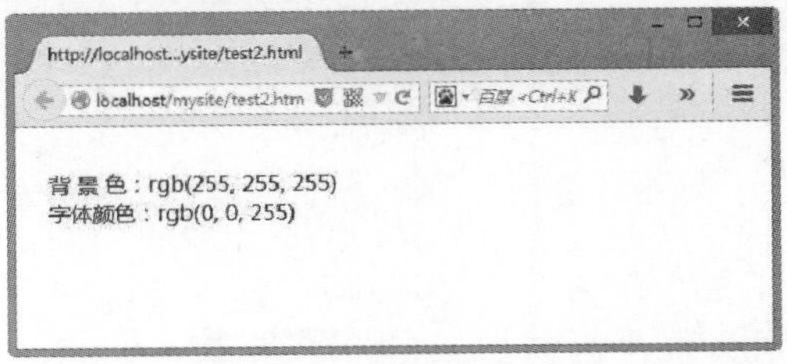

图 19.5　在 Firefox 中获取 p 的显示样式

19.1.8　读取媒体查询

使用 window.matchMedia()方法可以访问 CSS 的 mediaQuery 语句。window.matchMedia()方法接受一个 mediaQuery 语句的字符串作为参数，返回一个 MediaQueryList 对象。该对象有以下两个属性。

☑　media：返回所查询的 mediaQuery 语句字符串。

☑　matches：返回一个布尔值，表示当前环境是否匹配查询语句。

```
var result = window.matchMedia('(min-width: 600px)');
result.media // (min-width: 600px)
result.matches // true
```

【示例 1】根据 mediaQuery 是否匹配当前环境，执行不同的 JavaScript 代码。

```
var result = window.matchMedia('(max-width: 700px)');
if (result.matches) {
    console.log('页面宽度小于等于 700px');
} else {
    console.log('页面宽度大于 700px');
}
```

【示例 2】根据 mediaQuery 是否匹配当前环境，加载相应的 CSS 样式表。

```
var result = window.matchMedia("(max-width: 700px)");
if (result.matches){
    var linkElm = document.createElement('link');
    linkElm.setAttribute('rel', 'stylesheet');
    linkElm.setAttribute('type', 'text/css');
    linkElm.setAttribute('href', 'small.css');
    document.head.appendChild(linkElm);
}
```

注意：如果 window.matchMedia 无法解析 mediaQuery 参数，返回 false，而不是报错。例如：

```
window.matchMedia('bad string').matches                //false
```

window.matchMedia 方法返回的 MediaQueryList 对象有两个方法，用来监听事件：addListener()方法和 removeListener()方法。如果 mediaQuery 查询结果发生变化，就调用指定回调函数。例如：

```
var mql = window.matchMedia("(max-width: 700px)");
//指定回调函数
mql.addListener(mqCallback);
//撤销回调函数
mql.removeListener(mqCallback);
function mqCallback(mql) {
    if (mql.matches) {
```

```
            //宽度小于等于 700px
        } else {
            //宽度大于 700px
        }
    }
```

上面代码中，回调函数的参数是 MediaQueryList 对象。回调函数的调用可能存在两种情况：一种是显示宽度从 700px 以上变为以下，另一种是从 700px 以下变为以上，所以在回调函数内部要判断一下当前的屏幕宽度。

19.2 控制网页对象

19.2.1 获取元素尺寸

使用 offsetWidth 和 offsetHeight 属性可以获取元素的尺寸，其中 offsetWidth 表示元素在页面中所占据的总宽度，offsetHeight 表示元素在页面中所占据的总高度。

【示例】使用 offsetWidth 和 offsetHeight 属性获取元素大小。

```
<div style="height:200px;width:200px;">
    <div style="height:50%;width:50%;">
        <div style="height:50%;width:50%;">
            <div style="height:50%;width:50%;">
                <div id="div" style="height:50%;width:50%;border-style:solid;"></div>
            </div>
        </div>
    </div>
</div>
<script>
var div = document.getElementById("div");
var w = div.offsetWidth;                    //返回元素的总宽度
var h = div.offsetHeight;                   //返回元素的总高度
</script>
```

提示：上面示例在怪异模式下和标准模式下的浏览器中解析结果差异很大，其中怪异模式下解析返回的高度和宽度都为 21px，而在标准模式下的浏览器中返回的高度和宽度都为 19px。

注意：offsetWidth 和 offsetHeight 是获取元素尺寸的最好方法，但是当元素隐藏显示时，即设置样式属性 display 的值为 none 时，offsetWidth 和 offsetHeight 属性返回值都为 0。

19.2.2 获取可视区域大小

使用 scrollLeft 和 scrollTop 可以读写移出可视区域外面的宽度和高度，具体说明如下。

- ☑ scrollLeft：读写元素左侧已滚动的距离，即位于元素左边界与元素中当前可见内容的最左端之间的距离。
- ☑ scrollTop：读写元素顶部已滚动的距离，即位于元素顶部边界与元素中当前可见内容的最顶端之间的距离。

使用这两个属性可以确定滚动条的位置，或者获取当前滚动区域内容。

【示例】设置更直观地获取滚动外区域的尺寸。

```
<textarea id="text" rows="5" cols="25" style="float:right;">
</textarea>
<div id="div" style="height:200px;width:200px;border:solid 50px red;padding:50px;overflow:auto;">
    <div id="info" style="height:400px;width:400px;border:solid 1px blue;"></div>
</div>
<script>
var div = document.getElementById("div");
div.scrollLeft = 200;                          //设置盒子左边滚出区域宽度为 200 像素
div.scrollTop = 200;                           //设置盒子顶部滚出区域高度为 200 像素
var text = document.getElementById("text");
div.onscroll = function(){                     //注册滚动事件处理函数
    text.value =    "scrollLeft    = " + div.scrollLeft + "\n" +
                    "scrollTop    = " + div.scrollTop + "\n" +
                    "scrollWidth = " + div.scrollWidth + "\n" +
                    "scrollHeight = " + div.scrollHeight ;
}
</script>
```

演示效果如图 19.6 所示。

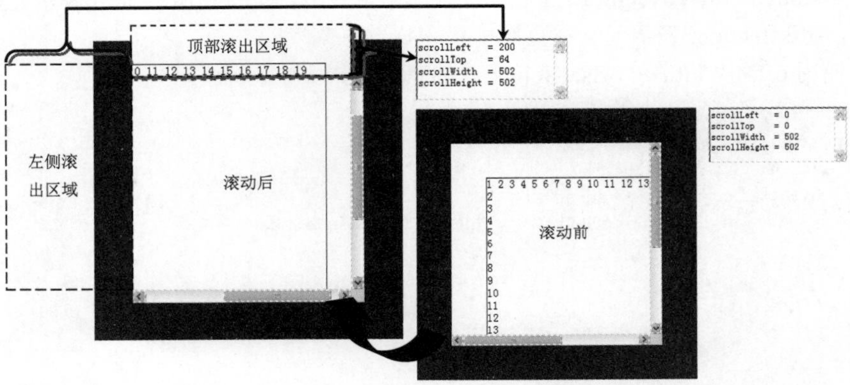

图 19.6　scrollLeft 和 scrollTop 属性指示区域示意图

19.2.3　获取元素大小

19.2.1 节介绍了 offsetWidth 和 offsetHeight 的用法，另外还可以使用下面的属性获取元素的大小，说明如表 19.1 所示。

表 19.1　与元素尺寸相关的属性

元素尺寸属性	说　明
clientWidth	获取元素可视部分的宽度，即 CSS 的 width 和 padding 属性值之和，元素边框和滚动条不包括在内，也不包含任何可能的滚动区域
clientHeight	获取元素可视部分的高度，即 CSS 的 height 和 padding 属性值之和，元素边框和滚动条不包括在内，也不包含任何可能的滚动区域
offsetWidth	元素在页面中占据的宽度总和，包括 width、padding、border，以及滚动条的宽度
offsetHeight	元素在页面中占据的高度总和，包括 height、padding、border，以及滚动条的高度
scrollWidth	当元素设置了 overflow:visible 样式属性时，元素的总宽度，也称滚动宽度。在默认状态下，如果该属性值大于 clientWidth 属性值，则元素会显示滚动条，以便能够翻阅被隐藏的区域
scrollHeight	当元素设置了 overflow:visible 样式属性时，元素的总高度，也称滚动高度。在默认状态下，如果该属性值大于 clientHeight 属性值，则元素会显示滚动条，以便能够翻阅被隐藏的区域

【示例】设计一个简单的盒子，盒子的 height 值为 200px，width 值为 200px，边框显示为 50px，补白区域定义为 50px。内部包含信息框，其宽度设置为 400px，高度也设置为 400px，即定义盒子的内容区域为（400px,400px）。盒子演示效果如图 19.7 所示。

```
<div id="div" style="height:200px;width:200px;border:solid 50px    red;
overflow:auto;padding:50px;">
    <div id="info" style="height:400px;width:400px;border:solid 1px blue;"></div>
</div>
```

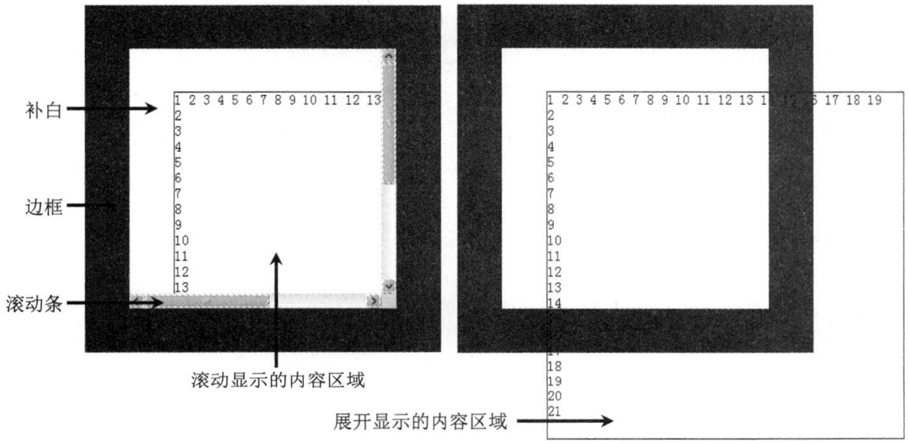

图 19.7　盒模型及其相关构成区域

现在分别调用 offsetHeight、scrollHeight、clientHeight 属性，则可以看到获取不同区域的高度，如图 19.8 所示。

```
var div = document.getElementById("div");
var hc = div.clientHeight;                    //可视内容高度为 283px
var ho = div.offsetHeight;                    //占据页面总高度为 400px
var hs = div.scrollHeight;                    //展开滚动内容总高度为 452px
```

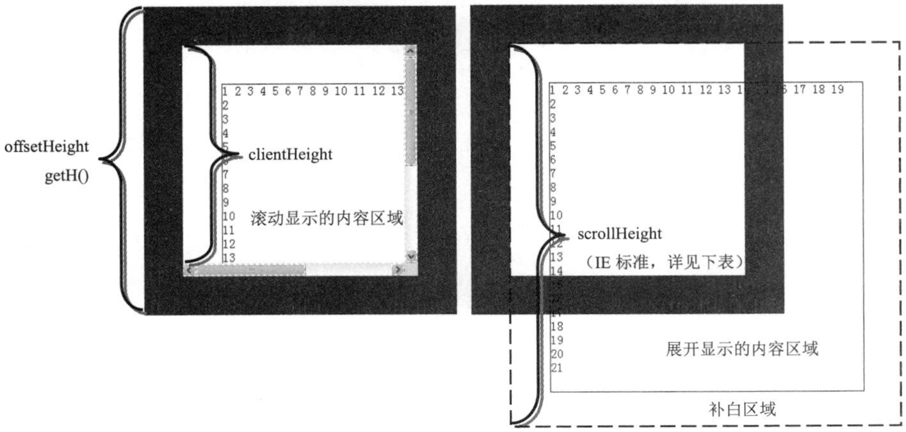

图 19.8　盒模型不同区域的高度示意图

通过上面的实例图，能够很直观地看出 offsetHeight、scrollHeight、clientHeight 这 3 个属性的不同，具体说明如下。

☑　clientHeight = padding-top+height+border-bottom-width−滚动条的宽度。

☑ offsetHeight = border-top-width + padding-top + height + padding-bottom + border-bottom-width。

☑ scrollHeight = padding-top+包含内容的完全高度+padding-bottom。

上面围绕元素高度进行说明，针对宽度的计算方式可以依此类推，这里不再重复。

Note

19.2.4 获取窗口大小

获取<html>标签的 clientWidth 和 clientHeight 属性，就可以知道浏览器窗口的可视宽度和高度，而<html>标签在脚本中表示为 document.documentElement，可以这样设计。

```
var w = document.documentElement.clientWidth;    //返回值不包含滚动条的宽度
var h = document.documentElement.clientHeight;   //返回值不包含滚动条的高度
```

在怪异模式下，body 是最顶层的可视元素，而 html 元素保持隐藏。所以只有通过<body>标签的 clientWidth 和 clientHeight 属性才可以知道浏览器窗口的可视宽度和高度，而<body>标签在脚本中表示为 document.body，可以这样设计。

```
var w = document.body.clientWidth;
var h = document.body.clientHeight;
```

把上面两种方法兼容起来，则设计代码如下。

```
var w = document.documentElement.clientWidth || document.body.clientWidth;
var h = document.documentElement.clientHeight || document.body.clientHeight;
```

如果浏览器支持 documentElement，则使用 documentElement 对象读取；如果该对象不存在，则使用 body 对象读取。

如果窗口包含内容超出了窗口可视区域，则应该使用 scrollWidth 和 scrollHeight 属性来获取窗口的实际宽度和高度。

注意： 对于 document.documentElement 和 document.body 来说，不同浏览器对于二者的支持略有差异。例如：

```
<body style="border:solid 2px blue;margin:0;padding:0">
    <div style="width:2000px;height:1000px;border:solid 1px red;">
</div>
</body>
<script>
var wb = document.body.scrollWidth;
var hb = document.body.scrollHeight;
var wh = document.documentElement.scrollWidth;
var hh = document.documentElement.scrollHeight;
</script>
```

不同浏览器使用 documentElement 对象获取浏览器窗口的实际尺寸是一致的，但是使用 body 对象来获取对应尺寸就会存在解析差异，在实际设计中应该考虑这个问题。

19.2.5 获取偏移位置

offsetLeft 和 offsetTop 属性返回当前元素的偏移位置。IE 怪异模式返回以父元素为参照进行偏移的位置，DOM 标准模式返回以最近定位元素为参照进行偏移的位置。

【示例】设计一个三层嵌套的结构，其中最外层 div 元素被定义为相对定位显示。然后在脚本中使用 console.log(box.offsetLeft);语句获取最内层 div 元素的偏移位置，则 IE 怪异模式返回值为 50 像素，而 DOM 标准模式返回 101 像素，演示效果如图 19.9 所示。

```
<style type="text/css">
div {width:200px; height:100px; border:solid 1px red; padding:50px;}
#wrap { position:relative; border-width:20px; }
</style>
<div id="wrap">
    <div id="sub">
        <div id="box"></div>
    </div>
</div>
```

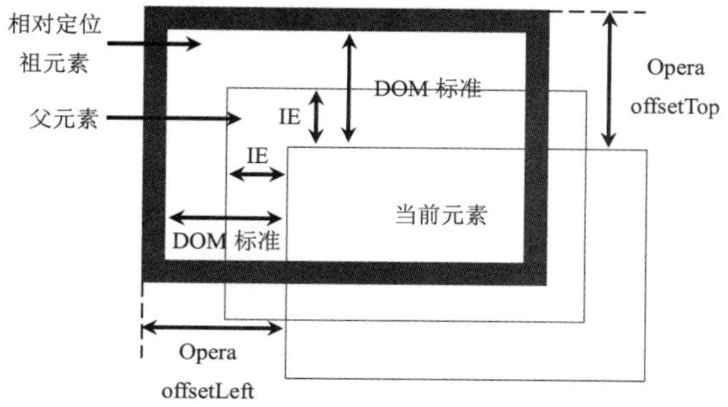

图 19.9　获取元素的位置示意图

【拓展】

offsetParent 属性表示最近的上级定位元素。要获取相对父级元素的位置，可以先判断 offsetParent 属性是否指向父元素，如果是，则直接使用 offsetLeft 和 offsetTop 属性获取元素相对于父元素的距离；否则分别获得当前元素和父元素距离窗口的坐标，然后求差即可。

19.2.6　获取指针的页面位置

使用事件对象的 pageX 和 pageY（兼容 Safari）属性，或者 clientX 和 clientY（兼容 IE）属性，同时还需要配合 scrollLeft 和 scrollTop 属性方可计算出鼠标指针在页面中的位置。

```
//获取鼠标指针的页面位置
//参数：e 表示当前事件对象；返回值：返回鼠标相对页面的坐标，对象格式(x,y)
function getMP(e){
    var e = e || window.event;                              //标准化事件对象
    return {
        x : e.pageX ||   e.clientX + (document.documentElement.scrollLeft || document.body.scrollLeft),
        y : e.pageY ||    e.clientY + (document.documentElement.scrollTop || document.body.scrollTop)
    }
}
```

pageX 和 pageY 事件属性不被 IE 浏览器支持，而 clientX 和 clientY 事件属性又不被 Safari 浏览器支持，因此可以混合使用二者以兼容不同的浏览器。同时，对于怪异模式来说，body 元素代表页面区域，而 html 元素被隐藏，但是标准模式以 html 元素代表页面区域，而 body 元素仅是一个独立的页面元素，所以需要兼容这两种解析方式。

【示例】调用扩展函数 getMP()捕获当前鼠标指针在文档中的位置，效果如图 19.10 所示。

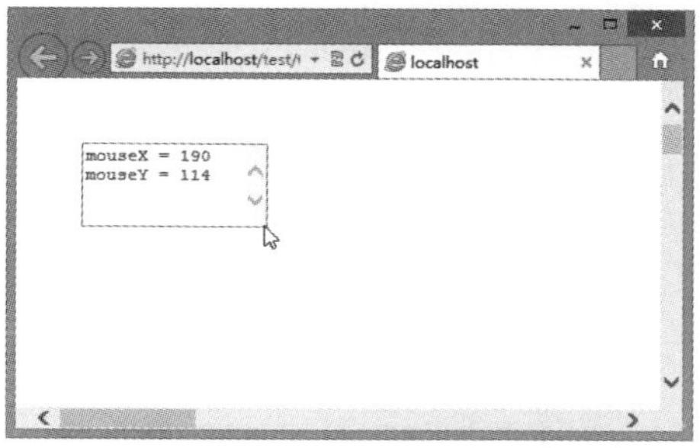

图 19.10　鼠标指针在页面中的位置

```
<body style="width:2000px;height:2000px;">
    <textarea id="t" cols="15" rows="4" style="position:fixed;left:50px;top:50px;"></textarea>
</body>
<script>
var t = document.getElementById("t");
document.onmousemove = function(e){
    var m = getMP(e);
    t.value ="mouseX = " + m.x   + "\n" + "mouseY = " + m.y
}
</script>
```

19.2.7 获取指针的相对位置

【示例】使用 offsetX 和 offsetY，或者 layerX 和 layerY 可以获取鼠标指针相对于定位包含框的偏移位置。如果使用 offsetLeft 和 offsetTop 属性获取元素在定位包含框中的偏移坐标，然后使用 layerX 属性值减去 offsetLeft 属性值，使用 layerY 属性值减去 offsetTopt 属性值，即可得到鼠标指针在元素内部的位置。

```
//获取鼠标指针在元素内的位置
//参数：e 表示当前事件对象，o 表示当前元素；返回值：返回相对坐标对象
function getME(e, o){
    var e = e || window.event;
    return {
        x : e.offsetX ||   (e.layerX - o.offsetLeft),
        y : e.offsetY ||   (e.layerY - o.offsetTop)
    }
}
```

19.2.8 获取滚动条的位置

【示例】使用 scrollLeft 和 scrollTop 属性也可以获取窗口滚动条的位置。

```
//获取页面滚动条的位置
//参数：无；返回值：返回滚动条位置，其中 x 表示 x 轴偏移距离，y 表示 y 轴偏移距离
function getPS(){
    var h = document.documentElement;            //获取页面引用指针
    var x = self.pageXOffset ||                  //兼容早期浏览器
            (h && h.scrollLeft) ||               //兼容标准浏览器
            document.body.scrollLeft;            //兼容 IE 怪异模式
    var y = self.pageYOffset ||                  //兼容早期浏览器
            (h && h.scrollTop) ||                //兼容标准浏览器
            document.body.scrollTop;             //兼容 IE 怪异模式
    return {
        x : x,
        y : y
    };
}
```

19.2.9 设置滚动条位置

使用 window 对象的 scrollTo(x, y)方法可以定位滚动条的位置，其中参数 x 可以定位页面内容在 x 轴方向上的偏移量，而参数 y 可以定位页面在 y 轴方向上的偏移量。

【示例】调用 getPoint()扩展函数，获取指定元素的页面位置。

```
//滚动到页面中指定的元素位置
//参数：指定的对象；返回值：无
function setPS(e){
    window.scrollTo(getPoint(e).x, getPoint(e).y);
}
```

19.2.10 设计显示样式

使用 style.display 属性可以设计元素的显示和隐藏。恢复 style.display 属性的默认值，只需设置 style.display 属性值为空字符串（style.display = ""）即可。

设计元素的不透明度实现方法是：IE 怪异模式支持 filters 滤镜集，DOM 标准浏览器支持 style.opacity 属性。它们的取值范围也不同，IE 的 filters 属性值范围为 0～100，其中 0 表示完全透明，而 100 表示不透明。DOM 标准的 style.opacity 属性值范围为 0～1，其中 0 表示完全透明，而 1 表示不透明。

【示例】为了兼容不同浏览器，可以对设置元素透明度的功能进行函数封装。

```
//设置元素的透明度
//参数：e 表示要预设置的元素，n 表示一个数值，取值范围为 0～100，如果省略，则默认为 100，即不透明显示元素
function setOpacity(e, n){
    var n = parseFloat(n);                    //把第 2 个参数转换为浮点数
    if(n && (n>100) || !n) n=100;             //如果第 2 个参数大于 100，或者不存在，则设置为 100
    if(n && (n<0))    n =0;                   //如果第 2 个参数存在且值小于 0，则设置其为 0
    if (e.filters){                           //兼容 IE 浏览器
        e.style.filter = "alpha(opacity=" + n + ")";
    } else{                                   //兼容 DOM 标准
        e.style.opacity = n / 100;
    }
}
```

提示： 在获取元素的透明度时，应注意在 IE 浏览器中不能够直接通过属性读取，而应借助 filters 滤镜集的 item()方法获取 Alpha 对象，然后读取它的 opacity 属性值。

19.3 在线支持

扫码免费学习
更多实用技能

一、基础应用

- ☑ jQuery 为 body 增加 class 类支持
- ☑ jQuery 如何正确地使用 addClass()函数
- ☑ jQuery 如何添加 hover 类到指定元素

二、进阶实战

- ☑ jQuery 基于 URL 地址为导航链接添加 class 样式
- ☑ jQuery 测试浏览器是否支持某些 CSS3 属性
- ☑ jQuery 操作 div 显示与隐藏的方法
- ☑ jQuery 如何延迟添加 class 类
- ☑ jQuery 如何延迟清除 class 类
- ☑ jQuery 如何设定 div 始终居中显示
- ☑ jQuery 动态调整字体大小的方法
- ☑ jQuery 如何正确地使用 removeClass()函数
- ☑ jQuery 如何正确地使用 toggleClass()函数

新知识、新案例不断更新中……

第 20 章

jQuery 动画

JavaScript 语言没有提供动画功能，需要借助 CSS 技术来实现。在 Web 设计中，动画主要包括 3 种形式：位置变化、形状变化和显隐变化。位置变化主要通过 CSS 定位来控制，形状变化主要通过 CSS 尺寸来控制，显隐变化主要通过 CSS 显示来控制。jQuery 封装了 CSS 动画，提供系列 Web 效果的操作方法，帮助用户轻松创建精致、复杂的动画。

视频讲解

20.1 jQuery 动画基础

jQuery 在 css()方法基础上封装了系列动画控制的方法，以方便用户控制页面对象。

20.1.1 显隐效果

最简单的动画效果就是元素的显示和隐藏了。在 jQuery 中，使用 show()方法可以显示元素，使用 hide()方法可以隐藏元素。如果把 show()和 hide()方法配合起来，就可以设计最基本的显隐动画。show()方法的用法如下。

```
show()
show(duration, [callback])
show([duration], [easing], [callback])
```

参数说明如下。

☑ duration 表示一个字符串，或者数字决定动画将运行多久。

☑ callback 表示在动画完成时执行的函数。

☑ easing 表示一个用来表示使用哪个缓动函数来过渡的字符串。

hide()方法与 show()方法用法相同，就不再重复介绍。

基本的 hide()和 show()方法不带任何参数。可以把它们想象成类似 css('display', 'string')方法的简写方式。这两个方法的作用就是立即隐藏或显示匹配的元素集合，不带任何动画效果。

其中，hide()方法会将匹配的元素集合的内联 style 属性设置为 display:none。但它的聪明之处是能够在把 display 的值变成 none 之前，记住原先的 display 值，通常是 block 或 inline。相反，show()方法会将匹配的元素集合的 display 属性恢复为应用 display: none 之前的可见属性。

show()和 hide()的这种特性，使得它们非常适合隐藏那些默认的 display 属性在样式表中被修改的元素。例如，在默认情况下，li 元素具有 display:block 属性，但是，为了构建水平的导航菜单，它们可能会被修改成 display:inline。而在类似这样的 li 元素上面使用 show()方法，不会简单地把它重置为默认的 display:block，因为那样会导致把 li 元素放到单独的一行中；相反，show()方法会把它恢复为先前的 display:inline 状态，从而维持水平的菜单设计。

Note

【示例 1】jQuery 的 show()和 hide()方法的应用。

```
<script type="text/javascript" >
$(function(){
    $("p").hide().hide();
    $("div").hide().show();
    $("span").eq(0).hide();
    $("span")[1].style.display = "none";
    $("span").show();
})
</script>
<p>P 元素</p>
<div>DIV 元素</div>
<span>SPAN 元素 1</span>
<span>SPAN 元素 2</span>
<span style="display:none;">SPAN 元素 3</span>
```

【示例 2】使用 for 循环语句动态添加了 6 个 div 元素，并在内部样式表中定义盒子的尺寸、背景色、浮动显示，实现并列显示。然后为所有 div 元素绑定 click 事件，设计当单击 div 元素时，调用 hide()方法隐藏该元素。

```
<script type="text/javascript" >
$(function(){
    for (var i = 0; i < 5; i++) {
        $("<div>").appendTo(document.body);
    }
    $("div").click(function () {
        $(this).hide();
    });
})
</script>
```

除了简单地显示和隐藏功能外，show()和 hide()方法还可以设置参数，以优雅的动画显示所有匹配的元素，并在显示完成后可选地触发一个回调函数。

【示例 3】调用 show()和 hide()方法，并设置显隐过程为 1000ms，同时在显隐动画播放完毕之后，调用第 2 个参数回调函数，弹出一个提示对话框。

```
<script type="text/javascript" >
$(function(){
    var t = false;
    $("input").click( function(){
        if( t ){
            $( "div" ).show(1000,function(){
                alert("显示 DIV 元素");
            });
            $( "input" ).val("隐藏元素");
            t = false;
        }else{
            $( "div" ).hide(1000,function(){
                alert("隐藏 DIV 元素");
            });
            $( "input" ).val("显示元素");
            t = true;
        }
    });
})
```

```
</script>
<input type="button" value="隐藏元素" />
<div><img src="images/1.jpg" height="200" /></div>
```

这两个方法的第 1 个参数表示动画时长的毫秒数值，也可以设置预定义的字符串（slow、normal、fast），用来表示动画的缓慢、正常和快速效果。

Note

提示：当在.show()或.hide()中指定一个速度参数时，就会产生动画效果，即效果会在一个特定的时间段内发生。例如，hide('speed')方法，会同时减少元素的高度、宽度和不透明度，直至这 3 个属性的值都达到 0，与此同时会为该元素应用 CSS 规则 display:none。而 show('speed')方法则会从上到下增大元素的高度，从左到右增大元素的宽度，同时从 0 到 1 增加元素的不透明度，直至其内容完全可见。

对于 jQuery 提供的任何效果，都可以指定 3 种速度参数：slow、normal 和 fast。使用 show('slow')会在 0.6 秒内完成效果，show('normal')是 0.4 秒，而 show('fast')则是 0.2 秒。要指定更精确的速度，可以使用毫秒数值，如 show(850)。注意，与字符串表示的速度参数名称不同，数值不需要使用引号。

【示例 4】使用 for 循环语句动态添加 6 个 div 元素，并在内部样式表中定义盒子的尺寸、背景色浮动显示，实现并列显示。然后为所有 div 元素绑定 click 事件，设计当单击 div 元素时，调用 hide()方法隐藏该元素。在 hide()方法中设置隐藏显示的速度，并定义在隐藏该 div 元素之后，把当前元素移出文档。

```
<script type="text/javascript" >
$(function(){
    for (var i = 0; i < 5; i++) {
        $("<div>").appendTo(document.body);
    }
    $("div").click(function () {
        $(this).hide(2000, function () {
            $(this).remove();
        });
    });
})
</script>
```

20.1.2 显隐切换

使用 jQuery 的 toggle()方法能够切换元素的可见状态。如果元素是可见的，将会把它切换为隐藏状态；如果元素是隐藏的，则把它切换为可见状态。用法如下。

```
toggle([duration], [callback])
toggle([duration], [easing], [callback])
toggle(showOrHide)
```

参数说明如下。

- ☑ duration 表示一个字符串或者数字决定动画将运行多久。
- ☑ callback 表示在动画完成时执行的函数。
- ☑ easing 表示一个用来表示使用哪个缓动函数来过渡的字符串。
- ☑ showOrHide 是一个布尔值指示是否显示或隐藏的元素。

如果没有参数，toggle()方法是最简单的切换一个元素可见性方法。

```
$('.target').toggle();
```

通过改变 CSS 的 display 属性，匹配的元素将被立即显示或隐藏，没有动画效果。如果元素是最初显示，它会被隐藏，如果是隐藏的，它会显示出来。display 属性将被储存并且在需要的时候可以恢复。如果一个元素的 display 值为 inline，然后是隐藏和显示，这个元素将再次显示 inline。

当提供一个持续时间参数，toggle()成为一个动画方法。toggle()方法将为匹配元素的宽度、高度以及不透明度，同时进行动画显示。当一个动画隐藏后，高度值达到 0 时，display 样式属性被设置为 none，以确保该元素不再影响页面布局。

持续时间是以毫秒为单位的，数值越大，动画越慢，而不是越快。字符串'fast'和'slow'分别代表 200ms 和 600ms 的延时。

如果提供回调函数参数，回调函数会在动画完成时调用。这对于将不同的动画串联在一起按顺序排列是非常有用的。这个回调函数不设置任何参数，但是 this 是存在动画的 DOM 元素。

【示例】使用 toggle()方法设计段落文本中的图像切换显示，同时添加了显示速度控制，以便更真实展示动画显示过程。

```
<script type="text/javascript" >
$( function(){
    $("button").click(function () {
        $("p").toggle("slow");
    });
});
</script>
<p><img src="images/1.jpg" height="300" /></p>
<button>显示和隐藏</button>
```

提示：toggle()方法还可以接受多个参数。如果传入 true 或者 false 参数值，则可以设置元素显示或者隐藏，功能类似于 show()和 hide()方法。如果参数值为 true，则功能类似调用 show()方法来显示匹配的元素，如果参数值为 false 则调用 hide()来隐藏元素。

如果传入一个数值或者一个预定义的字符串，如"slow"、"normal"或者"fast"，则表示在显隐切换时，以指定的速度动态显示匹配的显隐过程。

除了指定动画显隐的速度外，还可以在第 2 个参数指定一个回调函数，以备在动画演示完毕之后，调用该函数完成额外的任务。

20.1.3 滑动效果

滑动效果包括两种：匀速运动和变速运动。匀速运动只需要使用 JavaScript 动态控制元素的显示位置即可；而变速运动需要用到一些简单的算法，也称为缓动动画。

jQuery 提供了简单的滑动方法：slideDown()和 slideUp()。这两个方法可以设计向下滑动和向上滑动效果。这两个方法的具体用法如下。

```
slideDown([duration], [callback])
slideDown([duration], [easing], [callback])
slideUp([duration], [callback])
slideUp([ duration], [easing], [callback])
```

参数说明如下。

☑ duration 为一个字符串或者数字，用来定义动画将运行多久。

☑ easing 为一个用来表示使用哪个缓动函数来过渡的字符串。

☑ callback 表示在动画完成时执行的函数。

slideDown()和 slideUp()方法将给定匹配元素的高度的动画。其中，slideDown()能够导致页面的下面部分滑下去，而 slideUp()方法导致页面的下面部分滑上去。一旦高度值达到 0，display 样式属性将被设置为 none，以确保该元素不再影响页面布局。

持续时间是以毫秒为单位的，数值越大，动画越慢，而不是越快。字符串'fast'和'slow'分别代表 200 和 600 毫秒的延时。如果提供任何其他字符串，或者这个 duration 参数被省略，那么默认使用 400 毫秒的延时。

如果提供回调函数参数，回调函数会在动画完成时调用。这个对于将不同的动画串联在一起按顺序排列是非常有用的。这个回调函数不设置任何参数，但是 this 是存在动画的 DOM 元素。

Note

【示例】在下面页面中，有 3 个按钮和 3 个文本框，当单击按钮时将自动隐藏按钮后面的文本框，且以滑动方式逐渐隐藏，隐藏之后会在底部<div id="msg">信息框中显示提示信息。

```
<script type="text/javascript" >
$( function(){
    $("button").click(function () {
        $(this).parent().slideUp("slow", function () {
            $("#msg").text($("button", this).text() + "已经实现。");
        });
    });
});
</script>
<div>
    <button>隐藏文本框 1</button>
    <input type="text" value="文本框 1" />
</div>
<div>
    <button>隐藏文本框 2</button>
    <input type="text" value="文本框 2" />
</div>
<div>
    <button>隐藏文本框 3</button>
    <input type="text" value="文本框 3" />
</div>
<div id="msg"></div>
```

注意：slideDown()方法仅适用于被隐藏的元素，如果为已显示的元素调用 slideDown()方法，是看不到效果的。而 slideUp()方法正好相反，它可以把显示的元素缓慢地隐藏起来。slideDown()和 slideUp()方法正像卷帘，slideDown()方法能够缓慢地展开帘子，而 slideUp()方法能够缓慢地收缩帘子。通俗描述，slideDown()方法作用域隐藏元素，而 slideUp()方法作用于显示元素，二者功能和效果截然相反。

slideDown()和 slideUp()方法可以包含两个可选的参数，第 1 个参数设置滑动的速度，可以设置预定义字符串，如"slow"、"normal"和"fast"，或者传递 1 个数值，表示动画时长的毫秒数。第 2 个可选参数表示 1 个回调函数，当动画完成之后，将调用该回调函数。

20.1.4　滑动切换

与 toggle()方法的功能相似，jQuery 为滑动效果也设计了一个切换方法：slideToggle()。slideToggle()方法的用法与 slideDown()和 slideUp()方法的用法相同，但是它综合了 slideDown()和 slideUp()方法的动画效果，可以在滑动中切换显示或隐藏元素。用法如下。

```
slideToggle([duration], [callback])
slideToggle([duration], [easing], [callback])
```

参数说明如下。

☑ duration 为一个字符串或者数字，决定动画将运行多久。

☑ easing 是一个用来表示使用哪个缓动函数来过渡的字符串。

☑ callback 表示在动画完成时执行的函数。

slideToggle()动画将改变匹配元素的高度，这会导致页面的下面部分滑下去或滑上来，看似显示或隐藏项目。display 属性将被储存并且在需要的时候可以恢复。如果一个元素的 display 值为 inline，然后是隐藏和显示，这个元素将再次显示 inline。当一个动画隐藏后，高度值达到 0 时，display 样式属性被设置为 none，以确保该元素不再影响页面布局。

持续时间是以毫秒为单位的，数值越大，动画越慢，而不是越快。字符串'fast'和'slow'分别代表 200 和 600 毫秒的延时。

如果提供回调函数参数，回调函数会在动画完成时调用。这对于将不同的动画串联在一起按顺序排列是非常有用的。这个回调函数不设置任何参数，但是 this 是存在动画的 DOM 元素。

【示例】页面中包含一个按钮，当单击按钮时将自动隐藏部分 div 元素，同时显示被隐藏的 div 元素。

```
<script type="text/javascript" >
$( function(){
    $("#aa").click(function () {
        $("div:not(.still)").slideToggle("slow", function () {
            var n = parseInt($("span").text(), 10);
                $("span").text(n + 1);
        });
    });
});
</script>
<div></div>
<div class="still"></div>
<div style="display:none;"> </div>
<div class="still"></div>
<div></div>
<div class="still"></div>
<div class="hider"></div>
<div class="still"></div>
<div class="hider"></div>
<div class="still"></div>
<div></div>
<p>
    <button id="aa">滑动切换</button>
    共计滑动切换<span>0</span>个 div 元素。
</p>
```

20.1.5 淡入淡出

淡入和淡出效果是通过不透明度的变化来实现的。与滑动效果相比，淡入淡出效果只调整元素的不透明度，而元素的高度和宽度不会发生变化。jQuery 定义了 3 个淡入淡出方法：fadeIn()、fadeOut()和 fadeTo()。fadeIn()和 fadeOut()方法的用法如下。

```
fadeIn([duration], [callback])
fadeIn([duration], [easing], [callback])
fadeOut([duration], [callback])
fadeOut([duration], [easing], [callback])
```

Note

参数说明如下。

☑ duration 为一个字符串或者数字，该参数决定动画将运行多久。

☑ easing 是一个用来表示使用哪个缓动函数来过渡的字符串。

☑ callback 是一个在动画完成时执行的函数。

fadeOut()方法通过匹配元素的透明度做动画效果。一旦透明度达到 0，display 样式属性将被设置为 none，以确保该元素不再影响页面布局。

fadeOut()和 fadeIn()方法延时时间是以毫秒为单位的，数值越大，动画越慢，而不是越快。字符串'fast'和'slow'分别代表 200 和 600 毫秒的延时。如果提供任何其他字符串，或者这个 duration 参数被省略，那么默认使用 400 毫秒的延时。

如果提供回调函数参数，回调函数会在动画完成时调用。这个对于将不同的动画串联在一起按顺序排列是非常有用的。这个回调函数不设置任何参数，但是 this 是存在动画的 DOM 元素。

【示例】为段落文本中的 span 元素绑定 hover 事件，设计鼠标移过时动态背景效果，同时绑定 click 事件，当单击 span 元素时，将渐隐该元素，并把该元素包含的文本传递给 div 元素，实现隐藏提示信息效果。

```
<script type="text/javascript" >
$( function(){
    $("span").click(function () {
        $(this).fadeOut(1000, function () {
            $("div").text(" “" + $(this).text() + "” 已经隐藏。");
            $(this).remove();
        });
    });
    $("span").hover(
        function () {
            $(this).addClass("hilite");
        },
        function () {
            $(this).removeClass("hilite");
    });
});
</script>
<h3>隐藏提示：<div></div></h3>
<p>雨，<span>轻薄浅落</span>，<span>丝丝缕缕</span>，<span>幽幽怨怨</span>。不知何时起，细腻的心莫名地爱上了阴雨天。也许，雨天是思念的<span>风铃</span>，雨飘下，铃便响。伸出薄凉的手掌，雨轻弹地滴落在掌心，<span>凉意</span>，遍布全身；<span>怀念</span>，张开翅膀；<span>眼角</span>，已感湿润。</p>
```

通过上面示例可以看到，fadeIn()和 fadeOut()方法与 slideDown()和 slideUp()方法的用法是完全相同的，它们都可以包含两个可选参数，第 1 个参数表示动画持续的时间，以毫秒为单位，另外还可以使用预定义字符串"slow"、"normal"和"fast"，使用这些特殊的字符串可以设置动画以慢速、正常速度和快速进行演示。

第 2 个参数表示回调函数，该参数为可选参数，用来在动画演示完毕之后被调用。例如，在下面示例中，当单击按钮之后调用 div 元素的 fadeIn()方法，逐步显示隐藏的元素，当显示完成之后，再次调用回调函数。

注意： 与 slideDown()和 slideUp()方法的用法相同，fadeIn()方法只能够作用于被隐藏的元素，而 fadeOut()方法只能够作用于显示的元素。

fadeIn()方法能够实现所有匹配元素的淡入效果，并在动画完成后可选地触发一个回调函数。而 fadeOut()方法正好相反，它能够实现所有匹配元素的淡出效果。

20.1.6 控制淡入淡出度

fadeTo()方法能够把所有匹配元素的不透明度以渐进方式调整到指定的不透明度，并在动画完成后可选地触发一个回调函数。用法如下。

```
fadeTo(duration, opacity, [callback])
fadeTo([duration], opacity, [easing], [callback])
```

参数说明如下。

☑ duration 为一个字符串或者数字，决定动画将运行多久。

☑ opacity 是一个 0～1 的数字，表示目标透明度。

☑ easing 是一个用来表示使用哪个缓动函数来过渡的字符串。

☑ callback 在动画完成时执行的函数。

该方法的延时时间是以毫秒为单位的，数值越大，动画越慢，而不是越快。字符串'fast'和'slow'分别代表 200 和 600 毫秒的延时。如果提供任何其他字符串，或者这个 duration 参数被省略，那么默认使用 400 毫秒的延时。和其他效果方法不同，fadeTo()需要明确地指定 duration 参数。

如果提供回调函数参数，回调函数会在动画完成的时候调用。这个对于将不同的动画串联在一起按顺序排列是非常有用的。这个回调函数不设置任何参数，但是 this 是存在动画的 DOM 元素。

【示例】把图像逐步调整到不透明度为 0.4 的显示效果。

```
<script type="text/javascript" >
$(function(){
    $("input").click(function(){
        $("div").fadeTo(2000,0.4);
    })
})
</script>

<input type="button" value="控制淡入淡出度" />
<div><img src="images/1.jpg" height="200" /></div>
```

注意：fadeTo()方法仅能够作用于显示的元素，对于被隐藏的元素来说是无效的。

20.1.7 渐变切换

与 toggle()方法的功能相似，jQuery 为淡入淡出效果也设计了一个渐变切换的方法：fadeToggle()。fadeToggle()方法的用法与 fadeIn()和 fadeOut()方法的用法相同，但是它综合了 fadeIn()和 fadeOut()方法的动画效果，可以在渐变中切换显示或隐藏元素。用法如下。

```
fadeToggle([duration], [callback])
fadeToggle([duration], [easing], [callback])
```

参数说明如下。

☑ duration 为一个字符串或者数字，决定动画将运行多久。

☑ easing 是一个用来表示使用哪个缓动函数来过渡的字符串。

☑ callback 表示在动画完成时执行的函数。

持续时间是以毫秒为单位的，数值越大，动画越慢，而不是越快。字符串 'fast' 和 'slow' 分别代表 200 和 600 毫秒的延时。

如果提供回调函数参数，回调函数会在动画完成时调用。这个对于将不同的动画串联在一起按顺序排列是非常有用的。这个回调函数不设置任何参数，但是 this 是存在动画的 DOM 元素。

【示例】在页面显示两个按钮，当单击这两个按钮时，会切换渐变显示或者隐藏下面的图像，第 2 个按钮的 click 事件处理函数中调用 fadeToggle()方法时，传递一个回调函数，在这个函数中将每次单击按钮 2 的信息追加到 div 元素中。

```
<script type="text/javascript" >
$(function(){
    $("button:first").click(function() {
        $("img:first").fadeToggle("slow", "linear");
    });
    $("button:last").click(function () {
        $("img:last").fadeToggle("fast", function () {
            $("#log").append("<div>单击按钮 2</div>");
        });
    });
})
</script>
<button>控制按钮 1</button>
<button>控制按钮 2</button>
<p><img src="images/1.jpg" height="200" /><img src="images/1.jpg" height="200" /></p>
<div id="log"></div>
```

20.2 设计动画

animate()是 jQuery 效果的核心方法，其他方法都是建立在该方法基础上，通过 animate()可以创建包含多重效果的自定义动画，用法如下。

```
animate(properties, [duration], [easing], [callback])
animate(properties, options)
```

参数说明如下。

- ☑ properties 表示一组 CSS 属性，动画将朝着这组属性移动。
- ☑ duration 表示一个字符串或者数字，决定动画将运行多久。
- ☑ easing 定义要使用的擦除效果的名称，但是需要插件支持，默认 jQuery 提供 linear 和 swing。
- ☑ callback 在动画完成时执行的函数。
- ☑ options 表示一组包含动画选项的值的集合。支持的选项如下。
    - ❖ duration：3 种预定速度之一的字符串，如 slow、normal 或者 fast，或者表示动画时长的毫秒数值，如 1000。默认值 normal。
    - ❖ easing：要使用的擦除效果的名称，需要插件支持，jQuery 默认提供 linear 和 swing 特效。默认值 swing。
    - ❖ complete：在动画完成时执行的函数。
    - ❖ step：每步动画执行后调用的函数。
    - ❖ queue：设定为 false，将使此动画不进入动画队列，默认值为 true。
    - ❖ specialEasing：一组一个或多个通过相应的参数和相对简单函数定义的 CSS 属性。

Note

20.2.1 模拟 show()

show()方法能够显示隐藏的元素，它会同时修改元素的宽度、高度和不透明度属性。因此，事实上它只是 animate()方法的一种内置了特定样式属性的简写形式。如果通过 animate()设计同样的效果就非常简单。

【示例 1】使用 hide()方法隐藏图像，然后当单击按钮时，将会触发 click 事件，然后缓慢显示图像。

```
<script type="text/javascript" >
$(function(){
    $("img").hide();
    $("button").click(function () {
        $("img").show('slow');
    });
})
</script>
<button>控制按钮</button>
<p><img src="images/1.jpg" height="300" /></p>
```

【示例 2】针对上面的示例，使用 animate()方法进行模拟。

```
<script type="text/javascript" >
$(function(){
    $("img").hide();
    $("button").click(function () {
        $("img").animate({
            height:'show',
            width:'show',
            opacity:'show'
        },'show');
    });
})
</script>
<button>控制按钮 1</button>
<p><img src="images/bg5.jpg" height="300" /></p>
```

animate()方法拥有一些简写的参数值，这里使用简写的 show 将高度、宽度等恢复到了它们被隐藏之前的值。当然也可以使用 hide、toggle 或其他任意数字值。

20.2.2 自定义动画

animate()方法可以用于创建自定义动画。该方法的关键就在于指定动画的形式，以及动画结果样式属性的对象。

【示例 1】设计当单击按钮时，图像的大小被放大到原始大小，实现代码如下。

```
<script type="text/javascript" >
$(function(){
    $("button").click(function(){
        $("img").animate({
            width: "100%",
            height: "100%"
        }, 1000 );
    })
})
</script>
```

```
<button>控制按钮</button>
<p><img src="images/1.jpg" height="300" /></p>
```

animate()方法包含 4 个参数：第 1 个参数是一组包含作为动画属性和终值的样式属性和及其值的集合。形式类似下面代码。

```
{
    width: "90%",
    height: "100%",
    fontSize: "10em",
    borderWidth: 10
}
```

这个集合对象中每个属性都表示一个可以变化的样式属性，如 height、top、opacity 等。注意，所有指定的属性必须采用驼峰命名形式，如 marginLeft，而不是 margin-left。这些属性的值表示这个样式属性到多少时动画结束。

如果属性值是一个数值，样式属性就会从当前的值渐变到指定的值。如果使用的是"hide"、"show"或"toggle"等特定字符串值，则会为该属性调用默认的动画形式。

【示例 2】在一个动画中同时应用 4 种类型的效果，放大文本大小，扩大元素宽和高，同时多次单击，可以在高度和不透明度之间来回切换显示 p 元素。当然，读者可以添加更多的动画样式，以设计复杂的动态效果。

```
$(function(){
    $("button").click(function(){
        $("p").animate({
            width: "200%",
            height: "200%",
            fontSize: "5em",
            height: 'toggle',
            opacity: 'toggle'
        }, 1000 );
    })
})
```

第 2 个参数表示动画持续的时间，以毫秒为单位，也可以设置预定义字符串，如"slow"、"normal"和"fast"。在 jQuery 1.3 中，如果第 2 个参数设置为 0，则表示直接完成动画。而在以前版本中则会执行默认动画。

第 3 个参数表示要使用的擦除效果的名称，这是一个可选参数，要使用该参数，则需要插件支持。jQuery 默认提供 linear 和 swing 特效。

第 4 个参数表示回调函数，表示在动画演示完毕之后，将要调用的函数。

【示例 3】使 div 向左右平滑移动。

```
<script type="text/javascript" >
$(function(){
    $("input").eq(0).click(function(){
        $("div").animate({
            left: "-100px"
        }, 1000)
    })
    $("input").eq(1).click(function(){
        $("div").animate({
            left: "+200px"
        }, 1000)
    })
```

```
})
</script>
<input type="button" value="向左运动" /><input type="button" value="向右运动" />
<div style="position:absolute;left:200px; border:solid 1px red;">自定义动画</div>
```

注意：要想使 div 元素能够自由移动，必须设置它的定位方式为绝对定位、相对定位或者固定定位，如果是静态定位，则移动动画是无效的。

Note

同时，移动的动画总是以默认位置为参照物作为基础。例如，在上面示例中，已经定义 div 元素 left:200px，如果在 animate()方法中设置 left: "+100px"，则 div 元素并不是向右移动，而是向左移动 100px。对于 left: "-100px"移动动画来说，则会在现在固定位置基础上，向左移动 300px。

animate()方法的功能是很强大的，我们可以把第 2 个及其后面的所有参数都放置在一个对象中，在这个集合对象中包含动画选项的值，然后把这个对象作为第 2 个参数传递给 animate()方法。该参数可以包含下面多个选项。

- ☑ duration：指定动画演示的持续时间，该选项与在 animate()方法中直接传递的时间作用是相同的。duration 选项也可以包含 3 个预定义的字符串，如"slow"、"normal"和"fast"。
- ☑ easing：该选项接受要使用的擦除效果的名称，需要插件支持，默认值为 swing。
- ☑ complete：指定动画完成时执行的函数。
- ☑ step：动画演示之后回调值。
- ☑ queue：该选项表示是否将使此动画不进入动画队列，默认值为 true。

【示例 4】设置了一个动画队列，其中设置第 1 个动画不在队列中运行，此时可以看到第 1 个动画的字体变大和第 2 个动画的元素高度增加是同步进行的。当这两个动画同步进行完成之后，才触发第 3 个动画。在第 3 个动画中，设置 div 元素的最终不透明度为 0，则经过 2000ms 的淡出演示过程之后，该 div 元素消失。

```
<script type="text/javascript" >
$(function(){
    $("input").click(function(){
        $("div").animate(              //第 1 个动画
            {height:"120%"},
            {duration: 5000, queue: false}
        ).animate({                    //第 2 个动画，将与第 1 个动画并列进行
            fontSize: "10em"
        },1000).animate({              //第 3 个动画
            opacity: 0
        }, 2000);
    })
})
</script>
<input type="button" value="自定义动画" />
<div style="border:solid 1px red;">自定义动画</div>
```

20.2.3 滑动定位

使用 animate()方法还可以控制其他属性，这样能够创建更加精致新颖的效果。例如，可以在一个元素的高度增加到 50px 的同时，将它从页面的左侧移动到页面右侧。

在使用 animate()方法时，必须明确 CSS 对要改变的元素所施加的限制。例如，在元素的 CSS 定位没有设置成 relative 或 absolute 的情况下，调整 left 属性对于匹配的元素毫无作用。所有块级元素默认的 CSS 定位属性都是 static，这个值精确地表明在改变元素的定位属性之前试图移动它们，它们

只会保持静止不动。

【示例】设置一个动画队列，在 2 秒中向右下角移动图像，同时渐变不透明度为 50%，动画完成后，将执行回调函数，提示动画完成的信息。

```
<script type="text/javascript" >
$(function(){
    $("button").click(function(){
        $("p").animate({
            left:200,
            top:200,
            opacity: .5
        }, 2000, "linear", function(){alert("动画完成");} );
    })
})
</script>
<button>控制按钮</button>
<p style="position:relative"><img src="images/1.jpg" height="300" /></p>
```

注意： 当清除<p>标签中的 position:relative 声明之后，整个动画将显示为无效。

20.2.4 停止动画

使用 jQuery 的 stop()方法可以随时停止所有在指定元素上正在运行的动画。具体用法如下。

```
stop([clearQueue], [jumpToEnd])
```

参数说明如下。

☑ clearQueue 是一个布尔值，指示是否取消以列队动画，默认值为 false。

☑ jumpToEnd 是一个布尔值，指示是否当前动画立即完成，默认值为 false。当一个元素调用 stop()方法之后，当前正在运行的动画（如果有的话）立即停止。

注意问题如下。

☑ 如果一个元素用 slideUp()隐藏时，stop()方法被调用，元素现在仍然被显示，但将是先前高度的一部分。不调用回调函数。

☑ 如果同一元素调用多个动画方法，后来的动画被放置在元素的效果队列中。这些动画不会开始，直到第一个完成。当调用 stop()方法时，队列中的下一个动画立即开始。如果 clearQueue 参数被设置为 true，那么在队列中未完成的动画将被删除，并永远不会运行。

☑ 如果 jumpToEnd 参数提供 true，当前动画将停止，但该元素是立即给予每个 CSS 属性的目标值。用上面的.slideUp()为例子，该元素将立即隐藏。如果提供回调函数将立即被调用。当需要对元素做 mouseenter 和 mouseleave 动画时，stop()方法明显是有效的。

【示例】当单击第 1 个按钮时，可以随时单击第 2 个按钮停止动画的演示。

```
<script type="text/javascript" >
$(function(){
    $("input").eq(0).click(function(){
        $("div").animate({
            fontSize : "10em"
        }, 8000);
    });
    $("input").eq(1).click(function(){
        $("div").stop();
    })
```

```
})
</script>
<input type="button" value="自定义动画" /><input type="button" value="停止动画" />
<div style="border:solid 1px red;">自定义动画</div>
```

提示：stop()方法包含两个可选的参数。

第 1 个参数表示布尔值，如果设置为 true，则清空队列，立即结束所有动画。如果设置为 false，则如果动画队列中有等待执行的动画，会立即执行队列后面的动画。

第 2 个参数也是一个布尔值，如果设置为 true，则会让当前正在执行的动画立即完成，并且重设 show 和 hide 的原始样式，调用回调函数等。

Note

20.2.5 关闭动画

除定义 stop()方法外，jQuery 还定义了 off 属性，当这个属性设置为 true 时，调用时所有动画方法将立即设置元素为它们的最终状态，而不是显示效果。该属性解决了 jQuery 动画存在的几个问题。

☑ jQuery 是被用在低资源设备。

☑ 动画使用户遇到可访问性问题。

☑ 动画可以通过设置这个属性为 false 重新打开。

【示例】首先调用 jQuery.fx 空间下的属性 off，设置该属性值为 true，即关闭当前页面中所有的 jQuery，因此下面按钮所绑定的 jQuery 动画也是无效的，当单击按钮时，直接显示 animate()方法的第 1 个参数设置的最终样式效果。

```
<script type="text/javascript" >
$(function(){
    jQuery.fx.off = true;
    $("input").click(function(){
        $("div").animate({
            fontSize : "10em"
        }, 8000);
    });
})
</script>
<input type="button" value="自定义动画" />
<div style="border:solid 1px red;">自定义动画</div>
```

关闭 jQuery 动画对于配置比较低的计算机，或者遇到了可访问性问题，是非常有帮助的。如果要重新开启所有动画，只需要设置 jQuery.fx.off 属性值为 false 即可。

20.2.6 设置动画频率

使用 jQuery 的 interval 属性可以设置动画的频率，以毫秒为单位。jQuery 动画默认是 13 毫秒。修改 jQuery.fx.interval 属性值为一个较小的数字可能使动画在更快浏览器中运行更流畅，如 Chrome，但这样做有可能影响性能。

【示例】修改 jQuery 动画的帧频为 100，则会看到更加精细的动画效果。

```
<script type="text/javascript" >
$(function(){
jQuery.fx.interval = 100;
    $("input").click(function(){
        $("div").toggle( 3000 );
```

```
    });
})
</script>
<input type="button" value="运行动画"/>
<div></div>
```

Note

20.2.7 延迟动画

delay()方法能够延迟动画的执行，用法如下。

```
delay(duration, [queueName])
```

参数说明如下。

☑ duration 是一个用于设定队列推迟执行的时间，以毫秒为单位的整数。

☑ queueName 是一个作为队列名的字符串，默认是动画队列 fx。

delay()方法允许将队列中的函数延时执行。它既可以推迟动画队列中函数的执行，也可以用于自定义队列延时时间（是以毫秒为单位的），数值越大，动画越慢，而不是越快。字符串'fast'和'slow'分别代表 200 和 600 毫秒的延时。

【示例】在<div id="foo">的 slideUp()和 fadeIn()动画之间设置 800 毫秒的延时。

```
$('#foo').slideUp(300).delay(800).fadeIn(400);
```

当这句语句执行时，这个元素会以 300 毫秒时间卷起动画，然后在 400 毫秒淡入动画前暂停 800 毫秒。jQuery.delay()用来在 jQuery 动画效果和类似队列中是最好的。但不是替代 JavaScript 原生的 setTimeout 函数，后者更适用于通常情况。

20.3 在线支持

扫码免费学习
更多实用技能

一、基础应用

☑ jQuery 实现 Animate 动画
☑ jQuery Callback()函数
☑ jQuery 链式（Chaining）操作
☑ jQuery 实现左右 div 自适应相同高度
☑ jQuery 实现页面淡入淡出操作
☑ jQuery 切换页面淡入淡出操作
☑ jQuery 强制在弹出窗口中打开链接
☑ jQuery 实现强制禁止页面滚动的方法
☑ jQuery 获取鼠标在屏幕中的坐标
☑ jQuery 实现 iframe 自适应高度
☑ jQuery 页面加载后居中显示消息框的方法
☑ jQuery 平滑滚动页面到某个锚点

二、进阶实战

☑ jQuery 实现显示和隐藏网页内容功能
☑ jQuery 切换页面滑动操作
☑ jQuery 实现停止滑动
☑ jQuery 强制阻止文本行换行
☑ jQuery 鼠标点击实现隐藏与显示文本
☑ jQuery 实现获取文本域中光标的定位功能
☑ jQuery 切换显示和隐藏功能的方法
☑ jQuery 实现闪烁文本效果
☑ jQuery 实现可折叠效果的方法
☑ jQuery 页面滑动操作
☑ jQuery 实现设置 Flash 对象的 WMode 窗口模式
☑ jQuery 获取鼠标在窗口客户区中的坐标
☑ jQuery 在新窗口打开链接
☑ jQuery 类 Twitter 文本字数限制效果
☑ jQuery 获取鼠标在页面中的坐标

新知识、新案例不断更新中……

第 21 章

Bootstrap 基础

Bootstrap 是目前流行的前端开发工具包，基于 HTML、CSS、JavaScript 的简洁灵活的交互组件集合。它符合 HTML、CSS 规范，代码简洁、视觉优美、设计时尚、直观强悍，让 Web 开发更迅速、简单。本章将简单介绍 Boostrap 基础知识，以及如何安装和使用 Bootstrap 插件。

视频讲解

21.1 认识 Bootstrap

2011 年 8 月，Twitter（推特）推出了用于快速搭建网页应用的轻量级前端开发工具 Bootstrap。Bootstrap 是一套用于开发网页应用，符合 HTML 和 CSS 简洁但优美规范的库。Bootstrap 由动态 CSS 语言 LESS 写成，在很多方面类似 CSS 框架 Blueprint。经过编译后，Bootstrap 就是众多 CSS 的合集。

Bootstrap 的内置样式继承了 Mark Otto 简洁亮丽的设计风格，便于开发团队快速部署一个外观时尚的网页应用。对于普遍缺乏优秀前端设计的创业团队来说，某种程度上 Bootstrap 可以帮助他们快速架设非常经典的 Web 应用界面。

2012 年 1 月，Twitter 正式发布 Bootstrap 2.0 版本（https://v2.bootcss.com/）。BootStrap 2 在原有特性的基础上着重改进了用户的体验和交互性，添加了响应设计特性，采用了更为灵活的 12 栏网格布局，并对框架进行了清晰的功能划分，主要分为框架、基础 CSS、构件库和 jQuery 插件库。

2013 年 3 月，Bootstrap 发布了 3.0 预览版（https://v3.bootcss.com/），该版本被标签为“移动优先”，因为进行了完全重写以更好地适应手机浏览器。移动的风格直接在库中存在。

2015 年 8 月，Bootstrap 发布 4.0 内测版（https://v4.bootcss.com/）。Bootstrap 4 是一次重大更新，几乎涉及每行代码。开始选用 flexbox，而不是 float 进行布局，在没有指定宽度的网格列，将自动设置为等宽与等高列。同时，Bootstrap 4 放弃了对 IE8-以及 iOS 6 的支持，仅支持 IE 9+和 iOS 7+版本的浏览器。如果对于其中需要用到以前的浏览器，则建议使用 Bootstrap。

发布 Bootstrap 时，Bootstrap 曾放弃了对 2.x 版本的支持，给很多用户造成了麻烦，因此当升级到 v4 时，开发团队将继续修复 v3 的 bug，改进文档。v4 最终发布之后，v3 的文档也不会下线。

2020 年 6 月，Bootstrap 发布 5.0 内测版（https://v5.bootcss.com/）。该版本不再依赖 jQuery，并且不再支持 IE 浏览器。

21.2 安装 Bootstrap

21.2.1 下载 Bootstrap

Bootstrap 压缩包包含两个版本，一个是供学习使用的完全版，另一个是供直接引用的编译版。

☑ 下载源码版 Bootstrap

访问 https://github.com/twbs/bootstrap/页面，下载最新版本的 Bootstrap 压缩包。在访问 Github 时，找到 twitter 公司的 bootstrap 项目页面，选择 ZIP 选项卡，即可下载保存 Bootstrap 压缩包。从 GitHub 直接下载到的最新版的源码包括 CSS、JavaScript 的源文件，以及一份文档。

通过这种方式下载的 Bootstrap 压缩包，名称为 bootstrap-master.zip，包含 Bootstrap 库中所有的源文件，以及参考文档，它们适合读者学习和交流使用。用户也可以通过访问 http://getbootstrap.com/getting-started/下载源代码。

在下载的压缩包中，可以看到所有文件按逻辑进行分类存储，主要目录结构说明如下。

- dist 文件夹：包含了预编译 Bootstrap 包内的所有文件。
- js 文件夹：存储各种插件所需要的 JavaScript 脚本文件，每一个插件都是一个独立的 JavaScript 脚本文件，可以根据需要进行独立引入。
- scss 文件夹：存储所有 CSS 动态脚本文件，所有文件都以 scss 作为扩展名，但可以通过任何文本编辑软件打开。scss 是动态样式表语言，需要编译转换为普通的 CSS 样式表文件后才可以被浏览器正确解析。

☑ 下载编译版 Bootstrap

如果希望快速开始，可以直接下载经过编译、压缩后的发布版，访问 http://getbootstrap.com/getting-started/页面（或者 http://www.bootcss.com/），单击 Download Bootstrap 按钮下载即可，下载文件名称为 bootstrap-5.0.0-dist.zip。

在下载的压缩包中，文件按照类别被放到 css 和 js 文件夹内，包括编译的 CSS 和 JS（bootstrap.*），以及编译和压缩的 CSS 和 JS（bootstrap.min.*）。bootstrap.*.map 格式的文件可用于特定浏览器的开发工具。bootstrap.bundle.js 和 bootstrap.bundle.min.js 包含了 Popper 组件。

在 css 文件夹中，主要文件简单说明如下。

- bootstrap.css：是 bootstrap 完整样式表，未经压缩过的，可供开发时进行调试使用。包括布局样式、内容样式、组件样式和公共样式。
- bootstrap.min.css：是经过压缩后的 bootstrap 样式表，内容和 bootstrap.css 完全一样，但是把中间不需要的东西都删掉了，如空格和注释，所以文件大小会比 bootstrap.css 小，可以在部署网站时引用，如果引用了这个文件，就没必要引用 bootstrap.css 了。
- bootstrap-grid.css：仅包括布局样式和 flex 公共样式。
- bootstrap-reboot.css：仅包括重启样式。
- bootstrap-utilities.css：仅包括公共样式。

在 js 文件夹中，主要文件简单说明如下。

- bootstrap.js：是 bootstrap 的所有 JavaScript 指令的集合，这个文件也是一个未经压缩的版本，供开发时进行调试使用。
- bootstrap.min.js：是 bootstrap.js 的压缩版，内容和 bootstrap.js 一样的，但是文件大小会小很多，在部署网站时就可以不引用 bootstrap.js，而换成引用这个文件。
- bootstrap.bundle.js：包含 bootstrap.js 和 bootstrap.bundle.js，bootstrap.bundle.js 用于设计 Popper 组件的脚本文件，如弹窗、提示、下拉菜单。
- bootstrap.esm.js：Bootstrap 提供了一个以 ESM 构建的 Bootstrap 版本，如果浏览器支持的话，允许在浏览器中使用 Bootstrap 作为模块。

直接复制压缩包中的文件到网站目录，导入相应的 CSS 文件和 JavaScript 文件，就可以在网站和页面中应用 Bootstrap 效果和插件了。

21.2.2 本地安装

Bootstrap 安装大致需要两步。

第 1 步，安装 Bootstrap 的基本样式。样式的安装有多种方法，下面代码使用<link>标签调用 CSS 样式，这是一种常用的调用样式方法。

```
<!doctype html>
<html>
<head>
<meta charset="utf-8">
<title>test</title>
<link href="bootstrap/css/bootstrap.css" type="text/css">
<link href="bootstrap/css/self.css" type="text/css">
</head>
<body>
</body>
</html>
```

其中 bootstrap.css 是 Bootstrap 的基本样式，self.css 是本文档自定义样式。

第 2 步，CSS 样式安装完后，就可以进入 JavaScript 调用操作。方法很简单，仅把需要的 jQuery 插件源文件按照与第 1 步相似的方式加入页面代码中。调用 Bootstrap 的 jQuery 插件，代码如下。

```
<!doctype html>
<html>
<head>
<meta charset="utf-8">
<title>test</title>
<link href="bootstrap/css/bootstrap.css" type="text/css">
<link href="bootstrap/css/self.css" type="text/css">
</head>
<body>
<!--文档内容-->
<script src="bootstrap/js/bootstrap.js"></script>
</body>
</html>
```

bootstrap.js 是 Bootstrap 插件源文件。JavaScript 脚本文件建议置于文档尾部，即放置在</body>标签的前面，不要置于<head>标签内。

21.2.3 在线安装

jsDelivr 为 Bootstrap 构建了 CDN 加速服务，访问速度快、加速效果明显。用户可以在文档中直接引用，具体代码如下。

```
<link href="https://cdn.jsdelivr.net/npm/bootstrap@5.0.0/dist/css/bootstrap.min.css" rel="stylesheet" integrity="sha384-wEmeIV1mKuiNpC+IOBjI7aAzPcEZeedi5yW5f2yOq55WWLwNGmvvx4Um1vskeMj0" crossorigin="anonymous">
<script src="https://cdn.jsdelivr.net/npm/bootstrap@5.0.0/dist/js/bootstrap.bundle.min.js" integrity="sha384-p34f1UUtsS3wqzfto5wAAmdvj+osOnFyQFpp4Ua3gs/ZVWx6oOypYoCJhGGScy+8" crossorigin="anonymous"></script>
```

如果使用的是经过编译的 JavaScript 文件，并且希望单独引入 Popper，那么最好是在 Popper 之后引入 Bootstrap 的 JS 文件。

```
<script src="https://cdn.jsdelivr.net/npm/@popperjs/core@2.9.2/dist/umd/popper.min.js" integrity="sha384-IQsoLXl5PILFhosVNubq5LC7Qb9DXgDA9i+tQ8Zj3iwWAwPtgFTxbJ8NT4GN1R8p" crossorigin="anonymous"></script>
<script src="https://cdn.jsdelivr.net/npm/bootstrap@5.0.0/dist/js/bootstrap.min.js" integrity="sha384-lpyLfhYuitXl2zRZ5Bn2fqnhNAKOAaM/0Kr9laMspuaMiZfGmfwRNFh8HlMy49eQ" crossorigin="anonymous"></script>
```

21.3 使用 Bootstrap 栅格系统

栅格系统（Grid Systems），也称网格系统，它运用固定的网格设计版面布局，以规则的网格阵列来指导和规范网页中的版面布局以及信息分布。栅格系统的优点就是设计的网页版面工整简洁，因此很受网页设计师的欢迎，已成为今日网页设计的主流风格之一。

Bootstrap 内置了一套响应式、移动设备优先的流式栅格系统，随着屏幕设备或视口（viewport）尺寸的增加，系统会自动分为最多 12 列。它包含了易于使用的预定义 Classe，还有强大的 mixin 用于生成更具语义的布局。整个系统通过一系列的行（row）与列（column）的组合创建页面布局。下面介绍 Bootstrap 栅格系统的工作原理。

☑ 行（row）必须包含在.container 中，以便为其赋予合适的排列（alignment）和内补（padding）。

例如，在下面代码中，第 1 行包含在.container 中，第 2 行则没有包含.container 中，则可以看到两种不同的布局效果，如图 21.1 所示，因此如果设计完整的页面布局，则应该增加.container。

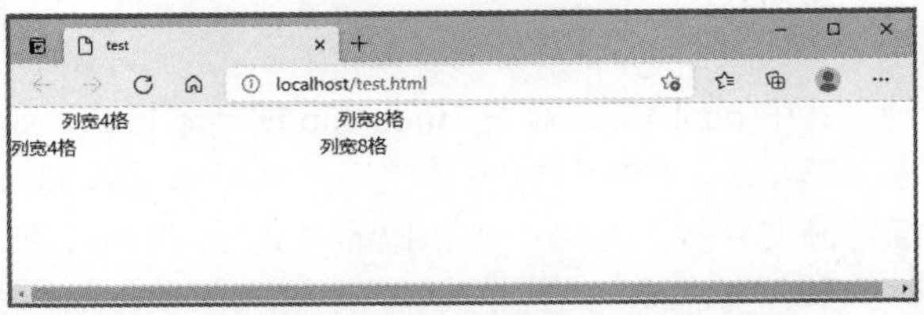

图 21.1　row 和.container 的关系比较

```
<div class="container">
    <div class="row">
        <div class="col-md-4">列宽 4 格</div>
        <div class="col-md-8">列宽 8 格</div>
    </div>
</div>
<div class="row">
    <div class="col-md-4">列宽 4 格</div>
    <div class="col-md-8">列宽 8 格</div>
</div>
```

☑ 使用行（row）在水平方向创建一组列（column）。见上面示例代码，在 row 中，可以包含多列 col，列宽总格数应该为 12。

☑ 网页内容应当放置于列（col）内，且只有列（col）可以作为行（row）的直接子元素。

例如，下面代码结构就是不合规范的，正如一般不能够直接在<tr>标签中插入非<td>或<th>标签一样。

```
<div class="row">
    <h1>Bootstrap 栅格系统</h1>
    <div class="col-md-4">列宽 4 格</div>
    <div class="col-md-8">列宽 8 格</div>
</div>
```

上面代码建议修改为如下结构，把标题文本放置于独立的 row 和 col 中。

```
<div class="row">
    <div class="col-md-12">
```

```
            <h1>Bootstrap 栅格系统</h1>
        </div>
    </div>
    <div class="row">
        <div class="col-md-4">列宽 4 格</div>
        <div class="col-md-8">列宽 8 格</div>
    </div>
```

- ☑ 类似.row、.col-xs-4 这些预定义的栅格 class 可以用来快速创建栅格布局。Bootstrap 源码中定义的 mixin 也可以用来创建语义化的布局。
- ☑ 通过设置 padding 从而创建列（col）之间的间隔（gutter），然后通过为第一和最后一列设置负值的 margin 从而抵消掉 padding 的影响。
- ☑ 栅格系统中的列是通过指定 1～12 的值来表示其跨越的范围。

Bootstrap 依然采用 12 栅格规范，每一行（row）宽度为 12 格，可以在 col 后缀中进行设置。例如，3 个等宽的列可以使用 3 个.col-md-4 来创建。

```
<div class="row">
    <div class="col-md-4">列宽 4 格</div>
    <div class="col-md-4">列宽 4 格</div>
    <div class="col-md-4">列宽 4 格</div>
</div>
```

如果在一行中添加更多的列，则需要修改列宽后缀。例如，把上面代码结构改为 12 列布局，则设计的结构代码如下所示，演示效果如图 21.2 所示。

```
<div class="row">
    <div class="col-md-1">列宽 1 格</div>
    <div class="col-md-1">列宽 1 格</div>
    <div class="col-md-1">列宽 1 格</div>
    <div class="col-md-1">列宽 1 格</div>
    <div class="col-md-1">列宽 1 格</div>
    <div class="col-md-1">列宽 1 格</div>
    <div class="col-md-1">列宽 1 格</div>
    <div class="col-md-1">列宽 1 格</div>
    <div class="col-md-1">列宽 1 格</div>
    <div class="col-md-1">列宽 1 格</div>
    <div class="col-md-1">列宽 1 格</div>
    <div class="col-md-1">列宽 1 格</div>
</div>
```

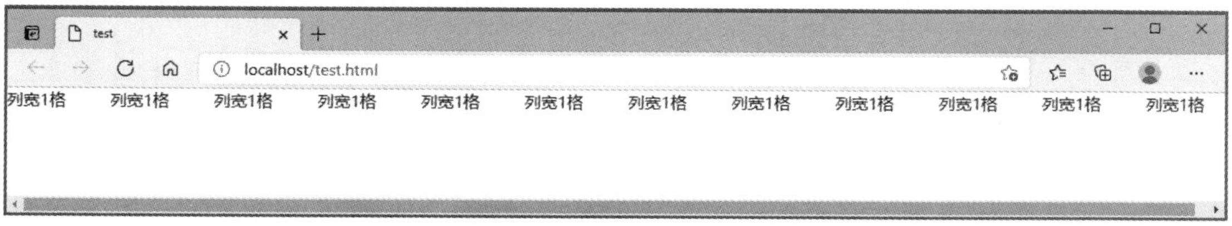

图 21.2　多列栅格系统布局效果比较

这种用法非常类似<table>标签。<div class='row'>相当于<tr>标签，<div class="col-md-1">和<div class="col-md-6">相当于"<td cols='3'>"、"<td cols='6'>"。注意，由于 Bootstrap 默认是 12 列的栅格，所有列所跨越的栅格数之和最多是 12。

21.4 版　　式

Bootstrap 通过重写 HTML 默认样式，实现对页面版式的优化，以适应当前网页信息呈现的流行趋势。

21.4.1 标题

在 Bootstrap 中，HTML 定义的所有标题标签都是可用的，即从<h1>到<h6>。Bootstrap 标题样式进行了显著的优化：删除其 margin-top，重设标题 margin-bottom: .5rem，段落 margin-bottom: 1rem，以方便间距。

【示例 1】Bootstrap 提供.h1 到.h6 的 class，方便为任何标签文本赋予标题样式。本例中<div>标签的样式与一级标题样式是相同的。

```
<div class="h1">一级标题样式</div>
<div class="h2">二级标题样式</div>
<div class="h3">三级标题样式</div>
<div class="h4">四级标题样式</div>
<div class="h5">五级标题样式</div>
<div class="h6">六级标题样式</div>
```

【示例 2】Bootstrap 提供了一套 small 标题样式，只要在标题文本外包裹一层<small>标签即可，用法代码如下，演示效果如图 21.3 所示。

```
<h1><small>一级标题（h1. Heading 1）</small></h1>
<h2><small>二级标题（h2. Heading 2）</small></h2>
<h3><small>三级标题（h3. Heading 3）</small></h3>
<h4><small>四级标题（h4. Heading 4）</small></h4>
<h5><small>五级标题（h5. Heading 5）</small></h5>
<h6><small>六级标题（h6. Heading 6）</small></h6>
```

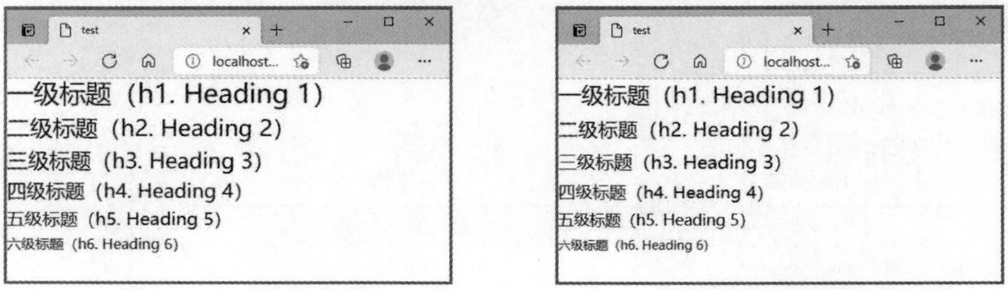

（a）Bootstrap 标题风格　　（b）Bootstrap 标题 small 风格

图 21.3　标题 small 样式风格比较

21.4.2 强调

Bootstrap 定义了一套强调类，这些表示强调的工具类通过颜色来进行区分。具体说明如下。

☑ .text-muted：提示，浅灰色。

☑ .text-primary：主要，蓝色。

☑ .text-success：成功，浅绿色。

图 21.4　强调类文本效果

☑　.text-info：通知信息，浅蓝色。

☑　.text-warning：警告，浅黄色。

☑　.text-danger：危险，浅红色。

这些样式类也可以应用于链接，当鼠标经过链接时，其颜色会变深。

【示例】在文档中输入下面段落文本，并使用 Bootstrap 强调类提示工具标识文本的性质，代码如下，演示效果如图 21.4 所示。

```
<h3>强调类工具</h3>
<p class="text-muted">.text-muted：提示，浅灰色</p>
<p class="text-primary">.text-primary：主要，蓝色</p>
<p class="text-success">.text-success：成功，浅绿色</p>
<p class="text-info">.text-info：通知信息，浅蓝色</p>
<p class="text-warning">.text-warning：警告，浅黄色</p>
<p class="text-danger">.text-danger：危险，浅红色</p>
```

对于不需要强调的文本，使用<small>标签包裹，其内文本将被设置为父容器字体大小的 85%。也可以为行内元素定义.small 类，以代替<small>标签。

提示：用户在编写代码时，应尽量使用富有语义的标签，如<small>，让网页的文本信息具有逻辑性，从而让搜索引擎能更好地读“懂”网页中的信息。

21.4.3　对齐

Bootstrap 定义了 3 个对齐类样式：. text-start、. text-center 和. text-end 分别用来表示文本左对齐、居中对齐和右对齐。

【示例】分别定义文本左对齐、居中对齐和右对齐效果。

```
<p class="text-start">文本左对齐</p>
<p class="text-center">文本居中对齐</p>
<p class="text-end">文本右对齐</p>
```

21.4.4　列表

HTML 列表结构可以分为两种类型：有序列表和无序列表。无序列表使用项目符号来标识列表，而有序列表则使用编号来标识列表的项目顺序。具体使用标签说明如下。

☑　<ul>...</ul>：标识无序列表。

☑　<ol>...</ol>：标识有序列表。

☑　<li>...</li>：标识列表项目。

列表样式在默认状态下，呈现缩进显示，并带有列表项目符号。

Bootstrap 定义了 list-unstyled 类样式，使用它可以移除默认的 list-style 样式，清理左侧填充，并允许对直接子节点列表项呈现默认样式。

【示例】在嵌套列表结构中，为外层<ul>标签引用 list-unstyled 类样式，则效果如图 21.5 所示。

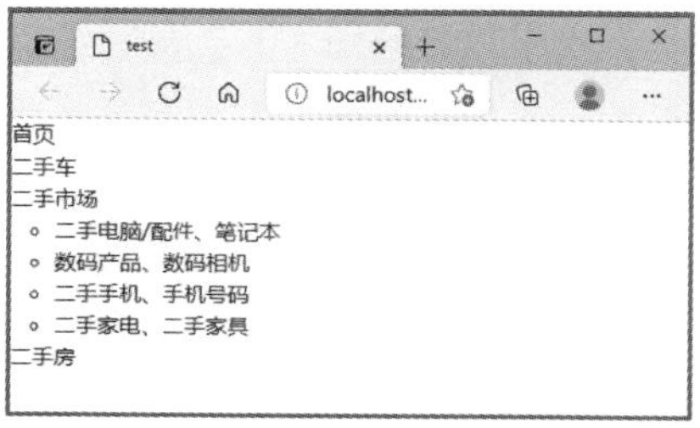

图 21.5　为列表样式引用 list-unstyled 类样式

Note

```
<ul class="list-unstyled">
    <li>首页</li>
    <li>二手车</li>
    <li>二手市场
        <ul>
            <li>二手电脑/配件、笔记本</li>
            <li>数码产品、数码相机</li>
            <li>二手手机、手机号码</li>
            <li>二手家电、二手家具</li>
        </ul>
    </li>
    <li>二手房</li>
</ul>
```

21.5 表　格

Bootstrap 优化了表格在数据呈现上的风格，并添加了很多表格专用样式类。

21.5.1 优化结构

Bootstrap 优化了表格结构标签，仅支持下面表格标签及其样式优化设计。

- ☑ <table>：定义表格容器，构建表格数据的框架。
- ☑ <thead>：定义表头容器。
- ☑ <tbody>：定义表格内容容器。
- ☑ <tr>：定义数据行结构。
- ☑ <td>：定义表格数据的单元，即定义单元格。
- ☑ <th>：定义每列（或行，依赖于放置的位置）所对应的的标签（label），即定义列标题或者行标题。
- ☑ <caption>：定义表格标题，用于对表格进行描述或总结，对屏幕阅读器特别有用。

其他表格标签依然可以继续使用，但是 Bootstrap 不再提供样式优化，如<tfooter>、<colgroup>和<col>标签。

注意：由于表格被广泛使用，为了避免破坏其他插件中表格样式，Bootstrap 规定：为任意<table>标签添加.table 类样式，才可以为其赋予 Bootstrap 表格优化效果。

【示例】本例为 Bootstrap 支持的表格标签在表格结构中的顺序和位置。

```
<table class="table">
    <caption>...</caption>
    <thead>
        <tr>
            <th>...</th>
        </tr>
    </thead>
    <tbody>
        <tr>
            <td>...</td>
        </tr>
    </tbody>
</table>
```

21.5.2 默认风格

Bootstrap 优化了<table>标签的表现效果。

☑ 通过 border-collapse: collapse;声明，定义表格单线显示。

☑ 通过 border-spacing: 0;声明，清除表格内边距。

☑ 在大设备屏幕中（至少 1200px）通过 max-width: 100%;声明，定义表格 100%宽度显示。

同时，Bootstrap 为<table>标签定义了一个基本样式类 table，引用该样式类，将会为表格<table>标签增加基本样式：很少的内补（padding）空间、灰色的细水平分隔线。

【示例】直接为表格引用 table 样式类，则表格呈现效果如图 21.6 所示。

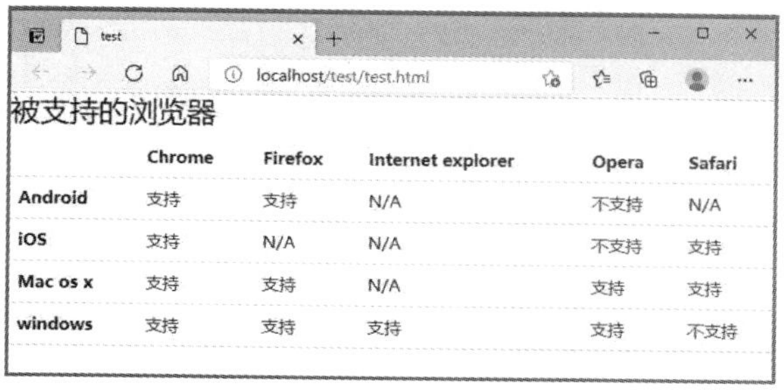

图 21.6　优化后<table>标签风格

```
<h2>被支持的浏览器</h2>
<table class="table">
    <tr><td></td><th>Chrome</th><th>Firefox</th><th>Internet explorer</th><th>Opera</th><th>Safari</th> </tr>
    <tr><th scope="row">Android</th><td>支持</td> <td>支持</td><td>N/A</td><td>不支持</td><td>N/A</td></tr>
    <tr><th scope="row">iOS</th><td>支持</td><td>N/A</td><td>N/A</td> <td>不支持</td><td>支持</td></tr>
    <tr><th scope="row">Mac os x</th> <td>支持</td><td>支持</td><td>N/A</td><td>支持</td><td>支持</td> </tr>
    <tr><th scope="row">windows</th><td>支持</td> <td>支持</td> <td>支持</td><td>支持</td> <td>不支持</td> </tr>
</table>
```

21.5.3 个性风格

除了基本的 table 样式类外，Bootstrap 补充了多种表格风格样式类，下面简单说明。

1. 斑马纹风格

Bootstrap 定义了 table-striped 类样式，设计斑马纹样式，即实现表格数据行隔行换色效果。

注意： table-striped 样式在<tbody>内，通过 CSS 的:nth-child 选择器为表格中的奇数行添加背景色样式，由于 IE 8 及其以下版本浏览器不支持:nth-child 选择器，因此在应用时，要考虑兼容性处理方法。

【示例1】针对上面表格结构，为<table>标签引用 table-striped 类样式（<table class="table table-striped">），则表格显示效果如图 21.7 所示。

2. 边框风格

Bootstrap 通过 table-bordered 类设计边框表格样式。

【示例2】针对上面表格结构，为<table>标签引用 table-bordered 类样式（<table class="table table-bordered">），则表格显示效果如图 21.8 所示。

3. 鼠标悬停风格

Bootstrap 通过 table-hover 类设计为<tbody>标签中的每一行赋予鼠标悬停样式。

【示例3】针对上面表格结构，为<table>标签引用 table-hover 类样式（<table class="table table-hover">），则表格显示效果如图 21.9 所示。鼠标经过数据行时，该行背景色显示效果与斑马纹背景效

Note

果相同。

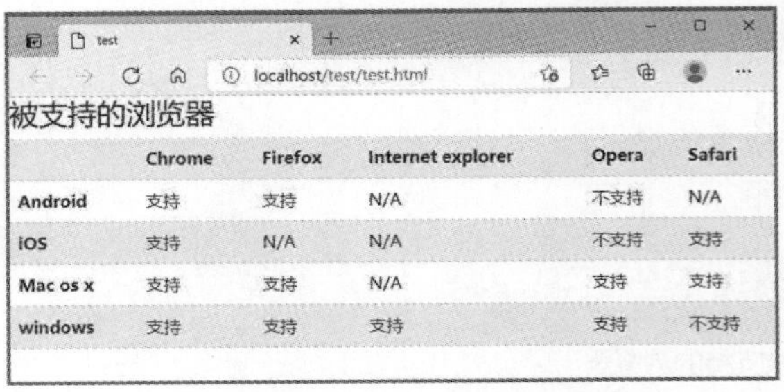

图 21.7　表格的斑马纹风格

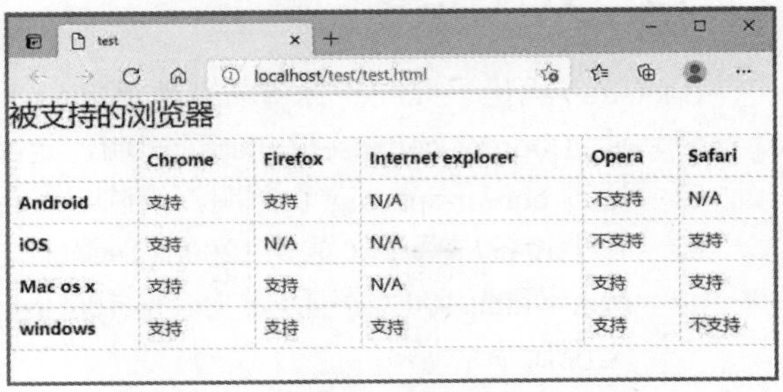

图 21.8　表格的边框风格

4. 紧凑单元格风格

Bootstrap 通过 table-sm 类设计为<table>标签中的每个单元格的内补（padding）减半，从而设计紧凑型表格样式。

【示例 4】针对上面表格结构，为<table>标签引用 table-sm 类样式（<table class="table table-sm">），则表格显示效果如图 21.10 所示。此时表格显得非常紧凑，如果显示大容量数据，建议引用 table-sm 类样式。

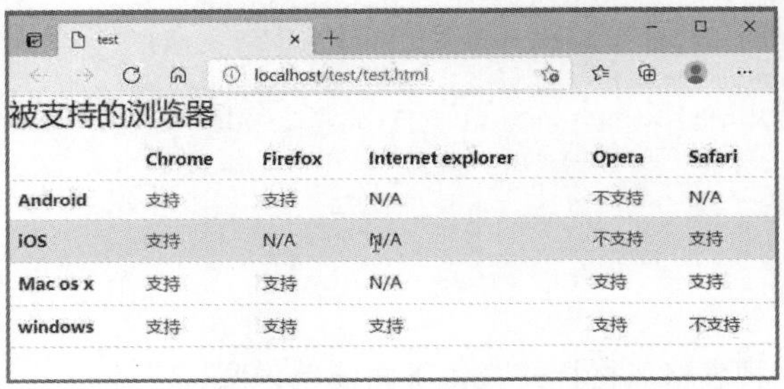

图 21.9　表格的鼠标悬停风格

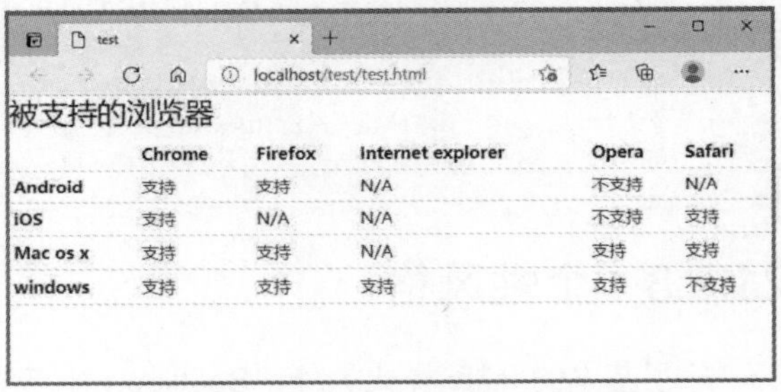

图 21.10　表格的紧凑单元格风格

21.6　表　　单

表单包括表单域、输入框、下拉框、单选框、多选框和按钮等控件，每个表单控件在交互中所起到的作用也各不相同。了解不同表单控件在浏览器中所具备的特殊性，以及 Bootstrap 对其控制的能力，就能更加明白如何恰当地选用表单对象并进行美化。

21.6.1　可支持表单控件

Bootstrap 支持所有的标准表单控件，同时对不同表单标签进行优化和扩展。下面进行简单的说明。

1. 输入框（Input）

Bootstrap 支持大部分常用输入型表单控件，包括所有 HTML5 支持的控件，如 text、password、datetime、datetime-local、date、month、time、week、number、email、url、search、tel 和 color。使用这些表单控件时，必须指明 type 属性值。

【示例 1】定义一个文本输入框。

```
<input type="text" placeholder="文本框默认值">
```

2. 文本域（Textarea）

对于多行文本框，则使用文本域（Textarea），该表单控件支持多行文本。可根据需要设置 rows 属性，来定义多行文本框显示的行数。

【示例 2】 定义一个 3 行文本域。

```
<textarea rows="3"></textarea>
```

3. 单选按钮和复选框

单选按钮（<input type="radio">）是一个圆形的选择框。当选中单选按钮时，圆形按钮的中心会出现一个圆点。多个单选按钮可以合并为一个单选按钮组，单选按钮组中的 name 值必须相同，如 name="RadioGroup1"，即单选按钮组同一时刻也只能选择一个。单选按钮组的作用是“多选一”，一般包括有默认值，否则不符合逻辑。使用 checked 属性可以定义选中的按钮。

复选框（<input type="checkbox">）可以同时选择多个，每个复选框都是一个独立的对象，且必须有一个唯一的名称（name）。它的外观是一个矩形框，当选中某项时，矩形框里会出现小对号。

与单选按钮（radio）一样，使用 checked 属性表示选中状态。与 readonly 属性类似，checked 属性也是一个布尔型属性。

【示例 3】 设计一个复选框和两个单选按钮，并通过 name 属性，把两个单选按钮捆绑在一起，默认状态下，它们会以水平顺序进行排列，如图 21.11 所示。

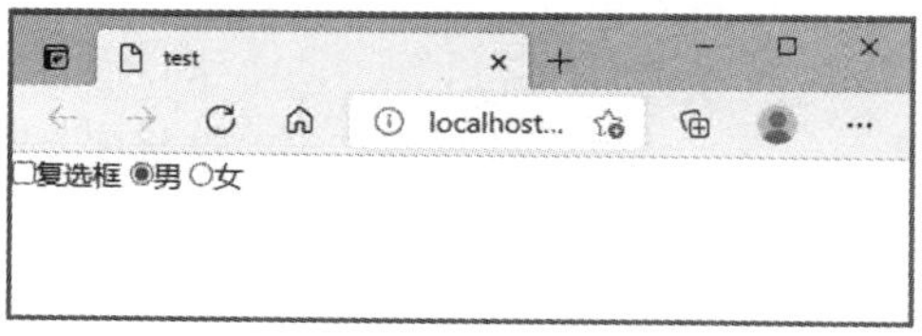

图 21.11　默认单选按钮和复选框样式

```
<label class="checkbox">
  <input type="checkbox" value="">复选框
</label>
<label class="radio">
  <input type="radio" name="optionsRadios" id="optionsRadios1" value="option1" checked>男
</label>
<label class="radio">
  <input type="radio" name="optionsRadios" id="optionsRadios2" value="option2">女
</label>
```

4. 下拉框

<select>标签与<option>标签配合使用，可以用来设计下拉菜单或者列表框，<select>标签可以包含任意数量的<option>标签或<optgroup>标签。<optgroup>标签负责对<option>标签进行分组，即多个<option>标签放到一个<optgroup>标签内。

注意：<optgroup>标签中的内容不能被选择，它的值也不会提交给服务器。<optgroup>标签用于在一个层叠式选择菜单为选项分类，label 属性是必需的，在可视化浏览器中，它的值将会是一个不可选的伪标签。

提示：<select>标签同时定义菜单和列表。二者的区别如下。

- ☑ 菜单是节省空间的方式，正常状态下只能看到 1 个选项，单击下拉按钮打开菜单后才能看到全部的选项，即默认设置是菜单形式。
- ☑ 列表显示一定数量的选项。如果超出了这个数量，出现滚动条，浏览者可以通过拖动滚动条来查看并选择各个选项。

【示例 4】 在本示例中，"您来自哪个城市"针对省份的不同进而更快地选择您的城市，通过

<optgroup>标签将数据进行分组，可以更快地找到所要选择的选项，使用 selected 属性默认设置选中"青岛"。如果没有定义该属性，则"您来自哪个城市"的值将为第 1 个选项，即"潍坊"，如图 21.12 所示。


```
<h2>您来自哪个城市：</h2>
<select name="选择城市">
    <optgroup label="山东省">
        <option value="潍坊">潍坊</option>
        <option value="青岛" selected="selected">青岛</option>
    </optgroup>
    <optgroup label="山西省">
        <option value="太原">太原</option>
        <option value="榆次">榆次</option>
    </optgroup>
</select>
```

<select>标签中，通过设置 size 属性定义下拉菜单中显示的项目数目，<optgroup>标签的项目计算在其中。它的作用与输入域是不同的，在输入域中代表的是默认值。在<select>中设置 size="3"，则下拉菜单将不止显示一个"潍坊"值，而是显示"山东省"、"潍坊"及"青岛" 3 个值。

通过设置 multiple 属性定义下拉菜单可以实现多选。例如，设置 multiple="multiple"，则按 Shift 键，在下拉菜单中单击可以同时选择多个项目值，如可以同时选中"潍坊"和"青岛"两个值。

21.6.2 布局风格

Bootstrap 从 3 个方面完善了表单的布局特性，说明如下。

1. 表单控件

在默认状态下，单独的表单控件会被 Bootstrap 自动赋予一些全局样式。如果为<input>、<textarea>和<select>标签添加.form-control 类样式，则将被默认设置为 width: 100%。同时使用 form-label 定义<label>标签。

【示例 1】定义表单控件，设计登录表单，则预览效果如图 21.13 所示。

```
<h3>用户登录</h3>
<form method="post" action="">
    <label for="userName"   class="form-label">用户名：</label>
    <input type="text" id="userName" class="form-control" />
    <label for="userPsw"   class="form-label">密   码：</label>
    <input type="password" id="userPsw" class="form-control" />
</form>
```

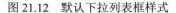

图 21.12　默认下拉列表框样式

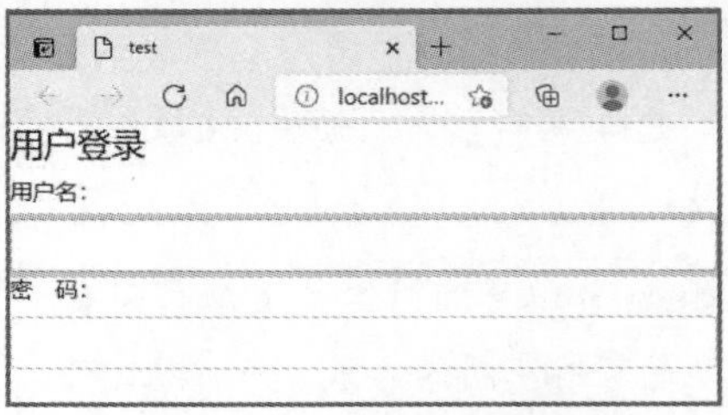

图 21.13　表单控件默认样式

在 Bootstrap 中，input、select 和 textarea 默认宽度被设置为 100%。为了使用内联表单，用户需要专门为使用到的表单控件设置宽度。

如果没有为每个输入控件设置<label>标签，屏幕阅读器将无法正确识读。对于这些内联表单，可以通过为<label>标签设置.d-none 类样式将其隐藏。

2. 水平布局

通过将.row 类添加到窗体组并使用.col-*-*类指定标签和控件的宽度，可以创建带有网格的水平窗体。同时将.col-form-label 也添加到<label>中，以便与相关联的表单控件垂直居中。

【示例 2】对于需要设置多个列、不同宽度和其他对齐选项的表单布局，使用网格类可以构建更复杂的表单。设计水平布局的表单，在浏览器中预览表单水平布局效果，如图 21.14 所示。

```
<form class="m-3">
    <div class="row mb-3">
        <label for="inputEmail3" class="col-sm-2 col-form-label">邮箱</label>
        <div class="col-sm-10">
            <input type="email" class="form-control" id="inputEmail3">
        </div>
    </div>
    <div class="row mb-3">
        <label for="inputPassword3" class="col-sm-2 col-form-label">密码</label>
        <div class="col-sm-10">
            <input type="password" class="form-control" id="inputPassword3">
        </div>
    </div>
    <fieldset class="row mb-3">
        <legend class="col-form-label col-sm-2 pt-0">性别</legend>
        <div class="col-sm-10">
            <div class="form-check">
                <input class="form-check-input" type="radio" name="gridRadios" id="gridRadios1" value="option1" checked>
                <label class="form-check-label" for="gridRadios1">女 </label>
            </div>
            <div class="form-check">
                <input class="form-check-input" type="radio" name="gridRadios" id="gridRadios2" value="option2">
                <label class="form-check-label" for="gridRadios2">男</label>
            </div>
            <div class="form-check disabled">
                <input class="form-check-input" type="radio" name="gridRadios" id="gridRadios3" value="option3" disabled>
                <label class="form-check-label" for="gridRadios3">无</label>
            </div>
        </div>
    </fieldset>
    <div class="row mb-3">
        <div class="col-sm-10 offset-sm-2">
            <div class="form-check">
                <input class="form-check-input" type="checkbox" id="gridCheck1">
                <label class="form-check-label" for="gridCheck1">是否同意</label>
            </div>
        </div>
    </div>
    <button type="submit" class="btn btn-primary">确定</button>
</form>
```

3. 内联布局

使用.col-auto 类创建水平布局。通过添加栅格修改器类，将在.align-items-center 和垂直方向上创建栅格。.align 项将表单元素居中对齐，使.form-checkbox 正确对齐。

【示例 3】设计行内显示的表单，在浏览器中预览表单布局效果，如图 21.15 所示。

```
<form class="row row-cols-lg-auto g-3 align-items-center">
    <div class="col-4">
        <label class="visually-hidden" for="username">姓名</label>
        <div class="input-group">
            <div class="input-group-text">@</div>
            <input type="text" class="form-control" id="username" placeholder="姓名">
        </div>
    </div>
    <div class="col-4">
        <label class="visually-hidden" for="grade">级别</label>
        <select class="form-select" id="grade">
            <option selected>级别...</option>
            <option value="1">1</option>
            <option value="2">2</option>
            <option value="3">3</option>
        </select>
    </div>
    <div class="col-4">
        <div class="form-check">
            <input class="form-check-input" type="checkbox" id="inlineFormCheck">
            <label class="form-check-label" for="inlineFormCheck">记住</label>
        </div>
    </div>
    <div class="col-4">
        <button type="submit" class="btn btn-primary">提交</button>
    </div>
</form>
```

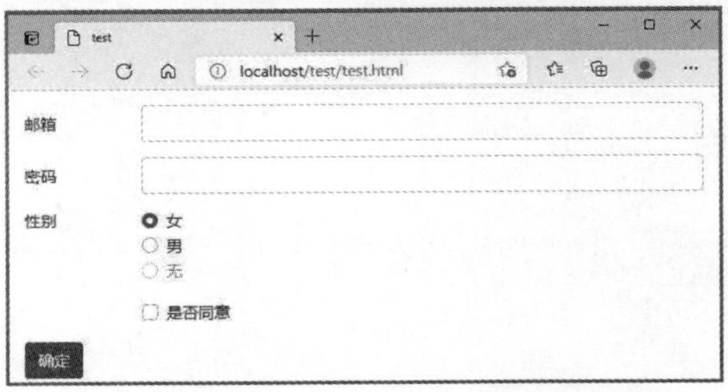

图 21.14　水平布局的表单控件

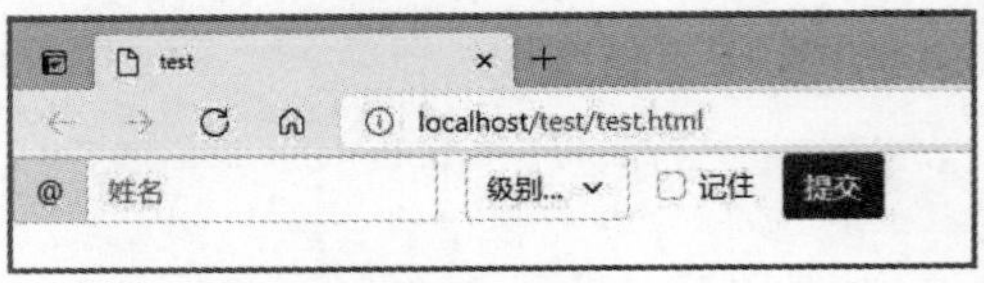

图 21.15　表单内联布局

21.6.3　外观风格

Bootstrap 通过各种样式类，为用户提供了更多定制表单样式的途径和方法。

1. 定制大小

通过使用.form-control-lg 和.form-control-sm 等类设置高度。

【示例 1】分别在文本框中引用这些样式类，则可以直观比较它们的大小，如图 21.16 所示。

```
<input class="form-control form-control-lg mb-3" type="text" placeholder=".form-control-lg" aria-label=".form-control-lg example">
<input class="form-control mb-3" type="text" placeholder="Default input" aria-label="default input example">
<input class="form-control form-control-sm" type="text" placeholder=".form-control-sm" aria-label=".form-control-sm example">
```

2. 定制不可编辑样式控件

通过设置 disabled 属性，可以设计不可编辑的表单控件，防止用户输入，并能改变一点儿外观，使其更直观。

【示例 2】设计不可编辑的表单控件，预览效果如图 21.17 所示。

```
<input class="form-control" type="text" placeholder="Disabled input" aria-label="Disabled input example" disabled>
<input class="form-control" type="text" placeholder="Disabled readonly input" aria-label="Disabled input example" disabled readonly>
```

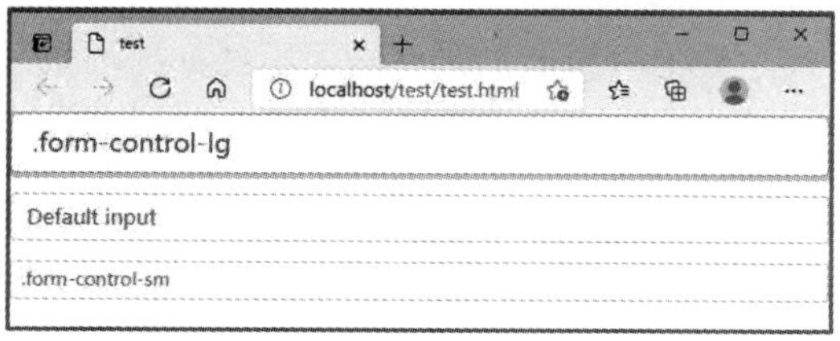

图 21.16　设计表单控件相对大小

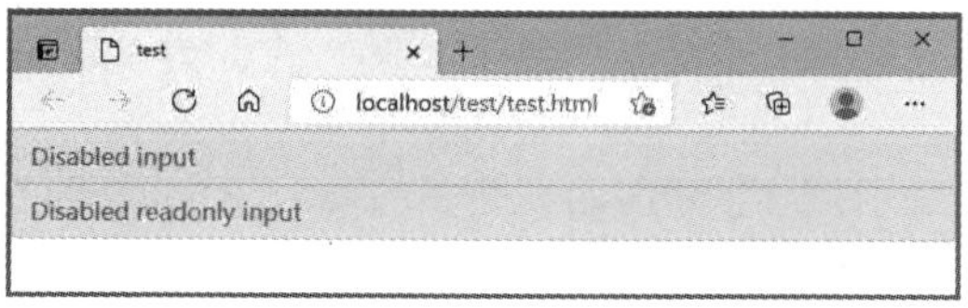

图 21.17　设计不可编辑的表单控件

当为<fieldset>设置 disabled 属性可以禁用<fieldset>中包含的所有控件。

<a>标签的链接功能不受影响，这个 class 只改变<a class="btn btn-default">按钮的外观，并不能禁用其功能。建议通过 JavaScript 代码禁用链接功能。

3. 定制静态控件

如果希望表单中的<input readonly>元素设置为纯文本样式，使用.form-control-plaintext 删除默认表单字段样式并保留正确的边距和填充。

【示例 3】将用户的电子邮箱名称设置为静态控件效果，这样就不需要用户重复输入，预览效果如图 21.18 所示。

图 21.18　设计静态控件

```
<div class="mb-3 row">
    <label for="staticEmail" class="col-sm-2 col-form-label">Email</label>
    <div class="col-sm-10">
        <input type="text" readonly class="form-control-plaintext" id="staticEmail" value="email@example.com">
    </div>
</div>
<div class="mb-3 row">
    <label for="inputPassword" class="col-sm-2 col-form-label">Password</label>
    <div class="col-sm-10">
        <input type="password" class="form-control" id="inputPassword">
    </div>
</div>
```

21.7 按　　钮

在页面中添加立体感、水晶感和富有动态化的按钮效果会让网页看起来更加富有吸引力。借助 CSS3 增强的圆角、渐变、透明等表现属性，可以打造出更专业级别的按钮效果。

21.7.1 默认风格

Bootstrap 专门定制了 btn 样式类，应用该类可以设计按钮效果。Bootstrap 采用扁平化设计，默认样式为纯色效果，而其他特效放置于主题样式表中，如文本阴影（text-shadow）、渐变背景色（background-image）、边框半透明（border:）、元素阴影（box-shadow）等。

【示例 1】为<button>标签绑定 btn 类样式，效果如图 21.19 所示。

```
<button type="button" class="btn">默认按钮效果</button>
```

任何绑定 btn 样式类的页面元素都会显示按钮样式。不过，btn 样式通常应用于<button>标签，一方面它会拥有更好的表现力，另一方面为<button>标签设计按钮效果，也符合 HTML 结构的语义化要求。

【示例 2】分别为页面中的<a>、<button>、<input type="button">、<input type=" submit">标签引入 btn 类样式，则页面显示效果是一样的，如图 21.20 所示。

```
<a class="btn btn-success m-1" href="">超级链接（a）</a>
<button class="btn btn-success m-1">按钮标签（button）</button>
<input class="btn btn-success m-1" type="button" value="按钮标签（input）">
<input class="btn btn-success m-1" type="submit" value="提交按钮（input）">
```

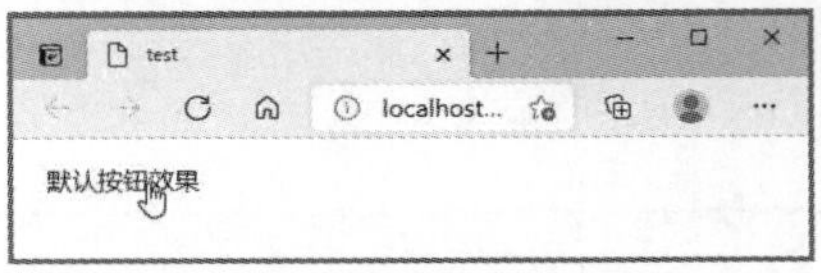

图 21.19 设计按钮效果

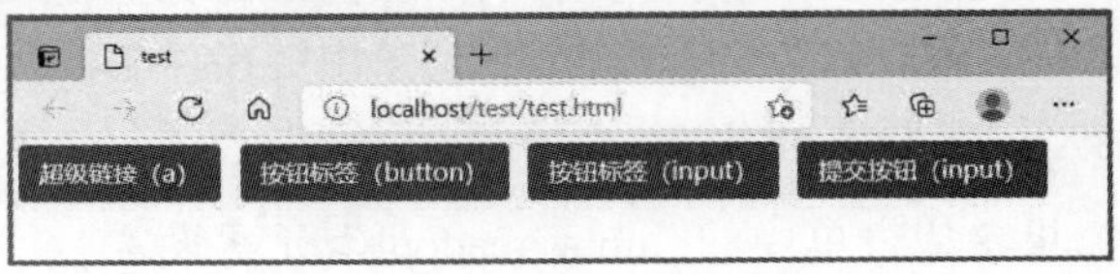

图 21.20 设计按钮特效

提示：根据使用环境，尝试选用合适的标签，以确保渲染的效果在各个浏览器保存基本一致。例如，如果使用 input，那么设计按钮效果就应该使用<input type="submit">，而不是<a>，它们的表现是一致的。

21.7.2 定制风格

Bootstrap 提供了多种按钮风格，以方便用户自由选用。首先，它为 btn 附加了一组情景样式类，方便在不同环境中改变按钮的色彩。

- ☑ btn-light：浅色，通过简洁的视觉效果，提示浏览者当前对象是按钮。
- ☑ btn-secondary：灰色，通过简洁的视觉效果，提示浏览者当前对象是按钮。
- ☑ btn-dark：深色，通过简洁的视觉效果，提示浏览者当前对象是按钮。
- ☑ btn-primary：主要，通过醒目的视觉变化（亮蓝色），提示浏览者当前按钮在一系列的按钮中为主要操作。
- ☑ btn-info：信息，通过舒适的色彩设计（浅蓝色），调节按钮默认的灰色视觉效果，可以用来替换默认按钮样式。
- ☑ btn-success：成功，通过积极的亮绿色，表示成功或积极的动作。
- ☑ btn-warning：警告，通过通用黄色，提醒应该谨慎采取这个动作。
- ☑ btn-danger：危险，通过通用红色，提醒当前操作可能会存在危险。
- ☑ btn-link：链接，把按钮转换为链接样式，简化按钮，使它看起来像一个链接。

【示例】分别引用附加按钮样式，显示效果如图 21.21 所示。

```
<button type="button" class="btn btn-primary">Primary</button>
<button type="button" class="btn btn-secondary">Secondary</button>
<button type="button" class="btn btn-success">Success</button>
<button type="button" class="btn btn-danger">Danger</button>
<button type="button" class="btn btn-warning">Warning</button>
<button type="button" class="btn btn-info">Info</button>
<button type="button" class="btn btn-light">Light</button>
<button type="button" class="btn btn-dark">Dark</button>
<button type="button" class="btn btn-link">Link</button>
```

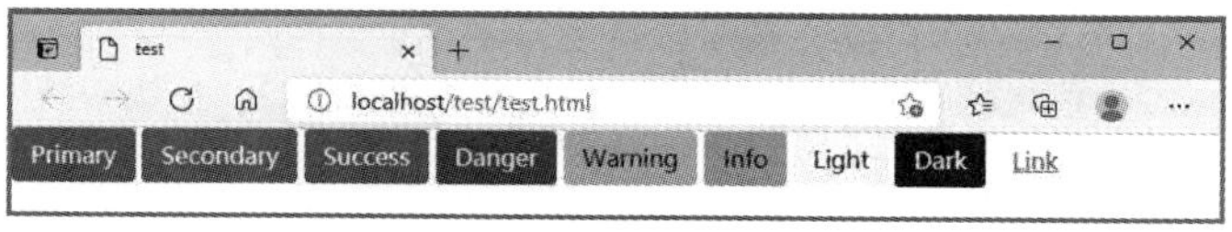

图 21.21　设计按钮多种风格

注意： 这些附加类样式必须与 btn 捆绑使用，否则按钮效果就会失真。

Bootstrap 还提供了另外两个定制相对大小的按钮样式类，使用它们可以酌情调整按钮的大小，简单说明如下。

- ☑ btn-lg：大号按钮。
- ☑ btn-sm：小号按钮。

21.7.3　状态风格

1. 禁用状态

当按钮被禁用时，颜色将会变淡，降低到 65%，同时按钮的交互样式被禁用，当光标移到按钮上时，按钮样式不再发生变化。这种不可用状态通过 disabled 类样式实现。

【示例 1】 分别为默认按钮和其他风格按钮应用 disabled 类样式，则显示效果如图 21.22 所示。

```
<a href="#" class="btn btn-lg btn-primary disabled">大号链接</a>
<a href="#" class="btn disabled">默认链接</a>
```

注意： disabled 类只能够禁用 CSS 交互样式，但是无法禁用按钮的默认行为，如果要禁用默认行为，还需要 JavaScript 脚本进行控制。

HTML 表单控件包含一个 disabled 属性，使用该属性可以禁用按钮行为。Bootstrap 因此为包含该属性的控件，统一了不可用样式，使其效果与 disabled 类样式保持一致。

【示例 2】 下面两种用法，都可以实现相同的不可用状态。

```
<button type="button" class="btn btn-lg" disabled="disabled">属性禁用</button>
<button type="button" class="btn btn-lg disabled">类样式禁用</button>
```

【示例 3】 disabled 类无法禁用按钮的默认交互行为，所以建议用户在使用时，同时引用这两种用法，代码如下。

```
<button type="button" class="btn btn-lg disabled" disabled="disabled">按钮禁用</button>
```

2. 激活状态

当按钮处于活动状态时，其表现为被按时底色更深，边框颜色更深，内置阴影。对于<button>元素可以通过:active 实现，对于<a>元素可以通过.active 实现，也可以联合使用.active <button>并通过编程的方式使其处于活动状态。

【示例 4】对于按钮元素来说，由于:active 是伪状态，因此无须添加，但是在需要表现出同样外观的时候可以添加.active，使用代码如下所示，演示效果如图 21.23 所示。

```
<button type="button" class="btn btn-primary btn-lg active">主要</button>
<button type="button" class="btn btn-default btn-lg active">默认</button>
```

图 21.22　按钮禁用状态

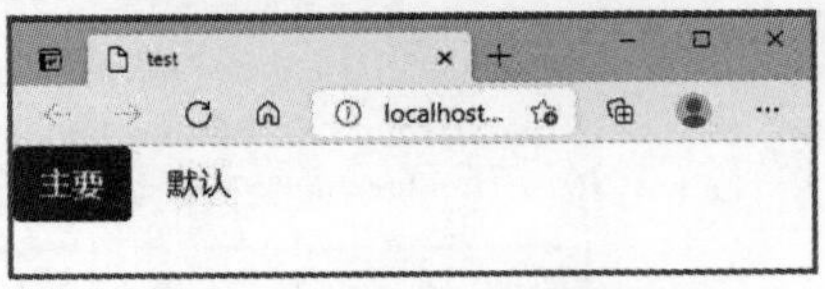

图 21.23　按钮激活样式

【示例 5】对于链接元素来说，可以为<a>添加.active 类样式，使用代码如下。

```
<a href="#" class="btn btn-primary btn-lg active" role="button">主要链接</a>
<a href="#" class="btn btn-default btn-lg active" role="button">默认链接</a>
```

21.8　在 线 支 持

扫码免费学习
更多实用技能

一、专项练习

- ☑ 关键帧动画
- ☑ 插入文字（一）
- ☑ 插入文字（二）
- ☑ 插入项目编号
- ☑ 插入图像
- ☑ 旋转效果
- ☑ 缩放效果
- ☑ 为文字增加阴影效果（一）
- ☑ 为文字增加阴影效果（二）
- ☑ 倾斜效果
- ☑ 过渡处理
- ☑ 移动效果
- ☑ 强制换行

二、更多案例实战

- ☑ 设计简单的购物车
- ☑ 设计个性留言板

新知识、新案例不断更新中……

第 22 章

CSS 组件

Bootstrap 内建了大量优雅的、可重用的组件，包括字体图标、按钮（Button）、导航（Navigation）、标签（Labels）、徽章（Badges）、进度条（progress bar）等。本章将重点介绍常用组件的基本结构和使用。

视频讲解

22.1 按 钮 组

通过对按钮分组管理，可以设计各种快捷操作风格；同时与下拉菜单等组件组合使用，能够设计各种精致的按钮导航样式，从而获得类似工具条的功能。Bootstrap 组件中的按钮可以组合成多种样式，如按钮组和按钮式下拉菜单。

22.1.1 定义按钮组

使用 btn-group 类和一系列的<a>或<button>标签，可以生成一个按钮组或者按钮工具条。

【示例】把带有 btn 类的多个标签包含在 btn-group 中。

```
<div class=" btn-group">
    <p class="btn btn-default">按钮 1(p)</p>
    <li class="btn btn-info">按钮 2(li)</li>
    <a class="btn btn-info">按钮 3(a)</a>
    <span class="btn btn-info">按钮 4(span)</span>
</div>
```

使用不同的标签定义了 4 个按钮，然后包含在<div class=" btn-group">中，预览效果如图 22.1 所示。

> **注意：**
>
> ☑ 在单一的按钮组中不要混合使用<a>和<button>标签，建议统一使用<button>。
>
> ☑ 同一按钮组最好使用单色。
>
> ☑ 使用图标时要确保正确的引用位置。

22.1.2 设计按钮布局和样式

1. 垂直布局

通过添加 btn-group-vertical 样式类，可以设计垂直分布的按钮组。

【示例 1】针对上面代码，把<div class=" btn-group">改为<div class="btn-group-vertical">，或者直接添加 btn-group-vertical，即可设计成垂直按钮组效果，如图 22.2 所示。

```
<div class=" btn-group-vertical">
    <p class="btn btn-default">按钮 1(p)</p>
```

```
    <li class="btn btn-info">按钮 2(li)</li>
    <a class="btn btn-info">按钮 3(a)</a>
    <span class="btn btn-info">按钮 4(span)</span>
</div>
```

图 22.1　设计向左弹出下拉菜单

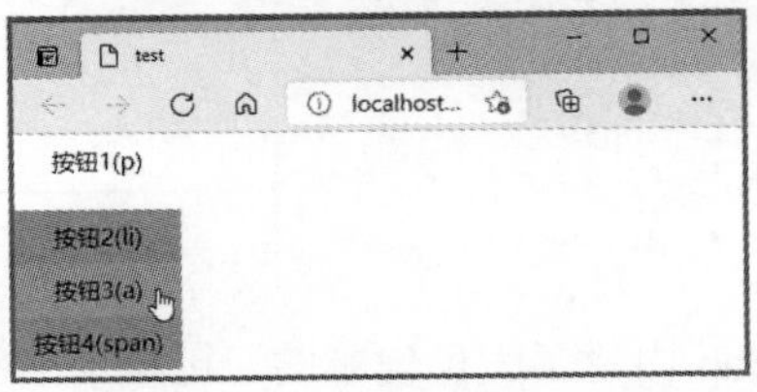

图 22.2　设计垂直分布的导航按钮

2. 嵌套按钮组

如果想要把下拉菜单混合到一系列按钮中，就把.btn-group 放入另一个.btn-group 中。

【示例 2】设计两层嵌套结构的按钮组，效果如图 22.3 所示。

```
<div class="btn-group">
    <button type="button" class="btn btn-info">1</button>
    <button type="button" class="btn btn-info">2</button>
    <div class="btn-group">
        <button type="button" class="btn btn-info dropdown-toggle" data-bs-toggle="dropdown"> 嵌套按钮组 <span class="caret"></span> </button>
        <ul class="dropdown-menu">
            <li><a href="#">3</a></li>
            <li><a href="#">4</a></li>
        </ul>
    </div>
</div>
```

3. 控制按钮组大小

给.btn-group 添加.btn-group-lg、.btn-group-sm、.btn-group-xs 可以设计整个按钮组大小，而不是给组中每个按钮都应用大小类。

【示例 3】分别为按钮组包含框应用不同的大小类，则效果如图 22.4 所示。

```
<div class=" btn-group btn-group-justified btn-group-lg">
    <button type="button" class="btn btn-primary">Left</button>
    <button type="button" class="btn btn-primary">Middle</button>
    <button type="button" class="btn btn-primary">Right</button>
</div><br><br>
<div class=" btn-group btn-group-justified btn-group-xs">
    <button type="button" class="btn btn-primary">Left</button>
    <button type="button" class="btn btn-primary">Middle</button>
    <button type="button" class="btn btn-primary">Right</button>
</div>
```

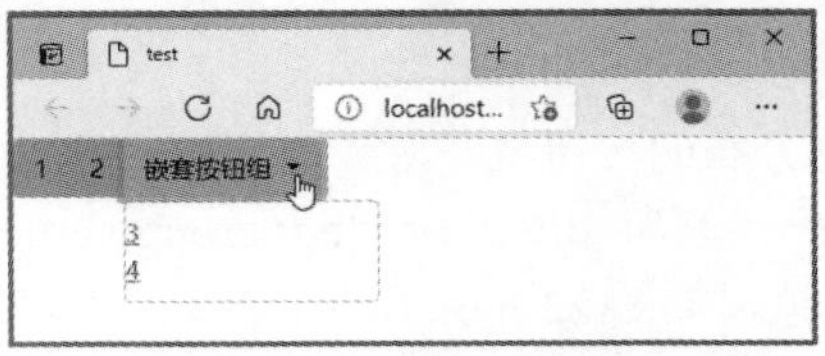

图 22.3　设计嵌套按钮组

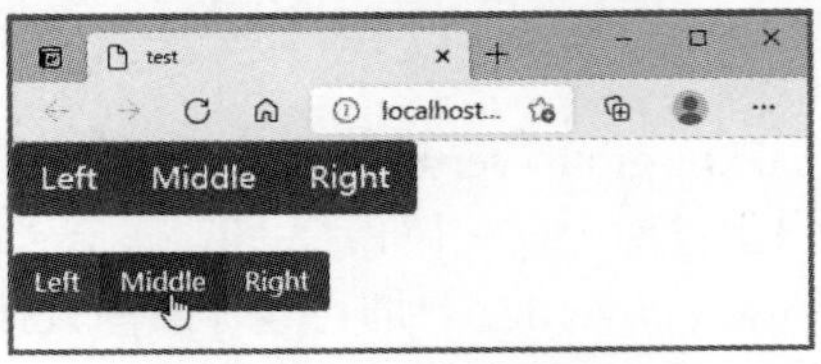

图 22.4　设计按钮组大小

22.2 导　　航

导航组件包括标签页、pills、导航列表标签，使用 nav 类可以定义基础的导航效果，使用 nav-stacked 类可以定义堆叠式导航版式。本节将详细介绍如何定义几种导航结构和样式。

22.2.1 定义导航组件

Bootstrap 导航组件以列表结构为基础进行设计的，所有的导航组件都具有相同的结构，并共用一个样式类 nav。基本结构代码如下。

```
<ul class="nav">
    <li class="nav-item active"><a class="nav-link" href="#">首页</a></li>
    <li class="nav-item"><a class="nav-link" href="#">导航标题 1</a></li>
    <li class="nav-item"><a class="nav-link" href="#">导航标题 2</a></li>
</ul>
```

提示：HTML 提供 3 种列表结构：无序列表（ul）、有序列表（ol）和自定义列表（dl）。无序列表和有序列表可以通用，而自定义列表包含了一个项目标题选项。Bootstrap 支持使用无序列表和有序列表定义导航结构，但是对于自定义列表暂时没有提供支持。

1．设计标签页

当为导航结构添加 nav-tabs 样式类，就可以设计标签页（Tab 选项卡）。

【示例 1】在上面列表结构中，为<ul class="nav">添加 nav-tabs 样式类，则结构呈现如图 22.5 所示。

```
<ul class="nav nav-tabs">
    <li class="nav-item active"><a class="nav-link" href="#">首页</a></li>
    <li class="nav-item"><a class="nav-link" href="#">导航标题 1</a></li>
    <li class="nav-item"><a class="nav-link" href="#">导航标题 2</a></li>
</ul>
```

2．设计 pills 胶囊导航

当为导航结构添加 nav-pills 样式类，就可以设计 pills（胶囊式导航）。

【示例 2】在上面列表结构中，为<ul class="nav">添加 nav-pills 样式类，则结构呈现效果如图 22.6 所示。

```
<ul class="nav nav-pills">
    <li class="nav-item"><a class="nav-link  active" href="#">首页</a></li>
    <li class="nav-item"><a class="nav-link" href="#">导航标题 1</a></li>
    <li class="nav-item"><a class="nav-link" href="#">导航标题 2</a></li>
</ul>
```

图 22.5　设计标签页效果

图 22.6　设计 pills 效果

Note

22.2.2 设置导航选项

Bootstrap 提供多个设置选项，方便对导航进行控制，用户也可以通过手工方式修改 CSS 样式代码，实现更高级别的导航效果改造。

1. 设计导航对齐方式

在导航结构中，居中使用 justify-content-center，向右对齐使用 justify-content-end。

【示例 1】通过添加 justify-content-end 类，让整个导航在页面或者在包含框右侧显示，效果如图 22.7 所示。

```
<ul class="nav justify-content-end">
    <li class="nav-item"><a class="nav-link  active" href="#">首页</a></li>
    <li class="nav-item"><a class="nav-link" href="#">导航标题 1</a></li>
    <li class="nav-item"><a class="nav-link" href="#">导航标题 2</a></li>
</ul>
```

同样，使用 justify-content-left 可以让导航结构向左对齐，不过该结构默认为左对齐，所以可以不用该类样式。

2. 设计两端对齐

使用 nav-fill 可以设计标签页或胶囊式标签呈现出同等宽度。

【示例 2】通过添加 nav-fill 类，让整个导航在页面或者包含框两端对齐显示，效果如图 22.8 所示。

```
<ul class="nav nav-fill">
    <li class="nav-item"><a class="nav-link  active" href="#">首页</a></li>
    <li class="nav-item"><a class="nav-link" href="#">导航标题 1</a></li>
    <li class="nav-item"><a class="nav-link" href="#">导航标题 2</a></li>
</ul>
```

图 22.7　设计右对齐标签页效果

图 22.8　设计标签页两端对齐效果

3. 设计禁用项

disabled 也是一个通用工具类，定义不可用状态的样式效果。

【示例 3】为标签页中第 2 个选项添加 disabled 类样式，设计该项为不可用状态，效果如图 22.9 所示。

```
<ul class="nav nav-pills">
    <li class="nav-item"><a class="nav-link  active" href="#">首页</a></li>
    <li class="nav-item "><a class="nav-link disabled" href="#">导航标题 1</a></li>
    <li class="nav-item"><a class="nav-link" href="#">导航标题 2</a></li>
</ul>
```

注意： 当为导航组件添加 disabled 类时，均可以设置超链接变灰，并失去鼠标悬停效果。但是 disabled 只是一个样式类，不能控制行为，链接仍然是可以单击的，除非将超链接的 href 属性去除，或者通过 JavaScript 脚本阻止用户单击链接。

4. 设计堆叠效果

导航组件在默认状态下是水平显示的，如果添加一个 flex-column 类即可让组件以堆叠式进行排列，即恢复列表结构的默认垂直方式显示。

【示例 4】为标签页结构添加 flex-column 类样式，显示效果如图 22.10 所示。

```
<ul class="nav flex-column">
    <li class="nav-item"><a class="nav-link   active" href="#">首页</a></li>
    <li class="nav-item "><a class="nav-link disabled" href="#">导航标题 1</a></li>
    <li class="nav-item"><a class="nav-link" href="#">导航标题 2</a></li>
</ul>
```

图 22.9　设计不可用状态

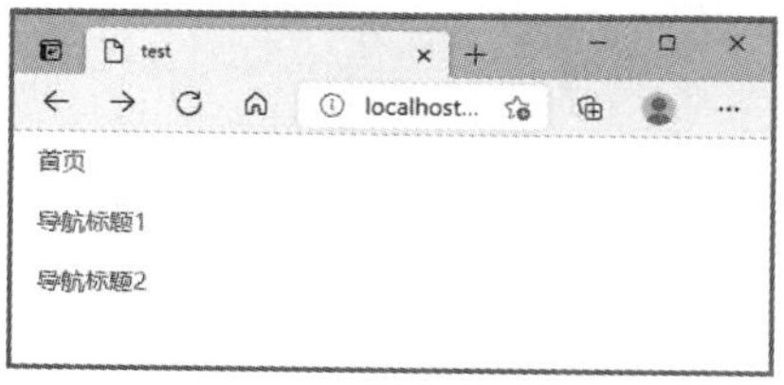

图 22.10　设计堆叠式标签页效果

22.2.3　绑定导航和下拉菜单

下拉菜单（dropdown）是一个独立的组件，它可以与页面中任何元素捆绑使用，如按钮、导航等。当与下拉菜单捆绑时，借助下拉菜单的 JavaScript 插件，可以设计一个导航菜单。

在操作之前，应先导入下拉菜单 JavaScript 插件。

```
<script type="text/javascript" src="bootstrap/js/bootstrap.bundle.js"></script>
```

1. 设计标签页下拉菜单

在标签页选项中，包含一个下拉菜单结构，然后为标签项添加 dropdown 类，为下拉菜单结构添加 dropdown-menu。最后，在标签项的超链接中绑定激活属性 data-bs-toggle="dropdown"，整个效果就设计完毕。

【示例 1】针对上面示例中的标签结构，为第 3 个标签项添加一个下拉菜单，并添加一个向下箭头进行标识（<b class="caret"></b>），效果如图 22.11 所示。

图 22.11　设计标签页下拉菜单效果

```
<ul class="nav nav-tabs">
    <li class="nav-item"> <a class="nav-link active" aria-current="page" href="#">首页</a> </li>
    <li class="nav-item dropdown"> <a class="nav-link dropdown-toggle" data-bs-toggle="dropdown" href="#" role="button"
aria-expanded="false">微博</a>
        <ul class="dropdown-menu">
            <li><a class="dropdown-item" href="#">登录</a></li>
            <li><a class="dropdown-item" href="#">注册</a></li>
            <li><hr class="dropdown-divider"></li>
            <li><a class="dropdown-item" href="#">退出</a></li>
        </ul>
    </li>
    <li class="nav-item"> <a class="nav-link" href="#">其他</a> </li>
    <li class="nav-item"> <a class="nav-link disabled" href="#" tabindex="-1" aria-disabled="true">关于</a> </li>
</ul>
```

Note

2. 设计 pills 下拉菜单

同样，针对 pills 导航结构，可以进行相同的操作，设计一个 pills 下拉菜单。

【示例 2】上面示例经稍加修改，把标签页换成 pills 导航，则效果如图 22.12 所示。

```
<ul class="nav nav-pills">
    <li class="nav-item"> <a class="nav-link active" aria-current="page" href="#">首页</a> </li>
    <li class="nav-item dropdown"> <a class="nav-link dropdown-toggle" data-bs-toggle="dropdown" href="#" role="button"
aria-expanded="false">微博</a>
        <ul class="dropdown-menu">
            <li><a class="dropdown-item" href="#">登录</a></li>
            <li><a class="dropdown-item" href="#">注册</a></li>
            <li><hr class="dropdown-divider"></li>
            <li><a class="dropdown-item" href="#">退出</a></li>
        </ul>
    </li>
    <li class="nav-item"> <a class="nav-link" href="#">其他</a> </li>
    <li class="nav-item"> <a class="nav-link disabled" href="#" tabindex="-1" aria-disabled="true">关于</a> </li>
</ul>
```

22.2.4 激活标签页

【示例】激活标签页就是让标签页每个 Tab 项能够自由切换，并能够控制 Tab 项对应内容框的显示和隐藏。具体实现方法如下。

第 1 步，需要用到 JavaScript 插件的支持，并导入 bootstrap-tab.js 文件。

```
<script type="text/javascript" src="bootstrap/js/bootstrap.js"></script>
```

第 2 步，在标签页结构基础上，添加内容包含框，通过 tab-content 定义包含框为标签页的内容显示框。在内容包含框中插入与标签页结构对应的多个子内容框，并使用 tab-pane 进行定义。

第 3 步，为每个内容框定义 id 值，并在标签列表项中为每个超链接绑定锚链接。

第 4 步，为每个标签项超链接定义 data-bs-toggle="tab"属性，激活标签页的交互行为。完整的代码结构如下。

```
<ul class="nav nav-tabs" id="myTab" role="tablist">
    <li class="nav-item" role="presentation"> <a class="nav-link active" id="home-tab" data-bs-toggle="tab" href="#home"
role="tab" aria-controls="home" aria-selected="true">主页</a> </li>
    <li class="nav-item" role="presentation"> <a class="nav-link" id="profile-tab" data-bs-toggle="tab" href="#profile"
role="tab" aria-controls="profile" aria-selected="false">新闻</a> </li>
    <li class="nav-item" role="presentation"> <a class="nav-link" id="contact-tab" data-bs-toggle="tab" href="#contact"
role="tab" aria-controls="contact" aria-selected="false">关于</a> </li>
</ul>
<div class="tab-content" id="myTabContent">
    <div class="tab-pane fade show active" id="home" role="tabpanel" aria-labelledby="home-tab">主页页面...</div>
    <div class="tab-pane fade" id="profile" role="tabpanel" aria-labelledby="profile-tab">新闻内容...</div>
    <div class="tab-pane fade" id="contact" role="tabpanel" aria-labelledby="contact-tab">关于我们... </div>
</div>
<script src="bootstrap-5.0.0-dist/js/bootstrap.js" ></script>
```

第 5 步，此时在浏览器中预览，则显示效果如图 22.13 所示。

提示：设计标签页淡入效果，只需要为每个标签页选项 tab-pane 添加 fade 类即可。

图 22.12　设计 pills 下拉菜单效果

图 22.13　激活标签页交互效果

22.3　导　航　条

对导航组件进行适当包装，即可设计导航条。导航条是网页设计中不可缺少的部分，它是整个网站的控制中枢，在每个页面都会看见它，因此如何设计导航条就成为网页设计中很关键的一步。利用它用户可以方便地访问到所需的内容，它是从一个页面转到另一个页面的快速通道。

22.3.1　定义导航条

导航条是一个长条形区块，其中可以包含导航或按钮，以方便用户执行导航操作。Bootstrap 使用 navbar 类定义导航条包含框。

```
<div class="navbar"></div>
```

此时的导航条是一个空白区域。导航栏内置了对少数子组件的支持。根据需要从以下选项中进行选择。

☑　.navbar-brand：公司、产品或项目名称。

☑　.navbar-nav：用于全高和轻量级导航，包括对下拉菜单的支持。

☑　.navbar-toggler：与折叠插件和其他导航切换行为配合使用。

☑　.navbar-text：用于添加垂直居中的文本字符串。

☑　.collapse.navbar-collapse：用于通过父断点分组和隐藏导航栏内容。

【示例 1】定义一个简单的导航条，包含一个名称，如图 22.14 所示。

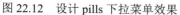

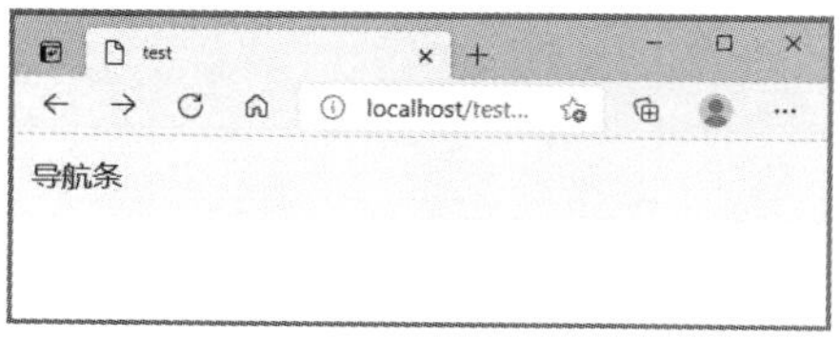

图 22.14　设计导航条效果

```
<nav class="navbar navbar-light bg-light">
    <div class="container-fluid"> <a class="navbar-brand" href="#">导航条</a> </div>
</nav>
```

在默认情况下，导航条是静态的（static），不是定位显示（fixed、absolute）。

一个完整的导航条建议包含一个项目（或网站）名称和导航项。项目名称使用 navbar-brand 类样式进行设计，一般位于导航条的左侧。

复杂的导航条包含多种对象类型，同时可以设计响应式布局要素。

【示例 2】设计一个导航条，包含链接、下拉菜单、网站标题和折叠按钮，效果如图 22.15 所示。

```
<nav class="navbar navbar-expand-lg navbar-light bg-light">
    <div class="container-fluid"> <a class="navbar-brand" href="#">网站名称</a>
        <button  class="navbar-toggler"  type="button"  data-bs-toggle="collapse"  data-bs-target="#navbarSupportedContent"
```

```
aria-controls="navbarSupportedContent" aria-expanded="false" aria-label="Toggle navigation"> <span
class="navbar-toggler-icon"></span> </button>
            <div class="collapse navbar-collapse" id="navbarSupportedContent">
                <ul class="navbar-nav me-auto mb-2 mb-lg-0">
                    <li class="nav-item"> <a class="nav-link active" aria-current="page" href="#">主页</a> </li>
                    <li class="nav-item"> <a class="nav-link" href="#">新闻</a> </li>
                    <li class="nav-item dropdown"> <a class="nav-link dropdown-toggle" href="#" id="navbarDropdown"
role="button" data-bs-toggle="dropdown" aria-expanded="false"> 关于</a>
                        <ul class="dropdown-menu" aria-labelledby="navbarDropdown">
                            <li><a class="dropdown-item" href="#">公司概况</a></li>
                            <li><a class="dropdown-item" href="#">组织架构</a></li>
                            <li>
                                <hr class="dropdown-divider">
                            </li>
                            <li><a class="dropdown-item" href="#">其他</a></li>
                        </ul>
                    </li>
                    <li class="nav-item"> <a class="nav-link disabled" href="#" tabindex="-1" aria-disabled="true">联系方式
</a> </li>
                </ul>
                <form class="d-flex">
                    <input class="form-control me-2" type="search" placeholder="Search" aria-label="Search">
                    <button class="btn btn-outline-success" type="submit">Search</button>
                </form>
            </div>
        </div>
    </nav>
```

（a）在窄屏下显示效果

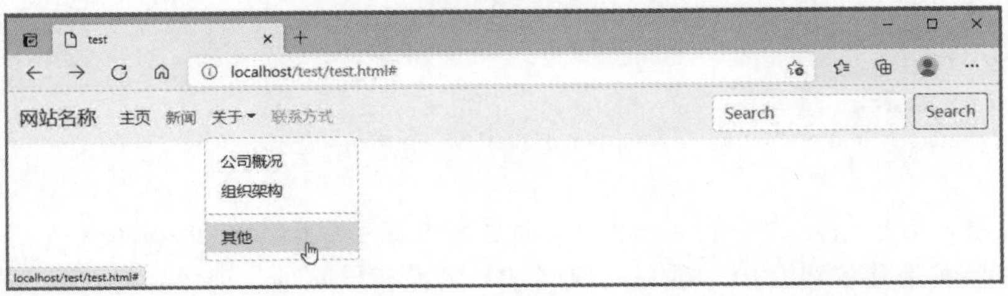

（b）在宽屏中显示效果

图 22.15　设计复杂的导航条效果

22.3.2　绑定对象

Bootstrap 导航条被视为一个容器，可以包含导航组件，也可以包含表单或者下拉菜单。

1. 包裹表单

如果希望在导航条中放置一个表单，需要为表单框添加 navbar-form 类样式，同时设置对齐方式（如 navbar-left 或 navbar-right）。

【示例 1】将各种表单控件和组件放在导航条中，演示效果如图 22.16 所示。

```
<nav class="navbar navbar-light bg-light">
    <div class="container-fluid">
        <form class="d-flex">
            <input class="form-control me-2" type="search" placeholder="Search" aria-label="Search">
            <button class="btn btn-outline-success" type="submit">Search</button>
        </form>
    </div>
</nav>
```

【示例 2】.navbar 的直接子元素使用 flex 布局，默认情况下为 justify-content: space-between。根据需要可以让表单显示在导航条的右侧，如图 22.17 所示。

```
<nav class="navbar navbar-light bg-light">
    <div class="container-fluid"> <a class="navbar-brand">网站名称</a>
        <form class="d-flex">
            <input class="form-control me-2" type="search" placeholder="Search" aria-label="Search">
            <button class="btn btn-outline-success" type="submit">Search</button>
        </form>
    </div>
</nav>
```

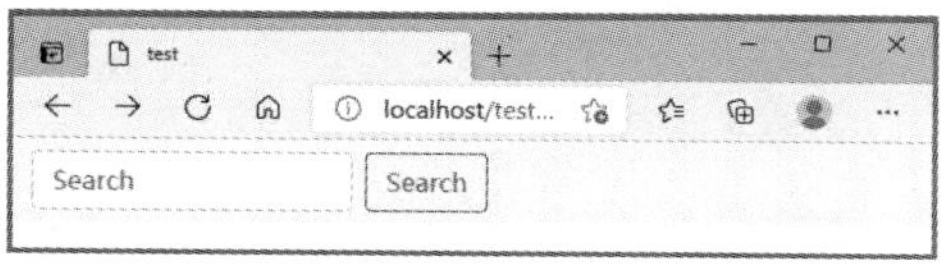

图 22.16　设计表单导航效果

图 22.17　设计表单导航右对齐效果

2. 包裹文本

当在导航条中放置文本时，应把文本包裹在.navbar-text 中，以便设置行距和颜色。

【示例 3】为导航条包裹一段文本，演示效果如图 22.18 所示。

```
<nav class="navbar navbar-light bg-light">
    <div class="container-fluid"> <span class="navbar-text">文本信息</span> </div>
</nav>
```

3. 包裹链接

当在导航条中放置链接时，应把链接包裹在.nav-link 中，以便设置正确的默认颜色和反色。

【示例 4】为导航条包裹多条链接，演示效果如图 22.19 所示。

```
<nav class="navbar navbar-expand-lg navbar-light bg-light">
    <div class="container-fluid"> <a class="navbar-brand" href="#">网站名称</a>
        <button class="navbar-toggler" type="button" data-bs-toggle="collapse" data-bs-target="#navbarNavAltMarkup"
aria-controls="navbarNavAltMarkup" aria-expanded="false" aria-label="Toggle navigation"> <span class="navbar-toggler-icon">
</span> </button>
        <div class="collapse navbar-collapse" id="navbarNavAltMarkup">
            <div class="navbar-nav"> <a class="nav-link active" aria-current="page" href="#">主页</a> <a class="nav-link"
href="#">新闻</a> <a class="nav-link" href="#">关于</a> <a class="nav-link disabled" href="#" tabindex="-1" aria-disabled="true">
不可用</a> </div>
        </div>
    </div>
</nav>
```

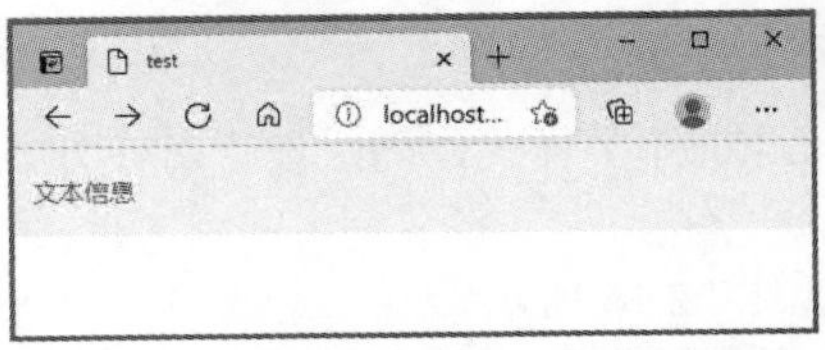

图 22.18　设计导航条文本效果

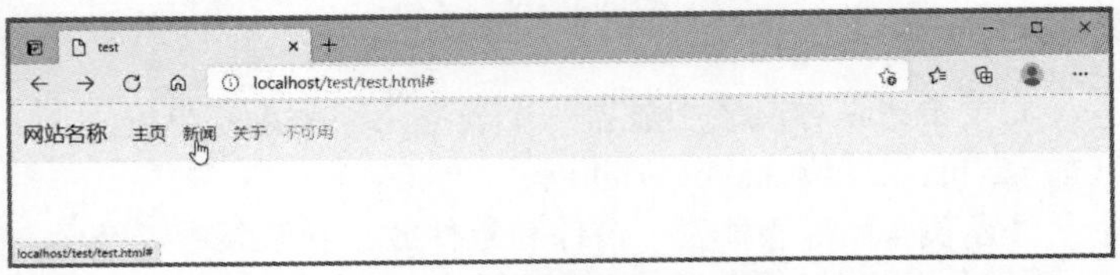

图 22.19　设计非导航型链接效果

22.3.3　设计导航条

导航条可以在页面中进行固定布局，如固定显示在浏览器窗口的顶部或者底部，也可以改变导航条的样式风格，或者设计响应式导航条。

1. 置顶导航条

为导航条外包含框添加 fixed-top 类样式，就可以让导航条置顶显示。

注意：为了确保导航条不覆盖其他页面内容，建议要给<body>增加大于或等于 50px 的 padding-top（内补），才能不让导航条挡住其下面的内容。一定要在 Bootstrap 核心 CSS（即 bootstrap.css）文件之后添加该样式。

【示例 1】为页面插入一个置顶导航条，并定义 body 顶部补白为 50px，整个页面的完整代码如下，页面浏览效果如图 22.20 所示。

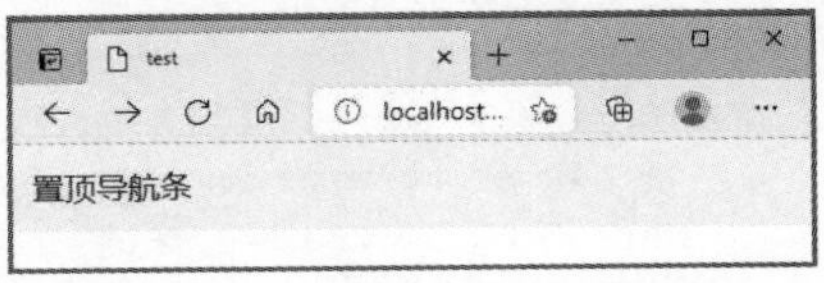

图 22.20　设计置顶导航条效果

```
<style type="text/css">
body { padding-top: 50px; }
</style>
<nav class="navbar fixed-top navbar-light bg-light">
    <div class="container-fluid"> <a class="navbar-brand" href="#">置顶导航条</a> </div>
</nav>
```

2. 置底导航条

【示例 2】如果为导航条外包含框添加 fixed-bottom 类样式，可以让导航条置底显示。此时，也应该为<body>标签定义底部补白为 50px，以避免导航条遮盖住网页正文内容，演示效果如图 22.21 所示。

```
<style type="text/css">
body { padding-bottom: 50px; }
</style>
<nav class="navbar fixed-bottom navbar-light bg-light">
    <div class="container-fluid"> <a class="navbar-brand" href="#">置底导航条</a> </div>
</nav>
```

3. 设计导航条色彩效果

选择.navbar-light 以使用浅色背景颜色，或.navbar-dark 以获得深色背景颜色。然后，使用.bg-*进行背景颜色自定义。

【示例 3】设计 3 个导航条，并配置不同的颜色，预览效果如图 22.22 所示。

```
<nav class="navbar navbar-dark bg-dark mb-1">
    <form class="container-fluid justify-content-start">
        <button class="btn btn-outline-success me-2" type="button">按钮 1</button>
        <button class="btn btn-sm btn-outline-secondary" type="button">按钮 2</button>
    </form>
```

```
</nav>
<nav class="navbar navbar-dark bg-primary mb-1">
    <form class="container-fluid justify-content-start">
        <button class="btn btn-outline-info me-2" type="button">按钮 1</button>
        <button class="btn btn-sm btn-outline-info" type="button">按钮 2</button>
    </form>
</nav>
<nav class="navbar navbar-light mb-1" style="background-color: #e3f2fd;">
    <form class="container-fluid justify-content-start">
        <button class="btn btn-outline-success me-2" type="button">按钮 1</button>
        <button class="btn btn-sm btn-outline-secondary" type="button">按钮 2</button>
    </form>
</nav>
```

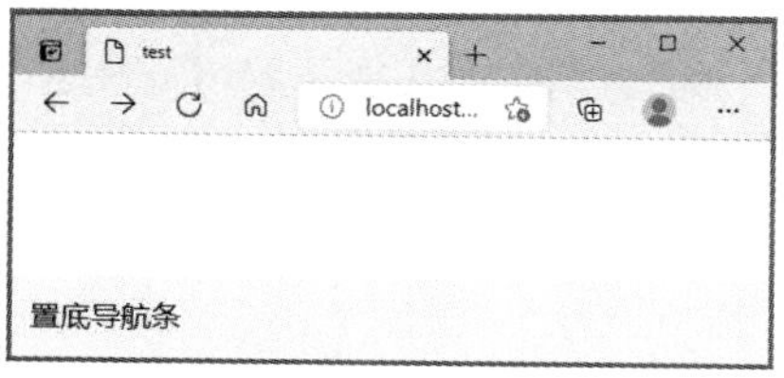

图 22.21　设计置底导航条效果

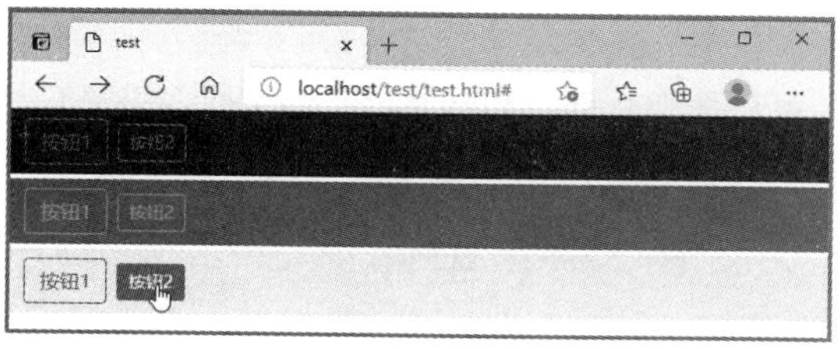

图 22.22　设计反色效果导航条

22.4　面包屑和分页

面包屑组件类似于树杈分支导航，从网站首页逐级导航到详细页。分页组件类似于标签页，可以快速在多页之间进行来回切换。当在多个页面之间切换时，使用面包屑和分页组件比较方便。

22.4.1　定义面包屑

面包屑揭示了网站中用户的所在位置。作为用户寻找路径的一种辅助手段，面包屑能方便定位和导航，可以减少用户返回上一级页面的所需的操作次数。

使用 breadcrumb 类样式，可以把列表结构设计为面包屑导航样式。

【示例】直接为<ul>标签添加 breadcrumb 类，即可设计面包屑组件效果，如图 22.23 所示。

```
<ul class="breadcrumb">
    <li class="breadcrumb-item"><a href="#">首页</a></li>
    <li class="breadcrumb-item"><a href="#">新闻频道</a></li>
    <li class="breadcrumb-item"><a href="#">国内新闻</a></li>
    <li class="breadcrumb-item active">新闻详细页</li>
</ul>
```

【拓展】

面包屑是作为辅助导航方式，它能让用户知道当前所处的位置，并能方便地回到原先的位置。很多互联网公司在建站之初就采用了面包屑导航作为网站产品线的“标准配置”，现在被越来越多的行业网站所认可并采用。其设计形式有 3 种。

☑　基于用户所在的层级位置。

基于位置的面包屑用于告知用户在当前网站中所在的结构层级，常用在具有多级导航网站中。

☑　基于产品的属性。

这种类型的面包屑常出现在具有大量类别产品和服务的网站中，如电子商务网站、购物网站等，如图 22.24 所示。

图 22.23　设计面包屑组件效果

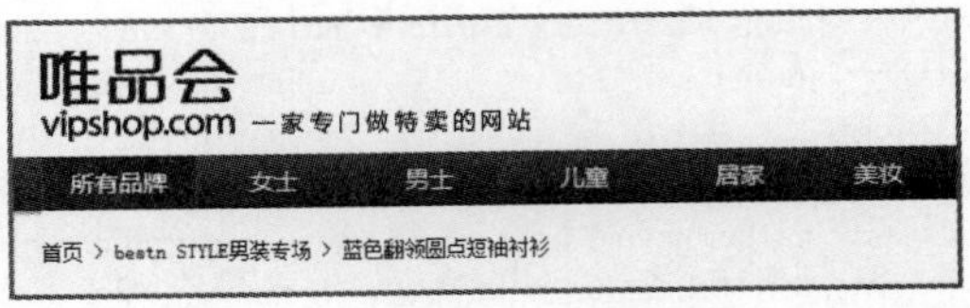

图 22.24　根据产品属性设计的面包屑导航效果

☑　基于用户的足迹。

显示用户浏览的轨迹，面包屑之间没有明显的层级关系，只是展示用户从哪个级别过来的。这种面包屑适合于一级导航方案不明确的网站，其他情况不建议采用。

当用户从别处链接到网站，或者从搜索引擎查找到网站，则面包屑的存在能帮助用户快速了解当前的层级位置，并引导用户查看网站的其余部分，减少了看完直接跳走的用户数量。

22.4.2　定义分页组件

Bootstrap 提供两种风格的页码组件：一种是多页面导航，用于多个页面的跳转，具有极简主义风格的分页提示，能够很好地应用在结果搜索页面；另一种是翻页，是轻量级组件，可以快速翻动上下页，适用于个人博客或者杂志。

使用 pagination 类可以设计标准的分页组件样式。

【示例】使用<div class="pagination">标签作为分页组件的包含框，包含列表结构框，演示效果如图 22.25 所示。

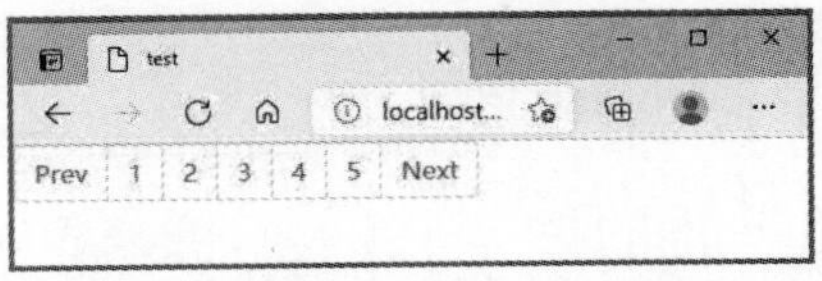

图 22.25　设计标准分页组件效果

```
<ul  class="pagination">
    <li class="page-item"><a class="page-link" href="#">Prev</a></li>
    <li class="page-item"><a class="page-link" href="#">1</a></li>
    <li class="page-item"><a class="page-link" href="#">2</a></li>
    <li class="page-item"><a class="page-link" href="#">3</a></li>
    <li class="page-item"><a class="page-link" href="#">4</a></li>
    <li class="page-item"><a class="page-link" href="#">5</a></li>
    <li class="page-item"><a class="page-link" href="#">Next</a></li>
</ul>
```

标准分页组件样式是一种简单的分页方式，适合 App 和搜索结果的展示。分页中的每一块区域都非常大，不易弄错，而且很容易扩展，并具有非常大的单击区域。

22.4.3　设置分页选项

分页组件提供了多个配置选项，以便根据页面布局效果对分组样式进行调整，主要包括分页按钮大小、分页组件对齐方式、激活或禁用按钮等。

1. 设置大小

分页组件按钮是可以调整大小的，Bootstrap 提供了两套尺寸供用户选择。

☑　pagination-lg：大号分页按钮样式。

☑　pagination-sm：小号分页按钮样式。

【示例 1】分别使用两个类样式设置不同的分页组件效果，效果比较如图 22.26 所示。

```
<ul  class="pagination pagination-lg">
…
</ul>
<ul  class="pagination">
…
</ul>
<ul  class="pagination pagination-sm">
…
</ul>
```

2. 设置激活和禁用

在分页组件中，可以根据不同情况定制链接，如使用 disabled 类样式标明链接不可单击，而使用 active 标明当前页。

【示例 2】针对上面的分页代码，分别为第 2 项引入 disabled 类样式，为第 4 项引入 active 类样式，演示效果如图 22.27 所示。

```
<ul  class="pagination pagination-lg">
    <li class="page-item disabled"><a class="page-link" href="#">Prev</a></li>
    <li class="page-item"><a class="page-link" href="#">1</a></li>
    <li class="page-item"><a class="page-link" href="#">2</a></li>
    <li class="page-item active"><a class="page-link" href="#">3</a></li>
    <li class="page-item"><a class="page-link" href="#">4</a></li>
    <li class="page-item"><a class="page-link" href="#">5</a></li>
    <li class="page-item disabled"><a class="page-link" href="#">Next</a></li>
</ul>
```

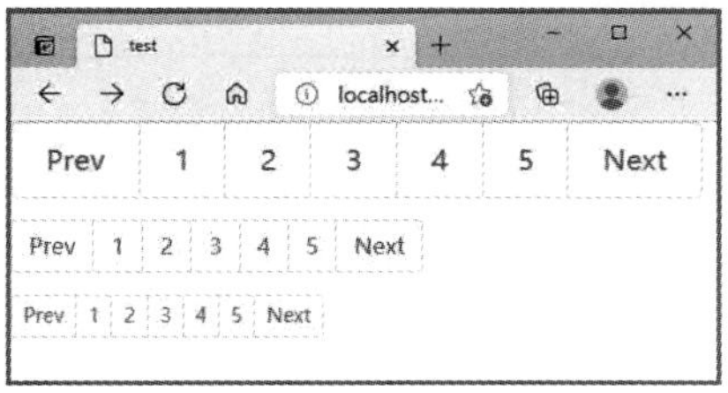

图 22.26　分页按钮效果比较

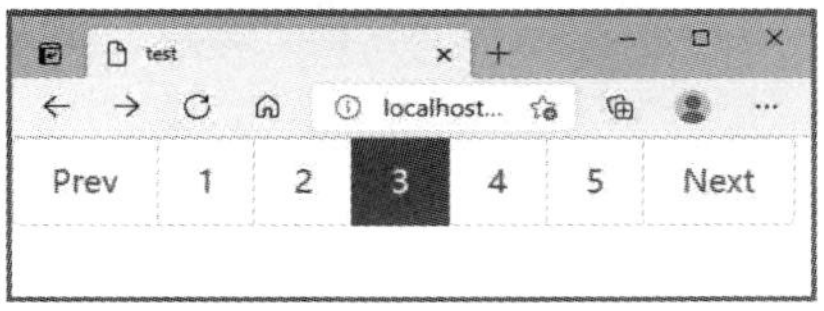

图 22.27　设计分页按钮禁用和激活状态

22.5　徽　　章

徽章是细小而简单的组件，用于指示或者计算某种类别的要素，在 E-mail 客户端很常见。徽章通过 badge 类样式实现：以行内块状显示，字体比较小，字体加粗显示，文本适当添加一点儿阴影效果，字体颜色为白色，背景色为灰色。

【示例 1】在<span>标签中，引入徽章样式，效果如图 22.28 所示。

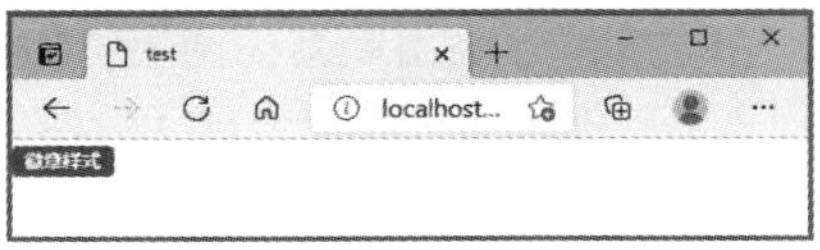

图 22.28　徽章样式

```
<span class="badge bg-secondary">徽章样式</span>
```

在背景样式工具类，Bootstrap 提供了一套可选样式方案，说明如下。

☑　bg-secondary：通过灰色的视觉变化进行提示。

☑　bg-primary：重要，通过醒目的视觉变化（深蓝色），提示浏览者注意阅读。

Note

☑ bg-info：信息，通过舒适的色彩设计（浅蓝色），调节默认的灰色视觉效果，可以用来替换默认按钮样式。

☑ bg-success：成功，通过积极的亮绿色，表示成功或积极的动作。

☑ bg-warning：警告，通过通用黄色，提醒应该谨慎操作。

☑ bg-danger：危险，通过红色，提醒危险操作信息。

【示例 2】分别引用这些附加标签样式，显示效果如图 22.29 所示。

```
<span class="badge bg-primary">Primary</span>
<span class="badge bg-secondary">Secondary</span>
<span class="badge bg-success">Success</span>
<span class="badge bg-danger">Danger</span>
<span class="badge bg-warning text-dark">Warning</span>
<span class="badge bg-info text-dark">Info</span>
<span class="badge bg-light text-dark">Light</span>
<span class="badge bg-dark">Dark</span>
```

使用.rounded-pill 工具类可以使徽章更圆滑，有更大的 border-radius。

【示例 3】徽章可以作为链接或按钮的一部分来提供计数，效果如图 22.30 所示。

```
<button type="button" class="btn btn-primary">
通知 <span class="badge bg-danger">4</span>
</button>
```

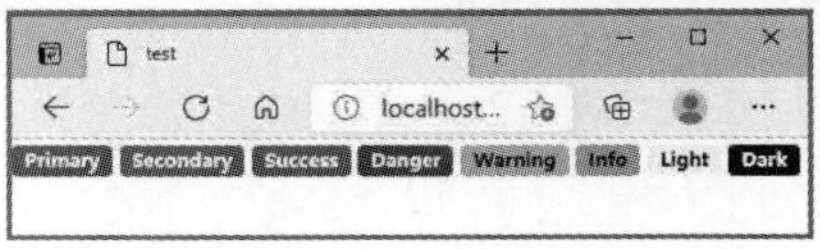

图 22.29　设计多种风格

图 22.30　在导航中的徽章样式

22.6　进　度　条

Bootstrap 提供漂亮、简单、多色进度条。其中条纹和动画效果的进度条不支持早期版本 IE 浏览器，因为它使用了 CSS3 的渐变（Gradients）、透明度（Transitions）、动画效果（Animations）来实现它们的效果。IE 7～9 和旧版的 Firefox 都不支持这些特性，所以在实现进度条时请注意浏览器支持程度。

22.6.1　定义进度条

进度条一般由嵌套的两层结构标签构成，外层标签引入 progress 类，用来设计进度槽，内层标签引入 bar 类，用来设计进度条。基本结构如下。

```
<div class="progress">
    <div class="progress-bar" style="width:50%;"></div>
</div>
```

进度条默认样式是带有垂直渐变的进度条，进度槽显示为灰色，如图 22.31 所示。

1. 设计条纹样式

【示例】条纹进度样式是通过 progress-bar-striped 类实现的，它使用渐变创建一个条纹效果的进度条，效果如图 22.32 所示。

```
<div class="progress">
    <div class="progress-bar progress-bar-striped" role="progressbar" style="width: 50%"></div>
</div>
```

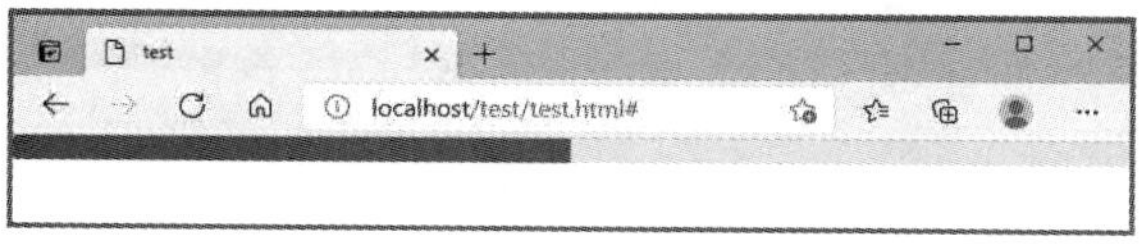

图 22.31　默认进度条样式效果

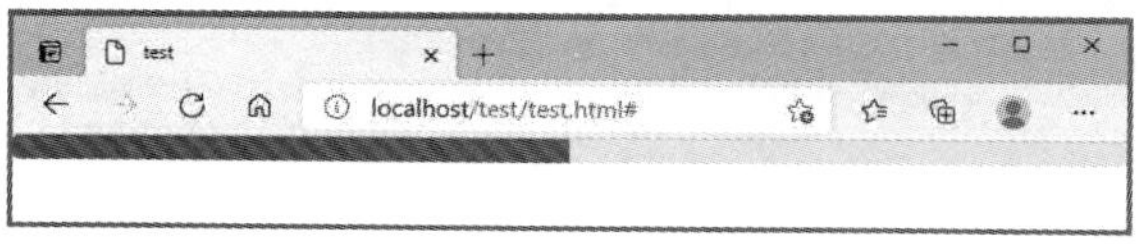

图 22.32　斑马条纹进度条样式效果

2. 设计动态条纹样式

如果将.progress-bar-animated 添加到.progress-bar，即可创建一个从右向左变化的条纹样式。

```
<div class="progress">
    <div class="progress-bar progress-bar-striped progress-bar-animated" role="progressbar" style="width: 50%"></div>
</div>
```

22.6.2　设置个性进度条

与警告框一样，进度条也允许通过添加背景工具类，改变进度条的背景效果，简单说明如下。

- ☑ bg-info：浅蓝色背景。
- ☑ bg-success：浅绿色背景。
- ☑ bg-warning：浅黄色背景。
- ☑ bg-danger：浅红色背景。

【示例 1】 分别引用进度条组件的不同类型的提示类，演示效果如图 22.33 所示。

```
<div class="progress mb-3">
    <div class="progress-bar bg-success" role="progressbar" style="width: 25%" aria-valuenow="25" aria-valuemin="0" aria-valuemax="100"></div>
</div>
<div class="progress mb-3">
    <div class="progress-bar bg-info" role="progressbar" style="width: 50%" aria-valuenow="50" aria-valuemin="0" aria-valuemax="100"></div>
</div>
<div class="progress mb-3">
    <div class="progress-bar bg-warning" role="progressbar" style="width: 75%" aria-valuenow="75" aria-valuemin="0" aria-valuemax="100"></div>
</div>
<div class="progress">
    <div class="progress-bar bg-danger" role="progressbar" style="width: 100%" aria-valuenow="100" aria-valuemin="0" aria-valuemax="100"></div>
</div>
```

如果为这些彩色进度条引入 progress-bar-striped 类样式，可以设计彩色条纹效果。

【示例 2】 把多个进度条放置于同一个进度槽中，设计一种堆叠样式，此时可以分别为每个进度条设计不同的背景样式，演示效果如图 22.34 所示。

```
<div class="progress">
    <div class="progress-bar bg-info" style="width:10%;"></div>
    <div class="progress-bar bg-success" style="width:20%;"></div>
    <div class="progress-bar bg-warning" style="width:30%;"></div>
    <div class="progress-bar bg-danger" style="width:40%;"></div>
</div>
```

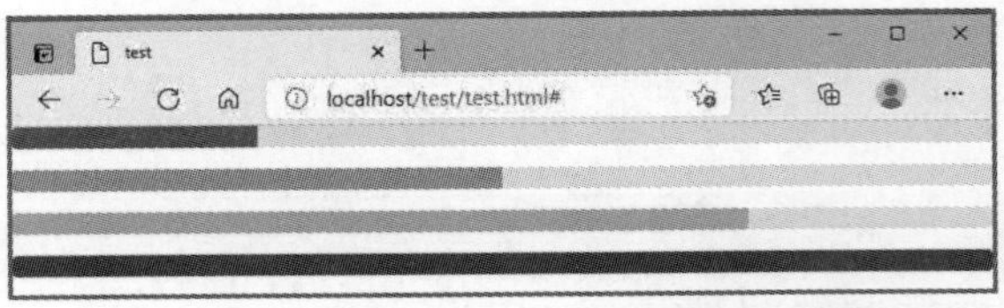

图 22.33　设计不同背景效果的进度条

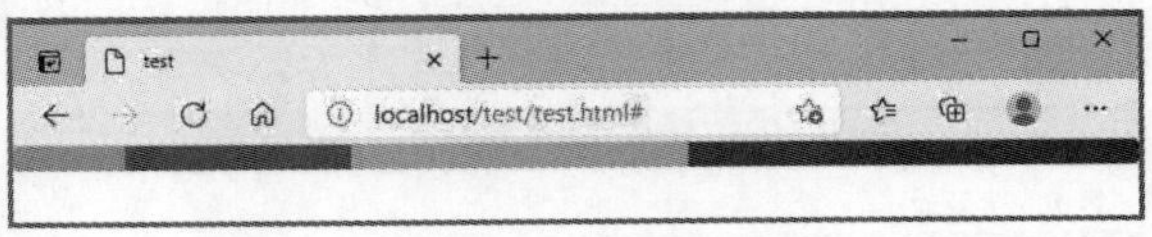

图 22.34　设计进度条堆叠效果

22.7　输　入　框

Bootstrap 支持现有的表单控件，同时也定义了一些有用的输入框表单组件。下面进行简单介绍。

22.7.1　修饰文本框

通过 input-group-text 类和 input 进行组合设计，可以在任何文本输入框之前或之后添加文本或按钮。

【示例 1】分别为文本框绑定 E-mail 前缀和补加 2 位小数位后缀，演示效果如图 22.35 所示。

```
<div class="input-group">
    <span class="input-group-text">E-mail</span>
    <input class="form-control" id="prependedInput" type="text" placeholder="xxx@xx.xx">
</div><br>
<div class="input-group">
    <input class="form-control" id="appendedInput" type="text">
    <span class="input-group-text">.00</span>
</div>
```

【示例 2】为文本框绑定电子邮箱的后缀和提示标签，预览效果如图 22.36 所示。

```
<div class="input-group">
    <span class="input-group-text">E-mail</span>
    <input class="form-control" id="prependedInput" type="text" placeholder="xxx@xx.xx">
    <span class="input-group-text">.00</span>
</div>
```

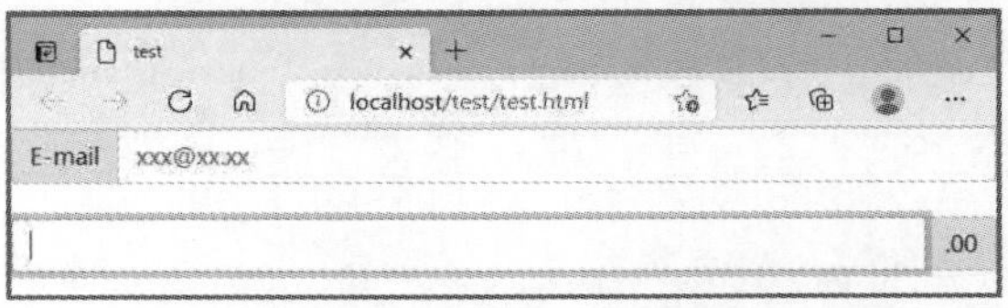

图 22.35　分别绑定前缀和后缀文本框效果

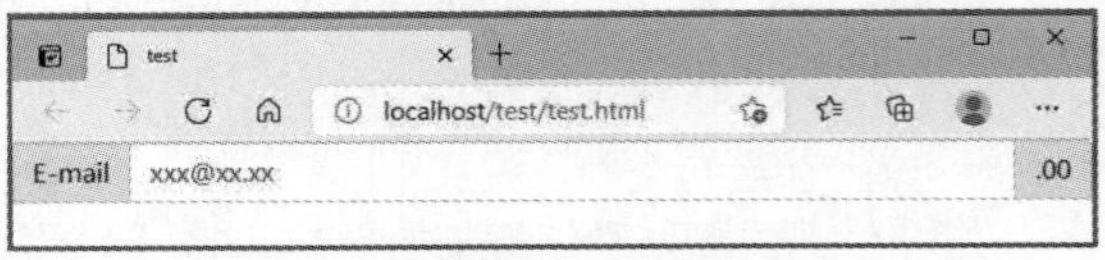

图 22.36　同时绑定前缀和后缀文本框效果

22.7.2　设计尺寸

给.input-group 添加.input-group-lg 或.input-group-sm 可以定制输入框组件的尺寸，其中的内容也会自动调整尺寸。

【示例】设计输入框的尺寸，演示效果如图 22.37 所示。

```
<div class="input-group input-group-lg">
    <span class="input-group-text">E-mail</span>
    <input class="form-control" id="prependedInput1" type="text" placeholder="xxx@xx.xx">
    <span class="input-group-text">.00</span>
```

```
</div><br>
<div class="input-group">
    <span class="input-group-text">E-mail</span>
    <input class="form-control" id="prependedInput2" type="text" placeholder="xxx@xx.xx">
    <span class="input-group-text">.00</span>
</div><br>
<div class="input-group input-group-sm">
    <span class="input-group-text">E-mail</span>
    <input class="form-control" id="prependedInput3" type="text" placeholder="xxx@xx.xx">
    <span class="input-group-text">.00</span>
</div>
```

22.7.3 按钮文本框

使用 btn-outline-secondary 类可以把表单按钮与输入文本框捆绑在一起，定制按钮文本框组件，按钮可以放在文本框的前面或者后面。

【示例】分别为文本框绑定 3 个按钮，置于其前面或者后面，使用 btn 类样式定制按钮风格，使用<div class="input-group">包含框把它们捆绑在一起，预览效果如图 22.38 所示。

```
<div class="input-group">
  <button class="btn btn-outline-secondary" type="button" id="button-addon1">E-mail</button>
  <input class="form-control" id="prependedInput" type="text" placeholder="xxx@xx.xx">
  <button class="btn btn-outline-secondary" type="button" id="button-addon2">.00</button>
</div>
```

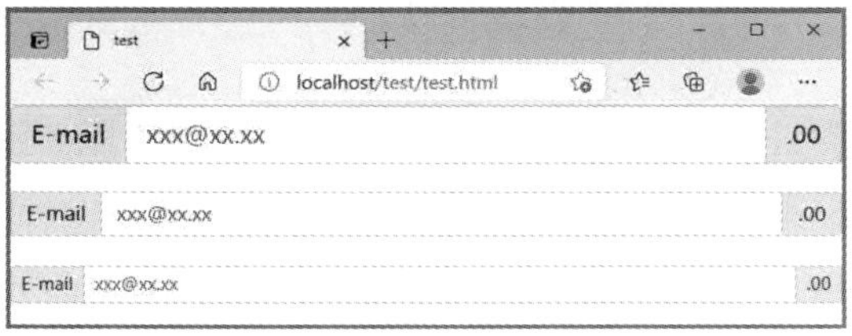

图 22.37 设计输入框的尺寸

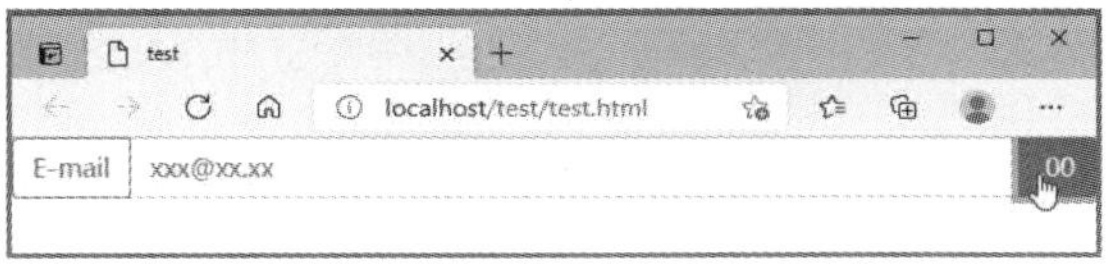

图 22.38 绑定的按钮文本框组件效果

22.7.4 按钮式下拉菜单

通过 btn-outline-secondary 类可以定义按钮组，使用 dropdown-menu 类可以定义下拉菜单样式，如果把它们结合在一起，就可以定制按钮式下拉菜单。

【示例】为文本框绑定前缀按钮和后缀按钮，后缀按钮绑定一个下拉列表框<ul class="dropdown-menu">，演示效果如图 22.39 所示。

```
<div class="input-group input-group-lg">
    <span class="input-group-text">Email</span>
    <input type="text" class="form-control" />
    <button class="btn btn-outline-secondary" type="button"   data-bs-toggle="dropdown">@163.com</button>
    <ul class="dropdown-menu">
        <li><a class="dropdown-item" href="#">@126.com</a></li>
        <li><a class="dropdown-item" href="#">@sohu.com</a></li>
        <li><a class="dropdown-item" href="#">@qq.com</a></li>
        <li><a class="dropdown-item" href="#">@263.net</a></li>
    </ul>
    <button class="btn btn-outline-secondary" type="button">登录</button>
</div>
```

提示：在设计按钮下拉菜单样式时，应该在页面中导入 bootstrap.js 文件，以实现下拉菜单的显隐交互行为。通过设置<button>按钮 data-bs-toggle 属性值为 dropdown，激活按钮的下拉响应事件。

22.7.5 定义分段按钮下拉菜单

通过添加辅助标签，定义 dropdown-toggle 类，可以设计分段式按钮下拉菜单样式。

【示例】在上面代码中，添加一个空按钮，然后在其中插入一个按钮图标（<span class="caret">），预览效果如图 22.40 所示。

```
<div class="input-group input-group-lg">
    <span class="input-group-text">Email</span>
    <input type="text" class="form-control" />
    <button class="btn btn-outline-secondary" type="button">@163.com</button>
    <button class="btn btn-outline-secondary dropdown-toggle" type="button"   data-bs-toggle="dropdown"></button>
    <ul class="dropdown-menu">
        <li><a class="dropdown-item" href="#">@126.com</a></li>
        <li><a class="dropdown-item" href="#">@sohu.com</a></li>
        <li><a class="dropdown-item" href="#">@qq.com</a></li>
        <li><hr class="dropdown-divider"></li>
        <li><a class="dropdown-item" href="#">@263.net</a></li>
    </ul>
    <button class="btn btn-outline-secondary" type="button">登录</button>
</div>
```

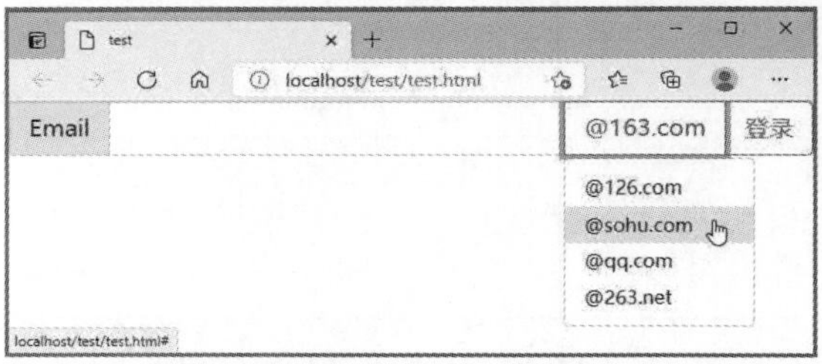

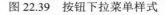

图 22.39　按钮下拉菜单样式

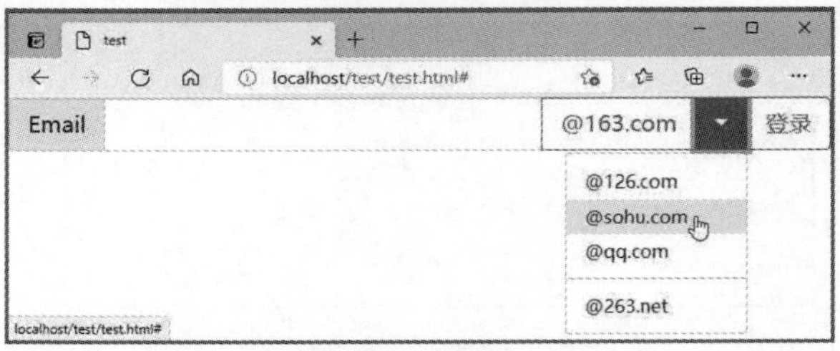

图 22.40　设计分段式下拉菜单

22.8 字 体 图 标

Bootstrap 图标库拥有 1600 多个图标（https://icons.bootcss.com/），可以通过 SVG 矢量图、SVG sprite 或者 Web 字体形式使用。具体使用步骤如下。

第 1 步，下载图标库（https://github.com/twbs/icons/releases/tag/v1.5.0）。

第 2 步，安装图标库。

```
<link rel="stylesheet" href="bootstrap-icons-1.5.0/font/bootstrap-icons.css">
```

或者通过公共 CDN 加载，就能立即使用 Bootstrap 图标库了。将图标字体的样式表添加到网站的<head>标签内。

```
<link rel="stylesheet" href="https://cdn.jsdelivr.net/npm/bootstrap-icons@1.5.0/font/bootstrap-icons.css">
```

也可以通过 CSS 的@import 指令加载。

```
@import url("https://cdn.jsdelivr.net/npm/bootstrap-icons@1.5.0/font/bootstrap-icons.css");
```

第 3 步，Bootstrap 图标库的图标都是 SVG 格式，可以通过多种方式应用到 HTML 中，Bootstrap 图标库默认将 width 和 height 设置为 1em，便于通过 font-size 属性重置图标的大小。

方法 1，将图标嵌入 HTML 页面中，例如：

```
<svg xmlns="http://www.w3.org/2000/svg" width="32" height="32" fill="currentColor" class="bi bi-chevron-right" viewBox="0 0 16 16"><path fill-rule="evenodd" d="M4.646 1.646a.5.5 0 0 1 .708 0l6 6a.5.5 0 0 1 0 .708l-6 6a.5.5 0 0 1-.708-.708L10.293 8 4.646 2.354a.5.5 0 0 1 0-.708z"/></svg>
```

方法 2，利用 SVG sprite 和<use>元素即可插入任何图标。使用图标的文件名作为片段标识符。例如：

```
<svg class="bi" width="32" height="32" fill="currentColor">
    <use xlink:href="bootstrap-icons-1.5.0/bootstrap-icons.svg#heart-fill"/>
</svg>
```

方法 3，通过<img>元素引入 SVG 图标。例如：

```
<img src="bootstrap-icons-1.5.0/bootstrap.svg" alt="Bootstrap" width="32" height="32">
```

方法 4，通过在页面中引入图标字体文件，然后根据需要为 HTML 标签添加对应的 class 名称即可。例如：

```
<link rel="stylesheet" href="https://cdn.jsdelivr.net/npm/bootstrap-icons@1.5.0/font/bootstrap-icons.css">
<i class="bi-bootstrap"></i>
```

使用 font-size 和 color 样式属性可以更改图标的外观。

22.9　在线支持

扫码免费学习
更多实用技能

一、应用技巧

☑ 禁用 Webkit 内核属性

二、更多案例实战

☑ 使用 CSS3+DIV 设计完整页面

☑ jQuery+Cookie 保存选项卡皮肤

☑ 使用 jQuery 的 Cookie 插件保存选项卡皮肤

新知识、新案例不断更新中……

第 23 章

JavaScript 插件

CSS 组件仅是静态对象，如果要让这些组件动起来，还需要配合使用 JavaScript 插件。Bootstrap 自带了很多 JavaScript 插件，这些插件为 Bootstrap 组件赋予了生命，因此在学习使用该组件的同时，还必须学习 Bootstrap 插件的使用。

视频讲解

23.1 插件概述

23.1.1 插件分类

Bootstrap 插件内置 12 种插件，这些插件在 Web 应用开发中应用频率比较高，下面列出 Bootstrap 插件支持文件以及各种插件对应的 js 文件。

☑ 组件基础文件：base-component.js。
☑ 模态框：modal.js。
☑ 下拉菜单：dropdown.js。
☑ 滚动监听：scrollspy.js。
☑ 工具提示：tooltip.js。
☑ 弹出框：popover.js。
☑ 警告框：alert.js。
☑ 弹出提示框：toast.js。
☑ 侧边栏：offcanvas.js。
☑ 按钮：button.js。
☑ 标签页：tab.js。
☑ 折叠：collapse.js。
☑ 轮播：carousel.js。

23.1.2 安装插件

Bootstrap 插件可以单个引入，方法是使用 Bootstrap 提供的单个*.js 文件；也可以一次性引入所有插件，方法是引入 bootstrap.js 或者 bootstrap.min.js，并放在页面最底部位置。例如：

```
<script type="text/javascript" src="bootstrap/js/bootstrap.js"></script>
```

提示：bootstrap.js 和 bootstrap.min.js 都包含了所有插件。它们的区别是 bootstrap.js 文件代码没有压缩，bootstrap.min.js 文件代码被压缩，因此不要将两份文件全部引入。

部分 Bootstrap 插件依靠第三方库 Popper 进行定位，必须在 bootstrap.js 之前包含 popper.min.js，

或使用包含 Popper 的 bootstrap.bundle.min.js，或者 bootstrap.bundle.js，才能使插件起作用。例如工具提示（tooltip.js）、弹出框（popover.js）和下拉菜单（dropdown.js）。

部分 Bootstrap 插件和 CSS 组件依赖于其他插件。如果单个引入插件，请确保在文档中检查插件之间的依赖关系。例如，弹出框（popover.js）需要工具提示（tooltip.js）插件作为依赖项。

Note

23.1.3 调用插件

Bootstrap 提供了两种调用插件的方法，具体说明如下。

1. data 属性调用

在页面中目标元素上定义 data 属性，可以启用插件，不用编写 JavaScript 脚本。建议用户首选这种方式。

【示例 1】要激活下拉菜单行为，只需为控制对象定义 data-bs-toggle 属性，设置属性值为 dropdown，即可激活下拉菜单插件。

```
<a href="#" class="btn" data-bs-toggle="dropdown">按钮 </a>
```

data-bs-toggle 是 Bootstrap 激活特定插件的专用属性，它的值为对应插件的字符串名称。

提示： 大部分 Bootstrap 插件还需要配合使用 data-bs-target 属性，它也是一个 Bootstrap 属性，用来指定控制对象，该属性值为一个 CSS 选择符。

【示例 2】在调用模态框时，除了定义 data-bs-toggle="modal"激活模态框插件，还应该使用 data-bs-target="#myModal"属性绑定模态框，告诉 Bootstrap 插件应该显示哪个页面元素。"#myModal"属性值匹配页面中模态框包含框<div id="myModal">。

```
<button data-bs-toggle="modal" data-bs-target="#myModal" class="btn">打开模态框</button>
<div id="myModal" class="modal hide fade">模态框</div>
```

2. JavaScript 调用

Bootstrap 插件也支持 JavaScript 调用。

【示例 3】针对上面的 data 调用示例，使用 JavaScript 脚本调用插件。

```
$(".btn").click(function(){
    new boostrap.Modal("#myModal");
})
```

当调用方法没有传递任何参数时，Bootstrap 将使用默认参数初始化此插件。

【示例 4】Bootstrap 插件定义的所有方法都可以接受一个可选的参数对象。下面用法可以在打开模态框时取消遮罩层和快捷键控制。

```
$(".btn").click(function(){
    new boostrap.Modal("#myModal", {
        backdrop:false,
        keyboard:false
    });
})
```

23.1.4 事件

Bootstrap 为大部分插件自定义事件。这些事件包括两种动词形式：不定式和过去式。

☑ 不定式形式的动词，如 show 表示其在事件开始时被触发。

☑ 过去式动词，如 shown 表示其在动作执行完毕之后被触发。

【示例】所有以不定式形式的动词命名的事件都提供了 preventDefault 功能，这样就可以在动作开始执行前停止事件。

```
var myModalEl = document.getElementById('myModal')
myModalEl.addEventListener('hidden.bs.modal', function (event) {
    //执行代码...
})
```

23.2 模 态 框

Bootstrap 模态框提供了简洁、灵活的调用形式和样式，并提供精简的功能和友好的默认行为以方便页面与浏览者进行互动。

Bootstrap 模态框需要 modal.js 支持，在设计之前应导入下面脚本文件。

```
<script type="text/javascript" src="bootstrap/js/modal.js"></script>
```

也可以直接导入 Bootstrap 脚本文件（bootstrap.js）。

```
<script type="text/javascript" src="bootstrap/js/bootstrap.js"></script>
```

另外，需要加载 Bootstrap 样式表文件，它是 Bootstrap 框架的基础。

```
<link rel="stylesheet" type="text/css" href="bootstrap/css/bootstrap.css">
```

完成页面框架初始化操作后，在页面中设计模态框文档结构，并为页面特定对象绑定触发行为，就可以打开模态框。

【示例 1】绑定并激活模态框，页面代码如下。

```
<!doctype html>
<html>
<head>
<meta charset="utf-8">
<meta name="viewport" content="width=device-width, initial-scale=1.0">
<link href="bootstrap-5.0.0-dist/css/bootstrap.min.css" rel="stylesheet" >
</head>
<body>
<a href="#myModal" class="btn btn-info" data-bs-toggle="modal">弹出模态框</a>
<div id="myModal" class="modal">
    <div class="modal-dialog">
        <div class="modal-content">
            <h1>模态框</h1>
            <p>这是弹出的模态框.</p>
        </div>
    </div>
</div>
<script src="bootstrap-5.0.0-dist/js/bootstrap.min.js" ></script>
</body>
</html>
```

打开模态框的行为通过<a>标签来实现，其中 href 属性通过锚记与模态框（<div id="myModal" >标签）建立绑定关系，然后通过自定义属性 data-bs-toggle 激活模态框显示行为，data-bs-toggle 属性值指定了要打开模态框的组件。

在浏览器中预览该文档，然后单击“弹出模态框”按钮，将会看到如图 23.1 所示的弹出模态框。

在模态框外面单击，即可自动关闭模态框，恢复页面的初始状态。

提示： 模态对话框有固定的结构，外层使用 modal 类样式定义弹出模态框的外框，内部嵌套 2 层结构，分别为<div class="modal-dialog">和<div class="modal-content">，其中<div class="modal-dialog">定义模态对话框弹出层，而<div class="modal-content">定义模态对话框显示样式。

```
<div class="modal" id="myModal">
    <div class="modal-dialog">
        <div class="modal-content">
            模态对话框包含显示内容
        </div>
    </div>
</div>
```

【示例 2】在模态对话框内容区可以使用 modal-header、modal-body 和 modal-footer 这 3 个类定义弹出模态框的标题区、主体区和脚注区。针对上面的示例代码，为模态框增加结构设计，效果如图 23.2 所示。

```
<a href="#myModal" class="btn btn-default" data-bs-toggle="modal">弹出模态框</a>
<div id="myModal" class="modal">
    <div class="modal-dialog">
        <div class="modal-content">
            <div class="modal-header">
                <h3>标题</h3>
                <button class="btn-close" data-bs-dismiss="modal"></button>
            </div>
            <div class="modal-body">
                <p>正文</p>
            </div>
            <div class="modal-footer">
                <button class="btn btn-info" data-bs-dismiss="modal">关闭</button>
            </div>
        </div>
    </div>
</div>
```

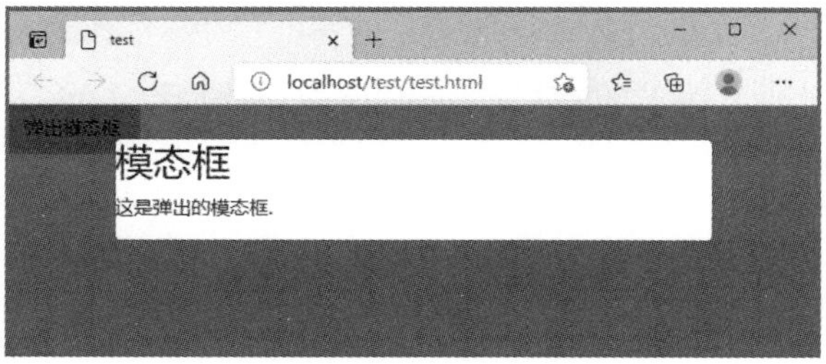

图 23.1　简单的弹出模态框

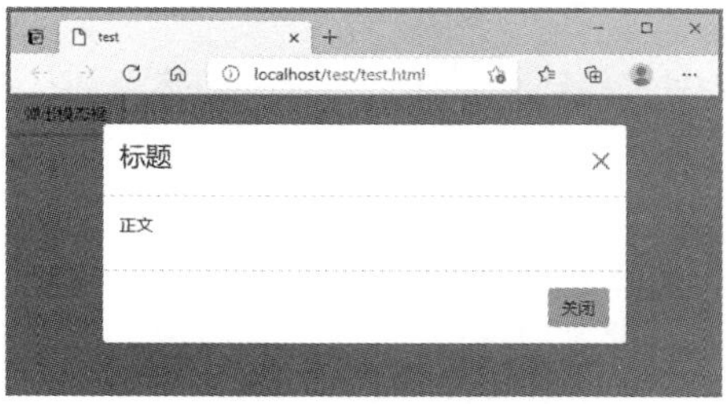

图 23.2　设计标准的弹出模态框样式

标准模态框中包含两个关闭按钮：一个是模态框右上角的关闭图标，另一个是页脚区域的关闭按钮，这两个关闭模态框的标签通过自定义属性 data-bs-dismiss 触发模态框关闭行为，data-bs-dismiss 属性值指定了要关闭的模态框组件。

注意： 模态框不支持重叠，如果希望同时支持多个模态框，需要手写额外的代码来实现。

为了增强模态框的可访问性，应在<div class="modal">中添加 role="dialog"，添加 aria-labelledby="myModalLabel"属性指向模态框标题，添加 aria-hidden="true"告诉辅助性工具略过模态框的 DOM 元

Note

素。另外，还应为模态框添加描述信息，为.modal 添加 aria-describedby 属性用以指向描述信息。

调用模态框的方法有两种，简单介绍如下。

1. data 属性调用

在 23.1 节示例中看到了使用 data 属性调用模态框的一般方法。通过 data 属性，无须编写 JavaScript 脚本，即可创建一个模态框。

定义激活元素时，必须注意以下两点。

☑ 使用 data-bs-toggle 属性定义激活插件的类型，对于模态框插件来说，即设置为 data-bs-toggle="modal"。

☑ 设置具体打开的目标对象。

【示例 3】当激活元素为按钮或者其他元素时，可以设置自定义属性 data-bs-target 为模态框包含框的 id 值，以绑定目标对象，以指向某个将要被启动的模态框。演示代码如下。

```
<button data-bs-toggle="modal" data-bs-target="#myModal" class="btn">打开模态框</button>
```

【示例 4】当激活元素为超链接元素时，可以直接在 href 属性上设置模态框包含框的 id 值，以锚点的形式绑定目标对象，以指向某个将要被启动的模态框。演示代码如下。

```
<a href="#myModal" data-bs-toggle="modal" class="btn">打开模态框</a>
```

2. JavaScript 调用

JavaScript 调用比较简单，直接使用 bootstrap.Modal 构造函数创建即可。如果需要设计复杂的模态框，则建议使用 JavaScript 脚本调用。

【示例 5】针对 23.1 节示例，为超链接<a>标签绑定 click 事件，当单击该按钮时，为模态框调用 Modal()构造函数。

```
<script type="text/javascript">
$(function(){
    $(".btn").click(function(){
        var myModal = new bootstrap.Modal(document.getElementById('myModal'));
        myModal.show();
    })
})
</script>
```

Modal()构造函数可以传递一个配置对象，该对象包含的配置属性说明如表 23.1 所示。

表 23.1 Modal()配置参数

名 称	类 型	默 认 值	描 述
backdrop	boolean	true	是否显示背景遮罩层，同时设置单击模态框其他区域是否关闭模态框。默认值为 true，表示显示遮罩层，此时当单击遮罩层时，会自动隐藏模态框和遮罩层
keyboard	boolean	true	是否允许使用 Escape 键关闭模态框，默认值为 true，表示允许使用键盘上的 Escape 键关闭模态框，此时当按 Escape 键时，快速关闭模态框
focus	boolean	true	初始化时将重点放在模态上

注意：如果使用 data 属性调用模态框，上面的选项也可以通过 data 属性传递给组件。对于 data 属性，将选项名称附着于 data-bs-字符串之后，类似于 data-bs-backdrop=""。

控制模态框的常用方法如下。

- ☑ myModal.toggle()：手动切换模态。
- ☑ myModal.show()：手动打开模态。
- ☑ myModal.hide()：手动隐藏模态。
- ☑ myModal.handleUpdate()：手动更新模态。如果模态的高度在打开时出现滚动条，则手动重新调整模态的位置。
- ☑ myModal.dispose()：销毁元素的模态。

23.3 下拉菜单

Bootstrap 通过 dropdown.js 支持下拉菜单交互。使用之前应导入 dropdown.js 文件。

```
<script type="text/javascript" src="bootstrap/js/dropdown.js"></script>
```

或者直接导入 bootstrap.bundle.js 文件。

```
<script type="text/javascript" src="bootstrap/js/bootstrap.bundle.js"></script>
```

下拉菜单插件可以为所有对象添加下拉菜单，包括导航条、标签页、胶囊式按钮等。调用下拉菜单的方法有两种，简单介绍如下。

1. data 属性调用

在超链接或按钮上添加 data-bs-toggle="dropdown"属性，即可激活下拉菜单交互行为。

【示例 1】为 dropdown 中的按钮<a>标签添加 data-bs-toggle="dropdown"属性，激活下拉菜单，如图 23.3 所示。

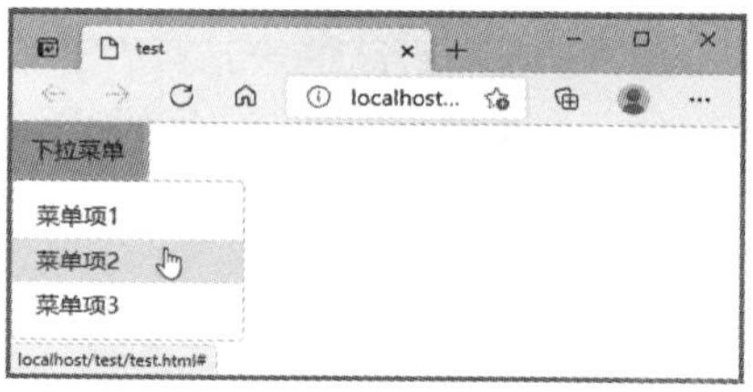

图 23.3 通过 data 属性激活下拉菜单

```
<div class="dropdown">
    <a href="#" class="btn btn-info" data-bs-toggle="dropdown">下拉菜单 <i class="caret"></i></a>
    <ul class="dropdown-menu">
        <li><a class="dropdown-item" href="#">菜单项 1</a></li>
        <li><a class="dropdown-item" href="#">菜单项 2</a></li>
        <li><a class="dropdown-item" href="#">菜单项 3</a></li>
    </ul>
</div>
```

注意： 为了保证<a>超链接标签的 URL 符合规范，建议使用 data-bs-target 属性代替 href="#"，而 href 属性用来执行链接操作。示例代码如下。

```
<div class="dropdown">
    <a href="/" class="btn btn-info" data-bs-toggle="dropdown" data-bs-target="#">下拉菜单 <i class="caret"></i></a>
    <ul class="dropdown-menu">…</ul>
</div>
```

2. JavaScript 调用

通过 Dropdown()构造函数可以直接调用下拉菜单。

【示例 2】为激活按钮绑定 bootstrap.Dropdown()方法，具体用法如下。

```
<script type="text/javascript">
$(function(){
    $(".btn").click(function(){
```

```
            dd = new bootstrap.Dropdown(".btn-info");
            dd.show()
        });
    })
    </script>
    <div class="dropdown">
        <a href="#" class="btn btn-info" >下拉菜单  <i class="caret"></i></a>
        <ul class="dropdown-menu">
            <li><a href="#">菜单项 1</a></li>
            <li><a href="#">菜单项 2</a></li>
            <li><a href="#">菜单项 3</a></li>
        </ul>
    </div>
```

当调用 Dropdown()方法后，单击按钮会弹出下拉菜单。下拉菜单组件对象包含多个方法，调用它们可以控制下拉菜单的显隐。

- ☑ toggle()：切换给定导航栏或选项卡式导航的下拉菜单。
- ☑ show()：显示给定导航栏或选项卡式导航的下拉菜单。
- ☑ hide()：隐藏给定导航栏或选项卡式导航的下拉菜单。
- ☑ update()：更新元素下拉列表的位置。
- ☑ dispose()：销毁元素的下拉列表，同时删除 DOM 元素上存储的数据。
- ☑ getInstance()：静态方法，该方法允许获取与 DOM 元素关联的 dropdown 实例。

23.4 滚动监听

滚动监听是 Bootstrap 提供的很实用的 JavaScript 插件，被广泛应用到 Web 开发中。当用户滚动滚动条时，页面能够自动监听，并动态调整导航条中当前项目，以正确显示页面内容所在的位置。

Bootstrap 的 ScrollSpy（滚动监听）插件能够根据滚动的位置，自动更新导航条中相应的导航项。

【示例 1】通过完整步骤演示如何实现滚动监听的操作。

第 1 步，使用滚动监听插件之前，应在页面中导入 scrollspy.js 文件。

```
<script type="text/javascript" src="bootstrap/js/scrollspy.js"></script>
```

第 2 步，设计导航条，在导航条中包含一个下拉菜单。分别为导航条列表项和下拉菜单项设计锚点链接，锚记分别为"#no1"、"#no2"、"#no3"、"#no4"、"#no5"。同时为导航条外框定义一个 id 值（id="menu"），以方便滚动监听控制。

```
<nav   id="menu" class="navbar navbar-light">
    <ul class="nav nav-pills">
        <li   class="nav-item"><a    class="nav-link" href="#no1">列表 1</a></li>
        <li   class="nav-item"><a    class="nav-link" href="#no2">列表 2</a></li>
        <li class="nav-item dropdown"> <a class="nav-link dropdown-toggle" data-bs-toggle="dropdown" href="#" role=
"button" aria-expanded="false">下拉菜单</a>
            <ul class="dropdown-menu dropdown-menu-end">
                <li><a class="dropdown-item" href="#no3">one</a></li>
                <li><a class="dropdown-item" href="#no4">two</a></li>
                <li>
                    <hr class="dropdown-divider">
                </li>
```

```
                <li><a class="dropdown-item" href="#no5">three</a></li>
            </ul>
        </li>
    </ul>
</nav>
```

第 3 步，设计监听对象。这里设计一个包含框，其中存放多个子内容框，代码如下。在内容框中，为每个标题设置锚点位置，即为每个<h3>标签定义 id 值，对应值分别为 no1、no2、no3、no4、no5。

```
<div class=" scrollspy">
    <h3 id="no1">列表 1</h3>
    <p><img src="images/1.jpg"></p>
    <h3 id="no2">列表 2</h3>
    <p><img src="images/2.jpg"></p>
    <h3 id="no3">列表 3</h3>
    <p><img src="images/3.jpg"></p>
    <h3 id="no4">列表 4</h3>
    <p><img src="images/4.jpg"></p>
    <h3 id="no5">列表 5</h3>
    <p><img src="images/5.jpg"></p>
</div>
```

第 4 步，为监听对象（<div class=" scrollspy">）定义类样式，设计该包含框为固定大小，并显示滚动条。

```
.scrollspy {
    width: 520px;
    height: 300px;
    overflow: scroll;
}
.scrollspy-example img { width: 500px; }
```

第 5 步，为监听对象设置被监听的 Data 属性：data-bs-spy="scroll"，指定监听的导航条：data-bs-target="#menu"，定义监听过程中滚动条偏移位置：data-bs-spy="scroll" data-bs-offset="30"。完成代码如下。

```
<div data-bs-spy="scroll" data-bs-target="#menu" data-bs-offset="30" class="scrollspy">…</div>
```

第 6 步，在浏览器中预览，则可以看到当滚动<div class=" scrollspy">的滚动条时，导航条会实时监听并更新当前被激活的菜单项，效果如图 23.4 所示。

【示例 2】通过滚动监听插件，也可以为页面绑定监听行为，实现对页面滚动的监听响应。

第 1 步，针对上面示例，为<body>标签建立监听行为。

```
<body data-bs-spy="scroll" data-bs-target="#navbar" data-bs-offset="0">
```

第 2 步，清理原来页面中的<div class="scrollspy">包含框及其样式。

第 3 步，在样式表中定义导航包含框，让其固定在浏览器窗口右上角位置。

```
#menu {
    position: fixed;
    top: 50px; right: 10px;
}
```

第 4 步，在浏览器中预览，滚动页面时会发现导航列表会自动进行监听，并显示活动的菜单项，效果如图 23.5 所示。

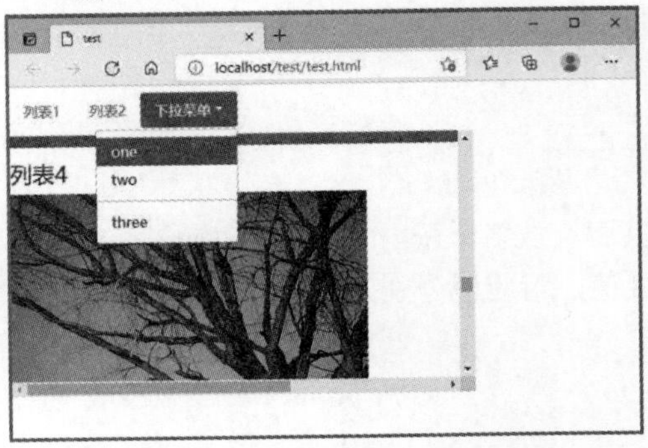

图 23.4　导航条自动监听滚动条的变化

图 23.5　导航列表自动监听页面滚动

23.5　工 具 提 示

工具提示插件需要 tooltip.js 文件支持，因此在使用该插件之前，应该导入 tooltip.js 文件。该插件不依赖图片，使用 CSS3 实现动画效果，并使用 data-bs-attributes 本地存储标题。

提示工具依赖于第三方库 Popper 进行了配置，必须在 bootstrap.js 之前包含 popper.min.js，或者 bootstrap.bundle.min.js/bootstrap.bundle.js 里面包含 Popper，这样才能让提示工具正常工作。

```
<script type="text/javascript" src="bootstrap/js/tooltip.js"></script>
<link rel="stylesheet" type="text/css" href="bootstrap/css/bootstrap.css">
```

然后，在页面中设计一个超链接，定义 title 属性，设置工具提示文本信息，代码如下。

```
<a href="http://www.baidu.com/" class="btn btn-info btn-block btn-lg" data-bs-placement="top" title="百度一下，你就知道">百度</a>
<a href="http://www.baidu.com/" class="btn btn-info btn-block btn-lg" data-bs-placement="right" title="百度一下，你就知道">百度</a>
<a href="http://www.baidu.com/" class="btn btn-info btn-block btn-lg" data-bs-placement="bottom" title="百度一下，你就知道">百度</a>
<a href="http://www.baidu.com/" class="btn btn-info btn-block btn-lg" data-bs-placement="left" title="百度一下，你就知道">百度</a>
```

出于性能的考虑，Bootstrap 没有支持工具提示插件通过 data 属性激活，因此用户必须手动通过 JavaScript 脚本方式调用。调用的方法是通过 Tooltip()构造函数来实现，代码如下。

```
<script type="text/javascript">
$(function(){
    $('a').each(function() {
        new bootstrap.Tooltip(this);
    })
});
</script>
```

在浏览器中预览，显示效果如图 23.6 所示。

通过 data-bs-placement=""属性可以设置提示信息的显示位置，取值包括 top、right、bottom、left。

注意： 当为文本框输入组添加工具提示功能时，建议设置 container 包含框，以避免不必要的副作用。

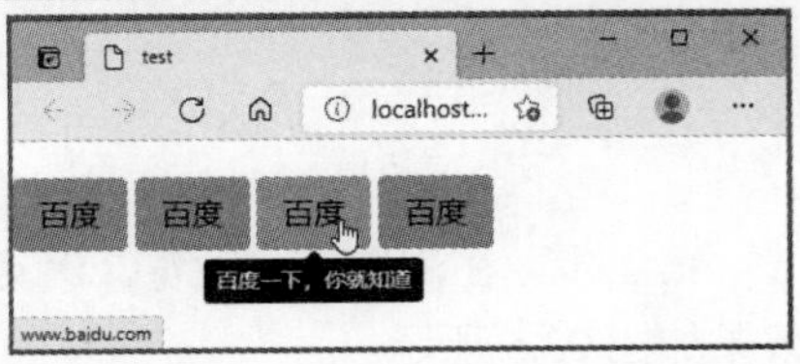

图 23.6　工具提示演示效果

在使用工具提示插件时，可以通过 JavaScript 触发，bootstrap.Tooltip()构造函数的第 2 个参数为 options，是一个参数对象，可以配置工具提示的相关设置属性，说明请参考官网帮助文档。

可以通过 data 属性或 JavaScript 传递参数。对于 data 属性，将参数名附着到 data-bs-后面即可，如 data-bs-animation=""。也可以针对单个工具提示指定单独的 data 属性。

```
<a href="#" data-bs-toggle="tooltip" title="first tooltip">hover over me</a>
```

23.6 弹 出 框

弹出框依赖工具提示插件，因此需要先加载工具提示插件。另外，弹出框插件需要 popover.js 文件支持，因此应先导入 popover.js 文件。或者使用包含 Popper 的 bootstrap.bundle.min.js/bootstrap.bundle.js 才能使弹出窗口起作用。

然后，在页面中设计一个超链接，定义 title 属性，设置弹出框标题信息，定义 data-bs-content 属性，设置弹出框的正文内容，代码如下。

```
<a href="#" class="btn btn-lg btn-success"  title="弹出框标题" data-bs-content="这里将显示弹出框的正文内容">单击查看效果</a>
```

出于性能的考虑，Bootstrap 默认没有支持弹出框插件直接通过 data 属性激活，因此必须手动调用。调用的方法是通过 Popover()构造函数实现，代码如下。

```
$(function(){
    $('a').each(function() {
        new bootstrap.Popover(this);
    })
});
```

图 23.7　弹出框演示效果

在浏览器中预览，显示效果如图 23.7 所示。

与工具提示默认显示位置不同，弹出框默认显示位置在目标对象的右侧。通过 data-bs-placement=""属性可以设置提示信息的显示位置，取值包括 top、right、bottom、left。

注意： 当提示框与.btn-group 或.input-group 联合使用时，需要指定 container: 'body'选项以避免不需要的副作用。例如，当弹出框显示之后，与其相关的页面元素可能变得更宽或是去圆角。

为了给 disabled 或.disabled 元素添加弹出框，需要将增加弹出框的页面元素包裹在一个<div>中，然后对这个<div>元素应用弹出框。

23.7 警 告 框

警告框插件需要 alert.js 文件支持，因此在使用该插件之前，应先导入 alert.js 文件。

```
<script type="text/javascript" src="bootstrap/js/bootstrap.js"></script>
<link rel="stylesheet" type="text/css" href="bootstrap/css/bootstrap.css">
```

设计一个警告框包含框，并添加一个关闭按钮，代码如下。

```
<div class="alert alert-warning alert-dismissible fade show" role="alert">
    <strong>警告框标题</strong> 说明文字。
```

```
    <button type="button" class="btn-close" data-bs-dismiss="alert" aria-label="Close"></button>
</div>
```

只需为关闭按钮设置 data-bs-dismiss="alert"即可自动为警告框赋予关闭功能。上面示例代码预览效果如图 23.8 所示。

通过添加其他类，可以改变警告框的语义，简单说明如下。

☑ alert-warning：警告，浅红色背景，提示错误性信息。
☑ alert-danger：危险，浅红色背景，提示危险性操作。
☑ alert-success：成功，浅绿色背景，提示成功性操作，或者正确信息。
☑ alert-info：信息，浅蓝色背景，提示一般性信息。

【示例】分别引用警告框组件的不同类型的提示类，演示效果如图 23.9 所示。

```
<div class="alert alert-danger alert-dismissible">
    <strong>危险</strong>
    <button type="button" class="btn-close" data-bs-dismiss="alert"></button>
</div>
<div class="alert alert-warning alert-dismissible">
    <strong>警告</strong>
    <button type="button" class="btn-close" data-bs-dismiss="alert"></button>
</div>
<div class="alert alert-success alert-dismissible">
    <strong>成功</strong>
    <button type="button" class="btn-close" data-bs-dismiss="alert"></button>
</div>
<div class="alert alert-info alert-dismissible">
    <strong>信息</strong>
    <button type="button" class="btn-close" data-bs-dismiss="alert"></button>
</div>
```

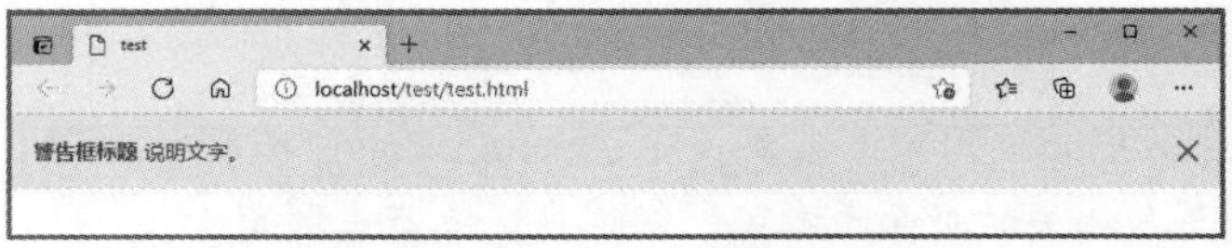

图 23.8　警告框插件效果

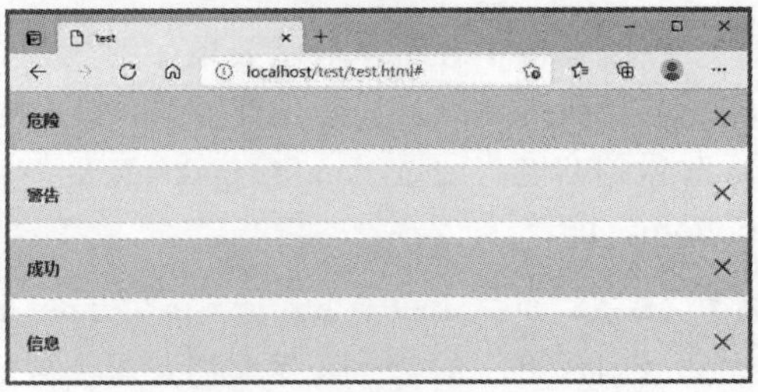

图 23.9　设计不同类型的警告框效果

提示： 警告框没有默认类，只有基类和修饰类。默认的灰色警告框并没有多少意义，所以要使用一种内容类，在成功、消息、警告或危险中任选其一。

如果在警告框中添加链接，则应该附加.alert-link 工具类，可以快速提供在任何警告框中相符的颜色。

23.8　折　　叠

折叠插件需要 collapse.js 文件支持，因此在使用该插件之前，应导入 collapse.js 文件。折叠和导航插件具有基本的样式，相互支持。折叠插件具有复杂的结构，但是调用比较简单，可以通过 data

属性调用，也可以通过 JavaScript 脚本调用。

Bootstrap 的折叠只能以垂直形式出现，利用 data-bs-toggle="collapse"属性可以设计折叠面板。

【示例】为按钮定义 data-bs-toggle="collapse"属性，同时使用 data-bs-target="#test"属性把当前按钮与一个面板捆绑在一起，当单击按钮时，能够自动隐藏或者显示面板，代码如下，演示效果如图 23.10 所示。

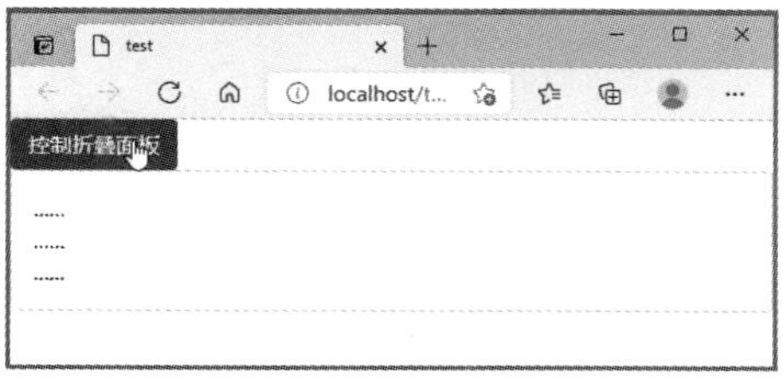

图 23.10 设计折叠面板效果

```
<button class="btn btn-primary" type="button" data-bs-toggle="collapse" data-bs-target="#test" aria-expanded="false"
aria-controls="test">控制折叠面板 </button>
<div class="collapse" id="test">
    <div class="card card-body">...<br>...<br>...</div>
</div>
```

在上面代码中，可以看到如下形式的类引用，简单说明如下。

☑ .collapse：隐藏内容。

☑ .collapse.in：显示内容。

☑ .collapsing：在折叠动画过程中应用的样式类。

调用折叠插件的方法有以下两种。

1. 通过 Data 属性

为控制标签添加 data-bs-toggle="collapse"属性，同时设置 data-bs-target 属性，绑定控制标签要控制的包含框即可。如果使用超链接，则不用 data-bs-target 属性，可以直接在 href 属性中定义目标锚点即可。

对于折叠插件来说，由于折叠插件结构复杂，因此还应该使用 data-bs-parent 属性设置折叠的外包含框，以方便 Bootstrap 监控整个折叠组件的内部交互行为，确保在某个时间内只能够显示一个子项目。

2. JavaScript 调用

除了 data 属性调用外，还可以使用 JavaScript 脚本形式进行调用，调用方法如下。

```
var collapseElementList = [].slice.call(document.querySelectorAll('.collapse'))
var collapseList = collapseElementList.map(function (collapseEl) {
    return new bootstrap.Collapse(collapseEl)
})
```

collapse()方法可以包含一个配置对象，该对象包含两个配置参数。

☑ parent：设置折叠包含框，类型为选择器，默认值为 false。如果指定的父元素下包含多个折叠项目，则在同一时刻只能够显示一个项目，效果类似于传统的折叠行为。

☑ toggle：是否切换可折叠元素调用，布尔值，默认值为 true。

提示：Bootstrap 为折叠插件定义了 5 个特定方法，调用它们可以实现特定的行为效果。

☑ toggle()：将可折叠元素切换为显示或隐藏。返回到调用者之前，可折叠元素实际上已经显示或隐藏。

☑ show()：显示一个可折叠的元素。在可折叠元素实际显示之前返回给调用者。

☑ hide()：隐藏可折叠元素。返回到调用者之前，可折叠元素实际上已经被隐藏。

☑ dispose()：停止一个元素的折叠面板。

☑ getInstance()：方法策略，它允许您获得与 DOM 元素关联的 collapse 实例。

Note

23.9 轮　　播

轮播是灯箱广告的一种样式，也是图片展示的一种方式。轮播插件需要 carousel.js 文件支持，因此在使用该插件之前，应该导入 carousel.js 文件。

轮播插件的结构比较复杂，与折叠插件一样需要多层嵌套，并应用多个样式类。

【示例】设计一个轮播插件，预览效果如图 23.11 所示。可以通过轮播外框的 CSS 样式控制轮播的显示空间。

```
<div id="carouselExampleIndicators" class="carousel slide" data-bs-ride="carousel">
    <ol class="carousel-indicators">
        <li data-bs-target="#carouselExampleIndicators" data-bs-slide-to="0" class="active"></li>
        <li data-bs-target="#carouselExampleIndicators" data-bs-slide-to="1"></li>
        <li data-bs-target="#carouselExampleIndicators" data-bs-slide-to="2"></li>
    </ol>
    <div class="carousel-inner">
        <div class="carousel-item active"> <img src="images/11.jpg" class="d-block h-50" alt="..."> </div>
        <div class="carousel-item"> <img src="images/22.jpg" class="d-block h-50" alt="..."> </div>
        <div class="carousel-item"> <img src="images/33.jpg" class="d-block h-50" alt="..."> </div>
    </div>
    <a class="carousel-control-prev" href="#carouselExampleIndicators" role="button" data-bs-slide="prev"> <span
class="carousel-control-prev-icon" aria-hidden="true"></span> <span class="visually-hidden">Previous</span> </a>
    <a class="carousel-control-next" href="#carouselExampleIndicators" role="button" data-bs-slide="next"> <span
class="carousel-control-next-icon" aria-hidden="true"></span> <span class="visually-hidden">Next</span> </a>
</div>
```

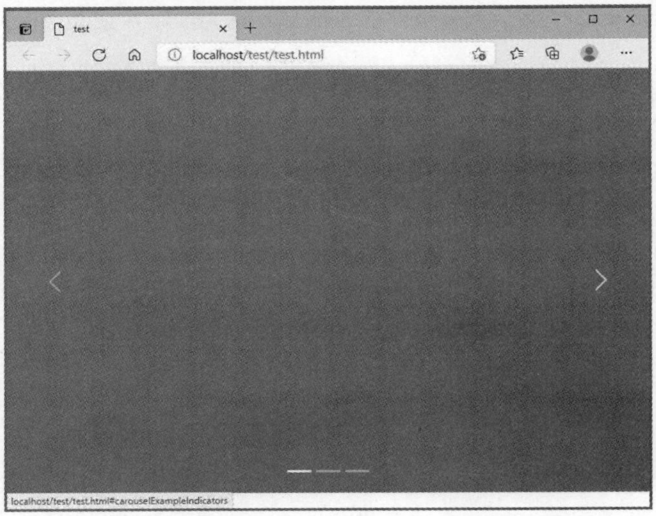

图 23.11　设计轮播演示效果

在默认状态下轮播会自动播放，如果要停止轮播自动播放，需要使用 JavaScript 脚本进行控制。调用轮播插件的方法也有两种，简单说明如下。

☑　通过 data 属性。

data 属性可以很容易地控制轮播的位置。其中使用 data-bs-slide 属性可以改变当前帧，该属性取值包括 prev 和 next，prev 表示向后滚动，next 表示向前滚动。另外，使用 data-bs-slide-to 属性可以传递某个帧的下标，如 data-bs-slide-to="2"，这样就可以直接跳转到这个指定的帧（下标从 0 开始计算）。

☑ 通过 JavaScript。

脚本调用轮播其实很简单，只需要在脚本中调用 bootstrap.Carousel()构造函数即可。

```
var myCarousel = document.querySelector('#myCarousel')
var carousel = new bootstrap.Carousel(myCarousel)
```

Carousel()包含两个配置参数，简单说明如表 23.2 所示。

表 23.2 Carousel()构造函数配置参数 options 属性

名称	类型	默认值	描述
interval	number	5000	在自动轮播过程中，展示每帧所停留的时间。如果是 false，轮播不会自动启动
pause	string	"hover"	当鼠标在轮播区域内时暂停循环，在区域外时则继续循环

上述参数可以通过 data 属性或 JavaScript 传递。对于 data 属性，将参数名称附着到 data-bs-之后，如 data-bs-interval=""。

23.10 在线支持

扫码免费学习
更多实用技能

一、补充知识

☑ JavaScript 词法
☑ JavaScript 语法
☑ JavaScript 数据类型（运行时）
☑ JavaScript 函数
☑ JavaScript 对象相关
☑ JavaScript 异步

二、组件进阶

☑ JavaScript Promise 详解
☑ JavaScript 引擎的执行原理
☑ 【ES6】由块级作用域引出的一场变革
☑ 【ES6】字符到底发生了什么变化
☑ 【译】async 的异步操作模式

新知识、新案例不断更新中……

第 24 章

使用 Vue

在 Web 前端开发历史进程中，为了提高开发效率，经历了 3 个发展阶段：早期使用原生的 JavaScript 代码实现，然后流行 jQuery 之类的类库，解决底层技术兼容问题，现在又开始流行各种前端模板引擎，如 Vue.js、Angular.js、React.js 等，帮助开发人员减少不必要的 DOM 操作，提高渲染效率，双向数据绑定。

在 Vue 中，一个核心的概念就是数据驱动，避免手动操作 DOM 元素，这样可以让前端开发人员更多地关注数据的业务逻辑，而不是关心 DOM 是如何渲染的。Vue 和 React 具有相似的设计原理，都是利用虚拟 DOM 实现快速渲染，其中 Vue 在国内很受欢迎，React 适合做大型网站。本章主要介绍 Vue 框架的基本使用。

24.1　Vue 概述

24.1.1　认识 Vue 框架

使用 JavaScript 可以把很多传统的服务端代码转移到前端浏览器中进行开发，这使前端开发的需求变得越来越复杂。当应用程序变得越来越复杂后，需要频繁操作 DOM。这种操作本质上是命令式操作 DOM，当应用程序变复杂后，代码就变得难以维护。所以，类似 Vue.js 的各种框架如雨后春笋般诞生了，它们提供了声明式操作 DOM 的能力来解决命令式操作 DOM 带来的问题。通过描述状态和 DOM 之间的映射关系，就可以将状态渲染成 DOM 呈现在用户界面中，也就是渲染到网页上。

Vue.js 简称为 Vue，是一款友好、多用途且高性能的 JavaScript 框架，能够帮助创建可维护性和可测试性更强的代码。它是目前所有主流框架中比较容易入门的。

Vue.js 是一款渐进式的 JavaScript 框架。所谓渐进式，就是可以将 Vue.js 作为应用的一部分嵌入其中，带来更加丰富的交互体验。

与其他前端框架一样，Vue.js 允许将一个网页分割成可复用的组件，每个组件都有独立的 HTML、CSS 和 JavaScript 来渲染网页中一个对应的位置。

如果要构建一个大型应用，就需要先搭建项目，配置一些开发环境等。Vue.js 提供了一个命令行工具，它让快速初始化一个真实的项目工程变得非常简单。

也可以使用 Vue.js 的单文件组件，它包含各自的 HTML、JavaScript，以及带作用域的 CSS 或 SCSS。单文件组件可以使项目架构变得非常清晰、可维护。

在 Vue 官网（https://cn.vuejs.org/）查看最新版本 Vue 项目（https://github.com/vuejs/vue-next/）。

24.1.2　Vue 发展历史

2013 年 7 月 28 日，在 Google 工作的尤雨溪受到 Angular 的启发，从中提取自己所喜欢的部分，开发出了一款轻量的 JavaScript 框架，并在 GitHub 上第一次提交代码，当时命名为 Element，后来更名为 Seed.js。2013 年 12 月 7 日，尤雨溪在 GitHub 上发布了新版本 0.6.0，将项目正式更名为 Vue.js，并且把默认的指令前缀改为 v-。

2014 年 2 月 1 日，尤雨溪将 Vue.js 0.8 首次公开发布到国外的 Hacker News 网站，开始引起关注。

2015 年 10 月 26 日，Vue.js 1.0 版本正式发布。Vue 最初的目标是成为大型项目的一个良好补充。设计思想是一种“渐进式框架”，淡化框架本身的主张，降低框架作为工具的复杂度，从而降低对使用者的要求。

Vue 中数据绑定采用的是数据劫持的方式，使用 Object 的 defineProperty 方法，和当时主流的 Angular 使用的事件触发的脏检查是不同的。这类做法将开发者与直接的 DOM 操作隔离开来，使得开发者能够更专注于业务逻辑，同时也改变了开发者的思维方式。

2016 年 10 月 1 日，Vuejs 2.0 版本发布。该版本对 Vue 做了大幅度的重构，性能有了很大的提高，也为日后的跨端发展打下了基础。主要特性如下。

☑ Virtual DOM，借鉴了 React 的做法，先将 template 编译为 render 函数，render 函数返回 Virtual DOM 对象，然后再交由 patch 函数，调用浏览器接口，渲染出 DOM。
☑ Render 函数，通过 Vue 提供的构建工具，将 template 的编译从运行时放到了编译时，提高了运行时的效率。
☑ 服务端渲染。

2020 年 9 月 18 日，Vue.js 3.0 版本正式发布。该版本也进行了非常大的重构，源码使用 TypeScript 重写，并且还有许多令人期待的新特性。主要特性如下。

☑ Virtual DOM 完全重构。
☑ 使用 Proxy 代替 defineProperty。
☑ 使用 TypeScript 重构。
☑ 自定义的 Renderer API。
☑ 支持 Time Slicing。

24.1.3 主流前端框架

1. Bootstrap

Bootstrap 是简洁、直观、强悍的前端开发框架，让 Web 开发更迅速、简单，甚至连非前端工程师人员也能开发出优美的页面，让所有开发人员更加快捷、方便地开发 Web 页面和移动端应用，同时也能开发响应式 Web 页面，上手也非常快，主要特点如下。

☑ 便利：Bootstrap 使用 LESS 定制 CSS，并用 Node 编译，托管在 GitHub 上，方便使用。
☑ 任何人都可以使用：Bootstrap 不仅美观，而且在现代的桌面浏览器上有极佳的表现。在平板电脑和智能手机上还有响应式 CSS 可以使用。
☑ 丰富的特色：12 列的响应式栅格结构、丰富的组件、JavaScript 插件、排版、表单控件，还有基于 Web 的定制工具。

2. React

React 是 Facebook 开发的框架，用于构建页面、JavaScript。主要功能是对 DOM 操作，声明式设计，可以更快地开发出 Web 应用系统。主要特点如下。

☑ 声明式设计：React 采用声明范式，可以轻松描述应用。
☑ 高效：React 通过对 DOM 的模拟，最大限度地减少与 DOM 的交互。

Note

☑ 灵活：React 可以与已知的库或框架很好地配合。

3. Angular

Angualr 来自谷歌的 Web 前端框架，诞生于 2009 年，由 Misko Hevery 等人创建，后为 Google 所收购。是一款优秀的前端 JavaScript 框架，已经被用于 Google 的多款产品当中。主要特点如下。

☑ 模板功能强大丰富。
☑ 比较完善的前端 MVC 框架。
☑ 引入了 Java 的一些概念。

Angular 与 React 比较：速度差不多、Flux 架构、服务器端渲染。

4. Vue

Vue 是一套构建用户界面的渐进式框架。与其他重量级框架不同的是，Vue 采用自底向上增量开发的设计。Vue 的核心库只关注视图层，并且非常容易学习，非常容易与其他库或已有项目整合。主要特点如下。

☑ 简洁、轻量、快速。
☑ Vue 的数据驱动：数据改变驱动了视图的自动更新，传统的做法需要手动改变 DOM 来改变视图，vuejs 只需要改变数据，就会自动改变视图。
☑ 视图组件化：可以把整个网页的拆分成一个个区块，每个区块可以看作一个组件。网页由多个组件拼接或者嵌套组成。

5. Amaze UI

Amaze UI 是轻量级的前端应用框架，比较适用于移动端响应式开发框架，可以按照项目要求生成专属的 UI 框架库进行使用，组件非常丰富，可以构建出漂亮的 Web 页面。主要特点如下。

☑ 以移动优先为理念，移动跨屏适配较好。
☑ 文档说明较好，集成控件比较丰富，大大提高开发效率。
☑ 国内首个开源跨屏前端架构，更好地实现中文排版效果。

24.1.4 安装 Vue

访问 https://unpkg.com/vue@next，下载最新版本 Vue。下载到本地后，复制 Vue 框架文件（vue.global.js）到项目文件夹中，使用<script>标签导入项目页面中。

```
<script src="vue.global.js"></script>
```

提示：也可以直接使用 CDN 在线安装，下面推荐国内外比较稳定的几个 CDN。

☑ Staticfile CDN（国内）：https://cdn.staticfile.org/vue/3.0.5/vue.global.js。
☑ unpkg：https://unpkg.com/vue@next（会保持和 npm 发布的最新的版本一致）。
☑ cdnjs：https://cdnjs.cloudflare.com/ajax/libs/vue/3.0.5/vue.global.js。

24.1.5 测试 Vue

初次学习 Vue，不推荐使用命令行工具来创建项目，直接在页面中导入 vue.global.js 库文件进行测试和练习即可。

第 1 步，新建 HTML5 文件，先在 HTML 头部位置导入 Vue 的 JS 文件。

```
<!doctype html>
<html>
```

```
<head>
<meta charset="utf-8">
<script src="vue.global.js"></script>
</head>
<body></body>
</html>
```

第 2 步，在文档中插入一个<div>标签，设置 id 为"test"，然后包裹 Vue 脚本：{{ hi }}。

```
<div id="test"> {{ hi }}</div>
```

{{ }}是 Vue 专用输出语法，用于输出对象属性和函数返回值。{{ hi }}映射应用中 hi 属性的值。

第 3 步，在 JavaScript 脚本中定义一个配置对象，包含 data 选项，该选项用于传递数据。

```
const MyAPP = {
  data() {
    return {
      hi: 'Hi，Vue 3。'
    }
  }
}
```

data 选项是一个函数。Vue 在创建新组件实例的过程中会调用该函数。该函数会返回一个对象，然后 Vue 通过响应性系统将其包裹起来，并以$data 的形式存储在组件实例中。

第 4 步，创建 Vue 应用。

```
Vue.createApp(MyAPP).mount('#test')
```

Vue3 通过 createApp 函数来创建应用，语法格式如下。

```
const app = Vue.createApp({/*选项对象*/})
```

传递给 createApp 的选项对象用于配置根组件（MyAPP）。在使用 mount()方法挂载应用时，该组件被用作渲染的起点。一个应用需要被挂载到一个 DOM 元素中，以上代码使用 mount('#test')将 Vue 应用 MyAPP 挂载到<div id="test"></div>中。

第 5 步，完整页面代码如下，在浏览器中预览该页面，显示效果如图 24.1 所示。

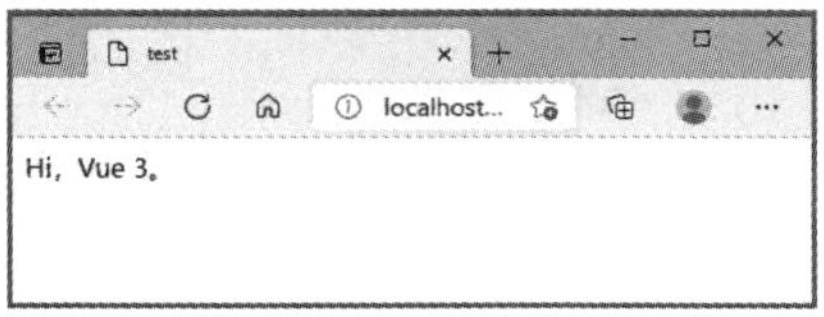

图 24.1　插入文本

```
<!doctype html>
<html><head>
<meta charset="utf-8">
<script src="vue.global.js"></script>
</head><body>
<div id="test"> {{ hi }}</div>
<script>
const MyAPP = {
  data() {
    return {
      hi: 'Hi，Vue 3。'
    }
  }
}
Vue.createApp(MyAPP).mount('#test')
</script>
</body>
</html>
```

Note

24.2 Vue 模板

Vue 采用简洁的 HTML 模板语法将数据渲染到 DOM 结构中。在应用状态改变时，Vue 能够重新渲染组件并映射到 DOM 操作上。

24.2.1 插值

1. 文本

插入文本数据，可以使用{{...}}（双大括号）语法。例如：

```
<div id="app">{{ message }}</div>
```

{{...}}标签内容将会被替代为对应组件实例中 message 属性的值，如果 message 属性的值发生了改变，{{...}} 标签内容也会更新。

如果不想改变标签的内容，可以使用 v-once 指令执行一次性插值，当数据改变时，插值处的内容不会更新。例如：

```
<div v-once id="app">{{ message }}</div>
```

2. HTML

使用 v-html 指令可以输出 HTML 代码。

【示例 1】插入 HTML 文本，测试效果如图 24.2 所示。

```
<div id="test">
    <p>{{ html }}</p>
    <p v-html="html"></p>
</div>
<script>
const MyAPP = {
  data() {
    return {
      html: '<span style="color: red">红色文本</span>'
    }
  }
}
Vue.createApp(MyAPP).mount('#test')
</script>
```

3. 属性

使用 v-bind 指令可以设置 HTML 属性的值。

【示例 2】下面示例为<a>标签设置 class 属性值：v-bind:class="val"，属性值为一个字符串，该字符串将映射到 Vue 中的属性 val 的值。

```
<div id="test">
    <a v-bind:class="val" href="https://www.baidu.com/">百度一下</a><br>
    <label for="r1">设置 class 的值</label><input type="text" v-model="val" id="r1" />
</div>
<script>
const MyAPP = {
  data() {
```

```
            return {
                val: "初始值"
            }
        }
    }
    Vue.createApp(MyAPP).mount('#test')
    </script>
```

在浏览器中预览，如果在文本框中修改 class 属性值，则可以实时看到<a>标签当前 class 属性值的变化，如图 24.3 所示。

图 24.2　插入 HTML 文本

图 24.3　动态改变 class 属性值

对于布尔属性，常规值为 true 或 false，如果属性值为 null 或 undefined，则该属性不会显示出来。

【示例 3】判断 bool 的值，如果为 true，则使用 btn 类的样式，否则不使用该类。

```
<style>
.btn { border: solid 1px red; border-radius: 8px; padding: 12px; display: inline-block; text-decoration: none;}
</style>
<div id="test">
    <a v-bind:class="{'btn': bool}" href="https://www.baidu.com/">百度一下</a><br>
    <label for="r1">添加样式</label><input type="checkbox" v-model="bool" id="r1">
</div>
<script>
const MyAPP = {
  data() {
    return {
      bool: false
    }
  }
}
Vue.createApp(MyAPP).mount('#test')
</script>
```

4. JavaScript 表达式

Vue 完全支持 JavaScript 表达式。

【示例 4】在 Vue 脚本中嵌入不同形式的 JavaScript 表达式。

```
<div id="test">
    {{5+5}}<br>
    {{ ok ? 'YES' : 'NO' }}<br>
    {{ message.split('').reverse().join('') }}
    <div v-bind:id="'list-' + id"> </div>
</div>
<script>
const MyAPP = {
```

```
    data() {
      return {
        ok: true,
        message: 'ABCDEF',
        id: 1
      }
    }
  }
  Vue.createApp(MyAPP).mount('#test')
  </script>
```

注意： 表达式会在当前活动实例的数据作用域下作为 JavaScript 被解析，每个绑定都只能包含单个表达式，不能够包含语句或流程结构。

24.2.2 指令

指令是带有 v-前缀的 HTML 自定义属性，用于在表达式的值发生改变时，将某些行为应用到 DOM 上。语法格式如下。

```
<标签名 v-指令:参数.修饰符 ></标签名>
```

【示例 1】定义条件指令 v-if，如果表达式 seen 的值为真，则显示该标签，否则不显示。

```
<div id="app"><p v-if="seen"> </p></div>
```

定义循环指令 v-for，如果表达式 site in sites 为真，则循环插入超链接。

```
<div id="app"><a v-for="site in sites">{{ site.text }}</a></div>
```

☑ 参数。

参数在指令后以冒号指明，用于传递值。

【示例 2】v-bind 指令用于更新 HTML 属性，本示例将属性 url 的值传递给<a>的 href 属性。

```
<div id="app"><a v-bind:href="url">{{ url }}</a></div>
```

指令 v-on 用于监听 DOM 事件。例如，如果单击超链接，则调用 fn 事件处理函数。

```
<a v-on:click="fn"> ... </a>
```

☑ 修饰符。

修饰符是以.为前缀指明的特殊后缀，用于指出一个指令应该以特殊方式绑定。

【示例 3】.prevent 修饰符限制 v-on 指令，对于触发的事件调用 event.preventDefault()。

```
<form v-on:submit.prevent="fn"></form>
```

24.2.3 用户输入

使用 v-model 指令可以在 input、select、textarea、checkbox、radio 等表单控件上创建双向数据绑定，根据表单上的值，自动更新绑定的元素的值。

【示例 1】把文本框与段落文本绑定在一起，当在文本框中输入信息时，实时显示在段落中。

```
<div id="test">
    <p>{{ message }}</p>
    <input v-model="message">
</div>
<script>
const MyAPP = {
  data() {
```

```
      return {
        message: '0'
      }
    }
}
Vue.createApp(MyAPP).mount('#test')
</script>
```

使用 v-on 指令可以监听按钮事件，并对用户的输入进行响应。

【示例2】 在上面示例基础上，添加一个按钮：<button v-on:click="fn">清空</button>，然后在 MyAPP 中添加一个方法，代码如下所示，这样当单击按钮时，将调用 fn()函数，并清空 message 的值。

```
const MyAPP = {
  methods: {
    fn() {
      this.message = ''
    }
  }
}
```

24.2.4　缩写

Vue 为两个最为常用的指令提供了缩写语法。

☑　v-bind。

直接省略 v-bind 指令，仅书写参数。例如：

```
<a v-bind:href="url"></a>
```

缩写为：

```
<a :href="url"></a>
```

☑　v-on。

使用@替代 v-on 指令和冒号前缀。例如：

```
<a v-on:click="fn"></a>
```

缩写为：

```
<a @click="fn"></a>
```

动态参数的缩写（2.6.0+版本）：

```
<a @[event]="fn"> </a>
```

24.3　Vue 语句

24.3.1　条件语句

1. v-if

使用 v-if 指令可以设计条件判断，如果指令的表达式返回 true 时才会显示。

【示例 1】 v-if 指令将根据表达式 seen 的值来决定是否插入 p 元素。

```
<div id="app">
    <p v-if="seen">…</p>
</div>
```

Note

如果要控制多个元素，可以包裹在<template>元素上，并在上面使用v-if。最终的渲染结果将不包含<template>元素。例如：

```
<div id="app">
    <template v-if="seen">
        <h1>…</h1>
        <p>…</p>
    </template>
</div>
```

2. v-else

v-else 指令可以为 v-if 指令添加反向条件。

【示例 2】如果 seen 为 true，则显示第 1 段文本，否则显示第 2 段文本。

```
<div id="app">
    <p v-if="seen">段落文本 1</p>
    <p v-else>段落文本 2</p>
</div>
```

3. v-else-if

v-else-if 是 v-if 的 else-if 块，可以链式地使用多次。

【示例 3】判断 type 变量的值，决定显示不同的字符。

```
<div id="app">
    <div v-if="type === 'A'">A </div>
    <div v-else-if="type === 'B'">B</div>
    <div v-else-if="type === 'C'">C</div>
    <div v-else>Not A/B/C</div>
</div>
```

提示：v-else、v-else-if 必须跟在 v-if 或者 v-else-if 之后。

4. v-show

v-show 指令可以根据条件展示元素，功能类似 v-if 指令。例如：

```
<h1 v-show="ok">…</h1>
```

24.3.2 循环语句

使用 v-for 指令可以设计循环显示。有多种语法格式，具体说明如下。

1. 遍历数组

语法格式如下。

```
v-for="site in sites"
```

其中，sites 表示数据源数组，site 为数组元素。

【示例 1】循环插入 3 个 p 元素，并分别显示文本 1、2、3，如图 24.4 所示。

```
<div id="test"><p v-for="site in sites"> {{ site.text }} </p></div>
<script>
const MyAPP = {
  data() {
    return {
      sites: [{ text: 1 },{ text: 2 },{ text: 3 }]
    }
```

```
    }
}
Vue.createApp(MyAPP).mount('#test')
</script>
```

语法格式如下。

```
v-for="(site, index) in sites"
```

v-for 还支持一个可选的第 2 个参数，参数值为当前元素的下标索引。

【示例 2】针对上面示例，添加一个索引变量 index。

```
<div id="test"><p v-for="(site, index) in sites"> {{ site.text }} - {{ index }} </p></div>
```

2. 遍历对象

语法格式如下。

```
v-for="value in object"
```

v-for 可以迭代对象的属性，value 表示对象的属性值。

【示例 3】把对象 object 的两个属性值迭代绑定到<p>标签上，如图 24.5 所示。

```
<div id="test"><p v-for="value in object"> {{ value }} </p></div>
<script>
const MyAPP = {
  data() {
    return {
      object: { name: '百度', url: 'https://www.baidu.com/' }
    }
  }
}
Vue.createApp(MyAPP).mount('#test')
</script>
```

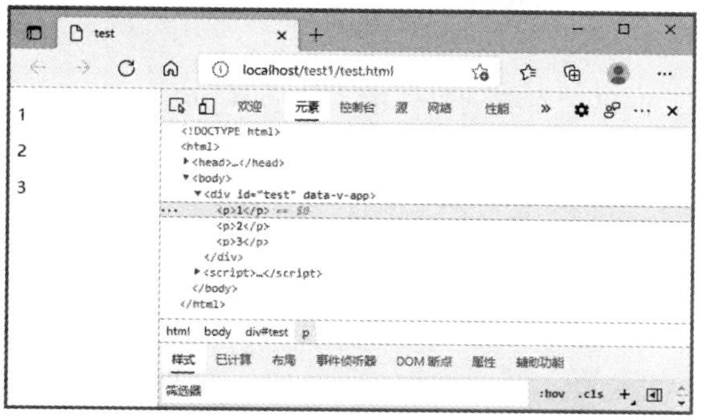

图 24.4　循环插入元素

图 24.5　循环插入属性值

语法格式如下。

```
v-for="(value, key) in object"
```

可以提供第 2 个参数为键名。

```
v-for="(value, key, index) in object"
```

也可以提供第 3 个参数为索引。例如：

```
<div id="test"><p v-for="(value, key, index)  in object"> {{ index }} . {{ key }} : {{ value }}</p></div>
```

3. 遍历数字

v-for 也可以循环迭代整数，语法格式如下。

```
v-for="n in 数字"
```

Note

【示例 4】下面示例从 1 开始循环迭代到数字 10。

```
<div id="test">
  <span v-for="n in 10"> {{ n }}</span>
</div>
<script>
const MyAPP = {}
Vue.createApp(MyAPP).mount('#test')
</script>
```

24.4 Vue 组件

组件是 Vue 最强大的功能之一，通过组件可以扩展 HTML 元素，封装可重用的代码。通过独立可复用的小组件可以构建大型应用，任意类型的应用的界面都可以抽象为一个组件树。

24.4.1 全局组件

使用 createApp 函数可以创建一个 Vue 应用，创建应用时可以传递一个配置对象，然后调用 mount()方法可以把应用挂载到 DOM 上进行渲染。组件是在应用上进行注册，具体语法格式如下。

```
const app = Vue.createApp({...})
app.component('my-component-name', {
  /* ... */
})
```

首先，创建一个应用，然后在应用上调用 component()方法创建一个组件。参数 my-component-name 为组件名，/* ... */为配置选项。注册后，可以使用以下方式来调用组件。

```
<my-component-name></my-component-name>
```

全局组件可以在随后创建的应用实例模板中使用，也包括根实例组件树中的所有子组件的模板。

【示例 1】设计一个仅包含一级标题的简单 Vue 组件。

```
<div id="app"><test></test></div>
 <script>
const app = Vue.createApp({})                    //创建一个 Vue 应用
app.component('test', {                          //定义一个名为 test 的新全局组件
    template: '<h1>自定义组件!</h1>'
})
app.mount('#app')
</script>
```

【示例 2】注册一个 test 组件，绑定一个按钮，同时为按钮定义单击事件，在每次单击后，计数器会加 1，并动态显示在按钮上。

```
<div id="app"><test></test></div>
<script>
const app = Vue.createApp({})                    //创建一个 Vue 应用
app.component('test', {                          //定义一个名为 test 的新全局组件
  data() {
    return {
      count: 0
    }
  },
```

```
    template: '<button @click="count++">点了 {{ count }} 次！ </button>'
})
app.mount('#app')
</script>
```

提示： 可以将组件进行任意次数的复用，例如调用 3 次，预览效果如图 24.6 所示。

```
<div id="app">
    <test></test>
    <test></test>
    <test></test>
</div>
```

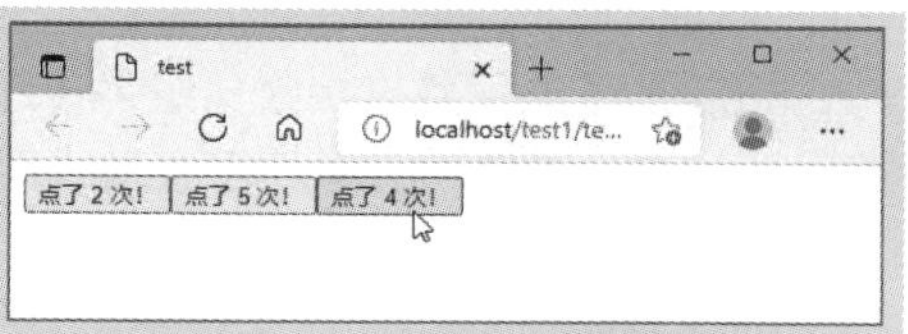

图 24.6　重复调用组件

24.4.2　局部组件

一个全局组件如果已经不再使用，但是它仍然会被包含在最终的构建结果中，这会造成用户资源浪费，在这种情况下，可以通过一个普通的 JavaScript 对象来定义组件。语法格式如下。

```
const ComponentA = {
  /* ... */
}
const ComponentB = {
  /* ... */
}
```

然后，在 components 选项中定义想要使用的组件。

```
const app = Vue.createApp({
  components: {
    'component-a': ComponentA,
    'component-b': ComponentB
  }
})
```

对于 components 对象中的每个属性来说，其属性名就是自定义元素的名字，如 component-a、component-b，其属性值就是这个组件的选项对象，如 ComponentA、ComponentB。

也可以在实例选项中注册局部组件，局部组件只能在这个实例中使用。

【示例】 注册两个简单的局部组件 test1 和 test2，然后使用两个组件。

```
<div id="app">
    <test1></test1>
    <test2></test2>
</div>
<script>
var test1 = {
  template: '<h1>组件 1</h1>'
}
var test2 = {
  template: '<h1>组件 2</h1>'
}
const app = Vue.createApp({
  components: {
    'test1': test1,
    'test2': test2
  }
})
```

```
app.mount('#app')
</script>
```

24.4.3 自定义属性

prop 是子组件用来接收父组件传递过来的数据的一个自定义属性。父组件的数据需要通过 props 把数据传给子组件，子组件需要显式地用 props 选项声明 prop。

【示例 1】定义一个组件，通过 props 传递父组件中 title 属性值给子组件，并显示出来。

```
<div id="app">
  <test1 title="组件 1"></test1>
  <test1 title="组件 2"></test1>
  <test1 title="组件 3"></test1>
</div>
<script>
const app = Vue.createApp({})
app.component('test1', {
  props: ['title'],
  template: `<h1>{{ title }}</h1>`
})
app.mount('#app')
</script>
```

一个组件默认可以拥有任意数量的 prop，任何值都可以传递给任何 prop。

【示例 2】使用 v-bind 指令动态绑定 props 的值到父组件的数据中。每当父组件的数据变化时，该变化也会传导给子组件，演示效果如图 24.7 所示。

图 24.7　传递属性值

```
<div id="app">
  <test1 title="组件 1"></test1>
  <test1 title="组件 2"></test1>
  <test1 title="组件 3"></test1>
</div>
<script>
const app = Vue.createApp({})
app.component('test1', {
  props: ['title'],
  template: `<h1>{{ title }}</h1>`
})
app.mount('#app')
</script>
```

24.5 Vue 属性

24.5.1 计算属性

计算属性在处理一些复杂逻辑时是很有用的，计算属性通过 computed 关键字定义。

【示例 1】在前面示例中在模板中反转字符串并显示。

```
<div id="app"> {{ message.split('').reverse().join('') }}</div>
```

但是这样会使模板变得很复杂，不容易理解。下面通过计算属性把字符串反转的计算过程隐藏起来。

```
<div id="app">
  <p>原始字符串: {{ str1 }}</p>
  <p>反转字符串: {{ str2 }}</p>
</div>
<script>
const app = {
  data() {
    return { str1: 'ABCD' }
  },
  computed: {
    str2: function () {                              //计算属性的 getter
      return this.str1.split('').reverse().join('')  // this 指向 vm（应用）实例
    }
  }
}
Vue.createApp(app).mount('#app')
</script>
```

在上面示例中，声明了一个计算属性 str2，提供的函数将用作属性 vm.str2 的 getter。vm.str2 依赖于 vm.str1，vm.str1 发生改变时，vm.str2 也会更新。

提示：可以使用 methods 来替代 computed，效果都一样，但是 computed 是基于它的依赖缓存，只有相关依赖发生改变时才会重新取值。而使用 methods，在重新渲染时，函数总会重新调用执行。因此，使用 computed 性能会更好，但是如果不希望缓存，可以使用 methods。

```
<script>
const app = {
  data() {
    return { str1: 'ABCD' }
  },
  methods: {
    str2: function () {                              //计算属性的 getter
      return this.str1.split('').reverse().join('')  //this 指向 vm 实例
    }
  }
}
Vue.createApp(app).mount('#app')
</script>
```

【示例 2】computed 属性默认只有 getter，不过在需要时也可以提供一个 setter。

```
<script>
const app = {
  data() {
    return {
      name: '百度',
      url: 'https://www.baidu.com/'
    }
  },
  computed: {
    site: {
      get: function () {                             //getter
        return this.name + ' ' + this.url
      },
      set: function (newValue) {                     //setter
```

```
                var names = newValue.split(' ')
                this.name = names[0]
                this.url = names[names.length - 1]
            }
        }
    }
}
vm = Vue.createApp(app).mount('#app')
document.write('name: ' + vm.name);
document.write('<br>');
document.write('url: ' + vm.url);
document.write('<br>------ 更新数据 ------<br>');
vm.site = '谷歌 https://www.google.cn/';                //调用 setter，vm.name 和 vm.url 也会被对应更新
document.write('name: ' + vm.name);
document.write('<br>');
document.write('url: ' + vm.url);
</script>
```

从实例运行结果可以看到，在运行 vm.site = '谷歌 https://www.google.cn/';时，setter 会被调用，vm.name 和 vm.url 也会被对应更新，如图 24.8 所示。

24.5.2 监听属性

Vue 允许监听属性，通过 watch 属性可以响应数据的变化。

【示例】使用 watch 属性实现对数字的变化监测，效果如图 24.9 所示。

```
<div id = "app">
    <p style = "font-size:25px;">{{ counter }}</p>
    <button @click = "counter++" style = "font-size:25px;">递增</button>
</div>
<script>
const app = {
  data() {
    return {
      counter: 1
    }
  }
}
vm = Vue.createApp(app).mount('#app')
vm.$watch('counter', function(nval, oval) {
    alert( oval + ' 变为 ' + nval );
});
</script>
```

图 24.8　使用 computed 属性的 setter

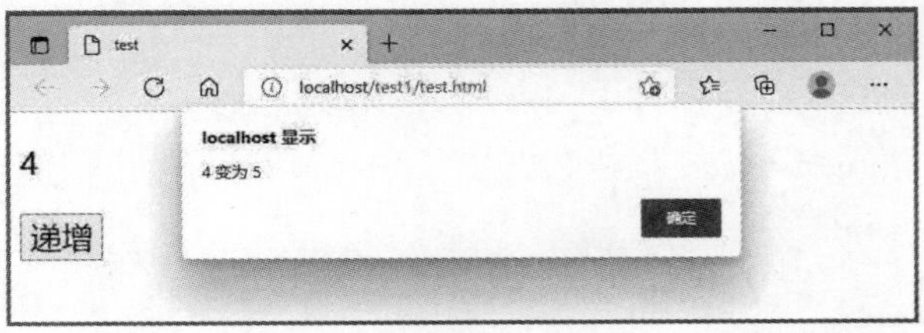

图 24.9　观察数字变化

24.5.3 样式绑定

class 和 style 都是 HTML 元素的属性，用于设置元素的样式。Vue 允许使用 v-bind 指令来设置样式属性。v-bind 在处理 class 和 style 时，表达式除了可以使用字符串之外，还可以是对象或数组。其中，v-bind:class 可以简写为:class。

☑ 绑定 class 属性。

为 v-bind:class 设置一个对象，从而动态地切换 class。

【示例 1】 将 isActive 设置为 true，显示绿色 div，如果设置为 false 则不显示。

```
<style>
.active { background: green;}
</style>
<div id="app"><div :class="{ 'active': isActive }"></div></div>
<script>
const app = {
    data() {
      return {
          isActive: true
      }
    }
}
Vue.createApp(app).mount('#app')
</script>
```

也可以在对象中传入更多属性，用来动态切换多个 class。:class 指令也可以与普通的 class 属性共存。

【示例 2】 本示例为 class 设置多个类样式，其中 text-danger 类背景颜色覆盖了 active 类的背景颜色，如图 24.10 所示。

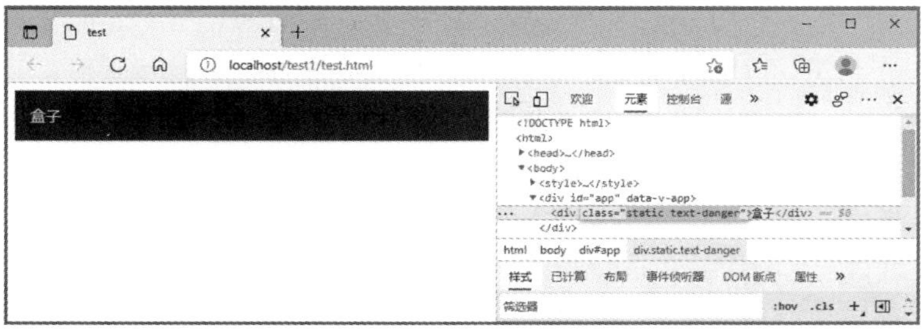

图 24.10 绑定多个类样式

```
<style>
.static { color: #fff; padding: 1em; }
.active { background: green; }
.text-danger { background: red; }
</style>
<div id="app"><div class="static" :class="{ 'active': isActive, 'text-danger': hasError }">盒子</div></div>
<script>
const app = {
    data() {
      return {
          isActive: false,
          hasError: true
```

```
            }
        }
    }
    Vue.createApp(app).mount('#app')
    </script>
```

也可以直接绑定数据里的一个对象，例如下面示例与上面示例的渲染结果是一样的。

```
<div id="app"><div class="static" :class="classObject">盒子</div></div>
<script>
const app = {
    data() {
        return {
            classObject: {
                'active': false,
                'text-danger': true
            }
        }
    }
}
Vue.createApp(app).mount('#app')
</script>
```

☑ 绑定 style。

用户可以在 v-bind:style 中直接设置样式，简写为:style。例如：

```
<div id="app"><div :style="{ color: activeColor, fontSize: fontSize + 'px' }">盒子</div></div>
<script>
const app = {
    data() {
        return {
            activeColor: 'red',
            fontSize: 30
        }
    }
}
Vue.createApp(app).mount('#app')
</script>
```

也可以直接绑定到一个样式对象，让模板更清晰，例如：

```
<div id="app">
  <div :style="styleObject">盒子</div>
</div>
```

v-bind:style 可以使用数组将多个样式对象应用到一个元素上，例如：

```
<div id="app">
  <div :style="[baseStyles, overridingStyles]"> 盒子</div>
</div>
```

注意：当 v-bind:style 使用需要特定前缀的 CSS 属性时，如 transform，Vue 会自动侦测并添加相应的前缀。

可以为 style 绑定的属性提供一个包含多个值的数组，常用于提供多个带前缀的值，例如：

```
<div :style="{ display: ['-webkit-box', '-ms-flexbox', 'flex'] }"></div>
```

这样写只会渲染数组中最后一个被浏览器支持的值。如果浏览器支持不带浏览器前缀的 flexbox，那么就只会渲染 display: flex。

Note

24.6　Vue 事件

使用 v-on 指令可以监听 DOM 事件，从而执行 JavaScript 代码。v-on 指令可以缩写为@符号。语法格式如下。

```
v-on:click="methodName"
```

或者：

```
@click="methodName"
```

【示例 1】设计一个计数器，然后记录按钮被单击的次数，并进行提示。

```
<div id="app"><button @click="counter += 1">单击了 {{ counter }} 次。</button></div>
<script>
const app = {
  data() {
    return {
      counter: 0
    }
  }
}
Vue.createApp(app).mount('#app')
</script>
```

【示例 2】使用一个方法来调用 JavaScript 方法。

```
<div id="app"><button @click="greet">点我</button></div>
<script>
const app = {
  data() {
    return {
      name: 'Runoob'
    }
  },
  methods: {
    greet(event) {
      alert('Hello ' + this.name + '!')     //this 指向当前活动实例
      if (event) {                          //event 表示是原生 DOM event
        alert(event.target.tagName)
      }
    }
  }
}
Vue.createApp(app).mount('#app')
</script>
```

除了直接绑定到一个方法，也可以使用内联 JavaScript 语句，例如：

```
<div id="app">
  <button @click="say('hi')">点我</button>
</div>
<script>
const app = {
  data() { },
  methods: {
```

```
        say(message) {
          alert(message)
        }
      }
    }
    Vue.createApp(app).mount('#app')
    </script>
```

Note

事件处理程序中可以有多个方法，这些方法由逗号运算符分隔，例如，下面 one()和 two()将执行按钮单击事件。

```
<div id="app"><button @click="one($event), two($event)">点我</button></div>
<script>
const app = {
  data() {},
  methods: {
    one(event) {
      alert("第一个事件处理器逻辑...")
    },
    two(event) {
      alert("第二个事件处理器逻辑...")
    }
  }
}
Vue.createApp(app).mount('#app')
</script>
```

提示：Vue 为 v-on 指令提供了事件修饰符来处理 DOM 事件细节，如 event.preventDefault()或 event.stopPropagation()。具体说明如下。

- ☑ .stop：阻止冒泡。
- ☑ .prevent：阻止默认事件。
- ☑ .capture：阻止捕获。
- ☑ .self：只监听触发该元素的事件。
- ☑ .once：只触发一次。
- ☑ .left：左键事件。
- ☑ .right：右键事件。
- ☑ .middle：中间滚轮事件。

例如：

```
<!--阻止单击事件冒泡-->
<a v-on:click.stop="doThis"></a>
<!--提交事件不再重载页面-->
<form v-on:submit.prevent="onSubmit"></form>
<!--修饰符可以串联-->
<a v-on:click.stop.prevent="doThat"></a>
<!--只有修饰符-->
<form v-on:submit.prevent></form>
<!--添加事件侦听器时使用事件捕获模式-->
<div v-on:click.capture="doThis">...</div>
<!--只当事件在该元素本身（而不是子元素）触发时触发回调-->
<div v-on:click.self="doThat">...</div>
<!--click 事件只能单击一次-->
<a v-on:click.once="doThis"></a>
```

Vue 也允许为 v-on 指令在监听键盘事件时添加按键修饰符，例如：

```
<!--只有在 keyCode 是 13 时调用 vm.submit()-->
<input v-on:keyup.13="submit">
<!--记住所有的 keyCode 比较困难，所以 Vue 为最常用的按键提供了别名-->
<input v-on:keyup.enter="submit">
<!--缩写语法-->
<input @keyup.enter="submit">
```

全部的按键别名包括.enter、.tab、.delete（"删除"和"退格"键）、.esc、.space、.up、.down、.left、.right。系统修饰键包括.ctrl、.alt、.shift、.meta。鼠标按钮修饰符包括.left、.right、.middle。例如：

```
<!--Alt+C-->
<input @keyup.alt.67="clear">
<!--Ctrl+Click-->
<div @click.ctrl="doSomething">Do something</div>
```

24.7 在线支持

一、补充知识

- ☑ Ajax
- ☑ 前端请求跨域
- ☑ 函数式编程
- ☑ 三种本地存储方式和一些扩展
- ☑ JavaScript 的模块
- ☑ 数组的十八般武艺

新知识、新案例不断更新中……

第 25 章

PHP 基础

视频讲解

PHP 是一种嵌入式服务器端编程语言，简单易学，快速上手，它具有强大的扩张性。作为一种非常优秀的、简便的 Web 开发语言，PHP 与 Linux、Apache、MySQL 紧密结合，形成 LAMP 的开源黄金组合，这不仅降低了用户的使用成本，还提升了开发速度。PHP 作为免费、开源的网站开发技术，相对门槛较低，没有编程基础的读者都可以学习，而且能够快速入门、顺利上手。本章将简单介绍 PHP 的相关基础知识。

Apache 是世界排名第一的 Web 服务器，可以运行在几乎所有的平台上，Apache 的特点是简单、速度快、性能稳定。Apache 与 PHP 的兼容性更好，执行效率更高，运行也更加稳定。

25.1 构建 PHP 运行环境

25.1.1 安装 Apache

下面介绍如何直接安装 Apache 源码包。

第 1 步，访问 http://www.apachelounge.com/download/，下载最新的 Apache 源码包。

> 提示：也可通过 http://httpd.apache.org/download 下载。

> 注意：在 httpd-2.4.33-win64-VC14.zip 压缩包名称中，各部分的含义说明如下。
>
> ☑ httpd：表示软件名称。
>
> ☑ 2.4.33：表示版本号，目前最新版本为 2.4.33。
>
> ☑ win64：表示该包适用 64 位 Windows 操作系统。
>
> ☑ VC14：表示该包使用 Visual Studio 2015 进行编译，因此用户系统需要安装 Visual Studio 2015 运行时环境（vc_redist.x64（2015）.exe）。

第 2 步，下载并安装 VC2015 运行时环境。vc_redist.x64（2015）.exe 下载地址是 http://www.microsoft.com/zh-cn/download/details.aspx?id=48145。

> 注意：安装 VC14 必须开启 3 个服务：windows modules installer、windows update、window defender service。进行控制面板，找到“服务”选择，进入服务窗口，启动上面 3 个服务。

第 3 步，在本地解压 httpd-2.4.33-win64-VC14.zip，复制目录下 Apache24 子文件夹到某个非系统盘根目录下，例如：

```
D:\apache24\
```

> 注意：必须放到根目录下，如果放在非根目录下，启动和加载模块容易出错。

第 4 步，在非系统盘根目录下新建一个站点目录，命名为 www 或者其他任意名称，用来专门存放网站内容。例如：

```
D:\www\
```

25.1.2 安装 PHP

在默认情况下，Apache 不支持解析.php 文件，需要下载和安装 PHP 软件包。

【操作步骤】

第 1 步，访问 http://windows.php.net/download/页面，下载 PHP 源码包。

> **提示：**由于各种因素，如果无法访问，可以通过搜索 PHP7.1 相关版本，下载 php-7.1.x-Win32-VC14-x64 压缩包。

> **注意：**在 PHP 官网上下载 PHP 安装包，都有 VC9、VC11、VC14 或 VC15 的标识。
>
> VC9 表示该版本 PHP 是用 Visual Studio 2008 编译的，Apache HTTP Server 2.2 支持 VC9 版本；VC11 是用 Visual Studio 2012 编译的，VC14 是用 Visual Studio 2015 编译的。
>
> Apache HTTP Server 2.4 支持 VC11 及其以上版本。因此如果下载的是 VC14 版本，就需要先安装 Visual C++ Redistributable for Visual Studio 2015，在 25.1.1 节已经介绍过。
>
> 搭建 PHP 还要看操作系统的版本，如果操作系统是 32 位，就选择带“x86”标识的版本；如果是 64 位，就选择带“x64”标识的版本。
>
> None Thread Safe 表示非线程安全，在执行时不进行线程（thread）安全检查；Thread Safe 表示线程安全，在执行时会进行线程（thread）安全检查，以防止有新要求就启动新线程，浪费系统资源，应选择下载 Thread Safe 标识的版本。

第 2 步，下载最新 PHP 版本，这里为 php-7.1.17-Win32-VC14-x64.zip。

第 3 步，解压之后，重命名文件夹，把 php-7.1.17-Win32-VC14-x64 改为 php71。

第 4 步，复制 php71 到非系统盘根目录下。

```
D:\php71\
```

25.1.3 配置 Apache

安装 Apache 之后，还需要设置 Apache 配置文件（httpd.conf）。在默认情况下该文件位于 apache24/conf/目录下，可以使用记事本直接打开并编辑。

第 1 步，设置之前，建议在当前目录下备份一份 httpd.conf 初始文件。

第 2 步，设置 Apache 服务器的物理路径。按 Ctrl+F 快捷键，找到如下代码。

```
ServerRoot "c:/Apache24"
```

修改为：

```
ServerRoot "D:/Apache24"
```

具体设置可以根据 Apache24 文件夹的存放位置而定。

第 3 步，设置端口号。如果当前系统安装了多个服务器，如同时安装 IIS 和 Apache，或者默认端口号被其他服务占用，则需要重设 Apache 服务器监听的端口号，默认为 80。一般保持默认设置即可。

```
Listen 80
```

第 4 步，设置网站根目录在本地的物理路径。在 httpd.conf 中找到如下代码。

```
DocumentRoot "c:/Apache24/htdocs"
<Directory "c:/Apache24/htdocs">
```

修改为：

```
DocumentRoot "D:/www"
<Directory "D:/www">
```

第 5 步，设置服务器的名称和域名。在 httpd.conf 中找到如下代码。如果没有则添加；如果已经添加，则忽略本步操作。

```
#ServerName www.example.com
ServerAdmin admin@example.com
```

把前面的“#”注释符号去掉，定义服务器的名称和域名（网址）。如果是在本地定义虚拟服务器，可以修改为：

```
ServerName www.mysite.com
ServerName localhost:80
```

第 6 步，设置首页默认运行顺序。在 httpd.conf 中找到如下代码。

```
DirectoryIndex index.html
```

修改为：

```
DirectoryIndex index.html index.php index.htm
```

指定文件列表后，Apache 能够按优先级自动访问、打开这些文件。

第 7 步，设置 PHP 在本地的物理路径，导入 PHP7 接口和支持模块。本步和第 8 步将要整合 Apache 和 PHP。在 httpd.conf 中添加如下代码。

```
PHPIniDir "D:/php71/"
LoadFile "D:/php71/php7ts.dll"
LoadModule php7_module "D:/php71/php7apache2_4.dll"
```

第 8 步，添加 PHP 的 mimetype 类型，让 Apache 能够正确解析 PHP 页面。在 httpd.conf 中找到如下代码块。

```
<IfModule mime_module>
</IfModule>
```

在其中添加如下一行代码。

```
<IfModule mime_module>
    AddType application/x-httpd-php .php
</IfModule>
```

25.1.4 配置 PHP

配置 PHP 的操作步骤如下。

第 1 步，在 PHP 安装目录下，找到 php.ini-development（或 php.ini-recommended）配置文件，复制并更名为 php.ini。

第 2 步，设置 PHP 的扩展路径，否则 PHP7 无法启动。

使用记事本打开 php.ini 文件，找到如下代码。

```
; extension_dir = "ext"
```

修改为：

```
extension_dir = "D:/php71/ext"
```

把前面的分号去掉，一般开启 ext 扩展目录之后，就可以成功在命令行启动 PHP7。如果仍然不成功，说明 PHP 路径没有添加到环境变量中，或者环境变量中有旧的 PHP 版本使用。

第 3 步，在 php.ini 中找到 Dynamic Extensions 设置组，把常用模块前的分号去掉，启用 PHP 常用模块。提示，本步为可选步骤。

建议启用 MySQL、MySQLi、PDO、CURL 等模块，随着开发不断深入，可以随时选择启用更多模块。

25.1.5 启动 Apache 服务

把 Apache24 加入 Windows 服务，并启动 Apache。具体步骤如下。

第 1 步，以管理员身份启动“运行”对话框。

第 2 步，打开命令提示符。在命令提示符中输入 D:，按 Enter 键切换到 D 盘下。

第 3 步，输入 cd Apache24\bin，按 Enter 键进入 D:/Apache24/bin 目录下。

第 4 步，输入如下命令。

```
httpd –k install
```

第 5 步，按 Enter 键执行 httpd -k install 命令，如果显示如图 25.1 所示的提示信息，说明安装成功。把 Apache 安装为 Windows 服务，这样 Apache 就能够自动启动。

第 6 步，在控制面板中搜索服务，然后打开本地服务，在 Windows 服务列表中会显示 Apache24 服务项，如图 25.2 所示，可以在该窗口直接启动 Apache 服务。

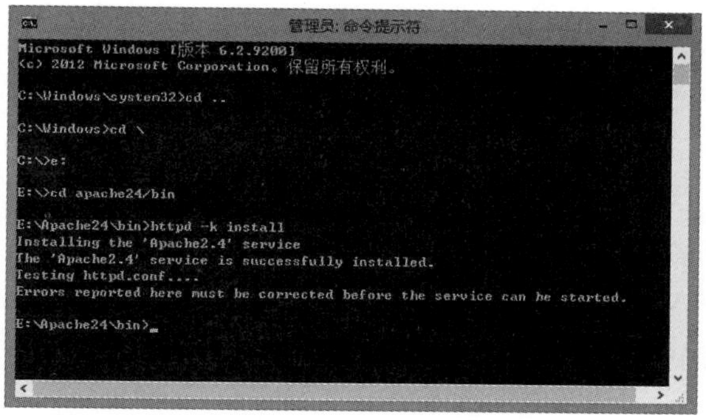

图 25.1 提示安装 Apache 服务成功

图 25.2 启动 Apache 服务

第 7 步，也可以在命令行中输入如下命令。

```
httpd –k start
```

按 Enter 键执行命令，启动 Apache 服务器。

第 8 步，测试 Apache。把 apache24\htdocs 目录下的 index.html 文件复制到 D:\www 目录下，使用浏览器访问 http://localhost/，在浏览器中显示如图 25.3 所示的提示，则说明 Apache 已经正确安装了。

25.1.6 测试 PHP

完成上述安装和配置后，PHP 运行环境基本搭建成功，下面可以测试 PHP 环境，测试它是否正常工作。

第 1 步，新建一个文本文件，保存为 test.php。注意扩展名为.php。

第 2 步，使用记事本打开 test.php 文件，然后输入如下代码。

```
<?php
```

```
echo "<h1>Hello World</h1>";
?>
```

第 3 步，把 test.php 文件保存到 D:/www 中，即 DocumentRoot "D:/www"选项的设置目录。

第 4 步，启动浏览器，在地址栏中输入 http://localhost/test.php，按 Enter 键即可看到如图 25.4 所示效果，则说明 PHP 环境搭建成功。

图 25.3　启动 Apache 成功

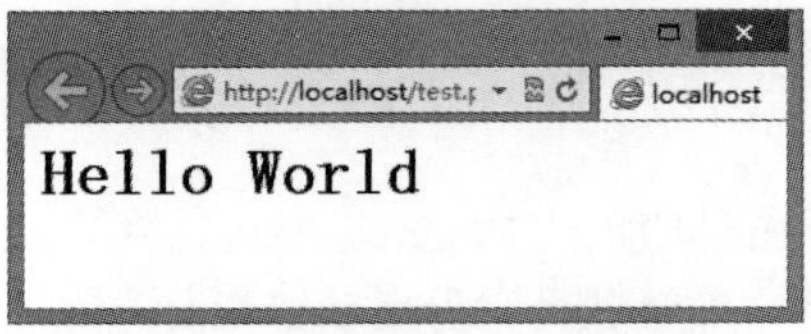

图 25.4　测试 PHP 运行环境

25.2　PHP 基本语法

PHP 使用一对特殊的标记包含 PHP 代码，与 HTML 代码混在一起。当服务器解析页面时，能够自动过滤出 PHP 脚本并进行解释，最后把生成的静态网页传递给客户端。

25.2.1　PHP 标记

一般情况下，PHP 代码都被嵌入 HTML 文档中，PHP 代码在 HTML 文档有 4 种存在形式。简单说明如下。

☑　PHP 默认风格。通过“<?php”和“?>”标记分隔 PHP 代码。例如：

```
<?php
    #这里是 PHP 代码
?>
```

【示例】利用上述风格，可以在 HTML 文档中任意混合 PHP 和 HTML 代码。

```
<?php if ($expression) { ?>
<strong>$expression 变量为 true.</strong>
<?php } else { ?>
<strong>$expression 变量为 false.</strong>
<?php } ?>
```

上面代码能够正常工作，这种方法对于输出大段 HTML 字符串而言，通常比将所有 HTML 字符串使用 echo()或者 print()方法输出效率会更高。

☑　脚本风格。通过<script>标签包含 PHP 代码，然后通过 language 属性设置脚本语言为 PHP。例如：

```
<script language="php">
    #这里是 PHP 代码
</script>
```

☑　简写风格。通过在默认风格基础上去掉 php 关键字，方便快速书写代码。例如：

```
<?
    #这里是 PHP 代码
?>
```

☑　ASP 风格。通过“<%”和“%>”一对标记分隔 PHP 代码。例如：

```
<%
    #这里是 PHP 代码
%>
```

注意： 如果使用简写风格或者 ASP 风格，则应该在 php.ini 配置文件中修改如下配置，把这两个参数值都设置为 On。考虑到这两种风格的移植性较差，通常不推荐使用。

```
short_open_tag = On
asp_tags = On
```

当开发需要发行的程序或者库，或者在用户不能控制的服务器上开发 PHP 程序时，因为目标服务器可能不支持短标记，为了代码的移植或发行，建议使用 PHP 默认风格。

25.2.2 PHP 注释

PHP 支持 3 种代码注释格式，简单说明如下。

☑ C++语言风格单行注释。

```
<?php
    //这里是 PHP 注释语句
?>
```

☑ C 语言风格多行注释。

```
<?php
    /*
    PHP 代码
    多行注释
    */
?>
```

多行注释语法格式是不可嵌套使用，所有被包含在“/*”和“*/”分隔符内的字符都是注释信息，将不被解释。

☑ Shell 语言风格注释。

```
<?php
    #这里是 PHP 注释语句
?>
```

在单行注释中，不要包含“?>”字符，否则服务器会误以为 PHP 代码结束，因此停止后面代码的解释。

【示例】执行下面的代码，将会看到网页中显示多余的字符，如图 25.5 所示。

```
<?php
    echo "PHP 代码!!!"    //输出字符串?>不该显示的注释语句
?>
```

图 25.5 错误的注释语句

25.2.3 PHP 指令分隔符

与 C、Perl 语言一样，PHP 使用分号来结束指令，放在每个语句后面。

一段 PHP 代码的结束标记隐含表示一个分号。因此，在一个 PHP 代码段最后一行，可以不用添加分号表示结束。如果后面还有新行，则代码段的结束标记包含了结束指令。例如：

```
<?php
    echo "这是一行命令";
?>
```

Note

或者

```
<?php echo "这是一行命令" ?>
```

提示：在文档末尾的 PHP 代码段，结束标记可以不要。在某些情况下，当使用 include()或者 require()方法时，省略结束标记会更有利。这样文档末尾多余的空格就不会显示出来，之后仍然可以输出响应标头。在使用输出缓冲时也很便利，就不会看到由包含文件生成的空格。例如：

```
<?php echo '这里省略了结束标记';
```

25.3 PHP 数据类型

PHP 支持 8 种数据类型。包括 4 种标量类型：boolean（布尔型）、integer（整型）、float（浮点型，也称为 double，即双精度）、string（字符串）；2 种复合类型：array（数组）、object（对象）；2 种特殊类型：resource（资源）、NULL（NULL）。

注意：PHP 变量的类型不需要声明，PHP 能够根据该变量使用的上下文环境在运行时决定。

25.3.1 标量类型

标量类型是最基本的数据结构，用来存储简单的、直接的数据，PHP 标量类型包括 4 种，简单说明如表 25.1 所示。

表 25.1 标量类型

类　型	说　明
boolean（布尔型）	最简单的数据结构，仅包含两个值，即 true（真）和 false（假）
integer（整型）	只包含整数，包括正整数、0 和负整数
float（浮点型）	包含整数和小数
string（字符串）	就是连续的字符序列，包含计算机所能够表示的一切字符的集合

1. boolean（布尔型）

布尔型是使用频率最高的数据类型，也是最简单的类型，在 PHP 4 中开始引入。要指定一个布尔值，可以使用关键字 TRUE 或 FALSE，这两个值不区分大小写。设置变量的值为布尔型，则直接将 TRUE 或 FALSE 关键字赋值给变量即可。例如：

```
<?php
$foo = True; //设置变量$foo 的值为真
?>
```

【示例 1】通常利用某些运算符返回布尔值，来控制流程方向。

```
<?php
if ($action == "show_version") { // ==是一个操作符，它检测两个变量是否相等，并返回一个布尔值
    echo "The version is 1.23";
}
?>
```

提示，下面用法是没有必要的。

```
if ($show_separators == TRUE) {
    echo "<hr>\n";
```

可以使用下面这种简单的方式表示。

```
if ($show_separators) {
    echo "<hr>\n";
}
```

注意：在 PHP 中，美元符号$是变量的标识符，所有变量都以$字符开头，无论是声明变量，还是调用变量。

2. 整型

整型数值只包含整数。整型值可以使用十进制、十六进制、八进制、二进制表示，前面可以加上可选的符号（–或者+）。

【示例 2】八进制表示数字前必须加上 0（零），十六进制表示数字前必须加上 0x，二进制表示数字前必须加上 0b。

```
<?php
$a = 1234;              //十进制数
$a = -123;              //负数
$a = 0123;              //八进制数（等于十进制 83）
$a = 0x1A;              //十六进制数（等于十进制 26）
$a = 0b11111111;        //二进制数字（等于十进制 255）
?>
```

整型数值的字长与平台有关，通常最大值是大约 20 亿（32 位有符号）。64 位平台下的最大值通常是大约 9E18，除了 Windows 下 PHP 7 以前的版本，其余平台总是 32 位的。

可以使用常量 PHP_INT_MAX 来表示最大整数，使用 PHP_INT_MIN 表示最小整数。

注意：PHP 7 以前的版本里，如果向八进制数传递了一个非法数字（如 8 或 9），则后面其余数字会被忽略。PHP 7 以后的版本会产生 Parse Error 错误。例如：

```
<?php
var_dump(01090);        //PHP 7 下抛出异常
?>
```

3. 浮点型

浮点数也叫双精度数或者实数，可以使用下面几种方法定义。

```
<?php
$a = 1.234;             //标注格式定义
$b = 1.2e3;             //科学计数法格式定义
$c = 7E-10;             //科学计数法格式定义
?>
```

注意：浮点型的数值只是一个近似值，应避免使用浮点型数值进行大小比较，因此浮点数结果精确不到最后一位。如果确实需要更高的精度，应该使用任意精度数学函数或者 gmp 函数。

4. 字符串

字符串都是由一系列的字符组成，一个字符就是一个字节。可以通过单引号、双引号、Heredoc 语法结构和 Nowdoc 语法结构（PHP 5.3.0 以后）定义字符串。

☑ 单引号。

定义一个字符串的最简单的方法是用单引号把它包围起来。如果想要输出一个单引号，需在它的前面加个反斜线（\）。在单引号前或在字符串的结尾处想要输出反斜线，需要输入两条（\\）。注意，如果在任何其他的字符前加了反斜线，反斜线将会被直接输出。

Note

【示例 3】使用单引号定义字符串。

```
<?php
echo '单行字符串';
echo '多行
字符串';
echo '"I\'ll be back"';                    //输出："I'll be back"。
echo 'C:\\*.*?';                           //输出：C:\*.*?
echo 'You deleted C:\*.*?';                //输出：You deleted C:\*.*?
echo 'This will not expand: \n a newline'; //输出：This will not expand: \n a newline
echo 'Variables do not $expand $either';   //输出：Variables do not $expand $either
?>
```

在单引号字符串中的变量和特殊含义的字符将不会被替换，按普通字符输出，但是在双引号所包含的变量会自动被替换为实际数值。

☑ 双引号。

如果字符串是包围在双引号（"）中，PHP 将对一些特殊的字符进行解析，这些特殊字符都要通过转义符来显示。

☑ Heredoc 结构。

第 3 种定义字符串的方法是用 Heredoc 句法结构：<<<。在该提示符后面，要定义一个标识符，然后是一个新行。接下来是字符串本身，最后要用前面定义的标识符作为结束标志。

结束时所引用的标识符必须在一行的开始位置，而且标识符的命名也要像其他标签一样遵守 PHP 的规则：只能包含字母、数字和下画线，并且不能用数字和下画线作为开头。

【示例 4】使用 Heredoc 结构定义字符串。

```
<?php
$str = <<<EOD
Example of string
spanning multiple lines
using heredoc syntax.
EOD;
echo $str
?>
```

注意：结束标识符这行除了可能有一个分号（;）外，绝对不能包括其他字符。这意味着标识符不能缩进，分号的前后也不能有任何空白或 Tabs 键。更重要的是结束标识符的前面必须是一个被本地操作系统认可的新行标签，如在 UNIX 和 Mac OS X 系统中是\n，而结束标识符（可能有个分号）的后面也必须跟一个新行标签。

Heredoc 结构就像是没有使用双引号的双引号字符串，在 Heredoc 结构中引号不用被替换，但是转义序列（\n 等）也可使用。变量将被替换，在 Heredoc 结构中字符串表达复杂变量时，要格外小心。

☑ Nowdoc 结构。

如果说 Heredoc 结构类似于双引号字符串，那么 Nowdoc 结构就类似于单引号字符串。Nowdoc 结构很像 Heredoc 结构，但是 Nowdoc 不进行解析操作。这种结构很适合用在不需要进行转义的 PHP 代码和其他大段文本。

一个 Nowdoc 结构也用和 Heredocs 结构一样的标记<<<，但是跟在后面的标志符要用单引号括起来，即<<<'EOD'。Heredocs 结构的所有规则适用于 Nowdoc 结构，尤其是结束标志符的规则。

【示例 5】使用 Nowdoc 结构定义字符串。

```
<?php
$str = <<<'EOD'
Example of string
spanning multiple lines
using nowdoc syntax.
EOD;
?>
```

25.3.2　复合类型

复合类型包括两种数据：数组和对象。简单说明如表 25.2 所示。

表 25.2　复合类型

类　型	说　明
Array（数组）	一组有序数据集合
object（对象）	对象是类的实例，使用 new 命令创建

1. 数组

数组实际上是一个有序数据集合。在数组中，每个数据单元被称为元素，元素包括索引（键名）和值两部分。元素的索引可以是数字或字符串。值可以是任意数据类型。

【示例 1】定义数组的语法格式有多种，下面的代码演示了 4 种基本定义格式。

```
<?php
//格式 1：使用 array()函数
$array = array(
    "foo" => "bar",
    "bar" => "foo",
);
//格式 2：没有键名的索引数组
$array = array("foo", "bar", "hallo", "world");
//格式 3：数组直接量
$array = [
    "foo" => "bar",
    "bar" => "foo",
];
//格式 4：有键名的索引数组直接量
$array = ["bar", "foo"];
var_dump($array);
?>
```

array()函数能够接受任意数量用逗号分隔的键（key）/值（value）对，键值之间通过=>运算符连接。键（key）可以是一个整数或字符串，值（value）可以是任意类型的数据。

可以通过在方括号内指定键名来访问数组元素，或者给数组赋值。

```
$arr[key] = value;
```

提示：在后面章节中我们将专题讲解数组，这里就不再详细展开说明。

2. 对象

对象是面向对象编程的基础，在 PHP 中使用 new 语句实例化一个类，即可创建一个对象。

【示例 2】定义一个 foo 类，然后使用 new 语句获取一个实例对象。

Note

```
<?php
class foo{                                    //创建一个类
    function do_foo() {
        echo "Doing foo.";
    }
}
$bar = new foo;                               //创建对象
$bar->do_foo();                               //调用对象包含的函数
?>
```

25.3.3 类型转换

虽然 PHP 是一种弱类型语言，但是有时还是需要用到类型转换。转换的方法非常简单，只需要在变量前面加上用括号括起来的类型名称即可，具体说明如表 25.3 所示。

表 25.3 类型强制转换

转换操作符	说　明
(bool)、(boolean)	转换为布尔型
(string)	转换为字符串
(int)、(integer)	转换为整型
(float)、(double)、(real)	转换为浮点数
(array)	转换为数组
(object)	转换为对象
(unset)	转换为 NULL
(binary)、b 前缀	转换为二进制字符串

提示：除了使用强制转换外，还可以使用 settype()函数转换数据类型。用法如下。

```
bool settype(mixed &$var , string $type)
```

第 1 个参数为变量名，第 2 个参数值为要转换的类型字符串，包括 boolean、float、integer、string、null、array、object。

settype()函数返回值为布尔值，如果类型转换成功，则返回 true，否则返回 false。

【示例】输出数据类型转换，结果如图 25.6 所示。

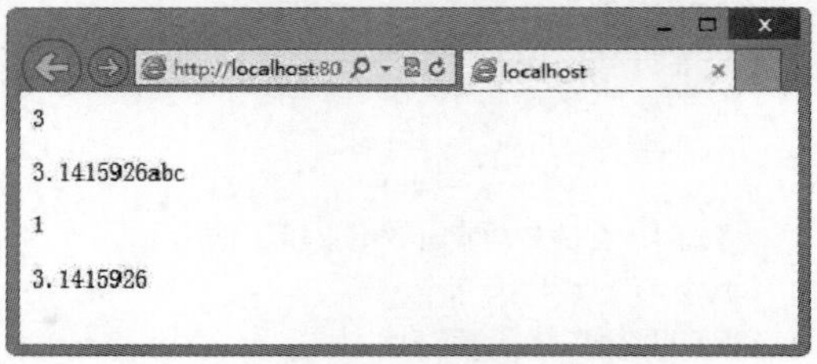

图 25.6 输出数据类型转换

```
<?php
$num = '3.1415926abc';                        //声明字符串变量
echo (integer)$num;                           //把变量强制转换为整型
echo '<p>';
echo $num;                                    //输出原始变量值
echo '<p>';
echo settype($num, 'float');                  //输出把变量转换为浮点数的结果
echo '<p>';
echo $num;                                    //被转换为浮点数后的变量值
?>
```

Note

25.3.4　类型检测

PHP 内置了众多检测数据类型的函数，可以根据需要对不同类型数据进行检测，判断变量是否属于某种特定的类型，如果符合则返回 true，否则返回 false。具体说明如表 25.4 所示。

表 25.4　数据类型检测函数

检 测 函 数	说　　明
is_bool	检测变量是否为布尔值类型
is_string	检测变量是否为字符串类型
is_float	检测变量是否为浮点数类型
is_double	检测变量是否为浮点数类型
is_integer	检测变量是否为整型
is_int	检测变量是否为整型
is_null	检测变量是否为空值类型
is_array	检测变量是否为数组类型
is_object	检测变量是否为对象类型
is_numeric	检测变量是否为数字，或者数字组成的字符串

【示例】先使用 is_float()函数检测变量是否为浮点数，然后根据检测返回值，即时进行提示。

```
<?php
$num = '3.1415926abc';
if(is_float($num))
    echo '变量$num 是浮点数！';
else
     echo '对不起，变量$num 不是浮点数！';
?>
```

25.4　PHP 变量和常量

PHP 变量包含普通变量、可变变量和预定义变量，常量包括普通常量和预定义常量。

25.4.1　使用变量

变量就是内存中一个命名单元，系统为程序中每个变量分配一个存储单元，在这些存储单元中可以存储任意类型的数据。

PHP 不要求先声明、后使用变量，只需要为变量赋值即可，但是 PHP 变量的名称必须使用$字符作为前缀，变量名称区分大小写。

注意：在 PHP 4 之前是需要先声明变量的。

为变量赋值，可以使用=运算符实现，等号左侧为变量，右侧为所赋的值，例如：

```
<?php
$num = '3.1415926abc';
?>
```

变量名不能够以数字、特殊字符开头。除直接赋值外，还可以使用如下方法为变量赋值。

☑ 变量之间相互赋值。例如：

```
<?php
$num1 = '3.1415926';
$num2 = $num1 ;
echo    $num2;                          //显示'3.1415926'
?>
```

注意：变量之间赋值只是传递值，变量在内存中的存储单元还是各自独立的，互不干扰。

☑ 引用赋值，即使用&运算符定义引用。

提示：从 PHP 4 开始，PHP 引入了引用赋值的概念，就是用不同的名称访问同一个变量的内容，当改变其中一个变量的值时，另一个变量的值也跟着发生变化。

【示例】在本示例中，$num2 引用$num1，修改$num1 变量的值，则$num2 变量的值也随之发生变化。

```
<?php
$num1 = '3.1415926';
$num2 = &$num1 ;                        //引用变量$num1
$num1 = 'string';                       //修改变量$num1 的值
echo    $num2;                          //显示变量$num2 的值也被更改为字符串'string'
?>
```

25.4.2 取消引用

当不需要引用时，可以使用 unset()函数来取消变量引用。该函数能够断开变量名与引用的内容之间的联系，而不是销毁变量内容。例如：

```
<?php
$a = 1;
$b = &$a;                               //定义引用
echo    $b;                             //显示 1
unset($b);                              //取消引用
echo    $b;                             //显示空
?>
```

25.4.3 可变变量

可变变量是一种特殊的变量，它允许动态改变变量的名称，也就是说该变量的名称由另外一个变量的值来确定。定义可变变量的方法是在变量前面添加一个$符号。例如：

```
<?php
$a = "b";                               //声明变量$a，该变量的值为字符串 b
$b = 2;                                 //声明变量$b，该变量的值为数字 2
echo $a;                                //显示变量$a 的值
echo $$a;                               //通过可变变量输出变量$b 的值 2
?>
```

有时候使用可变变量名是很方便的。例如：

```
<?php
$a = 'hello';
$$a = 'world';
echo "$a ${$a}";
```

```
echo "$a $hello";
?>
```

在上面示例中，可变变量$$a 的名称可以是变量$a 的值，可以直接使用变量$a 的值来引用可变变量，并获取它的值。其中{$a}表达式表示获取变量$a的值，因此${$a}和$hello 所表达的意思相同，都表示可变变量$$a 的一个名称。

25.4.4　预定义变量

PHP 提供了大量的预定义变量，通过这些预定义变量可以获取用户会话、用户操作环境和本地操作系统等信息。由于许多变量依赖于运行的服务器的版本和设置及其他因素，所以并没有详细的说明文档。一些预定义变量在 PHP 以命令行形式运行时并不生效。常用预定义变量说明如表 25.5 所示。

表 25.5　PHP 常用预定义变量

预定义变量	说　　明
$GLOBALS	引用全局作用域中可用的全部变量
$_SERVER	服务器和执行环境信息
$_GET	HTTP GET 变量
$_POST	HTTP POST 变量
$_FILES	HTTP 文件上传变量
$_REQUEST	HTTP Request 变量
$_SESSION	Session 变量
$_ENV	环境变量
$_COOKIE	HTTP Cookies
$php_errormsg	前一个错误信息
$HTTP_RAW_POST_DATA	原生 POST 数据
$http_response_header	HTTP 响应头
$argc	传递给脚本的参数数目
$argv	传递给脚本的参数数组

25.4.5　声明常量

常量可以理解为值不变的量。常量值被定义后，在脚本执行期间都不能改变，也不能取消定义。

常量名和其他任何 PHP 标签遵循相同的命名规则，即由英文字母、下画线和数字组成，但数字不能作为首字母出现。在 PHP 中声明常量有以下两种方法。

1. 使用 define()函数

使用 define()函数来定义常量，具体语法格式如下。

```
bool define(string $name, mixed $value [, bool $case_insensitive = false])
```

该函数包含 3 个参数，详细说明如下。

☑ name：常量名。

☑ value：常量的值。值的类型必须是 integer、float、string、boolean、NULL 或 array。

☑ case_insensitive：可选参数，如果设置为 true，该常量则大小写不敏感。默认是大小写敏感的。如 CONSTANT 和 Constant 代表了不同的值。

声明常量成功后，将返回 true，否则将返回 false。

【示例 1】定义一个普通常量，常量名为 CONSTANT，值为"Hello world."。

```
<?php
define("CONSTANT", "Hello world.");
?>
```

Note

注意：常量和变量有如下不同。

☑ 常量前面没有美元符号（$）。

☑ 常量只能用 define()函数定义，而不能通过赋值语句定义。

☑ 常量可以不用理会变量的作用域而在任何地方定义和访问。

☑ 常量一旦定义就不能被重新定义或者取消定义。

☑ 常量的值只能是标量。

2. 使用 const 关键字

使用 const 关键字定义常量必须位于最顶端的作用区域，因为用此方法是在编译时定义的。不能在函数内、循环内或者 if 语句之内用 const 来定义常量。

【示例 2】使用 const 关键字定义一个普通常量，常量名为 CONSTANT，值为"Hello world."。

```
<?php
//以下代码在 PHP 5.3.0 后可以正常工作
const CONSTANT = 'Hello World';
?>
```

25.4.6 使用常量

获取常量的值有两种方法。

☑ 使用常量名直接获取值。

☑ 使用 constant()函数获取。

constant()函数和直接使用常量名输出的效果是一样的，但函数可以获取动态的常量，在使用上要灵活方便很多。

constant()函数的语法格式如下。

```
mixed constant(string $name)
```

参数 name 为要获取常量的名称，也可以为存储常量名的变量。如果获取成功则返回常量的值，否则提示错误信息。

【示例】使用 define()函数定义一个常量 MAXSIZE，然后使用两种方法读取常量的值。

```
<?php
define("MAXSIZE", 100);
echo MAXSIZE;                    //输出 100
echo constant("MAXSIZE");        //输出 100
?>
```

上面代码的输出结果都为 100。

25.5 PHP 运算符

PHP 提供了 3 种类型的运算符。

- ☑ 一元运算符，只运算 1 个值，如!（取反运算符）或++（递加运算符）。
- ☑ 二元运算符，PHP 支持的大多数运算符都是这种。
- ☑ 三元运算符：?:。根据一个表达式在另两个表达式中进行选择计算，是条件语句的简化应用。

25.5.1 算术运算符

算术运算符用来处理四则运算的符号，算术运算符说明如表 25.6 所示。

表 25.6 算术运算符

算术运算符	说 明
-	取反。如-$a，表示变量$a 的负值
+	加法。如$a + $b
-	减法。如$a - $b
*	乘法。如 a * $b
/	除法。如$a / $b
%	取模。如$a % $b，获得$a 除以$b 的余数

25.5.2 赋值运算符

基本的赋值运算符是=。它实际上就是把右边表达式的值赋给左边的运算数。

赋值运算表达式的值也就是所赋的值。例如，“$a = 3”的值是 3。因此下面写法也是正确的。

```
<?php
$a = ($b = 4) + 5;
?>
```

在上面示例中，变量$a 的值为 9，而变量$b 的值就成了 4。

在基本赋值运算符之外，还有适合于所有二元算术、数组集合和字符串运算符的组合运算符，如表 25.7 所示。

表 25.7 算术运算符

组合运算符	说 明
.=	先连接后赋值。如$a .= $b，等于$a = $a . $b
+=	先加后赋值。如$a += $b，等于$a = $a + $b
-=	先减后赋值。如$a -= $b，等于$a = $a - $b
*=	先乘后赋值。如$a*= $b，等于$a = $a * $b
/=	先除后赋值。如$a /= $b，等于$a = $a / $b

25.5.3 字符串运算符

有两个字符串运算符。

- ☑ 一个是连接运算符（.），它返回其左右参数连接后的字符串。
- ☑ 另一个是连接赋值运算符（.=），它将右边参数附加到左边的参数后。例如：

```
<?php
$a = "Hello ";
$b = $a . "World!"; //$b ="Hello World!"
$a = "Hello ";
```

```
$a .= "World!";                    // $a = "Hello World!"
?>
```

25.5.4 位运算符

位运算符允许对整型数中指定的位进行求值和操作。如果左右参数都是字符串，则位运算符将操作字符的 ASCII 值。在 PHP 中位运算符说明如表 25.8 所示。

表 25.8 位运算符

<table>
<tr><th>位 运 算 符</th><th>说 明</th></tr>
<tr><td>&</td><td>按位与（And）。如$a & $b，将把$a 和$b 中都为 1 的位设为 1</td></tr>
<tr><td>|</td><td>按位或（Or）。如$a | $b，将把$a 或者$b 中为 1 的位设为 1</td></tr>
<tr><td>^</td><td>按位异或（Xor）。如$a ^ $b，将把$a 和$b 中不同的位设为 1</td></tr>
<tr><td>~</td><td>按位非（Not）。如~ $a，将$a 中为 0 的位设为 1，反之亦然</td></tr>
<tr><td><<</td><td>左移。如$a << $b，将$a 中的位向左移动$b 次（每一次移动都表示乘以 2）</td></tr>
<tr><td>>></td><td>右移。如$a >> $b，将$a 中的位向右移动$b 次（每一次移动都表示除以 2）</td></tr>
</table>

【示例】使用位运算符对变量中的值进行位运算操作。

```
<?php
echo 12 ^ 9;                       //输出为'5'
echo "12" ^ "9";                   //输出退格字符（ascii 8）
echo "hallo" ^ "hello";            //输出 ASCII 值#0 #4 #0 #0 #0
echo 2 ^ "3";                      //输出 1
echo "2" ^ 3;                      //输出 1
?>
```

25.5.5 比较运算符

比较运算符允许对两个值进行比较，返回结果为布尔值，如果比较结果为真，则返回值为 true，否则返回值为 false。PHP 中的比较运算符如表 25.9 所示。

表 25.9 比较运算符

比较运算符	说 明
==	等于。如$a == $b，返回值等于 true，则说明$a 等于$b
===	全等。如$a === $b，返回值等于 true，则说明$a 等于$b，并且它们的类型也相同
!=	不等。如$a !=$b，返回值等于 true，则说明$a 不等于$b
<>	不等。如$a <>$b，返回值等于 true，则说明$a 不等于$b
!==	非全等。如$a !==$b，返回值等于 true，则说明$a 不等于$b，或者它们的类型不同
<	小于。如$a <$b，返回值等于 true，则说明$a 严格小于$b
>	大于。如$a >$b，返回值等于 true，则说明$a 严格大于$b
<=	小于等于。如$a <=$b，返回值等于 true，则说明$a 小于或者等于$b
>=	大于等于。如$a >=$b，返回值等于 true，则说明$a 大于或者等于$b
<=>	太空船运算符（组合比较符）。如$a <=> $b，当$a 小于、等于、大于$b 时，分别返回一个小于、等于、大于 0 的 integer 值。PHP 7 开始支持
??	NULL 合并操作符。如$a ?? $b ?? $c，从左往右第一个存在且不为 NULL 的操作数。如果都没有定义且不为 NULL，则返回 NULL。PHP 7 开始支持

如果比较一个整数和字符串，则字符串会被转换为整数。如果比较两个数字字符串，则作为整数比较。此规则也适用于 switch 语句。例如：

```
<?php
var_dump(0 == "a");              //0 == 0 -> true
var_dump("1" == "01");           //1 == 1 -> true
var_dump("1" == "1e0");          //1 == 1 -> true
?>
```

25.5.6 逻辑运算符

逻辑运算符用来组合逻辑运算的结果，是程序设计中一组非常重要的运算符。PHP 的逻辑运算符如表 25.10 所示。

表 25.10 逻辑运算符

逻辑运算符	说　明
and	逻辑与。如果$a 与$b 都为 true，则$a and $b 返回值等于 true
&&	逻辑与。如果$a 与$b 都为 true，则$a && $b 返回值等于 true
or	逻辑或。如果$a 或$b 有一个为 true，则$a or $b 返回值等于 true
||	逻辑或。如果$a 或$b 有一个为 true，则$a || $b 返回值等于 true
xor	逻辑异或。如果$a 或$b 有一个为 true，另一个为 false，则$a xor $b 返回值等于 true
!	逻辑非。如果$a 为 true，则!$a 返回值等于 false

【示例】本示例中 foo()函数不会被调用，因为它们被运算符“短路”了。

```
<?php
$a = (false && foo());
$b = (true || foo());
$c = (false and foo());
$d = (true or foo());
?>
```

25.5.7 错误控制运算符

PHP 支持错误控制运算符：@。当将其放置在一个 PHP 表达式之前，该表达式可能产生的任何错误信息都被忽略。如果激活 track_errors 特性，表达式所产生的任何错误信息都被存放在变量 $php_errormsg 中。例如：

```
<?php
$a = 1 / 0;
?>
```

运行上面代码，则会产生一个异常，并在浏览器中呈现出来。如果避免错误信息显示在浏览器中，则可以在表达式前面添加@运算符，例如：

```
<?php
$a = @(1 / 0);
?>
```

注意：@运算符只对表达式有效。简单地说，如果能从某处得到值，就能在它前面加上@运算符。例如，可以把它放在变量、函数和 include()调用、常量之前。不能把它放在函数或类的定义之前，也不能用于条件结构前。

Note

25.5.8 其他运算符

1. 三元运算符

三元运算符的功能与 if-else 语句相同，但它在一行中书写，代码精练、执行效率高。语法格式如下。

```
(expr1)?(expr2):(expr3);
```

如果条件表达式 expr1 的求值为真，则执行表达式 expr2，并返回其值；否则执行表达式 expr3，并返回其值。

注意：可以省略三元运算符中间表达式 expr2，即语法格式如下。

```
expr1 ?: expr3
```

如果条件表达式 expr1 的求值为真，则返回 expr1 的值，否则返回表达式 expr3 的值。

【示例 1】声明 4 个变量 a、b、c、d，然后比较相邻两个变量的值，最后输出一个字符 C。

```
<?php
$a=1;$b=2;$c=3;$d=4;
echo $a<$b?'A':$b<$c?'B':$c<$d?'C':'D';
?>
```

上面示例是一个连续嵌套的条件运算。如果不细看，很容易出错，因为三元条件运算符的结合顺序是从左到右，上面表达式可以分解为如下形式。

```
echo $a < $b ? 'A' : $b;            //第 1 步比较，返回结果字母'A'
echo 'A' < $c ? 'B' : $c;           //第 2 步比较，返回结果字母'B'
echo 'B' < $d ? 'C' : 'D';          //第 3 步比较，返回结果字母'C'
```

提示：字符与数字比较时，将字符转换为数字再进行大小比较，字符转换为数字为 0。

注意：嵌套使用三元运算符，可读性不是很好，建议使用 if-else 语句实现。

2. 递增和递减运算符

递增和递减运算符有 4 种形式，简单说明如表 25.11 所示。

表 25.11 递增和递减运算符

运 算 符	名 称	说 明
++$a	前加	$a 的值加 1，然后返回$a
$a++	后加	返回$a，然后将$a 的值加 1
--$a	前减	$a 的值减 1，然后返回$a
$a--	后减	返回$a，然后将$a 的值减 1

【示例 2】比较递增变量$i 不同用法，导致循环次数不同。

```
<?php
for($i = 0; $i++ <= 10;) {
    echo $i." ";
}
echo "<br>";
for($i = 0; ++$i <= 10;) {
    echo $i." ";
}
?>
```

第 1 次循环输出：1 2 3 4 5 6 7 8 9 10 11，第 2 次循环输出：1 2 3 4 5 6 7 8 9 10。可以看到第 2 次

循环少了一次循环，因为变量$i 先递增之后，再进行比较，导致先触及停止循环的条件。

25.6 PHP 表达式

表达式就是有返回值的式子，它是由运算符和运算数组成。在 PHP 中，几乎所写的任何代码都可以为一个表达式。最简单的表达式是常量和变量。当输入$a=5，即将值 5 分配给变量$a。很明显，5 是一个值为 5 的表达式。稍复杂的表达式是函数，例如：

```
<?php
function foo (){
    return 5;
}
?>
```

函数也是表达式，表达式的值即为它们的返回值。既然 foo()返回 5，表达式 foo()的值也是 5。通常函数不仅仅返回一个值，还会进行计算，完成特定任务。

在一个表达式末尾加上一个分号，这时它就成为一个语句。可见表达式与语句之间的关系是非常紧密的，也能够相互转换。例如，在“$b=$a=5;”一句中，$a=5 是一个有效的表达式，它本身不是一条语句，而加上分号之后，“$b=$a=5;”就是一条有效的语句。

25.7 PHP 语句

PHP 程序都是由一系列语句组成，语句就是要执行的命令。语句以分号标记结束，可以使用大括号将一组语句封装成一个语句块。

25.7.1 if 语句

if 语句允许根据特定的条件执行指定的代码块。语法格式如下。

```
if (expr)
    statement
```

如果表达式 expr 的值为真，则执行语句 statement；否则，将忽略语句 statement。

【示例】使用 PHP 内置函数 rand()随机生成一个数，然后判断该数是否能被 2 整除，如果能整除，则显示该数，并提示它是偶数。

```
<?php
$num = rand();                  //使用 rand()函数生成一个随机数
if ($num % 2 == 0){             //判断变量$num 是否为偶数
    echo "\$num = $num";        //如果为偶数，输出表达式和说明文字
    echo "<br>$num 是偶数。";
}
?>
```

25.7.2 else 语句

else 语句仅在 if 或 elseif 语句中的表达式的值为假时执行。语法格式如下。

```
if (expr)
    statement1
else
    statement2
```

如果表达式 expr 的值为真，则执行语句 statement1；否则，将执行语句 statement2。

【示例】使用 rand(1,10)随机生成一个 1～10 的随机数，然后判断是否为偶数，并输出提示信息。

```
<?php
$num = rand(1,10);                    //使用 rand()函数生成一个 1～10 的随机数
if ($num % 2 == 0){                   //判断变量$num 是否为偶数
    echo "变量$num 是偶数。";          //如果为偶数，输出"变量$num 是偶数"
}else {
    echo "变量$num 是奇数。";          //如果为奇数，输出"变量$num 是奇数"
}
?>
```

25.7.3 elseif 语句

if 和 else 语句组合可以设计两个分支的条件结构，但是如果要设计多分支的条件结构，就需要 elseif 语句来配合设计。例如，用户登录时的身份判断：管理员、VIP 会员、会员、游客等。

elseif 是 if 和 else 的组合，也可以写为 else if，语法格式如下。

```
if (expr1)
    statement1
elseif (expr2)
    statement2
…
elseif (exprn)
    statementn
else
    statementn+1
```

如果表达式 expr1 的值为真，则执行语句 statement1；否则，再判断表达式 expr2 的值是否为真，如果为真，则执行语句 statement2；依此类推。

【示例】编写一个程序，对年龄进行判断，如果年龄大于 18 岁，则输出“你是成年人”；如果大于 6 岁，小于 18 岁，输出“你的年龄适合读书”；如果小于 6 岁，输出“你应该上幼儿园”。

```
<?php
$age = 5;                             //年龄
if ($age > 18) {
    echo '你是成年人！';
} elseif ($age > 6 && $age < 18) {
    echo '你的年龄适合读书';
} elseif ($age < 6) {
    echo '你应该上幼儿园';
}
?>
```

25.7.4 switch 语句

switch 语句也可以设计多分支条件结构。与 elseif 语句相比，switch 结构更简洁，执行效率更高。switch 语句适用语境是：当需要把同一个变量（或表达式）与多个值进行比较，并根据比较结果，决定执行不同的语句块。语法格式如下。

Note

```
switch (expr){
    case value1:
        statement1
        break;
    …
    case valuen:
        statementn
        break;
    default:
        default statementn
}
```

switch 语句根据变量或表达式 expr 的值，依次与 case 中的常量表达式的值相比较，如果相等，则执行其后的语句块，只有遇到 break 语句，或者 switch 语句结束才终止；如果不相等，继续查找下一个 case。switch 语句包含一个可选的 default 语句，如果在前面的 case 中没有找到相等的条件，则执行 default 语句，它与 else 语句类似。

【示例】比较变量$i 的值，是否等于 0、1、2，然后根据比较结果，分别输出显示不同的提示信息。

```
<?php
$i =0;
switch ($i) {
    case 0:
        echo "i= 0";
        break;
    case 1:
        echo "i=1";
        break;
    case 2:
        echo "i=2";
        break;
}
?>
```

上面代码输出显示：i=0。

25.7.5　while 语句

while 语句是 PHP 中最简单的循环结构。基本格式如下。

```
while (expr)
    statement
```

当表达式 expr 的值为真时，将执行 statement 语句，执行结束后，再返回到 expr 表达式继续进行判断。直到表达式的值为假，才跳出循环，执行下面的语句。

【示例】使用 while 语句定义一个循环结构输出数字 1～10。

```
<?php
$i = 1;
while ($i <= 10) {
    echo $i++;
}
?>
```

25.7.6　do-while 语句

do-while 与 while 循环非常相似，区别在于表达式的值是在每次循环结束时检查，而不是在开始时检查。因此 do-while 循环能够保证至少执行一次循环，而 while 循环就不一定了，如果表达式的值为假，则直接终止循环，不进入循环。

【示例】比较 while 和 do-while 语句的不同。可以看到，不管变量 num 是否为 1，do-while 语句都会执行一次输出，而在 while 语句中，是看不到输出显示的。

```
<?php
$num = 1;
while($num != 1){
    echo "不会看到";
}
do{
    echo "会看到";
}while($num != 1);
?>
```

25.7.7 for 语句

for 语句是一种更简洁的循环结构。语法格式如下。

```
for (expr1; expr2; expr3)
    statement
```

表达式 expr1 在循环开始前无条件地求值一次，而表达式 expr2 在每次循环开始前求值。如果表达式 expr2 的值为真，则执行循环语句，否则将终止循环，执行下面代码。表达式 expr3 在每次循环之后被求值。

注意： for 语句中 3 个表达式都可以为空，或者包括以逗号分隔的多个子表达式。在表达式 expr2 中，所有用逗号分隔的子表达式都会计算，但只取最后一个子表达式的值进行检测。若 expr2 为空，PHP 会认为其值为真，意味着将无限循环下去。除了使用 expr2 表达式结束循环外，也可以在循环语句中使用 break 语句结束循环。

【示例】设计了 4 个循环结构，演示了 for 结构的灵活用法，它们都可以输出显示 1～10 的数字。

```
<?php
for ($i = 1; $i <= 10; $i++) {   /*循环 1*/
    echo $i;
}
for ($i = 1; ; $i++) {   /*循环 2*/
    if ($i > 10) {           //使用条件语句控制循环，当变量 i 等于 10 时，跳出循环
        break;
    }
    echo $i;
}
$i = 1;
for (;;) {   /*循环 3*/
    if ($i > 10) {           //使用条件语句控制循环，当变量 i 等于 10 时，跳出循环
        break;
    }
    echo $i;
    $i++;                    //递增循环变量
}
/*循环 4*/
for ($i = 1, $j = 0; $i <= 10; $j += $i, print $i, $i++);
?>
```

在上面示例中，第 1 种循环结构比较常用，后面 3 种循环形式在特殊情况下比较实用，建议读者灵活掌握它们，学会在 for 循环中灵活设计表达式，有时候会很实用。

25.7.8　foreach 语句

foreach 循环是在 PHP 4 中开始引入，它是 for 循环的一种特殊结构形式，主要应用于数组或对象。foreach 语句的语法格式如下。

```
foreach (array_expression as $value)
    statement
```

或者

```
foreach (array_expression as $key => $value)
    statement
```

foreach 语句将遍历数组 array_expression，每次循环中，当前单元的值被赋值给变量$value，并且数组的指针会移到下一个单元，下一次循环将会得到下一个单元，以此类推，直到最后一个单元结束。在第 2 种语法格式中，不仅获取每个单元的值，还可以获取每个单元的键名，键名被赋给变量$key。

从 PHP 5 开始，可以在$value 之前加上&运算符，允许以引用赋值，而不是复制赋值，这样可以实现对原数组的修改。

【示例】使用 foreach 语句遍历数组$arr，使用&$value 引用每个元素的值，然后在循环体内修改数组的值。

```
<?php
$arr = array(1, 2, 3, 4);
foreach ($arr as &$value) {
    $value = $value * 2;
}
var_dump($arr);
?>
```

执行上面代码，数组$arr 的值变成 array(2, 4, 6, 8)。

则输出显示为：array(4) { [0]=> int(2) [1]=> int(4) [2]=> int(6) [3]=> &int(8) }。

25.7.9　break 语句

break 语句能够结束当前 for、foreach、while、do-while 或者 switch 语句的执行。同时 break 可以接受一个可选的数字参数来决定跳出几重循环。语法格式如下。

```
break $num;
```

【示例】设计在 while 循环中嵌套一个多重分支结构 switch。当变量 i 的值为 5 时，将跳出 switch，进入下一个循环；如果变量 i 的值为 10 时，则直接跳出循环。

```
<?php
$i = 0;
while (++$i) {
    switch ($i) {
    case 5:
        echo "5<br />\n";
        break 1;                    /*只退出 switch*/
    case 10:
        echo "10 <br />\n";
        break 2;                    /*退出 switch 和 while 循环*/
```

```
        default:
            break;
        }
}
?>
```

25.7.10 continue 语句

continue 语句用在循环结构体内，主要用于跳过本次循环中剩余的代码，并在表达式的值为真时，继续执行下一次循环。它可以接受一个可选的数字参数来决定跳出几重嵌套循环结构。语法格式如下。

```
continue $num;
```

【示例】使用 while 语句设计了 3 层嵌套的循环结构。在内层循环结构中，设计当输出显示提示信息之后，直接跳到最外层循环。这样就相当于第 2 层和第 1 层循环结构每次仅执行一次，直到第 3 层循环结构结束。

```
<?php
$i = 0;
while ($i++ < 5) {
    echo "3 层循环<br />\n";
    while (1) {
        echo "  2 重循环<br />\n";
        while (1) {
            echo "  1 重循环<br />\n";
            continue 3;
        }
        echo "不输出该句<br />\n";
    }
    echo "不执行该句<br />\n";
}
?>
```

25.7.11 goto 语句

goto 语句可以用来跳转到程序中的某一指定位置。该目标位置可以用目标名称加上冒号来标记。例如：

```
<?php
goto a;
echo 1;
a:echo 2;
?>
```

在上面示例中，将输出显示 2，而不忽略输出显示 1。

注意： 在 PHP 中，goto 语句的使用有一定限制，只能在同一个文件和作用域中跳转，也就是说，该语句无法跳出一个函数或类方法，也无法跳入另一个函数，同时也无法跳入任何循环或者 switch 结构中。常见的用法是用来跳出循环或者 switch，可以代替多层的 break。

25.7.12 include 和 require 语句

include 和 require 语句可以导入并运行指定的文件。它们的用法和功能基本相同，区别点是处理失败的方式不同，include 将产生一个警告，而 require 则会导致一个致命错误。

因此，如果想在遇到丢失外部文件时，必须停止处理，就用 require。而 include 就不是这样，脚本会继续运行。

【示例】新建 test1.php 文件，然后输入下面代码。

```
<?php
$color = 'green';
$fruit = 'apple';
?>
```

再新建 test2.php 文件，然后输入下面代码。

```
<?php
echo "A $color $fruit";                          //输出：A
include 'test1.php';
echo "A $color $fruit";                          //输出：A green apple
?>
```

运行 test2.php 文件，显示效果如图 25.7 所示。

提示：require_once 语句和 require 语句完全相同，唯一区别是 PHP 会检查该文件是否已经被包含过，如果是则不会再次包含。include_once 语句和 include 语句相同，唯一区别是如果该文件中已经被包含过，则不会再次包含。

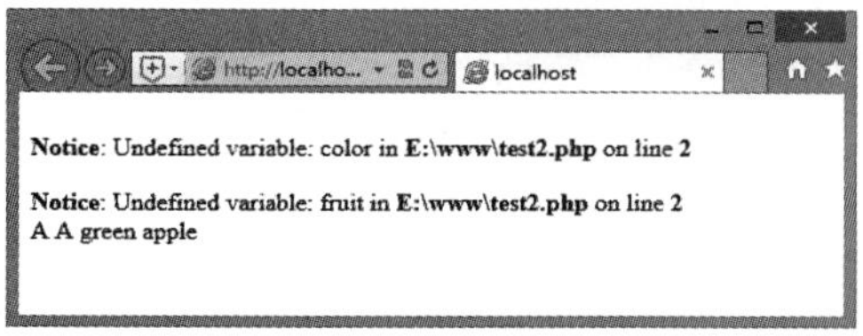

图 25.7　使用 include 语句包含外部文件

25.8 使用函数

25.8.1 定义和调用函数

在 PHP 语言中，定义函数的语法格式如下。

```
function fun_name($arg_1, $arg_2, ..., $arg_n){
    fun_body;
}
```

具体说明如下。

- ☑ function：表示声明自定义函数时必须使用的关键字。
- ☑ fun_name：表示函数的名称。与 PHP 其他标识符命名规则相同。
- ☑ $arg_1, $arg_2, ..., $arg_n：表示函数的参数，参数之间通过逗号分隔，参数个数不限，也可以省略参数。
- ☑ fun_body：表示函数体，可以包含任意多行代码，这些代码是函数的功能主体，并由这些代码执行和完成指定的任务。

当定义好函数后，就可以调用函数了。调用函数的方法比较简单，只需要引用函数名，其后使用小括号运算符包含正确的参数即可。

【示例 1】定义一个函数 square()，计算传入的参数的平方，然后输出结果。

```
<?php
function square($num){                           /*声明函数*/
    return "$num * $num = ".$num * $num;         /*返回计算的结果*/
}
```

```
echo square (10);                     /*调用函数，并传递参数值为10*/
//输出：10 * 10 = 100
?>
```

【示例 2】定义嵌套函数，然后分别进行调用。

```
<?php
function foo(){
    function bar() {
        echo "直到 foo()被调用后，我才可用。\n";
    }
}
/*现在还不能调用 bar()函数，因为它还不存在*/
foo();
/*现在可以调用 bar()函数了，因为 foo()函数的执行使得 bar()函数变为已定义的函数*/
bar();
?>
```

25.8.2 函数的参数

通过参数列表可以传递信息给函数，这个信息列表是以逗号作为分隔符的表达式列表。在调用函数时，需要向函数传递参数。

被传入的参数被称为实参，在定义函数时指定的参数被称为形参。

参数传递的方式有 3 种，简单说明如下。

1. 按值传递参数

将实参的值赋值到对应的形参中，在函数内部的操作针对形参进行，操作的结果不会影响到实参，即函数返回后，实参的值不会改变。

【示例 1】先定义一个函数 fun()，功能是将传入的参数值做运算，然后再输出。接着在函数外部定义一个变量$m，即实参，最后调用函数 fun($m)。分别在函数体内和体外输出形参$m 和实参$m 的值。

```
<?php
function fun($m){
    $m = $m * 2 +   1;                 //改变形参的值
    echo "在函数内：\$m = ".$m;        //显示形参值为 11
}
$m = 5;                                //定义实参并赋值
fun($m);                               //调用函数
echo "在函数外：\$m = ".$m;            //显示实参值为 5
?>
```

2. 按引用传递参数

按引用传递参数就是将实参的内存地址传递给形参。引用传递的方式是：定义函数时，在形参前面添加“&”符号即可。

这时在函数内，对形参的所有操作都会影响到实参的值，如果改变形参，调用函数后，也会发现实参的值发生变化。

【示例 2】仍然使用上例代码，唯一不同就是在形参前添加了一个“&”符号。按引用传递参数，则演示结果中实参变量的值在函数调用后发生了变化，显示为 11。

```
<?php
function fun(&$m){
    $m = $m * 2 +   1;                 //改变形参的值
```

```
    echo "在函数内：\$m = ".$m;            //显示形参值为 11
}
$m = 5;                                  //定义实参并赋值
fun($m);                                 //调用函数
echo "在函数外：\$m = ".$m;               //显示实参值为 11
?>
```

3. 默认参数（可选参数）

可以指定某个参数为可选参数，就是将参数放置在参数列表的末尾，并且为其指定默认值。

【示例 3】使用可选参数设计一个简单的多态函数。在调用函数时，如果仅传递一个参数值，则仅显示该参数值；如果传递两个参数值，则显示两个参数值之和。

```
<?php
function fun(&$m, $n=0){                 //$m 为引用参数，$n 为可选参数
    $l = $m  +  $n;                      //内部求两个参数和
    if($n == 0)                          //如果第 2 个参数为 0，则仅输出第 1 个参数值
        echo "\$m = ".$l."<p>";
    else                                 //如果第 2 个参数为非 0，或者没有传递参数，则输出两个参数值的和
        echo "\$m  +  \$n = ".$l."<p>";
}
$m = 5;
$n = 5;
fun($m);                                 //显示：$m = 5
fun($m, $n);                             //显示：$m + $n = 10
?>
```

注意：当使用默认参数时，任何默认参数必须放在任何非默认参数的右侧；否则，函数将会出错。

PHP 还允许使用数组和特殊类型 NULL 作为默认参数，但是默认值必须是常量表达式，不能是诸如变量、类成员或者函数调用等表达式。

25.8.3 函数的返回值

使用 return 语句可以定义函数的返回值。

如果在函数体内调用 return 语句，将会立即结束其后所有函数代码的执行，返回 return 的参数值，并将程序控制权交给调用对象的作用域。

【示例 1】先定义函数 values()，作用是输入物品的单价、税率，然后计算实际交易金额，最后使用 return 语句返回计算的值。

```
<?php
function values($price,$tax=0.45){       //定义一个函数，函数中的一个参数有默认值
    $price=$price+($price*$tax);         //计算实际金额
    return $price;                       //返回金额
}
echo values(100);                        //调用函数
?>
```

函数的返回值可以是数组、对象等任意类型的值。但是函数不能返回多个值，如果要返回多个值，可以通过返回一个数组来得到类似的效果。

【示例 2】设计让函数 small()返回 3 个值。

```
<?php
function small(){
    return array (0, 1, 2);              //以数组的形式返回 3 个值
```

```
}
list ($zero, $one, $two) = small();          //把返回的多个值存储到 3 个变量中
echo "\$zero=". $zero;                      //输出：$zero=0
echo "<br>\$one=". $one;                    //输出：$one=1
echo "<br>\$two=". $two;                    //输出：$two=2
?>
```

如果定义函数的返回值为一个引用，则必须在函数声明和指派返回值给一个变量时都使用引用运算符&。

25.9 使用数组

25.9.1 定义数组

在 PHP 中定义数组的方法有两种。

1. 使用 array()函数

array()函数的用法如下。

```
array array([mixed ...])
```

参数 mixed 表示 key => value，多个参数 mixed 之间使用逗号分开，其中 key 表示键，value 表示值。

键可以是字符串或数字。如果省略了键名，则会自动产生从 0 开始的整数索引；如果键名是整数，则下一个键名将是目前最大的整数索引+1；如果定义了两个完全一样的键名，则后面一个会覆盖前一个。

在数组中，每个元素的数据类型可以不同，也可以是数组类型。当 mixed 是数组类型时，可以定义二维数组。

使用 array()函数声明数组时，数组下标可以是数字索引，也可以是关联索引。下标与数组元素值之间使用“=>”符号进行连接，不同数组元素之间用逗号进行分隔。

【示例 1】使用 array()函数定义数组比较灵活，可以直接传递值，而不必传递键名。

```
<?php
$array = array("a", "b", "c");          //定义数组
print_r($array);                        //输出数组元素
?>
```

输出结果如下。

```
array ( [0] => a [1] => b [2] => c )
```

提示：可以调用 array()函数，不传递任何参数，这样将创建一个空数组，然后使用方括号[]语法事后添加数组元素值。

【示例 2】创建数组之后，可以直接使用方括号[]语法读取指定下标位置的元素的值。

```
<?php
$array = array("a", "b", "c");
echo $array[ 1 ];
?>
```

输出结果如下。

```
b
```

使用 array()函数定义数组时，下标默认从 0 开始，而不是 1，然后依次递加。上面代码输出数组元素的第 2 个下标位置的值。

【示例 3】使用 array()函数定义一个数组，包含两个元素，键分别为"a"和"b"，对应值分别为"first"和"second"。

```
<?php
$array = array(
    "a" => "first",
    "b" => "second",
);
?>
```

2. 直接赋值

【示例 4】定义数组的另一种方法是直接为数组元素赋值。如果在创建数组时不知道所创建数组的大小，或在实际编写程序时数组的大小可能发生改变，采用这种方法比较好。

```
<?php
$array[1] = 1;
$array[2] = 2;
var_dump($array);
?>
```

输出结果如下。

```
array(2) {
    [1]=> int(1)
    [2]=> int(2)
}
```

注意：直接为数组元素赋值时，要求同一数组元素中的数组名必须相同。

25.9.2 输出数组

在 PHP 中输出数组有输出元素和输出整个数组两种方式。

☑ 输出元素可以使用输出语句实现，如 echo 语句、print 语句等。

☑ 输出整个数组可以使用 print_r()和 var_dump()函数等。

【示例】print_r()函数和 var_dump()函数输出整个数组的不同形式。

```
$prices = array("a" =>100, "b"=>10, "c"=>1);
print_r($prices);
var_dump($prices);
```

输出结果如下。

```
Array (
    [a] => 100
    [b] => 10
    [c] => 1
)
array(3) {
    ["a"]=> int(100)
    ["b"]=> int(10)
    ["c"]=> int(1)
}
```

Note

25.9.3 统计元素个数

使用 count()函数可以统计数组中元素的个数。具体用法如下。

```
int count(mixed $var [, int $mode = COUNT_NORMAL])
```

参数说明如下。

- ☑ var：数组或者对象。
- ☑ mode：可选参数，默认值为 0，表示识别不了无限递归。如果设置为 COUNT_RECURSIVE（或 1），count()函数将递归地对数组计数。

【示例】使用 count()函数统计二维数组 products 中元素的个数，返回值为 12。

```
$products = array(array('TIR', 'Tires', 100),
                  array('OIL', 'oil', 10),
                  array('SPK', 'Spark Plugs', 4));
echo count($products, 1);
```

注意：需要设置第 2 个参数值为 1。

25.9.4 遍历数组

遍历数组就是逐一访问数组中的每个元素，它是一种常用的数组操作，在遍历过程中可以完成查询、更新等操作。

1. 使用 foreach

foreach 是遍历数组元素最常用的方法。具体用法如下。

```
foreach (array_expression as $value)
    statement
foreach (array_expression as $key => $value)
    statement
```

第 1 种格式遍历给定的 array_expression 数组。每次循环中，当前元素的值被赋给$value，且数组内部的指针向前移 1 步，下一次循环中将会得到下一个元素。第 2 种格式不仅仅访问元素的值（$value），还将当前元素的键名赋给变量$key。

【示例 1】forcach 结构并非操作数组本身，而是操作数组的一个备份。但是用户可以通过在$value 变量之前加上&引用赋值，而不是复制一个值，这样就可以实现修改数组的元素。

```
$arr = array(1, 2, 3, 4);
foreach ($arr as &$value) {
    $value = $value * 2;
}
var_dump($arr);
```

输出结果如下。

```
array(4) {
    [0]=> int(2)
    [1]=> int(4)
    [2]=> int(6)
    [3]=> &int(8)
}
```

2. 使用 list()函数

list()函数是把数组中的值赋给一些变量。与 array()函数类似，list()函数不是真正的函数，而是一种语言结构。list()函数仅能用于数字索引，且索引值从 0 开始的数组。具体用法如下。

```
void list(mixed…)
```

参数 mixed 为被赋值的变量名称。

【示例 2】使用 list()函数将函数 each()返回的两个值分开。

```
$prices["a"] = 100;
$prices["b"] = 10;
$prices["c"] = 1;
while(list($product, $price) = each($prices))
    echo "$product => $price<br />";
```

以上代码使用 each()从$prices 数组中取出当前元素，并且将它作为数组返回，然后再指向下一个元素。再使用 list()函数从 each()返回的数组中所包含 0、1 两个元素，变为两个名为$product 和$price 的新变量。最后使用 while 结构逐一把每个元素的值显示出来。

注意：当使用 each()函数时，数组将记录当前元素。如果希望在相同的脚本中两次使用该数组，就必须使用函数 reset()将当前元素重新设置到数组开始处。

```
reset($prices) ;
while(list($product, $price) = each($prices))
    echo "$product => $price<br />";
```

以上代码可以将当前元素重新设置到数组开始处，再次遍历数组。

25.9.5 数组与字符串的转换

PHP 使用 explode()函数和 implode()函数实现字符串与数组之间的相互转换。

1. 使用 explode()函数

explode()函数能够把字符串转换为数组。具体用法如下。

```
array explode(string $delimiter, string $string [, int $limit])
```

参数说明如下。

- ☑ delimiter：边界分隔字符。
- ☑ string：输入的字符串。
- ☑ limit：如果设置 limit 参数，且为正数，则返回的数组包含最多 limit 个元素，而最后那个元素将包含 string 的剩余部分。如果 limit 参数是负数，则返回除最后的-limit 个元素外的所有元素。如果 limit 是 0，则会被当作 1。

【示例 1】将一句话按词分割为一组数组。

```
$php   = "PHP is a popular general-purpose scripting language";
$php1 = explode(" ", $php);
var_dump($php1);
```

输出结果如下。

```
array(7) { [0]=> string(3) "PHP" [1]=> string(2) "is" [2]=> string(1) "a" [3]=> string(7) "popular" [4]=> string(15)
"general-purpose" [5]=> string(9) "scripting" [6]=> string(8) "language" }
```

2. 使用 implode()函数

implode()函数能够将一个一维数组的值转换为字符串。具体用法如下。

```
string implode(string $glue, array $pieces)
string implode(array $pieces)
```

参数 glue 为分隔的字符串，默认为空字符串；参数 pieces 表示要转换的数组。

【示例 2】下面示例把数组 array('ASP', 'PHP', 'JSP')转换为字符串表示。

```
$array = array('ASP', 'PHP', 'JSP');
$str = implode(",", $array);
echo $str;
```

输出结果如下。

```
ASP,PHP,JSP
```

25.9.6 数组排序

PHP 提供多个数组排序的方法，如 sort()、rsort()、asort()、arsort()、ksort()、krsort()、usort()、uksort()、uasort()，下面结合示例进行简单说明。

【示例 1】常用 sort()函数进行排序。下面代码可以将数组按字母升序进行排序。

```
$products = array("Tires", "Oil", "Spark Plugs");
sort($products);
print_r($products);
```

输出结果如下。

```
Array ( [0] => Oil [1] => Spark Plugs [2] => Tires )
```

【示例 2】如果数组元素的值是数字，将按数字升序进行排序。

```
$prices = array(100, 10, 4);
sort($prices);
print_r($prices);
```

输出结果如下。

```
Array ( [0] => 4 [1] => 10 [2] => 100 )
```

注意：sort()函数是区分字母大小写的。所有的大写字母都在小写字母的前面。所以 A 小于 Z，而 Z 小于 a。

sort()函数包含一个可选参数，设置排序方式。这个可选参数值可以为 SORT_REGULAR（默认值）、SORT_NUMERIC 或 SORT_STRING。指定排序类型的功能是非常有用的，例如，当要比较可能包含有数字 2 和 12 的字符串时，从数字角度看，2 要小于 12，但是作为字符串，"12"却要小于"2"。

使用 asort()和 ksort()函数可以对关联数组进行排序。如果使用关联数组存储各个项目和它们的价格，就需要用不同的排序函数使关键字和值在排序时仍然保持一致。

【示例 3】创建一个包含 3 个产品及价格的数组，然后将它们按价格的升序进行排序。

```
$prices = array("Tires"=>100, "Oil"=>10, "Spark Plugs"=>4);
asort($prices);
print_r($prices);
```

输出结果如下。

```
Array ( [Spark Plugs] => 4 [Oil] => 10 [Tires] => 100 )
```

函数 asort()将根据数组的每个元素值进行排序。在这个数组中，元素值为价格，而关键字为文字说明。

【示例 4】如果不是按价格排序，而要按说明排序，就可以使用 ksort()函数，它是按关键字排序而不是按值排序。

```
$prices = array("Tires"=>100, "Oil"=>10, "Spark Plugs"=>4);
ksort($prices);
print_r($prices);
```

输出结果如下。

```
Array ( [Oil] => 10 [Spark Plugs] => 4 [Tires] => 100 )
```

25.9.7 查询指定元素

使用 array_search()函数可以在数组中搜索给定的值，如果找到后则返回键名，否则返回 false。在 PHP 4.2.0 之前，该函数在失败时返回 null，而不是 false。具体用法如下。

```
mixed array_search(mixed $needle, array $haystack [, bool $strict = false])
```

参数说明如下。

☑ needle：搜索的值。如果 needle 是字符串，则比较以区分大小写的方式进行。

☑ haystack：被搜索的数组。

☑ strict：可选参数，如果值为 true，还将在数组中检查给定值的类型。

【示例】先声明一个数组，然后使用 array_search()函数检索指定的值。

```
$array = array(0 => 'blue', 1 => 'red', 2 => 'green', 3 => 'red');
echo array_search('green', $array);
echo array_search('red', $array);
```

输出结果如下。

```
2
1
```

25.9.8 获取最后一个元素

使用 array_pop()函数可以获取数组中的最后一个元素，并将数组的长度减 1，此过程也称为出栈。如果数组为空，或者不是数组，将返回 null。具体用法如下。

```
mixed array_pop(array &$array)
```

参数 array 表示被操作的数组。

【示例】应用 array_pop()函数获取数组中最后一个元素。

```
$stack = array("red", "green", "blue");
$fruit = array_pop($stack);
print_r($stack);
```

输出结果如下。

```
Array (
    [0] => red
    [1] => green
)
```

25.9.9 添加元素

使用 array_push()函数可以向数组中添加元素。array_push()函数将数组当成一个栈，并将传入的变量压入数组的末尾，数组的长度将根据入栈变量的数目而增加。具体用法如下。

```
int array_push(array &$array, mixed $var [, mixed $... ])
```

参数 array 表示要输入的数组，var 表示要压入的值。最后返回处理之后数组的元素个数。

【示例】应用 array_push()函数向数组中添加元素。

```
$stack = array("red", "green", "blue");
$fruit = array_push($stack, "yellow");
print_r($stack);
```

输出结果如下。

```
Array ( [0] => red [1] => green [2] => blue [3] => yellow )
```

25.9.10　删除重复元素

使用 array_unique()函数可以删除数组中重复的元素。array_unique()函数先将值作为字符串排序，然后对每个值只保留第 1 个遇到的键名，接着忽略所有后面的键名。具体用法如下。

```
array array_unique(array $array [, int $sort_flags = SORT_STRING])
```

参数 array 表示要操作的数组，sort_flags 为可选参数，表示设置排序的行为，取值说明如下。

☑　SORT_REGULAR：按正常顺序比较项目，不改变类型。

☑　SORT_NUMERIC：比较项目数值。

☑　SORT_STRING：根据字符串顺序比较项目。

☑　SORT_LOCALE_STRING：根据本地字符串顺序比较项目。

【示例】应用 array_unique()函数删除数组中重复的元素。

```
$input = array("a" => "green", "red", "b" => "green", "blue", "red");
$result = array_unique($input);
print_r($result);
```

输出结果如下。

```
Array (
    [a] => green
    [0] => red
    [1] => blue
)
```

25.10　使　用　类

25.10.1　定义类

PHP 使用 class 关键字定义类，具体语法格式如下。

```
class 类名{
    //...
}
```

在 class 关键字后定义类名，类名后使用一对大括号（{}）包含类的所有内容。

【示例】定义一个简单的类 Site，在类的内部使用 var 声明两个变量。

```
<?php
class Site {
    /*成员变量*/
    var $url;
    var $title;
}
?>
```

Site 是一个最简单的空类，没有实现任何功能。

25.10.2 定义成员方法

在类中声明的函数被称为成员方法。成员方法类似函数的定义，二者语法格式相同，但是函数与成员方法也有区别，简单比较如下。

☑ 函数实现独立的功能，可以自由调用。

☑ 成员方法实现类的行为，必须与类结合在一起使用。只能通过该类及其实例化的对象访问。

【示例】定义一个简单的类 Site，然后为该类定义了两个成员方法，这些方法用来设置和获取类的 URL 信息。

```
<?php
class Site {
    /*成员变量*/
    $url;
    /*成员函数*/
    function setUrl($par){
        $this->url = $par;
    }
    function getUrl(){
        echo $this->url . PHP_EOL;
    }
}
?>
```

$this 是一个伪变量，表示类的实例对象；PHP_EOL 是一个系统常量，表示换行符。

25.10.3 实例化对象

定义类之后，可以使用 new 运算符来实例化类，获取实例对象。基本语法格式如下。

```
实例对象 =new 类名;
```

【示例 1】以 25.10.2 节示例为基础，使用 new 运算符获取 Site 类型的 3 个实例。

```
$runoob = new Site;
$taobao = new Site;
$google = new Site;
```

以上代码创建了 3 个对象，3 个对象都是各自独立的。

获得实例对象后，可以使用对象调用成员方法，具体基本格式如下。

```
实例对象 -> 成员方法
```

【示例 2】以示例 1 的实例对象为基础，调用类 Site 的成员方法。

```
//调用成员函数，设置标题和 URL
$runoob->setTitle( "菜鸟" );
$taobao->setTitle( "淘宝" );
$google->setTitle( "Google 搜索" );
$runoob->setUrl( 'www.cainiao.com' );
$taobao->setUrl( 'www.taobao.com' );
$google->setUrl( 'www.google.com' );
//调用成员函数，获取标题和 URL
$runoob->getTitle();
$taobao->getTitle();
$google->getTitle();
$runoob->getUrl();
```

```
$taobao->getUrl();
$google->getUrl();
```

输出结果如下。

```
菜鸟
淘宝
Google 搜索
www.cainiao.com
www.taobao.com
www.google.com
```

Note

提示：每个实例对象的成员方法只能够操作该对象的成员变量。

25.10.4 定义成员变量

成员变量也称为属性、字段、特征等，一般习惯上称为属性。可以使用关键字 public、protected、private、static 或 final 声明属性。基本语法格式如下。

```
关键字 变量名;
```

声明属性时，可以初始化，但是初始化的值必须是常数，这里的常数是指在编译阶段时就为常数，而不是编译之后在运行阶段运算出的值。

- ☑ 由 public 关键字定义的类成员可以在任何地方被访问。
- ☑ 由 protected 定义的类成员可以被其所在类的子类和父类访问，当然该成员所在的类也可以访问。
- ☑ 由 private 定义的类成员则只能被其所在类访问。

访问成员变量与访问成员方法是一样的，具体语法格式如下。

```
对象名 -> 成员变量
```

注意：在类的非静态方法里面，可以通过下面方式来访问类的属性或方法。

```
$this-> property
```

其中，$this 表示伪变量，引用调用该方法的实例对象；property 表示属性名。

如果要访问类的静态属性，或者在静态方法里面访问属性，需要使用下面方法。

```
self::$property
```

【示例】先定义类 MyClass，使用不同关键字声明 3 个不同类型的成员变量：$public、$protected 和$private；然后定义一个成员方法 printHello()，用于输出变量信息；最后，实例化类，通过实例化返回对象调用指定的方法，同时尝试访问不同的成员变量，会发现返回不同的结果。

```
class MyClass{
    public $public = 'Public';
    protected $protected = 'Protected';
    private $private = 'Private';
    function printHello() {
        echo $this->public;
        echo $this->protected;
        echo $this->private;
    }
}
$obj = new MyClass();
$obj->printHello();              //输出：Public、Protected 和 Private
echo $obj->public;               //正常执行，显示：Public
```

```
echo $obj->protected;            //会产生一个致命错误
echo $obj->private;              //会产生一个致命错误
```

注意：无论使用$this，还是使用对象名访问属性，成员变量前面都没有$符号，如$this->public。

25.10.5 定义构造函数

构造函数是一种特殊的方法，当类实例化时用来初始化对象，一般为成员变量初始化赋值。它与new 运算符一起在每次创建对象时自动被调用。PHP 定义构造函数语法格式如下。

```
void __construct ([ mixed $args [, $... ]] ){
    //为成员变量初始化赋值
    //其他需要初始化的操作
}
```

【示例】继续以 25.10.2 节示例为基础，通过构造函数来初始化$url 和$title 变量。

```
class Site {
    /*成员变量*/
    var $url;
    var $title;
    function __construct( $par1, $par2 ) {
        $this->url = $par1;
        $this->title = $par2;
    }
    …
}
```

有了构造函数，用户就不用再调用 setTitle()和 setUrl()方法了，直接在实例化过程中为成员变量赋值。

```
$runoob = new Site('www.cainiao.com', '菜鸟');
$taobao = new Site('www.taobao.com', '淘宝');
$google = new Site('www.google.com', 'Google  搜索');
//调用成员函数，获取标题和 URL
$runoob->getTitle();
$taobao->getTitle();
$google->getTitle();
```

25.11 在线支持

扫码免费学习
更多实用技能

一、PHP 概述
- ☑ PHP 开发工具
- ☑ PHP 资源大全

二、安装和配置 PHP 运行环境
- ☑ 安装 Apache 2.2
- ☑ 安装 PHP 5
- ☑ Apache 的主配置文件
- ☑ PHP 内置扩展库说明
- ☑ PHP 配置文件详解（php.ini）

三、PHP 语言基础
- ☑ PHP Math 函数
- ☑ 运算符列表说明
- ☑ 命名规范
- ☑ 版式规范
- ☑ 注释规范

四、操作字符串
- ☑ PHP String 函数

五、操作数组
- ☑ PHP Array 函数

六、PHP 面向对象程序设计
- ☑ PHP 序列化和反序列化

新知识、新案例不断更新中……

第 26 章

使用 PHP 与网页交互

网页与 PHP 互动，主要通过表单来实现。浏览者可以通过表单提交数据，或者通过 URL 附加参数，向 PHP 传递信息。PHP 通过预定义变量来接收这些信息。本章将详细介绍 PHP 是如何获取客户端的请求，以及如何响应用户的交互过程。并掌握在信息交互过程中，如何处理各种格式的信息，以及如何加密和存储信息。

视频讲解

26.1 PHP 交互基础

PHP 主要通过预定义变量$_POST 和$_GET 实现与网页进行交互。其中，$_POST 负责接收表单以 POST 方法提交的数据，$_GET 负责接收 URL 字符串后面附加的查询字符串参数值。具体用法如下。

```
$_GET["name"]
$_POST["name"]
```

其中，name 为表单对象的 name 属性值。为了避免异常，一般应该使用 isset()函数先检测$_POST 和$_GET 变量是否存在。如果存在，返回 true，否则返回 false。只有存在的情况下，才可以读取$_POST 和$_GET 变量的值。

26.1.1 获取文本框的值

使用 PHP 的预定义变量$_POST 可以获取文本框的值。PHP 的$_POST 变量实际上是一个预定义的关联数组，键名对应表单对象的 name 属性值，键值就是 value 属性值。

在开发过程中，获取文本框、密码域、隐藏域、按钮、文本区域，以及其他 HTML5 不同类型的输入文本框的值的方法是相同的，都是使用 name 属性来获取相应的 value 属性值。

【示例】在站点根目录下新建页面，保存为 index.html，设计一个表单，在其中添加一个文本框。设置 method 属性为"post"，以便$_POST 变量能够接收到数据；设置表单的 action 属性为 request.php，定义提交数据的处理程序，request.php 将接收数据并响应给用户。演示效果如图 26.1 所示。

设计 index.html 页面的表单结构如下。

```
<form id="form1" name="form1" method="post" action="request.php">
    <label>用户名<input name="user" type="text" id="user" /></label>
        <input type="submit" value="提交数据" />
</form>
```

创建 PHP 程序处理页面，保存为 request.php。输入如下代码，用来接收 index.html 页面提交的文本框的值。

```
<div data-role="content">
    <h1>欢迎光临</h1>
    <h2><?php if(isset($_POST["user"])) echo $_POST["user"]; ?></h2>
</div>
```

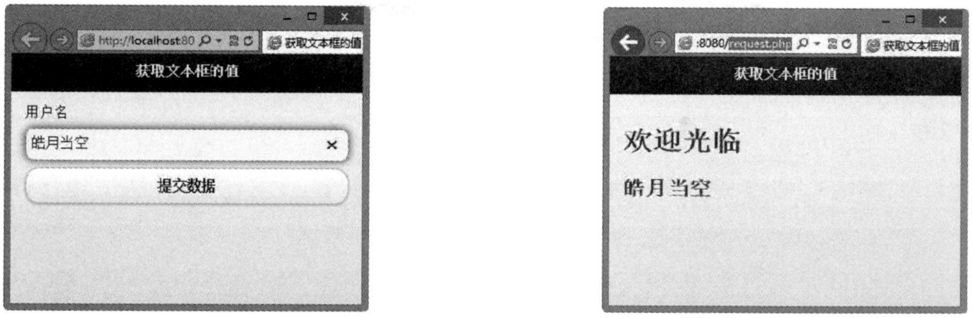

（a）提交表单　　　　（b）响应信息

图 26.1　示例效果

在脚本中先使用 isset()函数判断一下$_POST["user"]变量是否存在，然后再读取显示。

26.1.2　获取复选框的值

当多个复选框绑在一起，组成一个复选框组，获取它们的值和方法就略有不同。

【示例】快速获取复选框组中被选中的值，演示效果如图 26.2 所示。

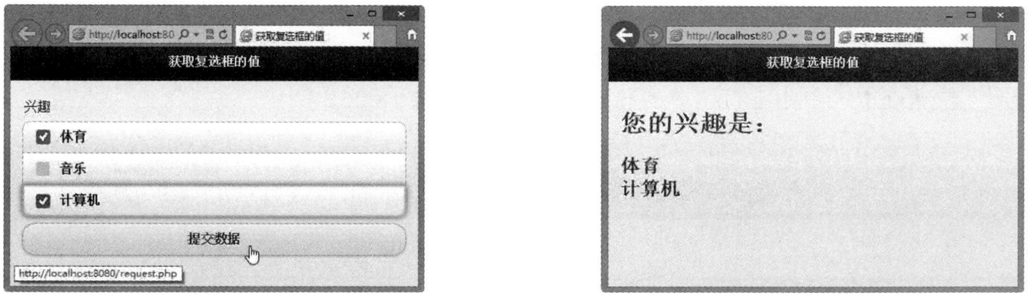

（a）提交表单　　　　（b）响应信息

图 26.2　示例效果

新建 index.html 页面，设计一个表单。先为<form>标签设置 action 和 method 属性，定义请求文件为同目录下的 request.php，请求的方式为 POST。

在<form>标签内插入 3 个复选框和 1 个提交按钮，定义复选框的 name 属性值都为 interest[]，而 value 属性值分别为“体育”“音乐”“计算机”；定义提交按钮的 value 属性值为“提交数据”。完整的表单结构代码如下。

```
<form id="form1" name="form1" method="post" action="request.php">
    <fieldset data-role="controlgroup">
        <legend>兴趣</legend>
        <label><input name="interest[]" type="checkbox" value="体育" />体育</label>
        <label><input name="interest[]" type="checkbox" value="音乐" />音乐</label>
        <label><input name="interest[]" type="checkbox" value="计算机" />计算机</label>
    </fieldset>
    <input type="submit" value="提交数据" />
</form>
```

提示： 在复选框组和单选按钮组中，其 name 属性值必须定义为数组类型，即名称后面要加一个中括号，表示该变量为一个数组类型，这样才能够存储多个值。

创建 request.php 程序处理页面，输入如下代码，用来接收 index.html 页面提交的值。

```
<div data-role="content">
    <h1>您的兴趣是：</h1>
    <h2><?php
        if( isset($_POST["interest"])){                        //先检测用户是否提交了值
            $interest = $_POST["interest"];                    //获取所有选项
            if($interest != null){                             //检测是否选择了项目
                for($i=0;$i<count($interest);$i++)             //循环输出显示每个选项值
                    echo   $interest[$i]."<br />" ;
            }
        }
        ?></h2>
</div>
```

提示：使用$_POST 变量获取复选框组的值时，必须设置 name 值为 interest，而不是 interest[]，否则将不会识别复选框组的值。

然后，使用 count()函数计算$_POST["interest"]数组的元素个数，使用 for 循环语句逐一输出所有被选中的复选框的值。

26.1.3　获取下拉菜单的值

获取下拉菜单的值与获取文本框的值的方法完全相同。

【示例】快速获取表单中下拉菜单的选取值，演示效果如图 26.3 所示。

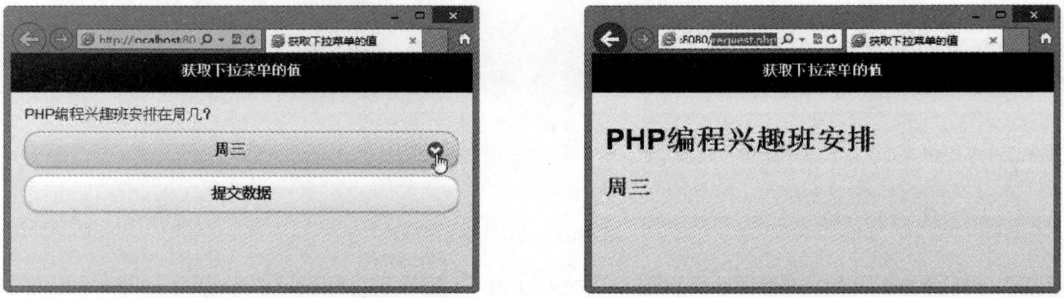

（a）提交表单　　（b）响应信息

图 26.3　示例效果

新建 index.html 页面，设计一个表单。先为<form>标签设置 action 和 method 属性，定义请求文件为同目录下的 request.php，请求的方式为 POST。

在<form>标签内插入一个下拉菜单和一个提交按钮，定义下拉菜单的 name 属性值为 interest，下拉菜单选项的 value 属性值分别为“周一”“周二”“周三”“周四”“周五”，为了避免没有安排日期，再添加一个空选项；定义提交按钮的 value 属性值为“提交数据”。完整的表单结构如下所示。

```
<div data-role="content">
    <form id="form1" name="form1" method="post" action="request.php">
        <label for="interest">PHP 编程兴趣班安排在周几？</label>
        <select name="interest" id="interest">
            <option value=""></option>
            <option value="周一">周一</option>
            <option value="周二">周二</option>
            <option value="周三">周三</option>
```

```
                <option value="周四">周四</option>
                <option value="周五">周五</option>
            </select>
            <input type="submit" value="提交数据" />
        </form>
    </div>
```

创建 request.php 程序处理页面，输入如下脚本代码，用来接收 index.html 页面提交的值。使用 if 语句对下拉菜单的值进行判断，最后输出响应信息。

```
<?php
if(isset($_POST["interest"])){                //先检测用户是否提交了值
    $interest = $_POST["interest"];           //获取下拉菜单的值
    if($interest != null){                    //如果不为空，则显示
        echo  $interest;
    }
    else{                                     //如果为空，则特别提示
        echo  "没有安排";
    }
}
?>
```

26.1.4 获取列表框的值

如果列表框没有设置 multiple 属性，可以采用 26.1.3 节的方法来获取值。如果列表框设置了 multiple 属性，允许多选，可以模仿复选框组的方法获取值。

【示例】快速获取用户提交的列表值，并以按钮的形式显示出来，效果如图 26.4 所示。

（a）提交表单

（b）响应信息

图 26.4　示例效果

新建 index.html 页面，设计一个表单。先为<form>标签设置 action 和 method 属性，定义请求文件为同目录下的 request.php，请求的方式为 POST。

在<form>标签内插入一个列表框和一个提交按钮，定义列表框的 name 属性值为 interest[]，添加 multiple 属性，允许多选。定义列表选项的属性值分别为“体育”“音乐”“计算机”“英语”；定义提交按钮的 value 属性值为“提交数据”。完整的表单结构如下。

```
<div class="container">
    <form id="form1" name="form1" method="post" action="request.php">
        <label for="interest">兴趣</label>
        <select name="interest[]" id="interest" size="4" multiple class="form-control">
            <option value="体育">体育</option>
            <option value="音乐">音乐</option>
```

```
            <option value="计算机">计算机</option>
            <option value="英语">英语</option>
        </select><br>
        <input type="submit" value="提交数据" class="btn btn-success btn-block" />
    </form>
</div>
```


创建 request.php 程序处理页面，输入如下脚本代码，用来接收 index.html 页面提交的值。使用 $_POST["interest"]读取用户选择的值，使用 for 语句循环输出所有被选中的值。

```
<?php
    if(isset($_POST["interest"])){                          //先检测用户是否提交了值
        $interest = $_POST["interest"];
        if($interest != null){                              //判断列表框的返回值是否为空
            for($i=0;$i<count($interest);$i++)              //通过 for 循环输出选中的列表框的值
                echo   '<div class="btn btn-primary">'.$interest[$i].'</div>';
        }
    }
?>
```

26.1.5 获取密码域和隐藏域的值

获取密码域和隐藏域的值的方法与获取文本框的值的方法相同。

【**示例**】获取用户提交的用户名和密码，并根据隐藏域提交的值进行适当提示，演示效果如图 26.5 所示。

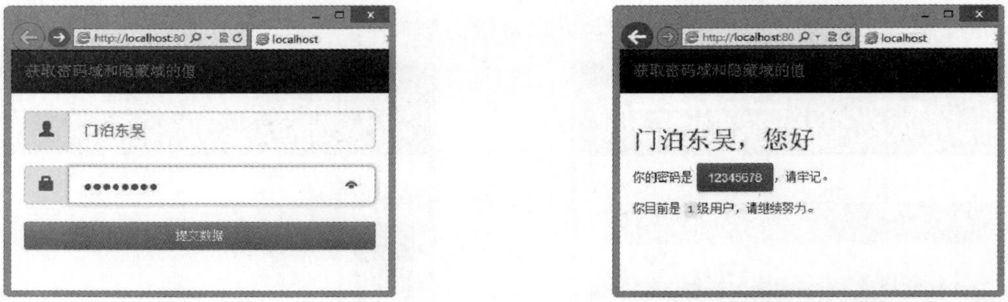

（a）提交表单　　（b）响应信息

图 26.5　示例效果

新建 index.html 页面，设计一个表单。先为<form>标签设置 action 和 method 属性，定义请求文件为同目录下的 request.php，请求的方式为 POST。

在<form>标签内，插入一个文本框、一个密码域、一个隐藏域和一个提交按钮，定义输入文本域的 name 属性值分别为 user、pass、grade；定义提交按钮的 value 属性值为“提交数据”。

```
<div class="container">
    <form id="form1" name="form1" method="post" action="request.php">
        <div class="input-group input-group-lg">
            <span class="input-group-addon"><span class="glyphicon glyphicon-user"></span></span>
        <input type="text" name="user" class="form-control" placeholder="请输入用户名">
        </div><br>
        <div class="input-group input-group-lg">
            <span class="input-group-addon"><span class="glyphicon glyphicon-lock"></span></span>
        <input type="password" name="pass" class="form-control" placeholder="请输入密码">
        </div><br>
```

```
            <input name="grade" type="hidden" value="1" />
            <input type="submit" value="提交数据" class="btn btn-success btn-block" />
        </form>
    </div>
```

创建 request.php 程序处理页面，输入如下脚本代码，用来接收 index.html 页面提交的值。使用 $_POST 方法在标签中嵌入从客户端获取的输入域的值。

```
    <div class="container">
        <h2><?php echo $_POST["user"] ?>，您好</h2>
         <p>你的密码是 <span class="btn btn-primary"><?php if(isset($_POST["pass"])) echo $_POST["pass"] ?></span>，请牢记。</p>
         <p>你目前是 <code><?php if(isset($_POST["grade"]))  echo $_POST["grade"] ?></code>I 级用户，请继续努力。</p>
    </div>
```

26.1.6 获取单选按钮的值

单选按钮虽然可以以组的形式出现，有多个可供选择的值，但是在同一次操作中只能够选择一个值，所以获取单选按钮值的方法与获取文本框的值方法相同。

【示例】为用户提供一个单选操作，当用户提交不同的选项后，后台服务器将显示不同风格的图片效果，如图 26.6 所示。

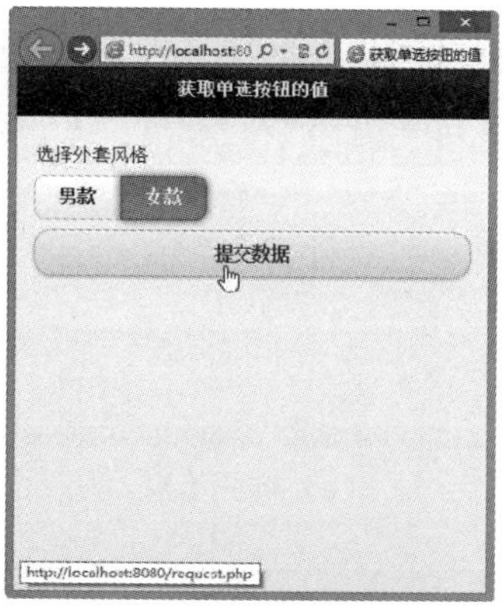

（a）提交表单

（b）响应信息

图 26.6 示例效果

新建 index.html 页面，设计一个表单。先为<form>标签设置 action 和 method 属性，定义请求文件为同目录下的 request.php，请求的方式为 POST。

在<form>标签内，插入一个单选按钮组和一个提交按钮，定义单选按钮组的 name 属性值为 sex，选项的 value 属性值分别为 men、women。完整的表单结构如下。

```
<div data-role="content">
    <form id="form1" name="form1" method="post" action="request.php">
        <fieldset data-role="controlgroup" data-type="horizontal">
            <legend>选择外套风格</legend>
            <label><input name="sex" type="radio" value="men" checked />男款</label>
            <label><input name="sex" type="radio" value="women" />女款</label>
        </fieldset>
        <input type="submit" value="提交数据" />
    </form>
</div>
```

创建 request.php 程序处理页面，输入如下脚本代码，用来接收 index.html 页面提交的值，并进行处理，根据选择条件显示不同的图文信息。

```
<?php
    if(isset($_POST["sex"])){                    //先检测用户是否提交了值
        $interest = $_POST["sex"];
        if($interest == "men"){                  //判断用户选择的值
            echo   '<h1>男款外套</h1>';
            echo   '<img src="images/3.jpg" alt=""/>';
        }else{
            echo   '<h1>女款外套</h1>';
            echo   '<img src="images/2.jpg" alt=""/>';
        }
    }
?>
```

Note

26.1.7　获取文件域的值

使用文件域，可以实现本地文件上传到服务器。文件域有一个特有的属性 accept，用于指定上传文件的类型，如果要限制上传文件的类型，则可以设置该属性。

【示例】为用户提供简单的文件上传操作，当用户上传文件后，后台服务器将以响应的方式显示用户提交的文件名，如图 26.7 所示。

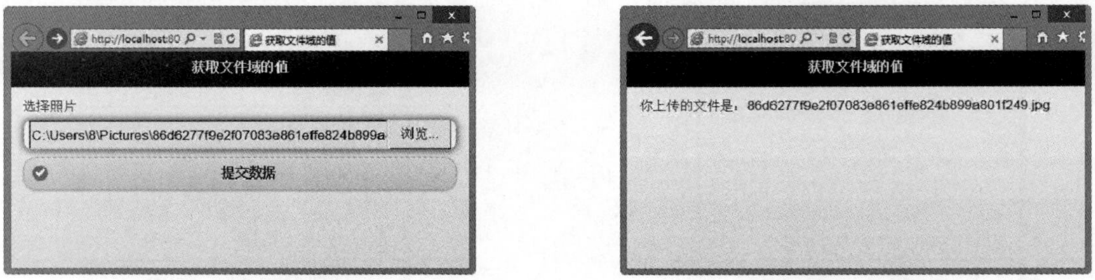

（a）提交表单　　　　（b）响应信息

图 26.7　示例效果

新建 index.html 页面，设计一个表单。先为<form>标签设置 action 和 method 属性，定义请求文件为同目录下的 request.php，请求的方式为 POST。

在<form>标签内，插入一个文件域和一个提交按钮，定义文件域的 name 属性值为 file，提交按钮的 value 属性值为“提交数据”。完整的表单结构如下。

```
<form action="request.php" data-ajax="false" method="post"   name="form1" id="form1">
    <label>选择照片
        <input name="file" type="file" />
    </label>
    <input type="submit" data-theme="e" data-icon="check" value="提交数据" />
</form>
```

创建 request.php 程序处理页面，输入如下脚本代码，用来接收 index.html 页面提交的值，并进行处理，显示用户提交的文件信息。

```
if(isset($_POST["file"])){                       //先检测用户是否上传了文件
    $file = $_POST["file"];
    echo "你上传的文件是：";
    echo   $file;                                //显示文件信息
}
```

提示：$_FILES 预定义变量是一个关键数组，包含上传文件的所有信息，具体说明如下，其中“userfile”是 name 的属性值，表示文件域的名称。

- ☑ $_FILES['userfile']['name']：文件的原名称。
- ☑ $_FILES['userfile']['type']：文件的 MIME 类型，如“image/gif”。
- ☑ $_FILES['userfile']['size']：文件的大小，单位为字节。
- ☑ $_FILES['userfile']['tmp_name']：临时存储的文件名。
- ☑ $_FILES['userfile']['error']：和该文件上传相关的错误代码。

文件被上传后，默认会被储存到服务端的默认临时目录中，可以在 php.ini 中的 upload_tmp_dir 设置存储路径。当然，一般还需要读取临时存储文件，并另存到指定目录中才有效，具体内容可以参考 26.1.3 节示例。

26.1.8　获取查询字符串的值

使用$_GET 预定义变量可以获取查询字符串的值，其用法与$_POST 相同。

【示例】使用$_GET 变量获取用户提交的用户名和密码，演示效果如图 26.8 所示。

（a）提交表单　　　　（b）响应信息

图 26.8　示例效果

新建 index.html 页面，设计一个表单。先为<form>标签设置 action 和 method 属性，定义请求文件为同目录下的 request.php，请求的方式为 GET。

在<form>标签内，插入一个文本框、一个密码和一个提交按钮，定义输入文本域的 name 属性值分别为 user 和 pass；定义提交按钮的 value 属性值为“提交数据”。

```
<form id="form1" name="form1" method="get" action="request.php">
    <div class="input-group input-group-lg">
        <span class="input-group-addon"><span class="glyphicon glyphicon-user"></span></span>
        <input type="text" name="user" class="form-control" placeholder="请输入用户名">
    </div><br>
    <div class="input-group input-group-lg">
        <span class="input-group-addon"><span class="glyphicon glyphicon-lock"></span></span>
        <input type="password" name="pass" class="form-control" placeholder="请输入密码">
    </div><br>
    <input type="submit" value="提交数据" class="btn btn-success btn-block" />
</form>
```

提示：也可以在超链接中附加要传递的信息。以问号（?）为标识前缀，后面跟随一个或多个名值对，名和值之间使用等号（=）相连，名值对之间用&号分隔。例如：

```
<a href="request.php?user=zhangsan&pass=12345678">显示查询信息</a>
```

创建 request.php 程序处理页面，输入如下脚本代码，用来接收 index.html 页面提交的值，并进行处理，显示提示信息。

```
<div class="container">
    <h2><?php if(isset($_GET["user"])) echo $_GET["user"] ?>，您好</h2>
    <p>你的密码是 <span class="btn btn-primary"><?php if(isset($_GET["pass"]))  echo $_GET["pass"] ?></span>，请牢记。</p>
</div>
```

注意： 对于服务器而言，URL 编码前后的字符串并没有什么区别，服务器能够自动识别编码信息。同时，URL 编码不是一种绝对保密的措施，仅是一种简单的信息隐藏方式。在实际设计中，不能够指望 URL 编码来保护重要信息的安全。

26.1.9 对查询字符串进行编码

使用 URL 传递数据，在默认状态下，查询字符串会以明码的形式进行传递，这种方法会泄露用户信息，同时参数中的一些特殊字符也容易引发错误。因此，一般在设计时会要求对 URL 传递的参数进行编码。

URL 编码是一种浏览器用来打包表单数据的格式，是对用地址栏传递参数进行的一种编码规则。例如，在参数中带有空格，则用 URL 传递参数时就会发生错误，而用 URL 编码后，空格转换成“%20”，这样错误就不会发生了；对 2 字节的中文等信息进行编码，也会有同样的情况，另外，可以简单地隐藏所传递的参数。

在 PHP 中对字符串进行 URL 编码，可以通过 urlencode()函数实现。语法格式如下。

```
string urlencode(string $str)
```

【示例】设计两条超链接，其中一条链接使用 urlencode()函数对在 URL 中的查询字符串进行编码，另一条链接没有经过编码，则在传输过程中可以看到地址栏中显示不同的效果，如图 26.9 和图 26.10 所示。

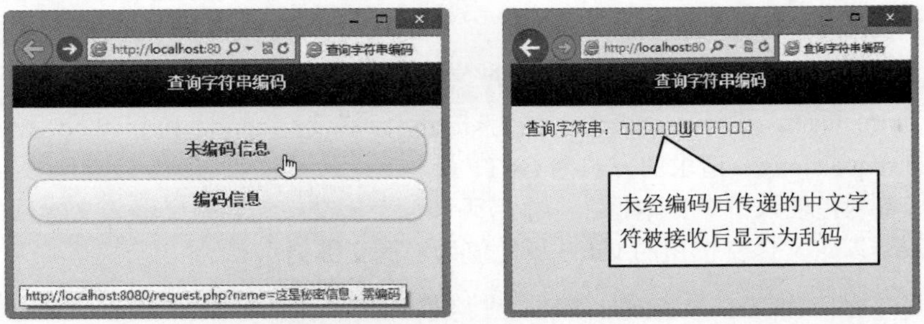

图 26.9　未经编码的查询字符串

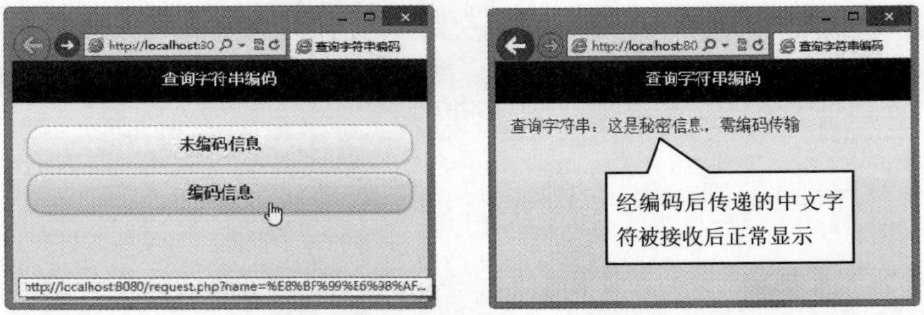

图 26.10　经编码的查询字符串

index.html 页面主要代码如下。

```
<a href="request.php?name=这是秘密信息，需编码" data-role="button">未编码信息</a>
<a href="request.php?name=<?PHP echo URLencode("这是秘密信息，需编码传输"); ?>" data-role="button">编码信息</a>
```

request.php 程序页面主要代码如下。

```
<?php
if(isset($_GET["name"])){          //如果查询字符串存在，则显示参数值
    $name = $_GET["name"];
    echo "查询字符串：";
    echo   $name;
}
?>
```

26.1.10 对查询字符串进行解码

对于 URL 编码的查询字符串，可以使用 urldecode()函数进行解码。该函数的语法格式如下。

```
string urldecode(string $str)
```

该函数对于任何“%##”形式的编码，都会解码为可辨识的普通字符，加号（+）也被解码成一个空格字符。

【示例】对查询字符串进行解码。在 index.php 页面中定义一个超链接文本。

```
<a href="request.php?name=<?PHP echo urlencode("这是秘密信息，需编码传输"); ?>" data-role="button">显示查询信息</a>
```

然后，在 request.php 文件中输入下面脚本。

```
<?PHP
if(isset($_GET["name"] )){
    $name = urldecode($_GET["name"]);
    echo "查询字符串：";
    echo   $name;
}
?>
```

运行结果如图 26.11 所示。

图 26.11 经解码的查询字符串

26.2 字符串处理

字符串操作在 PHP 编程中比较常用，几乎所有的输入、输出都需要使用字符串，因此了解并熟悉字符串的一般操作方法就显得很重要。

Note

26.2.1 连接字符串

连接字符串可以使用点号“.”运算符，它能把两个或以上的字符串连接成一个字符串。

【示例 1】连接字符串。

```
$s1 = "海内存知己，天涯若比邻。";
$s2 = "无为在歧路，儿女共沾巾。";
$str =   $s1.$s2;
echo $str;
```

输出结果如下。

```
海内存知己，天涯若比邻。无为在歧路，儿女共沾巾。
```

【示例 2】PHP 允许在双引号中直接包含字符串变量，因此可以使用这种格式实现字符串连接效果。

```
$s1 = "海内存知己，天涯若比邻。";
$s2 = "无为在歧路，儿女共沾巾。";
$str =   "$s1$s2";
echo $str;
```

输出结果如下。

```
海内存知己，天涯若比邻。无为在歧路，儿女共沾巾。
```

26.2.2 去除首尾空字符

当输入信息时，经常会无意输入多余的空格。当在脚本中处理这些字符信息时，是不允许出现空格和特殊字符的，此时就需要去除字符串中的空格和特殊字符。PHP 提供了 3 个函数用于处理空字符问题。

☑ trim()：去除字符串左、右两边的空格和特殊字符。
☑ ltrim()：去除字符串左边的空格和特殊字符。
☑ rtrim()：去除字符串右边的空格和特殊字符。

1. trim()函数

trim()函数用于去除字符串首尾空格和特殊字符，并返回去掉空格和特殊字符后的字符串。具体用法如下。

```
string trim(string $str [, string $charlist = " \t\n\r\0\x0B"])
```

参数说明如下。

☑ str：待处理的字符串。
☑ charlist：可选参数，列出所有希望过滤的字符，也可以使用".."列出一个字符范围。

在默认状态下，如果不指定第 2 个参数，trim()将去除下面这些字符。

☑ " "：普通空格符。
☑ "\t"：制表符。
☑ "\n"：换行符。
☑ "\r"：回车符。
☑ "\0"：空字节符。
☑ "\x0B"：垂直制表符。

【示例 1】使用 trim()函数清除指定字符串前后空格。

```
$s1 = "    白日依山尽，黄河入海流。
";
```

```
$s2 = "     欲穷千里目，更上一层楼。                    ";
$str =   trim($s1) . trim($s2);
echo $str;
```

输出结果如下。

```
白日依山尽，黄河入海流。欲穷千里目，更上一层楼。
```

2. ltrim()函数

ltrim()函数用于删除字符串开头的空白字符，或其他字符。具体用法如下。

```
string ltrim(string $str [, string $character_mask])
```

该函数包含两个参数，参数说明可以参考 trim()函数。

【示例 2】以示例 1 为基础，把 trim()函数替换为 ltrim()，清除指定字符串开头空格。

```
$s1 = "     白日依山尽，黄河入海流。
";
$s2 = "     欲穷千里目，更上一层楼。                    ";
$str =   ltrim($s1) . ltrim($s2);
echo "<pre>$str</pre>";
```

输出结果如下。

```
白日依山尽，黄河入海流。
欲穷千里目，更上一层楼。
```

3. rtrim()函数

rtrim()函数用于删除字符串末端的空白字符，或者其他字符。具体用法如下。

```
string rtrim(string $str [, string $character_mask])
```

该函数包含两个参数，参数说明可以参考 trim()函数。

【示例 3】以示例 1 为基础，把 trim()函数替换为 rtrim()，清除指定字符串结尾空格。

```
$s1 = "     白日依山尽，黄河入海流。
";
$s2 = "     欲穷千里目，更上一层楼。                    ";
$str =   rtrim($s1) . rtrim($s2);
echo "<pre>$str</pre>";
```

输出结果如下。

```
     白日依山尽，黄河入海流。     欲穷千里目，更上一层楼。
```

26.2.3 获取字符串长度

PHP 使用 strlen()函数获取字符串的长度。具体用法如下。

```
int strlen(string $string)
```

如果 string 为空，则返回 0。

【示例】使用 strlen()函数获取字符串的长度。

```
$s1 = "白日依山尽，黄河入海流。欲穷千里目，更上一层楼。";
echo strlen($s1);
```

返回结果如下。

```
72
```

提示：PHP 内置的字符串长度函数 strlen()无法正确处理中文字符串，它返回的只是字符串所占的字节数。对于 GB2312 的中文编码，strlen()函数得到的值是汉字个数的 2 倍，而对于 UTF-8 编码的中文，一个汉字占 3 个字节。获取中文字符长度，建议使用 mb_strlen()函数。

Note

26.2.4 截取字符串

在 PHP 中，使用 substr()函数可以实现截取字符串。具体用法如下。

```
string substr(string $string, int $start [, int $length])
```

参数说明如下。

☑ string：输入字符串。必须至少有一个字符。

☑ start：如果 start 是非负数，返回的字符串将从 string 的 start 位置开始，从 0 开始计算。例如，在字符串"abcdef"中，在位置 0 的字符是"a"，位置 2 的字符串是"c"等。如果 start 是负数，返回的字符串将从 string 结尾处向前数第 start 个字符开始。如果 string 的长度小于 start，将返回 false。

☑ length：如果提供了正数的 length，返回的字符串将从 start 处开始最多包括 length 个字符（取决于 string 的长度）。如果提供了负数的 length，那么 string 结尾处的许多字符将会被漏掉。如果 start 是负数，则从字符串尾部算起。如果 start 不在这段文本中，那么将返回一个空字符串。如果提供了值为 0、false 或 NULL 的 length，那么将返回一个空字符串。如果没有提供 length，返回的子字符串将从 start 位置开始直到字符串结尾。

【示例】使用 substr()函数截取字符串，以及使用中括号语法获取单个字符。

```
echo substr('abcdef', 1);            //bcdef
echo substr('abcdef', 1, 3);         //bcd
echo substr('abcdef', 0, 4);         //abcd
echo substr('abcdef', 0, 8);         //abcdef
echo substr('abcdef', -1, 1);        //f
//访问字符串中的单个字符，也可以使用中括号
$string = 'abcdef';
echo $string[0];                     //a
echo $string[3];                     //d
echo $string[strlen($string)-1];     //f
```

提示：使用 substr()函数在截取中文字符串时，如果截取的字符串个数是奇数，那么就会导致截取的中文字符串出现乱码，因为一个中文字符由 2～3 个字节组成，所以 substr()函数适用于对英文字符串的截取，如果想要对中文字符串进行截取，而且要避免出现乱码，最好使用 mb_substr()函数。

26.2.5 检索字符串

PHP 提供多个检索字符串的函数，具体说明如下。

1. strstr()函数

strstr()函数能够查找字符串中的一部分，如果没有发现则返回 false。具体用法如下。

```
string strstr(string $haystack, mixed $needle[, bool $before_needle = false])
```

参数说明如下。

☑ haystack：输入字符串。

☑ needle：查找的字符串，如果不是一个字符串，则将被转换为整型并且作为字符的序号使用。

☑ before_needle：如果为 true，则返回 needle 在 haystack 中的位置之前的部分。

【示例 1】strstr()函数的基本用法。

```
$email   = 'zhangsan@163.com';
$domain = strstr($email, '@');
echo $domain;
echo "<br>";
$user = strstr($email, '@', true);          //从 PHP 5.3.0 起
echo $user;
```

输出结果如下。

```
@163.com
zhangsan
```

提示：strstr()函数区分大小写，如果不区分大小写，可以使用 stristr()函数。此外，strrchr()函数与 strstr()函数正好相反，该函数是从字符串右侧的位置开始检索子字符串。

2. substr_count()函数

使用 substr_count()函数能够检索子串出现的次数。具体用法如下。

```
int substr_count(string $haystack, string $needle [, int $offset = 0 [, int $length]])
```

参数说明如下。

- ☑ haystack：在此字符串中进行搜索。
- ☑ needle：要搜索的字符串。
- ☑ offset：开始计数的偏移位置。
- ☑ length：指定偏移位置之后的最大搜索长度。如果偏移量加上这个长度的和大于 haystack 的总长度，则抛出警告信息。

【示例 2】substr_count()函数比较不同参数设置的返回值。

```
$text = 'This is a test';
echo strlen($text);                        //14
echo substr_count($text, 'is');            //2
//字符串被简化为's is a test'，因此输出 1
echo substr_count($text, 'is', 3);
//字符串被简化为's i'，所以输出 0
echo substr_count($text, 'is', 3, 3);
//因为 5+10 > 14，所以生成警告
echo substr_count($text, 'is', 5, 10);
//输出 1，因为该函数不计算重叠字符串
$text2 = 'gcdgcdgcd';
echo substr_count($text2, 'gcdgcd');
```

提示：检索子串出现的次数一般常用于搜索引擎中，针对子串在字符串中出现的次数进行统计，便于用户第一时间掌握子串在字符串中出现的次数。

26.2.6 替换字符串

字符串替换可以通过下面两个函数来实现。

1. str_ireplace()函数

str_ireplace()函数使用新的字符串（子串）替换原始字符串中被指定要替换的字符串。具体用法如下。

```
mixed str_ireplace(mixed $search, mixed $replace, mixed $subject[, int &$count])
```

参数说明如下。

☑ search：要搜索的值。

☑ replace：指定替换的值。

☑ subject：要被搜索和替换的字符串或数组。

☑ count：可选参数，如果设定了，将会设置执行替换的次数。

如果参数 search 和 replace 为数组，那么 str_replace()函数将对 subject 做映射替换。如果 replace 的值的个数少于 search 的个数，多余的替换将使用空字符串来进行。如果 search 是一个数组，而 replace 是一个字符串，那么 search 中每个元素的替换将始终使用这个字符串。如果 search 或 replace 是数组，它们的元素将从头到尾逐个处理。

【示例 1】使用 str_ireplace()函数替换 HTML 字符串中的“BODY”为“black”。

```
$bodytag = str_ireplace("%body%", "black", "&lt;body text=%BODY%&gt;");
echo $bodytag;
```

输出结果如下。

```
<body text=black>
```

提示：str_ireplace()函数在执行替换操作时不区分大小写，如果需要对大小写加以区分，可以使用 str_replace()函数。

2. substr_replace()函数

substr_replace()函数对指定字符串中的部分字符串进行替换。具体用法如下。

```
mixed substr_replace(mixed $string, mixed $replacement, mixed $start[, mixed $length])
```

参数说明如下。

☑ string：输入字符串。如果输入是一个数组，那么该函数也将返回一个数组。

☑ replacement：替换字符串。

☑ start：如果为正数，替换将从 string 的 start 位置开始；如果为负数，替换将从 string 的倒数第 start 个位置开始。

☑ length：如果设定了 length 参数且为正数，表示 string 中被替换的子字符串的长度。如果设定为负数，表示待替换的子字符串结尾处距离 string 末端的字符个数。如果没有提供此参数，那么默认为 strlen(string)，即字符串的长度。当然，如果 length 为 0，那么这个函数的功能为将 replacement 插入 string 的 start 位置处。

【示例 2】当 substr_replace()函数设置不同的参数时，所替换的结果如图 26.12 所示。

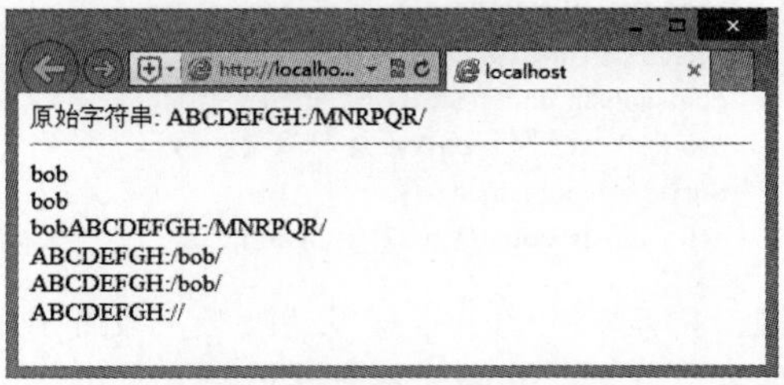

图 26.12　字符串替换操作

```
$var = 'ABCDEFGH:/MNRPQR/';
echo "原始字符串: $var<hr />\n";
/*这两个例子使用"bob"替换整个$var。*/
echo substr_replace($var, 'bob', 0) . "<br />\n";
echo substr_replace($var, 'bob', 0, strlen($var)) . "<br />\n";
/*将"bob"插入$var 的开头处。*/
echo substr_replace($var, 'bob', 0, 0) . "<br />\n";
/*下面两个例子使用"bob"替换$var 中的"MNRPQR"。*/
echo substr_replace($var, 'bob', 10, -1) . "<br />\n";
```

```
echo substr_replace($var, 'bob', -7, -1) . "<br />\n";
/*从$var 中删除"MNRPQR"。*/
echo substr_replace($var, '', 10, -1) . "<br />\n";
```

26.2.7　分割字符串

PHP 通过 explode()函数实现字符串的分割。explode()函数能够使用一个字符串分割另一个字符串，具体用法如下。

```
array explode(string $delimiter, string $string[, int $limit])
```

参数说明如下。

- ☑ delimiter：边界上的分隔字符。如果 delimiter 为空字符串（""），explode()将返回 false。如果 delimiter 所包含的值在 string 中找不到，并且使用了负数的 limit，那么会返回空的 array，否则返回包含 string 单个元素的数组。
- ☑ string：输入的字符串。
- ☑ limit：如果设置了 limit 参数，且是正数，则返回的数组包含最多 limit 个元素，而最后那个元素将包含 string 的剩余部分。如果 limit 参数是负数，则返回除了最后的−limit 个元素外的所有元素。如果 limit 是 0，则会被当作 1。

本函数返回由字符串组成的 array，每个元素都是 string 的一个子串，它们被字符串 delimiter 作为边界点分割出来。

【示例】explode()函数的具体用法。

```
$str = 'one|two|three|four';
print_r(explode('|', $str, 2));
print_r(explode('|', $str, -1));
```

输出结果如下。

```
Array (
    [0] => one
    [1] => two|three|four
)
Array (
    [0] => one
    [1] => two
    [2] => three
)
```

26.2.8　合成字符串

implode()函数可以将数组的内容组合成一个新字符串。具体用法如下。

```
string implode(string $glue, array $pieces)
string implode(array $pieces)
```

参数说明如下。

- ☑ glue：默认为空的字符串。
- ☑ pieces：想要转换的数组。

该函数返回一个字符串，其内容为由 glue 分割开的数组的值。

【示例】调用 implode()函数把数组$array 的元素用"|"符号连接起来。

```
$array = array('one', 'two', 'three', 'four');
$comma_separated = implode("|", $array);
echo $comma_separated;
```

输出结果如下。

```
one|two|three|four
```

26.3 使用正则表达式

PHP 有两套正则表达式的函数库，相比 Perl 兼容的正则表达式函数库的执行效率略占优势，本节主要介绍以“preg_”开头的 PCRE 扩展函数。

26.3.1 数组过滤

preg_grep()函数能够使用正则表达式过滤数组中的元素。具体用法如下。

```
array preg_grep(string $pattern, array $input[, int $flags = 0])
```

参数说明如下。

- ☑ pattern：要搜索的模式，字符串形式。
- ☑ input：输入数组。
- ☑ flags：如果设置为 PREG_GREP_INVERT，将返回输入数组中与给定模式 pattern 不匹配的元素组成的数组。

函数将返回给定数组 input 中与模式 pattern 相匹配的元素组成的数组。返回数组将使用 input 参数数组中 key 做索引。

【示例】使用 preg_grep()函数过滤出数组中所有的浮点数。

```
$array = array(2,3,45,"a",4.5,8.7);
$pattern = '/^(\d+)?\.\d+$/';
//返回所有包含浮点数的元素
$fl_array = preg_grep($pattern, $array);
print_r($fl_array );
```

输出结果如下。

```
Array (
    [4] => 4.5
    [5] => 8.7
)
```

26.3.2 执行一次匹配

preg_match()函数能够执行一个正则表达式匹配。具体用法如下。

```
int preg_match(string $pattern, string $subject[, array &$matches[, int $flags = 0[, int $offset = 0]]])
```

参数说明如下。

- ☑ pattern：要搜索的模式，字符串类型。
- ☑ subject：输入字符串。
- ☑ matches：如果提供了参数 matches，它将被填充为搜索结果。其中，$matches[0]将包含完整模式匹配到的文本，$matches[1]将包含第 1 个捕获子组匹配到的文本，以此类推。

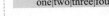

Note

☑ flags：可以被设置为 PREG_OFFSET_CAPTURE 标记值，表示对于每一个匹配返回时，都会附加字符串偏移量。注意，这会改变填充到 matches 参数的数组，使其每个元素成为一个数组，数组的第 0 个元素是匹配到的字符串，第 1 个元素是该匹配字符串在目标字符串 subject 中的偏移量。

☑ offset：可选参数，用于指定从目标字符串的某个位置开始搜索，单位是字节。默认情况下，从目标字符串的开始位置开始搜索。

preg_match()函数将返回 pattern 的匹配次数。返回值将是 0 次（不匹配）或 1 次，因为 preg_match()在第 1 次匹配后将会停止搜索。如果发生错误，preg_match()返回 false。

【示例 1】使用 preg_match()函数快速检测给定字符串中是否包含“php”，匹配字符不区分大小写。

```
$subject = "PHP is a popular general-purpose scripting language that is especially suited to web development.";
$pattern = "/php/i";
echo preg_match($pattern, $subject);
```

输出结果如下。

```
1
```

【示例 2】使用 preg_match()函数从 URL 字符串中匹配出域名子串。

```
$subject = "http://www.php.net/index.html";
$pattern = '/^(?:http:\/\/)?([^\/]+)/i';
//从 URL 中获取主机名称
preg_match($pattern, $subject, $matches);
$subject = $matches[1];
$pattern = '/[^.]+\.[^.]+$/';
//获取主机名称的后面两部分
preg_match($pattern, $subject, $matches);
echo "域名：{$matches[0]}\n";
```

输出结果如下。

```
域名：php.net
```

【示例 3】使用 preg_match()函数命名子组。

```
$subject = "abcde:12345";
$pattern = '/(?P<first>\w+):(?P<second>\d+)/';
preg_match($pattern, $subject, $matches);
print_r($matches);
```

输出结果如下。

```
Array (
    [0] => abcde:12345
    [first] => abcde
    [1] => abcde
    [second] => 12345
    [2] => 12345
)
```

提示：如果仅想要检查一个字符串是否包含另外一个字符串，建议不要使用 preg_match()函数，使用 strpos()或 strstr()函数会更快。

26.3.3　执行所有匹配

preg_match_all()函数能够执行一个全局正则表达式匹配。具体用法如下。

```
int preg_match_all(string $pattern, string $subject[, array &$matches[, int $flags = PREG_PATTERN_ORDER[, int $offset = 0]]])
```

参数说明如下。

☑ pattern：要搜索的模式，字符串形式。

☑ subject：输入字符串。

☑ matches：多维数组，作为输出参数，输出所有匹配结果，数组排序通过 flags 指定。

☑ flags：可选参数，可以结合下面标记使用。如果没有给定排序标记，默认为 PREG_PATTERN_ORDER。

  ❖ PREG_PATTERN_ORDER：结果排序为$matches[0]保存完整模式的所有匹配，，$matches[1]保存第 1 个子组的所有匹配，以此类推。

  ❖ PREG_SET_ORDER：结果排序为$matches[0]包含第 1 次匹配得到的所有匹配（包含子组），$matches[1]是包含第 2 次匹配到的所有匹配（包含子组）的数组，以此类推。

  ❖ PREG_OFFSET_CAPTURE：如果设置该标记，每个发现的匹配返回时会附加它相对目标字符串的偏移量。

☑ offset：可选参数，用于从目标字符串中指定位置开始搜索（单位是字节）。查找时从目标字符串的开始位置开始。

preg_match_all()函数能够搜索 subject 中所有匹配 pattern 给定正则表达式的匹配结果，并且将它们以 flag 指定顺序输出到 matches 中。在第 1 个匹配找到后，子序列继续从最后一次匹配位置搜索。

【示例】使用 preg_match_all()函数找出 HTML 字符串中所有标签，及其包含的文本等信息。

```
//\\2 是一个后向引用的示例，这会告诉 pcre 它必须匹配正则表达式中第 2 个圆括号（这里是([\w]+)）
//匹配到的结果，这里使用两个反斜线是因为这里使用了双引号
$html = "<b>加粗文本</b><p>段落文本</p>";
preg_match_all("/(<([\w]+)[^>]*>)(.*?)(<\/\\2>)/", $html, $matches, PREG_SET_ORDER);
foreach ($matches as $val) {
    echo "匹配信息: " . $val[0] . "\n";
    echo "子组 1: " . $val[1] . "\n";
    echo "子组 2: " . $val[2] . "\n";
    echo "子组 3: " . $val[3] . "\n";
    echo "子组 4: " . $val[4] . "\n\n";
}
```

输出结果如下。

```
匹配信息: <b>加粗文本</b>
子组 1: <b>
子组 2: b
子组 3: 加粗文本
子组 4: </b>

匹配信息: <p>段落文本</p>
子组 1: <p>
子组 2: p
子组 3: 段落文本
子组 4: </p>
```

26.3.4 查找替换

preg_replace()函数能够执行一个正则表达式的搜索和替换。具体用法如下。

```
mixed preg_replace(mixed $pattern, mixed $replacement, mixed $subject[, int $limit = -1[, int &$count]])
```

参数说明如下。

☑ pattern：要搜索的模式。可以是一个字符串或字符串数组。

☑ replacement：用于替换的字符串或字符串数组。如果这个参数是一个字符串，并且 pattern 是一个数组，那么所有的模式都使用这个字符串进行替换。如果 pattern 和 replacement 都是数组，每个 pattern 使用 replacement 中对应的元素进行替换。如果 replacement 中的元素比 pattern 中的少，多出来的 pattern 使用空字符串进行替换。

提示：replacement 中可以包含后向引用\\n、$n，语法上首选后者。每个这样的引用将被匹配到的第 n 个捕获子组捕获到的文本替换。n 可以是 0～99，\\0 和$0 代表完整的模式匹配文本。捕获子组的序号计数方式为：代表捕获子组的左括号从左到右，从 1 开始数。如果要在 replacement 中使用反斜线，必须使用 4 个（"\\\\"）。

☑ subject：要进行搜索和替换的字符串或字符串数组。

☑ limit：每个模式在每个 subject 上进行替换的最大次数。默认是−1（无限）。

☑ count：如果指定，将会被填充为完成的替换次数。

如果 subject 是一个数组，preg_replace()返回一个数组，其他情况下返回一个字符串。如果匹配被查找到，替换后的 subject 被返回，其他情况下返回没有改变的 subject。如果发生错误，返回 NULL。

【示例】使用后向引用修改字符串中的数字和显示格式。

```
$string = 'April 15, 2017';
$pattern = '/(\w+) (\d+), (\d+)/i';
$replacement = '$3-${1}-12';
echo preg_replace($pattern, $replacement, $string);
```

输出结果如下。

```
2017-April-12
```

当在替换模式下工作且创建后向引用时，不能使用\\1 这样的语法来描述后向引用，可以使用\${1}1，这创建了一个独立的$1 后向引用。

26.3.5 分隔字符串

preg_split()函数能够通过一个正则表达式分隔字符串。具体用法如下。

```
array preg_split(string $pattern, string $subject[, int $limit = -1 [, int $flags = 0]])
```

参数说明如下。

☑ pattern：用于搜索的模式，字符串形式。

☑ subject：输入字符串。

☑ limit：如果指定，将限制分隔得到的子串最多只有 limit 个，返回的最后一个子串将包含所有剩余部分。limit 值为−1、0 或 null 时，都代表不限制。

☑ flags：可以是任何下面标记的组合（以位或运算符|组合）。

  ❖ PREG_SPLIT_NO_EMPTY：preg_split()函数将返回分隔后的非空部分。

  ❖ PREG_SPLIT_DELIM_CAPTURE：用于分隔的模式中的括号表达式将被捕获并返回。

  ❖ PREG_SPLIT_OFFSET_CAPTURE：对于每一个出现的匹配返回时将会附加字符串偏移量。

该函数将返回一个使用 pattern 边界分隔 subject 后得到的子串组成的数组。

【示例】使用 preg_split()函数将一个短语分隔为多个单词。

```
$pattern = "/[\s,]+/";
$text = "Hi, how are you";
```

```
//使用逗号或空格(包含" ", \r, \t, \n, \f)分隔符
$keywords = preg_split($pattern,$text );
print_r($keywords);
```

输出结果如下。

```
Array (
    [0] => Hi
    [1] => how
    [2] => are
    [3] => you
)
```

26.4 表单信息加密

PHP 内置了 4 种加密函数，此外还有一种 URL 编码和解码的方法。下面重点讲解 md5()加密函数的基本用法。md5()函数采用 MD5 算法实现，其语法格式如下。

```
string md5(string $str[,bool $raw_output=false])
```

参数说明如下。

☑ $str：原始字符串。

☑ $raw_output：可选参数，如果被设置为 true，那么 MD5 报文摘要将以 16 字节长度的原始二进制格式返回。

默认该函数将返回以 32 位字符十六进制数字形式的散列值。

提示：MD5 是不可逆的，加密之后不可以通过其他函数进行解码，只能通过第三方匹配数据库的 32 位加密字符串逆向判断出对应的原字符。解密网站：http://www.cmd5.com/。

【示例】md5()函数的 3 种用法。加密效果如图 26.13 所示。

图 26.13　MD5 加密结果

```
<?php
header("content-type:text/html;charset='utf8'");        //设置编码
echo md5("abc");                                          //十六进制加密数据
echo "<hr>";
echo md5("abc",true);                                     //二进制加密数据
echo "<hr>";
$str=1;
echo md5(md5($str));                                      //可以进行多次加密
?>
```

26.5 使用 Cookie

Cookie 是存储在客户端计算机中的一个文本文件，包含一组字符串。当用户访问网站时，PHP 会在用户的计算机上创建一个文本文件，把用户信息保存在其中，作为持续跟踪用户的一种方式。

26.5.1 创建 Cookie

在 PHP 中可以使用 setcookie()函数创建 Cookie。使用 setcookie()函数的前提是客户端浏览器支持 Cookie，如果浏览器禁用 Cookie，setcookie()将返回 false。具体用法如下。

```
setcookie(name,value,expire,path,domain,secure)
```

setcookie()函数向客户端发送一个 HTTP cookie。如果成功，则该函数返回 true，否则返回 false。

表 26.1 setcookie()函数参数说明

参　　数	说　　明
name	必需。定义 cookie 的名称
value	必需。定义 cookie 的值
expire	可选。定义 cookie 的有效期
path	可选。定义 cookie 的服务器路径
domain	可选。定义 cookie 的域名
secure	可选。定义是否通过安全的 HTTPS 连接来传输 cookie

注意： Cookie 是 HTTP 头标的组成部分，而头标必须在页面其他内容之前发送，因此它必须最先输出。如果在 setcookie()函数前输出一个 HTML 标记、echo 语句，甚至一个空行都会导致程序出错。

【示例 1】 设置并发送 cookie。

```
<?php
$value = "my cookie value";
//发送一个简单的 cookie
setcookie("TestCookie",$value);
?>
```

注意： 在发送 cookie 时，cookie 的值会自动进行 URL 编码。接收时会进行 URL 解码。如果不需要这样，可以使用 setrawcookie()函数进行代替。

【示例 2】 设置一个 24 小时有效期的 cookie。

```
<?php
$value = "my cookie value";
//发送一个 24 小时候过期的 cookie
setcookie("TestCookie",$value, time()+3600*24);
?>
```

【示例 3】 如果要把 cookie 保存为浏览器进程，即浏览器关闭后就失效。那么可以直接把 expiretime 设为 0。如：

```
<?php
$value = "my cookie value";
//发送一个关闭浏览器即失效的 cookie
setcookie("TestCookie",$value, 0);
?>
```

参数 path 表示 Web 服务器上的目录，默认为被调用页面所在目录，这里还有一点要说明，如果网站有几个不同的目录，如一个购物目录、一个论坛目录等，那么如果只用不带路径的 Cookie，在一个目录下的页面里设的 Cookie 在另一个目录的页面里是看不到的，也就是说，Cookie 是面向路径的。实际上，即使没有指定路径，Web 服务器会自动传递当前的路径给浏览器的，指定路径会强制服务器使用设置的路径。

解决这个问题的办法是在调用 setcookie()函数时加上路径和域名，域名的格式可以是“http://www.phpuser.com/”，也可是“.phpuser.com”。

参数 domain 可以使用的域名，默认为被调用页面的域名。这个域名必须包含 2 个"."，所以如果指定顶级域名，则必须使用".mydomain.com"。设定域名后，必须采用该域名访问网站 cookie 才有效。如果使用多个域名访问该页，那么这个地方可以为空或者访问这个 cookie 的域名都是一个域下面的。

参数 secure 如果设为"1"，表示 cookie 只能被用户的浏览器认为是安全的服务器所记住。

注意：value、path、domain 3 个参数可以用空字符串""代换，表示没有设置。expire 和 secure 两个参数是数值型的，可以用 0 表示。expire 参数是一个标准的 UNIX 时间标记，可以用 time()或 mktime()函数取得，以秒为单位。secure 参数表示这个 Cookie 是否通过加密的 HTTPS 协议在网络上传输。

secure 参数如果设为 1，则表示 cookie 只能被 HTTPS 协议所使用，任何脚本语言都不能获取 PHP 所创建的 cookie，这就有效削弱了来自 XSS 的攻击。

当前设置的 Cookie 不是立即生效的，而是要等到下一个页面或刷新后才能看到。这是由于在设置的这个页面里 Cookie 由服务器传递给客户浏览器，在下一个页面或刷新后浏览器才能把 Cookie 从客户的机器里取出传回服务器。

26.5.2 读取 Cookie

在 PHP 中可以使用$_COOKIE 预定义变量读取 Cookie 值。

【示例】首先检测 Cookie 文件是否存在，如果不存在，则新建一个 Cookie；如果存在，则读取 Cookie 值，并显示用户上次访问时间。演示效果如图 26.14 所示。

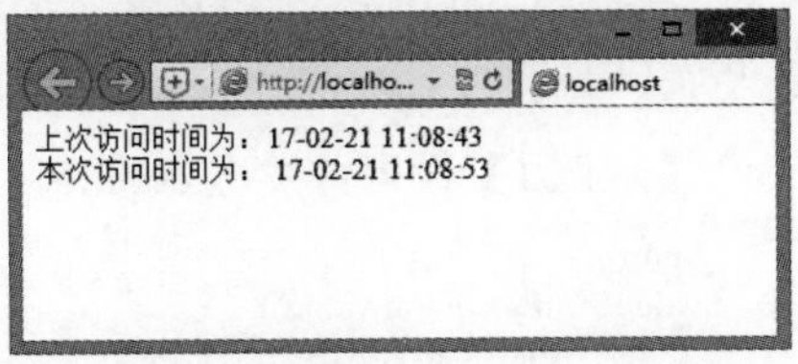

图 26.14 读取 Cookie 信息

```
<?php
if(!isset($_COOKIE["vtime"])){                          //如果 Cookie 不存在
    setcookie("vtime",date("y-m-d H:i:s"));             //设置一个 Cookie 变量
    echo "第一次访问"."<br>";                            //输出字符串
}else{                                                  //如果 Cookie 存在
    echo "上次访问时间为：".$_COOKIE["vtime"];           //输出上次访问网站的时间
    echo "<br>";
    setcookie("vtime",date("y-m-d H:i:s"),time()+60);   //设置带 Cookie 失效时间的变量
}
echo "本次访问时间为：  ".date("y-m-d H:i:s");           //输出当前的访问时间
?>
```

26.5.3 删除 Cookie

1. 使用 setcookie()函数

使用 setcookie()函数删除，只要将该函数的第 2 个参数设置为空，将第 3 个参数设置为小于当前系统时间即可。

【示例】将 Cookie 的失效时间设置为当前时间减 1 秒。

```
setcookie("vime","",date("y-m-d H:i:s"),time()-1);
```

在上面代码中，time()函数返回以秒表示的当前时间戳，把当前时间减 1 秒就会得到过去的时间，从而删除 Cookie。

注意：如果把第 3 个参数设置为 0，则表示直接删除 Cookie 值。

2. 手动清除

使用 Cookie 时，Cookie 自动生成一个文本文件存储在 IE 浏览器的 Cookies 临时文件夹中。在浏览器中删除 Cookie 文件是一种非常便捷的方法。具体操作步骤如下。

第 1 步，启动浏览器。

第 2 步，在菜单栏中，选择设置选项，打开设置页面，找到"Cookie 和已存储数据"选项。

第 3 步，单击"删除"按钮，打开"删除浏览历史记录"对话框，在其中选中"Cookie 和网站数据"复选框。

第 4 步，然后确定即可删除。注意，由于不同浏览器以及不同版本差异性很大，本节就不再显示操作界面截图。

26.6　使用 Session

Session 会话保存的数据在 PHP 中是以变量的形式存在的，创建的会话变量在生命周期中可以跨页引用。由于 Session 会话是存储在服务器端的，相对安全，也没有存储长度的限制。

26.6.1　启动会话

创建一个会话可以通过下面步骤实现。

第 1 步，启动会话。

第 2 步，注册会话。

第 3 步，使用会话。

第 4 步，删除会话。

启动 PHP 会话的方式有两种：一种是使用 session_start()函数，另一种是使用 session_register()函数为会话创建一个变量来启动会话。通常，session_start()函数在页面开始位置调用，然后会话变量被登录到$_SESSION。

在 PHP 配置文件（php.ini）中，有一组与 Session 相关的配置选项。通过对一些选项重新设置新值，就可以对 Session 进行配置，否则使用默认的 Session 配置。

1. 使用 session_start()函数

Session 的设置不同于 Cookie，必须先启动，在 PHP 中必须调用 session_start()函数，以便让 PHP 核心程序，将与 Session 相关的内建环境变量预先载入内存中。session_start()函数的语法格式如下。

```
Bool session_start(void)        //创建 Session，开始一个会话，进行 Session 初始化
```

函数 session_start()有两个作用：一是开始一个会话，二是返回已经存在的会话。这个函数没有参数，且返回值均为 true。

如果使用基于 Cookie 的 Session，在使用该函数开启 Session 之前，不能有任何输出的内容。因为基于 Cookie 的 Session 是在开启的时候，调用 session_start()函数会生成一个唯一的 Session ID，需要保存在客户端计算机的 Cookie 中。

与 setCookie()函数一样，调用之前不能有任何输出，空格或空行也不行。如果已经开启 Session，再次调用 session_start()函数时，不会再创建一个新的 Session ID。因为当用户再次访问服务器时，该

函数会通过从客户端携带过来的 Session ID，返回已经存在的 Session。所以在会话期间，同一个用户在访问服务器上任何一个页面时，都是使用同一个 Session ID。

如果不想在每个脚本都使用 session_start()函数来开启 Session，可以在 php.ini 里设置"session.auto_start=1"，则无须每次使用 Session 之前都要调用 session_start()函数。但启用该选项也有一些限制，即不能将对象放入 Session 中，因为类定义必须在启动 Session 之前加载。所以不建议使用 php.ini 中的 session.auto_start 属性来开启 Session。

Note

2. 使用 session_register()函数

session_register()函数用来为会话创建一个变量，并启动会话，但要求设置 php.ini 文件的选项，即将 register_globals 指令设置为 on，然后重新启动 Apache 服务器即可。

使用 session_register()函数时，不需要调用 session_start()函数，PHP 会在创建变量之后调用 session_start()函数。

26.6.2 注册和读取会话

在 PHP 中使用 Session 变量，除了必须要启动之外，还要经过注册的过程。注册和读取 Session 变量，都要通过访问$_SESSION 数组完成。

自 PHP 6.1.0 起，$_SESSION 如同$_POST、$_GET 或$_COOKIE 等一样成为超级全局数组，但必须在调用 session_start()函数开启 Session 之后才能使用。与$HTTP_SESSION_VARS 不同，$_SESSION 总是具有全局范围，因此不要对$_SESSION 使用 global 关键字。在$_SESSION 关联数组中的键名具有和 PHP 中普通变量名相同的命名规则。

【示例】注册 Session 变量。

```
<?php
session_start();                                    //启动 Session 并初始化
$_SESSION["username"]="skygao";                     //注册 Session 变量，赋值为一个用户的名称
$_SESSION["password"]="123456";                     //注册 Session 变量，赋值为一个用户的密码
?>
```

执行该脚本后，两个 Session 变量就会被保存在服务器端的某个文件中。该文件的位置是通过 php.ini 文件，在 session.save_path 属性指定的目录下，为这个访问用户单独创建的一个文件，用来保存注册的 Session 变量。例如，某个保存 Session 变量的文件名为 sess_040958e2514bf112d61a03ab8adc8c74，文件名中含 Session ID，所以每个访问用户在服器中都有自己保存 Session 变量的文件。而且这个文件可以直接使用文本编辑器打开，该文件的内容结构如下。

```
变量名|类型:长度:值;                                  //每个变量都使用相同的结构保存
```

本例在 Session 中注册了两个变量，如果在服务器中找到为该用户保存 Session 变量的文件，打开后可以看到如下内容。

```
username|s:6:"skygao";password|s:6:"123456";        //保存某用户 Session 中注册的两个变量内容
```

26.6.3 注销和销毁会话

当完成一个会话后，可以删除 Session 变量，也可以将其销毁。如果用户想退出网站，就需要提供一个注销的功能，将所有信息从服务器中销毁。

可以调用 session_destroy()函数结束当前的会话，并清空会话中的所有资源。该函数的语法格式如下。

```
bool session_destroy(void)                          //销毁和当前 Session 有关的所有资料
```

相对于 session_start()函数，该函数用来关闭 Session 的运作，如果成功则传回 true，销毁 Session 资料失败则返回 false。

该函数并不会释放和当前 Session 相关的变量，也不会删除保存在客户端 Cookie 中的 Session ID。因为$_SESSION 数组和自定义的数组在使用上是相同的，不过可以使用 unset()函数来释放在 Session 中注册的单个变量。如下所示。

```
unset($_SESSION["username"]);                    //删除在 Session 中注册的用户名变量
unset($_SESSION["passwrod"]);                    //删除在 Session 中注册的用户密码变量
```

提示： 不要使用 unset($_SESSION)删除整个$_SESSION 数组，这样将不能再通过$_SESSION 超全局数组注册变量了。但如果想把某个用户在 Session 中注册的所有变量都删除，可以直接将数组变量$_SESSION 赋上一个空数组。如下所示。

```
$_SESSION=array();                               //将某个用户在 Session 中注册的变量全部清除
```

PHP 默认的 Session 是基于 Cookie 的，Session ID 被服务器存储在客户端的 Cookie 中，所以在注销 Session 时也需要清除 Cookie 中保存的 Session ID，而这就必须借助 setCookie()函数完成。

【示例】 清除客户端 Cookie 中保存的会话信息。

在 Cookie 中，保存 Session ID 的 Cookie 标识名称就是 Session 的名称，这个名称是在 php.ini 中，通过 session.name 属性指定的值。在 PHP 脚本中，可以通过调用 session_name()函数获取 Session 名称。删除保存在客户端 Cookie 中的 Session ID，代码如下。

```
<?php
    if (isset($_COOKIE[session_name()])) {              //判断 Cookie 中是否保存 Session ID
        setcookie(session_name(), '', time()-3600, '/');  //删除包含 Session ID 的 Cookie
    }
?>
```

通过前面的介绍可以总结出来，Session 的注销过程共需要 4 个步骤。在下面的脚本文件 destroy.php 中，提供 4 个步骤的完整代码，运行该脚本就可以关闭 Session 并销毁与本次会话有关的所有资源。代码如下。

```
<?php
//第 1 步：开启 Session 并初始化
session_start();
//第 2 步：删除所有 Session 的变量，也可用 unset($_SESSION[xxx])逐个删除
$_SESSION = array();
//第 3 步：如果使用基于 Cookie 的 Session，使用 setCooike()删除包含 Session Id 的 Cookie
if (isset($_COOKIE[session_name()])) {
    setcookie(session_name(), '', time()-42000, '/');
}
//第 4 步：最后彻底销毁 Session
session_destroy();
?>
```

26.6.4　传递会话

使用 Session 跟踪一个用户，是通过在各个页面之间传递唯一的 Session ID，并通过 Session ID 提取这个用户在服务器中保存的 Session 变量。常见的 Session ID 传送方法有以下两种。

- ☑ 基于 Cookie 的方式传递 Session ID，这种方法更优化，但不总是可用，因为用户在客户端可以屏蔽 Cookie。
- ☑ 通过 URL 参数进行传递，直接将会话 ID 嵌入 URL 中。

在 Session 的实现中通常都是采用基于 Cookie 的方式，客户端保存的 SessionID 就是一个 Cookie。当客户端禁用 Cookie 时，Session ID 就不能再在 Cookie 中保存，也就不能在页面之间传递，此时 Session 失效。不过 PHP5 在 Linux 平台可以自动检查 Cookie 状态，如果客户端将它禁用，则系统自动把 Session ID 附加到 URL 上传送。而使用 Windows 系统作为 Web 服务器则无此功能。

Note

1. 通过 Cookie 传递 Session ID

如果客户端没有禁用 Cookie，则在 PHP 脚本中通过 session_start()函数进行初始化后，服务器会自动发送 HTTP 标头将 Session ID 保存到客户端计算机的 Cookie 中。类似于下面的设置方式。

```
setCookie(session_name(), session_id(), 0, '/')                //虚拟向 Cookie 中设置 Session ID 的过程
```

在第 1 个参数中调用 session_name()函数，返回当前 Session 的名称作为 Cookie 的标识名称。Session 名称的默认值为 PHPSESSID，是在 php.ini 文件中由 session.name 选项指定的值。也可以在调用 session_name()函数时提供参数改变当前 Session 的名称。

在第 2 个参数中调用 session_id()函数，返回当前 Session ID 作为 Cookie 的值。也可以通过调用 session_id()函数提供参数设定当前 Session ID。

第 3 个参数的值 0，是通过在 php.ini 文件中由 session.cookie_lifetime 选项设置的值。默认值为 0，表示 Session ID 将在客户机的 Cookie 中延续到浏览器关闭。

最后一个参数'/'，也是通过 PHP 配置文件指定的值，在 php.ini 中由 session.cookie_path 选项设置的值。默认值为'/'，表示在 Cookie 中要设置的路径在整个域内都有效。

如果服务器成功将 Session ID 保存在客户端的 Cookie 中，当用户再次请求服务器时，就会把 Session ID 发送回来。所以当在脚本中再次使用 session_start()函数时，就会根据 Cookie 中的 Session ID 返回已经存在的 Session。

2. 通过 URL 传递 Session ID

如果客户浏览器支持 Cookie，就把 Session ID 作为 Cookie 保存在浏览器中。但如果客户端禁止 Cookie 的使用，浏览器中就不存在作为 Cookie 的 Session ID，因此在客户请求中不包含 Cookie 信息。另外，每次客户请求支持 Session 的 PHP 脚本，session_start()函数在开启 Session 时都会创建一个新的 Session，这样就失去了跟踪用户状态的功能。

在 PHP 中提出了跟踪 Session 的另一种机制，如果客户浏览器不支持 Cookie，PHP 则可以重写客户请求的 URL，把 SessionID 添加到 URL 信息中。可以手动在每个超链接的 URL 中都添加一个 Session ID。如下所示。

```
<?php
session_start();
echo '<a href="demo.php?'.session_name().'='.session_id().'">链接演示</a>';
?>
```

【示例】使用两个脚本程序，演示 Session ID 的传送方法。在第 1 个脚本 test1.php 中，输出链接时将 SID 常量附加到 URL 上，并将一个用户名通过 Session 传递给目标页面并输出，如下所示。

```
<?php
session_start();                                        //开启 Session
$_SESSION["username"]="admin";                          //注册一个 Session 变量，保存用户名
echo "Session ID: ".session_id()."<br>";                //在当前页面输出 Session ID
?>
<a href="test2.php?<?php echo SID ?>">通过 URL 传递 Session ID</a> <!--在 URL 中附加 SID-->
```

在脚本 test2.php 中，输出 test1.php 脚本在 Session 变量中保存的一个用户名。又在该页面中输出一次 Session ID，通过对比可以判断两个脚本是否使用同一个 Session ID。另外，在开启或关闭 Cookie

时，注意浏览器址栏中 URL 的变化。代码如下。

```
<?php
session_start();                                    //开启 Session
echo $_SESSION["username"]."<br>";                  //输出 Session 变量的值
echo "Session ID: ".session_id()."<br>";            //输出 Session ID
?>
```

如果禁用客户端的 Cookie，单击 test1.php 页面中的超链接，在地址栏里会把 Session ID 以 session_name=session_id 的格式添加到 URL 上。

如果客户端的 Cookie 可以使用，则会把 Session ID 保存到客户端的 Cookie 里，而 SID 就成为一个空字符串，不会在地址栏中的 URL 后面显示。启用客户端的 Cookie，重复前面的操作。

26.7　在 线 支 持

扫码免费学习
更多实用技能

一、网页表单设计基础
- ☑ 设计表单结构
- ☑ 设置表单属性
- ☑ 使用表单对象

二、PHP 日期和时间处理
- ☑ PHP Date/Time 函数

三、PHP 图形图像处理
- ☑ 生成缩微图
- ☑ 调整图片大小

四、PHP 文件系统处理
- ☑ PHP Filesystem 函数
- ☑ PHP Directory 函数
- ☑ 跟踪文件变动信息
- ☑ 读取远程文件数据
- ☑ 管理指定类型文件
- ☑ 目录操作模块
- ☑ 重命名目录
- ☑ 查看磁盘分区信息
- ☑ 分页读取文本文件
- ☑ 限制上传文件大小
- ☑ 限制上传文件类型
- ☑ 同时上传多个文件

新知识、新案例不断更新中……

第 27 章

使用 PDO 操作数据库

PDO 是 PHP 数据对象（PHP Data Object）的缩写，是一个由 MySQL 官方封装的，基于面向对象编程思想的，使用 C 语言开发的数据库抽象层。PDO 最早与 PHP 5.1 版本一起发行，支持 Firebird、FreeTDS、Interbase、MySQL、MS SQL Server、ODBC、Oracle、Postgre SQL、SQLite 和 Sybase 等数据库。而 mysql 扩展和 mysqli 扩展仅支持 MySQL 数据库，同时 PDO 使用更方便，不用封装数据库操作类，只需调用 PDO 接口方法就可以对不同的数据库进行操作。在选择不同的数据库时，只需修改 PDO 的 DSN（数据源名称）即可。

视频讲解

27.1　配置 PDO

PDO 从 PHP 5.1 开始发布，默认包含在 PHP 5.1 安装文件中。由于 PDO 需要 PHP 5 面向对象特性的支持，因此无法在 PHP 5.0 之前的版本中使用。

在 PHP 5.2 中，PDO 默认为开启状态，但是要启用对某个数据库驱动程序的支持，仍然需要进行相应的配置。具体操作说明如下。

在 Windows 环境下，启用 PDO 需要在 php.ini 文件中进行配置。

第 1 步，加载"extension=php_pdo.dll"。

第 2 步，如果需要支持其他数据库，那么还要加载对应的数据库选项。例如，如果支持 MySQL 数据库，还需要加载"extension= php_pdo_mysgl.dll"选项。

第 3 步，在完成数据库的加载后，保存 php.ini 文件。

第 4 步，重新启动 Apache 服务器，修改即可生效。

第 5 步，新建 test.php，输入下面 PHP 脚本，查看 PHP 配置信息。

```
<?php
phpinfo();
?>
```

第 6 步，在浏览器中预览 http://localhost/test.php，如果找到如图 27.1 所示的提示信息，则说明 PDO 安装完成。

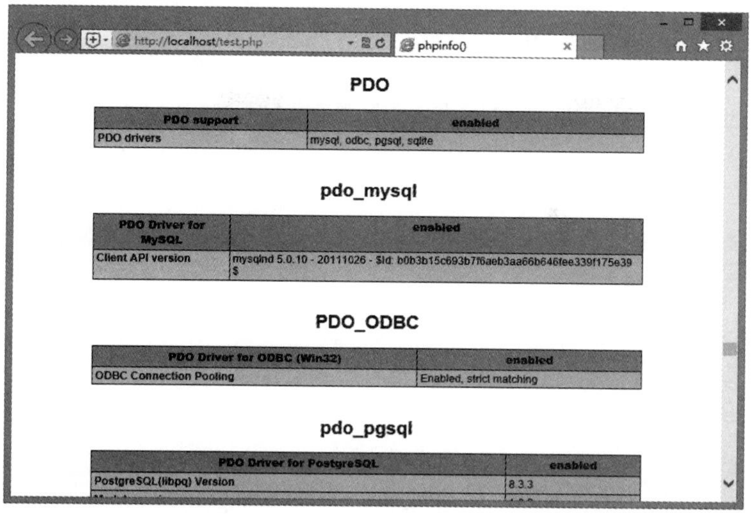

图 27.1　查看 PDO 配置信息

27.2　连接数据库

27.2.1　建立连接

使用 PDO 建立与数据库的连接，首先需要实例化 PDO 的构造函数。PDO 的构造函数语法格式如下。

```
__construct(string dsn [,string db_user [,string db_pwd [,array driver_options]]])
```

参数说明如下。

☑ dsn(data source name)：数据源名称，定义用到的数据库和驱动。例如，连接 MySQL 数据库的 DSN。

```
mysql:host=localhost;dbname=test    //主机名为：localhost；数据库名称为：test
```

☑ db_user：数据库用户名。

☑ db_pwd：数据库密码。

☑ driver_options：数组，用来指定连接所需的所有额外选项，详细说明如表 27.1 所示。

表 27.1　PDO 用来指定连接所需的所有额外选项

选　项　名	说　明
PDO::ATTR_AUTOCOMMIT	确定 PDO 是否关闭自动提交功能，设置 false 为关闭
PDO::ATTR_CASE	强制 PDO 获取的表字段字符的大小写转换，或原样使用列信息
PDO::ATTR_ERRMODE	设置错误处理的模式
PDO::ATTR_PERSISTENT j	确定连接是否为持久连接，默认为 false，不持久连接
PDO::ATTR_ORACLE_NULLS	将返回的空字符串转换为 SQL 的 NULL
PDO::ATTR_PREFETCH	设置应用程序提前获取的数据大小，以 K 字节为单位
PDO::ATTR_TIMEOUT	设置超时之前的等待时间（以秒为单位）
PDO::ATTR_SERVER_INFO	包含与数据库特有的服务器信息

续表

选 项 名	说 明
PDO::ATTR_SERVER_VERSION	包含与数据库服务器版本号有关的信息
PDO::ATTR_CLIENT_VERSION	包含与数据库客户端版本号有关的信息
PDO::ATTR_CONNECTION_STATUS	设置超时之前的等待时间（以秒为单位）

【示例】通过 PDO 连接 MySQL 数据库。在测试本示例之前，建议用户使用 phpMyAdmin 在本地服务器中建立数据库 db_test。

```
<?php
//配置数据库连接参数
$dbms='mysql';
$host='localhost';                      //数据库主机名
$dbName='db_test';                      //使用的数据库
$user='root';                           //数据库连接用户名
$pass='11111111';                       //连接密码
$dsn="$dbms:host=$host;dbname=$dbName";
$pdo = new PDO($dsn, $user, $pass);     //初始化一个 PDO 对象，就是创建了数据库连接对象$pdo
echo "PDO 连接 MySQL 成功";
?>
```

提示：数据库连接成功后，将返回一个 PDO 类的实例对象，此连接在 PDO 对象的生存周期中保持活动。

27.2.2 处理异常

在试图建立 PDO 连接的过程中，如果出现任何连接错误，系统都将抛出一个 PDOException 异常对象。

【示例】建立 PDO 连接出现错误时，一般可以使用 try/catch 语句进行处理。

```
<?php
$dbms='mysql';                          //数据库类型
$host='localhost';                      //数据库主机名
$dbName='db_test';                      //使用的数据库
$user='root';                           //数据库连接用户名
$pass='11111111';                       //密码
$dsn="$dbms:host=$host;dbname=$dbName";
try {
    $pdo = new PDO($dsn, $user, $pass);  //创建数据库连接对象$pdo
    echo "PDO 连接 MySQL 成功";
}catch(Exception $e){                   //捕获异常
    echo $e->getMessage()."<br>";       //友好提示
    die();
}
?>
```

27.2.3 关闭连接

要关闭连接，需要销毁对象，以确保所有引用都被删除，可以赋值 NULL 给对象变量。

```
<?php
try {
    $pdo = new PDO($dsn, $user, $pass);  //创建数据库连接对象$pdo
```

```
    // …
    $pdo = null;                              //现在运行完成，在此关闭连接
}catch(Exception $e){
    echo $e->getMessage()."<br>";
    die();
}
?>
```

注意：如果不主动关闭，PHP 在脚本结束时会自动关闭连接。

27.2.4 建立持久连接

在默认状态下，数据库连接都是短暂的，如果需要与数据库建立持久连接，就需要最后加一个参数：PDO::ATTR_PERSISTENT => true。

【示例】 使用持久连接方式与 MySQL 数据库建立连接。

```
<?php
$dbms='mysql';                               //数据库类型
$host='localhost';                           //数据库主机名
$dbName='db_test';                           //使用的数据库
$user='root';                                //数据库连接用户名
$pass='11111111';                            //密码
$dsn="$dbms:host=$host;dbname=$dbName";
try {
    //初始化 PDO 对象，创建数据库连接
    $db = new PDO($dsn, $user, $pass, array(PDO::ATTR_PERSISTENT => true));
    echo "PDO 连接 MySQL 成功";
}catch(Exception $e){
    echo $e->getMessage()."<br>";
    die();
}
?>
```

提示：持久连接在脚本结束后不会被关闭，且被缓存，当另一个使用相同凭证的脚本连接请求时被重用。持久连接缓存可以避免每次脚本与数据库建立一个新连接的开销，使 Web 应用程序更快。

注意：如果在对象初始化之后，再用 PDO::setAttribute()设置，则驱动程序将不会使用持久连接。

27.3 执行 SQL 语句

27.3.1 使用 exec()方法

exec()方法能够执行一条 SQL 语句，并返回受影响的行数。具体语法如下。

```
int PDO::exec(string $statement)
```

参数 statement 表示要被预处理和执行的 SQL 语句。该方法将返回受修改或删除 SQL 语句影响的行数。如果没有受影响的行，则返回 0。

exec()方法通常用于 INSERT、DELETE 和 UPDATE 等语句中。

【示例】 使用 PDO 在 db_test 数据库中插入一张表，表名为 tb_test，包含 3 个字段，分别为 id、 name 和 reg_date。

```
<?php
$dbms='mysql';                          //数据库类型
$host='localhost';                      //数据库主机名
$dbName='db_test';                      //使用的数据库
$user='root';                           //数据库连接用户名
$pass='11111111';                       //密码
$dsn="$dbms:host=$host;dbname=$dbName";
try {
    //初始化 PDO 对象，创建数据库连接
    $db = new PDO($dsn, $user, $pass);
    //定义 SQL 字符串
    $sql = "CREATE TABLE tb_test(
        id INT(6) UNSIGNED AUTO_INCREMENT PRIMARY KEY,
        name VARCHAR(30) NOT NULL,
        reg_date TIMESTAMP
    )";
    $count = $db->exec($sql);           //执行 SQL 命令
    echo "$count";                      //显示返回值为 0
    $db = null;                         //关闭连接
}catch(Exception $e){
    echo $e->getMessage()."<br>";
    die();
}
```

提示：数据类型指定列可以存储什么类型的数据。在设置了数据类型后，可以为每个字段指定其他选项的属性，简单说明如下。

- ☑ NOT NULL：每一行都必须含有值（不能为空），null 值是不允许的。
- ☑ DEFAULT value：设置默认值。
- ☑ UNSIGNED：使用无符号数值类型，包括 0 和正数。
- ☑ AUTO INCREMENT：设置 MySQL 字段的值在新增记录时每次自动增长 1。
- ☑ PRIMARY KEY：设置数据表中每条记录的唯一标识。通常字段的 PRIMARY KEY 设置为 ID 数值，与 AUTO_INCREMENT 一起使用。
- ☑ 每个表都应该有一个主键，本例为"id"列，主键必须包含唯一的值。

27.3.2 使用 query()方法

query()方法常用于返回执行查询后的结果集，具体语法如下。

```
PDOStatement PDO::query(string $statement)
```

参数 statement 是要执行的 SQL 语句。它返回的是一个 PDOStatement 对象。

【示例】在 27.3.1 节示例创建的数据表中查询所有的记录，并显示在页面中。在测试本示例之前，建议用户使用 phpMyAdmin 为数据库 db_test 中 tb_test 数据表插入几条记录。

```
<?php
$dbms='mysql';                          //数据库类型
$host='localhost';                      //数据库主机名
$dbName='db_test';                      //使用的数据库
$user='root';                           //数据库连接用户名
$pass='11111111';                       //密码
```

```
$dsn="$dbms:host=$host;dbname=$dbName";
try {
    //初始化 PDO 对象，创建数据库连接
    $db = new PDO($dsn, $user, $pass);
    //定义 SQL 字符串
    $sql = 'SELECT id, name, reg_date FROM tb_test';
    echo   "<table border='1'>";
    foreach ($db->query($sql) as $row) {
        echo   "<tr><td>" . $row['id'] . "</td>";
        echo   "<td>" .$row['name'] . "</td>";
        echo   "<td>" .$row['reg_date'] . "</td></tr>";
    }
    echo   "</table>";
    $db = null;                          //关闭连接
}catch(Exception $e){
    echo $e->getMessage()."<br>";
}
?>
```

27.3.3 使用预处理语句

使用预处理语句也可以执行 SQL 语句，主要使用 prepare()和 execute()两种方法。首先，通过 PDO 对象的 prepare()方法定义预处理语句对象，然后，通过预处理语句对象的 execute()方法执行 SQL 命令，最后，可以通过 bindColumn()或 bindParam()方法绑定 PHP 变量。详细讲解请参考 27.4 节内容。

27.4 获取结果集

27.4.1 使用 fetch()方法

fetch()方法能够从结果集中获取下一行记录。返回的值依赖于提取的类型，但是在所有情况下，失败都返回 false。具体用法如下。

```
PDOStatement::fetch([ int $fetch_style [, int $cursor_orientation = PDO::FETCH_ORI_NEXT [, int $cursor_offset = 0]]])
```

参数说明如下。

☑ fetch_style：控制下一行如何返回给调用者。此值必须是 PDO::FETCH_*系列常量中的一个，默认为 PDO::ATTR_DEFAULT_FETCH_MODE 的值，说明如表 27.2 所示。默认为 PDO::FETCH_BOTH。

表 27.2 PDO::FETCH_*系列常量说明

常 量 值	说 明
PDO::FETCH_ASSOC	返回一个索引为结果集列名的数组
PDO::FETCH_BOTH	返回一个索引为结果集列名和以 0 开始的列号的数组
PDO::FETCH_BOUND	返回 true，并分配结果集中的列值给 PDOStatement::bindColumn()方法绑定的 PHP 变量
PDO::FETCH_CLASS	返回一个请求类的新实例，映射结果集中的列名到类中对应的属性名。如果 fetch_style 包含 PDO::FETCH_CLASSTYPE（如 PDO::FETCH_CLASS | PDO::FETCH_CLASSTYPE），则类名由第 1 列的值决定

Note

续表

常 量 值	说 明
PDO::FETCH_INTO	更新一个被请求类已存在的实例，映射结果集中的列到类中命名的属性
PDO::FETCH_LAZY	结合使用 PDO::FETCH_BOTH 和 PDO::FETCH_OBJ，创建用来访问的对象变量名
PDO::FETCH_NUM	返回一个索引为以 0 开始的结果集列号的数组
PDO::FETCH_OBJ	返回一个属性名对应结果集列名的匿名对象

☑ cursor_orientation：对于一个 PDOStatement 对象表示的可滚动游标，该值决定了哪一行将被返回给调用者。此值必须是 PDO::FETCH_ORI_*系列常量中的一个，默认为 PDO::FETCH_ORI_NEXT。要想让 PDOStatement 对象使用可滚动游标，必须在用 PDO::prepare()预处理 SQL 语句时，设置 PDO::ATTR_CURSOR 属性为 PDO::CURSOR_ SCROLL。

☑ offset：对于一个 cursor_orientation 参数设置为 PDO::FETCH_ORI_ABS 的 PDOStatement 对象代表的可滚动游标，此值指定结果集中想要获取行的绝对行号。

提示：对于一个 cursor_orientation 参数设置为 PDO::FETCH_ORI_REL 的 PDOStatement 对象代表的可滚动游标，此值指定想要获取行相对于调用 PDOStatement::fetch()前游标的位置。

【示例 1】把 27.3.2 节示例转换为预处理语句执行查询，然后使用 fetch()方法获取结果集，显示在页面中。

```
<?php
$dbms='mysql';                              //数据库类型
$host='localhost';                          //数据库主机名
$dbName='db_test';                          //使用的数据库
$user='root';                               //数据库连接用户名
$pass='11111111';                           //密码
$dsn="$dbms:host=$host;dbname=$dbName";
$sql = 'SELECT * FROM tb_test';
try {
    //初始化 PDO 对象，创建数据库连接
    $db = new PDO($dsn, $user, $pass);
    //绑定预处理命令
    $stmt = $db->prepare($sql, array(PDO::ATTR_CURSOR => PDO::CURSOR_SCROLL));
    $stmt->execute();                       //执行预处理命令
    echo  "<table border='1'>";
    //获取查询的结果集，并逐行读取显示出来
    while ($row = $stmt->fetch(PDO::FETCH_NUM, PDO::FETCH_ORI_NEXT)) {
        echo  "<tr><td>" . $row[0] . "</td>";
        echo  "<td>" .$row[1] . "</td>";
        echo  "<td>" .$row[2] . "</td></tr>";
    }
    echo  "</table>";
    $stmt = null;
}
catch (PDOException $e) {
    echo $e->getMessage();
}
?>
```

【示例 2】针对上面示例，用户也可以采用其他类型读取结果集，本示例返回一个索引为结果集列名的数组。

```
try {
    //初始化 PDO 对象，创建数据库连接
    $db = new PDO($dsn, $user, $pass);
    $stmt = $db->prepare($sql);
    $stmt->execute();
    echo  "<table border='1'>";
    while ($row = $stmt->fetch(PDO::FETCH_ASSOC)) {
        echo  "<tr><td>" . $row['id'] . "</td>";
        echo  "<td>" .$row['name'] . "</td>";
        echo  "<td>" .$row['reg_date'] . "</td></tr>";
    }
    echo  "</table>";
    $stmt = null;
}
```

27.4.2　使用 fetchAll()方法

fetchAll()方法能够返回一个包含结果集中所有行的数组。具体用法如下。

```
array PDOStatement::fetchAll([int $fetch_style [, mixed $fetch_argument [, array $ctor_args = array()]]])
```

参数说明如下。

☑ fetch_style：控制返回数组的内容，具体说明参考 27.4.1 节说明。

☑ fetch_argument：根据 fetch_style 参数的值，此参数有不同的意义。

- ❖ PDO::FETCH_COLUMN：返回指定以 0 开始索引的列。
- ❖ PDO::FETCH_CLASS：返回指定类的实例，映射每行的列到类中对应的属性名。
- ❖ PDO::FETCH_FUNC：将每行的列作为参数传递给指定的函数，并返回调用函数后的结果。

☑ ctor_args：当 fetch_style 参数为 PDO::FETCH_CLASS 时，自定义类的构造函数的参数。

【示例】使用 fetchAll()方法快速把结果集转换为数组并返回。

```
<?php
$dbms='mysql';                                    //数据库类型
$host='localhost';                                //数据库主机名
$dbName='db_test';                                //使用的数据库
$user='root';                                     //数据库连接用户名
$pass='11111111';                                 //密码
$dsn="$dbms:host=$host;dbname=$dbName";
$sql = 'SELECT * FROM tb_test';
try {
    //初始化 PDO 对象，创建数据库连接
    $db = new PDO($dsn, $user, $pass);
    $stmt = $db->prepare($sql);
    $stmt->execute();
    $result = $stmt->fetchAll();
    print_r($result);
    $stmt = null;
}
catch (PDOException $e) {
    echo $e->getMessage();
}
?>
```

输出结果如下。

```
Array ( [0] => Array ( [id] => 1 [0] => 1 [name] => a [1] => a [reg_date] => 2017-04-07 14:54:42 [2] => 2017-04-07 14:54:42 ) [1] => Array ( [id] => 2 [0] => 2 [name] => b [1] => b [reg_date] => 2017-04-07 14:54:42 [2] => 2017-04-07 14:54:42 ) [2] => Array ( [id] => 3 [0] => 3 [name] => c [1] => c [reg_date] => 2017-04-07 14:55:19 [2] => 2017-04-07 14:55:19 ) )
```

27.4.3 使用 fetchColumn()方法

fetchColumn()方法获取结果集中下一行指定列的值，具体语法如下。

```
string PDOStatement::fetchColumn([int $column_number = 0])
```

参数 column_number 列的索引数字（以 0 开始的索引）。如果没有提供值，则获取第 1 列。

【示例】通过 PDO 连接 MySQL 数据库，然后定义 SELECT 查询语句，应用 prepare()和 execute()方法执行查询操作。最后通过 fetchColumn()方法输出结果集中不同行和列的值。

```
<?php
$dbms='mysql';                          //数据库类型
$host='localhost';                      //数据库主机名
$dbName='db_test';                      //使用的数据库
$user='root';                           //数据库连接用户名
$pass='11111111';                       //密码
$dsn="$dbms:host=$host;dbname=$dbName";
$sql = 'SELECT * FROM tb_test';
try {
    //初始化 PDO 对象，创建数据库连接
    $db = new PDO($dsn, $user, $pass);
    $stmt = $db->prepare($sql);
    $stmt->execute();
    $result = $stmt->fetchColumn();
    /*从结果集中的下一行获取第 1 列*/
    print("从结果集中的下一行获取第 1 列：\n");
    $result = $stmt->fetchColumn();
    print("id = $result");
    print("从结果集中的下一行获取第 2 列：\n");
    $result = $stmt->fetchColumn(1);
    print("name = $result");
    $stmt = null;
}
catch (PDOException $e) {
    echo $e->getMessage();
}
?>
```

输出结果如下。

```
从结果集中的下一行获取第 1 列：id = 2
从结果集中的下一行获取第 2 列：name = c
```

27.5 事务处理

事务处理能够有效解决数据库操作的不同步问题，同时提升大批量数据操作的效率。事务中所有操作必须成功完成，否则如果有一个操作失败，则所有操作都将被撤销。

Note

在 PHP 中，使用事务处理包括下面几个步骤。

第 1 步，关闭自动提交。

第 2 步，开启事务处理。

第 3 步，如果全部完成，则提交事务；如果抛出异常，则回滚事务。

第 4 步，开启自动提交。

☑ 关闭 PDO 的自动提交代码如下。

```
$pdo->setAttribute(PDO::ATTR_AUTOCOMMIT, false);
```

☑ 开启一个事务需要的方法如下。

```
$pdo->beginTransaction();                                    //开启一个事务
$pdo->commit();                                              //提交事务
$pdo->rollback();                                            //回滚事务
```

一般事务处理运行在 try/catch 语句中，当事务失败时执行 catch 语句，结构代码如下。

```
try{
    $pdo->beginTransaction();                                //开启事务处理
    //PDO 预处理，以及 SQL 执行语句
    $pdo->commit();                                          //提交事务
}catch(PDOException $e){
    $pdo->rollBack();                                        //事务回滚
    //相关错误处理
}
```

在事务中的 SQL 语句，如果出现错误，那么所有的 SQL 都不执行，当所有SQL无误时，才提交执行。

【示例】通过事务处理方式一次向数据库插入 3 条记录。

```
<?php
$dbms='mysql';                                               //数据库类型
$host='localhost';                                           //数据库主机名
$dbName='db_test';                                           //使用的数据库
$user='root';                                                //数据库连接用户名
$pass='11111111';                                            //密码
$dsn="$dbms:host=$host;dbname=$dbName";
try {
    //初始化 PDO 对象，创建数据库连接
    $db = new PDO($dsn, $user, $pass);
    $db->setAttribute(PDO::ATTR_ERRMODE,PDO::ERRMODE_EXCEPTION); //设置为异常模式
    $db->setAttribute(PDO::ATTR_AUTOCOMMIT, false);          //关闭 PDO 的自动提交
    $db->beginTransaction();                                 //开启事务处理
    $stmt=$db->prepare("insert into tb_test(name) values(?)"); //PDO 预处理
    $data=array(                                             //定义批量插入的数据
        array("张三"),
        array("李四"),
        array("王五")
    );
    foreach($data as $v){                                    //使用 foreach 语句逐一把数据插入数据库
        $stmt->execute($v);
        echo $db->lastInsertId()."<br>";                     //显示插入记录的 id 编号
    }
    $db->commit();                                           //提交事务
    echo "提交成功！";
```

```
}catch (PDOException $e) {
    $db->rollBack();                                    //事务回滚
    die("提交失败！");
}
?>
```

在浏览器中预览，则会看到在页面中显示新插入的 3 条记录的 id 值，效果如图 27.2 所示。

图 27.2　显示批量操作成功

27.6 存储过程

存储过程就是存储在服务器中的一套 SQL 语句。一旦 SQL 语句被存储了，客户端就不需要再重新发布单独的语句，而是可以引用存储过程来替代。这样可以减少带宽的使用，提高查询速度，也能够阻止与数据的直接相互作用，从而起到保护数据的作用。

27.6.1 创建存储过程

在 PDO 中调用存储过程之前，先要创建一个存储过程，具体操作步骤如下。

第 1 步，启动 phpMyAdmin。

第 2 步，选定要创建存储过程的数据库，如 db_test。

第 3 步，在右侧窗格顶部的导航菜单中选择“程序”选项，如图 27.3 所示。

图 27.3　选择程序

第 4 步，在“新建”选项区域内，选择“添加程序”选项，打开“添加程序”对话框，按如图 27.4 所示进行设置，新建一个程序。

☑ 在“程序名称”文本框中设置存储过程的名称为 pro_reg。

☑ 在“类型”下拉列表框中选择 PROCEDURE 选项，定义程序的类型。

☑ 在“参数”设置区域，定义一个参数变量，方向为 in，名称为 name，类型为 VARCHAR，长度为 30。实际上这个参数变量就是表 tb_test 中字段 name 的映射。

☑ 在“定义”文本框中输入 SQL 字符串，其中 values 中可以包含参数变量，以便接收客户端传递过来的值，动态设置要插入的信息。

图 27.4　定义过程

第 5 步，单击“执行”按钮，即可在当前数据库中创建一个存储过程，如图 27.5 所示。

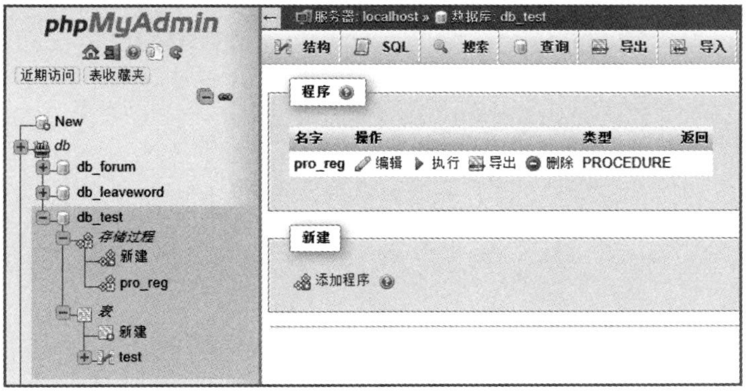

图 27.5　已经定义的过程

第 6 步，在该界面中，用户可以重新编辑存储过程，或者新建、删除、修改存储过程。单击“执行”按钮，可以打开一个运行对话框，如图 27.6 所示。在其中传递一个动态值，则会自动把这个值传递给存储过程，并向数据库执行一次插入操作。

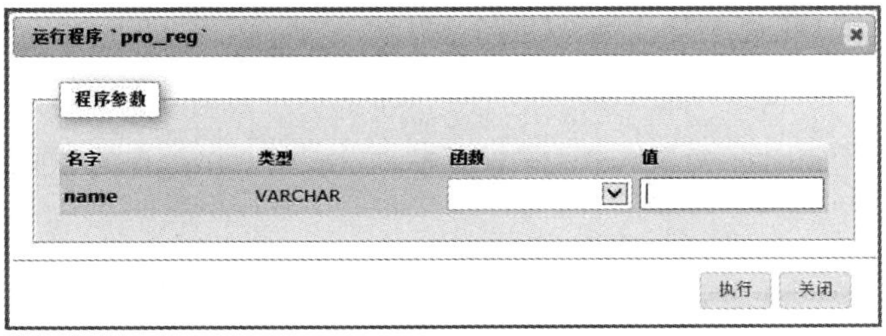

图 27.6　运行存储过程

Note

27.6.2 调用存储过程

在存储过程创建成功后，在 PDO 中可以通过 CALL 语句调用存储过程。

【示例】调用 27.6.1 节创建的 pro_reg 存储过程，使用 call 命令，向存储过程传递一个参数值“测试员小张”，则存储过程会自动把该值插入数据表 tb_test 中。

```
<?php
$dbms='mysql';                          //数据库类型
$host='localhost';                      //数据库主机名
$dbName='db_test';                      //使用的数据库
$user='root';                           //数据库连接用户名
$pass='11111111';                       //密码
$dsn="$dbms:host=$host;dbname=$dbName";
try {
    //初始化 PDO 对象，创建数据库连接
    $db = new PDO($dsn, $user, $pass);
    $sql="call pro_reg('测试员小张')";
    $result=$db->prepare($sql);
    if($result->execute()){
        echo "数据添加成功！";
    }else{
        echo "数据添加失败！";
    }
} catch (PDOException $e) {
    echo   'SQL 字符串: '.$sql;
    echo '<pre>';
    echo "Error: " . $e->getMessage(). "<br/>";
    echo "Code: " . $e->getCode(). "<br/>";
    echo "File: " . $e->getFile(). "<br/>";
    echo "Line: " . $e->getLine(). "<br/>";
    echo "Trace: " . $e->getTraceAsString(). "<br/>";
    echo '</pre>';
}
?>
```

27.7 预处理语句

PDO 提供了一种名为预处理语句的机制，它可以将整个 SQL 命令向数据库服务器发送一次，以后只要有参数发生变化，数据库服务器只需对命令的结构做一次分析就够了，即编译一次，可以多次执行。

27.7.1 定义预处理语句

使用预处理语句之前，首先需要在数据库服务器中准备好一个“SQL 语句”，但这个语句并不需要马上执行。PDO 支持使用“占位符”语法，将变量绑定到这个预处理的 SQL 语句中。在 PDO 中有以下两种使用占位符的语法。

☑ 命名参数。

使用命名参数作为占位符的 INSERT 查询如下。

```
$db->prepare("INSERT INTO tb_test(name,address,phone)VALUES (:name,:address,:phone)");
```

在上面代码中，自定义一个字符串作为“命名参数”，每个命名参数需要冒号（:）作为前缀，参数的命名一定要有意义，一般建议与对应的字段名相同。

☑ 问号参数。

使用问号（?）参数作为占位符的 INSERT 查询如下。

```
$db->prepare("INSERT INTO tb_test(name,address,phone) VALUES (?,?,?)");
```

问号参数一定要与查询的字段的位置顺序对应。

不管是使用哪一种占位符定义查询字符串，即使语句中没有用到占位符，都需要使用 PDO 对象中的 prepare()方法来定义预处理语句，并返回 PDOStatement 类对象。

27.7.2 绑定值和变量

1. 绑定值

使用 PDOStatement 对象的 bindValue()方法可以把一个值绑定到占位符上。具体语法如下。

```
bool PDOStatement::bindValue(mixed $parameter, mixed $value[, int $data_type = PDO::PARAM_STR])
```

参数说明如下。

☑ parameter：参数标识符。对于使用命名占位符的预处理语句，是类似:name 形式的参数名。对于使用问号占位符的预处理语句，应是以 1 开始索引的参数位置。

☑ value：绑定的具体值。

☑ data_type：使用 PDO::PARAM_*常量明确地指定参数的类型。例如：

- ❖ PDO:PARAM_BOOL：表示布尔类型。
- ❖ PDO:PARAM_NULL：表示 NULL 类型。
- ❖ PDO:PARAM_INT：表示整型类型。
- ❖ PDO:PARAM_STR：表示字符串类型。
- ❖ PDO:PARAM_LOB：表示大对象类型。

2. 绑定变量

使用 PDOStatement 对象的 bindParam()方法可以把 PHP 变量绑定到 SQL 语句的占位符上，位置或名字要对应。具体语法如下。

```
bool PDOStatement::bindParam(mixed $parameter, mixed &$variable[, int $data_type = PDO::PARAM_STR[, int $length[,
mixed $driver_options]]])
```

参数说明如下。

☑ parameter：参数标识符。与 bindValue()方法用法相同。

☑ variable：绑定到 SQL 语句参数的 PHP 变量名。

☑ data_type：使用 PDO::PARAM_*常量明确地指定参数的类型，与 bindValue()方法用法相同。

☑ length：数据类型的长度。

3. 演示示例

命名式的预处理语句共有 3 种绑定方式，举例说明如下。

【示例 1】使用 bindParam()方法绑定命名参数，实现在 db_test 数据库的 tb_test 表中插入数据。

```
<?php
$dbms='mysql';                                    //数据库类型
$host='localhost';                                //数据库主机名
```

```
$dbName='db_test';                                          //使用的数据库
$user='root';                                               //数据库连接用户名
$pass='11111111';                                           //密码
$dsn="$dbms:host=$host;dbname=$dbName";
try {
    //初始化 PDO 对象，创建数据库连接
    $db = new PDO($dsn, $user, $pass);
    $sql = "INSERT INTO tb_test(name) VALUES (:name )";    //使用命名参数绑定占位符
    $stmt = $db->prepare($sql);                             //准备语句
    $stmt->bindParam(":name",$name);                        //为命名参数绑定变量
    $name = '小李飞刀';                                     //为变量赋值
} catch (PDOException $e) {
    echo   'SQL 字符串: '.$sql;
    echo '<pre>';
    echo "Error: " . $e->getMessage(). "<br/>";
    echo "Code: " . $e->getCode(). "<br/>";
    echo "File: " . $e->getFile(). "<br/>";
    echo "Line: " . $e->getLine(). "<br/>";
    echo "Trace: " . $e->getTraceAsString(). "<br/>";
    echo '</pre>';
}
?>
```

【示例 2】如果需要绑定多个参数，则可以参考下面示例代码。

```
$sql = "INSERT INTO tb_test(id,name,reg_date) VALUES (:id,:name,:date)";
$stmt = $db->prepare($sql);
$stmt->bindParam(":id",$id);
$stmt->bindParam(":name",$name);
$stmt->bindParam(":date",$date);
$id = date("is");
$name = '小张';
$date =   date("YmdHis");
```

【示例 3】第 2 种方式是通过 bindValue()直接绑定值，这样可以省略中间变量。以示例 1 为基础，演示如下。

```
$sql = "INSERT INTO tb_test(name) VALUES (:name )";        //使用命名参数绑定占位符
$stmt = $db->prepare($sql);                                 //准备语句
$stmt->bindValue(":name",'小李飞刀');                       //为命名参数绑定值
```

【示例 4】第 3 种方式是通过为 execute()方法传递一个关联数组。以示例 1 为基础，演示如下。

```
$sql = "INSERT INTO tb_test(name) VALUES (:name )";        //使用命名参数绑定占位符
$stmt = $db->prepare($sql);                                 //准备语句
if($stmt->execute( array("name"=>'小李飞刀'))){
    echo "插入成功";
}else {
    echo "插入失败";
}
```

问号式的预处理语句也有 3 种绑定方式，举例说明如下。

【示例 5】以示例 1 为基础，使用 bindParam()方法绑定问号占位符。

```
//初始化 PDO 对象，创建数据库连接
$db = new PDO($dsn, $user, $pass);
$sql = "INSERT INTO tb_test(name) VALUES (?)";              //使用问号参数绑定占位符
$stmt = $db->prepare($sql);
```

```
$stmt->bindParam(1,$name);                          //为问号参数绑定变量
$name = '小李飞刀';
```

【示例 6】使用 bindValue()方法绑定多个问号占位符。

```
$db = new PDO($dsn, $user, $pass);
$sql = "INSERT INTO tb_test(id,name,reg_date) VALUES (?,?,?)";
$stmt = $db->prepare($sql);
$stmt->bindValue(1,date("is"));
$stmt->bindValue(2,'小张');
$stmt->bindValue(3,date("YmdHis"));
```

【示例 7】直接为 execute()方法传递索引数组参数。

```
$db = new PDO($dsn, $user, $pass);
$sql = "INSERT INTO tb_test(id,name,reg_date) VALUES (?,?,?)";
$stmt = $db->prepare($sql);
$para = array(null,'小张',null);
if($stmt->execute($para)){
    echo "插入成功";
}else {
    echo "插入失败";
}
```

27.8　在线支持

扫码免费学习
更多实用技能

一、MySQL 数据库基础

- ☑ MySQL 配置文件详解
- ☑ 启动 MySQL 服务器
- ☑ 连接和断开 MySQL 服务器
- ☑ 停止 MySQL 服务器
- ☑ 创建数据库
- ☑ 查看数据库
- ☑ 选择数据库
- ☑ 删除数据库
- ☑ 创建数据表
- ☑ 查看数据表结构
- ☑ 修改数据表结构
- ☑ 重命名数据表
- ☑ 删除数据表
- ☑ 插入记录
- ☑ 查询记录
- ☑ 更新记录
- ☑ 删除记录
- ☑ 备份数据
- ☑ 恢复数据

二、使用 phpMyAdmin 管理 MySQL

- ☑ 添加用户和权限
- ☑ 关联用户和数据库
- ☑ 案例实战：设计简单的数据库

三、使用 PHP 操作 MySQL 参考

- ☑ PHP MySQLi 函数
- ☑ 使用 mysqli 类
- ☑ 使用 mysqli_result 类
- ☑ 使用 mysqli_stmt 类

新知识、新案例不断更新中……

第 28 章

项目实战

本章为项目实战篇，包括网站开发、游戏编程、Web 应用等。读者需要初步掌握 HTML5、CSS3、JavaScript、jQuery、Ajax、Boostrap、Vue 和 PHP 技术。项目实战的目标是：训练前端代码混合编写的能力、JavaScript 编程思维、Web 应用的一般开发方法等。限于篇幅，本章内容在线展示。

扫码免费阅览项目及其实现

一、专项练习

- ☑ 设计表单验证插件
- ☑ 设计计算器
- ☑ 设计万年历
- ☑ 设计动画管理类
- ☑ 设计本地数据管理

二、进阶练习

- ☑ 设计网站结构
- ☑ 设计响应式网站
- ☑ 设计购物网站前端交互效果
- ☑ 设计网络记事本

三、更多案例实战

- ☑ 设计企业网站
- ☑ 设计工作室网站
- ☑ 设计创业网站

更多实用新项目不断更新中……